Avec le soutien du

CNL
Centre national du livre

Espaces quadratiques, euclidiens, hermitiens

Actualités scientifiques et industrielles 1445

COLLECTION FORMATION DES ENSEIGNANTS ET FORMATION CONTINUE

JEAN FRESNEL

Espaces quadratiques euclidiens, hermitiens

HERMANN ÉDITEURS DES SCIENCES ET DES ARTS

Cet ouvrage a été publié avec le soutien de l'École mathématique et informatique de l'université de Bordeaux I.

ISBN 2 7056 1445 1

Table des matières

C . Espaces vectoriels euclidiens

D . Espaces vectoriels hermitiens

Introduction

Cet ouvrage traite de l'algèbre bilinéaire en 300 pages et 150 exercices. L'objectif essentiel est l'étude des espaces vectoriels munis d'une forme bilinéaire symétrique, ainsi que l'étude du groupe des automorphismes préservant cette structure. La partie la plus conséquente de l'ouvrage est consacrée aux espaces vectoriels euclidiens.

Le chapitre *Espaces quadratiques* aborde l'étude des formes bilinéaires symétriques définies sur un espace vectoriel a priori sur un corps commutatif quelconque et bien souvent de caractéristique différente de 2 . Dans le cas d'un espace vectoriel de dimension finie, une forme bilinaire symétrique n'est autre chose qu'un polynôme homogène de degré 2 , alors qu'une forme linéaire est un polynôme homogène de degré 1 . Matriciellement les formes bilinéaires symétriques sont exactement les matrices symétriques.

La notion d'orthogonalité est naturellement associée à celle de forme bilinéaire. La construction de bases orthogonales est parfaitement décrite par l'algorithme de Gauss.

Le couple constitué par un espace vectoriel et une forme bilinéaire symétrique est un espace quadratique et les bijections linéaires qui conservent la structure bilinéaire constituent le groupe orthogonal de l'espace.

On a aussi la notion d'isomorphisme ou d'isométrie entre espaces quadratiques ; un résultat essentiel est le théorème de Witt qui dit qu'une isométrie entre deux sous-espaces vectoriels d'un espace quadratique se prolonge en un automorphisme orthogonal. Enfin la classification, à isométrie près, des espaces quadratiques est bien décrite par les espaces hyperboliques et les espaces définis (i.e. les espaces pour lesquels le seul isotrope est 0) ; ce qui veut dire que tout espace quadratique non dégénéré se décompose comme somme directe orthogonale d'un espace hyperbolique et d'un espace défini, et le théorème de Witt permet d'affirmer l'unicité, à isométrie près, de cette décomposition. Si la structure des espaces hyperboliques est particulièrement simple, en revanche la classification des espaces définis peut s'avérer très compliquée. Lorsque le corps est algébriquement clos ou le corps des réels ou un corps fini, la classification est facile.

Le groupe orthogonal est engendré par des éléments particulièrement simples qui sont les symétries orthogonales hyperplanes et leur nombre peut être majoré par la dimension de l'espace. Le groupe spécial orthogonal, i.e. le sous-groupe des automorphismes orthogonaux de déterminant 1 , est engendré par les renversements, i.e. les automorphismes qui induisent $-\mathbb{1}$ sur un plan non isotrope et $\mathbb{1}$ sur l'orthogonal. Dans le cas où l'espace quadratique contient des isotropes non nuls, les rotations de plan hyperbolique engendrent aussi le groupe spécial orthogonal. On approfondit la connaissance du groupe orthogonal par celle de son centre et de son groupe dérivé.

Enfin nous terminons ce chapitre en définissant l'adjoint d'un endomorphisme relativement à une forme bilinéaire symétrique non dégénérée. Cette notion sera extrêmement fructueuse dans le cas des espaces vectoriels euclidiens.

N'oublions pas qu'une des belles applications de la théorie des formes quadratiques est l'étude des coniques et des quadriques en géométrie affine et projective (*Fr3*, B.7, C.4.).

Le chapitre *Espaces vectoriels euclidiens* est consacré aux espaces quadratiques réels ; ceux-ci sont parfaitement classifiés par la loi d'inertie de **Sylvester**, l'outil le permettant est la signature d'une forme bilinéaire symétrique et celle-ci peut être calculée à l'aide de l'algorithme de **Gauss** . Une de ces formes, dite définie positive, va retenir l'essentiel de notre attention pour ce chapitre.

Seule la forme bilinéaire symétrique, dite définie positive induit sur le $\mathbb{R}$-espace vectoriel une norme, c'est l'inégalité de **Schwarz**. Un espace vectoriel euclidien est donc un $\mathbb{R}$-espace vectoriel de dimension finie muni de cette forme bilinéaire symétrique définie positive, souvent appelée produit scalaire ; pour une dimension donnée il y a unicité de cette structure, un représentant est $\mathbb{R}^n$ muni du produit scalaire canonique.

Les premiers résultats sur le groupe orthogonal montrent que les symétries orthogonales hyperplanes engendrent le groupe et que les renversements engendrent le groupe spécial orthogonal, dit aussi groupe des rotations.

Sachant qu'un automorphisme orthogonal se ramène essentiellement par réduction à une ou plusieurs rotations en dimension 2 , la description du groupe spécial orthogonal en dimension 2 est donc particulièrement importante. L'angle doit donner une vision plus "géométrique" de cela.

La notion d'angle orienté de deux demi-droites (ou droites) est bien attachée au cas euclidien de dimension 2 . Plus précisément un angle n'est autre chose que la rotation qui fait passer de la première demi-droite à la seconde demi-droite. Ce qui est beaucoup plus concret c'est la notion de mesure d'un angle, i.e. attacher à un angle un nombre réel.

La notion la plus fine est celle d'angle orienté de deux demi-droites du plan euclidien (orienté), de celle-là découle la notion d'angle orienté de deux droites du plan et d'angle non orienté de deux demi-droites (resp. droites) de l'espace euclidien (en dimension quelconque). Néanmoins chaque notion a une définition qui ne dépend pas des autres, nous la donnerons, mais il est bon de se souvenir que la première donne toutes les autres.

Un automorphisme orthogonal admet une réduction très simple puisqu'il existe une base orthonormée dans laquelle la matrice est un tableau diagonal de matrices I_p , $-I_q$ et de matrices 2×2 de rotation ; de plus cette réduction est "unique". Cette forme permet de montrer que le groupe orthogonal a deux composantes connexes, à savoir le groupe des rotations et son complémentaire. Du point de vue topologique le groupe orthogonal est compact. Le groupe dérivé est le sous-groupe des rotations et toute rotation est un commutateur. Les sous-groupes distingués sont parfaitement déterminés.

Dans le cas de dimension 2 ou 3 les éléments du groupe orthogonal sont bien caractérisés par des éléments géométriques et numériques : mesure de l'angle de rotation, axe de rotation, droite de symétrie, plan de symétrie.

A côté des endomorphismes qui respectent la structure euclidienne, i.e. les automorphismes orthogonaux, il y a des endomorphismes qui dans une base orthonormale ont une matrice particulièrement simple ; il s'agit des endomorphismes normaux, symétriques et anti-symétriques. En plus l'ensemble des formes bilinéaires symétriques sur le $\mathbb{R}$-espace vectoriel est en bijection avec l'ensemble des endomorphismes symétriques à travers le produit scalaire euclidien. Les résultats les plus essentiels sont que les endomorphismes symétriques sont les endomorphismes orthogonalement diagonalisables et que pour toute forme bilinéaire symétrique, il existe une base orthonormale pour le produit scalaire qui est orthogonale pour la forme bilinéaire symétrique.

Le chapitre *Espaces vectoriels hermitiens* est dévolu aux formes hermitiennes qui sont une généralisation aux $\mathbb{C}$-espaces vectoriels, des formes bilinéaires symétriques. Leur introduction est en particulier nécessaire pour définir sur un $\mathbb{C}$-espace vectoriel de dimension finie une norme que lui donne une structure comparable à celle d'un espace vectoriel euclidien ; en effet une forme bilinéaire symétrique sur un $\mathbb{C}$-espace vectoriel de dimension finie a toujours un indice positif (i.e. il existe des isotropes non nuls), ce qui interdit d'associer à une telle forme une notion de métrique. En fait la théorie des formes bilinéaires symétriques et des formes hermitiennes se trouve englobée dans celle des formes sesquilinéaires (**N. Bourbaki**, Algèbre, chapitre 9).

Une forme hermitienne diffère d'une forme bilinéaire symétrique en ce sens qu'elle est linéaire sur la première variable, anti-linéaire sur la seconde variable et que la permutation des variables conduit à la conjugaison. Cela étant, les représentations matricielles, l'orthogonalité, la notion de forme dégénérée, non dégénérée, de rang sont analogues aux formes bilinéaires symétriques. Il en est de même des notions d'éléments isotropes, espaces isotropes, totalement isotropes ainsi que le théorème qui relie la dimension d'un sous-espace et de son orthogonal.

La classification des formes hermitiennes est assurée par un résultat analogue au théorème de **Sylvester** qui conduit à la notion de signature. Un algorithme de **Gauss** permet de déterminer cette signature.

Les endomorphismes qui conservent la forme hermitienne constituent le groupe des automorphismes unitaires et le sous-groupe des automorphismes de déterminant 1 s'appelle le groupe spécial unitaire.

Le cas le plus abondamment étudié est celui d'une forme hermitienne à laquelle on peut associer une norme, il y en a une appelée forme hermitienne définie positive, que l'on appelle bien souvent le produit scalaire. Un espace vectoriel hermitien est un $\mathbb{C}$-espace vectoriel de dimension finie muni d'une forme hermitienne définie positive ; pour une dimension donnée il y a unicité de cette structure, un représentant est $\mathbb{C}^n$ muni du produit scalaire canonique.

Le groupe unitaire d'un espace hermitien est plus facilement décrit que le groupe orthogonal puisque ses éléments sont les automorphismes diagonalisables dans une base orthonormale dont les valeurs propres sont de module 1 . Les propriétés de compacité et de connexité se montrent facilement. Le groupe dérivé du groupe unitaire est le groupe spécial unitaire puisque toute rotation est un commutateur. Enfin les sous-groupes distingués se décrivent facilement à partir des sous-groupes des homothéties et du groupe spécial unitaire.

A côté des endomorphismes qui respectent la structure hermitienne, i.e. les automorphismes unitaires, il y a des endomorphismes qui dans une base orthonormale ont une matrice particulièrement simple ; il s'agit des endomorphismes normaux, hermitiens et anti-hermitiens. En plus l'ensemble des formes hermitiennes sur le $\mathbb{C}$-espace vectoriel est en bijection avec l'ensemble des endomorphismes hermitiens à travers le produit scalaire hermitien. Les résultats les plus essentiels sont que les endomorphismes normaux sont orthogonalement diagonalisables et que pour toute forme hermitienne, il existe une base orthonormale pour le produit scalaire qui est orthogonale pour la forme hermitienne.

Chaque chapitre est suivi de nombreux exercices (au total près de 150) qui permettent d'aboutir avec des moyens "élémentaires" à des résultats réputés délicats. Citons sans être exhaustif et dans l'ordre d'apparition une liste de sujets abordés ici : la classification des formes quadratiques sur un corps fini, la caractérisation des groupes orthogonaux conjugués, le cardinal d'un groupe orthogonal sur un corps fini, les groupes orthogonaux de type fini, la dimension d'un espace vectoriel de matrices nilpotentes, la matrice de **Gram**, la décomposition d'**Iwasawa**, les inégalités de **Hadamard**, le théorème de **Fischer-Cochran**, les endomorphismes symétriques (resp. normaux) simultanément orthogonalement (resp. unitairement) diagonalisables, le théorème de **Perron** sur les matrices à coefficients positifs, les matrices orthogonalement (resp. unitairement) équivalentes, la décomposition de **Cartan**, les sous-groupes de $G\ell_n(\mathbb{R})$ (resp. $G\ell_n(\mathbb{C})$) contenant $SO_n(\mathbb{R})$ (resp. $SU_n(\mathbb{C})$), la décomposition polaire, les sous-groupes fini de $O_2(\mathbb{R})$, $O_3(\mathbb{R})$, les sous-groupes compacts de $G\ell_n(\mathbb{R}), G\ell_n(\mathbb{C})$, la structure de $SO_4(\mathbb{R})$, les automorphismes du groupe orthogonal euclidien (resp. unitaire), les réseaux de $\mathbb{R}^2$ et leurs groupes, les sous-groupes d'exposant fini du groupe orthogonal, les sous-groupes discrets du groupe des isométries, les sous-groupes d'isométries ayant un point fixe commun, le groupe $SO_3(\mathbb{R})$ contient un groupe libre à 2 générateurs, les réseaux de $\mathbb{R}^n$, les sous-groupes fermés de $\mathbb{R}^n$, $(\frac{\mathbb{R}}{\mathbb{Z}})^n$, $\mathbb{T}^n$, les théorèmes de **Bieberbach** sur les groupes cristallographiques, la factorisation LU , la factorisation de **Cholesky**, les sous-groupes commutatifs du groupe euclidien, les homomorphismes, les automorphismes de groupes euclidiens (resp. unitaires), les homorphismes continus de groupes euclidiens, sur le discriminant d'une matrice symétrique réelle, le corps des quaternions de **Hamilton** et le groupe $SO_4(\mathbb{R})$, matrices normales et valeurs propres, les matrices unitairement congruentes à une matrice symétrique, l'exponentielle réalise des isomorphismes, les sous-groupes de $G\ell_n(\mathbb{C})$ ne sont pas trop petits, les matrices diagonalisables et les groupes bornés de $G\ell_n(\mathbb{C})$, et enfin les célèbres théorèmes de **Burnside, Schur, Jordan** sur les sous-groupes de $G\ell_n(\mathbb{C})$ qui sont de torsion, les matrices de **Houselder**, la décomposition QR .

Cet ouvrage est né du contact permanent, depuis plusieurs années avec les candidats à l'Agrégation externe et interne de mathématiques ; il a bien souvent été remanié et enrichi au cours de ces dernières années. *Algèbre des matrices* est constitué à lui seul d'un grand chapitre noté A. , cet ouvrage traite des *Espaces quadratiques, euclidiens, hermitiens* en trois grands chapitres notés B., C., D. . Ce livre sera complété par un volume traitant des *Groupes et anneaux.*

La réalisation pratique de ce travail a reçu, entre autres, le concours matériel de l'**Ecole mathématique et informatique** de l'**Université Bordeaux 1** , organisme dont l'objectif essentiel est la formation des futurs professeurs de lycées et collèges aux concours de recrutement en mathématiques. J'espère et je pense que cet ouvrage ne sera pas le seul à naître au sein de cette chaleureuse Ecole où le contact permanent avec les candidats à l'enseignement est aussi instructif que stimulant.

Madame **F. Del Moral**, qui s'est initiée au traitement de texte mathématique pour *"Méthodes modernes en géométrie"* et *"Algèbre des matrices"*, a acquis pour ce volume une parfaite maîtrise de la typographie mathématique. Je ne doute pas que cela contribuera à rendre l'ouvrage plus attrayant pour le lecteur. Qu'elle reçoive ici toute ma gratitude.

M. Matignon, **Q. Liu**, m'ont bien souvent aidé par leurs remarques et leurs suggestions d'exercices et **A. Bachelot** a attiré mon attention sur un résultat récent qui est devenu un texte de problème de cet ouvrage. Enfin **M. Polzin** aura été un lecteur très attentif, en particulier pour les nombreux exercices ; je suis convaincu que bon nombre de ses remarques en rendront la lecture plus attractive. Que tous soient ici, vivement remerciés.

Lacanau-océan, le 1er juillet 1999

Jean Fresnel

0. Préliminaires

0.1. Le théorème de factorisation et ses conséquences

0.1.1. Applications, théorème de factorisation des applications

Le but de ce paragraphe est de donner une définition *correcte* de l'application d'un ensemble dans un autre ensemble, afin de démontrer le théorème *fondamental* de factorisation des applications.

Définition 0.1.1.1. Soient E et F deux ensembles. Une *application* de E dans F est un triplet $f=(E,F,\Gamma)$ où $\Gamma\subset E\times F$ est tel que pour tout $x\in E$, il existe un et un seul $y\in F$ avec $(x,y)\in\Gamma$. Cet élément y unique s'appelle *l'image* de x par l'application f et se note $f(x)$. D'autre part l'ensemble Γ s'appelle le *graphe* de f. Nous avons $\Gamma=\{(x,f(x))\in E\times F \mid x\in E\}$.

Notations 0.1.1.2. L'application f de E dans F se note parfois $f:E\to F$ ou encore $E\xrightarrow{f}F$; elle se note aussi $x\longmapsto f(x)$.

Définition 0.1.1.3. Soient E et F deux ensembles, f une application de E dans F.
1. L'application f est dite *injective* ou est une *injection* si la relation $x\neq x'$ implique la relation $f(x)\neq f(x')$ (ou ce qui est équivalent si la relation $f(x)=f(x')$ implique la relation $x=x'$).
2. L'application f est dite *surjective* ou est une *surjection* si pour tout $y\in F$ il existe $x\in E$ tel que $f(x)=y$.
3. L'application f est dite *bijective* ou est une *bijection* si elle est à la fois injective et surjective (ce qui veut dire que pour tout $y\in F$ il existe *un et un seul* $x\in E$ tel que $f(x)=y$).

Définition 0.1.1.4. Soient E et F deux ensembles, f une application de E dans F, soient A une partie de E, B une partie de F.
1. On appelle *image de* A *par* f et on le note $f(A)$, le sous-ensemble de F défini comme il suit : $f(A):=\{y\in F \mid \text{il existe } x\in A \text{ tel que } y=f(x)\}$.
2. On appelle *image réciproque* de B par f et on le note $f^{-1}(B)$, le sous-ensemble de E ainsi défini : $f^{-1}(B):=\{x\in E \mid f(x)\in B\}$.

Remarque 0.1.1.5. L'application f est surjective si et seulement si $f(E)=F$. L'application f est injective si et seulement pour tout $y\in F$, $f^{-1}(\{y\})$ est une partie de E constituée de 0 ou 1 élément.

Définition 0.1.1.6. de la composition des applications Soient E , F , G trois ensembles, f une application de E dans F , g une application de F dans G . Alors le triplet (E, G, Γ) où $\Gamma = \{(x, g(f(x))) \in E \times G \mid x \in E\}$ est une application de E dans G appelée *composée* de f et g notée gf .

Remarque 0.1.1.7. et définition Soit E un ensemble , on appelle identité sur E et on la note $\mathbb{1}_E$, l'application de E dans E définie par $\mathbb{1}_E(x) = x$ pour tout $x \in E$. Si f est une bijection d'un ensemble E sur un ensemble F alors *il existe une application unique* g *de* F *dans* E *telle que* $fg = \mathbb{1}_F$ *et* $gf = \mathbb{1}_E$.

Cette application g s'appelle *l'application réciproque de* f et se note f^{-1} ; pour tout $y \in F$ il existe un seul $x \in E$ tel que $f(x) = y$, alors f^{-1} est défini par $f^{-1}(y) = x$.

Définition 0.1.1.8. d'un diagramme commutatif Soient $F_0, F_1, \dots, F_n$, $G_0, G_1, \dots, G_k$, $n+k+2$ ensembles, soient les applications $f_i : F_i \to F_{i+1} (0 \le i \le n-1)$, $g_i : G_i \to G_{i+1} (0 \le i \le k-1)$, de plus $F_0 = G_0 = E$ et $F_n = G_k = F$. Ces données constituent un diagramme . Il sera dit *commutatif* si $f_{n-1} f_{n-2} \cdots f_1 f_0 = g_{k-1} g_{k-2} \cdots g_2 g_1$.

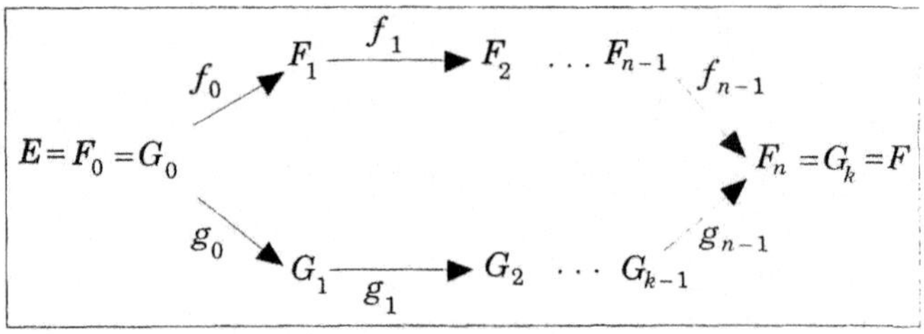

Considérons le diagramme " incomplet " ci-contre. Peut-on compléter ce diagramme en définissant une application h de C dans B de façon qu'il soit commutatif ? Ce problème sera résolu par le théorème 0.1.1.9. . Celui-ci est absolument indispensable pour travailler sur des espaces quotients (quotient d'un ensemble par une relation d'équivalence ; quotient d'un groupe par un sous-groupe distingué, quotient d'un anneau par un idéal bilatère, quotient d'un espace vectoriel par un sous-espace vectoriel) et pour définir des applications sur un ensemble quotient.

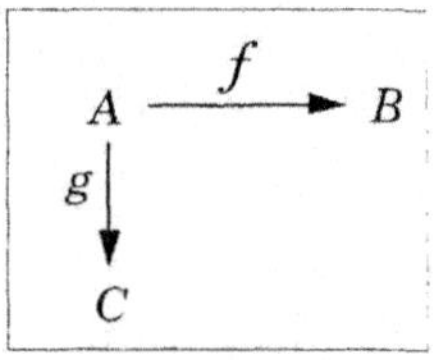

Théorème 0.1.1.9. (**de factorisation des applications**) *Soient* A , B , C *trois ensembles,* f *une application de* A *dans* B , g *une application surjective de* A *sur* C *. Alors les conditions* i) *et* ii) *suivantes sont équivalentes.*

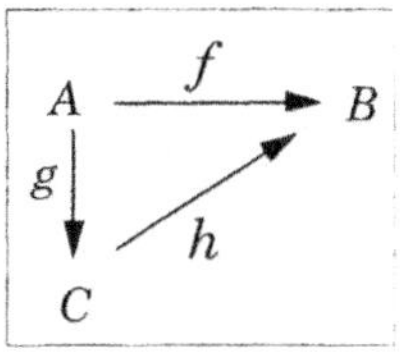

i) Il existe une application h *de* C *dans* B *telle que* $f=hg$,

ii) la relation $g(x)=g(x')$ *implique la relation* $f(x)=f(x')$.

De plus, si ces conditions sont réalisées, l'application h *est unique. L'application* h *est surjective si et seulement si* f *est surjective. L'application* h *est injective si et seulement si la relation* $f(x)=f(x')$ *implique la relation* $g(x)=g(x')$.

Démonstration Montrons que *i)* implique *ii)*. Si $f=hg$, alors la relation $g(x)=g(x')$ implique la relation $h(g(x))=h(g(x'))$ soit donc $f(x)=f(x')$.

Montrons maintenant que *ii)* implique *i)* . Soit Γ la partie de $C\times B$ suivante : $\Gamma:=\{(u,v)\in C\times B \mid$ il existe $x\in A$ avec $u=g(x)$ et $v=f(x)\}$.

Montrons que le triplet $h=(C,B,\Gamma)$ est une application. Soit $u\in C$, puisque g est surjectif, il existe $x\in A$ tel que $u=g(x)$, soit $v=f(x)$ alors le couple $(u,v)\in\Gamma$. Si (u,v) et $(u,v')\in\Gamma$, il existe x et $x'\in A$ tels que $u=g(x)$, $v=f(x)$, $u=g(x')$, $v'=f(x')$. La condition *ii)* montre que $v=v'$, ainsi l'élément $v\in B$ tel que $(u,v)\in\Gamma$ existe et est unique, ce qui montre que h est une application. Si $u=g(x)$, alors $v=h(u)=f(x)$ ce qui prouve que $f=hg$.

Montrons que h est unique. Soit donc h et h' tels que $f=hg=h'g$. Soit $u\in C$ il existe $x\in A$ tel que $u=g(x)$, puisque g est surjectif. Ainsi $h(u)=h'(u)=f(x)$, ainsi pour tout $u\in C$ on a $h(u)=h'(u)$ ce qui prouve que $h=h'$.

Il est facile de vérifier que h est surjectif si et seulement si f est surjectif.. Supposons que h soit injectif . Soient $x,x'\in A$ tels que $f(x)=f(x')$. Alors $f(x)=h(g(x))=h(g(x'))=f(x')$, puisque h est injectif on a $g(x)=g(x')$. Supposons que la relation $f(x)=f(x')$ implique la relation $g(x)=g(x')$, montrons que h est injectif. Soient $u,u'\in C$, puisque g est surjectif, il existe $x,x'\in A$ tels que $u=g(x)$ et $u'=g(x')$. Alors la relation $f(x)=f(x')$ s'écrit $h(g(x))=h(g(x'))$, soit encore $h(u)=h(u')$ et puisque h est injectif $u=u'$, soit donc $g(x)=g(x')$. Ainsi le théorème est démontré.

0.1.2. Relation d'équivalence. Quotient d'un ensemble par une relation d'équivalence

Définition 0.1.2.1. Soit E un ensemble, on appelle *relation binaire* sur E une partie Γ de $E\times E$. On dit que x et y *satisfont la relation binaire* R si $(x,y)\in\Gamma$ et *on le note* xRy ou bien $x\equiv y$ modulo R.

Exemple 0.1.2.2. Soit $\Gamma=\{(x,x)\in E\times E \mid x\in E\}$, Γ définit une relation binaire R et xRy si et seulement si $x=y$.
$\mathbb{R}$

Exemple 0.1.2.3. Soit $E=\mathbb{Z}$, ensemble des entiers rationnels, soit $\Gamma:=\{(x,y)\in\mathbb{Z}\times\mathbb{Z} \mid y\mathbb{Z}\subset x\mathbb{Z}\}$. Alors Γ définit une relation binaire R sur $\mathbb{Z}$.

Exemple 0.1.2.4. Soient $E=\mathbb{Z}$, $a\in\mathbb{Z}$ et $\Gamma:=\{(x,y)\in\mathbb{Z}\times\mathbb{Z} \mid (x-y)\in a\mathbb{Z}\}$. Alors Γ définit une relation binaire R sur $\mathbb{Z}$ et xRy si et seulement si x est congru à y modulo a.

Exemple 0.1.2.5. Soient $E=\mathbb{R}$, l'ensemble des nombres réels, $\Gamma:=\{(x,y)\in\mathbb{R}\times\mathbb{R} \mid x<y\}$. Alors Γ définit une relation binaire R sur $\mathbb{R}$ et xRy si et seulement si $x<y$.

Définition 0.1.2.6. Soit E un ensemble, une relation d'équivalence sur E est une relation binaire R sur E qui possède les trois propriétés suivantes :
1) (réflexivité), pour tout $x\in E$ on a xRx.
2) (symétrie) la relation xRy implique la relation yRx.
3) (transitivité) les relations xRy et yRz impliquent la relation xRz.

Les exemples 0.1.2.2. et 0.1.2.4. sont des relations d'équivalence.

Soit E un ensemble, R une relation d'équivalence sur E, soit $x\in E$, *on appelle classe d'équivalence* de x le sous-ensemble suivant de E : $C\ell(x):=\{y\in E \mid xRy\}$.

On a $x\in C\ell(x)$, de plus si $x,y\in E$ ou bien $C\ell(x)=C\ell(y)$ (si et seulement si xRy) ou bien $C\ell(x)\cap C\ell(y)=\emptyset$.

Définition 0.1.2.7. Soient E un ensemble, R une relation d'équivalence sur E, *on appelle ensemble quotient de* E *par* R *et on le note* $\frac{E}{R}$, l'ensemble dont les éléments sont les parties de E qui sont classe d'équivalence d'éléments de E.

Définition 0.1.2.8. Soient E un ensemble, R une relation d'équivalence sur E, l'application φ de E dans $\frac{E}{R}$ définie par $\varphi(x)=C\ell(x)$ est surjective et s'appelle *la surjection canonique de* E *sur* $\frac{E}{R}$. On a $\varphi(x)=\varphi(y)$ si et seulement si xRy.

0.1.3. Applications définies sur un ensemble quotient

Théorème 0.1.3.1. *Soient* E *un ensemble,* R *une relation d'équivalence sur* E *,* φ *la surjection canonique de* E *sur* $\frac{E}{R}$ *et* f *une application de* E *dans un ensemble* X *. Les propriétés suivantes sont équivalentes .*

i) Il existe une application h *de* $\frac{E}{R}$ *dans* X *telle que* $f=h\varphi$ *,*

ii) la relation $x\equiv x'$ modulo R *implique la relation* $f(x)=f(x')$ *.*

De plus si ces conditions sont réalisées h *est unique. L'application* h *est surjective si et seulement si* f *est surjective. L'application* h *est injective si et seulement si la relation* $f(x)=f(x')$ *implique la relation* $x\equiv x'$ modulo R *.*

Ce théorème est une application immédiate du théorème de factorisation 0.1.1.9. si l'on remarque que la relation $\varphi(x)=\varphi(x')$ est équivalente à la relation $x\equiv x'$ modulo R .

Le théorème qui va suivre est un peu plus compliqué que le précédent mais sera fondamental pour définir des lois (internes ou externes) sur un ensemble quotient.

Théorème 0.1.3.2. *Soient* R , S , T *trois relations d'équivalence respectivement sur les ensembles* X , Y , Z , f *une application de* $X\times Y$ *dans* Z *. Désignons par* φ (resp. ψ , θ) *la surjection canonique de* X (resp. Y , resp. Z) *sur* $\frac{X}{R}$ (resp. $\frac{Y}{S}$, resp. $\frac{Z}{T}$) *. Alors les assertions suivantes sont équivalentes.*

i) Il existe une application g *de* $\frac{X}{R}\times\frac{Y}{S}$ *dans* $\frac{Z}{T}$ *telle que* $\theta f=g(\varphi\times\psi)$ *, où* $\varphi\times\psi$ *est l'application de* $X\times Y$ *sur* $\frac{X}{R}\times\frac{Y}{S}$ *définie par* $\varphi\times\psi(x,y)=(\varphi(x),\psi(y))$ *,*

ii) les relations $x\equiv x'$ modulo R *et* $y\equiv y'$ modulo S *impliquent la relation* $f(x,y)\equiv f(x',y')$ modulo T *. Si ces conditions sont réalisées l'application* g *est unique.*

0.2. Sur les ensembles

0.2.1. Le lemme de Zorn

Définition 0.2.1. 1. Soit X un ensemble , une relation binaire sur X notée $x \leq y$ est appelée *relation d'ordre* (partiel) si elle satisfait aux propriétés suivantes.
1.1. (réflexivité) on a $x \leq x$ pour tout $x \in X$,
1.2. (transitivité) $x \leq y$ et $y \leq z$ impliquent $x \leq z$,
1.3. (anti-symétrie) $x \leq y$ et $y \leq x$ impliquent $x = y$.

Un *ensemble ordonné* est un couple $(X, \leq)$ constitué d'un ensemble X et d'une relation d'ordre $\leq$ sur X . Un ensemble ordonné X est dit *totalement ordonné* si pour tout $x, x' \in X$, on a $x \leq x'$ ou $x' \leq x$.

Soient X un ensemble ordonné , Y une partie de X , alors un élément x de X est appelé *majorant de* Y *dans* X si on a $y \leq x$ pour tout $y \in Y$; un élément x de X est appelé *minorant de* Y *dans* X si on a $x \leq y$ pour tout $y \in Y$. Un ensemble ordonné X est dit *ordonné inductif* si toute partie Y de X , totalement ordonnée par l'ordre induit , admet un majorant dans X . Soit X un ensemble ordonné. Un élément $x \in X$ est dit *maximal* si la relation $x \leq y$ avec $y \in X$ implique $x = y$. Un élément $z \in X$ est dit *maximum* si pour tout $x \in X$ on a $x \leq z$. Un élément $y \in X$ est dit *minimal* si la relation $x \leq y$ avec $x \in X$ implique $x = y$. Un élément $z \in X$ est dit *minimum* si pour tout $x \in X$ on a $z \leq x$.

Lemme 0.2.2.2. (de Zorn) *Soit* X *un ensemble ordonné inductif,* $X \neq \emptyset$. *Alors* X *admet un élément maximal* .

Démonstration [***Bk1***] chp. 3 , § 2 , n° 4 , p. 34 , théorème 2 , ou [***La***] appendix 2 , p. 884, ou [***Kr***] p. 34.

0.2.2. Les cardinaux

Définition 0.2.2.1. On dit qu'un ensemble X est *équipotent* à un ensemble Y s'il existe une bijection de X sur Y . On note Eq (X, Y) la relation “X est équipotent à Y” . Sur un ensemble $\mathcal{E}$ d'ensembles la relation binaire Eq est une relation d'équivalence et la classe d'équivalence de l'ensemble X s'appelle le *cardinal* de X et se note Card(X) .

Remarque Nous disons bien que $\mathcal{E}$ est un ensemble d'ensembles parce qu'il n'y a pas d'ensemble de tous les ensembles.

Définition 0.2.2.2. (**et proposition**) Soient $\mathscr{E}$ un ensemble d'ensembles, $X, Y \in \mathscr{E}$, la relation X est équipotent à une partie de Y induit une relation binaire sur $\overline{\mathscr{E}} := \{\mathrm{Card}(X) \mid X \in \mathscr{E}\}$ notée $\mathrm{Card}(X) \leq \mathrm{Card}(Y)$. On a les résultats suivants.

1. *Etant donnés deux ensembles, l'un est équipotent à une partie de l'autre.*
2. *Deux ensembles tels que chacun soit équipotent à une partie de l'autre sont équipotents.*

Il suit de cela que la relation "$\mathrm{Card}(X) \leq \mathrm{Card}(Y)$" sur $\overline{\mathscr{E}}$ est une relation d'ordre total.

3. *S'il existe une surjection f de X sur Y, on a* $\mathrm{Card}(Y) \leq \mathrm{Card}(X)$.

Si X est équipotent à une partie de Y et si X n'est pas équipotent à Y, on le note $\mathrm{Card}(X) < \mathrm{Card}(Y)$; cela veut aussi dire que $\mathrm{Card}(X) \leq \mathrm{Card}(Y)$ et $\mathrm{Card}(X) \neq \mathrm{Card}(Y)$.

4. *Soient X un ensemble, $\mathfrak{P}(X)$ l'ensemble des parties de X, alors* $\mathrm{Card}(X) < \mathrm{Card}\,\mathfrak{P}(X)$.
5. *Soient X et Y deux ensembles avec* $\mathrm{Card}(X) \leq \mathrm{Card}(Y)$ *et Y infini. Alors* $\mathrm{Card}(X \cup Y) = \mathrm{Card}(Y)$.

Démonstration 1. [*Bk I*] , chp. 3 , § 3 , n° 2 corollaire 1 , p. 40 .
2. [*Bk I*] , chp. 3 , § 3 , n° 2 , corollaire 2 , p. 40 , [*La*] Appendix 2 theorem 3.1 , p. 885 , [*Kr*] p. 38.
3. [*Bk I*] , chp. 3 , § 3 , n° 2 proposition 3 , p. 41 , [*La*] Appendix 2 , p. 885.
4. [*Bk I*] , chp. 3 , § 3 , n° 6 théorème 2 , p. 47 , [*La*] Appendix 2 , corollary 3.11, p. 891 , [*Kr*] , p. 39.
5. [*La*] Appendix 2 corollary 5.5 , p. 887.

Lemme 0.2.2.3. *Soient X et Y deux ensembles. Alors il existe un ensemble Z avec les propriétés suivantes . On a $X \cap Z = \emptyset$, et il existe une bijection $f: Y \to Z$.*

Démonstration Le cas où $X \cup Y$ est fini est immédiat ; on suppose maintenant que $X \cup Y$ est infini . Soit Z_1 un ensemble tel que $\mathrm{Card}(X \cup Y) < \mathrm{Card}(Z_1)$ (0.2.2.4.) , alors on a $Z_1 = (Z_1 \cap X) \sqcup Z_2$; i.e. $Z_1 = (Z_1 \cap X) \cup Z_2$ et $(Z_1 \cap X) \cap Z_2 = \emptyset$. Montrons que $\mathrm{Card}\, Z_2 = \mathrm{Card}\, Z_1$; on a donc $\mathrm{Card}(Z_2) \leq \mathrm{Card}(Z_1 \cap X)$ ou $\mathrm{Card}(Z_1 \cap X) \leq \mathrm{Card}(Z_2)$ (0.2.2.1.) . Le premier cas, avec $Z_1 \cap X$ fini, implique Z_2 fini , donc Z_1 fini , donc $X \cup Y$ fini, c'est impossible. Le premier cas avec $Z_1 \cap X$ infini , implique $\mathrm{Card}(Z_1) = \mathrm{Card}(Z_1 \cap X)$ (0.2.2.2.5.) , i.e. $\mathrm{Card}\, Z_1 \leq \mathrm{Card}\, X$, c'est impossible. On a donc $\mathrm{Card}(Z_1 \cap X) \leq \mathrm{Card}(Z_2)$ et ainsi $\mathrm{Card}(Z_1 \cap X) = \mathrm{Card}(Z_2)$ (0.2.2.5.) . Il suit donc que $\mathrm{Card}(Y) \leq \mathrm{Card}(X \cup Y) < \mathrm{Card}\, Z_2$. Cela montre qu'il existe une partie Z de Z_2 équipotente à Y . Or $(Z_1 \cap X) \cap Z_2 = \emptyset$ implique $X \cap Z_2 = \emptyset$ et donc $X \cap Z = \emptyset$.

B. Espaces vectoriels quadratiques

Dans tout ce chapitre sur les espaces quadratiques, les corps sont commutatifs.

0. Introduction

Le chapitre *Espaces quadratiques* aborde l'étude des formes bilinéaires symétriques définies sur un espace vectoriel a priori sur un corps commutatif quelconque et bien souvent de caractéristique différente de 2 . Dans le cas d'un espace vectoriel de dimension finie, une forme bilinaire symétrique n'est autre chose qu'un polynôme homogène de degré 2 , alors qu'une forme linéaire est un polynôme homogène de degré 1 . Matriciellement les formes bilinéaires symétriques sont exactement les matrices symétriques.

La notion d'orthogonalité est naturellement associée à celle de forme bilinéaire. La construction de bases orthogonales est parfaitement décrite par l'algorithme de Gauss.

Le couple constitué par un espace vectoriel et une forme bilinéaire symétrique est un espace quadratique et les bijections linéaires qui conservent la structure bilinéaire constituent le groupe orthogonal de l'espace.

On a aussi la notion d'isomorphisme ou d'isométrie entre espaces quadratiques ; un résultat essentiel est le théorème de Witt qui dit qu'une isométrie entre deux sous-espaces vectoriels d'un espace quadratique se prolonge en un automorphisme orthogonal. Enfin la classification, à isométrie près, des espaces quadratiques est bien décrite par les espaces hyperboliques et les espaces définis (i.e. les espaces pour lesquels le seul isotrope est 0) ; ce qui veut dire que tout espace quadratique non dégénéré se décompose comme somme directe orthogonale d'un espace hyperbolique et d'un espace défini, et le théorème de Witt permet d'affirmer l'unicité, à isométrie près, de cette décomposition. Si la structure des espaces hyperboliques est particulièrement simple, en revanche la classification des espaces définis peut s'avérer très compliquée. Lorsque le corps est algébriquement clos ou le corps des réels ou un corps fini, la classification est facile.

Le groupe orthogonal est engendré par des éléments particulièrement simples qui sont les symétries orthogonales hyperplanes et leur nombre peut être majoré par la dimension de l'espace. Le groupe spécial orthogonal, i.e. le sous-groupe des automorphismes orthogonaux de déterminant 1 , est engendré par les renversements, i.e. les automorphismes qui induisent $-\mathbb{1}$ sur un plan non isotrope et $\mathbb{1}$ sur l'orthogonal. Dans le cas où l'espace quadratique contient des isotropes non nuls, les rotations de plan hyperbolique engendrent aussi le groupe spécial orthogonal. On approfondit la connaissance du groupe orthogonal par celle de son centre et de son groupe dérivé.

Enfin nous terminons ce chapitre en définissant l'adjoint d'un endomorphisme relativement à une forme bilinéaire symétrique non dégénérée. Cette notion sera extrêmement fructueuse dans le cas des espaces vectoriels euclidiens.

N'oublions pas qu'une des belles applications de la théorie des formes quadratiques est l'étude des coniques et des quadriques en géométrie affine et projective (*Fr3*, B.7. , C.4.).

1. Définitions des formes bilinéaires et quadratiques

Définition 1.1. Soit E un K-espace vectoriel. Une *forme bilinéaire symétrique* sur E est une application bilinéaire f de $E\times E$ dans K telle que
$f(x,y)=f(y,x)$ pour tout $x,y\in E$; on dit que f est bilinéaire si
$f(x+y,z)=f(x,z)+f(y,z)$, $f(x,y+z)=f(x,y)+f(x,z)$,
$f(\lambda x,y)=f(x,\lambda y)=\lambda f(x,y)$ pour tout $x,y,z\in E$, $\lambda\in K$.

Définition 1.2. (et **proposition**) Soit f une forme bilinéaire symétrique sur un K-espace vectoriel E , on appelle *forme quadratique* q associée à f , l'application $q:E\to K$ définie par $q(x)=f(x,x)$. Si en plus $\operatorname{car} K\neq 2$, on a la relation appelée *forme polaire* associée à q :

(1) $\quad f(x,y)=\frac{1}{2}(q(x+y)-q(x)-q(y)).$

Une application $q:E\to K$ est une forme quadratique si l'application $f:E\times E\to K$ définie par (1) est bilinéaire et si $q(2x)=4q(x)$ pour tout $x\in E$.

Exemple 1.3. $E=K$, $f(x,y)=\lambda xy$ où $\lambda\in K$.

Exemple 1.4. $E=K^n$, $f(x,y)=\sum_{i=1}^{n} x_i y_i$ où $x=(x_1,x_2,\dots,x_n)$, $y=(y_1,y_2,\dots,y_n)$. Si $K=\mathbb{R}$ c'est le produit scalaire habituel.

Exemple 1.5. *le plan hyperbolique* $E=K^2$, $f(x,y)=x_1y_2+x_2y_1$ où $x=(x_1,x_2)$, $y=(y_1,y_2)$.

Exemple 1.6. Soient A une K-algèbre unitaire , φ une forme linéaire sur le K-espace vectoriel A , alors $(x,y)\longmapsto\varphi(xy)$ est une forme bilinéaire symétrique si $\varphi(xy)=\varphi(yx)$ pour tout $x,y\in A$.

Les exemples qui suivent sont des cas particuliers.

Exemple 1.7. Soient $A=\mathscr{C}([a,b],\mathbb{R})$ les fonctions continues sur $[a,b]$ alors $(u,v)\longmapsto \int_a^b u(t)v(t)dt$ est une forme bilinéaire symétrique sur A .

Exemple 1.8. Sur $M_n(K)$, l'application $(M,N)\to \mathrm{Tr}(MN)$ est une forme bilinéaire symétrique, où Tr est la forme linéaire trace (*Fr I* , 3.2.1.)

Exemple 1.9. Sur $M_n(K)$, l'application $(M,N)\to \mathrm{Tr}(M\,{}^tN)$ est une forme bilinéaire symétrique.

Exemple 1.10. Soient $A=K^X$, la K-algèbre des applications de X dans K , $x_0\in X$, alors $(u,v)\longmapsto u(x_0)v(x_0)$ est une forme bilinéaire symétrique sur A .

2. Représentation matricielle et polynômes homogènes

2.1. Représentation matricielle Soient E un K-espace vectoriel de dimension finie, $(e_1,e_2,\dots,e_n)$ une base , f une forme bilinéaire symétrique sur E , $x=\sum_{i=1}^{n} x_i e_i$, $y=\sum_{i=1}^{n} y_j e_j$, alors $f(x,y)=\sum_{i=1}^{n}\sum_{i=1}^{n} x_i y_j f(e_i,e_j)$. Soient $X=\begin{bmatrix} x_1\\ x_2\\ \vdots\\ x_n\end{bmatrix}$, $Y=\begin{bmatrix} y_1\\ y_2\\ \vdots\\ y_n\end{bmatrix}$, $M=\left[f(e_i,e_j)\right]_{i,j}$, alors on a $f(x,y)={}^tXMY$. La matrice M est symétrique et c'est par définition la *matrice qui représente* f *dans la base* $(e_1,e_2,\dots,e_n)$, on la note $\mathrm{Mat}(f;e_i)$. On a donc aussi $q(x)={}^tXMX$. Soient

$\mathcal{B}il\mathcal{S}ym(E)$ le K-espace vectoriel des formes bilinéaires symétriques sur E , $\mathcal{S}ym_n(K)$ le K-espace vectoriel des matrice symétriques de $M_n(K)$, alors l'application linéaire $f \longmapsto \mathrm{Mat}(f;e_i)$ de $\mathcal{B}il\mathcal{S}ym(E)$ dans $\mathcal{S}ym_n(K)$ est bijective.

Si M' est la matrice de f dans une base $(e_1', e_2', \ldots, e_n')$, on a alors $M' = {}^tSMS$ où S est la matrice de changement de base ; ainsi M' et M sont congruentes modulo le groupe $G\ell_n(K)$ selon la définition ci-après.

Soit $M \in \mathcal{S}ym_n(K)$, alors on appelle *forme bilinéaire symétrique canoniquement associée à* M , la forme Φ_M sur K^n , définie par $\Phi_M(X,Y) := {}^tXMY$ pour $X, Y \in K^n$, en particulier si $(\varepsilon_1, \varepsilon_2, \ldots, \varepsilon_n)$ est la base canonique de K^n , on a $\mathrm{Mat}(\Phi_M; \varepsilon_i) = M$.

Définition 2.2. Soient $G \subset G\ell_n(K)$ un sous-groupe , $M_1, M_2 \in M_n(K)$, on dit que M_1 et M_2 sont *congruentes* modulo G s'il existe $S \in G$ tel que ${}^tSM_1S = M_2$.

Proposition 2.3. *Soient* K *un corps commutatif avec* $\mathrm{car}K \neq 2$, $P \in K[X_1, X_2, \ldots, X_n]$ *un polynôme homogène de degré* 2 . *Alors* $x \longmapsto \hat{P}(x) := P(x_1, x_2, \ldots, x_n)$ *est une forme quadratique sur* K^n . *Soient* $\mathcal{P}_2$ *l'ensemble des polynômes homogènes de degré* 2 (donc non nuls) , $\mathcal{Q}$ *l'ensemble des formes quadratiques sur* K^n *non nulles. Alors* $P \longmapsto \hat{P}$ *est une bijection de* $\mathcal{P}_2$ *sur* $\mathcal{Q}$.

Démonstration Seule l'injection demande une démonstration. Si P est homogène de degré 2 , il faut montrer qu'il existe $(x_1, x_2, \ldots, x_n) \in K^n$ tel que $P(x_1, x_2, \ldots, x_n) \neq 0$. On a $P(X_1, X_2, \ldots, X_n) = \sum_{i=1}^{n} a_{ii}X_i^2 + \sum_{i<j} 2a_{ij}X_iX_j$. Si $a_{ii} \neq 0$, alors $P(x_1, x_2, \ldots, x_n) = a_{ii} \neq 0$ avec $x_i = 1$ et $x_j = 0$ pour $j \neq i$. Si $a_{11} = a_{22} = \ldots = a_{nn} = 0$ et si $a_{ij} \neq 0$, alors $P(x_1, x_2, \ldots, x_n) = a_{ij} \neq 0$ avec $x_i = x_j = 1$ et $x_k = 0$ pour $k \notin \{i, j\}$.

3. Orthogonalité, forme dégénérée, non dégénérée, rang

Définition 3.1. Soit f une forme bilinéaire symétrique sur un K-espace vectoriel E . On dit que x et y de E sont *orthogonaux* relativement à f si

$f(x,y)=0$ (ou ce qui revient au même si $f(y,x)=0$).

Soit A une partie de E , on appelle *orthogonal* de A , l'ensemble des éléments de E orthogonaux à tout élément de A et on le note $A^{\perp}$. Cet ensemble est un sous-espace vectoriel de E .

Définition 3.2. Une forme bilinéaire symétrique sur un espace vectoriel E est dite *non dégénérée* si $E^{\perp}=\{0\}$. Dans le cas contraire elle est dite *dégénérée.*

Définition 3.3. (et **proposition**) Soient f une forme bilinéaire symétrique sur un K-espace vectoriel E , E^* le dual de E (*Fr 1* , 1.0.5.1.1.) , $\theta:E\to E^*$ l'application définie par $\theta(y)=f(.,y)$ où $f(.,y)$ est la forme linéaire $x\longmapsto f(x,y)$. Alors θ est une application linéaire et le rang de θ s'appelle le *rang* de f et on le note $\operatorname{rang} f$. On a $\ker\theta=E^{\perp}$. Ainsi $\dim E=\operatorname{rang} f+\dim E^{\perp}$ et f est non dégénérée si et seulement si $\operatorname{rang} f=\dim E$ (en dimension finie). On dit souvent que $E^{\perp}$ est le *noyau* de f et on le note $\operatorname{noyau} f$.

Proposition 3.4. *Soit f une forme bilinéaire symétrique sur un K-espace vectoriel E de dimension finie, $(e_1,e_2,\dots,e_n)$ une base de E , $(e^{*1},e^{*2},\dots,e^{*n})$ la base duale (**Fr 1** , 1.0.5.2.1.) , et $\theta:E\to E^*$, l'application définie par $\theta(y)=f(.,y)$. Alors $\operatorname{Mat}(\theta\,;e_i,e^{*j})=\operatorname{Mat}(f,e_i)$, ainsi le rang de f est le rang de toute matrice qui représente f .*

Remarque 3.5. Si $(e_i)_i$ et $(e_i')_i$ sont deux bases , $\operatorname{Mat}(f;e_i)$ et $\operatorname{Mat}(f;e_i')$ sont congruentes (définition 2.2.) , donc équivalentes et ainsi elles ont le même rang.

Définition 3.6. Soit f une forme bilinéaire symétrique sur un K-espace vectoriel E , $(E_i)_{i\in I}$ une famille de sous-espaces vectoriels de E . On dit que le sous-espace vectoriel F est *somme directe orthogonale des E_i* et on le note $F=(\overset{\perp}{\bigoplus_{i\in I}}E_i)$, si $F=(\bigoplus_{i\in I}E_i)$ (*Fr 1* , 1.0.0.4.1.) et si E_i est orthogonal à E_j pour tout $i\neq j$.

4. Eléments isotropes, espaces isotropes, totalement isotropes

Définition 4.1. Soit f une forme bilinéaire symétrique sur un K-espace vectoriel E. Un élément $x \in E$ est dit *isotrope si* $f(x,x)=0$, i.e. $q(x)=0$. Un sous-espace F de E est dit *isotrope* s'il existe $x \in F$, $x \neq 0$ et $x \in F^{\perp}$, i.e. $F \cap F^{\perp} \neq \{0\}$. Un sous-espace F est dit *totalement isotrope* si tout élément de F est isotrope, i.e. $F \subset F^{\perp}$.

En d'autres termes F est *isotrope* si et seulement si $f|_{F\times F}$ est dégénérée, $x \in E-\{0\}$ est isotrope si Kx est isotrope ; enfin, dans le cas où $\operatorname{car} K \neq 2$, on a F *totalement isotrope* si et seulement si $f|_{F\times F}=0$.

Théorème 4.2. *Soient f une forme bilinéaire symétrique sur un K-espace vectoriel de dimension finie, F un sous-espace vectoriel. Alors on a*
$\dim F + \dim F^{\perp} = \dim E + \dim(E^{\perp} \cap F)$.

Démonstration Soient E^* le dual de E, $\theta : E \to E^*$ l'application linéaire définie par $\theta(y)(x)=f(x,y)$ pour tout $x \in E$. On a

(1) $\theta(F)^{"\perp"} := \{x \in E \mid \varphi(x)=0 \text{ pour tout } \varphi \in \theta(F)\} =$
$\{x \in E \mid f(x,y)=0 \text{ pour tout } y \in F\} = F^{\perp}$.

Ici $"\perp"$ signifie orthogonal pour la dualité entre E et E^* (*Fr 1*, A.1.0.5.3.) et on a

(2) $\dim E = \dim \theta(F) + \dim \theta(F)^{"\perp"}$ (*Fr 1*, A.1.0.5.3.2.).
Facilement on a $\ker \theta|_F = F \cap E^{\perp}$, ainsi

(3) $\dim F = \dim \theta(F) + \dim(E^{\perp} \cap F)$.
Ainsi le théorème suit de (1), (2), (3).

Corollaire 4.3. *Soient f une forme bilinéaire symétrique sur un K-espace vectoriel de dimension n, $(e_1, e_2, \ldots, e_n)$ une base. Alors les propriétés suivantes sont équivalentes.*

i) f est non dégénérée,

ii) pour tout sous-espace F, on a $\dim E = \dim F + \dim F^{\perp}$,

iii) $\det(\operatorname{Mat}(f, e_i)) \neq 0$,

iv) pour tout sous-espace F, on a $(F^{\perp})^{\perp} = F$.

Corollaire 4.4. *Soient f une forme bilinéaire symétrique sur un K-espace vectoriel E de dimension finie, F un sous-espace vectoriel. Alors les propriétés suivantes sont équivalentes.*
i) $f|_{F\times F}$ *est non dégénérée ,*
ii) $F\cap F^{\perp}=\{0\}$, i.e. F *n'est pas isotrope,*
iii) $E=F\oplus F^{\perp}$.

Corollaire 4.5. *Soient f une forme bilinéaire symétrique non dégénérée sur un K-espace vectoriel E de dimension finie, F un sous-espace vectoriel de E . Alors les propriétés suivantes sont équivalentes.*
i) F *est non isotrope, ii)* $F^{\perp}$ *est non isotrope.*

Corollaire 4.6. *Soient f une forme bilinéaire symétrique sur un K-espace vectoriel E , F et G deux sous-espaces vectoriels. Alors on a* $(F+G)^{\perp}=F^{\perp}\cap G^{\perp}$. *Si E est de dimension finie et f non dégénérée on a* $(F\cap G)^{\perp}=F^{\perp}+G^{\perp}$.

5. Bases orthogonales, orthonormales

Définition 5.1. Soit f une forme bilinéaire symétrique sur un K-espace vectoriel E de dimension n , $(e_i)_i$ une base de E est dite *orthogonale* (resp. *orthonormale*) si $f(e_i,e_j)=0$ pour tout $i\neq j$ (resp. $f(e_i,e_j)=\delta_{ij}$ pour tout i,j) . La matrice de f dans une base orthogonale est diagonale (resp. I_n si $n=\dim E$) .

Théorème 5.2. *Soient K un corps commutatif avec* $\operatorname{car} K\neq 2$, *f une forme bilinéaire symétrique sur un K-espace vectoriel E de dimension n ,* $r=\operatorname{rang} f$. *Alors il existe une base $(e_i)_i$ de E telle que $f(e_i,e_j)=0$ pour tout $i\neq j$, $f(e_i,e_i)\neq 0$ pour $1\leq i\leq r$, $f(e_i,e_i)=0$ pour $r+1\leq i\leq n$.*

Démonstration Si $f=0$, toute base convient. Si $f\neq 0$, il existe $e_1\in E$ tel que $f(e_1,e_1)\neq 0$; en effet la forme quadratique est nulle si et seulement si la forme bilinéaire est nulle. Ainsi la forme linéaire φ définie par $\varphi(x)=f(x,e_1)$ pour tout $x\in E$, est non nulle, il suit que $\dim_K\ker\varphi=\dim_K E-1$ et

$\ker\varphi = (Ke_1)^\perp$ et on a $Ke_1 \cap (Ke_1)^\perp = \{0\}$, donc $E = Ke_1 \oplus (Ke_1)^\perp$. Par récurrence sur la dimension $(Ke_1)^\perp$ admet une base orthogonale $(e_2, e_3, \dots, e_n)$. Ainsi $(e_1, e_2, \dots, e_n)$ est une base orthogonale de E.

Théorème 5.3. *(décomposition en somme de carrés, l'algorithme de* Gauss*)*

Soit K un corps commutatif (avec $\mathrm{car} K \neq 2$ *).*

1) *Soit $P(X_1, X_2, \dots, X_n) \in K[X_1, X_2, \dots, X_n]$ un polynôme homogène de degré* 2. *Alors il existe $Q_1, Q_2, \dots, Q_n \in K[X_1, X_2, \dots, X_n]$ homogènes de degré* 1, $a_1, a_2, \dots, a_n \in K$ *avec $P = \sum_{i=1}^{n} a_i Q_i^2$ et de plus $(Q_1, Q_2, \dots, Q_n)$ est une famille libre du K-espace vectoriel $K[X_1, X_2, \dots, X_n]$.*

Si K est algébriquement clos, on peut choisir $a_i \in \{0, 1\}$. Si $K = \mathbb{R}$ on peut choisir $a_i \in \{0, 1 - 1\}$. Si $\mathcal{S}$ est un système de représentants de $\frac{K^\times}{K^{\times 2}}$, *on peut choisir $a_i \in \{0\} \cup \mathcal{S}$.*

2) *Soient E un K-espace vectoriel de dimension n, $(e_1, e_2, \dots, e_n)$ une base de E, q la forme quadratique telle que $q(\sum_{j=1}^{n} x_j e_j) = P(x_1, x_2, \dots, x_n)$, où P est le polynôme homogène de degré* 2 *défini en* 1). *Soit $P = \sum_{i=1}^{n} a_i Q_i^2$ la décomposition de* 1) *avec $Q_i(X_1, X_2, \dots, X_n) = \sum_{j=1}^{n} u_{ji} X_j$. Soit $(f_1, f_2, \dots, f_n)$ la base définie par $e_j = \sum_{i=1}^{n} u_{ji} f_i$, $1 \leq j \leq n$. Alors on a $q(\sum_{i=1}^{n} y_i f_i) = \sum_{i=1}^{n} a_i y_i^2$ et $(f_1, f_2, \dots, f_n)$ est une base orthogonale pour q.*

Le nombre de i avec $a_i \neq 0$ est le rang de q.

Démonstration (algorithme de Gauss*)*

α) *Il existe dans P un terme carré dont le coefficient est non nul.* A un changement d'indices près, on a $P(X_1, X_2, \dots, X_n) = aX_1^2 + 2X_1A + B$ où $a \neq 0$, $A, B \in K[X_2, X_3, \dots, X_n]$ sont homogènes, $\mathrm{degré} A = 1$ ou $-\infty$, $\mathrm{degré} B = 2$ ou $-\infty$. Il suit que $P = a(X_1 + \frac{A}{a})^2 + B - \frac{A^2}{a}$.

Si $B - \frac{A^2}{a} \neq 0$, par récurrence sur le nombre de variables, on a $B - \frac{A^2}{a} = a_2 Q_2^2 + \dots + a_n Q_n^2$ où $Q_i \in K[X_2, X_3, \dots, X_n]$ est homogène de degré 1 ; de plus la famille $(Q_2, Q_3, \dots, Q_n)$ est libre . Si $B-\frac{A^2}{a}=0$, on a $B-\frac{A^2}{a}=a_2Q_2^2+\dots+a_nQ_n^2$ avec $a_i=0$ pour $i\geq 2$ et $Q_i\in X_i$ pour $i\geq 2$. On pose alors $a=a_1$, $Q_1=X_1+\frac{A}{a}$. Alors on a $P=a_1Q_1^2+a_2Q_2^2+\dots+a_nQ_n^2$ et on montre que la famille $(Q_1, Q_2, \dots, Q_n)$ est libre en écrivant la matrice de $(Q_1, Q_2, \dots, Q_n)$ dans la base $(X_1, X_2, \dots, X_n)$.

β) *Il n'y a pas de facteurs carrés.* A un changement d'indices près, on a $P=aX_1X_2+X_1A+X_2B+C$, avec $a\neq 0$, $A, B, C\in K[X_3, X_4, \dots, X_n]$ sont homogènes, degré$A=1$ ou $-\infty$, degré$B=1$ ou $-\infty$, degré$C=2$ ou $-\infty$. On peut aussi écrire $P=a(X_1+\frac{B}{a})(X_2+\frac{A}{a})+C-\frac{AB}{a}$.

Si $C-\frac{AB}{a}\neq 0$, par récurrence sur le nombre de variables on a $C-\frac{AB}{a}=a_3Q_3^2+\dots+a_nQ_n^2$, avec $Q_3, \dots, Q_n\in K[X_3, X_4, \dots, X_n]$ homogènes de degré 1 ; de plus $(Q_3, \dots, Q_n)$ est une famille libre. Si $C-\frac{AB}{a}=0$, on a $C-\frac{AB}{a}=a_3Q_3^2+\dots+a_nQ_n^2$ avec $a_i=0$ pour $i\geq 3$ et $Q_i\in X_i$ pour $i\geq 3$.

Ensuite on a $(X_1+\frac{B}{a})(X_2+\frac{A}{a})=Q_1^2-Q_2^2$ avec $Q_1=\frac{1}{2}(X_1+X_2+\frac{A}{a}+\frac{B}{a})$, $Q_2=\frac{1}{2}(X_1-X_2+\frac{B}{a}-\frac{A}{a})$ et on pose $a_1=a$, $a_2=-a$. Alors $P=a_1Q_1^2+a_2Q_2^2+\dots+a_nQ_n^2$ et on montre que la famille $(Q_1, Q_2, \dots, Q_n)$ est libre en écrivant la matrice de $(Q_1, Q_2, \dots, Q_n)$ dans la base $(X_1, X_2, \dots, X_n)$.

γ) On vérifie facilement que $\sum_{j=1}^{n} x_je_j=\sum_{i=1}^{n} Q_i(x)f_i$. Ainsi $q(\sum_{j=1}^{n} x_je_j)=\sum_{i=1}^{n} a_i\,Q_i(x)^2$, montre que $q(\sum_{i=1}^{n} y_if_i)=\sum_{i=1}^{n} a_iy_i^2$; en effet comme $(Q_1, Q_2, \dots, Q_n)$ est une famille libre, il suit que pour tout $(y_1, y_2, \dots, y_n)\in K^n$, il existe un unique $x=(x_1, x_2, \dots, x_n)\in K^n$ avec $y_i=Q_i(x)$.

Remarque 5.4. Si $K=\mathbb{R}$, soient s le nombre de i tels que $a_i>0$, t le nombre de i tels que $a_i<0$, alors (s,t) est la signature de q (*C*.1.1.) .

Remarque 5.5. Dans le cas de l'exemple 1.7. , il y a de nombreuses études dans la recherche de famille orthogonales qui sont des polynômes (les "polynômes orthogonaux" C.10.2.).

6. Espaces quadratiques, homomorphismes

Définition 6.1. Un *espace quadratique* est un couple (E,f) où E est un espace vectoriel , f une forme bilinéaire symétrique sur E . Un *homomorphisme* g entre deux espaces quadratiques (E,f) et (E',f') est une application linéaire $g:E\to E'$ telle que $f'(g(x),g(y))=f(x,y)$ pour tout $x,y\in E$. Un *isomorphisme* est un homomorphisme bijectif. Si deux espaces quadratiques (E,f) et (E',f') sont isomorphes, on dit aussi qu'ils sont *isométriques.* Soit $(e_i)_i$ une base de E , alors une application linéaire $g:E\to E'$ est un homomorphisme d'espaces quadratiques si et seulement si $f'(g(e_i),g(e_j))=f(e_i,e_j)$ pour tout i,j . Soient E un espace vectoriel, f et f' deux formes bilinéaires symétriques sur E , on dit que f et f' sont *équivalentes* si les espaces quadratiques (E,f) et (E,f') sont isométriques.

6.2. Représentation matricielle Cela se traduit en termes matriciels. Soient E un K-espace vectoriel de dimension n , $(e_1,e_2,\dots,e_n)$ une base , f,f' deux formes bilinéaires symétriques sur E , $M=\mathrm{Mat}(f;e_i)$, $M'=\mathrm{Mat}(f';e_i)$. Alors (E,f) est isomorphe à (E,f') si et seulement si il existe $S\in G\ell_n(K)$ tel que $M'={}^tSMS$; i.e. que M et M' sont congruentes (2.2.). On dit aussi que f et f' sont *équivalentes* si (E,f) et (E,f') sont isomorphes.

6.3. Polynômes de degré 2 équivalents Soient K un corps commutatif avec $\mathrm{car}K\neq 2$, $P,P'\in K[X_1,X_2,\dots,X_n]$ deux polynômes homogènes de degré 2 , $\hat{P},\hat{P}'$ les formes quadratiques associées sur K^n selon 2.3. , alors on dit que P et P' sont *équivalents* si $(K^n,\hat{P})$ et $(K^n,\hat{P}')$ sont isométriques ; cela veut dire qu'il existe $S\in G\ell_n(K)$ tel que $P'(x)=P(Sx)$ pour tout $x\in K^n$. Si $S=[\,s_{ij}\,]$, par 2.2. cela veut aussi dire que $P'(X_1,X_2,\dots,X_n)=P(s_{11}X_1+\dots+s_{1n}X_n,\dots,s_{n1}X_1+\dots+s_{nn}X_n)$, ou encore que P' se déduit de P par un changement linéaire homogène de variables.

Proposition 6.4. *Soit $g:(E,f)\to(E',f')$ un homomorphisme entre espaces quadratiques, avec f non dégénéré. Alors g est injectif.*

Proposition 6.5. *Soient (E,f) un espace quadratique, G_1, G_2 deux supplémentaires de $E^{\perp}$ dans E, u la restriction à G_1 de la projection de E sur G_2 parallèlement à $E^{\perp}$. Alors u est une isométrie de $(G_1, f|_{G_1 \times G_1})$ sur $(G_2, f|_{G_2 \times G_2})$; bien entendu $(G_i, f|_{G_i \times G_i})$ est non dégénéré.*

Remarque 6.6. Cette proposition veut dire que la somme $E = E^{\perp} \oplus G_i$ est une décomposition essentiellement "canonique" en un espace quadratique nul et un espace quadratique non dégénéré.

7. Le groupe orthogonal

Définition 7.1. Soit f une forme bilinéaire symétrique non dégénérée sur un espace vectoriel E. On appelle *automorphisme orthogonal* relativement à f, tout automorphisme u de E tel que $f(u(x), u(y)) = f(x, y)$ pour tout $x, y \in E$; i.e. tout automorphisme de l'espace quadratique (E,f). Soit $(e_i)_i$ une base de E, alors une application linéaire $u: E \to E$ est un automorphisme orthogonal si et seulement si $f(u(e_i), u(e_j)) = f(e_i, e_j)$ pour tout i, j.

Le sous-ensemble de $G\ell(E)$ des automorphismes orthogonaux est un sous-groupe de $G\ell(E)$ appelé le *groupe orthogonal de f* et noté $O(f)$.

Soient E un K-espace vectoriel de dimension finie, $(e_i)_i$ une base de E, f une forme bilinéaire symétrique non dégénérée sur E, $M = \mathrm{Mat}(f, e_i)$, $u \in G\ell(E)$, $U = \mathrm{Mat}(u, e_i)$. Alors on a $u \in O(f)$ si et seulement si ${}^tUMU = M$. Ainsi pour $u \in O(f)$ on a $\det u \in \{1, -1\}$.

Soient $u \in O(f)$ et x un vecteur propre de u, *non isotrope*, alors on a $u(x) = \varepsilon x$ avec $\varepsilon = \pm 1$; cela peut être faux si x est isotrope (voir le plan hyperbolique 12.7.).

Exemple 7.2. *symétrie ou réflexion par rapport à un hyperplan non isotrope*

Soient K un corps commutatif avec $\mathrm{car} K \neq 2$, (E,f) un espace quadratique de dimension finie, $a \in E$ *non isotrope* et $\sigma_a : E \to E$ défini par $\sigma_a(x) := x - 2\dfrac{f(x,a)}{f(a,a)}a$.
Alors $\sigma_a(a) = -a$ et $\sigma_a(x) = x$ pour $x \in (Ka)^{\perp}$. En considérant une base orthogonale $(e_1, e_2, \dots, e_n)$ avec $e_1 = a$, cela montre que $\sigma_a \in O(f)$ et que $\det \sigma_a = -1$. L'automorphisme σ_a est appelé *symétrie orthogonale d'hyperplan* $(Ka)^{\perp}$; on dit aussi *réflexion d'hyperplan* $(Ka)^{\perp}$. Clairement σ_a est une involution, i.e. $(\sigma_a)^2 = \mathbb{1}_E$.

Définition 7.3. (et **proposition**) Soient K un corps commutatif avec $\operatorname{car} K \neq 2$, le sous-groupe de $O(f)$ des automorphismes orthogonaux de déterminant 1 est un sous-groupe distingué d'indice 2 , appelé le *groupe spécial orthogonal,* ou le *groupe des rotations* et noté $SO(f)$ et par 7.2. , l'homomorphisme dét induit l'isomorphisme $\frac{O(f)}{SO(f)} \simeq \{1, -1\}$.

8. Formes bilinéaires symétriques en dimension 2 (les isotropes)

Définition 8.0. Soient E un K-espace vectoriel, f une forme bilinéaire symétrique sur E . Alors l'ensemble des vecteurs isotropes pour f s'appelle le *cône isotrope* de f ; on le note souvent Cône isotrope de f . Bien entendu Cône isotrope de f est stable par la multiplication par les éléments de K .

Proposition 8.1. (et **définition**) *Soient K un corps commutatif avec* $\operatorname{car} K \neq 2$, *E un K-espace vectoriel de dimension 2 , f une forme bilinéaire symétrique sur E , non dégénérée, $e_1 \in E - \{0\}$ un vecteur isotrope. Alors il existe une base (e_1, e_2) de E telle que $f(e_1, e_1) = f(e_2, e_2) = 0$, $f(e_1, e_2) = 1$. D'autre part $Ke_1 \cup Ke_2$ est l'ensemble des vecteurs isotropes de E .* Un tel plan vectoriel s'appelle un *plan hyperbolique. Il suit de cela que deux plans hyperboliques sont isomorphes comme espaces quadratiques.*

Un plan (P, f) est hyperbolique si et si seulement il admet une base orthogonale (e'_1, e'_2) avec $f(e'_1, e'_1) = 1$, $f(e'_2, e'_2) = -1$; il suffit de poser $e'_1 = \frac{1}{2} e_1 + e_2$, $e'_2 = \frac{1}{2} e_1 - e_2$, où (e_1, e_2) est une base avec $f(e_1, e_1) = f(e_2, e_2) = 0$, $f(e_1, e_2) = 1$.

Démonstration On a donc $E = Ke_1 \oplus Ke$, comme f n'est pas dégénéré, on a $f(e_1, e) \neq 0$; ainsi il existe $\lambda \in K$, unique tel que $\lambda e_1 + e$ soit isotrope.

Proposition 8.2. *Soient K un corps commutatif avec* $\operatorname{car} K \neq 2$, $\psi \neq 0$ *une forme bilinéaire symétrique sur un espace vectoriel E de dimension 2 . Alors on a exactement les possibilités suivantes.*

1) *Le rang de ψ est 2* ; i.e. ψ est non dégénéré ; i.e. $E^{\perp} = \{0\}$

1.1) Cône isotrope de $\psi = \{0\}$.

1.2) Cône isotrope de $\psi \neq \{0\}$. *Alors il existe une base (e, f) de E telle que*

$\psi(e,e)=\psi(f,f)=0$, $\psi(e,f)=1$ *et* Cône isotrope de $\psi=Ke\cup Kf$; *c'est le cas où* E *est un plan vectoriel hyperbolique.*
2) *Le rang de* ψ *est* 1 ; i.e. $\dim E^{\perp}=1$. *Alors on a une base* (e,f) *de* E *avec* $\psi(e,e)=\psi(e,f)=0$, $\psi(f,f)\neq 0$ *et* Cône isotrope de $\psi=Ke=E^{\perp}$.

Démonstration 1.2). C'est 8.1. .
2) Si $\operatorname{rang}\psi=1$, on a $E^{\perp}=Ke$. Les seuls isotropes sont les éléments de Ke ; sinon on aurait $\psi=0$.

9. Formes bilinéaires en dimension 3 (isotropes)

Proposition 9.1. *Soient* K *un corps commutatif avec* $\operatorname{car}K\neq 2$, $\psi\neq 0$, *une forme bilinéaire symétrique sur un espace vectoriel* E *de dimension* 3 . *On a exactement les possibilités suivantes.*
1) *Le rang de* ψ *est* 3 ; i.e. ψ *est non dégénéré* ; i.e. $E^{\perp}=\{0\}$
1.1) Cône isotrope de $\psi=\{0\}$.
1.2) Cône isotrope de $\psi\neq\{0\}$. *Alors il existe une base* (e,f,g) *de* E *avec* $\psi(e,e)=\psi(f,f)=\psi(e,g)=\psi(f,g)=0$, $\psi(g,g)=a\neq 0$, $\psi(e,f)=-\frac{1}{2}a$
On a Cône isotrope de $\psi=Ke\cup\{\bigcup_{\lambda\in K^{\times}}K(\lambda e+\frac{1}{\lambda}f+g)\}\cup Kf.$
2) *Le rang de* ψ *est* 2 ; i.e. $\dim E^{\perp}=1$.
2.1) Cône isotrope de $\psi=E^{\perp}$.
2.2) Cône isotrope de $\psi\supsetneqq E^{\perp}$. *Alors il existe un base* (e,f,g) *de* E *avec* $\psi(e,e)=\psi(f,f)=\psi(g,g)=\psi(e,f)=\psi(e,g)=0$, $\psi(f,g)\neq 0$.
On a Cône isotrope de $\psi=(Ke\oplus Kf)\cup(Ke\oplus Kg)$.
3. *Le rang de* F *est* 1 ; i.e. $\dim E^{\perp}=2$. *Alors on a une base* (e,f,g) *de* E *avec* $\psi(e,e)=\psi(f,f)=\psi(e,f)=\psi(e,g)=\psi(f,g)=0$ et $\psi(g,g)\neq 0$. *On a* Cône isotrope de $\psi=Ke\oplus Kf=E^{\perp}$.

Démonstration 1.2) Soit $e\neq 0$ isotrope, on a $(Ke)^{\perp}=Ke\oplus Kg$. L'élément g n'est pas isotrope ; sinon ψ serait nul sur $Ke\oplus Kg$ et on aurait $\dim(Ke\oplus Kg)+\dim(Ke\oplus Kg)^{\perp}\geq 4$ ce qui est impossible (théorème 4.2.) . D'autre part, on a $(Kg)^{\perp}=Ke\oplus Kh$, comme g est non isotrope la restriction de ψ à $Ke\oplus Kh$ est non dégénérée (corollaire 4.5.) . Comme le plan

$Ke\oplus Kh$ contient un vecteur isotrope e, la proposition 8.1. dit qu'il existe une base (e,f) avec $\psi(e,e)=\psi(f,f)=0$, $\psi(e,f)=-\frac{1}{2}a$ où $a=\psi(g,g)\neq 0$; d'autre part on a bien $\psi(e,g)=\psi(f,g)=0$. Ceci montre l'existence d'une base (e,f,g) avec les propriétés voulues. La détermination du cône isotrope est élémentaire.
2.2) On a $E^{\perp}=Ke$, de plus il existe $f\notin E^{\perp}$ qui est isotrope. On peut compléter (e,f) en une base (e,f,g) . Alors la restriction de ψ à $Kf\oplus Kh$ est non dégénérée ; sinon on aurait $e_1\in Kf\oplus Kh$, orthogonal à f et h , ainsi $e,e_1\in E^{\perp}$, ce qui contredit $\operatorname{rang}\psi=2$. Comme ψ est non dégénéré sur $Kf\oplus Kh$, comme f est isotrope, il existe $g\in Kf\oplus Kh$ avec $\psi(g,g)=0$, $\psi(f,g)=1$ et $Kf\oplus Kh=Kf\oplus Kg$ (proposition 8.1.) .
3) On a $E^{\perp}=Ke\oplus Kf$, on complète (e,f) en une base (e,f,g) de E ; on a bien $\psi(g,g)\neq 0$ parce que $\dim E^{\perp}=2$.

10. Espaces hyperboliques, espaces définis

Définitions 10.1. Soient K un corps commutatif avec $\operatorname{car} K\neq 2$, un *K-espace hyperbolique* est un K-espace quadratique (E,f) de dimension finie, qui est somme directe orthogonale de plans hyperboliques. Ainsi un espace hyperbolique E est de dimension paire et il contient un sous-espace totalement isotrope maximal de dimension $\frac{1}{2}\dim E$. En plus, un espace hyperbolique est non dégénéré.

Un K-espace vectoriel E muni d'une forme bilinéaire symétrique f est dit *défini* si $\{0\}$ est le seul vecteur isotrope de E ; cet espace est donc non dégénéré.

Un K-espace quadratique (E,f) est hyperbolique si et seulement si il admet une base $(e_1,e_2,\dots,e_p,g_1,g_2,\dots,g_p)$ avec
$f(e_i,e_j)=f(e_i,g_j)=f(g_i,g_j)=0$ pour $i\neq j$, $f(e_i,e_i)=f(g_i,g_i)=0$, $1=f(e_i,g_i)$ pour tout i ; on peut aussi dire si et seulement si il existe une base orthogonale $(e_1,e_2,\dots,e_{2p})$ avec $1=f(e_i,e_i)=-f(e_{p+i},e_{p+i})$, $1\leq i\leq p$. Il suit de cela que deux espaces hyperboliques de même dimension sont isomorphes comme espaces quadratiques.

Exemple 10.2. Soient E un $\mathbb{R}$-espace vectoriel de dimension finie n , f une forme bilinéaire symétrique sur E . Alors (E,f) est un espace hyperbolique si et seulement si $n=2p$ et si (p,p) est la signature de f (C.1.1.) . L'espace (E,f) est défini si et seulement si la signature de f est $(n,0)$ ou $(0,n)$.

Proposition 10.3. *Soient K un corps commutatif avec* $\operatorname{car} K \neq 2$, *E un K-espace vectoriel de dimension finie, f une forme bilinéaire symétrique sur E , non dégénérée, F un sous-espace vectoriel, $F_0 := F \cap F^{\perp}$, G un supplémentaire de F_0 dans F , on a donc $F = F_0 \overset{\perp}{\oplus} G$, soient $(w_1, w_2, \ldots, w_s)$ une base de F_0 . Alors il existe $v_1, v_2, \ldots, v_s \in E$ tels que $Kw_i + Kv_i$ soit un plan hyperbolique pour $1 \leq i \leq s$, que $F' := (Kw_1 + Kv_1) + \ldots + (Kw_s + Kv_s) + G$ soit une somme directe orthogonale. En plus F' est non dégénéré.*

En d'autres termes F_0 est un sous-espace totalement isotrope d'un espace hyperbolique H avec $\dim H = 2 \dim F_0$ et H est en somme directe orthogonale avec G qui est non dégénéré.

Démonstration α) *On a G non dégénéré.* Si $g \in G \cap G^{\perp}$, on a g orthogonal à F_0 et G , donc g orthogonal à F ; or $g \in G \subset F$, ce qui montre que $g \in F^{\perp} \cap F = F_0$, comme $g \in G$, on a bien $g = 0$ puisque $F_0 \cap G = \{0\}$. Ainsi G est non dégénéré.

β) *Il existe un plan hyperbolique $P_1 = Kw_1 + Kv_1$ avec $Kw_2 + \ldots + Kw_s + G \subset P_1^{\perp}$* . Comme $Kw_1 + Kw_2 + \ldots + Kw_s + G \supsetneqq Kw_2 + \ldots + Kw_s + G$, il existe $v_1 \in (Kw_2 + \ldots + Kw_s + G)^{\perp}$ et $v_1 \notin (Kw_1 + Kw_2 + \ldots + Kw_s + G)^{\perp}$. Il suit que $v_1 \notin Kw_1$ (parce que w_1 est isotrope) ; ainsi $Kw_1 + Kv_1$ est un plan, il est non dégénéré parce que $f(w_1, v_1) \neq 0$ et il est donc hyperbolique par la proposition 8.1. . Comme w_1 et v_1 sont orthogonaux à $Kw_2 + \ldots + Kw_s + G$, on a $Kw_2 + \ldots + Kw_s + G \subset P_1^{\perp}$ avec $P_1 := Kw_1 + Kv_1$.

γ) On a donc $E = P_1 \overset{\perp}{\oplus} P_1^{\perp}$. Soit $F'' := Kw_2 + \ldots + Kw_s + G$, facilement $F'' \cap F''^{\perp} = Kw_2 + \ldots + Kw_s$ parce que G est non dégénéré. Comme P_1 est non dégénéré, il en est de même de $P_1^{\perp}$; par ailleurs $F'' \cap F''^{\perp} = F'' \cap F''^{\perp} \cap P_1^{\perp} = Kw_2 + \ldots + Kw_s$. Il suit de α) que la proposition est satisfaite pour tout sous-espace F avec $\dim(F^{\perp} \cap F) = 0$, quel que soit l'espace E avec $F \subset E$. On suppose maintenant la proposition satisfaite pour tout sous-espace F avec $\dim(F^{\perp} \cap F) < s$, quel que soit l'espace E avec $F \subset E$. Appliquant cela pour $F'' \subset P_1^{\perp}$, il existe $v_2, v_3, \ldots, v_s \in P_1^{\perp}$ de façon que $Kw_i + Kv_i$ soit un plan hyperbolique et que la somme $(Kw_2 + Kv_2) + \ldots + (Kw_s + Kv_s) + G$ soit directe orthogonale et que $(Kw_2 + Kv_2) + \ldots + (Kw_s + Kv_s) + G$ soit non dégénéré. Il suit alors que $F' := (Kw_1 + Kv_1) + \ldots + (Kw_s + Kv_s) + G$ est une somme directe orthogonale. En plus F' est non dégénéré.

Corollaire 10.4. *Soient K un corps commutatif avec* $\operatorname{car} K \neq 2$, *E un K-espace vectoriel de dimension finie, f une forme bilinéaire symétrique sur E , non dégénérée, W un sous-espace vectoriel totalement isotrope maximal. Alors* $2 \dim W \leq \dim E$, *W est sous-espace d'un sous-espace H de E qui est hyperbolique de dimension* $2 \dim W$. *En plus $H^{\perp}$ est défini et on a* $E = H \overset{\perp}{\oplus} H^{\perp}$.

Démonstration En posant $F = W$, la proposition 10.3. montre l'existence de H avec $2 \dim W = \dim H$; comme H est non dégénéré on a $E = H \overset{\perp}{\oplus} H^{\perp}$. Montrons que $H^{\perp}$ est défini, soit $x \in H^{\perp}$ isotrope, alors $W + Kx$ est totalement isotrope puisque $x \in W^{\perp}$, il suit de la maximalité de W que $x = 0$. Enfin $\dim W + \dim W^{\perp} = \dim E$ et $W \subset W^{\perp}$ impliquent $2 \dim W \leq \dim E$.

Remarque 10.5. Supposons K algébriquement clos, si $\dim E$ est pair on a $H^{\perp} = \{0\}$, si $\dim E$ est impair on a $\dim H^{\perp} = 1$.

Remarque 10.6. Le théorème de Witt ci-après (11.1.) montre l'unicité de la décomposition $E = H \overset{\perp}{\oplus} H^{\perp}$, aux automorphismes orthogonaux de E près.

11. Le théorème de Witt ; sous-espaces totalement isotropes maximaux

Théorème 11.1. (de Witt) *Soient K un corps commutatif avec* $\operatorname{car} K \neq 2$, *E un espace vectoriel de dimension finie muni d'une forme bilinéaire symétrique non dégénérée f , F et F' deux sous-espaces vectoriels de E ,*
$\sigma : (F, f|_{F \times F}) \to (F', f|_{F' \times F'})$ *un isomorphisme d'espaces quadratiques* (6.1.). *Alors σ se prolonge en un automorphisme orthogonal de* (E, f) .

Démonstration α.1) *Il existe* $F \subset F_1 \subset E$, $F' \subset F_1' \subset E$, *un isomorphisme* $\sigma_1 : (F_1, f|_{F_1 \times F_1}) \to (F_1', f|_{F_1' \times F_1'})$ *qui prolonge* σ *avec* $(F_1, f|_{F_1 \times F_1})$, $(F_1', f|_{F_1' \times F_1'})$ *non dégénérés et* $\dim F_1 = \dim(F \cap F^\perp) + \dim F$ *; si* $F = F'$ *on peut choisir* $F_1 = F_1'$.

Soient $F_0 = F \cap F^\perp$, G un supplémentaire de F_0 dans F , $F = F_0 \overset{\perp}{\oplus} G$, il suit que $\sigma(F_0) = F' \cap F'^\perp$, que $\sigma(G)$ est un supplémentaire de $\sigma(F_0)$ dans F' . Soit $(w_1, w_2, \ldots, w_s)$ une base de F_0 , donc $(w_1', w_2', \ldots, w_s')$ est une base de $\sigma(F_0)$, avec $w_i' = \sigma(w_i)$, pour $1 \le i \le s$. Par la proposition 10.3. , il existe des plans hyperboliques $P_i \ni w_i$ avec $F \subset (\overset{\perp}{\bigoplus_i} P_i) \overset{\perp}{\oplus} G$; de même il existe des plans hyperboliques $P_i' \ni w_i'$ avec $F' \subset (\overset{\perp}{\bigoplus_i} P_i') \overset{\perp}{\oplus} \sigma(G)$. Par la proposition 8.1., P_i admet une base (w_i, t_i) avec $f(w_i, w_i) = f(t_i, t_i) = 0$, $f(w_i, t_i) = 1$, de même P_i' admet une base (w_i', t_i') avec $f(w_i', w_i') = f(t_i', t_i') = 0$, $f(w_i', t_i') = 1$. L'application linéaire $\sigma_i : P_i \to P_i'$ définie par $\sigma_i(w_i) = w_i'$, $\sigma_i(t_i) = t_i'$ est un isomorphisme d'espaces quadratiques. Elles induisent un isomorphisme d'espace quadratique $\tau : (\bigoplus_i P_i) \oplus G \to (\bigoplus_i P_i') \oplus \sigma(G)$ par $\tau(\sum_{i=1}^{s} p_i + g) = \sum_{i=1}^{s} \sigma_i(p_i) + \sigma(g)$. Clairement τ prolonge σ et $F_1 := (\bigoplus_i P_i) \oplus G$ et $F_1' := (\bigoplus_i P_i') \oplus \sigma(G)$ sont non dégénérés (proposition 10.3.) .

α.2) *Si* $F = F'$ *on peut choisir* $F_1 = F_1'$. En effet par α.1) on a $F \subset F_1$ avec F_1 non dégénéré et de plus $\sigma(F) = F' = F \subset F_1$. Ainsi α.1) appliqué à σ et aux sous-espaces F , $F' = F$ de l'espace non dégénéré F_1 montre que $F_1' = F_1$ pour des raisons de dimension.

β) *On suppose que* $\dim F = 1$. Si $F = F'$, par α) , σ se prolonge en σ_1 à $F_1 \supset F$ avec F_1 non dégénéré. Alors $E = F_1 \overset{\perp}{\oplus} F_1^\perp$, ainsi on prolonge σ_1 par l'identité sur $F_1^\perp$.

Si $2 = \dim(F + F')$ et $F = Ke$, on définit l'application linéaire $\tau : F + F' \to F + F'$ par $\tau(e) = \sigma(e)$, $\tau(\sigma(e)) = e$, c'est un isomorphisme d'espace quadratique. Par α) , τ se prolonge en τ_1 sur $F_1 \supset F + F'$ avec F_1 non dégénéré ; il suffit alors de prolonger τ_1 par l'identité sur $F_1^\perp$.

γ) *On suppose le théorème vrai pour tout espace* F *avec* $\dim F < s$ *et* F *non dégénéré* (quel que soit l'espace $E \supset F$) .

Soit $F \subset E$ avec F non dégénéré et $s = \dim F$, on peut écrire $F = F_1 \overset{\perp}{\oplus} F_2$ avec F_i non dégénéré et $\dim F_i < s$ pour $i = 1, 2$. Soit $\sigma_1 : F_1 \to \sigma(F_1)$ l'isomorphisme d'espace quadratique induit par σ ; par la récurrence, σ_1 se prolonge en un automorphisme orthogonal $\overline{\sigma}_1$ de E. Comme F_1 et F_2 sont orthogonaux, il en est de même de $\sigma(F_1)$ et $\sigma(F_2)$, ainsi $\sigma(F_2) \subset \overline{\sigma}_1(F_1^{\perp})$. Soit $\tau : F_2 \to \overline{\sigma}_1^{-1}\sigma(F_2)$ l'isomorphisme induit par $\overline{\sigma}_1^{-1}\sigma$. En appliquant la récurrence aux sous-espaces F_2, $\overline{\sigma}_1^{-1}\sigma(F_2)$ de $F_1^{\perp}$, il existe un isomorphisme d'espace quadratique $\tau_1 : F_1^{\perp} \to F_1^{\perp}$ qui prolonge τ. Ainsi $\overline{\sigma}_1\tau_1 : F_1^{\perp} \to \overline{\sigma}_1(F_1^{\perp})$ est un isomorphisme d'espace quadratique qui prolonge $\sigma_2 : F_2 \to \sigma(F_2)$. Alors σ_1 et $\overline{\sigma}_1\tau_1$ induisent un automorphisme orthogonal de E qui prolonge σ.

δ) **Le théorème** Par β) et γ) le théorème est vrai lorsque F est non dégénéré. Par α) on peut supposer F non dégénéré. Ainsi le théorème de Witt est montré.

Corollaire 11.2. et définition *Soient K un corps commutatif avec* $\operatorname{car} K \neq 2$, E *un espace vectoriel de dimension finie, f une forme bilinéaire symétrique sur E, non dégénéré.*

1) *Tous les sous-espaces totalement isotropes maximaux de E ont la même dimension ν*. Ce nombre ν s'appelle *l'indice de f* et on a $\nu \leq \frac{1}{2}\dim E$.

2) *Soient F_1, F_2 deux sous-espaces de E isomorphes comme espaces quadratiques, alors il existe un automorphisme orthogonal qui induit un isomorphisme de $F_1^{\perp}$ sur $F_2^{\perp}$.*

3) *Soient $E = H \overset{\perp}{\oplus} D = H' \overset{\perp}{\oplus} D'$* où H (resp. H') *est hyperbolique,* D (resp. D') *est défini. Alors il existe un automorphisme orthogonal σ avec $H' = \sigma(H)$, $D' = \sigma(D)$.*

Démonstration 1) Soient W et W' deux sous-espaces totalement isotropes maximaux. Supposons $\dim W \leq \dim W'$. Soit $\sigma : W \to W'$ une application linéaire injective, ainsi σ induit un isomorphisme d'espaces quadratiques de W sur $\sigma(W)$. Par le théorème de Witt, σ se prolonge en un automorphisme orthogonal $\overline{\sigma}$ de E. Il suit de cela que $\overline{\sigma}^{-1}(W')$ est un espace totalement isotrope contenant W, comme W est maximal on a

$\overline{\sigma}^{-1}(W')=W$ et ainsi $\dim W=\dim W'$. On a $v\leq\frac{1}{2}\dim E$ parce que $W\subset W^{\perp}$.
2) C'est une application immédiate du théorème de Witt.
3) Comme H est hyperbolique, il admet un sous-espace totalement isotrope W maximal dans H avec $\frac{1}{2}\dim H=\dim W$ (définitions 11.1.).
Montrons que W est un sous-espace totalement isotrope maximal de E . Si $W+K(h+d)$ est totalement isotrope avec $h\in H$, $d\in D$, on a alors $f(W,h)=0$ et $f(h+d,h+d)=0$. Comme H est non dégénéré, on a $W^{\perp}\cap H=W$ ainsi $h\in W$. Ainsi $f(h+d,h+d)=0$ veut dire que $f(d,d)=0$, soit $d=0$ puisque D est défini. Cela montre que $h+d\in W$, i.e. W est totalement isotrope maximal. Par 1) cela montre que $\dim H=\dim H'=2v$ où v est l'indice de f . Il existe donc un isomorphisme d'espace quadratique de H sur H' qui se prolonge en un automorphisme orthogonal σ . Comme $D=H^{\perp}$, $D'=H'^{\perp}$, on a bien $H'=\sigma(H)$, $D'=\sigma(D)$.

Exemple 11.3. Soit E un $\mathbb{R}$-espace vectoriel de dimension n , muni d'une forme bilinéaire symétrique f non dégénérée de signature (p,q) avec $p+q=n$ (C.1.1.). Alors $\min(p,q)$ est l'indice de f .

Remarque 11.4. On peut montrer de façon élémentaire que tous les sous-espaces totalement isotropes maximaux ont la même dimension. Soient W et W' deux sous-espaces totalement isotropes avec $\dim W<\dim W'$. Il suffit de montrer que W est strictement inclus dans un sous-espace totalement isotrope. On peut décomposer W et W' en somme directe $W=(W\cap W')\oplus W_1$, $W'=(W\cap W')\oplus W_2$, on a $\dim W_2>\dim W_1$, ainsi il existe $x\in W_2\cap W_1^{\perp}, x\neq 0$. Comme $x\in W_2\subset W'$, il est isotrope, on a $f(x,W\cap W')=0$, $f(x,W_1)=0$, en plus $x\notin W$. Par suite $W+Kx$ est totalement isotrope et $W+Kx\supsetneq W$.

12. Les involutions et des générateurs du groupe orthogonal

Proposition 12.1. *Soient K un corps commutatif avec $\operatorname{car}K\neq 2$, E un K-espace vectoriel, f une forme bilinéaire, symétrique non dégénérée sur E , $u\in O(f)$ un automorphisme orthogonal et $x\in E$ un vecteur propre de u non isotrope. Alors on a* $u(x)=\pm x$; i.e. *les valeurs propres des vecteurs propres non isotropes sont* ± 1 .

Remarque 12.2. L'exemple 12.7., ci-après montre bien que l'hypothèse non isotrope est indispensable.

Proposition 12.3. *Soient K un corps commutatif avec* $\mathrm{car}\,K \neq 2$, *E un espace vectoriel , f une forme bilinéaire symétrique non dégénérée sur E , $u \in O(f)$ un automorphisme involutif,* i.e. $u^2 = 1\!\!1_E$. *Alors les valeurs propres de u appartiennent à $\{1,-1\}$ et les sous-espaces propres associés sont supplémentaires et orthogonaux, donc non isotropes .*

Démonstration Clairement $u(x)=\lambda x$, implique $u^2(x)=\lambda^2 x = x$, i.e. $\lambda = \pm 1$. Ensuite $x=\frac{1}{2}(x+u(x))+\frac{1}{2}(x-u(x))$ montre que les espaces propres sont supplémentaires. Soient $x, y \in E$ avec $u(x)=x$, $u(y)=-y$, $z=x+y$, alors $f(u(z),u(z))=f(z,z)$ implique $f(x,y)=0$.

Exemple 12.4. *symétrie orthogonale hyperplane* C'est l'exemple 7.2. .

Exemple 12.5. *renversement* selon **Dieudonné,** *retournement* selon **Frenkel et Berger** ! Soient E un espace vectoriel de dimension finie , muni d'une forme bilinéaire symétrique non dégénérée f , P un plan vectoriel non isotrope , $r: E \to E$ l'application linéaire définie par $r(x)=-x$ pour $x \in P$ et $r(x)=x$ pour $x \in P^{\perp}$. Alors par une méthode analogue à 7.2. , on montre que $r \in O(f)$ et $\mathrm{dét}\, r = 1$; en plus r est une involution.

Exemple 12.6. Soit E un espace vectoriel de dimension finie , f une forme bilinéaire symétrique, non dégénérée sur E , $(e_1, e_2, \dots, e_n)$ une base orthogonale pour f , $\varepsilon_i \in \{1,-1\}$, $1 \le i \le n$, alors l'application linéaire $u: E \to E$ définie par $u(e_i)=\varepsilon_i e_i$ pour $1 \le i \le n$ est une involution orthogonale ; réciproquement pour toute involution orthogonale v de (E,f) il existe une base orthogonale $(f_1, f_2, \dots, f_n)$, $\varepsilon_i \in \{1,-1\}$ avec $v(f_i)=\varepsilon_i f_i$ pour $1 \le i \le n$. On a $\mathrm{dét}\, u = \varepsilon_1 \varepsilon_2 \dots \varepsilon_n$.

Exemple 12.7. *le groupe orthogonal du plan hyperbolique*

Soit $P = Ke_1 \oplus Ke_2$ le plan hyperbolique avec $f(e_1,e_1)=f(e_2,e_2)=0$, $f(e_1,e_2)=1$. Alors $SO(f)$ est représenté dans la base (e_1,e_2) par

$\left\{ \begin{bmatrix} \lambda & 0 \\ 0 & \lambda^{-1} \end{bmatrix} \mid \lambda \in K^{\times} \right\}$ et $O(f)-SO(f)$ par

$$\left\{ \begin{bmatrix} 0 & \lambda^{-1} \\ \lambda & 0 \end{bmatrix} \mid \lambda \in K^{\times} \right\} = \left\{ \begin{bmatrix} 0 & 1 \\ 1 & 0 \end{bmatrix} \begin{bmatrix} \lambda & 0 \\ 0 & \lambda^{-1} \end{bmatrix} \mid \lambda \in K^{\times} \right\} .$$

Cela montre que $SO(f) \simeq K^{\times}$ est commutatif. En plus si $t \in O(f)-SO(f)$, on a $t^2 = 1\!\!1_P$. De plus les relations $\begin{bmatrix} 0 & 1 \\ 1 & 0 \end{bmatrix} \begin{bmatrix} \lambda & 0 \\ 0 & \lambda^{-1} \end{bmatrix} = \begin{bmatrix} 0 & \lambda^{-1} \\ \lambda & 0 \end{bmatrix}$, $\begin{bmatrix} \lambda & 0 \\ 0 & \lambda^{-1} \end{bmatrix} \begin{bmatrix} 0 & 1 \\ 1 & 0 \end{bmatrix} = \begin{bmatrix} 0 & \lambda \\ \lambda^{-1} & 0 \end{bmatrix}$ montrent que si $t \in O(f) - SO(f)$, si $r \in SO(f)$, on a $trt^{-1} = r^{-1}$. Cela montre que $O(f)$ est commutatif si et seulement si $K = \mathbb{F}_3$; dans ce cas particulier on a $SO(f) \simeq \frac{\mathbb{Z}}{2\mathbb{Z}}$ et $O(f) \simeq \frac{\mathbb{Z}}{2\mathbb{Z}} \times \frac{\mathbb{Z}}{2\mathbb{Z}}$. Si $K \neq \mathbb{F}_3$, le corps à 3 éléments, le centre de $O(f)$ est $\{\pm \mathbb{1}_P\}$ et $SO(f)$ est le centralisateur de $SO(f)$ dans $O(f)$.

Exemple 12.8. *le groupe orthogonal du plan euclidien* (C.4.1.)

Soit $P = \mathbb{R}e_1 \oplus \mathbb{R}e_2$ le plan euclidien avec $1 = f(e_1, e_1) = f(e_2, e_2)$, $0 = f(e_1, e_2)$. Alors $SO(f)$ est représenté dans la base (e_1, e_2) par $\left\{ \begin{bmatrix} \cos\theta & -\sin\theta \\ \sin\theta & \cos\theta \end{bmatrix} \mid \theta \in \mathbb{R} \right\}$, $O(f) - SO(f)$ par $\left\{ \begin{bmatrix} \cos\theta & \sin\theta \\ \sin\theta & -\cos\theta \end{bmatrix} \mid \theta \in \mathbb{R} \right\} = \left\{ \begin{bmatrix} \cos\theta & -\sin\theta \\ \sin\theta & \cos\theta \end{bmatrix} \begin{bmatrix} 1 & 0 \\ 0 & -1 \end{bmatrix} \mid \theta \in \mathbb{R} \right\}$. Cela montre que $SO(f) \simeq \frac{\mathbb{R}}{2\pi\mathbb{Z}}$ est commutatif et que si $t \in O(f) - SO(f)$, $r \in SO(f)$, on a $trt^{-1} = r^{-1}$ et $t^2 = \mathbb{1}_P$. Il suit aussi que $\{\pm \mathbb{1}_P\}$ est le centre de $O(f)$ et que $SO(f)$ est le centralisateur de $SO(f)$ dans $O(f)$.

Exemple 12.9. *le groupe orthogonal d'un plan non dégénéré*

Soient K un corps commutatif avec $\operatorname{car} K \neq 2$, P un plan sur K de base orthogonale (e_1, e_2), on a $f(x_1e_1 + x_2e_2, y_1e_1 + y_2e_2) = a_1x_1y_1 + a_2x_2y_2$ avec $a_1, a_2 \in K - \{0\}$ parce que f est non dégénéré. Cela montre facilement que $SO(f)$ dans la base (e_1, e_2) est représenté par

$$\left\{ \begin{bmatrix} m_1 & -\frac{a_2}{a_1}m_2 \\ m_2 & m_1 \end{bmatrix} \mid a_1m_1^2 + a_2m_2^2 = a_1, m_1, m_2 \in K \right\} \text{ et } O(f) - SO(f) \text{ par}$$

$$\left\{ \begin{bmatrix} m_1 & \frac{a_2}{a_1}m_2 \\ m_2 & -m_1 \end{bmatrix} \mid a_1m_1^2 + a_2m_2^2 = a_1, m_1, m_2 \in K \right\} =$$

$$\left\{ \begin{bmatrix} m_1 & -\frac{a_2}{a_1}m_2 \\ m_2 & m_1 \end{bmatrix} \begin{bmatrix} 1 & 0 \\ 0 & -1 \end{bmatrix} \mid a_1m_1^2 + a_2m_2^2 = a_1 \right\}.$$

Ainsi donc $SO(f)$ est *commutatif.*

Pour tout $t \in O(f) - SO(f)$, on a $t^2 = \mathbb{1}_E$; i.e. t est une symétrie hyperplane orthogonale. Pour tout $t \in O(f) - SO(f)$ et $u \in SO(f)$, on a $tut^{-1} = u^{-1}$. Cela montre facilement que le sous-groupe des carrés de $SO(f)$ est le *sous-groupe engendré par les commutateurs de* $O(f)$.

Un élément $t \in O(f) - SO(f)$ est dans le centralisateur de $SO(f)$ dans $O(f)$ si et seulement si $u^2 = \mathbb{1}_E$ pour tout $u \in SO(f)$, i.e. si $SO(f) = \{\pm \mathbb{1}_E\}$.

Par ailleurs, $SO(f)$ est en bijection avec

$A=\{(m_1,m_2)\in K^2 \mid a_1m_1^2+a_2m_2^2=a_1\}$.

On suppose maintenant que le plan est *défini* (i.e. non hyperbolique). Montrons que l'application $\lambda\longmapsto(\frac{a_2\lambda^2-a_1}{a_2\lambda^2+a_1},\frac{-2a_1\lambda}{a_2\lambda^2+a_1})$ est une bijection de K sur $A-\{(1,0)\}$. Il est clair que l'application est injective, il reste à montrer qu'elle est surjective. Soit $(m_1,m_2)\in K^2-\{(1,0)\}$ avec $a_1m_1^2+a_2m_2^2=a_1$. On pose $\lambda=\frac{m_2}{m_1-1}$, ainsi on a $a_1(m_1-1+1)^2+a_2\lambda^2(m_1-1)^2=a_1$. Comme $m_1-1\neq 0$, on a donc $m_1-1=\frac{-2a_1}{a_2\lambda^2+a_1}$, d'où $m_1=\frac{a_2\lambda^2-a_1}{a_2\lambda^2+a_1}$; il suit que $m_2=\frac{-2a_1\lambda}{a_2\lambda^2+a_1}$. En particulier si P est défini sur un corps fini, on a $\operatorname{card}O(f)=2(\operatorname{card}K+1)$

En conclusion, le centre de $O(f)$ est $\{\pm 1\!\!1_P\}$ sauf si P est le plan hyperbolique sur $\mathbb{F}_3$, auquel cas $O(f)$ est commutatif (exemple 12.7.). De plus $SO(f)$ est le centralisateur de $SO(f)$ dans $O(f)$, *sauf* si P est le plan hyperbolique sur $\mathbb{F}_3$, auquel cas c'est $O(f)$.

Théorème 12.10. *Soient K un corps commutatif avec $\operatorname{car}K\neq 2$, E un K-espace vectoriel de dimension n, f une forme bilinéaire symétrique, non dégénérée sur E, $u\in O(f)$. Alors u est produit de symétries orthogonales hyperplanes σ_i, $u=\sigma_1\sigma_2\ldots\sigma_p$ et on peut choisir $p\leq n$.*

Démonstration A) Existence de la décomposition

A. α) Soit x non isotrope, alors $u(x)-x$ ou $u(x)+x$ est non isotrope. En effet, *si* $f(u(x)-x\,,u(x)-x)=0=f(u(x)+x\,,u(x)+x)$, on déduit que $f(x,x)-f(u(x),x)=0$ et $f(x,x)+f(u(x),x)=0$ et donc $f(x,x)=0$; ce qui est impossible.

A. β) Si $u(x)-x$ (resp. $u(x)+x$) *est non isotrope il existe une symétrie orthogonale hyperplane σ_1* (resp. *deux symétries orthogonales hyperplanes σ_1, σ_2*) *avec $\sigma_1u(x)=x$* (resp. $\sigma_1\sigma_2u(x)=x$) ; *on suppose toujours x non isotrope*.

Supposons $a:=u(x)-x$ non isotrope, soit σ_a la symétrie d'hyperplan $(Ka)^\perp$. On a $\sigma_a(u(x)-x)=-(u(x)-x)$ et comme $f(u(x)-x,u(x)+x)=0$, on a $\sigma_a(u(x)+x)=u(x)+x$; il suit de ces deux égalités que $\sigma_a u(x)=x$.

Supposons $b:=u(x)+x$ non isotrope, soit σ_b la symétrie d'hyperplan $(Kb)^\perp$, on montre de même que $\sigma_b u(x)=-x$. Soit σ_x la symétrie d'hyperplan $(Kx)^\perp$, on a donc $\sigma_x\sigma_b u(x)=x$.

A. γ) L'automorphisme u est produit de symétries hyperplanes. Soit $v=\sigma_1 u$ (resp. $\sigma_1\sigma_2 u$) l'automorphisme orthogonal défini par *A. β*), on a donc

$v(x)=x$. Soit v_1 l'automorphisme orthogonal de $(Kx)^{\perp}$ induit par v , comme $(Kx)^{\perp}$ est non dégénéré, on peut supposer par récurrence sur la dimension de E que $v_1=s_1 s_2 \ldots s_r$ où s_i est une symétrie orthogonale hyperplane de $(Kx)^{\perp}$. Comme s_i se prolonge en une symétrie orthogonale hyperplane $\tilde{s}_i$ de E par $\tilde{s}_i(x)=x$, on a $v=\tilde{s}_1\tilde{s}_2\ldots\tilde{s}_r$ et donc $u=\sigma_1\tilde{s}_1\tilde{s}_2\ldots\tilde{s}_r$ (resp. $v=\sigma_1\sigma_2\tilde{s}_1\tilde{s}_2\ldots\tilde{s}_r$).

B) Majoration du nombre de symétries

On suppose la proposition démontrée dans le cas où $\dim E \leq n-1$. S'il existe $a \in E$ non isotrope avec $u(a)=a$, alors u induit sur $(Ka)^{\perp}$ un automorphisme orthogonal qui se décompose en produit de p symétries avec $p \leq n-1$. En prolongeant par l'identité sur a , on a le résultat.

S'il existe $a \in E$, non isotrope avec $b:=u(a)-a$ non isotrope, alors $\sigma_b u(a)=a$ (où σ_b est la symétrie d'hyperplan $(Kb)^{\perp}$) ; par ce qui précède $\sigma_b u$ est produit de p symétries avec $p \leq n-1$, ainsi on a le résultat.

Il nous reste à considérer le cas où u possède les propriétés suivantes

(1) $\ker(u-\mathbb{1}_E)$ est totalement isotrope et pour tout x non isotrope on a $u(x)-x$ isotrope.

B. α) Montrons que E n'est pas un plan. Cela ne pourrait être qu'un plan hyperbolique $Ka \oplus Kb$ avec $0=f(a,a)=f(b,b)=1-f(a,b)$. Comme u satisfait (1) on a $u \neq \mathbb{1}_E$. Si $u(a)=\lambda a$, $u(b)=\lambda^{-1}b$, $\lambda \neq 1$ on a $u(a+b)-(a+b)=(\lambda-1)a+(\lambda^{-1}-1)b$ qui n'est pas isotrope . Si $u(a)=\lambda b$, $u(b)=\lambda^{-1}a$, on a $u(a+b)-(a+b)=(\lambda-1)b+(\lambda^{-1}-1)a$ qui n'est pas isotrope si $\lambda \in K-\{0,1\}$. Si $u(a)=b$, $u(b)=a$, on a $u(a-b)-(a-b)=-2(a-b)$ qui n'est pas isotrope. Tenant compte de la structure de $O(f)$ (exemple 12.7.) , cela montre que u ne satisfait pas (1).

B. β) L'espace $(u-\mathbb{1}_E)(E)$ est isotrope. Soient $v=u-\mathbb{1}_E$, $a \in E-\{0\}$ isotrope, pour des raisons de dimension $(n \geq 3)$, $(Kx)^{\perp}$ n'est pas totalement isotrope ; il existe donc $b \in (Kx)^{\perp}$ et non isotrope. Il suit que $\lambda a+b$ est non isotrope pour tout $\lambda \in K$, par (1) cela implique que $v(\lambda a+b)$ est isotrope, i.e. $\lambda^2 f(v(a),v(a))+2\lambda f(v(a),v(b))+f(v(b),v(b))=0$. Comme $\operatorname{card} K \geq 3$ cela implique $f(v(a),v(a))=0$.

B. γ) L'automorphisme u est une rotation et n est pair. Comme $n=\dim\ker v+\dim\operatorname{im} v$, comme $\ker v$ et $\operatorname{im} v$ sont totalement isotropes, on a $\dim\ker v=\dim\operatorname{im} v=\frac{1}{2}n$; ce qui montre que n est pair et que $\ker v$

et $\operatorname{im} v$ sont des sous-espaces totalement isotropes maximaux (11.2.).

Montrons que $\ker v$ et $\operatorname{im} v$ sont orthogonaux. Soit $x \in E$ avec $u(x)=x$, on a $f(x, u(y)-y)=f(x, u(y))-f(x, y)=f(u(x), u(y))-f(x, y)=f(x, y)-f(x, y)=0$. Il suit que $\ker v+\operatorname{im} v$ est totalement isotrope, la maximalité de $\ker v$ et $\operatorname{im} v$ montre que $\ker v=\operatorname{im} v$. En considérant une base de E dont les $\frac{n}{2}$ premiers vecteurs sont une base de $\ker v$, il suit de ce qui précède que $\operatorname{dét} u=1$.

B. δ) L'automorphisme u est produit de p symétries avec $p \leq n$.

Soit σ une symétrie orthogonale hyperplane, alors on a $\operatorname{dét} \sigma u=-1$, ainsi *B. γ)* montre que σu ne satisfait pas (1), ainsi $\sigma u=\sigma_1 \sigma_2 \ldots \sigma_p$ avec $p \leq n$ où σ_i est une symétrie orthogonale hyperplane. Comme $\operatorname{dét} \sigma u=-1$ et n pair on a $p \leq n-1$; ce qui montre que u est produit de $p+1 \leq n$ symétries, $u=\sigma \sigma_1 \ldots \sigma_p$.

Lemme 12.11. *Soient K un corps commutatif avec* $\operatorname{car} K \neq 2$, *$E$ un K-espace vectoriel de dimension $n \geq 2$, f une forme bilinéaire symétrique sur E, non dégénérée.*

1) *Une droite vectorielle de E est contenue dans un plan vectoriel non isotrope de E.*

2) *Si $n \geq 3$, une droite vectorielle de E est intersection de 2 plans vectoriels non isotropes de E.*

3) *Si E est d'indice $\nu \geq 1$*, i.e. *E contient un isotrope non nul, alors une droite vectorielle de E est contenue dans un plan hyperbolique de E.*

4) *Si $n \geq 3$ et si E est d'indice $\nu \geq 1$, un plan vectoriel de E non totalement isotrope est contenu dans un sous-espace de dimension 3, non isotrope et dont l'indice est supérieure ou égal à* 1.

Démonstration 1) Si a est non isotrope, alors $(Ka)^{\perp}$ est non isotrope, ainsi il existe $b \in (Ka)^{\perp}$, non isotrope. Alors $Ka+Kb$ convient. Si $a \neq 0$ est isotrope, il existe $b \in E-(Ka)^{\perp}$. Il est facile de montrer que $Ka+Kb$ est un plan non isotrope (donc hyperbolique).

2) Si $a \neq 0$, par 1) il existe un plan non isotrope $P \ni a$. Ainsi $P^{\perp}$ est non isotrope et il existe $c \in P^{\perp}$ non isotrope. Si a n'est pas isotrope $Ka+Kc$

est un plan non isotrope, et on a $P \cap (Ka+Kc)=Ka$. Si a est isotrope, P est hyperbolique et il existe $b \in P$, isotrope avec $f(a,b)=1$ et $P=Ka \oplus Kb$. Alors $Ka+K(a+b+c)$ est un plan non isotrope et on a $Ka=P \cap (Ka+K(a+b+c))$.

3) Si Ka est isotrope, c'est 1). Si Ka n'est pas isotrope, il existe $b \notin (Ka)^{\perp}$, isotrope (lemme 12.12., ci-après). Alors $Ka+Kb$ et un plan non isotrope, donc hyperbolique, bien entendu $b \notin Ka$.

4) Si le plan P est hyperbolique, $P^{\perp}$ est non isotrope, ainsi il existe $a \in P^{\perp}$, non isotrope, alors $P+Ka$ est de dimension 3, non isotrope, d'indice positif.

Si P est défini, il existe $a \notin P^{\perp}$, isotrope (lemme 12.12. , ci-après), bien entendu $a \notin P$. Ainsi $P+Ka$ est un espace de dimension 3, non isotrope et bien entendu d'indice positif.

Si P est isotrope, on a $P \cap P^{\perp}=Ka$, $a \neq 0$, soit $b \in P-Ka$, on a $P=Ka+Kb$, $f(a,a)=0=f(a,b)$, $f(b,b) \neq 0$. Soit $c \in (Kb)^{\perp}-(Ka+Kb)^{\perp}$, on a donc $f(a,c) \neq 0$, on déduit que $Ka+Kb+Kc$ est un espace vectoriel de dimension 3, non isotrope et bien entendu d'indice positif (c'est en fait la proposition 10.3.).

Lemme 12.12. *Soient* K *un corps commutatif avec* $\mathrm{car} K \neq 2$, E *un* K*-espace vectoriel de dimension finie,* f *une forme bilinéaire symétrique non dégénérée sur* E *, d'indice positif. Alors* E *est le plus petit sous-espace vectoriel contenant tous les isotropes .*

Démonstration Soient F un sous-espace vectoriel contenant tous les isotropes, supposons $F \neq E$. On a aussi $F^{\perp} \neq E$ et donc $F \cup F^{\perp} \subsetneq E$ (exercice *Fr 1*, A.1.4.4.). Soient $a \in F$, $a \neq 0$ et isotrope, $b \in E-F \cup F^{\perp}$. Alors $Ka+Kb$ est un plan hyperbolique ; ainsi il existe $c \in Ka+Kb$ isotrope tel que $Ka+Kb=Ka+Kc$. D'autre part $c \notin F$, sinon b appartiendrait à F , ce qui est contraire à l'hypothèse. On a donc $F=E$.

Théorème 12.13. *Soient* K *un corps commutatif avec* $\mathrm{car} K \neq 2$, E *un* K*-espace vectoriel de dimension* $n \geq 3$, f *une forme bilinéaire, symétrique sur* E , *non dégénérée,* $u \in SO(f)$. *Alors* u *est produit de* p *renversements avec* $p \leq n$.

Démonstration Le théorème 12.10. montre que u est produit de p symétries orthogonales hyperplanes, $p \leq n$; comme $\text{dét}\, u=1$, on a p qui est pair. Il suffit donc de montrer que le produit de deux symétries est le produit de deux renversements. Soit σ_{a_i} la symétrie orthogonale d'hyperplan $(Ka_i)^{\perp}$, $i=1,2$ et a_i non isotrope. Si $Ka_1=Ka_2$ on a $\sigma_{a_1}\sigma_{a_2}=\mathbb{1}_E$, il n'y a rien à montrer. Autrement Ka_1+Ka_2 est un plan non totalement isotrope, il existe alors un sous-espace F de dimension 3, F non isotrope avec $F \supset Ka_1+Ka_2$ (c'est le lemme 12.11.4) si Ka_1+Ka_2 est isotrope, autrement c'est immédiat). Comme σ_{a_i} est l'identité sur $(Ka_i)^{\perp}$, donc sur $F^{\perp}$, σ_{a_i} laisse F stable et induit une symétrie hyperplane s_i de F . On a $s_1 s_2=(-s_1)(-s_2)$; ainsi $-s_i$ est un renversement de F qui se prolonge par l'identité sur $F^{\perp}$ en un renversement r_i de E ; et on a bien $\sigma_{a_1}\sigma_{a_2}=r_1 r_2$.

Définition 12.14. Soient K un corps commutatif avec $\text{car} K \neq 2$, E un K-espace vectoriel de dimension finie, f une forme bilinéaire symétrique, non dégénérée sur E , un élément $u \in SO(f)$ est appelé *rotation hyperbolique* s'il existe un plan hyperbolique P tel que u soit l'identité sur $P^{\perp}$.

Théorème 12.15. *Soient K un corps commutatif avec* $\text{car} K \neq 2$, *E un K-espace vectoriel de dimension $n \geq 2$, f une forme bilinéaire symétrique sur E , non dégénérée, d'indice positif. Alors toute rotation est produit de rotations hyperboliques.*

Démonstration Par le théorème 12.13., il suffit de montrer qu'un renversement est produit de rotations hyperboliques ; si $n=2$, il n'y a rien à montrer. On peut supposer que $n \geq 3$ et que r est un renversement de plan P . Si P est hyperbolique, c'est fini. Supposons maintenant P défini, par le lemme 12.11.4) , il existe un sous-espace vectoriel F de dimension 3 , d'indice positif avec $F \supset P$. Soit $a \in F-\{0\}$, isotrope, $b \in (Ka)^{\perp} \cap P$, $b \neq 0$, Q un plan hyperbolique de F contenant b (lemme 12.11.3)) et r' le renversement de plan Q . On a donc $r'r(b)=b$; par ailleurs $b \in P$ n'est pas isotrope, ainsi $(Kb)^{\perp} \cap F$ est un plan non isotrope, comme il contient a , il est hyperbolique. Cela montre que $r'r(b)=b$; par ailleurs $b \in P$ n'est pas isotrope, ainsi $(Kb)^{\perp} \cap F$; r est produit de deux rotations hyperboliques.

13. Le centre du groupe orthogonal ; le centralisateur du groupe spécial orthogonal

Théorème 13.1. *Soient K un corps commutatif avec* $\operatorname{car} K \neq 2$, *E un K-espace vectoriel de dimension n , f une forme bilinéaire symétrique sur E , non dégénérée. Alors le centre du groupe orthogonal $O(f)$ est $\{\pm \mathbb{1}_E\}$ sauf dans le cas du plan hyperbolique sur $\mathbb{F}_3$ où le groupe orthogonal est commutatif et isomorphe à $\frac{\mathbb{Z}}{2\mathbb{Z}} \times \frac{\mathbb{Z}}{2\mathbb{Z}}$. Si $n \geq 3$, le centralisateur de $SO(f)$ dans $O(f)$ est $\{\pm \mathbb{1}_E\}$; en particulier le centre de $SO(f)$ est $\{\pm \mathbb{1}_E\}$ si n est pair et $\{\mathbb{1}_E\}$ si n est impair. Si $n=2$, le centralisateur de $SO(f)$ dans $O(f)$ est $SO(f)$ sauf dans le cas du plan hyperbolique sur $\mathbb{F}_3$ où c'est $O(f) \simeq \frac{\mathbb{Z}}{2\mathbb{Z}} \times \frac{\mathbb{Z}}{2\mathbb{Z}}$.*

Démonstration Il suffit de considérer le cas où $\dim E \geq 2$. Soient u dans le centre de $O(f)$, $a \in E$ non isotrope, σ_a la symétrie orthogonale d'hyperplan $(Ka)^{\perp}$. Alors $u\sigma_a = \sigma_a u$ implique $u(Ka) = Ka$. Ainsi u laisse globalement invariantes les droites non isotropes. Il résulte de cela que u laisse globalement invariants les plans non isotropes.

Si $\dim E \geq 3$, le lemme 12.11.2) , montre que toute droite est intersection de deux plans non isotropes, ainsi toute droite est globalement invariante ; ce qui montre que u est une homothétie (orthogonale), donc $u = \pm \mathbb{1}_E$.

Si $\dim E = 2$ et si E est défini, toute droite est non isotrope, donc globalement invariante. Ainsi $u = \pm \mathbb{1}_E$.

Si E est le plan hyperbolique, on a une base (a, b) avec $1 = f(a, a)$, $-1 = f(b, b)$, $0 = f(a, b)$. Si $K \neq \mathbb{F}_3$ il existe $\lambda \in K$ avec $\lambda^2 \neq 1$, ainsi $a + \lambda b$ n'est pas isotrope. On a donc $u(a) = \varepsilon_1 a$, $u(b) = \varepsilon_2 b$, $u(a + \lambda b) = \varepsilon(a + \lambda b)$, ce qui montre que $\varepsilon_1 = \varepsilon = \varepsilon_2$. Ainsi u est une homothétie orthogonale et on a $u = \pm \mathbb{1}_E$. Le cas $\mathbb{F}_3 = K$ est traité par l'exemple 12.9. .

Soient $n \geq 3$ et u dans le centralisateur de $SO(f)$ dans $O(f)$. Ainsi u commute avec les renversements de plan P (non isotrope), ce qui implique que u laisse globalement invariant les plans non isotropes. Comme toute droite est intersection de deux plans non isotropes (lemme 12.11.2)), cela montre que les droites sont globalement invariantes par u , donc que $u = \pm \mathbb{1}_E$. Enfin le cas $n = 2$ est traité par l'exemple 12.9. .

14. Le sous-groupe engendré par les commutateurs du groupe orthogonal et du groupe spécial orthogonal

Théorème 14.1. *Soient* K *un corps commutatif avec* $\operatorname{car} K \neq 2$, E *un* K*-espace vectoriel de dimension* n , f *une forme bilinéaire symétrique sur* E , *non dégénérée,* $D(O(f))$ (resp. $D(SO(f))$ *le sous-groupe de* $O(f)$ (resp. $SO(f)$) *engendré par les commutateurs de* $O(f)$ (resp. $SO(f)$) . *Alors* $D(O(f))$ *est engendré par les produits de deux symétries orthogonales hyperplanes, conjuguées ; il est aussi engendré par les carrés de* $O(f)$, *ainsi que par les carrés de* $SO(f)$.

Si $n \geq 3$, $D(SO(f))$ *est engendré par les produits de deux renversements conjugués ; il est aussi engendré par les carrés d'éléments de* $SO(f)$. *En plus on a* $D(O(f))=D(SO(f))$.

Si $n=2$, *on a* $D(SO(f))=\{\mathbb{1}_E\}$ *et* $D(O(f))$ *est l'ensemble des carrés de* $SO(f)$.

Démonstration Elle tient dans les formules suivantes :

(1) $uvu^{-1}v^{-1}=ustu^{-1}t^{-1}s^{-1}=(usu^{-1}s^{-1})s(utu^{-1}t^{-1})s^{-1}$ si $v=st$,

(2) $uvu^{-1}v^{-1}=(uv)^2(v^{-1}u^{-1}v)^2(v^{-1})^2$,

(3) $u^2=svsv=(svs^{-1}v^{-1})v^2$ si $u=sv$ et $s^2=\mathbb{1}_E$.

Sachant que tout élément $v \in O(f)$ est produit de symétries (théorème 12.10.) , on peut écrire $v=st$ où s est une symétrie et où $t \in O(f)$ est produit de moins de symétries que v ; ainsi une récurrence et la formule (1) montrent que tout commutateur est engendré par les produits de deux symétries conjuguées.

La formule (3) et la même méthode montrent que $D(O(f))$ contient le sous-groupe engendré par les carrés de $O(f)$; et la formule (2) montre l'inclusion inverse.

La formule (1) appliquée à $uvu^{-1}v^{-1}$ lorsque u est une symétrie, et la méthode de récurrence précédente montrent que $uvu^{-1}v^{-1}$ est engendré par les éléments $s_1 s_2 s_1^{-1} s_2^{-1}$ où s_i est une symétrie hyperplane. Comme $D(O(f))$ est engendré par les $uvuv^{-1}=uvu^{-1}v^{-1}$ où u est une symétrie hyperplane, cela implique que $D(O(f))$ est engendré par les $s_1 s_2 s_1^{-1} s_2^{-1}=(s_1 s_2)^2$ où s_i est une symétrie. Ainsi $D(O(f))$ est engendré par les carrés de $SO(f)$.

Si $n \geq 3$, $SO(f)$ est engendré par les renversements (théorème 12.13.). Alors les méthodes précédentes permettent de conclure.

Si $n=2$, on a $D(SO(f))=\{\mathbb{1}_E\}$ parce que $SO(f)$ est commutatif (théorème 13.1.) et l'ensemble des carrés de $SO(f)$ est un groupe parce que $SO(f)$ est commutatif.

Corollaire 14.2. *Soient K un corps commutatif avec* $\operatorname{car} K \neq 2$, *$E$ un K-espace vectoriel de dimension $n \geq 2$, f une forme bilinéaire symétrique sur E, non dégénérée, d'indice positif. Alors le groupe $\dfrac{SO(f)}{D(O(f))}$ est isomorphe à $\dfrac{K^\times}{K^{\times 2}}$.*

Démonstration Si $n=2$, alors E est un plan hyperbolique, avec une base (e_1, e_2) telle que $f(e_1, e_1)=f(e_2, e_2)=0$, $f(e_1, e_2)=1$. Si $u \in SO(f)$ on a $u(e_1)=\lambda e_1$, $u(e_2)=\lambda^{-1} e_2$, ainsi l'application $u \longmapsto \lambda$ et le théorème 14.1. définissent un isomorphisme de $\dfrac{SO(f)}{D(O(f))}$ sur $\dfrac{K^\times}{K^{\times 2}}$.

On suppose désormais que $n \geq 3$. Soient P un plan hyperbolique, avec une base (e_1, e_2) telle que $f(e_1, e_1)=f(e_2, e_2)=0$, $f(e_1, e_2)=1$. Si $u \in G$, le sous-groupe des rotations hyperboliques de plan P, on a $u(e_1)=\lambda e_1$, $u(e_2)=\lambda^{-1} e_2$, ainsi $\lambda \longmapsto u$ est un isomorphisme de $K^\times$ sur G. Soient P' un plan hyperbolique, v une rotation de plan P' ; par le théorème de Witt (11.1.), il existe $t \in O(f)$ tel que $t(P)=P'$, ainsi $s=t^{-1} v t \in G$ et on a

(1) $\quad v=s(s^{-1} t s t^{-1})$.

Soient $w_1=s_1 u_1$, $w_2=s_2 u_2$, $s_i \in G$, $u_i \in D(O(f))$, alors

(2) $\quad w_1 w_2 = s_1 s_2 (s_2^{-1} u_1 s_2 u_1^{-1}) u_1 u_2$.

Ainsi (1) et (2) montrent avec 12.15. que tout $u \in SO(f)$ se décompose sous la forme $u=sw$ avec $s \in G$ et $w \in D(O(f))$. Il suit bien de cela que l'homomorphisme canonique $\varphi : G \to SO(f) \to \dfrac{SO(f)}{D(O(f))}$ est surjectif. En plus, si G_1 est le sous-groupe des carrés de G on a $G_1 \subset D(O(f))$ (théorème 14.1.). Ce qui montre, avec l'isomorphisme de $K^\times$ sur G que φ induit un homomorphisme surjectif ψ de $\dfrac{K^\times}{K^{\times 2}}$ sur $\dfrac{SO(f)}{D(O(f))}$.

Montrons maintenant que ψ est injectif. Le lemme 14.3. ci-après montre que si $\sigma_{a_1} \sigma_{a_2} \dots \sigma_{a_{2p}} = \sigma_{b_1} \sigma_{b_2} \dots \sigma_{b_{2s}}$, alors

$f(a_1, a_1) f(a_2, a_2) \dots f(a_{2p}, a_{2p}) \equiv f(b_1, b_1) f(b_2, b_2) \dots f(b_{2s}, b_{2s})$ modulo $(K^\times)^2$.

Ainsi il existe une application $\theta : SO(f) \to \frac{K^\times}{K^{\times 2}}$, définie par

$\theta(u) = \overline{f(a_1, a_1) f(a_2, a_2) \dots f(a_{2p}, a_{2p})}$, si $u = \sigma_{a1} \sigma_{a2} \dots \sigma_{a2p}$ et si $\bar{z}$ désigne l'image canonique de $z \in K^\times$ dans $\frac{K^\times}{K^{\times 2}}$; de plus θ est clairement un homomorphisme.

Soit u une rotation hyperbolique de plan P , (e_1, e_2) une base telle que $f(e_1, e_1) = f(e_2, e_2) = 0$, $f(e_1, e_2) = 1$. On a donc $u(e_1) = \lambda e_1$, $u(e_2) = \lambda^{-1} e_2$, avec $\lambda \in K^\times$. Si $u \neq \mathbb{1}_E$, on a facilement $u = \sigma_{e_1 - e_2} \sigma_a$ avec $a = (\lambda - 1) e_1 + (\lambda^{-1} - 1) e_2$; il suit de cela que $f(e_1 - e_2, e_1 - e_2) f(a, a) = \lambda \frac{4(\lambda - 1)^2}{\lambda^2}$ et donc que $\theta(u) = \bar{\lambda}$. En conclusion, si u est une rotation hyperbolique de plan P avec $u(e_1) = \lambda e_1$ (et éventuellement $u = \mathbb{1}_E$), alors on a $\theta(u) = \bar{\lambda}$. Si en plus $u \in D(SO(f))$, on a donc $\theta(u) = \bar{1}$; i.e. $\lambda \in (K^\times)^2$. Cela montre que ψ est injectif.

Lemme 14.3. *Soient K un corps commutatif avec* $\operatorname{car} K \neq 2$ *, E un K-espace vectoriel de dimension $n \geq 2$, f une forme bilinéaire symétrique sur E , non dégénérée. Soient $a_1, a_2, \dots, a_{2p} \in E$, des vecteurs non isotropes avec $\sigma_{a1} \sigma_{a2} \dots \sigma_{a2p} = \mathbb{1}_E$. Alors $f(a_1, a_1) f(a_2, a_2) \dots f(a_{2p}, a_{2p}) \in (K^\times)^2$.*

Démonstration A notre connaissance, elle requiert quelques propriétés de l'algèbre de **Clifford** associée à f , aussi nous renvoyons le lecteur à une référence, *Di 2* , p. 53 .

15. Adjoint d'un endomorphisme, endomorphisme normal, endomorphisme auto-adjoint, automorphisme orthogonal

Définition 15.1. (et **proposition**) Soient E un K-espace vectoriel de dimension finie, f une forme bilinéaire symétrique, non dégénérée sur E, u un endomorphisme de E. Alors il existe un et un seul endomorphisme w de E tel que $f(u(x),y)=f(x,w(y))$ pour tout $x,y\in E$; cet endomorphisme s'appelle l'endomorphisme *adjoint* de u (relativement à f) et on le note u^*. Soient u,v des endomorphismes de E, $\lambda\in K$, alors on a

(1) $(u+v)^*=u^*+v^*$, $(\lambda u)^*=\lambda u^*$, $(u^*)^*=u$, $(uv)^*=v^*u^*$, $\mathbb{1}=\mathbb{1}^*$; de plus $\operatorname{rang} u=\operatorname{rang} u^*$, $\operatorname{dét} u=\operatorname{dét} u^*$.

Démonstration Soient $(a_i)_{1\leq i\leq n}$ une base de E, $M=\mathrm{Mat}(f;(a_i)_i)$, $U=\mathrm{Mat}(u;(a_i)_i)$. Si $x=\sum_{i=1}^{n} x_i a_i$, $y=\sum_{i=1}^{n} y_i a_i$, alors $f(u(x),y)={}^t(UX)MY$ où $X=\begin{bmatrix} x_1 \\ x_2 \\ \vdots \\ x_n \end{bmatrix}$, $Y=\begin{bmatrix} y_1 \\ y_2 \\ \vdots \\ y_n \end{bmatrix}$. On a donc ${}^t(UX)MY={}^tXM(M^{-1}\,{}^tUM)Y$. Soit w l'endomorphisme de E tel que $\mathrm{Mat}(w;(a_i)_i)=M^{-1}\,{}^tUM$, alors on a $f(u(x),y)=f(x,w(y))$. L'unicité de w résulte facilement du fait que f est non dégénéré.

Les relations (1) suivent de l'unicité de l'adjoint ; $\operatorname{rg} u=\operatorname{rg} u^*$, $\operatorname{dét} u=\operatorname{dét} u^*$ résulte de la représentation matricielle $U=\mathrm{Mat}(u;(a_i)_i)$ et $M^{-1}\,{}^tUM=\mathrm{Mat}(u^*;(a_i))$.

15.2. Représentation matricielle Soient $(a_i)_i$ une base de E, $M=\mathrm{Mat}(f;(a_i))$, $U=\mathrm{Mat}(u;(a_i))$. On a donc ${}^t(UX)MY={}^tXM(M^{-1}\,{}^tUMY)$ pour tout $X,Y\in K^n$; ce qui veut dire que $M^{-1}\,{}^tUM=\mathrm{Mat}(u^*;(a_i)_i)$.

En particulier si $(a_i)_i$ est une base orthonormale on a $U^*={}^tU$.

Définition 15.3. Soient E un K-espace vectoriel de dimension finie, f une forme bilinéaire symétrique, non dégénérée sur E, u un endomorphisme de E, u^* son adjoint relativement à f. On dit que u est *normal* si $u^*u=uu^*$, que u est *auto-adjoint* (ou *symétrique*) si $u=u^*$, que u est *anti-symétrique* si $u^*=-u$ et que u est *orthogonal* si $u\,u^*=u^*u=\mathbb{1}_E$. Bien entendu tous ces endomorphismes sont normaux.

15.4. **Représentation matricielle** Soient $(a_i)_i$ une base de E , $M=\mathrm{Mat}(f;(a_i))$, $U=\mathrm{Mat}(u;(a_i))$. Alors u est normal si et seulement si $M^{-1}{}^tUMU=UM^{-1}{}^tUM$; u est auto-adjoint si et seulement si $U=M^{-1}{}^tUM$.

En particulier si $(a_i)_i$ est une base orthonormale, u est normal si et seulement si ${}^tUU=U{}^tU$ et u est auto-adjoint si et seulement si ${}^tU=U$ (i.e. si U est une matrice symétrique !).

Proposition 15.5. *Soient (E,f) un K-espace quadratique non dégénéré, u un endomorphisme de E , $\Psi_u:E\times E\to E$ l'application définie par $\Psi_u(x,y)=f(u(x),y)$. Alors Ψ_u est une forme bilinéaire symétrique sur E si et seulement si u est un endomorphisme symétrique de E . Soient $\mathcal{Sym}(E)$ le K-espace vectoriel des endomorphismes symétriques de E , $\mathcal{BilSym}(E)$ le K-espace vectoriel des formes bilinéaires symétriques sur E ; alors l'application $u\longmapsto\Psi_u$ est un isomorphisme de $\mathcal{Sym}(E)$ sur $\mathcal{BilSym}(E)$.*

Démonstration On a $\Psi_u(x,y)=f(u(x),y)=f(x,u^*(y))$, $\Psi_u(y,x)=f(u(y),x)=f(x,u(y))$; ainsi Ψ_u est symétrique si et seulement si $u=u^*$. Si $\Psi_u=0$, on a facilement $u=0$. Il reste donc à montrer que $u\longmapsto\Psi_u$ est surjectif, la méthode matricielle ci-après est la plus rapide.

15.6. **Représentation matricielle** (et fin de la démonstration de 15.5.)

Soient (E,f) un espace quadratique non dégénéré , $u\in\mathcal{End}\,E$ un endomorphisme, $(e_1,e_2,\dots,e_n)$ une base de E , $M=\mathrm{Mat}(f;e_i)$, $U=\mathrm{Mat}(u;e_i)$. Alors on a avec les notations de 15.2. , $\Psi_u(x,y)={}^t(UX)M\,Y={}^tX{}^tUMY$; ainsi Ψ_u est symétrique si et seulement si ${}^tUM=MU$, i.e. si et seulement si u est symétrique. Soient g une forme bilinéaire symétrique sur E , $N=\mathrm{Mat}(g;e_i)$, alors on a $g(x,y)={}^tXNY={}^t({}^tNX)\,Y$. Soit donc $u\in\mathcal{End}\,E$ tel que ${}^t(NM^{-1})=\mathrm{Mat}(u;e_i)$, il est alors facile de vérifier matriciellement que u est un endomorphisme symétrique relativement à f et qu'on a bien $g(x,y)=(u(x)\,|\,y)$.

Proposition 15.7. *Soient E un K-espace vectoriel de dimension finie, f une forme bilinéaire symétrique, non dégénérée sur E, u un endomorphisme de E. Alors les propriétés suivantes sont équivalentes.*
i) L'endomorphisme u est normal,
ii) pour tout $x, y \in E$ on a $f(u(x), u(y)) = f(u^*(x), u^*(y))$.

Démonstration i) *implique* ii). On a
$f(u(x), u(y)) = f(x, u^* u(y)) = f(x, u u^*(y)) = f(u^*(x), u^*(y))$.
ii) *implique* i) On a $f(u(x), u(u(y)) = f(x, u^* u(y))$,
$f(u^*(x), u^*(y)) = f(x, u u^*(y))$ parce que $u^{**} = u$; ainsi $0 = f(x, (u u^* - u^* u)(y))$ pour tout $x \in E$, ce qui montre que $u u^* - u^* u = 0$.

Remarque 15.8. Soient u un automorphisme de E, alors u^* est aussi un automorphisme (définition 15.1.), f_u et f_{u^*} les formes bilinéaires définies par $f_u(x, y) := f(u(x), u(y))$, $f_{u^*}(x, y) := f(u^*(x), u^*(y))$; elles sont symétriques non dégénérées. Alors u est normal si et seulement si l'application $\mathbb{1}_E : E \to E$ est un isomorphisme de (E, f_u) dans (E, f_{u^*}).

On peut aussi dire que u est normal si et seulement si l'application $u(x) \longmapsto u^*(x)$ de E dans E est un automorphisme de (E, f).

Corollaire 15.9. *Soient E un K-espace vectoriel de dimension finie, f une forme bilinéaire symétrique, non dégénérée sur E, u un endomorphisme normal ; on suppose que 0 est le seul vecteur isotrope de (E, f). Alors $\ker u = \ker u^*$.*

Proposition 15.10. *Soient E un K-espace vectoriel de dimension finie, f une forme bilinéaire symétrique, non dégénérée sur E, u un endomorphisme de E, u^* son adjoint, F un sous-espace vectoriel de E. Alors les propriétés suivantes sont équivalentes.*
i) $u(F^\perp) \subset F^\perp$, ii) $u^*(F) \subset F$.

16. Exercices

Sauf mention expresse, tous les corps sont commutatifs de caractéristique différente de 2.

Exercice 16.1. *Il n'y a pas de transvections orthogonales ; un automorphisme orthogonal* v *tel que* $\operatorname{rang}(v-\mathbb{1})=1$ *est une symétrie orthogonale hyperplane.*

Soient K un corps commutatif, E un K-espace vectoriel de dimension finie, f une forme bilinéaire symétrique sur E, non dégénérée.

1) Soit $u\in O(f)$ une transvection d'hyperplan H, de droite $Ka\subset H$, $u\neq \mathbb{1}_E$, on a $u(x)=x+\varphi(x)a$ pour tout $x\in E$ où φ est une forme linéaire avec $\ker\varphi=H$.

1.1) Montrer que $0=\varphi(x)\varphi(y)f(a,a)+\varphi(x)f(y,a)+\varphi(y)f(x,a)$. Montrer que $a\in H^{\perp}$.

1.2) Soit $x\in E$ avec $\varphi(x)\neq 0$. Montrer que $f(x,a)=0$.

1.3) Conclure à une contradiction.

2) Soit $H=\ker(v-\mathbb{1}_E)$

2.1) Soit $x\in E-H$. Montrer que $v(x)=\lambda x+h$ avec $\lambda\neq 1$ et $h\in H$ (utiliser 1).

2.2) Conclure qu'il existe $e\in E-H$ avec $v(e)=\mu e$ et $\mu\neq 1$.

2.3) Montrer que $f(e,H)=0$ et que $f(e,e)\neq 0$.

2.4) En déduire que v est la symétrie orthogonale d'hyperplan H.

Exercice 16.2. *symétrie, renversement conjugués*

Soient K *un corps commutatif,* E *un* K*-espace vectoriel de dimension finie,* f *une forme bilinéaire symétrique, non dégénérée sur* E, $a,b\in E$ *non isotropes,* σ_a (resp. σ_b) *la symétrie orthogonale d'hyperplan* $(Ka)^{\perp}$ (resp. $(Kb)^{\perp}$). *Alors les propriétés suivantes sont équivalentes.*

i) $\dfrac{f(a,a)}{f(b,b)}$ *est un carré dans* K,

ii) σ_a *et* σ_b *sont conjugués par un élément de* $O(f)$,

iii) σ_a *et* σ_b *sont conjugués par un élément de* $SO(f)$.

Soient P *et* P' *deux plans non isotropes,* r_P (resp. $r_{P'}$) *le renversement de plan* P. *Alors les propriétés suivantes sont équivalentes.*

i) $(P,f|_{P\times P})$ *est isométrique (ou isomorphe) à* $(P',f|_{P'\times P'})$,

ii) r_P *et* $r_{P'}$ *sont conjugués par un élément de* $O(f)$,

iii) r_P *et* $r_{P'}$ *sont conjugués par un élément de* $SO(f)$.

En particulier deux renversements de plan hyperbolique sont conjugués.

Montrer cela, en utilisant le théorème de Witt, 11.1.

Exercice 16.3. *classification des formes quadratiques sur* $\mathbb{F}_q^n$, $q=p^\alpha$, $p\neq 2$

Soient p *un nombre premier,* $\mathbb{F}_q$ *le corps fini à* $q=p^\alpha$ *éléments,* E *un* $\mathbb{F}_q$*-espace vectoriel de dimension* n , f *une forme bilinéaire symétrique non dégénérée sur* E . *Soient* $(u_i)_i$ *une base de* E , $M:=\mathrm{Mat}(f;u_i)$, $s\in\mathbb{F}_q^\times-\mathbb{F}_q^{\times 2}$ (i.e. s *n'est pas nul, n'est pas un carré)*

I. *La décomposition en hyperbolique et défini*

I.1. *Si* $n=2r$ *et si* $\mathrm{dét}M\in(-1)^r\mathbb{F}_q^{\times 2}$, *alors* E *se décompose sous la forme*

$E=P_1\overset{\perp}{\oplus}P_2\overset{\perp}{\oplus}\ldots\overset{\perp}{\oplus}P_r$, *où* P_i *est un plan hyperbolique.*

I.2. *Si* $n=2r$ *et si* $\mathrm{dét}M\notin(-1)^r\mathbb{F}_q^{\times 2}$, *alors* E *se décompose sous la forme*

$E=P_1\overset{\perp}{\oplus}P_2\overset{\perp}{\oplus}\ldots\overset{\perp}{\oplus}P_{r-1}\overset{\perp}{\oplus}F$, *où* P_i *est un plan hyperbolique et* F *admet une base* (e_1,e_2) *avec* $f(e_1,e_1)=1$, $f(e_2,e_2)=-s$, $f(e_1,e_2)=0$.

I.3. *Si* $n=2r+1$ *et* $\mathrm{dét}M\in(-1)^r\mathbb{F}_q^{\times 2}$, *alors* E *se décompose sous la forme*

$E=P_1\overset{\perp}{\oplus}P_2\ldots\overset{\perp}{\oplus}P_r\oplus\mathbb{F}_qe_1$ *avec* $f(e_1,e_1)=1$, *où* P_i *est un plan hyberbolique.*

I.4. *Si* $n=2r+1$ *et* $\mathrm{dét}M\notin(-1)^r\mathbb{F}_q^{\times 2}$, *alors* E *se décompose sous la forme*

$E=P_1\overset{\perp}{\oplus}P_2\ldots\overset{\perp}{\oplus}P_r\overset{\perp}{\oplus}\mathbb{F}_qe_1$ *avec* $f(e_1,e_1)=s$, *où* P_i *est un plan hyberbolique.*

II. *Une interprétation matricielle*

Soit $\mathcal{S}ym_n^n(\mathbb{F}_q)$ *l'ensemble des matrices symétriques, de* rang n *à coefficients dans* $\mathbb{F}_q$. *Alors les classes d'équivalence de* $\mathcal{S}ym_n^n(\mathbb{F}_q)$ modulo *la relation d'équivalence des matrices congruentes* (2.1) *sont exactement celles de* A_1 *et* A_2 *si* $n=2r$ *et de* A_3 *et* A_4 *si* $n=2r+1$ *; les matrices* A_1 , A_2 , A_3 , A_4 *sont définies comme il suit.*

$$A_1:=\begin{bmatrix} B_1 & 0 & . & . & 0 \\ 0 & B_2 & . & . & . \\ . & . & . & . & . \\ . & . & . & . & 0 \\ . & . & . & 0 & B_r \end{bmatrix} \text{ où } B_i=\begin{bmatrix} 0 & 1 \\ 1 & 0 \end{bmatrix} \text{ , } A_2:=\begin{bmatrix} B_1 & 0 & . & . & 0 \\ 0 & B_2 & . & . & . \\ . & . & . & . & . \\ . & . & . & . & 0 \\ . & . & . & 0 & B_r \end{bmatrix} \text{ où } B_1=\begin{bmatrix} 1 & 0 \\ 0 & -s \end{bmatrix} \text{ ,}$$

$$B_i=\begin{bmatrix} 0 & 1 \\ 1 & 0 \end{bmatrix} \text{ , } 2\leq i\leq r \text{ , } A_3:=\begin{bmatrix} B_0 & 0 & . & . & 0 \\ 0 & B_1 & . & . & . \\ . & . & . & . & . \\ . & . & . & . & 0 \\ . & . & . & 0 & B_r \end{bmatrix} \text{ où } B_0=[1]\text{ , }B_i=\begin{bmatrix} 0 & 1 \\ 1 & 0 \end{bmatrix} \text{ , } 1\leq i\leq r \text{ ,}$$

$$A_4:=\begin{bmatrix} B_0 & 0 & . & . & 0 \\ 0 & B_1 & . & . & . \\ . & . & . & . & . \\ . & . & . & . & 0 \\ . & . & . & 0 & B_r \end{bmatrix} \text{ où } B_0=[s]\text{ , }B_i=\begin{bmatrix} 0 & 1 \\ 1 & 0 \end{bmatrix} \text{ , } 1\leq i\leq r \text{ .}$$

Il suit de cela que deux matrices M,M' *de* rang n , *symétriques, à coefficients dans* $\mathbb{F}_q$ *sont congruentes si et seulement si* $\mathrm{dét}M\equiv\mathrm{dét}M' \bmod \mathbb{F}_q^{\times 2}$.

Considérons l'aspect polynôme homogène de degré 2.

III. *L'aspect polynôme homogène de degré* 2 *ou les bases orthogonales.*

Une forme quadratique de rang r *est équivalente à la forme associée à l'un des polynômes suivants :* $X_1^2+X_2^2+\dots+X_r^2$ ou $X_1^2+\dots+X_{r-1}^2+sX_r^2$, *ces deux dernières ne sont pas équivalentes.*

Pour $r=2\ell$ *et* $X_1^2+X_2^2+\dots+X_r^2$, *un supplémentaire de* $E^\perp$ *est un espace hyperbolique de dimension* 2ℓ (resp. *est somme directe orthogonale d'un espace hyperbolique de dimension* $2(\ell-1)$ *et d'un plan défini associé au polynôme* X^2-sY^2) *si* $(-1)^\ell\in F_q^{\times 2}$ (resp. $(-1)^\ell\notin F_q^{\times 2}$) .

Pour $r=2\ell$ et $X_1^2+\dots+X_{r-1}^2+sX_r^2$, *un supplémentaire de* $E^\perp$ *est un espace hyperbolique de dimension* 2ℓ (resp. *est somme directe orthogonale d'un espace hyperbolique de dimension* 2ℓ (resp. *est somme directe orthogonale d'un espace hyperbolique de dimension* $2\ell-2$ *et d'un plan défini associé au polynôme* X^2-sY^2) *si* $(-1)^\ell\notin F_q^{\times 2}$ (resp. $(-1)^\ell\in F_q^{\times 2}$) .

Pour $r=2\ell+1$ *et* $X_1^2+X_2^2+\dots+X_r^2$, *un supplémentaire de* $E^\perp$ *est un espace hyperbolique de dimension* 2ℓ , *somme directe orthogonale avec un espace de dimension* 1 *associé au polynôme* Z^2 (resp. sZ^2) *si* $(-1)^\ell\notin F_q^{\times 2}$ (resp. $(-1)^\ell\notin F_q^{\times 2}$) .

Pour $r=2\ell+1$ *et* $X_1^2+\dots+X_{r-1}^2+sX_r^2$, *un supplémentaire de* $E^\perp$ *est un espace hyperbolique de dimension* 2ℓ , *somme directe orthogonale avec un espace de dimension* 1 , *associé à* Z^2 (resp. sZ^2) *si* $(-1)^\ell\notin F_q^{\times 2}$ (resp. $(-1)^\ell\in F_q^{\times 2}$) .

IV. *Matrices congruentes et "congruentes ".*

Rappelons que sur l'ensemble $\mathcal{Sym}_n(\mathbb{F}_q)$ *des matrices symétriques de* $M_n(\mathbb{F}_q)$, *on considère la relation de congruence définie comme il suit. On dit que* $A,B\in\mathcal{Sym}_n(\mathbb{F}_q)$ *sont congruentes s'il existe* $S\in G\ell_n(\mathbb{F}_q)$ *tels que* ${}^tSAS=B$. *Il suit donc de* **III.** *que toute matrice de rang* r *de* $\mathcal{Sym}_n(\mathbb{F}_q)$ *est congruente à* $\begin{bmatrix} A_i & 0_2 \\ 0_3 & 0_4 \end{bmatrix}$ *avec* $i=1,2$ *et où* $A_1=I_r$,

$A_2=\begin{bmatrix} s & 0 & . & . & 0 \\ 0 & 1 & 0 & . & . \\ . & . & . & . & . \\ . & . & . & . & 0 \\ 0 & . & . & 0 & 1 \end{bmatrix}\in M_r(\mathbb{F}_q)$ *et où* 0_2 , 0_3 , 0_4 *sont les matrices nulles ; en plus* $\begin{bmatrix} A_1 & 0_2 \\ 0_3 & 0_4 \end{bmatrix}$ *et* $\begin{bmatrix} A_2 & 0_2 \\ 0_3 & 0_4 \end{bmatrix}$ *ne sont pas congruentes.*

Sur l'ensemble $\mathcal{Sym}_n(\mathbb{F}_q)$, *on considère la relation de congruence modifiée comme il suit. On dit que* $A,B\in\mathcal{Sym}_n(\mathbb{F}_q)$ *sont "congruentes " s'il existe* $S\in G\ell_n(\mathbb{F}_q)$ *et* $\lambda\in\mathbb{F}_q^\times$ *tels que* ${}^tSAS=\lambda B$. *Il suit donc de* **III.** *que toute matrice de rang* $r=2\ell$ *de* $\mathcal{Sym}_n(\mathbb{F}_q)$ *est "congruente " à* $\begin{bmatrix} A_i & 0_2 \\ 0_3 & 0_4 \end{bmatrix}$ *avec* $i=1\,ou\,2$ *et où* A_1 , A_2, 0_2 , 0_3 , 0_4 *sont définis comme ci-dessus ; en plus* $\begin{bmatrix} A_1 & 0_2 \\ 0_3 & 0_4 \end{bmatrix}$ *et* $\begin{bmatrix} A_2 & 0_2 \\ 0_3 & 0_4 \end{bmatrix}$ *ne sont pas "congruentes ". Il suit aussi de* **III.** *que toute matrice de rang* $r=2\ell+1$ *de* $\mathcal{Sym}_n(\mathbb{F}_q)$ *est "congruente " à* $\begin{bmatrix} I_r & 0_2 \\ 0_3 & 0_4 \end{bmatrix}$ *où* 0_2 , 0_3 , 0_4 *sont définis comme ci-dessus.*

Montrons cela

1) Soient $a, b, c \in \mathbb{F}_q^\times$, alors il existe $x, y \in \mathbb{F}_q$ avec $ax^2+by^2=c$ (montrer que $\operatorname{card}\{ax^2 \mid x \in \mathbb{F}_q\} = \frac{q+1}{2} = \operatorname{card}\{c-by^2 \mid y \in \mathbb{F}_q\}$, conclure que ces deux ensembles ont un élément en commun).

2) Montrer que la propriété **I** est vraie si $\dim E=1$.

3) On suppose que $\dim E=2$. Soit (f_1, f_2) une base orthogonale, $a_i=f(f_i, f_i)$, $i=1,2$. Montrer qu'il existe $e_1 \in E$ avec $f(e_1, e_1)=1$ (utiliser 1) avec $a=a_1$, $b=a_2$, $c=1$). Soit $e_2' \neq 0$ orthogonal à e_1, montrer que $-f(e_2', e_2')=t^2$ ou st^2. Conclure.

4) On suppose $\dim E \geq 3$. Soient $(e_1, e_2, \ldots, e_n)$ une base orthogonale et $a_i=f(e_i, e_i)$, $1 \leq i \leq n$. Montrer qu'il existe $x_1, x_2 \in \mathbb{F}_q$ avec $z := x_1e_1+x_2e_2+e_3$ qui est isotrope (appliquer 1)). Soient $z' \in E-(\mathbb{F}_q z)^\perp$, $P=\mathbb{F}_q z \oplus \mathbb{F}_q z'$, montrer que P est hyperbolique (i.e. non dégénéré). Considérer $E=P \overset{\perp}{\oplus} P^\perp$, si $\dim P^\perp \leq 2$ appliquer 2) et 3), si $\dim P^\perp \geq 3$, appliquer une récurrence.

5) En déduire que la propriété **I** est vraie et donc aussi **II**.

6) Montrer que **III** est satisfait si $r=1$.

7) On suppose $r \geq 2$. Considérer e_1 avec $f(e_1, e_1)=1$ (utiliser 3) et $E=\mathbb{F}_q e_1 \overset{\perp}{\oplus} (\mathbb{F}_q e_1)^\perp$). Appliquer une récurrence à $(\mathbb{F}_q e_1)^\perp$ et conclure que **III** est satisfait.

8) Montrer **IV** en déduisant de **III** que deux matrices A et B de $\mathcal{S}ym_n(\mathbb{F}_q)$, de rang n sont congruentes si et seulement si $\operatorname{dét} A \equiv \operatorname{dét} B$ modulo $\mathbb{F}_q^{\times 2}$; il suit de cela que A et sA sont congruentes si et seulement si $n=2\ell$. Conclure.

Exercice 16.4. *décomposer en somme de carrés*

$X_1^2+X_2^2+5X_3^2-2X_2X_3-2X_1X_3+6X_1X_2$, $X_1^2+X_2^2+X_3^2-2X_2X_3+2X_1X_2$.

Exercice 16.5. *le théorème de* Gauss *est-il vrai pour les polynômes homogènes de degré 3 ?*

Soit K un corps commutatif avec $\operatorname{car} K=0$, $P(X) \in K[X_1, X_2, \ldots, X_n]$ *homogène de degré 3.*

A-t-on $P=a_1Q_1^3+a_2Q_2^3+\ldots+a_nQ_n^3$ *avec* $Q_i \in K[X_1, X_2, \ldots, X_n]$ *homogène de degré 1 et* $(Q_1, Q_2, \ldots, Q_n)$ *libre ?*

Supposons

(1) $P(x,y,z)=a_1(aX+bY+cZ)^3+a_2(a'X+b'Y+c'Z)^3+a_3(a''X+b''Y+c''Z)^3$ et supposons que dans P, $\operatorname{coeff} X^3=0$, $\operatorname{coeff} X^2Y=0$, $\operatorname{coeff} X^2Z=0$, $\operatorname{coeff} XY^2 \neq 0$ et $((aX+bY+cZ), (a'X+b'Y+c'Z), (a''X+b''Y+c''Z))$ libre.

Déduire que $a_1a^2=a_2a'^2=a_3a''^2=0$. Conclure que le degré en X du membre de droite de (1) est nul ou $-\infty$!

Remarque On sait que P est combinaison linéaire de puissances 3-ièmes de polynômes homogènes de degré 1 (exercice *Fr 1*, A.1.4.14.).

Exercice 16.6. *sur la convergence et le calcul d'une intégrale*

Soit q une forme quadratique sur $\mathbb{R}^n$. Montrer que l'intégrale $\int_{\mathbb{R}^n} e^{-q(x)} dx_1 dx_2 \dots dx_n$ converge si et seulement q est défini positif.

Dans ce cas, calculer l'intégrale (considérer q comme un polynôme homogène de degré 2 et décomposer celui-ci en somme de carrés).

Exercice 16.7. *classes d'équivalence de formes bilinéaires symétriques*

1) Soient K un corps avec $\operatorname{car} K \neq 2$, $E = Ke_1$ un K-espace vectoriel de dimension 1. Montrer que $f \longmapsto f(e_1, e_1)$ induit une bijection des classes d'équivalence de formes bilinéaires symétriques non nulles sur E (6.1.) sur $\frac{K^\times}{K^{\times 2}}$. Si K est algébriquement clos, on a $\frac{K^\times}{K^{\times 2}} = \{1\}$. Si $K = \mathbb{R}$ on a $\frac{K^\times}{K^{\times 2}} = \{\pm 1\}$, si $K = \mathbb{F}_q$, le groupe $\frac{K^\times}{K^{\times 2}}$ est le groupe cyclique d'ordre 2. Si $K = \mathbb{Q}$, $\frac{\mathbb{Q}^\times}{\mathbb{Q}^{\times 2}}$ est en bijection avec $\{z = \pm \prod_{p \in \mathscr{P}} p^{\alpha(p)} \mid p \in \mathscr{P}\}$, où $\mathscr{P}$ est l'ensemble des nombres premiers positifs, $\alpha(p) \in \{0, 1\}$ et $\alpha(p) = 0$ pour tout p, sauf un nombre fini.

2) Soient K un corps algébriquement clos, $\mathscr{Sym}_n(K)$ le sous-ensemble de $M_n(K)$ des matrices symétriques. Montrer que $M \longmapsto \operatorname{rang} M$ induit une bijection de l'ensemble des classes de matrices congruentes (symétriques) sur $\{0, 1, 2, \dots, n\}$ (déf. 2.1.). En conclure qu'une matrice symétrique de rang r est congruente à $\begin{bmatrix} I_r & 0 \\ 0 & 0 \end{bmatrix}$ modulo $G\ell_n(K)$.

Exercice 16.8. *quelques exemples d'espaces quadratiques*

1) Dans l'exemple 1.6, montrer que $\{x \in A \mid xA \subset \ker \varphi\} = A^\perp$.

2) Dans l'exemple 1.8, soient $K = \mathbb{R}$, $E_{ij} \in M_n(K)$ défini par $E_{ij} = (a_{\ell c})$ avec $a_{ij} = 1$ et $a_{\ell c} = 0$ pour $(\ell, c) \neq (i, j)$. Montrer que $\operatorname{Tr}(E_{ij} E_{i'j'}) = \delta_{ji'} \delta_{ij'}$. Conclure que $M_n(K)$ est somme orthogonale d'un espace défini (positif) de dimension n et d'un espace hyperbolique de dimension $n^2 - n$.

2) Si $K = \mathbb{R}$, montrer que l'exemple 1.9 est défini (positif) (cf. C.1.3.)

Exercice 16.9. *groupes orthogonaux conjugués*

1) Soient K un corps commutatif, E un K-espace vectoriel de dimension $n \geq 1$ si $K \neq \mathbb{F}_3$ et de dimension $n \geq 2$ si $K = \mathbb{F}_3$. Soient φ et ψ deux formes bilinéaires symétriques sur E,

$O(\varphi) := \{u \in G\ell(E) \mid \varphi(x, y) = \varphi(u(x), u(y))$ pour tout $x, y \in E\}$,

$O(\psi) := \{u \in G\ell(E) \mid \psi(x, y) = \psi(u(x), u(y))$ pour tout $x, y \in E\}$.

Alors les propriétés suivantes sont équivalentes.
i) Il existe $\lambda\in K^{\times}$, $v\in G\ell(E)$ *tels que* $\varphi(x,y)=\lambda\,\psi(v(x),v(y))$ *pour tout* $x,y\in E$,
ii) il existe $w\in G\ell(E)$ *tel que* $O(\varphi)=w\,O(\psi)\,w^{-1}$.
On a aussi l'équivalence
i) Il existe $\lambda\in K^{\times}$ *tel que* $\varphi(x,y)=\lambda\,\psi(x,y)$ *pour tout* $x,y\in E$, *ii)* $O(\varphi)=O(\psi)$.
2) Soient K *un corps, n un entier avec* $n\geq 1$ *si* $\operatorname{car}K\neq 2$ *et* $K\neq\mathbb{F}_3$ *et* $n\geq 2$ *si* $K=\mathbb{F}_3$.
Soient $A,B\in\mathcal{S}ym_n(K)$, $O(A):=\{U\in G\ell_n(K)\,|\,{}^tUAU=A\}$, $O(B):=\{U\in G\ell_n(K)\,|\,{}^tUBU=B\}$.
Alors les propriétés suivantes sont équivalentes.
i) Il existe $\lambda\in K^{\times}$, $S\in G\ell_n(K)$ *tels que* ${}^tSAS=\lambda B$, i.e. *les matrices* A *et* B *sont "congruentes "* (définition en 16.3.IV.) ,
ii) il existe $S\in G\ell_n(K)$ *tel que* $O(A)=SO(B)S^{-1}$.
On a aussi l'équivalence
i) Il existe $\lambda\in K^{\times}$ *tel que* $\lambda A=B$, *ii)* $O(A)=O(B)$.

Démonstration i) implique ii). Clairement on a $O(\psi)=v\,O(\varphi)\,v^{-1}$.
ii) implique i)
α) Soit φ_w la forme bilinéaire symétrique définie par $\varphi_w(x,y)=\varphi(w(x),w(y))$, pour tout $x,y\in E$. On a $O(\varphi_w)=O(\psi)$, c'est immédiat ; ainsi *on peut supposer que* $O(\varphi)=O(\psi)$.
β) *Soit* $(e_1,e_2,\dots,e_n)$ *une base orthogonale pour* φ . *Alors* $(e_1,e_2,\dots,e_n)$ *est une base orthogonale pour* ψ . Soit $u\in G\ell(E)$ défini par $u(e_i)=-e_i$ et $u(e_j)=e_j$ pout tout $j\neq i$. On a donc $u\in O(\varphi)$, il suit que $u\in O(\psi)$, donc $\psi(e_i,e_j)=\psi(u(e_i),u(e_j))=-\psi(e_i,e_j)$ pour $i\neq j$, i.e. $\psi(e_i,e_j)=0$.
γ) *On a* $\varphi(x,E)=0$ *implique* $\psi(x,E)=0$. Il suffit de supposer $x\neq 0$. Alors il existe une base orthogonale pour φ de la forme $(e_1,e_2,\dots,e_n)$ avec $e_1=x$, par β) elle est orthogonale pour ψ . Soit $u\in G\ell(E)$ tel que $u(e_1)=\lambda e_1$, $\lambda\in K^{\times}$, $u(e_i)=e_i$ pour $i\geq 2$, ainsi $u\in O(\varphi)$. Donc $u\in O(\psi)$ et $\psi(e_1,e_1)=\psi(u(e_1),u(e_1))=\lambda^2\,\psi(e_1,e_1)$; si $K\neq\mathbb{F}_3$ on peut avoir $\lambda^2\neq 1$, ainsi $\psi(e_1,e_1)=0$. Si $K=\mathbb{F}_3$, on a $n\geq 2$, soit u défini par $u(e_1)=-e_1$, $u(e_2)=e_1+e_2$, $u(e_i)=e_i$ pour $i\geq 3$, on a $u\in O(\varphi)$. Donc $0=\psi(e_1,e_2)=\psi(-e_1,e_1+e_2)=-\psi(e_1,e_1)$.
δ) *On a* $\varphi=\lambda\,\psi$ *avec* $\lambda\in K^{\times}$. Si $\varphi=0$, il suit de γ) que $\psi=0$. Si $\varphi\neq 0$, on a une base orthogonale $(e_1,e_2,\dots,e_n)$ pour φ avec $\varphi(e_1,e_1)\neq 0$, ainsi $\psi(e_1,e_1)\neq 0$ (cela suit de β) et de ce qui précède). Quitte à remplacer ψ par $\dfrac{\varphi(e_1,e_1)}{\psi(e_1,e_1)}\psi$, on a $\varphi(e_1,e_1)=\psi(e_1,e_1)$. Si $\varphi(e_i,e_i)=0$ $(i\geq 2)$, par γ) on a $\psi(e_i,e_i)=0$. Si $\varphi(e_i,e_i)\neq 0$ $(i\geq 2)$, alors $Ke_1\oplus Ke_i$ est non dégénéré pour φ ; donc il existe $\mu\in K^{\times}$ tel que $e_1+\mu e_i$ soit non isotrope pour φ , sauf si $K=\mathbb{F}_3$ et si $Ke_1\oplus Ke_i$ est hyperbolique pour φ . Alors $f_1:=e_1+\mu e_i$, $f_2:=\mu\,\varphi(e_i,e_i)e_1-\varphi(e_1,e_1)e_i$ *est une base orthogonale pour* φ de $Ke_1\oplus Ke_i$. Il suit de β) que (f_1,f_2) est orthogonal pour ψ et donc $0=\mu\,\varphi(e_i,e_i)\,\psi(e_1,e_1)-\mu\,\varphi(e_1,e_1)\,\psi(e_i,e_i)$; cela montre que $\psi(e_i,e_i)=\varphi(e_i,e_i)$ et donc que $\psi=\varphi$.

Si $K=\mathbb{F}_3$ et si $Ke_1 \oplus Ke_i$ est hyperbolique pour φ , alors $Ke_1 \oplus Ke_i$ est hyperbolique pour ψ ; sinon ce qui précède appliqué à ψ montre que $Ke_1 \oplus Ke_i$ n'est pas hyperbolique pour φ . Il suit facilement que $Ke_1 \oplus Ke_i$ hyperbolique pour φ (resp. ψ) implique $\varphi(e_1,e_1)+\varphi(e_i,e_i)=0$ (resp. $\psi(e_1,e_1)+\psi(e_i,e_i)=0$) , cela montre bien que $\varphi(e_i,e_i)=\psi(e_i,e_i)$.

Exercice 16.10. *cardinal du groupe orthogonal d'un espace quadratique sur un corps fini*

Soient un corps fini $\mathbb{F}_q$ avec $\mathrm{car}\,\mathbb{F}_q \neq 2$, E *un espace quadratique non dégénéré sur* $\mathbb{F}_q$, $O(E)$ *son groupe orthogonal.*

1. *Si* E *est un espace hyperbolique de dimension* $2r$ *on a*

$$\mathrm{card}(O(E))=\prod_{j=1}^{r}\{q^{j-1}(q^j+q-1)-1\}\,q^{2(j-1)}=2(q^r-1)\,q^{r^2-r}\prod_{j=1}^{r-1}(q^{2j}-1)$$

2. *Si* $E=F\overset{\perp}{\oplus}H$ *avec* H *hyperbolique de dimension* $2r$ *et* F *défini de dimension* 1 , *on a*

$$\mathrm{card}(O(E))=2q^{r^2}\prod_{j=1}^{r}(q^{2j}-1)\ .$$

3. *Si* $E=F\overset{\perp}{\oplus}H$ *avec* H *hyperbolique de dimension* $2r$ *et* F *défini de dimension* 2 , *on a*

$$\mathrm{card}(O(E))=2(q^{r+1}+1)\,q^{r^2+r}\prod_{j=1}^{r}(q^{2j}-1)\ .$$

Démonstration 1) On a $E=P_1\overset{\perp}{\oplus}P_2\overset{\perp}{\oplus}\dots\overset{\perp}{\oplus}P_r$ avec $P_i=\mathbb{F}_q e_i\oplus\mathbb{F}_q f_i$, $\varphi(e_i,e_i)=\varphi(f_i,f_i)=0$, $\varphi(e_i,f_i)=1$; on dira que la base $(e_1,f_1,e_2,f_2,\dots,e_r,f_r)$ est hyperbolique. Clairement $\mathrm{card}(O(E))$ est le nombre de bases hyperboliques.

1.α) *On a* card(Isotropes de $E)=q^{r-1}(q^r+q-1)$. Soit $x=\sum_{i=1}^{r}\lambda_i e_i+\sum_{i=1}^{r}\mu_i f_i$, montrer que x est isotrope si et seulement si $\lambda_1\mu_1+\lambda_2\mu_2+\dots+\lambda_r\mu_r=0$. Si $(\lambda_1,\lambda_2,\dots,\lambda_r)\neq(0,0,\dots,0)$, montrer que $\mathrm{card}\{(\mu_1,\mu_2,\dots,\mu_r)\mid\sum_{i=1}^{r}\lambda_i\mu_i=0\}=q^{r-1}$. Conclure.

1.β) *Si* $G=\mathbb{F}_q x\oplus H$ *avec* $x\perp G$ *et* H *hyperbolique de dimension* $2(r-1)$, *alors on a* card(Isotropes de $G)=q^{r-1}(q^{r-1}+q-1)$. Montrer que $\lambda x+y$ avec $y\in H$ est isotrope si et seulement si y l'est, déduire 1.β) de 1.α) .

1.γ) *Le nombre de couple* (u,v) *avec* $\varphi(u,u)=\varphi(v,v)=0$, $\varphi(u,v)=1$ *est* $q^{2(r-1)}\{q^{r-1}(q^r+q-1-)-1\}=q^{2(r-1)}(q^{r-1}+1)(q^r-1)$.

Déduire de 1.α) que le nombre de u est $q^{r-1}(q^r+q-1)-1=(q^{r-1}+1)(q^r-1)$. L'élément u étant choisi, il suffit de choisir v isotrope , $v\notin(\mathbb{F}_q x)^{\perp}$ et de le multiplier par un scalaire convenable. Conclure de 1.α) et de 1.β) que le nombre de v est $q^{2(r-1)}$. Montrer que la formule 1. suit par récurrence de 1.γ) .

2) On a $E=\mathbb{F}_q g \overset{\perp}{\oplus} H$ avec $\varphi(g,g)\neq 0$ et H hyperbolique.

2.α) *Soient* $g'\in E$ *avec* $\varphi(g,g)=\varphi(g',g')$, $A:=\{\sigma\in O(E)\,|\,\sigma(g)=g'\}$. *Alors* $\operatorname{card} A=\operatorname{card} O(E)$. En utilisant le théorème de Witt (11.1.) montrer qu'il existe $\sigma_1\in O(E)$ tel que $\sigma_1(g)=g'$. Soit $\sigma\in A$, montrer que $\sigma_1^{-1}\sigma$ induit un élément $(\sigma_1^{-1}\sigma)_H$ de $O(H)$. Montrer que l'application $\sigma\longmapsto(\sigma_1^{-1}\sigma)_H$ est une bijection de A sur $O(H)$. Conclure.

2.β) *Soit* $B:=\{g'\in E\,|\,\varphi(g,g)=\varphi(g',g')\}$, *alors* $\operatorname{card} B=q^r(q^r+1)$.

Soient $(e_1,f_1,e_2,f_2,\dots,e_r,f_r)$ une base hyperbolique de H , $g'=\lambda_0 g+(\lambda_1 e_1+\mu_1 f_1)+(\lambda_2 e_2+\mu_2 f_2)+\dots+(\lambda_r e_r+\mu_r f_r)$. Montrer que $\varphi(g,g)=\varphi(g',g')$ si et seulement si $(\lambda_0^2-1)\varphi(g,g)+\lambda_1\mu_1+\lambda_2\mu_2+\dots+\lambda_r\mu_r=0$. Montrer qu'il y a $q^r(q^r-1)$ solutions avec $(\lambda_1,\lambda_2,\dots,\lambda_r)\neq(0,0,\dots,0)$. Montrer qu'il y a $2\,q^r$ solutions avec $(\lambda_1,\lambda_2,\dots,\lambda_r)=(0,0,\dots,0)$. Conclure.

2.γ) Conclure que 2. est satisfait en appliquant 1. .

3. Montrer que $F=\mathbb{F}_q g \overset{\perp}{\oplus} \mathbb{F}_q h$ avec $\varphi(g,g)=1$ et $\varphi(h,h)=-s$ où $s\notin\mathbb{F}_q^{\times 2}$. Soit $G:=\mathbb{F}_q h\oplus H$.

3.α) *Soient* $g'\in E$ *avec* $\varphi(g',g')=1$, $A:=\{\sigma\in O(E)\,|\,\sigma(g)=g)\}$. *Alors* $\operatorname{card} A=\operatorname{card} O(G)$. En utilisant le théorème de Witt (11.1.) , montrer qu'il existe $\sigma_1\in O(E)$ tel que $\sigma_1(g)=g'$. Soit $\sigma\in A$, montrer que $\sigma_1^{-1}\sigma(G)=G$; en conclure que $\sigma_1^{-1}\sigma$ induit un élément $(\sigma_1^{-1}\sigma)_G$ de $O(G)$. Montrer que l'application $\sigma\longmapsto(\sigma_1^{-1}\sigma)_G$ est une bijection de A sur $O(G)$. Conclure.

3.β) *Soit* $B:=\{g'\in E\,|\,\varphi(g',g')=1\}$, *alors* $\operatorname{card} B'=q^r(q^{r+1}+1)$. Soient $(e_1,f_1,e_2,f_2,\dots,e_r,f_r)$ une base hyperbolique de H , $g'=\lambda_0 g+\mu_0 h+(\lambda_1 e_1+\mu_1 f_1)+\dots+(\lambda_r e_r+\mu_r f_r)$. Montrer que $1=\varphi(g',g')$ si et seulement si $1=\lambda_0^2-s\mu_0^2+\lambda_1\mu_1+\dots+\lambda_r\mu_r$. Montrer qu'il y a $q^{r+1}(q^r-1)$ solutions avec $(\lambda_1,\lambda_2,\dots,\lambda_r)\neq(0,0,\dots,0)$. Montrer qu'il y a $q^r(q+1)$ solutions avec $(\lambda_1,\lambda_2,\dots,\lambda_r)=(0,0,\dots,0)$ (on remarque que l'ensemble des solutions dans $\mathbb{F}_q\times\mathbb{F}_q$ de $1=x^2-sy^2$ est $\{(\frac{st^2+1}{st^2-1},\frac{2t}{st^2-1})\,|\,t\in\mathbb{F}_q\}\cup\{(1,0)\}$, c'est la paramétrisation classique des coniques). Conclure.

3.γ) Conclure que 3. est satisfait en appliquant 2. .

Remarque On sait que les trois espaces considérés sont les seuls (exercice 16.3) .

Exercice 16.11 *polynômes de degré 2, formes quadratiques, irréductibilité*

Soient k *un corps commutatif avec* $\operatorname{car} k\neq 2$, $P(X_1,X_2,\dots,X_n)\in k[X_1,X_2,\dots,X_n]$ *un polynô-me de degré* 2 , $Q(X_0,X_1,\dots,X_n):=X_0^2 P(\frac{X_1}{X_0},\frac{X_2}{X_0},\dots,\frac{X_n}{X_0})$ *le polynôme homogène associé à* P , φ *la forme bilinéaire symétrique sur* k^{n+1} *associée à* Q *selon* (2.3.) . *Alors les*

propriétés suivantes sont équivalentes .
i) Le polynôme P *se factorise en deux polynômes de degré* 1 *de* $k[X_1,X_2,\dots,X_n]$,
ii) le polynôme Q *se factorise en deux polynômes homogènes de degré* 1 *de* $k[X_0,X_1,\dots,X_n]$,
iii) $\operatorname{rang}\varphi\leq 2$ *et* k^{n+1} *admet une famille libre de* n *vecteurs isotropes ,*
iv) l'espace k^{n+1} *admet un hyperplan totalement isotrope .*

Démonstration i) implique ii). On a $P(X_1,X_2,\dots,X_n)=U(X_1,X_2,\dots,X_n)\,V(X_1,X_2,\dots,X_n)$ avec $\deg U=\deg V=1$. Alors on a
$X_1^2P(\frac{X_1}{X_0},\dots,\frac{X_n}{X_0})=X_0\,U(\frac{X_1}{X_0},\frac{X_2}{X_0},\dots,\frac{X_n}{X_0})X_0V(\frac{X_1}{X_0},\frac{X_2}{X_0},\dots,\frac{X_n}{X_0})$ et bien entendu
$X_0\,U(\frac{X_1}{X_0},\frac{X_2}{X_0},\dots,\frac{X_n}{X_0})$, $X_0\,V(\frac{X_1}{X_0},\frac{X_2}{X_0},\dots,\frac{X_n}{X_0})$ sont des polynômes homogènes de degré 1 .
ii) implique i). On a $Q(X_0,X_1,\dots,X_n)=A(X_0,X_1,\dots,X_n)B(X_0,X_1,\dots,X_n)$ avec $\deg A=\deg B=1$. Il suit que
$P(X_1,X_2,\dots,X_n)=Q(1,X_1,X_2,\dots,X_n)=A(1,X_1,\dots,X_n)B(1,X_1,\dots,X_n)$. Comme $\deg P=2$, cela montre que $\deg A(1,X_1,\dots,X_n)=\deg B(1,X_1,\dots,X_n)=1$.
ii) implique iii). On a $Q(X_0,X_1,\dots,X_n)=A(X_0,X_1,\dots,X_n)B(X_0,X_1,\dots,X_n)$, il suit que
(1) $\varphi(x_0,x_1,\dots,x_n\,;y_0,y_1,\dots,y_n)=A(x_0,\dots,x_n)B(y_0,\dots,y_n)+A(y_0,\dots,y_n)B(x_0,\dots,x_n)$

Soit $F:=\{\boldsymbol{x}=(x_0,x_1,\dots,x_n)\in k^{n+1}\mid A(\boldsymbol{x})=B(\boldsymbol{x})=0\}$, c'est un sous-espace vectoriel de k^{n+1} (parce que $\deg A=\deg B=1$) et on a $\dim F\geq n-1$. De plus (1) montre que $F\subset\ker\varphi$, ce qui montre que $\operatorname{rang}\varphi\leq 2$.

Soit $G:=\{\boldsymbol{x}=(x_0,x_1,\dots,x_n)\in k^{n+1}\mid A(\boldsymbol{x})=0\}$, alors G est un sous-espace vectoriel de k^{n+1} de dimension n , totalement isotrope ; il suffit d'utiliser (1).
iii) implique iv). Soit $F=\ker\varphi$, si $\dim F\geq n$ c'est fini.

Supposons $\dim F=n-1$ et soit $(f_1,f_2,\dots,f_n)$ une famille libre de vecteurs isotropes. Alors il existe i tel que $f_i\notin F$ et alors $F\oplus kf_i$ convient.
iv) implique ii). Soient G un hyperplan totalement isotrope $(g_0,g_1,\dots,g_{n-1})$ une base de G . On la complète en une base $(g_0,g_1,\dots,g_{n-1},g_n)$ de k^{n+1} . Soit
$M'=\operatorname{Mat}(\varphi,(g_i))=\begin{bmatrix}\mathbf{0} & *\\ * & *\end{bmatrix}$ *où* $\mathbf{0}$ *est la matrice nulle de* $M_n(K)$. On a donc

$$(2)\qquad \begin{bmatrix}X'_0 & X'_1 & . & . & . & X'_n\end{bmatrix}M'\begin{bmatrix}X'_0\\ X'_1\\ \vdots\\ X'_n\end{bmatrix}=X'_n(a_0X'_0+a_1X'_1+\dots+a_nX'_n)\text{, où } a_i\in k\ .$$

Par ailleurs, il existe $S\in G\ell_n(k)$ avec $M={}^tS\,M'\,S$ où $M=\operatorname{Mat}(\varphi\,;(e_i)_i)$. Il suit donc de cela que

$Q(X_0,X_1,\dots,X_n)=\begin{bmatrix} X_0 & X_1 & . & . & X_n \end{bmatrix} M \begin{bmatrix} X_0 \\ X_1 \\ \vdots \\ X_n \end{bmatrix} = {}^t(S\begin{bmatrix} X_0 \\ X_1 \\ \vdots \\ X_n \end{bmatrix}) M'(S\begin{bmatrix} X_0 \\ X_1 \\ \vdots \\ X_n \end{bmatrix})$. Cela montre avec (2) que $Q(X_0,X_1,\dots,X_n)=A((X_0,X_1,\dots,X_n)B(X_0,X_1,\dots,X_n)$ où $A(X)$ est la $n+1$-ième composante de $S\begin{bmatrix} X_0 \\ X_1 \\ \vdots \\ X_n \end{bmatrix}$.

Interprétation géométrique pour $n=2$.

Soient k *un corps commutatif avec* $\operatorname{car} k \neq 2$, $P \in k[X_1,X_2]$ *un polynôme de degré* 2, $\mathcal{Q} := \{(x_1,x_2)\in k^2 \mid P(x_1,x_2)=0\}$, φ *la forme bilinéaire symétrique sur* k^3 *associée à* P *selon (2.3.)*.

Alors les propriétés suivantes sont équivalentes.

i) Le polynôme P *se factorise en deux polynômes de degré* 1,

ii) la conique $\mathcal{Q}$ *est constituée d'une ou deux droites,*

iii) la conique $\mathcal{Q}$ *a (au moins) deux points et* φ *est dégénérée.*

Exercice 16.12 *une caractérisation du groupe orthogonal*

Soient (E,f) *un espace quadratique non dégénéré de dimension finie,* $u: E \to E$ *une application ensembliste,* q *la forme quadratique associée à* f. *Alors les propriétés suivantes sont équivalentes.*

i) $u(x+y)=u(x)+u(y)$, $q(u(x))=q(x)$, *pour tout* $x,y\in E$,

ii) $q(u(x)-u(y))=q(x-y)$, $u(0)=0$, *pour tout* $x,y\in E$,

iii) $f(u(x),u(y))=f(x,y)$ *pour tout* $x,y\in E$.

Si ces conditions sont réalisées, u *est un automorphisme orthogonal.*

1) Montrer les formules :

(1) $2f(x,y)=q(x+y)-q(x)-q(y)$,

(2) $q(x+y)+q(x-y)=2(q(x)+q(y))$.

2) Montrer que *i)* implique *ii)* (appliquer (2) à x, y, $u(x)$, $u(y)$).

3) Montrer que *ii)* implique *iii)* (montrer que $q(u(x))=q(x)$ en faisant $y=0$ et développer *ii)*).

4) On suppose *iii)* satisfait. Soit $(e_i)_{1\le i\le n}$ une base orthogonale de E, montrer que $q(e_i)\neq 0$, pour $1\le i\le n$. Conclure que $(u(e_i))_{1\le i\le n}$ est une base orthogonale de E. Montrer que $f(u(x+y),u(e_i))-f(u(y),u(e_i))-f(u(y),u(e_i))=0$ pour pour $1\le i\le n$. Conclure que *i)* est satisfait. Montrer aussi que $f(u(\lambda x),u(e_i))-\lambda f(u(x),u(e_i))=0$ pour $1\le i\le n$; en conclure que u est linéaire et que $u\in O(f)$.

Exercice 16.13. *groupe irréductible et forme bilinéaire*

Soient K un corps avec $\operatorname{car} K \neq 2$, *V un K-espace vectoriel de dimension finie* , *G un groupe irréductible de $G\ell(V)$* , (on dit que G est irréductible si les seuls sous-espaces vectoriels de V stables par G sont $\{0\}$ et V , voir aussi *Fr 1*, A.4.7.18. pour la définition de groupe irréductible).

1. *Soit B une forme bilinéaire symétyrique sur V , $B \neq 0$. On suppose que $B(g(x),g(y))=B(x,y)$ pour tout $x,y \in V$, $g \in G$. Alors B est non dégénéré.*

2. *Soit B' est une forme bilinéaire symétrique telle que $B'(g(x),g(y))=B'(x,y)$ pour tout $x,y \in V$, $g \in G$ et soit $u \in \mathscr{End}E$, symétrique relativement à B tel que $B'(x,y)=B(u(x),y)$ pour tout $x,y \in V$* (selon 15.5.) .

2.1. *On suppose qu'il existe $\lambda \in K$ tel que $m_u(\lambda)=0$. Alors on a $B'=\lambda B$.*

2.2. *On suppose qu'il existe $g \in G$ et $\lambda \in K$ tel que* $\dim \ker(g - \lambda \mathbb{1}_V)=1$. *Alors il existe $\alpha \in K$ tel que $B'=\alpha B$.*

1) Si $B(x,V)=0$ pour $x \neq 0$, montrer que $B(g(x),V)=0$ pour $g \in G$; et comme G est irréductible, conclure que $B(z,y)=0$ pour tout $z,y \in V$. Ce qui est impossible puisque $B \neq 0$. Conclure.

2) De $B'(g(x),g(y))=B'(x,y)$, déduire que $B(u(x),y)=B(g^{-1}ug(x),y)$ pour tout $x,y \in V$, $g \in G$. Conclure que u commute avec tout élément de G .

2.1) S'il existe $\lambda \in K$ tel que $m_u(\lambda)=0$, déduire de *Fr 1*, A.4.7.18. que $u=\lambda \mathbb{1}_V$, et donc que $B'=\lambda B$.

2.2) Montrer que $u(\ker(g-\lambda \mathbb{1}_V)) \subset \ker(g-\lambda \mathbb{1}_V)$. Conclure en utilisant 2.1. .

Exercice 16.14. *les groupes orthogonaux de type fini*

Soient K un corps commutatif, E un K-espace vectoriel avec $\dim E \geq 2$, *f une forme bilinéaire symétrique sur E , non dégénérée. On suppose que le groupe $O(f)$* (resp. $SO(f)$) *est de type fini. Alors K est fini.*

Soit $\mathscr{B}=(e_1,e_2,\ldots,e_n)$ une base orthogonale de E , et notons toujours $O(f)$ (resp. $SO(f)$) la représentation matricielle de $O(f)$ (resp. $SO(f)$) dans cette base.

Soient $a_1:=f(e_1,e_2)$, $a_2:=f(e_1,e_2)$,
$S_1:=\{m_1 \in K \mid$ il existe $m_2 \in K$ avec $a_1 m_1^2 + a_2 m_2^2 = a_1\}$,
$S_2:=\{m_2 \in K \mid$ il existe $m_1 \in K$ avec $a_1 m_1^2 + a_2 m_2^2 = a_1\}$.

1) Soit A la sous-$\mathbb{Z}$-algèbre de K engendrée par a_1 et a_2 et par les coefficients des matrices constituant un système générateur fini. Montrer que $S_1 \cup S_2 \subset A$ (considérer les éléments de $SO(f)$ qui induisent une rotation sur $Ke_1 \oplus Ke_2$, l'identité sur l'orthogonal, et examiner les coefficients en position $(1\,,1)$ et $(2\,,1)$) .

2) Remarquer que $a_1 \neq 0$, $2 \neq 0$ ($\operatorname{car} K \neq 2$) . Si $a_2X^2+a_1$ a une racine dans K , on note w une solution. Soit alors $B:=A[\frac{1}{2a_1}] \subset K$ (resp. $A[\frac{1}{2a_1},w] \subset K$) si $a_2X^2+a_1$ n'a pas de

racine dans K (resp. a une racine dans K). Remarquer que

$$S_1=\{\frac{a_2\lambda^2-a_1}{a_2\lambda^2+a_1}\mid \lambda\in K \text{ et } a_2\lambda^2+a_1\neq 0\}\cup\{1\},\ S_2=\{\frac{-2a_1\lambda}{a_2\lambda^2+a_1}\mid \lambda\in K \text{ et } a_2\lambda^2+a_1\neq 0\}\cup\{0\}$$

(s'inspirer de C.12.9.). On suppose que B n'est pas un corps fini. Déduire de *Fr2*, F.9.3.14. qu'il existe $\lambda\in B$ tel que $a_2\lambda^2+a_1\notin B^\times$ et $a_2\lambda^2+a_1\neq 0$. En déduire qu'il existe un idéal maximal $\mathfrak{M}$ de B tel que $a_2\lambda^2+a_1\in\mathfrak{M}$ et $a_2\lambda^2-a_1\in\mathfrak{M}$; en déduire une contradiction et donc que B est un corps fini.

3) Soit $\lambda\in K$ tel que $a_2\lambda^2+a_1\neq 0$, en utilisant la formule $\lambda=(\frac{-2a_1\lambda}{a_2\lambda^2+a_1})(\frac{a_2\lambda^2-a_1}{a_2\lambda^2+a_1})^{-1}$, déduire que $\lambda\in B$ et conclure que $K=B$, donc que K est un corps fini.

4) Si l'espace quadratique (E,f) n'est pas défini, la démonstration sera simplifiée. En effet E contient un plan hyperbolique $H=Kg_1\oplus Kg_2$ avec $0=f(g_1,g_1)=f(g_2,g_2)$, $1=f(g_1,g_2)$; soit alors $(g_3,g_4,\dots,g_n)$ une base de $H^\perp$. Dans la représentation matricielle avec la base $(g_1,g_2,\dots,g_n)$, montrer que l'ensemble des coefficients en position $(1,1)$ contient $K^\times$. En conclure que la sous-$\mathbb{Z}$-algèbre de K engendrée par les coefficients des matrices constituant un système générateur fini est K. Conclure que K est fini (*Fr2*, F.6.7.30.)

Exercice 16.15. *les chaînes de bases orthogonales contiguës*

Soit (E,f) un espace quadratique avec $\dim_K E=n\geq 3$, f est non dégénéré. On dit que deux bases $(e_1,e_2,\dots,e_n)$ et $(e'_1,e'_2,\dots,e'_n)$ sont *contiguës* si elles ont un élément en commun, i.e. il existe i,j avec $e_i=e'_j$.

Soient $\mathcal{B}$ et $\mathcal{B}'$ deux bases orthogonales de (E,f), alors il existe une suite $\mathcal{B}_1,\mathcal{B}_2,\dots,\mathcal{B}_m$ de bases orthogonales de (E,f) telle que $\mathcal{B}_k$ soit contiguë à $\mathcal{B}_{k+1}$ pour $1\leq k<m$ avec $\mathcal{B}=\mathcal{B}_1$ et $\mathcal{B}'=\mathcal{B}_m$.

1) Soient $\mathcal{B}=(e_1,e_2,\dots,e_n)$, $\mathcal{B}'=(e'_1,e'_2,\dots,e'_n)$ deux beses orthogonales de (E,f). On suppose qu'il existe i avec $f(e_1,e_1)f(e'_i,e'_i)-f(e_1,e'_i)^2\neq 0$. Montrer le résultat cherché avec $m=4$.

2) On suppose que $f(e_1,e_1)f(e'_i,e'_i)-f(e_1,e'_i)^2=0$ pour tout i.

2.1) Montrer qu'il existe $\lambda\in K$, avec $e_\lambda:=e'_1+\lambda e'_2$ non isotrope et tel que Ke_1+Ke_λ soit un plan non dégénéré (distinguer $K\neq\mathbb{F}_3$ et $K=\mathbb{F}_3$).

2.2) Conclure au résultat cherché avec $m=5$.

Exercice 16.16. *sur la dimension d'un espace vectoriel de matrices nilpotentes*

Soient K un corps commutatif de caractéristique quelconque, V un sous-espace vectoriel de $M_n(K)$ constitué de matrices nilpotentes. Alors $\dim_K V\leq\frac{n(n-1)}{2}$.

1) Soit $\Phi: M_n(K)\times M_n(K)\to K$ défini comme il suit si $A=\left[a_{ij}\right]$, $B=\left[b_{ij}\right]$ alors

$\Phi(A,B):=\sum_{i=1}^{n}\sum_{j=1}^{n} a_{ij}b_{ji}=\mathrm{Tr}(AB)$. Montrer que Φ est une forme bilinéaire symétrique non dégénérée.

2) Si $M=[m_{ij}]\in M_n(K)$, on a

$\chi_M(X)=X^n-C_1(M)X^{n-1}+C_2(M)X^{n-2}+\ldots+(-1)^n C_n(M)$ où $C_i(M)$ est la somme des mineurs principaux de M , d'ordre i . En particulier $C_1(M)=\mathrm{Tr}(M)=m_{11}+m_{22}+\ldots+m_{nn}$, $C_2(M)=\sum_{1\le i<j\le n} m_{ii}m_{jj}-m_{ij}m_{ji}$ (*Fr 1* , algèbre des matrices, p. 122).

Montrer que M est nilpotent si et seulement si $C_1(M)=C_2(M)=\ldots=C_n(M)=0$.

3) Soient $A,B\in M_n(K)$ tels que $A,B,A+B$ soient nilpotents. Montrer que $\Phi(A,B)=0$ (on utilisera $C_2(A)=C_2(B)=0$, $C_2(A+B)=0$ et $C_1(A)C_1(B)=0$).

4) Soient $T_n^+(K)$ (resp. $T_n^-(K)$, resp. $D(K)$) le sous-espace vectoriel de $M_n(K)$ des matrices triangulaires supérieures strictes (resp. triangulaires inférieures strictes, resp. diagonales).

Montrer que $(T_n^+(K))^\perp=T_n^+(K)\oplus D(K)$, $(T_n^-(K))^\perp=T_n^-(K)\oplus D(K)$ ("$\perp$" signifie orthogonal relativement à Φ).

5) Soit $\rho:M_n(K)\to T_n^-(K)$ l'application définie par $\rho([a_{ij}])=[b_{ij}]$ avec $b_{ij}=a_{ij}$ si $i>j$, $b_{ij}=0$ si $i\le j$. Soit $V^-=\rho(V)$. Montrer que $\dim V=\dim V^-+\dim(V\cap(T_n^+(K)\oplus D(K)))$. Montrer que $V\cap(T_n^+(K)\oplus D(K))=V\cap T_n^+(K)$. En conclure que

(1) $\dim V=\dim V^-+\dim(V\cap T_n^+(K))$.

6) Il s'agit de montrer que

(2) $(V^-)^\perp=(T_n^-(K)\oplus D(K))\oplus(T_n^+(K)\cap V^\perp)$.

6.1) Soit $M\in M_n(K)$ tel que $\Phi(M,V^-)=0$, écrire $M=(M-M^+)+M^+$ où $M^+\in T^+_n(K)$, $M-M^+\in T_n^-(K)\oplus D(K)$, déduire de 4) que $\Phi(M^+,V^-)=0$. Soit $A\in V$, écrire $A=(A-\rho(A))+\rho(A)$, montrer que $\Phi(M^+,A)=0$ et donc que $(V^-)^\perp\subset(T_n^-(K)\oplus D(K))\oplus(T_n^+(K)\cap V^\perp)$.

6.2) Soit $N\in T_n^+(K)\cap V^\perp$, $A\in V$, montrer que $\Phi(N,\rho(A))=0$. Conclure que $(V^-)^\perp\supset(T_n^-(K)\oplus D(K))\oplus(T_n^+(K)\cap V^\perp)$.

7) Déduire de 6) que

(2') $\frac{n(n-1)}{2}=\dim V^-+\dim(T_n^+(K)\cap V^\perp)$.

8) Déduire de (2') et (1) que

(3) $\frac{n(n-1)}{2}=\dim V+(\dim(T_n^+(K)\cap V^\perp)-\dim(T_n^+(K)\cap V))$.

9) Déduire de 3) que $V\subset V^\perp$, en conclure que $\dim V\le\frac{n(n-1)}{2}$.

Exercice 17 *sur l'action de $SO(f)$ sur les droites*

Soient K un corps commutatif avec $\mathrm{car}\, K \neq 2$, *E un K-espace vectoriel de dimension finie, f une forme bilinéaire symétrique, non dégénérée sur E , $SO(f)$ le groupe spécial orthogonal de l'espace quadratique (E, f), $\mathbb{P}(E)$ l'ensemble des droites vectorielles de E . Alors $SO(f)$ agit sur $\mathbb{P}(E)$ par $u * D := u(D)$. Il s'agit de déterminer les orbites du groupe $SO(f)$ opérant sur $\mathbb{P}(E)$.*

1) Soit $\mathcal{I}so(E)$ l'ensemble des droites vectorielles isotropes de E . On suppose dans cette question que $\mathcal{I}so(E) \neq \emptyset$, montrer que $\mathcal{I}so(E)$ est une orbite de l'action de $SO(f)$ sur $\mathbb{P}(E)$.

2) Montrer qu'il existe une application injective des orbites de $\mathbb{P}(E) - \mathcal{I}so(E)$ dans le groupe quotient $\dfrac{K^{\times}}{(K^{\times})^2}$.

3) Si $\mathcal{I}so(E) \neq \emptyset$, montrer que l'injection définie en 2) est une surjection.

4) Si (E, f) est un espace vectoriel euclidien, déterminer l'image de l'application définie en 2).

C. Espaces vectoriels euclidiens

0. Introduction

Le chapitre *Espaces vectoriels* euclidiens est consacré aux espaces quadratiques réels ; ceux-ci sont parfaitement classifiés par la loi d'inertie de Sylvester, l'outil le permettant est la signature d'une forme bilinéaire symétrique et celle-ci peut être calculée à l'aide de l'algorithme de Gauss . Une de ces formes dite définie positive va retenir l'essentiel de notre attention pour ce chapitre.

Seule la forme bilinéaire symétrique, dite définie positive induit sur le $\mathbb{R}$-espace vectoriel une norme, c'est l'inégalité de Schwarz. Un espace vectoriel euclidien est donc un $\mathbb{R}$-espace vectoriel de dimension finie muni de cette forme bilinéaire symétrique définie positive, souvent appelé produit scalaire ; pour une dimension donnée il y a unicité de cette structure, un représentant est $\mathbb{R}^n$ muni du produit scalaire canonique.

Les premiers résultats sur le groupe orthogonal montrent que les symétries orthogonales hyperplanes engendrent le groupe et que les renversements engendrent le groupe spécial orthogonal, dit aussi groupe des rotations.

Sachant qu'un automorphisme orthogonal se ramène essentiellement par réduction à une ou plusieurs rotations en dimension 2 , la description du groupe spécial orthogonal en dimension 2 est donc particulièrement importante. L'angle doit donner une vision plus "géométrique" de cela.

La notion d'angle orienté de deux demi-droites (ou droites) est bien attachée au cas euclidien de dimension 2 . Plus précisément un angle n'est autre chose que la rotation qui fait passer de la première demi-droite à la seconde demi-droite. Ce qui est beaucoup plus concret c'est la notion de mesure d'un angle, i.e. attacher à un angle un nombre réel.

La notion la plus fine est celle d'angle orienté de deux demi-droites du plan euclidien (orienté), de celle-là découle la notion d'angle orienté de deux droites du plan et d'angle non orienté de deux demi-droites (resp. droites) de l'espace euclidien (en dimension quelconque). Néanmoins chaque notion a une définition qui ne dépend pas des autres, nous la donnerons, mais il est bon de se souvenir que la première donne toutes les autres.

Un automorphisme orthogonal admet une réduction très simple puisqu'il existe une base orthonormée dans laquelle la matrice est un tableau diagonal de matrices I_p , $-I_q$ et de matrices 2×2 de rotation ; de plus cette réduction est "unique". Cette forme permet de montrer que le groupe orthogonal a deux composantes connexes, à savoir le groupe des rotations et son complémentaire. Du point de vue topologique le groupe orthogonal est compact. Le groupe dérivé est le sous-groupe des rotations et toute rotation est un commutateur. Les sous-groupes distingués sont parfaitement déterminés.

Dans le cas de dimension 2 ou 3 les éléments du groupe orthogonal sont bien caractérisés par des éléments géométriques et numériques : mesure de l'angle de rotation, axe de rotation, droite de symétrie, plan de symétrie.

A côté des endomorphismes qui respectent la structure euclidienne, i.e. les automorphismes orthogonaux, il y a des endomorphismes qui dans une base orthonormale ont une matrice particulièrement simple ; il s'agit des endomorphismes normaux, symétriques et anti-symétriques. En plus l'ensemble des formes bilinéaires symétriques sur le $\mathbb{R}$-espace vectoriel est en bijection avec l'ensemble des endomorphismes symétriques à travers le produit scalaire euclidien. Les résultats les plus essentiels sont que les endomorphismes symétriques sont les endomorphismes orthogonalement diagonalisables et que pour toute forme bilinéaire symétrique, il existe une base orthonormale pour le produit scalaire qui est orthogonale pour la forme bilinéaire symétrique.

1. Formes bilinéaires symétriques réelles

Proposition 1.0 *(existence de base orthogonale).* Soient E un $\mathbb{R}$-espace vectoriel , f une forme bilinéaire symétrique sur E . Alors il existe une base $\mathcal{B}=(e_1,e_2,\dots,e_n)$ qui est orthogonale.

Démonstration Si $f=0$, toute base convient . Si $f\neq 0$, il existe $e_1\in E$ tel que $f(e_1,e_1)\neq 0$; en effet la forme quadratique est nulle si et seulement si la forme bilinéaire est nulle. Ainsi la forme linéaire φ définie par $\varphi(x)=f(x,e_1)$ pour tout $x\in E$, est non nulle, il suit que $\dim_{\mathbb{R}} \ker\varphi=(\dim_{\mathbb{R}} E)-1$ et $\ker\varphi=(\mathbb{R}e_1)^{\perp}$ et on a $\mathbb{R}e_1\cap(\mathbb{R}e_1)^{\perp}=\{0\}$, donc $E=\mathbb{R}e_1\oplus(\mathbb{R}e_1)^{\perp}$. Par récurrence sur la dimension $(\mathbb{R}e_1)^{\perp}$ admet une base orthogonale $(e_2,e_3,\dots,e_n)$. Ainsi $(e_1,e_2,\dots,e_n)$ est une base orthogonale de E .

Théorème 1.1. (loi d'inertie de **Sylvester**) *Soient E un $\mathbb{R}$-espace vectoriel de dimension n , f une forme bilinéaire symétrique sur E , $\mathcal{B}=(e_1,e_2,\dots,e_n)$ une base orthogonale de (E,f) , $p=\operatorname{card}\{i\mid f(e_i,e_i)>0\}$, $q=\operatorname{card}\{i\mid f(e_i,e_i)<0\}$. Alors le couple (p,q) est indépendant de la base orthogonale choisie, en plus on a $\operatorname{rang} f=p+q$.*

Le couple (p,q) s'appelle la *signature* de f et se note $\operatorname{sgn} f$; si $q=0$ on dit que f est une forme bilinéaire symétrique *positive* .

Démonstration Soit $\mathcal{B}$ (resp. $\mathcal{B}'$) une base orthogonale, (p,q) (resp. (p',q')) le couple associé à $\mathcal{B}$ (resp. $\mathcal{B}'$) selon le théorème 1.1. . Soient $I=\{i\mid f(e_i,e_i)>0\}$, $J'=\{j\mid f(e'_j,e'_j)\leq 0\}$. Montrons que la famille $(e_i)_{i\in I}\cup(e'_j)_{j\in J'}$ est libre. Considérons une combinaison linéaire nulle $\sum_{i\in I}\lambda_i e_i+\sum_{j\in J'}\mu_j e'_j=0$, et soit $z:=\sum_{i\in I}\lambda_i e_i=-\sum_{j\in J'}\mu_j e'_j$. Il suit que $f(z,z)=\sum_{i\in I}\lambda_i^2 f(e_i,e_i)=\sum_{j\in J'}\mu_j^2 f(e'_j,e'_j)$; la définition de I et J' implique $\lambda_i=0$ pour tout $i\in I$, ainsi $0=\sum_{j\in J'}\mu_j e'_j$ et donc $\mu_j=0$ pour tout $j\in J'$. Comme la famille est libre on a $\operatorname{card} I+\operatorname{card} J'\leq n$, soit $p+(n-p')\leq n$, soit $p\leq p'$; on aurait de même $p'\leq p$, soit $p=p'$. Par le même procédé on a $q=q'$.

Corollaire 1.2. *Soient E un $\mathbb{R}$-espace vectoriel de dimension n , f une forme bilinéaire symétrique sur E , (p,q) sa signature. Alors il existe une base orthogonale $(e_1,e_2,\dots,e_n)$ de (E,f) avec $p=\operatorname{card}\{i \mid f(e_i,e_i)=1\}$,*
$q=\operatorname{card}\{i \mid f(e_i,e_i)=-1\}$, $n-(p+q)=\operatorname{card}\{i \mid f(e_i,e_i)=0\}$.

Corollaire 1.3. (**et définition**) *Soient E un $\mathbb{R}$-espace vectoriel de dimension n , f une forme bilinéaire symétrique sur E . Alors les propriétés suivantes sont équivalentes.*
i) On a $\operatorname{sgn} f=(n,0)$,
ii) pour tout $x\in E-\{0\}$, on a $f(x,x)>0$,
iii) pour tout $x\in E-\{0\}$, on a $f(x,x)\neq 0$ et il existe x_0 avec $f(x_0,x_0)>0$.

Une forme f qui possède ces propriétés est dite *définie positive* ou encore *non dégénérée positive* et le couple (E,f) est appelé *espace vectoriel euclidien* .

Proposition 1.4. *Soient (E,f) , (E',f') deux espaces quadratiques sur $\mathbb{R}$ de dimension finie. Alors les propriétés suivantes sont équivalentes.*
i) (E,f) et (E',f') sont isomorphes (comme espace quadratique),
ii) $\dim E=\dim E'$ *et* $\operatorname{sgn} f=\operatorname{sgn} f'$.

Définition 1.5. Soit $M\in M_n(\mathbb{R})$ une matrice symétrique, alors on appelle *signature de M* , la signature de la forme bilinéaire symétrique Φ_M définie sur $\mathbb{R}^n$ selon *B*.2.1. et on le note $\operatorname{sgn} M$. En plus on dit que M est *positive* (resp. *définie positive*) si Φ_M et positive (resp. définie positive).

1.6. Les groupes $O_{p,q}(\mathbb{R})$, $SO_{p,q}(\mathbb{R})$.

Soient $p\geq 0$, $q\geq 0$ des entiers $n:=p+q$, on suppose que $n>0$, soit $I_{p,q}:=\begin{bmatrix} I_p & 0_1 \\ 0_2 & -I_q \end{bmatrix}$ où 0_1 (resp. 0_2) est la matrice nulle de $M_{p,n-q}(\mathbb{R})$ (resp. $M_{q,n-p}(\mathbb{R})$) , avec $I_{n,0}=I_n$, $I_{0,n}=-I_n$.

Soient f une forme bilinéaire symétrique de signature (p,q) sur un $\mathbb{R}$-espace vectoriel de dimension $n=p+q$. Alors il existe une base orthogonale $(e_1,e_2,\dots,e_n)$ avec $f(e_i,e_i)=1$ pour $1\leq i\leq p$ et $f(e_i,e_i)=-1$

pour $p+1 \leq i \leq n$; ainsi $\mathrm{Mat}(f;e_i)=I_{p,q}$. Soient $O(f)$ (resp. $SO(f)$) le groupe orthogonal (resp. spécial orthogonal) de f . Soient $u \in G\ell(E)$, $U=\mathrm{Mat}(u;e_i)$, alors on a $u \in O(f)$ (resp. $SO(f)$) si et seulement si ${}^tUI_{p,q}U=I_{p,q}$ (resp. ${}^tUI_{p,q}U=I_{p,q}$ et $\det U=1$).

On adoptera les notations suivantes avec $p+q=n$:
$O_{p,q}(\mathbb{R}):=\{U \in G\ell_n(\mathbb{R}) \mid {}^tUI_{p,q}U=I_{p,q}\}$, $SO_{p,q}(\mathbb{R}):=\{U \in O_{p,q}(\mathbb{R}) \mid \det U=1\}$;
et $O_n(\mathbb{R}):=\{U \in G\ell_n(\mathbb{R}) \mid {}^tUU=I_n\}$, $SO_n(\mathbb{R}):=\{U \in O_n(\mathbb{R}) \mid \det U=1\}$, i.e. $O_n(\mathbb{R}):=O_{n,0}(\mathbb{R})$ et $SO_n(\mathbb{R}):=SO_{n,0}(\mathbb{R})$.

Si donc f est une forme bilinéaire symétrique de signature (p,q) sur un $\mathbb{R}$-espace vectoriel de dimension $n=p+q$, on a $O(f) \simeq O_{p,q}(\mathbb{R})$ et $SO(f) \simeq SO_{p,q}(\mathbb{R})$.

Remarque 1.7. (historique) Euclide est un mathématicien grec du début du 3ème siècle a.v. J.C. . Sylvester (1814-1897) est un mathématicien anglais.

1.8. Classification des éléments de $\mathscr{Sym}_n(\mathbb{R})$ modulo la relation de congruence

Définition 1.8.1. On dit que deux matrices $M, M' \in M_n(\mathbb{R})$ sont *congruentes* modulo $G\ell_n(\mathbb{R})$ s'il existe $S \in G\ell_n(\mathbb{R})$ tel que $M'={}^tSMS$.

Proposition 1.8.2. *Soient* $M, M' \in \mathscr{Sym}_n(\mathbb{R})$, *deux matrices symétriques de* $M_n(\mathbb{R})$. *Alors les propriétés suivantes sont équivalentes.*
i) La matrice M *est congruente à la matrice* M' modulo $G\ell_n(\mathbb{R})$,
ii) $\mathrm{sgn}\, M = \mathrm{sgn}\, M'$.

Ainsi l'application $M \longmapsto \mathrm{sgn}\, M$ *de* $\mathscr{Sym}_n(\mathbb{R})$ *dans* $\mathscr{E}:=\{(p,q) \in \mathbb{N} \times \mathbb{N} \mid p+q \leq n\}$ *induit une bijection des classes de congruences de* $\mathscr{Sym}_n(\mathbb{R})$ *sur* $\mathscr{E}$. *En particulier les matrices* $\bar{I}_{p,q} := \begin{bmatrix} I_p & 0_1 & 0_2 \\ 0_1 & -I_q & 0_3 \\ 0_2 & 0_3 & 0_4 \end{bmatrix}$ *constituent un système de représentants des classes de congruences de* $\mathscr{Sym}_n(\mathbb{R})$.

Démonstration D'abord on remarque que $M, M' \in \mathscr{Sym}_n(\mathbb{R})$ sont congruentes si et seulement si elles représentent la même forme bilinéaire symétrique sur $\mathbb{R}^n \times \mathbb{R}^n$, dans des bases éventuellement différentes.

i) implique ii) On a donc $M'={}^tSMS$. Soient $(e_1,e_2,\dots,e_n)$ une base de $\mathbb{R}^n$ qui est orthogonale pour $\Phi_{M'}$, où $\Phi_{M'}$ est défini par $\Phi_{M'}(X,Y):={}^tXM'Y$. On a donc $\Phi_{M'}(e_i,e_j)=\Phi_M(Se_i,Se_j)$; il suit de cela que $\operatorname{sgn}\Phi_{M'}=\operatorname{sgn}\Phi_M$, i.e. $\operatorname{sgn}M'=\operatorname{sgn}M$.
ii) implique i) On suppose $\operatorname{sgn}M=\operatorname{sgn}M'=(p,q)$. On a donc une base $(e_1,e_2,\dots,e_n)$ (resp. $(f_1,f_2,\dots,f_n)$) de $\mathbb{R}^n$ qui est orthogonale pour Φ_M (resp. $\Phi_{M'}$) , et $\Phi_M(e_i,e_i)=1$ (resp. $\Phi_{M'}(f_i,f_i)=1$) pour $1\leq i\leq p$, $\Phi_M(e_i,e_i)=-1$ (resp. $\Phi_{M'}(f_i,f_i)=-1$) pour $1+p\leq i\leq p+q$, $\Phi_M(e_i,e_i)=0$ (resp. $\Phi_{M'}(f_i,f_i)=0$) pour $1+p+q\leq i\leq n$. Ainsi $\operatorname{Mat}(\Phi_M;e_i)=\operatorname{Mat}(\Phi_{M'};f_i)$. Si $(\varepsilon_1,\varepsilon_2,\dots,\varepsilon_n)$ est la base canonique de $\mathbb{R}^n$, on a $M=\operatorname{Mat}(\Phi_M;\varepsilon_i)$, $M'=\operatorname{Mat}(\Phi_{M'};\varepsilon_i)$; ainsi M et M' sont congruentes à la même matrice, donc M et M' sont congruentes.

2. Espace vectoriel euclidien

Dans ce paragraphe nous adoptons un point de vue volontairement élémentaire ; i.e. tous nos résultats seront conséquences de la définition 2.1. ci-après. Bien entendu, beaucoup de choses énoncées ici ne sont que des redites du chapitre B. .

Définitions 2.1. Un espace *vectoriel euclidien* est un couple (E,f) où E est un $\mathbb{R}$−espace vectoriel de dimension finie et f une forme bilinéaire symétrique sur E telle que $f(x,x)>0$ pour tout $x\in E-\{0\}$.

Une *famille* $(e_1,e_2,\dots,e_r)$ (resp. *base* $(e_1,e_2,\dots,e_n)$) d'un espace vectoriel euclidien (E,f) est dite *orthonormale* si $f(e_i,e_j)=\delta_{ij}$ pour tout i,j .

Souvent la forme bilinéaire symétrique qui définit la structure euclidienne est notée $(x,y)\longmapsto(x\,|\,y)$. Ainsi lorsqu'on dira que E est un espace vectoriel euclidien, la forme bilinéaire symétrique qui définit sa structure sera ainsi notée s'il n'y a pas d'autres précisions ; on dit aussi que $(x,y)\longmapsto(x\,|\,y)$ est le *produit scalaire* de E .

Exemple 2.2. *(l'espace vectoriel euclidien $\mathbb{R}^n$)* Soient $E=\mathbb{R}^n$,

$(X\,|\,Y):=\sum_{i=1}^{n} x_i\bar{y}_i={}^tXY$ où $X=\begin{bmatrix} x_1 \\ x_2 \\ \vdots \\ x_n \end{bmatrix}$, $Y=\begin{bmatrix} y_1 \\ y_2 \\ \vdots \\ y_n \end{bmatrix}$; alors $\mathbb{R}^n$ muni de la forme bilinéaire symétrique $(\cdot\,|\,\cdot)$ est un espace vectoriel euclidien. La forme $(\cdot\,|\,\cdot)$ est encore appelée le *produit scalaire canonique* de l'espace euclidien $\mathbb{R}^n$. En particulier la base canonique $(\varepsilon_1,\varepsilon_2,\dots,\varepsilon_n)$ de $\mathbb{R}^n$ est orthonormale.

Exemple 2.3. Soient $\mathscr{C}([a,b],\mathbb{R})$ le $\mathbb{R}$–espace vectoriel des fonctions continues sur $[a,b]$, φ la forme bilinéaire symétrique définie sur $\mathscr{C}([a,b],\mathbb{R})$ par $(f,g)\longmapsto \int_a^b f(t)g(t)dt$. Alors tout sous-espace vectoriel E de dimension finie de $\mathscr{C}([a,b],\mathbb{R})$, muni de la forme bilinéaire induite par φ est euclidien.

Exemple 2.4. Soient $M_n(\mathbb{R})$ le $\mathbb{R}$–espace vectoriel des matrices $n\times n$ à coefficients dans $\mathbb{R}$, Φ la forme bilinéaire symétrique sur $M_n(\mathbb{R})$ définie par $\Phi(A,B)=\mathrm{Tr}({}^tAB)$. Alors $(M_n(\mathbb{R}),\Phi)$ est un espace vectoriel euclidien.

Proposition 2.5. *Soient (E,f) un espace vectoriel euclidien, F un sous-espace vectoriel.*
1. *Alors $(F,f_{|F\times F})$ est un espace vectoriel euclidien.*
2. *L'espace vectoriel euclidien (E,f) admet une base orthonormale.*
3. *On a $E=F\oplus F^{\perp}$; en particulier $(F^{\perp})^{\perp}=F$.*
4. *Toute famille orthonormale de (E,f) peut être complétée en une base orthonormale de (E,f) .*
5. *Soit $(e_1,e_2,\dots,e_n)$ une base orthonormale de E , $x\in E$, alors on a* $x=f(x,e_1)e_1+f(x,e_2)e_2+\dots+f(x,e_n)e_n$.
6. *Soient $(e_1,e_2,\dots,e_n)$ une base orthonormale de E ,* $x=x_1e_1+x_2e_2+\dots+x_ne_n$, $y=y_1e_1+y_2e_2+\dots+y_ne_n$, $X=\begin{bmatrix} x_1 \\ x_2 \\ \vdots \\ x_n \end{bmatrix}$, $Y=\begin{bmatrix} y_1 \\ y_2 \\ \vdots \\ y_n \end{bmatrix}$, *alors on a* $f(x,y)={}^tXY$.

Démonstration 1. Clairement $(F,f_{|F\times F})$ satisfait la définition 2.1. .
2. Par 1.0. il existe une base orthogonale $(e_1',e_2',\dots,e_n')$ de (E,f) . Comme $f(e_i',e_i')>0$, il existe $a_i\in\mathbb{R}$ tel que $f(a_ie_i',a_ie_i')=1$; ainsi la famille

$(e_1, e_2, \dots, e_n)$ est une base orthonormale avec $e_i = a_i e_i'$.
3. Soit $F \neq \{0\}$ un sous-espace vectoriel de E , alors F admet par 2. une base orthonormale $(e_1, e_2, \dots, e_t)$. Montrons que $E = F + F^\perp$. Soit $x \in E$ et $y := x - (f(x, e_1)e_1 + f(x, e_2)e_2 + \dots + f(x, e_t)e_t)$, facilement $f(y, e_i) = 0$ pour $1 \leq i \leq t$, donc $y \in F^\perp$. Par ailleurs $F \cap F^\perp = \{0\}$, ainsi $E = F \oplus F^\perp$.
4. Si $(e_1, e_2, \dots, e_s)$ est une famille orthonormale i.e. $f(e_i, e_j) = \delta_{ij}$. Alors $(e_1, e_2, \dots, e_s)$ est une base orthonormale de $W := \mathbb{R}e_1 + \mathbb{R}e_2 + \dots + \mathbb{R}e_s$. Par 3. on a $E = W \oplus W^\perp$, et par 2. , $W^\perp$ admet une base orthonormale $(e_{s+1}, e_{s+2}, \dots, e_n)$; il suit que $(e_1, e_2, \dots, e_s, e_{s+1}, e_{s+2}, \dots, e_n)$ est une base orthonormale de E .
5. Il suffit de montrer que $x - (f(x, e_1)e_1 + f(x, e_2)e_2 + \dots + f(x, e_n)e_n)$ est orthogonal à e_i pour $1 \leq i \leq n$.

Corollaire 2.6. *Deux espaces vectoriels euclidiens sont isomorphes comme espaces quadratiques si et seulement si ils ont même dimension. Soient* (E, f) *un espace euclidien,* V , W *deux sous-espaces vectoriels de* E *avec* $\dim V = \dim W = r$, *alors* $(V, f_{|V \times V})$ *est isomorphe à* $(W, f_{|W \times W})$ *; mieux il existe une base orthonormale* $(v_1, v_2, \dots, v_n)$ (resp. $(w_1, w_2, \dots, w_n)$) *de* E *telle que* $(v_1, v_2, \dots, v_r)$ (resp. $(w_1, w_2, \dots, w_r)$) *soit une base de* V (resp. W).

Proposition 2.7. (inégalité de **Schwarz**) *Soit* E *un espace vectoriel euclidien. Alors pour tout* $x, y \in E$ *, on a* $(x \mid y)^2 \leq (x \mid x)(y \mid y)$ *; de plus on a égalité si et seulement si* x *et* y *sont colinéaires. Il suit de cela que* $(x + y \mid x + y)^{\frac{1}{2}} \leq (x \mid x)^{\frac{1}{2}} + (y \mid y)^{\frac{1}{2}}$ *; on a égalité si et seulement si il existe* $(\lambda, \mu) \neq (0, 0)$ *avec* $\lambda x + \mu y = 0$ *et* $\lambda \mu \leq 0$.

Démonstration Si $(x \mid x) = 0$, c'est clair. Supposons maintenant $(x \mid x) > 0$, de la définition 2.1. on a $(\lambda x + y \mid \lambda x + y) = \lambda^2 (x \mid x) + 2\lambda (x \mid y) + (y \mid y) \geq 0$ pour tout $\lambda \in \mathbb{R}$, alors on sait que le discriminant du polynôme en λ est négatif ou nul, i.e. $(x \mid y)^2 \leq (x \mid x)(y \mid y)$. Pour l'autre inégalité on a $(x + y \mid x + y) = (x \mid x) + 2(x \mid y) + (y \mid y)$ et l'inégalité précédente permet de conclure.

Corollaire 2.8. *Soit E un espace vectoriel euclidien. Alors $x \longmapsto (x\,|\,x)^{\frac{1}{2}}$ est une norme du $\mathbb{R}$-espace vectoriel E.*

Lorsqu'il n'y a pas de crainte de confusion cette norme est notée $\|.\|$.

Rappelons que $x \longmapsto \|x\|$ est une norme si les propriétés suivantes sont vérifiées :

1. $\|x\| \geq 0$ pour tout $x \in E$, $\|x\|=0$ si et seulement si $x=0$.
2. $\|x+y\| \leq \|x\|+\|y\|$ pour tout $x,y \in E$.
3. $\|\lambda x\| = |\lambda|\,\|x\|$ pour tout $\lambda \in \mathbb{R}$, $x \in E$.

Lemme 2.9. (orthonormalisation de **Schmidt**) *Soit $(E,(\cdot\,|\,\cdot))$ un $\mathbb{R}$-espace vectoriel euclidien et soit $(e_1,e_2,\dots,e_r)$ une famille libre de E. Alors il existe une et une seule famille orthonormale $(g_1,g_2,\dots,g_r)$ de E telle que $g_1=a_{11}e_1$, $g_2=a_{12}e_1+a_{22}e_2$, ..., $g_r=a_{1r}e_1+a_{2r}e_2+\dots+a_{rr}e_r$, avec $a_{ij} \in \mathbb{R}$, $a_{ii}>0$ pour $1 \leq i \leq r$. En plus on a $\mathbb{R}e_1 \oplus \mathbb{R}e_2 \oplus \dots \oplus \mathbb{R}e_r = \mathbb{R}g_1 \oplus \mathbb{R}g_2 \oplus \dots \oplus \mathbb{R}g_r$. On a donc aussi $e_1=b_{11}g_1$, $e_2=b_{12}g_1+b_{22}g_2$, ..., $e_r=b_{1r}g_1+b_{2r}g_2+\dots+b_{rr}g_r$, avec $b_{ij} \in \mathbb{R}$, $a_{ii}b_{ii}=1$ pour $1 \leq i \leq r$.*

Démonstration On montre ce lemme par récurrence sur r. Pour le cas $r=1$, on pose $g_1=\frac{1}{\|e_1\|}e_1$. On suppose le lemme montré pour la famille $(e_1,e_2,\dots,e_{r-1})$, i.e. il existe une famille $(g_1,g_2,\dots,g_{r-1})$ avec $g_1=a_{11}e_1$, $g_2=a_{12}e_1+a_{22}e_2,\dots,g_{r-1}=a_{1,r-1}e_1+a_{2,r-1}e_2+\dots+a_{r-1,r-1}e_{r-1}$, $a_{ij} \in \mathbb{R}$, $a_{ii}>0$ pour $1 \leq i \leq r-1$, la famille $(g_i)_{1 \leq i \leq r-1}$ est orthonormale et en plus on a $\mathbb{R}e_1 \oplus \mathbb{R}e_2 \oplus \dots \oplus \mathbb{R}e_{r-1} = \mathbb{R}g_1 \oplus \mathbb{R}g_2 \oplus \dots \oplus \mathbb{R}g_{r-1}$. On a donc $W := \mathbb{R}e_1 \oplus \mathbb{R}e_2 \oplus \dots \oplus \mathbb{R}e_{r-1} \oplus \mathbb{R}e_r = \mathbb{R}g_1 \oplus \mathbb{R}g_2 \oplus \dots \oplus \mathbb{R}g_{r-1} \oplus \mathbb{R}e_r$; l'orthogonal de $\mathbb{R}g_1 \oplus \mathbb{R}g_2 \oplus \dots \oplus \mathbb{R}g_{r-1}$ dans W est un espace de dimension 1, engendré par un élément g_r avec $(g_r|g_r)=1$. Par 2.5.5. on a $e_r=(e_r|g_1)g_1+\dots+(e_r|g_{r-1})g_{r-1}+(e_r|g_r)g_r$. En plus $(e_r|g_r) \neq 0$, parce que $(g_1,\dots,g_{r-1},e_r)$ est une famille libre. Ainsi

(1) $\quad g_r=\frac{1}{(e_r|g_r)}e_r-\frac{1}{(e_r|g_r)}((e_r|g_1)g_1+\dots+(e_r|g_{r-1})g_{r-1})$.

Quitte à changer g_r en $-g_r$, il suit de (1) que $g_r=a_{1r}e_1+a_{2r}e_2+\dots+a_{rr}e_r$, avec $a_{rr}>0$. Cela vérifie le lemme au rang r, pour l'existence.

Pour l'unicité, si $(g_1', g_2', \dots, g_r')$ est une famille orthonormale avec les propriétés requises, la famille $(g_1', g_2', \dots, g_{r-1}')$ a les propriétés requises vis-à-vis de $(e_1, e_2, \dots, e_{r-1})$; ainsi par récurrence $g_i = g_i'$ pour $1 \leq i \leq r-1$. On a donc

(2) $g_r = \lambda_1 e_1 + \lambda_2 e_2 + \dots + \lambda_{r-1} e_{r-1} + \lambda_r e_r$,

$g_r' = \lambda_1' e_1 + \lambda_2' e_2 + \dots + \lambda_{r-1}' e_{r-1} + \lambda_r' e_r$, avec $\lambda_r > 0$, $\lambda_r' > 0$. Par ailleurs g_r (resp. g_r') est un générateur unitaire d'un espace vectoriel de dimension 1 qui est l'orthogonal de $\mathbb{R}e_1 \oplus \mathbb{R}e_2 \oplus \dots \oplus \mathbb{R}e_{r-1}$ dans $\mathbb{R}e_1 \oplus \mathbb{R}e_2 \oplus \dots \oplus \mathbb{R}e_{r-1} \oplus \mathbb{R}e_r$, on a donc $g_r = \varepsilon g_r'$, et par (2) on a $\varepsilon = 1$. Ce qui montre l'unicité.

Remarque 2.10. *(polynômes orthogonaux)* Un cas particulièrement étudié est celui où $E = \mathbb{R}[X]$, le $\mathbb{R}$-espace vectoriel des polynômes à coefficients dans $\mathbb{R}$. On considère sur E une forme bilinéaire symétrique définie positive de la forme suivante $\Phi(P, Q) := \int_a^b P(t)Q(t)dt$; il s'agit alors d'orthonormaliser la famille $(1, X, X^2, \dots, X^r)$ (exercice 10.2.).

3. Groupe orthogonal euclidien ; rotations, involutions, symétries (premiers résultats)

Définitions 3.1. Soit l'espace vectoriel euclidien E , on appelle *groupe orthogonal* de E , le groupe des bijections linéaires $u : E \to E$ telles que $(x \mid y) = (u(x) \mid u(y))$ pour tout $x, y \in E$; on le note $O(E)$. On appelle *groupe spécial orthogonal de* E , ou encore *groupe des rotations de* E , le sous-groupe de $O(E)$ des éléments de déterminant 1 ; on le note $SO(E)$. Un élément $u \in SO(E)$ est appelé une *rotation*, un élément $u \in O(E) - SO(E)$, i.e. $\det u = -1$ est parfois appelé *retournement.* Un élément $u \in \mathcal{E}nd E$ est un automorphisme orthogonal si et seulement si il existe une base orthonormale $(e_1, e_2, \dots, e_n)$ de E telle que $(u(e_1), u(e_2), \dots, u(e_n))$ soit une base orthonormale de E .

Remarque 3.2. *(de terminologie)* Pour le terme de retournement nous adoptons la terminologie de **Dieudonné** [*Di1*, *Di2*] qui n'est pas celle de **Berger** [*Be*] et **Frenkel** [*Fk*] .

3.3. Représentation matricielle Soient $(e_1, e_2, \dots, e_n)$ une base d'un espace vectoriel euclidien (E, f) , $M = \mathrm{Mat}(f; e_i) := [f(e_i, e_j)]_{i,j}$ la matrice de f dans la base $(e_1,e_2,\dots,e_n)$. On a donc $f(x,y)={}^tXMY$, si $x=\sum_{i=1}^{n} x_i e_i$, $y=\sum_{i=1}^{n} y_i e_i$, $X=\begin{bmatrix} x_1 \\ x_2 \\ \vdots \\ x_n \end{bmatrix}$, $Y=\begin{bmatrix} y_1 \\ y_2 \\ \vdots \\ y_n \end{bmatrix}$. En plus on a $\text{dét}M\neq 0$; en effet si $(\alpha_1,\alpha_2,\dots,\alpha_n)$ est une liaison des vecteurs colonnes de M, on a en particulier $f(z,z)=0$ où $z=\sum_{i=1}^{n} \alpha_i e_i$, ainsi $z=0$ par 2.1. et $\alpha_1=\alpha_2=\dots=\alpha_n=0$. Soient $u\in G\ell(E)$, et $U=\text{Mat}(u;e_i)$ la matrice de u dans la base $(e_1,e_2,\dots,e_n)$. Alors $u\in O(f)$ si et seulement si ${}^tUMU=M$. Il suit que $\text{dét}\,u=\pm 1$.

Le cas particulièrement simple et particulièrement utilisé est celui où $(e_1,e_2,\dots,e_n)$ est une base orthonormale, alors on a $M=\text{Mat}(f;e_i):=[\,f(e_i,e_j)\,]_{i,j}=I_n$ et $u\in O(f)$ si et seulement si ${}^tUU=I_n$.

3.3. Le groupe orthogonal de l'espace vectoriel euclidien $\mathbb{R}^n$

Soient $\mathbb{R}^n$ muni du produit scalaire canonique défini en 2.2., $M\in G\ell_n(\mathbb{R})$, $\hat{M}$ l'endomorphisme de $\mathbb{R}^n$ qui lui est canoniquement associé selon *Fr 1, A.*1.0.4.1.4. ; i.e. $\hat{M}(X):=MX$ et donc $M=\text{Mat}(\hat{M};\varepsilon_i)$ où $(\varepsilon_i)_i$ est la base canonique de $\mathbb{R}^n$. Alors $\hat{M}$ est un élément de $O(\mathbb{R}^n)$ si et seulement si ${}^tMM=I_n$.

On adoptera les *notations* suivantes,
$O_n(\mathbb{R}):=\{M\in M_n(\mathbb{R})\mid {}^tMM=I_n\}$, $SO_n(\mathbb{R}):=\{M\in O_n(\mathbb{R})\mid \text{dét}M=1\}$.

Soit $(\varepsilon_1,\varepsilon_2,\dots,\varepsilon_n)$ la base canonique de $\mathbb{R}^n$, $M=[\,C_1\ C_2\ \cdot\ \cdot\ C_n\,]\in G\ell_n(\mathbb{R})$, alors $\hat{M}\in O(\mathbb{R}^n)$ si et seulement si $(M(\varepsilon_1),M(\varepsilon_2),\dots,M(\varepsilon_n))$ est une base orthonormale de l'espace euclidien $\mathbb{R}^n$, i.e. si et seulement si la famille $(C_1,C_2,\dots,C_n)$ est une base orthonormale de l'espace euclidien $\mathbb{R}^n$, i.e. si et seulement si $M\in O_n(\mathbb{R})$.

Soient E un espace vectoriel euclidien $(e_1,e_2,\dots,e_n)$ une base orthonormale de E, $(f_1,f_2,\dots,f_n)$ une famille de E, $P:=\text{Mat}_{(e_1,e_2,\dots,e_n)}(f_1,f_2,\dots,f_n)$. Alors $(f_1,f_2,\dots,f_n)$ est une base orthonormale de E si et seulement si $P\in O_n(\mathbb{R})$.

3.5. Les groupes euclidiens sur $\mathbb{R}^n$ sont conjugués. *Soient Φ une forme bilinéaire symétrique définie positive sur $\mathbb{R}^n$, $O(\Phi)$ son groupe orthogonal, alors il existe $T\in G\ell_n(\mathbb{R})$ tel que $O(\Phi)=T^{-1}O_n(\mathbb{R})T$.*

Soient $(\varepsilon_i)_i$ la base canonique de $\mathbb{R}^n$, $(e_i)_i$ une base orthonormale relativement à Φ et $M:=[\,e_1\ e_2\ \ldots\ e_n\,]$. On a donc $M\varepsilon_i=e_i$,
$\Phi(\sum_{i=1}^{n} x_i e_i, \sum_{j=1}^{n} y_j e_j)=\sum_{i=1}^{n} x_i y_i$; soit donc $\Phi(MX,MY)={}^tXY$, où

$X=\begin{bmatrix} x_1 \\ x_2 \\ \vdots \\ x_n \end{bmatrix}$, $Y=\begin{bmatrix} y_1 \\ y_2 \\ \vdots \\ y_n \end{bmatrix}$. Soit $X'=MX$, $Y'=MY$, en posant $T=M^{-1}$ la relation précédente s'écrit $\Phi(X',Y')={}^t(TX')(TY')={}^tX'\,{}^tTTY'$. Soit $U\in O(\Phi)$, on a ${}^tU\,{}^tTTU={}^tTT$, soit donc ${}^t(TUT^{-1})(TUT^{-1})=I_n$. Cela montre facilement que $O(\Phi)=T^{-1}O_n(\mathbb{R})T=MO_n(\mathbb{R})M^{-1}$.

Proposition 3.6. *(involution orthogonale) Soient E un espace euclidien, $u\in O(E)$, avec $u^2=\mathbb{1}_E$. Alors les espaces propres de u sont supplémentaires et orthogonaux et les valeurs propres appartiennent à $\{1,-1\}$.*

Démonstration Soit $x_0\neq 0$ un vecteur propre de u , comme $u^2=\mathbb{1}_E$, la valeur propre associée à x_0 appartient à $\{1,-1\}$. Soient $E^+:=\{x\in E \mid u(x)=x\}$, $E^-:=\{x\in E \mid u(x)=-x\}$; alors on a $E=E^+\oplus E^-$, cela résulte de $x=\frac{1}{2}(x+u(x))+\frac{1}{2}(x-u(x))$, ensuite si $x_+\in E^+$, $x_-\in E^-$, de $(x_+\mid x_-)=(u(x_+)\mid u(x_-))$, on déduit $(x_+\mid x_-)=0$, ce qui montre que E^+ et E^- sont orthogonaux et en particulier $E^+\cap E^-=\{0\}$.

Remarque 3.7. Une involution u d'un K–espace vectoriel de dimension finie avec $\operatorname{car} K\neq 2$ est toujours diagonalisable parce que $m_u \mid X^2-1$, et en plus spectre $u\subset\{1,-1\}$ (*Fr 1*, A.5.2.2.) .

Exemple 3.8. *(symétrie orthogonale hyperplane ou réflexion hyperplane)* C'est le cas de l'involution σ_a avec $n=\dim E$, $\dim E^+=n-1$. Soit $a\in E^- -\{0\}$, on a $E^+=(\mathbb{R}a)^\perp$ et $\sigma_a(x):=x-2\,\frac{(x\mid a)}{(a\mid a)}\,a$ pour tout $x\in E$; en effet σ_a ainsi défini est une application linéaire, par ailleurs la base $(e_1, e_2, \ldots, e_n)$ – où $e_1 = \frac{a}{\| a \|}$ et où $(e_2, \ldots, e_n)$ est une base orthonormale de $(\mathbb{R}a)^\perp$ – a pour image par σ_a la base orthonormale $(-e_1, e_2, \ldots, e_n)$. En plus dét $\sigma_a = -1$. Il suit de cet exemple que l'application dét$: O(E) \to \{\pm 1\}$ est un homomorphisme surjectif dont le noyau est $SO(E)$, ainsi $SO(E)$ est un sous-groupe distingué de $O(E)$ d'indice 2 et l'homomorphisme dét induit l'isomorphisme $\frac{O(E)}{SO(E)} \simeq \{1, -1\}$.

Exemple 3.9. *(renversement)* C'est le cas de l'involution u avec $n = \dim E$, $\dim E^+ = n-2$, on a alors dét$u = 1$. Dans le cas $n=3$, un renversement est aussi appelé *demi-tour*, 5.3.2.1. expliquera que cette expression est bienvenue.

Remarque 3.10. *(de terminologie)* C'est la même que 3.2. , en précisant que l'un appelle renversement ce que l'autre appelle retournement et vice-versa, donc prudence !

Remarque 3.11. Les exemples 3.8. et 3.9. sont intéressants en ce sens que ce sont les automorphismes u les plus "simples" avec dét$u = -1$ (resp. 1) et qui en plus constituent un système générateur de $O(E)$ (resp. $SO(E)$).

Exemple 3.12. Soient $(e_1, e_2, \ldots, e_n)$ une base orthonormale de l'espace euclidien E, $\varphi : \{1, 2, \ldots, n\} \to \{1, -1\}$ une application, alors l'application linéaire $\tilde{\varphi}$ définie par $\tilde{\varphi}(e_i) = \varphi(i) e_i$ est un élément de $O(E)$. Plus généralement si $\sigma \in \mathfrak{S}_n$, l'application linéaire $\tilde{\varphi}_\sigma$ définie par $\tilde{\varphi}_\sigma(e_i) = \varphi(i) e_{\sigma(i)}$ est un élément de $O(f)$.

Proposition 3.13. *Soit E un espace vectoriel euclidien.*

1. *Soient V et W deux sous-espaces vectoriels de même dimension. Alors il existe $u \in SO(E)$ tel que $u(V) = W$ et donc $u(V^\perp) = W^\perp$.*

2. *Soit $u \in O(E)$ une involution, $w \in O(E)$, alors $w u w^{-1}$ est une involution orthogonale et* $\ker(w u w^{-1} - \mathbb{1}_E) = w(\ker(u - \mathbb{1}_E))$.

3. *Soient u, v deux involutions orthogonales , alors les propriétés suivantes sont équivalentes.*

i) Il existe $w \in SO(E)$ tel que $u = w v w^{-1}$,

ii) $\dim \ker(u - \mathbb{1}_E) = \dim \ker (v - \mathbb{1}_E)$.

En particulier deux symétries orthogonales hyperplanes (resp. *renversements) sont conjuguées par un élément de $SO(E)$.*

Proposition 3.14. *Soient E un espace vectoriel euclidien de dimension n, $u \in O(E)$, le groupe orthogonal. Alors u est produit de p symétries orthogonales hyperplanes avec $p \leq n$. En plus si $u \neq \mathbb{1}_E$ et $s = \dim \ker(u - \mathbb{1}_E)$, alors u est produit de $n-s$ symétries hyperplanes et ce nombre est minimal.*

Démonstration α) Le cas $u = \mathbb{1}_E$ est immédiat. Supposons maintenant $u \neq \mathbb{1}_E$, alors il existe $y \in E$ avec $a := u(y) - y \neq 0$ et soit σ_a la symétrie orthogonale hyperplane définie par $\sigma_a(x) = x - 2\frac{(x \mid a)}{(a \mid a)} a$. En remarquant que $(u(y) + y \mid u(y) - y) = 0$, on montre que $\sigma_a(y) = u(y)$; en effet $\sigma_a(u(y) - y) = -(u(y) - y)$ et $\sigma_a(u(y) + y) = (u(y) + y)$, il suffit alors de retrancher les égalités. Ainsi $\sigma_a^{-1} u(y) = y$ et $\sigma_a^{-1} u((\mathbb{R}y)^\perp) = (\mathbb{R}y)^\perp$; cela veut dire que $\sigma_a^{-1} u$ induit un automorphisme orthogonal de $(\mathbb{R}y)^\perp$, par récurrence sur la dimension il est produit d'au plus $n-1$ symétries hyperplanes de $(\mathbb{R}y)^\perp$. Comme chaque symétrie hyperplane de $(\mathbb{R}y)^\perp$ s'étend en une symétrie hyperplane de E, en prolongeant par l'identité sur $\mathbb{R}y$, on a montré le premier résultat.

β) Soit $V = \ker(u - \mathbb{1}_E)$, ainsi u induit l'identité sur V, il suit que $u(V^\perp) = V^\perp$ et que u induit un automorphisme orthogonal v de $V^\perp$. D'après α), v est produit de p symétries hyperplanes de $V^\perp$ avec $p \leq n-s$. Comme chaque symétrie hyperplane de $V^\perp$ se prolonge en une symétrie hyperplane de E – en prolongeant par l'identité sur V – il suit que u est donc produit de p symétries hyperplanes avec $p \leq n-s$. Si $u = s_1 s_2 \dots s_q$ est produit de q symétries hyperplanes, on a donc $\bigcap_{i=1}^{q} \ker(s_i - \mathbb{1}_E) \subset \ker(u - \mathbb{1}_E)$, cela montre que $\dim(u - \mathbb{1}_E) \geq n-q$, ainsi $q \geq n-s$. Cela montre bien que $p = n-s$ et que ce nombre est minimal.

Proposition 3.15. *Soient $n > 2$, E un espace vectoriel euclidien de dimension n, $u \in SO(E)$, le groupe spécial orthogonal. Alors u est produit de p renversements avec $p \leq n$ si n est pair et $p \leq n-1$ si n est impair. En plus si $u \neq \mathbb{1}_E$ et $s = \dim \ker(u - \mathbb{1}_E)$, alors u est produit de p renversements avec $p \leq n-s$.*

Démonstration α) Le cas $u = \mathbb{1}_E$ est immédiat. Supposons maintenant $u \neq \mathbb{1}_E$, la proposition 3.14. montre que $u \in SO(E)$ est produit de p symétries orthogonales hyperplanes avec $p=n-s$; comme dét $u=1$, on a p qui est pair. Il reste donc à montrer qu'un produit de deux symétries hyperplanes est un produit de deux renversements. Il suffit de considérer le cas de deux symétries σ_{a_1}, σ_{a_2} d'hyperplans $(\mathbb{R}a_1)^\perp$, $(\mathbb{R}a_2)^\perp$ avec $\mathbb{R}a_1 \neq \mathbb{R}a_2$. Soit $d \in (\mathbb{R}a_1 \oplus \mathbb{R}a_2)^\perp - \{0\}$, c'est possible puisque $n>2$, soit $G := \mathbb{R}a_1 \oplus \mathbb{R}a_2 \oplus \mathbb{R}d$. La définition de σ_{a_i}, montre que $\sigma_{a_i}(G)=G$; soit s_i l'automorphisme de G induit par σ_{a_i}, c'est une symétrie hyperplane de G, de plus σ_{a_i} est l'identité sur $G^\perp$. On a $s_1 s_2 = (-s_1)(-s_2)$, or $-s_i$ est un renversement de plan $(\mathbb{R}a_i)^\perp$ (orthogonal dans G). On prolonge $-s_i$ par l'identité sur $G^\perp$, c'est un renversement r_i de E et on a $\sigma_{a_1}\sigma_{a_2} = r_1 r_2$.

Remarque 3.14. Si r est un renversement, on a $n-2=\dim(\ker(r-\mathbb{1}_E))$ et r est produit d'un renversement !

4. Angles orientés, non orientés, de demi-droites, de droites

On verra au paragraphe 5 qu'un automorphisme orthogonal se ramène essentiellement par réduction à une ou plusieurs rotations en dimension 2 (5.1.1.). Ainsi la description du groupe spécial orthogonal en dimension 2 est donc particulièrement importante. L'angle doit donner une vision plus “géométrique” de cela.

La notion d'angle orienté de deux demi-droites (ou droites) est bien attachée au cas euclidien de dimension 2. Plus précisément un angle n'est autre chose que la rotation qui fait passer de la première demi-droite à la seconde demi-droite. Ce qui est beaucoup plus concret c'est la notion de mesure d'un angle, i.e. attacher à un angle un nombre réel.

La notion la plus fine est celle d'angle orienté de deux demi-droites du plan euclidien (orienté), de celle-là découle la notion d'angle orienté de deux droites du plan et d'angle non orienté de deux demi-droites (resp. droites) de l'espace euclidien (en dimension quelconque). Néanmoins chaque notion a une définition qui ne dépend pas des autres, nous la donnerons, mais il est bon de se souvenir que la première donne toutes les autres.

4.1. Angle orienté de demi-droites du plan euclidien ; mesure

Proposition 4.1.1 . *Soient E un espace vectoriel euclidien de dimension* 2 , $O(E)$ (resp. $SO(E)$) *son groupe orthogonal* (resp. *spécial orthogonal*) .

1. *Soit* $u \in O(E)-SO(E)$, *alors* u *est une symétrie (orthogonale) par rapport à une droite.*
2. *Soient* (e_1,e_2) *une base orthonormée de* E , $u \in SO(E)$. *Alors* $\mathrm{Mat}(u;e_1,e_2)=\begin{bmatrix} a & -b \\ b & a \end{bmatrix}$ *avec* $a^2+b^2=1$ *où* $\mathrm{Mat}(u;e_1,e_2)$ *désigne la matrice de* u *dans la base* (e_1,e_2) . *Le groupe* $SO(E)$ *est abélien. Pour tout* $u \in O(E)-SO(E)$, $v \in SO(E)$ *on a* $uvu^{-1}=v^{-1}$.
3. *Soit* (f_1,f_2) *une base orthonormée de* E *ayant même orientation que* (e_1,e_2) (i.e. $\mathrm{dét}_{(e_1,e_2)}(f_1,f_2)>0$) , *alors on a* $\mathrm{Mat}(u;e_1,e_2)=\mathrm{Mat}(u;f_1,f_2)$.
4. *Soient* $\mathbb{T} := \{z=a+ib \in \mathbb{C} \mid |z|=1$, i.e. $a^2+b^2=1\}$, (e_1,e_2) *une base orthonormée de* E , $\mathrm{Mat}(u;e_1,e_2)=\begin{bmatrix} a & -b \\ b & a \end{bmatrix}$, *alors* $\varphi : SO(E) \to \mathbb{T}$ *défini par* $\varphi(u)=a+ib$, *est un isomorphisme.*
5. Soit $\mathbb{S} := \{x \in E \mid (x \mid x)=1\}$, *alors pour tout* $x,y \in \mathbb{S}$ *il existe un unique* $u \in SO(E)$ *tel que* $u(x)=y$.

Démonstration 1. Par la proposition 3.14. , on sait que $u \in O(E)-SO(E)$ est produit d'une ou deux symétries, comme $\mathrm{dét}\, u=-1$, c'est une symétrie.

2. Soient (e_1,e_2) une base orthonormée, $u \in SO(E)$ (resp. $O(E)-SO(E)$) on a $u(e_1)=ae_1+be_2$, $u(e_2)=ce_1+de_2$. Si on écrit que $(u(e_1) \mid u(e_1))=(u(e_2) \mid u(e_2))=1$, $(u(e_1) \mid u(e_2))=0$ et $\mathrm{dét}\, u=1$ (resp. -1) , on a $a^2+b^2=1$, $c^2+d^2=1$, $ac+bd=0$, $ad-bc=1$ (resp. -1) d'où il suit que $\mathrm{Mat}(u;e_1,e_2)=\begin{bmatrix} a & -b \\ b & a \end{bmatrix}$ (resp. $\begin{bmatrix} a & b \\ b & -a \end{bmatrix}$) avec $a^2+b^2=1$. Il suit facilement de cela que $SO(E)$ est abélien et que $uvu^{-1}=v^{-1}$ pour $u \in O(E)-SO(E)$, $v \in SO(E)$; en effet on le vérifie matriciellement.

3. Soit (f_1,f_2) une base orthonormée, il existe $w \in O(E)$ tel que $w(e_i)=f_i$; $\mathrm{dét}\,\mathrm{Mat}(w;e_1,e_2)=\mathrm{dét}_{(e_1,e_2)}(f_1,f_2)>0$ si (f_1,f_2) a la même orientation que (e_1,e_2) , ainsi on a $w \in SO(E)$. On a $u(e_1)=ae_1+be_2$, $u(e_2)=-be_1+ae_2$. On applique w à ces relations et on utilise $wu=uw$ ($SO(E)$ est abélien) , on a $u(f_1)=af_1+bf_2$, $u(f_2)=-bf_1+af_2$, soit $\mathrm{Mat}(u;f_1,f_2)=\begin{bmatrix} a & -b \\ b & a \end{bmatrix}$.

4. Il est facile de montrer que $\varphi : SO(E) \to \mathbb{T}$ est un homomorphisme injectif. Montrons que φ est surjectif. Soient $a_1, b_1 \in \mathbb{R}$ avec $a_1^2 + b_1^2 = 1$, $f_1 = a_1 e_1 + b_1 e_2$, $f_2 = -b_1 e_1 + a_1 e_2$, on vérifie de suite que (f_1, f_2) est une base orthonormée, ainsi il existe $v \in O(E)$ tel que $v(e_i) = f_i$, on a alors $\mathrm{Mat}(v; e_1, e_2) = \begin{bmatrix} a_1 & -b_1 \\ b_1 & a_1 \end{bmatrix}$, donc $\det v = 1$, ce qui montre que $v \in SO(E)$ et $\varphi(v) = a_1 + i b_1$.

5. Cette démonstration de 4. prouve aussi que $SO(E)$ agit transitivement sur $\mathbb{S} := \{x \in E \mid (x \mid x) = 1\}$. Soient $w \in SO(E)$, $x \in \mathbb{S}$ avec $w(x) = x$, il faut montrer que $w = \mathbb{1}_E$. Soit la base orthonormée (e_1, e_2) avec $e_1 = x$, comme $w \in O(E)$ et que $(\mathbb{R} e_1)^{\perp} = \mathbb{R} e_2$, on a $w(e_2) = \lambda e_2$; ensuite $\det w = 1$ implique $\lambda = 1$; donc $w = \mathbb{1}_E$.

Définition 4.1.2. Soit E le plan vectoriel euclidien, on appelle *demi-droite* de E toute partie de la forme $\mathbb{R}_+ x := \{\lambda x \mid \lambda \geq 0\}$ où $x \in E - \{0\}$. Soit $\widetilde{\mathcal{D}}(E)$ l'ensemble des demi-droites de E, on définit sur $\widetilde{\mathcal{D}}(E) \times \widetilde{\mathcal{D}}(E)$ une relation binaire $\mathcal{R}$ par $(\Delta_1, \Delta_2) \mathcal{R} (\Delta_1', \Delta_2')$ si et seulement si il existe $u \in SO(E)$ tel que $\Delta_i' = u(\Delta_i)$ pour $i = 1, 2$. La relation binaire $\mathcal{R}$ est une relation d'équivalence, *un angle orienté de demi-droites de* E est un élément du quotient $\dfrac{\widetilde{\mathcal{D}}(E) \times \widetilde{\mathcal{D}}(E)}{\mathcal{R}}$, on note $\widetilde{\mathcal{A}}$ ce quotient et $\widehat{\Delta_1 \Delta_2}$ ou $\widehat{\Delta_1, \Delta_2}$ ou $(\widehat{\Delta_1 \Delta_2})$, la classe de (Δ_1, Δ_2).

Soit $\Delta_0 \in \widetilde{\mathcal{D}}(E)$, l'application $\theta : SO(E) \to \widetilde{\mathcal{A}}$ définie par $\theta(u) = \widehat{\Delta_0 u(\Delta_0)}$ est une bijection qui ne dépend pas du choix de Δ_0. Cette bijection induit sur $\widetilde{\mathcal{A}}$ *la structure de groupe* (abélien) de $SO(E)$, on note ce groupe additivement. On a

$\widehat{\Delta_1 \Delta_2} + \widehat{\Delta_2 \Delta_3} = \widehat{\Delta_1 \Delta_3}$ (relation de **Chasles**) pour tout $\Delta_1, \Delta_2, \Delta_3 \in \widetilde{\mathcal{D}}(E)$,

$\widehat{\Delta_1 \Delta_2} = -\widehat{\Delta_2 \Delta_1}$ pour tout $\Delta_1, \Delta_2 \in \widetilde{\mathcal{D}}(E)$,

$\widehat{\Delta_1 \Delta_2} = \widehat{u(\Delta_1) u(\Delta_2)}$ pour tout $u \in SO(E)$.

$\widehat{\Delta_1 \Delta_2} = -\widehat{u(\Delta_1) u(\Delta_2)}$ pour tout $u \in O(E) - SO(E)$.

Démonstration Montrons que θ est injectif. Si $(\Delta_0, u(\Delta_0)) \mathcal{R} (\Delta_0, v(\Delta_0))$ avec $u, v \in SO(E)$, il existe $w \in SO(E)$ tel que $w(\Delta_0) = \Delta_0$, $w u(\Delta_0) = v(\Delta_0)$. Soit $e \in \Delta_0$ avec $(e \mid e) = 1$, on a donc $w(e)=e$, or l'action de $SO(E)$ sur $\mathbb{S}=\{x\in E\,|\,(x|x)=1\}$ montre que $w=\mathbb{1}_E$ (4.1.1.5.). On a donc $u(\Delta_0)=v(\Delta_0)$ et la même remarque montre que $u=v$. Montrons que θ est surjectif. Soit $(\Delta_1,\Delta_2)\in\tilde{\mathscr{D}}(E)$, il existe $u\in SO(E)$ tel que $u(\Delta_1)=\Delta_0$ ($SO(E)$ agit transitivement sur $\mathbb{S}$) ; ensuite il existe $v\in SO(E)$ tel que $v(\Delta_0)=u(\Delta_2)$. On a donc $(\Delta_0,v(\Delta_0))\mathscr{R}(\Delta_1,\Delta_2)$.

Remarque 4.1.3. Comme une demi-droite Δ est entièrement définie par un vecteur $x\in\Delta-\{0\}$, on notera aussi $\widehat{xx'}$ ou $\widehat{x,x'}$ l'angle $\widehat{\Delta\Delta'}$ (ou $\widehat{\Delta,\Delta'}$) si $x\in\Delta-\{0\}$, $x'\in\Delta'-\{0\}$. Choisir sur une droite D un élément $x\in D-\{0\}$, c'est choisir une base de la droite, donc une orientation, c'est la même chose que de choisir la demi-droite $\mathbb{R}_+x$ (portée par D), c'est pourquoi la définition 4.1.2. est aussi celle de l'angle orienté de deux droites orientées.

Proposition 4.1.4. *Soient* $\mathbb{R}$ *le groupe additif des nombres réels,* $\mathbb{T}:=\{z\in\mathbb{C}\,|\,|z|=1\}$, $\Lambda:\mathbb{R}\to\mathbb{T}$ *l'application définie par* $\Lambda(t)=e^{it}:=\sum_{n=0}^{\infty}\frac{(it)^n}{n!}$. *Alors* Λ *est un homomorphisme surjectif ; il existe* $\pi\in\mathbb{R}$, $\pi>0$, *unique tel que* $2\pi\mathbb{Z}=\ker\Lambda$. *Il suit que* Λ *induit un isomorphisme de* $\frac{\mathbb{R}}{2\pi\mathbb{Z}}$ *sur* $\mathbb{T}$ *qui est un homéomorphisme. On a*
$\cos t:=\mathscr{Re}(e^{it})=\sum_{p=0}^{\infty}(-1)^p\frac{t^{2p}}{(2p)!}$, $\sin t:=\mathscr{Im}(e^{it})=\sum_{p=0}^{\infty}(-1)^p\frac{t^{2p}}{(2p)!}$ où $\mathscr{Re}(z)$ désigne la partie réelle de z , et $\mathscr{Im}(z)$ désigne la partie imaginaire de z . *Les fonctions* cos *et* sin *satisfont les propriétés suivantes :* $\cos(0)=1$, $\cos(\frac{\pi}{2})=0$, $\cos(\pi)=-1$, $\sin 0=0$,
$\sin(\frac{\pi}{2})=1$, $\sin(\pi)=0$, $\cos(a+b)=\cos a\cos b-\sin a\sin b$,
$\sin(a+b)=\sin a\cos b+\cos a\sin b$.

Démonstration Pour tout $z,z'\in\mathbb{C}$, on a $e^{z+z'}=e^z e^{z'}$. On a
$e^{it}=\sum_{p=0}^{\infty}(-1)^p\frac{t^{2p}}{(2p)!}+i\sum_{p=0}^{\infty}(-1)^p\frac{t^{2p+1}}{(2p+1)!}$, $\cos t:=\sum_{p=0}^{\infty}(-1)^p\frac{t^{2p}}{(2p)!}$, $\sin\,t:=\sum_{p=0}^{\infty}(-1)^p\frac{t^{2p+1}}{(2p+1)!}$.
On a $1=e^{it}\times e^{-it}$, soit donc $(\cos t)^2+(\sin t)^2=1$. Ensuite $\cos' t=-\sin t$, $\sin' t=\cos t$. Pour tout p impair et $p\geq 3$, on a $(-1)^p\frac{2^{2p}}{(2p)!}+(-1)^{p+1}\frac{2^{2(p+1)}}{(2p+2)!}<0$, il suit de cela que $\cos 2<0$. Soit $t_0:=\inf\{t\geq 0\,|\,\cos t=0\}$; comme $\cos t$ est continue, $\cos 0=1$, $\cos 2<0$, il existe un tel t_0 et on a $\cos t_0=0$ et $t_0>0$. Soit $\pi:=2t_0$. On a donc $\cos t>0$ pour $t\in[0,\frac{\pi}{2}[$. Il suit que $\sin t$ est une fonction strictement croissante sur $[0,\frac{\pi}{2}]$ avec $\sin 0=0$, $\sin\frac{\pi}{2}=1$.
Montrons que Λ est une bijection de $[0,2\pi[$ sur $\mathbb{T}$. Soient
$\mathbb{T}_1:=\{a+ib\in\mathbb{T}\,|\,a>0,b\geq 0\}$, $\mathbb{T}_2:=\{a+ib\in\mathbb{T}\,|\,a\leq 0,b>0\}$,
$\mathbb{T}_3:=\{a+ib\in\mathbb{T}\,|\,a<0,b\leq 0\}$, $\mathbb{T}_4:=\{a+ib\in\mathbb{T}\,|\,a\geq 0,b<0\}$.

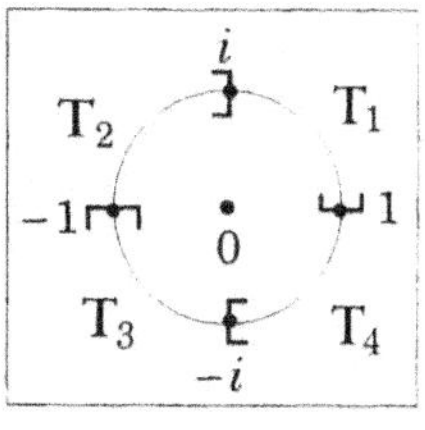

Soit $t \in [0, \frac{\pi}{2}[$, on a $\cos t \geq 0$ et $0 \leq \sin t < 1$, ce qui montre que $\Lambda([0,\frac{\pi}{2}[) \subset \mathrm{T}_1$, comme $\sin t$ est strictement croissante sur $[0,\frac{\pi}{2}]$, pour $0 \leq t < t' < \frac{\pi}{2}$ on a $\Lambda(t) \neq \Lambda(t')$. Si $a+ib \in \mathrm{T}_1$ il existe t tel que $b=\sin t$, $t \in [0, \frac{\pi}{2}[$, de la formule $\cos t > 0$, $(\cos t)^2+(\sin t)^2=1$ on tire que $\Lambda(t)=a+ib$.
Ainsi Λ est une bijection de $[0,\frac{\pi}{2}[$ sur T_1. Comme $\Lambda(\frac{\pi}{2})=i$, $\Lambda(t+\frac{\pi}{2})=i\Lambda(t)$, il suit que $t \longmapsto t+\frac{\pi}{2}$ est une bijection de $[0,\frac{\pi}{2}[$ sur $[\frac{\pi}{2},\pi[$, que $z \longmapsto iz$ est une bijection de T_1 sur T_2 . Il suit que Λ est une bijection de $[\frac{\pi}{2},\pi[$ sur T_2 .

En continuant ainsi, on montre que Λ est une bijection de $[0,2\pi[$ sur T . De $\Lambda(\frac{\pi}{2})=i$, on déduit que $\Lambda(2\pi)=1$ et donc que $2\pi=\inf\{t>0 \mid \Lambda(t)=1\}$. Il est élémentaire de déduire de cela que $\ker\Lambda=2\pi\mathbb{Z}$.

Ainsi Λ est un homomorphisme continu et surjectif, il induit donc un isomorphisme $\bar{\Lambda}:\frac{\mathbb{R}}{2\pi\mathbb{Z}} \to \mathrm{T}$ tel que $\bar{\Lambda}s=\Lambda$ où $s:\mathbb{R} \to \frac{\mathbb{R}}{2\pi\mathbb{Z}}$ est la surjection canonique. D'autre part $\frac{\mathbb{R}}{2\pi\mathbb{Z}}$ étant muni de la distance d définie par $d(s(x),s(y)) := \inf_{\lambda \in \mathbb{Z}} |x-y+\lambda 2\pi|$, on a $d(s(x),s(y)) \leq |x-y|$ (lemme 4.1.5.) ; par ailleurs $\bar{\Lambda}(s(x))=\Lambda(x)$, $\bar{\Lambda}(s(y))=\Lambda(y)$ et Λ continu, impliquent $\bar{\Lambda}$ continu. Enfin par 4.1.5. $\frac{\mathbb{R}}{2\pi\mathbb{Z}}$ est compact. Il résulte alors de la compacité de $\frac{\mathbb{R}}{2\pi\mathbb{Z}}$ que $\bar{\Lambda}$ est bicontinu.

Remarque C'est donc à l'issue de la proposition 4.1.4. que le célèbre nombre π est défini ; il suit facilement de cela que la longueur de la circonférence du cercle de rayon 1 est 2π .

Lemme 4.1.5. et définition *Soient* $a \in \mathbb{R}$, $a>0$, $s:\mathbb{R} \to \frac{\mathbb{R}}{a\mathbb{Z}}$ *la surjection canonique. Soient* $\alpha=s(x)$, $\beta=s(y)$, $\alpha,\beta \in \frac{\mathbb{R}}{a\mathbb{Z}}$, $d(\alpha,\beta) := \inf_{\alpha=s(x'),\beta=(y')} |x'-y'| = \inf_{\lambda \in \mathbb{Z}} |x-y+\lambda a|$. *Alors il existe* $\lambda_{\alpha,\beta} \in \mathbb{Z}$ *avec* $d(\alpha,\beta)=|x-y+\lambda_{\alpha,\beta}a|$ *; il suit de cela que* d *est une distance sur* $\frac{\mathbb{R}}{a\mathbb{Z}}$, *que* $d(s(x),s(y)) \leq |x-y|$ *, ainsi* s *est continu. En plus* $\frac{\mathbb{R}}{a\mathbb{Z}}$ *est compact.*

Démonstration Comme $|x-y+\lambda a|$ tend vers l'infini lorsque $|\lambda|$ tend vres l'infini, il existe $\mu \in \mathbb{Z}$ tel que $d(\alpha,\beta)=|x-y+\mu a|$. Si $\gamma=s(z)$, il existe de même $\nu \in \mathbb{Z}$ avec $d(\beta,\gamma)|y-z+\nu a|$. Ainsi

$d(\alpha,\beta)+d(\beta,\gamma)=|x-y+\lambda a|+|y-z+\nu a|\geq|x-z+(\lambda+\nu)a|\geq d(\alpha,\gamma)$. En plus $d(\alpha,\beta)=0$ implique $x-y+\mu a=0$, i.e. $s(x)=s(y)$, soit $\alpha=\beta$. Ainsi d est bien une distance, et on a $d(s(x),s(y))\leq|x-y|$; donc s est continu. Enfin $\frac{\mathbb{R}}{a\mathbb{Z}}=s([0,a])$, s continu, impliquent que $\frac{\mathbb{R}}{a\mathbb{Z}}$ est compact.

Remarque Le théorème 4.1.4. sera généralisé en 4.4.3.1. .

Définition 4.1.6. Soient E un plan vectoriel euclidien orienté (i.e. une base orthonormale (e_1,e_2) définit l'orientation) , $\tilde{c}\in\tilde{\mathscr{A}}$ un angle . Alors on a $\tilde{c}=\widehat{Du(D)}$ où $u\in SO(E)$, et $\mathrm{Mat}(u\,;e_1,e_2)=\begin{bmatrix} a & -b \\ b & a\end{bmatrix}$ avec $a^2+b^2=1$. On appelle *mesure de* $\tilde{c}$, tout $\theta\in\mathbb{R}$ tel que $e^{i\theta}=a+ib$; si donc θ est une mesure, les autres mesures sont les éléments de $\theta+2\pi\mathbb{Z}$.

Remarque 4.1.7. *(ou règles de calcul en termes de mesures d'angles)* On peut alors traduire la définition 4.1.2. en termes de mesure ; si donc mes $\widehat{\Delta\Delta'}$ dénote (abusivement) une mesure de l'angle $\widehat{\Delta\Delta'}$, on a les propriétés suivantes :

1 $\widehat{\Delta_1\Delta_2}=\widehat{\Delta'_1\Delta'_2}$ si et seulement si mes $\widehat{\Delta_1\Delta_2}\equiv$ mes $\widehat{\Delta'_1\Delta'_2}$ modulo $2\pi\mathbb{Z}$ (i.e. les nombres réels modulo $2\pi\mathbb{Z}$ mesurent les angles orientés de demi-droites) ,

2 mes($\widehat{\Delta\Delta'}+\widehat{\Delta_1\Delta'_1}$)$\equiv$mes $\widehat{\Delta\Delta'}$ +mes $\widehat{\Delta_1\Delta'_1}$ modulo $2\pi\mathbb{Z}$ (i.e. la mesure respecte l'addition des angles modulo $2\pi\mathbb{Z}$) ,

3 mes $\widehat{u(\Delta)u(\Delta')}\equiv$ mes $\widehat{\Delta\Delta'}$ modulo $2\pi\mathbb{Z}$ si $u\in SO(E)$,

4 mes $\widehat{u(\Delta)u(\Delta')}\equiv-$mes $\widehat{\Delta\Delta'}$ modulo $2\pi\mathbb{Z}$ si $u\in O(E)-SO(E)$,

5 Δ_1,Δ_2 sont portés par la même droite si et seulement si mes $\widehat{\Delta_1\Delta_2}\in\pi\mathbb{Z}$, Δ_1,Δ_2 sont portés par des droites orthogonales si et seulement si mes $\widehat{\Delta_1\Delta_2}\in\pm\frac{\pi}{2}+2\pi\mathbb{Z}$.

Remarque 4.1.8. *(bissectrice d'un angle de demi-droites)* On appelle *bissectrice* de deux demi-droites (ou deux droites orientées) Δ et Δ' , toute demi-droite (ou droite orientée) Σ telle que $\widehat{\Delta\Sigma}=\widehat{\Sigma\Delta'}$. Il existe exactement deux bissectrices, ce sont Σ et $-\Sigma$ *(fig.1)*. Si α est une mesure de $\widehat{\Delta\Delta'}$, on peut choisir Σ,Σ' avec mes $\widehat{\Delta\Sigma}=\frac{\alpha}{2}$ et mes $\widehat{\Delta\Sigma'}=\frac{\alpha}{2}+\pi$ où Σ , Σ' sont les bissectrices. En particulier on a $\Delta'=\sigma_D(\Delta)$ où D est la droite qui porte Σ et $\Sigma'=-\Sigma$ et σ_D est la symétrie de droite D . Si $\Delta'=-\Delta$ alors Σ et Σ' sont orthogonales à Δ *(fig.2)*.

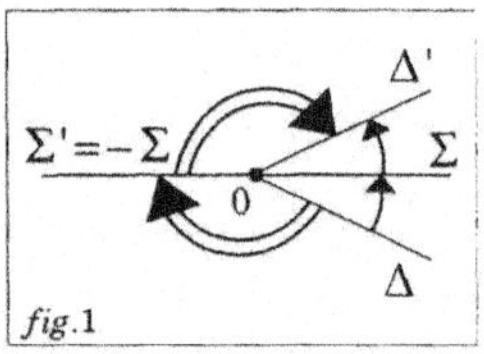

fig.1

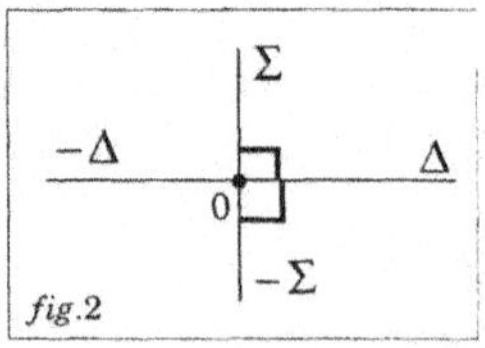

fig.2

4.2. Angle orienté de droites du plan vectoriel euclidien ; mesure

Définition 4.2.1. Soient E le plan vectoriel euclidien, $\mathcal{D}(E)$ l'ensemble des droites de E. On définit sur $\mathcal{D}(E)\times\mathcal{D}(E)$ une relation binaire $\mathcal{R}$ par $(D_1,D_2)\mathcal{R}(D_1',D_2')$ si et seulement si il existe $u\in SO(E)$ tel que $D_i'=u(D_i)$ pour $i=1,2$. La relation binaire $\mathcal{R}$ est une relation d'équivalence, *un angle orienté de droites de* E est un élément du quotient $\frac{\mathcal{D}(E)\times\mathcal{D}(E)}{\mathcal{R}}$, on note $\mathcal{A}$ ce quotient et $\widehat{D_1D_2}$ ou $\widehat{D_1,D_2}$ ou $(\widehat{D_1D_2})$ la classe de (D_1,D_2).

Soit $D_0\in\mathcal{D}(E)$, l'application $u\longmapsto\widehat{D_0u(D_0)}$ de $SO(E)$ dans $\mathcal{A}$ induit une bijection $\eta:PSO(E):=\frac{SO(E)}{\{\mathbb{1},-\mathbb{1}\}}\to\mathcal{A}$ (cela résulte de ce que $-\mathbb{1}(D)=D$) ; cette bijection ne dépend pas du choix de D_0. Ainsi η induit *la structure de groupe* (abélien) de $PSO(E)$ sur $\mathcal{A}$, on la note additivement. On a

$\widehat{D_1D_2}+\widehat{D_2D_3}=\widehat{D_1D_3}$ (relation de Chasles) pour $D_1,D_2,D_3\in\mathcal{D}(E)$.

$\widehat{D_1D_2}=-\widehat{D_2D_1}$ pour $D_1,D_2\in\mathcal{D}(E)$, $\widehat{D_1D_2}=\widehat{u(D_1)u(D_2)}$ pour $u\in SO(E)$.

$\widehat{D_1D_2}=-\widehat{u(D_1)u(D_2)}$ pour $u\in O(E)-SO(E)$.

Définition 4.2.2. Soient E un plan vectoriel euclidien orienté (i.e. une base orthonormale (e_1,e_2) définit l'orientation), $\widehat{Du(D)}$ un angle de droite où $u\in SO(E)$; $\mathrm{Mat}(u;e_1,e_2)=\begin{bmatrix} a & -b \\ b & a \end{bmatrix}$ où $a^2+b^2=1$. Alors on appelle *mesure* de $\widehat{Du(D)}$, tout $\theta\in\mathbb{R}$ tel que $e^{i\theta}=a+ib$; si θ est une mesure, les autres mesures sont les éléments de $\theta+\pi\mathbb{Z}$.

Remarque 4.2.3. *(ou règles de calcul en termes de mesure d'angle)*

On peut relier la notion d'angle orienté de demi-droites et d'angle orienté de droites. Soient D_1,D_2 (resp. D_1',D_2') deux droites, Δ_i (resp. Δ_i') une demi-droite portée par D_i (resp. D_i'), α (resp. α') une mesure de $\widehat{\Delta_1\Delta_2}$ (resp. $\widehat{\Delta_1'\Delta_2'}$). Alors on a $\widehat{D_1D_2}=\widehat{D_1'D_2'}$ si et seulement si $\alpha\equiv\alpha'$ modulo $\pi\mathbb{Z}$, si et seulement si $2\widehat{\Delta_1\Delta_2}=2\widehat{\Delta_1'\Delta_2'}$.

On peut alors traduire toutes les relations de la remarque 4.1.7. en changeant le modulo $2\pi\mathbb{Z}$ en modulo $\pi\mathbb{Z}$ et demi-droite en droite.

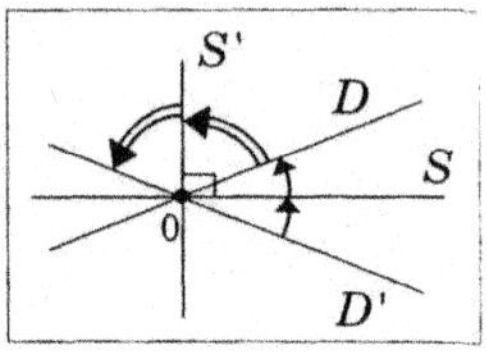

Remarque 4.2.4. *(bissectrice de deux droites)* On appelle *bissectrice* de deux droites D et D' toute droite S telle que $\widehat{DS} = \widehat{SD'}$. Il y a exactement 2 bissectrices S et S', elles sont orthogonales ; si α est une mesure de $\widehat{DD'}$, on choisit S tel que mes $\widehat{DS} = \frac{\alpha}{2}$ et S' tel que mes $\widehat{DS'} = \frac{\alpha}{2} + \frac{\pi}{2}$.

4.3. Angle non orienté de droites, de demi-droites de l'espace euclidien

Définition 4.3.1. Soit $(E,(.\,|\,.))$ un espace euclidien de dimension n, $n \geq 2$, $\mathscr{D}(E)$ l'ensemble des droites de E, $\widetilde{\mathscr{D}}(E)$ l'ensemble des demi-droites de E.

1. Soient $D, D' \in \mathscr{D}(E)$, $x \in D - \{0\}$, $x' \in D' - \{0\}$, alors le scalaire $\frac{|(x\,|\,x')|}{\|x\|\,\|x'\|}$ ne dépend pas du choix de x, x', c'est donc un nombre attaché au couple (D, D'). On appelle *angle non orienté de* D *et* D' et on le note $\overline{DD'}$ ou $\overline{D,D'}$, le nombre $\overline{DD'} := \text{Arc}\cos\left(\frac{|(x\,|\,x')|}{\|x\|\,\|x'\|}\right) \in [0, \frac{\pi}{2}]$.

2. Soient $\Delta, \Delta' \in \widetilde{\mathscr{D}}(E)$, $x \in \Delta - \{0\}$, $x' \in \Delta' - \{0\}$, alors le scalaire $\frac{(x\,|\,x')}{\|x\|\,\|x'\|}$ ne dépend pas du choix de x, x', c'est donc un nombre attaché au couple (Δ, Δ'). On appelle *angle non orienté de* Δ *et* Δ' et on le note $\overline{\Delta\Delta'}$ ou $\overline{\Delta,\Delta'}$ le nombre $\overline{\Delta\Delta'} := \text{Arc}\cos\left(\frac{(x\,|\,x')}{\|x\|\,\|x'\|}\right) \in [0, \pi]$.

Remarque 4.3.2. *(ou règles de calcul en termes de mesure d'angles)* On peut relier la notion d'angle orienté et non orienté. Soient D, D' (resp. Δ, Δ') deux droites (resp. demi-droites), V un plan euclidien qui les contient sur lequel on choisit une orientation, $d \in]-\frac{\pi}{2}, \frac{\pi}{2}]$ (resp. $\delta \in [-\pi, \pi]$) une mesure de $\widehat{DD'}$ (resp. $\widehat{\Delta\Delta'}$), alors $\overline{DD'} = |d|$ (resp. $\overline{\Delta\Delta'} = |\delta|$).

Proposition 4.3.3. *Soient* E *un espace euclidien* D, D', D_1, D'_1 (resp. Δ, Δ', Δ_1, Δ'_1) *quatre droites* (resp. *demi-droites*).

1. *On a* $\overline{DD'} = \overline{D_1D'_1}$ (resp. $\overline{\Delta\Delta'} = \overline{\Delta_1\Delta'_1}$) *si et seulement si il existe* $u \in O(E)$ *tel que* $u(D) = D_1$, $u(D') = D'_1$ (resp. $u(\Delta) = \Delta_1$, $u(\Delta') = \Delta'_1$).
2. *Si* $\dim E \geq 3$, *alors* 1. *est vrai en remplaçant* $u \in O(E)$ *par* $u \in SO(E)$, *si* $\dim E = 2$, *cela est faux*.

Remarque 4.3.4. On observera bien que le nombre $\overline{DD'}$ n'a pas de propriété d'additivité vis-à-vis de l'addition des angles $\widehat{DD'}$; l'application $x \longmapsto |x|$ de $\mathbb{R}$ dans $\mathbb{R}$ ne respecte pas l'addition.

Remarque 4.3.5. On ne peut en dimension $n \geq 3$ définir une notion d'angle orienté de demi-droites analogue à 4.1.2. . En effet cela est expliqué par le résultat qui suit.

Soient T *un espace vectoriel euclidien avec* $\dim E \geq 3$, $\Delta_1, \Delta_2, \Delta_3, \Delta_4$ *des demi-droites de* T . *Alors les propriétés suivantes sont équivalentes.*

i) Il existe $u \in SO(T)$ *tel que* $\Delta_3 = u(\Delta_1)$, $\Delta_4 = u(\Delta_2)$,

ii) $\overline{\Delta_1 \Delta_2} = \overline{\Delta_3 \Delta_4}$.

Démonstration i) implique ii) est immédiat.

ii) implique i) Soit $x_i \in \Delta_i$ avec $\|x_i\| = 1$. On a donc $(x_1 | x_2) = (x_3 | x_4) = \cos\alpha$. Soit $e_1 := x_1$, on peut donc compléter e_1 en une base orthonormale d'un plan contenant x_1 et x_2 de façon que $x_2 = \cos\alpha\, e_1 + \sin\alpha\, e_2$. Soit $f_1 := x_3$, on peut aussi compléter f_1 en une base orthonormale d'un plan contenant x_3 et x_4 de façon que $x_4 = \cos\alpha\, f_1 + \sin\alpha\, f_2$. Soient $(e_1, e_2, \ldots, e_n)$ (resp. $(f_1, f_2, \ldots, f_n)$) une base orthonormale de T qui complète (e_1, e_2) (resp. (f_1, f_2)) , u l'application linéaire définie par $u(e_i) = f_i$; alors quitte à changer f_n en $-f_n$ on peut faire en sorte que $\det_{(e_i)}(f_1, f_2, \ldots, f_n) > 0$, i.e. que $u \in SO(T)$. Alors on a bien $u(x_1) = x_3$ et $u(x_2) = x_4$.

4.4. Le groupe multiplicatif des nombres complexes

4.4.1. Structure algébrique et topologique du groupe multiplicatif des nombres complexes

On a $\mathbb{C} = \mathbb{R} \oplus i\mathbb{R}$ et la topologie de $\mathbb{C}$ est définie par la valeur absolue , $|a+ib| := (a^2+b^2)^{\frac{1}{2}}$. On a $|z+z'| \leq |z| + |z'|$, $|zz'| = |z||z'|$, $|z| = 0$ si et seulement si $z = 0$.

Le groupe $\mathbb{C}^\times$ muni de la topologie induite est localement compact, connexe par arcs.

4.4.1.1. *Le sous-groupe* $\mathbb{T} := \{z \in \mathbb{C}^\times \mid |z| = 1\}$ *est compact, connexe par arcs.*

4.4.1.2. On a $\mathbb{C}^\times \xrightarrow{\sim} (\mathbb{R}_+, \times) \times \mathbb{T}$ par $z \longmapsto (|z|, \frac{z}{|z|})$, cette application est un isomorphisme bicontinu ($\mathbb{R}_+ := \{x \in \mathbb{R} \mid x > 0\}$) .

4.4.2. Les sous-groupes de $(\mathbb{R},+)$, de $(\mathbb{R}_+,\times)$

Lemme 4.4.2. (les sous-groupes de $(\mathbb{R},+)$, de $(\mathbb{R}_+,\times)$, les isomorphismes classiques)
1. *L'application* $a \longmapsto \log a$ *est un isomorphisme bicontinu de* $(\mathbb{R}_+,\times)$ *sur* $(\mathbb{R},+)$ *dont l'application réciproque est* $b \longmapsto e^b$.
2. *Tout homomorphisme continu de* $(\mathbb{R},+)$ *dans* $(\mathbb{R},+)$ *est de la forme* $z \longmapsto az$ *où* $a \in \mathbb{R}$. *Si* $a \neq 0$ *il est bijectif et bicontinu.*
3. *Tout homomorphisme continu de* $(\mathbb{R}_+,\times)$ *dans* $(\mathbb{R}_+,\times)$ *est de la forme* $z \longmapsto z^a$ *où* $a \in \mathbb{R}$. *Si* $a \neq 0$ *il est bijectif et bicontinu.*
4. *Les sous-groupes de* $(\mathbb{R},+)$ (resp. $(\mathbb{R}_+,\times)$) *sont de la forme* $a\mathbb{Z}$ (resp. $\rho^{\mathbb{Z}}$), *où* $a \in \mathbb{R}$, $a \geq 0$ (resp. $\rho \in \mathbb{R}$, $\rho \geq 1$) *ou bien sont denses dans* $\mathbb{R}$ (resp. $\mathbb{R}_+$) ; *en particulier les sous-groupes fermés de* $(\mathbb{R},+)$ (resp. $(\mathbb{R}_+,\times)$) *sont les* $a\mathbb{Z}$ (resp. $\rho^{\mathbb{Z}}$), *avec* $a \geq 0$ (resp. $\rho \geq 1$), *ou bien* $\mathbb{R}$ (resp. $\mathbb{R}_+$).

Démonstration 1. est bien classique. Montrons 2.. Soient $\varphi:(\mathbb{R},+)\to(\mathbb{R},+)$ un homomorphisme continu, $a:=\varphi(1)$; on a donc $\varphi(p)=ap$ pour tout $p\in\mathbb{Z}$, ainsi $q\,\varphi(\frac{p}{q})=\varphi(q\frac{p}{q})=\varphi(p)=ap$, i.e. $\varphi(\frac{p}{q})=a\frac{p}{q}$. Il suit par continuité que $\varphi(z)=az$ pour tout $z\in\mathbb{R}$. Bien entendu 3. est conséquence de 1. et 2..
Montrons 4.. Soit H un sous-groupe fermé de $(\mathbb{R},+)$, $a:=\inf\{z\in H \mid z>0\}$. Supposons $a>0$, montrons que $a\in H$. Sinon il existe $b,c\in H$ avec $a<c<b$ avec $b-a<a$, ainsi on a $0<b-c<a$ et $b-c\in H$; ce qui contredit la définition de a. Montrons maintenant que $H=a\mathbb{Z}$. Clairement $a\mathbb{Z}\subset H$; soit $h\in H$, il existe $n\in\mathbb{Z}$ tel que $na\leq h<(n+1)a$, soit donc $0\leq h-na<a$, il suit de la définition de a que $h-na=0$. Ce qui montre que $H=a\mathbb{Z}$. Supposons maintenant $a=0$, montrons que H est dense dans $\mathbb{R}$. En effet, soient $\varepsilon>0$, $x\in\mathbb{R}$, il existe donc $h\in H$ avec $0<h<\varepsilon$; ensuite il existe $n\in\mathbb{Z}$ tel que $nh\leq x<(n+1)h$, soit $0\leq x-nh<h<\varepsilon$. Cela montre que H est dense dans $\mathbb{R}$. Le cas des sous-groupes de $(\mathbb{R}_+,\times)$ se déduit de ce qui précède et de l'isomorphisme défini en 1..

4.4.3. Les homomorphismes continus de $(\mathbb{R},+)$ dans $\mathbb{T}$; les sous-groupes de $\mathbb{T}$; les endomorphismes continus de $\mathbb{T}$

Proposition 4.4.3.1. *Soit* $\varphi:(\mathbb{R},+)\to\mathbb{T}$ *un homomorphisme continu avec* $\varphi(\mathbb{R})\neq\{1\}$. *Alors* φ *est surjectif et il existe* $b\in\mathbb{R}-\{0\}$ *avec* $\ker\varphi=b\mathbb{Z}$. *De plus* φ *induit un isomorphisme bicontinu* $\overline{\varphi}$ *de* $\frac{\mathbb{R}}{b\mathbb{Z}}$ *sur* $\mathbb{T}$ *(la topologie de* $\frac{\mathbb{R}}{b\mathbb{Z}}$ *étant définie en* 4.1.5.*). En particulier, soit* $\psi:(\mathbb{R},+)\to\mathbb{T}$ *défini par* $\psi(t)=e^{it}$, *alors* ψ *est continu, surjectif, il existe un unique réel strictement positif, noté* π *tel que* $\ker\psi=2\pi\mathbb{Z}$; *de plus* ψ *induit un isomorphisme* *bicontinu* $\bar{\psi}$ *de* $\frac{\mathbb{R}}{2\pi\mathbb{Z}}$ *sur* $\mathbb{T}$ *(la topologie de* $\frac{\mathbb{R}}{2\pi\mathbb{Z}}$ *étant définie en* 4.1.5.*)*.

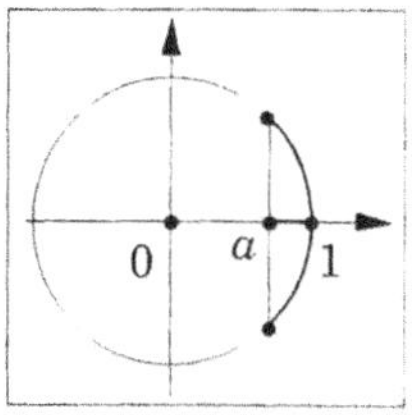

Démonstration Soit $p:\mathbb{T}\to\mathbb{R}1$ la projection orthogonale sur $\mathbb{R}1$, alors $p\varphi$ est continu, $p\varphi(\mathbb{R})$ est connexe parce que $\mathbb{R}$ l'est ; et comme $\varphi(\mathbb{R})\neq\{1\}$, il existe a avec $-1\leq a<1$ tel que $p\varphi(\mathbb{R})=[a,1]$ ou que $p\varphi(\mathbb{R})=]a,1]$.

Soit $0<\alpha<\pi$ avec $p(e^{i\alpha})=a$. Comme $\varphi(\mathbb{R})$ est un sous-groupe de $\mathbb{T}$, on a $e^{i\beta}\in\varphi(\mathbb{R})$ pour $0<\beta<\alpha$. Soit $0\leq\gamma\leq\pi$ et $n\geq0$ tel que $n\beta\leq\gamma<(n+1)\beta$. On a $e^{i\gamma}=(e^{i\beta})^n\times e^{i(\gamma-n\beta)}$, il suit de ce qui précède que $e^{i\gamma}\in\varphi(\mathbb{R})$. Comme $\varphi(\mathbb{R})$ est un groupe, on a donc $\varphi(\mathbb{R})=\mathbb{T}$.

On a $\ker\varphi\neq\mathbb{R}$ parce que $\varphi(\mathbb{R})\neq\{1\}$ et $\ker\varphi\neq\{0\}$ parce qu'on a $z\in\mathbb{R}$ avec $\varphi(z)=-1$ (φ est surjectif) et donc $\varphi(2z)=1$ avec $2z\neq0$. Il suit du lemme 4.4.2. que $\ker\varphi=b\mathbb{Z}$ avec $b\neq0$.

Comme φ est un homomorphisme surjectif, il induit donc un isomorphisme $\bar{\rho}:\frac{\mathbb{R}}{b\mathbb{Z}}\to\mathbb{T}$ tel que $\bar{\rho}s=\varphi$ où $s:\mathbb{R}\to\frac{\mathbb{R}}{b\mathbb{Z}}$ est la surjection canonique. D'autre part $\frac{\mathbb{R}}{b\mathbb{Z}}$ étant muni de la distance d définie par $d(s(x),s(y)):=\inf_{\lambda\in\mathbb{Z}}|x-y+\lambda b|$, on a $d(s(x),s(y))\leq|x-y|$ (lemme 4.1.5.) ; par ailleurs $\bar{\rho}(s(x))=\varphi(x)$, $\bar{\rho}s(y))=\varphi(y)$ et φ continu, impliquent $\bar{\rho}$ continu. Enfin par 4.1.5. $\frac{\mathbb{R}}{b\mathbb{Z}}$ est compact. Il résulte alors de la compacité de $\frac{\mathbb{R}}{b\mathbb{Z}}$ que $\bar{\rho}$ est bicontinu.

Proposition 4.4.3.2. *Soit H un sous-groupe de $\mathbb{T}$. Alors, ou bien H est fini et $H=\{z\in\mathbb{C}\mid z^n=1\}$ avec $n=o(H)$, ou bien H est dense dans $\mathbb{T}$; en particulier si $z\in\mathbb{T}$, $z^{\mathbb{N}}$ est fini si z est une racine de l'unité, sinon $z^{\mathbb{N}}$ est dense dans $\mathbb{T}$. Il suit que si H est un sous-groupe fermé de $\mathbb{T}$, alors, ou bien H est fini et $H=\{z\in\mathbb{C}\mid z^n=1\}$ avec $n=o(H)$, ou bien $H=\mathbb{T}$; il en est de même si H est un sous-groupe compact de $\mathbb{C}^\times$.*

Démonstration Soit $\psi:(\mathbb{R},+)\twoheadrightarrow\mathbb{T}$ défini par la proposition 4.4.3.1., alors $\psi^{-1}(H)$ est un sous-groupe de $\mathbb{R}$, dense ou de la forme $a\mathbb{Z}$ (lemme 4.4.2.). Si $\psi^{-1}(H)$ est dense, alors H est dense dans $\mathbb{T}$ parce que ψ est surjectif et continu. Si $\psi^{-1}(H)=a\mathbb{Z}$, comme $\psi^{-1}(H)\supset\psi^{-1}(\{0\})=2\pi\mathbb{Z}$, on a $2\pi=an$, ainsi $H=\{e^{2i\pi\frac{k}{n}}\mid 0\leq k<n\}$.

Théorème 4.4.3.3. *Soit $\varphi:\mathbb{T}\to\mathbb{T}$ un homomorphisme continu. Alors il existe $n\in\mathbb{Z}$ tel que* $\varphi(z)=z^n$ pour tout $z\in\mathbb{T}$. *En particulier φ est un automorphisme si et seulement si $n=\pm1$; on a φ surjectif si $n\neq0$.*

Démonstration On a

(1) $\varphi(e^{2i\pi 2^{-n}})=e^{2i\pi k_n 2^{-n}}$ où $-2^{n-1}\leq k_n<2^{n-1}$.

Alors (1) montre que

(2) $k_n\equiv k_{n+1} \bmod 2^n$, i.e. $k_{n+1}=k_n+\lambda_n 2^n$.

Comme $e^{2i\pi 2^{-n}}\to 1$, on a $e^{2i\pi k_n 2^{-n}}\to 1$ puisque φ est continu. En utilisant les notations de 4.4.3.1. cela veut dire que $\psi(2\pi k_n 2^{-n})\to\psi(0)$. Toujours avec les notations de 4.4.3.1., sachant que $\bar\psi:\frac{\mathbb{R}}{2\pi\mathbb{Z}}\to\mathbb{T}$ est un isomorphisme bicontinu, il suit que avec les définitions de 4.1.5. que $d((s(2\pi k_n 2^{-n}),s(0))\to 0$. Ce qui veut dire qu'il existe $\mu_n\in\mathbb{Z}$ avec $2\pi k_n 2^{-n}+\mu_n 2\pi\to 0$. Par (2) on a $-\pi+\mu_n 2\pi\leq 2\pi k_n 2^{-n}+\mu_n 2\pi<\pi+\mu_n 2\pi$; ainsi $\mu_n=0$ et

(3) $\frac{k_n}{2^n}\to 0$.

Par (2) on a

(4) $\frac{k_{n+1}}{2^{n+1}}=\frac{1}{2}\frac{k_n}{2^n}+\frac{\lambda_n}{2}$

Alors (3) et (4) montrent qu'il existe n_0 tel que $\lambda_n=0$ pour $n\geq n_0$. Par suite $k_n=k_{n_0}$ pour $n\geq n_0$ et donc $\varphi(e^{2i\pi 2^{-n}})=(e^{2i\pi 2^{-n}})^{k_{n_0}}$ et aussi $\varphi(e^{2i\pi\frac{r}{2^n}})=(e^{2i\pi\frac{r}{2^n}})^{k_{n_0}}$ pour $r\in\mathbb{Z}$. Comme les $e^{2i\pi\frac{r}{2^n}}$, $r\in\mathbb{Z}$, $n\geq 1$ sont denses dans $\mathbb{T}$, on a $\varphi(z)=z^{k_{n_0}}$ pour tout $z\in\mathbb{T}$.

Théorème 4.4.3.4. *Soit* $\varphi:(\mathbb{R},+)\to\mathbb{T}$ *un homomorphisme continu. Alors il existe* $a\in\mathbb{R}$ *avec* $\varphi(z)=e^{iaz}$. *Si* $a=0$, *et on a* $\ker\varphi=\mathbb{R}$ *et* $\varphi(\mathbb{R})=\{1\}$. *Si* $a\neq 0$, *alors* φ *est surjectif, on a* $\ker\varphi=b\mathbb{Z}$ *où* $b:=\frac{2\pi}{a}$ *et* φ *induit un isomorphisme bicontinu* $\bar\varphi$ *de* $\frac{\mathbb{R}}{b\mathbb{Z}}$ *sur* $\mathbb{T}$ *(la topologie de* $\frac{\mathbb{R}}{b\mathbb{Z}}$ *étant définie en* 4.1.5.*).*

Démonstration Soit $\varphi:(\mathbb{R},+)\to\mathbb{T}$ un homomorphisme continu avec $\varphi(\mathbb{R})\neq\{1\}$, par la proposition 4.4.3.1., on a $\ker\varphi=b\mathbb{Z}$ où $b\in\mathbb{R}-\{0\}$ et φ induit un isomorphisme bicontinu $\bar\varphi:\frac{\mathbb{R}}{b\mathbb{Z}}\xrightarrow{\sim}\mathbb{T}$. Soit $\psi:\mathbb{R}\to\mathbb{T}$ défini par $\psi(x)=e^{2i\pi\frac{x}{b}}$, alors $\ker\psi=b\mathbb{Z}$ et toujours le théorème 4.4.3.1. montre que ψ induit un isomorphisme bicontinu $\bar\psi:\frac{\mathbb{R}}{b\mathbb{Z}}\xrightarrow{\sim}\mathbb{T}$.

Cela montre que l'application, $\varphi(x)\longmapsto\psi(x)$, de $\mathbb{T}$ dans $\mathbb{T}$, qui n'est autre que $\bar\psi\,\bar\varphi^{-1}$ est un automorphisme bicontinu et par le théorème 4.4.3.3. on a $\varphi(x)=\psi(x)^{\varepsilon}$, pour tout $x\in\mathbb{R}$ (où $\varepsilon=\pm 1$). Ainsi $\varphi(x)=e^{\varepsilon 2i\pi\frac{x}{b}}$, i.e. $\varphi(x)=e^{iax}$ avec $a=\varepsilon\frac{2\pi}{b}$. Le cas $\varphi(\mathbb{R})=\{1\}$ correspond à $a=0$.

4.4.4. Les endomorphismes continus de $\mathbb{C}^\times$, $\mathbb{R}^\times$; les sous-groupes de $\mathbb{C}^\times$, $\mathbb{R}^\times$

Comme $\mathbb{C}^\times \simeq (\mathbb{R}_+,\times)\times\mathbb{T}$, chercher les endomorphismes de $\mathbb{C}^\times$ c'est chercher les homomorphismes de $(\mathbb{R}_+,\times)$ dans $(\mathbb{R}_+,\times)$; de $(\mathbb{R}_+,\times)$ dans $\mathbb{T}$, de $\mathbb{T}$ dans $\mathbb{T}$, de $\mathbb{T}$ dans $(\mathbb{R}_+,\times)$.

Théorème 4.4.4.1. *Soit* $\varphi:\mathbb{C}^\times\to\mathbb{C}^\times$ *un homomorphisme continu. Alors il existe* $c\in\mathbb{C}$, $n\in\mathbb{Z}$ *avec* $\varphi(\rho e^{i\theta})=\rho^c e^{in\theta}$ *pour tout* $\rho\in(\mathbb{R}_+,\times)$ *et* $e^{i\theta}\in\mathbb{T}$. *De plus* φ *est un isomorphisme si et seulement si* partie réelle de $c\neq 0$ *et* $n=\pm1$; φ *est injectif si et seulement si* partie réelle de $c\neq 0$ *et* $n=\pm1$; φ *est surjectif si et seulement si* partie réelle de $c\neq0$ *et* $n\neq 0$.

Démonstration α) Soit $\varphi:(\mathbb{R}_+,\times)\to(\mathbb{R}_+,\times)$ un endomorphisme continu, alors il existe $a\in\mathbb{R}$ avec $\varphi(\rho)=\rho^a$ pour tout $\rho\in\mathbb{R}_+$. Cela résulte du lemme 4.2.2. .
β) Soit $\varphi:(\mathbb{R}_+,\times)\to\mathbb{T}$ un homomorphisme continu, alors $x\to\varphi(e^x)$ est un homomorphisme continu de $(\mathbb{R},+)$ dans $\mathbb{T}$, par 4.4.3.4. il existe $b\in\mathbb{R}$ tel que $\varphi(e^x)=e^{ibx}$ ce qui veut dire que $\varphi(\rho)=\rho^{ib}$ pour tout $\rho\in\mathbb{R}_+$.
γ) Soit $\varphi:\mathbb{T}\to\mathbb{T}$ un homomorphisme continu, alors on a $\varphi(z)=z^n$ pour tout $z\in\mathbb{T}$, où $n\in\mathbb{Z}$ (c'est le théorème 4.4.3.3.).
δ) Soit $\varphi:\mathbb{T}\to(\mathbb{R}_+,\times)$ un homomorphisme continu. Alors $\varphi(\mathbb{T})=\{1\}$. En effet $\varphi(\mathbb{T})$ est compact et le seul sous-groupe borné de $(\mathbb{R}_+,\times)$ est $\{1\}$.

Ainsi 4.4.2 et $\alpha),\beta),\gamma),\delta)$ montrent le théorème.

Théorème 4.4.4.2. *Soit* $\varphi:\mathbb{R}^\times\to\mathbb{R}^\times$ *un homomorphisme continu . Alors il existe* $n\in\{0,1\}$, $a\in\mathbb{R}$ *avec* $\varphi(\varepsilon\rho)=\varepsilon^n\rho^a$ *pour tout* $\varepsilon\in\{1,-1\}$, $\rho\in\mathbb{R}_+$. *On a* φ *injectif si et seulement si* φ *bijectif, si et seulement si* φ *surjectif, si et seulement si* $n=1$ *et* $a\neq0$.

Théorème 4.4.4.3. *Soient* $n\geq1, \mathbb{U}_n:=\{\xi\in\mathbb{C}\mid\xi^n=1\}$. *Soient* $x\in\mathbb{C}^\times, n\geq 1$,
$H_{x,n}:=\{y\in\mathbb{C}^\times\mid y^n\in x^{n\mathbb{Z}}\}=\{x^z\xi\mid z\in\mathbb{Z},\xi\in\mathbb{U}_n\}$; $\rho\in\mathbb{R},\rho\geq1$,
$K_\rho:=\{\rho^z t\mid z\in\mathbb{Z}, t\in\mathbb{T}\}; b\in\mathbb{R}, n\geq1$,
$L_{b,n}:=\{x\in\mathbb{C}^\times\mid x^n=\rho^{(n+ib)}$ où $\rho\in\mathbb{R}_+\}=\{\rho^{(1+i\frac{b}{n})}\xi\mid\rho\in\mathbb{R}_+,\xi\in\mathbb{U}_n\}$. *Soit* G *un sous-groupe fermé de* $\mathbb{C}^\times$ *avec* $G\neq\mathbb{C}^\times$, *alors* $G=H_{x,n}$, *ou* $G=K_\rho$, *ou* $G=L_{b,n}$.

Démonstration Soient $p_1:G\to\mathbb{R}_+$ (resp. $p_2:G\to\mathbb{T}$) la restriction à G de l'homomorphisme $x\mapsto|x|$ de $\mathbb{C}^\times$ sur $\mathbb{R}_+$ (resp. de l'homomorphisme $x\mapsto\frac{x}{|x|}$ de $\mathbb{C}^\times$ sur $\mathbb{T}$).
α) *Le groupe* $p_1(G)$ *est fermé.* En effet soit $\rho=\lim_n\rho_n$ avec $\rho_n\in p_1(G)$, i.e. il existe $t_n\in\mathbb{T}$ avec $\rho_n t_n\in G$. Comme $\mathbb{T}$ est compact, il existe une sous-suite $(t_{n_\ell})_\ell$ qui

converge vers $t \in \mathbb{T}$; il suit que $(\rho_{n_\ell} t_{n_\ell})_\ell$ converge vers un élément $\rho t \in G$ puisque G est fermé. Cela montre que $\rho \in p_1(G)$.

On a donc $p_1(G)=\rho^{\mathbb{Z}}$ avec $\rho \geq 1$ ou $p_1(G)=\mathbb{R}_+$ (4.4.2.).

β) *Supposons* $p_1(G)=\rho^{\mathbb{Z}}$ *avec* $\rho=1$, i.e. $p_1(G)=\{1\}$. Alors $G \subset \mathbb{T}$ et ainsi $G=\mathbb{U}_n$ ou $G=\mathbb{T}$ (4.4.3.2.).

γ) *Supposons* $p_1(G)=\rho^{\mathbb{Z}}$ avec $\rho>1$.

On a $\ker p_1=G\cap\mathbb{T}$, c'est un sous-groupe fermé de G donc de $\mathbb{T}$, ainsi $\ker p_1=\mathbb{U}_n$ ou $\ker p_1=\mathbb{T}$ (4.4.3.2.).

γ.1) *Supposons* $p_1(G)=\rho^{\mathbb{Z}}$ *et* $\ker p_1=\mathbb{U}_n$. Soit $x\in G$ tel que $p_1(x)=\rho$, alors facilement $G=H_{x,n}=\{y\in\mathbb{C}^\times \mid y^n\in x^{n\mathbb{Z}}\}$ avec $\rho>1$.

γ.2) *Supposons* $p_1(G)=\rho^{\mathbb{Z}}$ *et* $\ker p_1=\mathbb{T}$. Facilement $G=K_\rho=\{\rho^z t \mid z\in\mathbb{Z}, t\in\mathbb{R}\}$ avec $\rho>1$.

δ) *Supposons* $p_1(G)=\mathbb{R}_+$

δ.1) *Supposons* $p_1(G)=\mathbb{R}_+$ *et* $\ker p_1=\mathbb{U}_n$.

Comme $p_1(x)=1$ implique $(p_2(x))^n=1$, le théorème de factorisation des homomorphismes de groupes montre qu'il existe un homomorphisme $\psi:\mathbb{R}_+\to\mathbb{T}$ tel que $\psi(p_1(x))=(p_2(x))^n$ pour tout $x\in G$. Montrons que ψ est une application continue. Soient $(x_m)_m$ une suite de G , $x\in G$ tels que $p_1(x)=\lim_m p_1(x_m)$. Montrons alors que $(p_2(x))^n=\lim_m (p_2(x_m))^n$. Sinon il existe $\varepsilon>0$, une sous-suite $(x_{m_k})_k$ avec $|p_2(x_{m_k})^m-p_2(x)^n|>\varepsilon$ pour tout $k\geq 1$. Comme $\mathbb{T}$ est compact, on a une sous-suite $(p_2(x_{m_{k_\ell}}))_\ell$ et $t\in\mathbb{T}$ avec $t=\lim_\ell p_2(x_{m_{k_\ell}}))_\ell$; il suit de cela que $|t^n-p_2(x)^n|\geq\varepsilon$. En plus $p_1(x)t=\lim_\ell x_{m_{k_\ell}}$, donc $y:=p_1(x)t\in G$; par suite $\varphi(p_1(y))=p_2(y)^n$; i.e. $\psi(p_1(y))=t^n=p_2(x)^n$. Ceci est en contradiction avec $|p_2(x)^n-t^n|\geq\varepsilon$, donc ψ est continu. Or par 4.4.4.1. , il existe $b\in\mathbb{R}$ tel que $\psi(\rho)=\rho^{ib}$ pour tout $\rho\in\mathbb{R}_+$. En conclusion $p_2(x)^n=p_1(x)^{ib}$; i.e. $G=L_{b,n}=\{x\in\mathbb{C}^\times \mid x^n=\rho^{(n+ib)}$ où $\rho\in\mathbb{R}_+\}$.

δ.2) *Supposons* $p_1(G)=\mathbb{R}_+$ *et* $\ker p_1=\mathbb{T}$. Alors facilement $G=\mathbb{C}^\times$.

ε) Il suit donc de α) à γ) que le théorème est démontré.

Théorème 4.4.4.4. *Soit G un sous-groupe fermé de $\mathbb{R}^\times$, alors $G=\rho^{\mathbb{Z}}$ avec $\rho\geq 1$, ou $G=\pm\rho^{\mathbb{Z}}$ avec $\rho\geq 1$, ou $G=(-\rho)^{\mathbb{Z}}$ avec $\rho\geq 1$, ou $G=\mathbb{R}_+$, ou $G=\mathbb{R}^\times$.*

Démonstration On peut considérer cela comme un corollaire de 4.4.4.3. ou copier la démonstration de 4.4.4.3. qui sera simplifiée par le fait que $\ker p_1=\{1\}$ ou $\{\pm 1\}$.

5. Le groupe orthogonal d'un espace vectoriel euclidien

On complète le paragraphe 3. par une réduction des automorphismes orthogonaux (5.1.) , par une étude des composantes connexes du groupe orthogonal, du groupe des commutateurs (5.2.) , des sous-groupes distingués (5.2.) et par une classification des éléments de $O_2(\mathbb{R})$ et $O_3(\mathbb{R})$ (5.4.).

5.1. Réduction des automorphismes de l'espace euclidien

Proposition 5.1.1. *Soient E un espace vectoriel euclidien de dimension n , $u \in O(E)$, le groupe orthogonal de E .*

1. *Alors il existe des sous-espaces orthogonaux deux à deux, stables par u , E^+ , E^- , E_i , $i \in I$ avec $E = E^+ \oplus E^- \oplus (\bigoplus_{i \in I} E_i)$, $\dim E_i = 2$, u induit $\mathbb{1}_{E^+}$ sur E^+ , $-\mathbb{1}_{E^-}$ sur E^- , une rotation sur E_i différente de $\pm \mathbb{1}_{E_i}$.*

2. *Soit $\Delta(p,q;\theta_1,\theta_2,\ldots,\theta_r)$, la matrice Δ de la forme ci-contre, avec $p+q+2r=n$, $p \geq 0$, $q \geq 0$, $\theta_i \in \mathbb{R}$, et où I_p , I_q sont les matrices unités d'ordre p et q , et $A_i := \begin{bmatrix} \cos\theta_i & -\sin\theta_i \\ \sin\theta_i & \cos\theta_i \end{bmatrix}$. Alors il existe une base orthonormale de E dans laquelle la matrice de u a la forme $\Delta(p,q;\theta_1,\theta_2,\ldots,\theta_r)$, où $p = \dim E^+$, $q = \dim E^-$, $0 < \theta_1 \leq \theta_2 \leq \ldots \leq \theta_r < \pi$ et $r = \operatorname{card} I$; en plus la suite $(p,q;\theta_1,\theta_2,\ldots,\theta_r)$ est unique.*

$$\Delta := \begin{bmatrix} I_p & 0 & . & . & 0 & 0 \\ 0 & -I_q & 0 & . & . & \\ . & 0 & A_1 & 0 & . & \\ 0 & . & 0 & A_2 & 0 & . \\ . & . & . & . & . & . \\ . & . & . & . & 0 & A_r \end{bmatrix}$$

3. *De façon plus précise si E est orienté et si $\dim E^+ \oplus E^- = p+q > 0$, il existe une base orthonormale de E , bien orientée, dans laquelle la matrice de u a la forme $\Delta(p,q;\theta_1,\theta_2,\ldots,\theta_r)$, où $p = \dim E^+$, $q = \dim E^-$, $0 < \theta_1 \leq \theta_2 \leq \ldots \leq \theta_r < \pi$ et $r = \operatorname{card} I$; en plus la suite $(p,q;\theta_1,\theta_2,\ldots,\theta_r)$ est unique. En particulier on a $p+q>0$, si n est impair ou si $\det u = -1$.*

4. *Si E est orienté et si $\dim E^+ \oplus E^- = p+q = 0$, alors il existe une base orthonormale de E , bien orientée, dans laquelle la matrice de u a la forme $\Delta(0,0;\theta_1,\theta_2,\ldots,\theta_r)$, avec $0 < \theta_1 \leq \theta_2 \leq \ldots \leq \theta_r < \pi$ ou $0 < \theta_1 \leq \theta_2 \leq \ldots \leq \theta_{r-1} \leq 2\pi - \theta_r < \pi$ et $n = 2r$; en plus la suite $(0,0;\theta_1,\theta_2,\ldots,\theta_{r-1},\theta_r)$ est unique.*

Démonstration 1. Si $\dim E=1$, le résultat est clair ; on suppose maintenant la proposition satisfaite pour tout automorphisme orthogonal d'un espace euclidien E' avec $\dim E'<\dim E$.

1. α) *On suppose que* u *admet un vecteur propre non nul.* Ainsi il existe $e_1\in E$ avec $\|e_1\|=1$ et $u(e_1)=\pm e_1$ parce que $(u(e_1)\,|\,u(e_1))=(e_1\,|\,e_1)$. On a $E=\mathbb{R}e_1\oplus(\mathbb{R}e_1)^{\perp}$ et comme u est orthogonal, il laisse stable $(\mathbb{R}e_1)^{\perp}$; ainsi il induit sur $(\mathbb{R}e_1)^{\perp}$ un automorphisme orthogonal w et l'hypothèse de récurrence permet de conclure.

1. β) *On suppose que* u *n'admet pas de vecteur propre non nul.* Par le lemme 5.1.2. qui suit il existe un sous-espace stable V et on a $\dim V=2$ (u n'a pas de vecteur propre non nul). En plus u induit sur V une rotation v avec $v\neq\pm\mathbb{1}_V$, toujours parce que u n'a pas de vecteur propre non nul, ainsi la proposition 4.1.1. donne la forme matricielle indiquée en dimension 2. Ensuite $E=V\overset{\perp}{\oplus}V^{\perp}$ et u induit sur $V^{\perp}$ un automorphisme orthogonal w et l'hypothèse de récurrence permet de conclure que 1. est satisfait.

2. Pour montrer 2. , on utilise 1. en choisissant dans E^+ (resp. E^-, resp. E_i) une base orthonormale $\mathcal{B}^+$ (resp. $\mathcal{B}^-$, resp. $\mathcal{B}_i'$) . Posons $\mathcal{B}_i'=(e_i,f_i)$, u_i l'automorphisme orthogonal de E_i induit par u ; par 4.1.1. on a $\mathrm{Mat}(u_i;\mathcal{B}_i')=\begin{bmatrix}\cos\theta & -\sin\theta\\ \sin\theta & \cos\theta\end{bmatrix}$, avec $0<\theta<2\pi$, $\theta\neq\pi$. Si $0<\theta<\pi$, on choisit $\mathcal{B}_i=\mathcal{B}_i'$; si $\pi<\theta<2\pi$, on choisit $\mathcal{B}_i=(e_i,-f_i)$; Ainsi on a $\mathrm{Mat}(u_i;\mathcal{B}_i)=\begin{bmatrix}\cos\theta_i & -\sin\theta_i\\ \sin\theta_i & \cos\theta_i\end{bmatrix}$, avec $0<\theta_i<\pi$. Si l'on appelle $\mathcal{B}$ la réunion de ces bases, on a bien $\mathrm{Mat}(u;\mathcal{B}):=\Delta(p,q;\theta_1,\theta_2,\dots,\theta_r)$ avec $p=\dim E^+$, $q=\dim E^-$, $0<\theta_1\leq\theta_2\leq\dots\leq\theta_r<\pi$ *et* $r=\operatorname{card} I$. Il suit de cela que $\chi_u(X)=(X-1)^p(X+1)^q\prod_{i=1}^{r}(X^2+\cos\theta_i X+1)$. Avec une autre base donnant une matrice du type $\Delta(p',q';\theta_1',\theta_2',\dots,\theta_{r'}')$, on aurait $\chi_u(X)=(X-1)^{p'}(X+1)^{q'}\prod_{i=1}^{r'}(X^2+\cos\theta_i' X+1)$. Il suit alors facilement de l'unicité de la factorisation en irréductibles de $\mathbb{R}[X]$ que $p=p'$, $q=q'$, $r=r'$ et $\theta_i=\theta_i'$ pour $1\leq i\leq r$. Ce qui montre l'unicité.

3. Si la base $\mathcal{B}$ obtenue en 2. est bien orientée, il n'y a rien à montrer. Si la base $\mathcal{B}$ obtenue en 2. a mauvaise orientation, sachant que $E^+\oplus E^-\neq\{0\}$, en changeant l'un des vecteurs de base de E^+ ou E^- en son opposé, on ob-

tient une base orthonormale $\mathcal{B}'$ bien orientée et $\mathrm{Mat}(u;\mathcal{B})=\mathrm{Mat}(u;\mathcal{B}')$. La démonstration de 2. montre bien entendu l'unicité de la suite $(p,q;\theta_1,\theta_2,\dots,\theta_r)$.

4. Si $p+q=0$, alors 1. montre que $E=E_1\overset{\perp}{\oplus}E_2\overset{\perp}{\oplus}\dots\overset{\perp}{\oplus}E_r$ et que u induit sur le plan E_i une rotation, qu'il existe une base orthonormale $\mathcal{B}_i=(e_i,f_i)$ de E_i et que $\mathrm{Mat}(u_i;\mathcal{B}_i)=\begin{bmatrix}\cos\theta_i & -\sin\theta_i\\ \sin\theta_i & \cos\theta_i\end{bmatrix}$ et enfin $0<\theta_1\leq\theta_2\leq\dots\leq\theta_r<\pi$. Si $\mathcal{B}:=(e_1,f_1,e_2,f_2,\dots,e_r,f_r)$ a bonne orientation, on a $\mathrm{Mat}(u;\mathcal{B})=\Delta(0,0;\theta_1,\theta_2,\dots,\theta_r)$ avec $0<\theta_1\leq\theta_2\leq\dots\leq\theta_r<\pi$; si $\mathcal{B}$ a mauvaise orientation, alors $\mathcal{B}':=(e_1,f_1,e_2,f_2,\dots,e_{r-1},f_{r-1},e_r,-f_r)$ a bonne orientation et $\mathrm{Mat}(u;\mathcal{B}')=\Delta(0,0;\theta_1,\theta_2,\dots,\theta_{r-1},2\pi-\theta_r)$ avec $0<\theta_1\leq\theta_2\leq\dots\leq\theta_r<\pi$.

Il reste à montrer l'unicité de la suite $(0,0;\theta_1,\theta_2,\dots,\theta_r)$. Si $\mathrm{Mat}(u;\mathcal{B}_1)=\Delta(0,0;\theta_1,\theta_2,\dots,\theta_r)$ et $\mathrm{Mat}(u;\mathcal{B}_2)=\Delta(0,0;\mu_1,\mu_2,\dots,\mu_r)$, l'examen du polynôme χ_u montre que $\theta_1=\mu_1$, $\theta_2=\mu_2$, $\dots,\theta_{r-1}=\mu_{r-1}$, et que $\theta_r=\mu_r$, ou $\theta_r+\mu_r=2\pi$. Il reste donc à montrer que $\Delta_1:=\Delta(0,0;\theta_1,\theta_2,\dots,\theta_r)$ et $\Delta_2:=\Delta(0,0;\theta_1,\theta_2,\dots,2\pi-\theta_r)$ ne sont pas conjugués modulo $SO_n(\mathbb{R})$, si $0<\theta_1\leq\theta_2\leq\dots\leq\theta_r<\pi$. En effet on a $Q\Delta_1Q^{-1}=\Delta_2$ où $Q:=D_n(-1)$ ($D_n(-1)$ est la matrice diagonale, de diagonale $(1,1,\dots,-1)$, *Fr 1*, A.1.2.2.1.). Soit $P\in O_n(\mathbb{R})$ tel que $P\Delta_2P^{-1}=\Delta_1$, alors $PQ\Delta_1(PQ)^{-1}=\Delta_1$. Alors un exercice un peu technique (5.10.59.) montre que $PQ\in SO_n(\mathbb{R})$, donc que $P\in O_n(\mathbb{R})-SO_n(\mathbb{R})$. Ainsi Δ_1 et Δ_2 ne sont pas conjugués modulo $SO_n(\mathbb{R})$.

Lemme 5.1.2. *Soient $E\neq\{0\}$ un $\mathbb{R}$-espace vectoriel de dimension finie, u un endomorphisme de E. Alors il existe un sous-espace vectoriel V de E stable par u avec $1\leq\dim V\leq 2$.*

Démonstration Soit $m_u(X)\in\mathbb{R}[X]$, le polynôme minimal de u, si u admet un vecteur propre non nul (i.e. si $m_u(X)$ a une racine réelle), alors il existe un espace stable de dimension 1. Sinon il existe $q(X)\in\mathbb{R}[X]$ unitaire avec $\deg q=2$, $q(X)\mid m_u(X)$ et $q(X)$ irréductible de $\mathbb{R}[X]$. On a donc $m_u=qh$ avec $\deg h<\deg m_u$; il suit que $h(u)\neq 0$, ainsi on a $x_0\in E$ avec $h(u)(x_0)\neq 0$. Soit $x_1:=h(u)(x_0)$, comme $q(u)h(u)=0$, on a $q(u)(x_1)=0$. Ce qui montre que $u(u(x_1))\in\mathbb{R}x_1+\mathbb{R}u(x_1)$; ainsi $V=\mathbb{R}x_1+\mathbb{R}u(x_1)$ est stable par u et on a $1\leq\dim V\leq 2$ (en fait $\dim V=2$).

Remarque 5.1.3. On pouvait aussi appliquer brutalement le corollaire A.3.1.9. de *Fr 1*.

Proposition 5.1.4. 1. *(la conjugaison modulo $O_n(\mathbb{R})$) Soit $U\in O_n(\mathbb{R})$, alors il existe $P\in SO_n(\mathbb{R})$ tel que PUP^{-1} soit une matrice de la forme $\Delta(p,q;\theta_1,\theta_2,\dots,\theta_r)$ définie en* 5.1.1.2. , avec $p+q+2r=n$, $\theta_i\in\mathbb{R}$, $0<\theta_1\leq\theta_2\leq\dots\leq\theta_r<\pi$.

2. *(le polynôme caractéristique caractérise la classe de conjugaison des éléments de $O_n(\mathbb{R})$) Soit $\mathcal{H}_n$ l'ensemble des polynômes $P(X)\in\mathbb{R}[X]$ avec* $\deg P=n$, *P est unitaire, les facteurs irréductibles de P appartiennent à l'ensemble $\{X-1,X+1,X^2-2aX+1$ avec $a^2<1\}$. Alors $U\longmapsto\chi_U$ induit une bijection des classes de conjugaison de $O_n(\mathbb{R})$* modulo *$O_n(\mathbb{R})$ sur $\mathcal{H}_n$* .

3. *(la conjugaison modulo $SO_n(\mathbb{R})$) Avec les notations de* 5.1.1. , *pour n impair, on définit $\Delta_n(\mathbb{R})$ par*

$\Delta_n(\mathbb{R})=\{\Delta(p,q;\theta_1,\theta_2,\dots,\theta_r)\mid p+q+2r=n\ ,\ \theta_i\in\mathbb{R}\ ,\ 0<\theta_1\leq\theta_2\leq\dots\leq\theta_r<\pi\}$.

Avec les notations de 5.1.1. , *pour $n=2t$, pair, on définit $\Delta_n(\mathbb{R})$ par*

$$\Delta_n(\mathbb{R})=\{\Delta(p,q;\theta_1,\theta_2,\dots,\theta_r)\mid p+q+2r=n\ ,\ \theta_i\in\mathbb{R}\ ,\ 0<\theta_1\leq\theta_2\leq\dots\leq\theta_r<\pi\}$$
$$\cup\{\Delta(0,0;\mu_1,\mu_2,\dots,\mu_t)\mid\mu_i\in\mathbb{R}\ ,\ 0<\mu_1\leq\mu_2\leq\dots\leq\mu_{t-1}\leq 2\pi-\mu_t<\pi\}\ .$$

Alors $\Delta_n(\mathbb{R})$ est un système de représentants des classes de conjugaison de $O_n(\mathbb{R})$ modulo $SO_n(\mathbb{R})$.

Démonstration 1. En effet l'automorphisme $\hat{U}$ défini par $X\longmapsto UX$ est un automorphisme orthogonal de l'espace vectoriel euclidien $\mathbb{R}^n$ muni du produit scalaire canonique ; par 5.1.1.1. il existe une base orthonormale dans laquelle la matrice de $\hat{U}$ a la forme $\Delta=\Delta(p,q;\theta_1,\theta_2,\dots,\theta_r)$ de 5.1.1.2. . Cela veut dire qu'il existe $P\in O_n(\mathbb{R})$ avec $PUP^{-1}=\Delta$ (3.4.) .

2. Il suit de 1. que $\chi_U(X)=(X-1)^p(X+1)^q\prod_{i=1}^{r}(X^2-2\cos\theta_iX+1)$, ainsi $\chi_U(X)$ est un élément de $\mathcal{H}_n$. Réciproquement, un élément de $\mathcal{H}_n$ est bien le polynôme caractéristique d'une matrice de la forme $\Delta(p,q;\theta_1,\theta_2,\dots,\theta_r)$. Soient $\Delta:=\Delta(p,q;\theta_1,\theta_2,\dots,\theta_r)$, $\Delta':=\Delta(p',q';\theta_1',\theta_2',\dots,\theta_{r'}')$; si $\chi_\Delta=\chi_{\Delta'}$, il suit alors facilement de l'unicité de la factorisation en irréductibles de $\mathbb{R}[X]$ que $p=p'$, $q=q'$, $r=r'$ et $\theta_i=\theta_i'$ pour $1\leq i\leq r$. Ce qui montre que $\Delta=\Delta'$ et donc que $U\longmapsto\chi_U$ est injectif.

3. C'est une traduction de 5.1.1.2. et 5.1.1.3. .

Remarque 5.1.5. Les matrices de $O_n(\mathbb{R})$ sont semi-simples, i.e. $U \in O_n(\mathbb{R})$ est diagonalisable dans $M_n(\mathbb{C})$ parce que le polynôme minimal $m_U(X)$, est sans facteurs multiples (*Fr 1*, A. 5.6.3.).

5.2. Les composantes connexes ; le groupe des commutateurs

Corollaire 5.2.1. *Le groupe* $O_n(\mathbb{R}) = \{M \in G\ell_n(\mathbb{R}) \mid {}^tMM = I_n\}$ *, muni de la topologie induite par celle de* $G\ell_n(\mathbb{R})$ (*Fr 1*, A.2.2.5.) *a deux composantes connexes par arcs,* $SO_n(\mathbb{R})$ *et* $\{M \in O_n(\mathbb{R}) \mid \text{dét} M = -1\}$ *. De plus* $O_n(\mathbb{R})$ *et* $SO_n(\mathbb{R})$ *sont compacts.*

Démonstration α) *Montrons que* $SO_n(\mathbb{R})$ *est connexe par arcs.* Il suffit de vérifier que tout $M \in SO_n(\mathbb{R})$ est relié par un arc de $SO_n(\mathbb{R})$ à I_n . Par la proposition 5.1.1. il existe $C \in O_n(\mathbb{R})$ tel que

$$C^{-1}MC = \begin{bmatrix} I_p & 0 & . & . & 0 \\ 0 & -I_q & 0 & . & 0 \\ . & 0 & A_1 & . & . \\ . & . & . & . & 0 \\ 0 & . & . & 0 & A_r \end{bmatrix} \text{ avec } A_i = \begin{bmatrix} \cos\theta_i & -\sin\theta_i \\ \sin\theta_i & \cos\theta_i \end{bmatrix},\ \theta_i \in \mathbb{R} - \pi\mathbb{Z} .$$

Comme $\text{dét}\, M = 1$ on a $q = 2q'$ et on peut donc écrire

$$-I_q = \begin{bmatrix} B_1 & 0 & . & . & . \\ 0 & B_2 & . & . & . \\ . & . & . & . & . \\ . & . & . & . & 0 \\ . & . & . & 0 & B_{q'} \end{bmatrix} \text{ avec } B_i = \begin{bmatrix} \cos\pi & -\sin\pi \\ \sin\pi & \cos\pi \end{bmatrix}. \text{ Soit alors}$$

$$M(t) := C \begin{bmatrix} I_p & 0 & 0 \\ 0 & B(t) & 0 \\ 0 & 0 & A(t) \end{bmatrix} C^{-1} \text{ où } B(t) = \begin{bmatrix} B_1(t) & 0 & . & . & . \\ 0 & B_2(t) & . & . & . \\ . & . & . & . & . \\ . & . & . & . & 0 \\ . & . & . & 0 & B_{q'}(t) \end{bmatrix} \text{ et}$$

$$A(t) = \begin{bmatrix} A_1(t) & 0 & . & . & \\ 0 & A_2(t) & . & . & \\ . & . & . & . & . \\ . & . & . & . & 0 \\ . & . & . & 0 & A_r(t) \end{bmatrix} \text{ avec } B_i(t) = \begin{bmatrix} \cos\pi t & -\sin\pi t \\ \sin\pi t & \cos\pi t \end{bmatrix},$$

$A_i(t)=\begin{bmatrix} \cos\theta_i t & -\sin\theta_i t \\ \sin\theta_i t & \cos\theta_i t \end{bmatrix}$. Clairement $M(t)\in SO_n\mathbb{R})$ et $t\longmapsto M(t)$ est un arc qui joint M à I_n ; en effet $M(1)=M$, $M(0)=I_n$.

β) *Montrons que* $O_n(\mathbb{R})-SO_n(\mathbb{R})=\{M\in O_n(\mathbb{R})\mid \text{dét}M=-1\}$ *est connexe par arcs.* On a $D_n(-1)\in O_n(\mathbb{R})-SO_n(\mathbb{R})$ (voir *Fr 1*, A.1.2.2.1. pour la définition de $D_n(-1)$) . L'application $A\longmapsto A\ D_n(-1)$ de $SO_n(\mathbb{R})$ dans $O_n(\mathbb{R})-SO_n(\mathbb{R})$ est clairement un homéomorphisme ; il suit de α) que $O_n(\mathbb{R})-SO_n(\mathbb{R})$ est connexe par arcs.

γ) *Les parties* $SO_n(\mathbb{R})$ *et* $O_n(\mathbb{R})-SO_n(\mathbb{R})$ *sont les composantes connexes par arcs de* $O_n(\mathbb{R})$. Il reste à montrer qu'il n'existe pas de chemin de $O_n(\mathbb{R})$ reliant I_n à $D_n(-1)$. Soit $t\longmapsto M(t)$ un tel chemin avec $M(0)=I_n$ et $M(1)=D_n(-1)$. Comme $t\longmapsto \text{dét}M(t)$ est une application continue avec $\text{dét}(M(0))=1$ et $\text{dét}(M(1))=-1$, par le théorème des valeurs intermédiaires, il existe $t_0\in[0,1]$ avec $\text{dét}(M(t_0))=0$, ce qui est impossible puisque $M(t)\in O_n(\mathbb{R})$ et sachant que $\text{dét}M(t)=1$ ou -1 pour tout $t\in[0,1]$.

δ) *Montrons que* $O_n(\mathbb{R})$ *est compact.* Comme $O_n(\mathbb{R})=\{M\in G\ell_n(\mathbb{R})\mid {}^tMM=I_n\}$, il suit de cela que $O_n(\mathbb{R})$ est un sous-groupe fermé de $G\ell_n(\mathbb{R})$; il suffit de remarquer que l'application $\Phi: M_n(\mathbb{R})\to M_n(\mathbb{R})$ définie par $\Phi(M)={}^tMM$ est une application continue (parce que les coefficients de $\Phi(M)$ sont des fonctions polynômiales des coefficients de M) et que $\Phi^{-1}(\{I_n\})=O_n(\mathbb{R})$. Il reste à montrer que $O_n(\mathbb{R})$ est borné. Si $M'=[m_{ij}]\in O_n(\mathbb{R})$, on a $\sum_{j=1}^{n} m_{ij}^2=1$ (3.4.), ce qui montre que $|m_{ij}|\leq 1$, ainsi $O_n(\mathbb{R})$ est borné. D'autre part $SO_n(\mathbb{R})$ est le noyau de l'application dét : $O_n(\mathbb{R})\to\{1,-1\}$, cette application est continue, ainsi $SO_n(\mathbb{R})$ est fermé dans un compact, c'est donc un compact.

Corollaire 5.2.2. *Soit* $n\geq 3$, *alors tout élément de* $SO_n(\mathbb{R})$ *est un commutateur de* $SO_n(\mathbb{R})$ *; de plus tout élément de* $SO_2(\mathbb{R})$ *est un commutateur de* $O_2(\mathbb{R})$. *Soient* $D(O_n(\mathbb{R}))$ (resp. $D(SO_n(\mathbb{R}))$) *le sous-groupe de* $O_n(\mathbb{R})$ (resp. $SO_n(\mathbb{R})$) , *engendré par les commutateurs de* $O_n(\mathbb{R})$ (resp. $SO_n(\mathbb{R})$) , *alors pour* $n\geq 3$, *on a* $D(O_n(\mathbb{R}))=D(SO_n(\mathbb{R}))=SO_n(\mathbb{R})$ *et* $D(O_2(\mathbb{R}))=SO_2(\mathbb{R})$, $D(SO_2(\mathbb{R}))=\{I_2\}$.

Démonstration Conformément à 5.1.1. , nous notons $\Delta(p\,;\theta_1,\theta_2,\dots,\theta_r)$ le tableau diagonal constitué de matrices $I_p, R(\theta_1), R(\theta_2),\dots,R(\theta_r)$ où

$R(\theta):=\begin{bmatrix} \cos\theta & -\sin\theta \\ \sin\theta & \cos\theta \end{bmatrix}$. Par 5.1.1. ou 5.1.4. une matrice A de $SO_n(\mathbb{R})$ est semblable modulo $SO_n(\mathbb{R})$ à une matrice $\Delta(p;\theta_1,\theta_2,\dots,\theta_r)$ avec $p+2r=n$ et $0<\theta_i<2\pi$. Il faut donc montrer que $\Delta(p;\theta_1,\theta_2,\dots,\theta_r)$ est un commutateur de $O_n(\mathbb{R})$ et que pour $n\geq 3$, c'est un commutateur de $SO_n(\mathbb{R})$.

α) *La matrice* $\Delta(p;\theta_1,\theta_2,\dots,\theta_r)$ *est un commutateur de* $O_n(\mathbb{R})$.

Soit $\mu_i\in\mathbb{R}$ tel que $2\mu_i=\theta_i$ pour $1\leq i\leq r$. On a donc $\Delta(p;\theta_1,\theta_2,\dots,\theta_r)=\Delta(p;\mu_1,\mu_2,\dots,\mu_r)^2$. Ensuite la conjugaison de $\Delta(p;-\mu_1,-\mu_2,\dots,-\mu_r)$ par le tableau diagonal $(I_p,J_1,J_2,\dots,J_r)$ donne la matrice $\Delta(p;\mu_1,\mu_2,\dots,\mu_r)$ où $J_1=J_2=\dots=J_r=\begin{bmatrix} 0 & 1 \\ 1 & 0 \end{bmatrix}$; de plus $(I_p,J_1,J_2,\dots,J_r)\in O_n(\mathbb{R})$. Cela montre bien que $\Delta(p;\theta_1,\theta_2,\dots,\theta_r)$ est un commutateur de $O_n(\mathbb{R})$.

β) *La matrice* $\Delta(p;\theta_1,\theta_2,\dots,\theta_r)$ *est un commutateur de* $SO_n(\mathbb{R})$ *si* $p\geq 1$ *ou si* r *est pair.*

On conserve les notations de α) . Si r est pair le tableau diagonal $(I_p,J_1,J_2,\dots,J_r)$ est un élément de $SO_n(\mathbb{R})$. Si r est impair et $p\geq 1$, la conjugaison de $\Delta(p;-\mu_1,-\mu_2,\dots,-\mu_r)$ par le tableau diagonal $(-I_1,I_{p-1},J_1,J_2,\dots,J_r)\in SO_n(\mathbb{R})$ donne la matrice $\Delta(p;\mu_1,\mu_2,\dots,\mu_r)$.

γ) *Si* $n\geq 3$, *la matrice* $\Delta(p;\theta_1,\theta_2,\dots,\theta_r)$ *est un commutateur de* $SO_n(\mathbb{R})$ *ou le produit de deux commutateurs de* $SO_n(\mathbb{R})$.

Il suffit par β) de considérer le cas $\Delta(0;\theta_1,\theta_2,\dots,\theta_r)$ avec r impair , $r\geq 3$. Or $\Delta(0;\theta_1,\theta_2,\dots,\theta_r)$ est produit du tableau diagonal $(\Delta(0;\theta_1,\theta_2),I_{n-4})$ par le tableau diagonal $(I_4,\Delta(0;\theta_3,\theta_4,\dots,\theta_r))$, et ainsi β) permet de conclure.

δ) *La matrice* $\Delta(0;\theta_1,\theta_2,\dots,\theta_r)$ *avec* r *impair,* $r\geq 3$ *est un commutateur de* $SO_{2r}(\mathbb{R})$.

La matrice $\Delta(0;\theta_1,\theta_2,\dots,\theta_r)$ est le tableau diagonal $(\Delta(0;\theta_1,\theta_2,\theta_3),\Delta(0;\theta_4,\theta_5,\dots,\theta_r))$. Par β) , $\Delta(0;\theta_4,\theta_5,\dots,\theta_r)$ est un commutateur de $SO_{2r-6}(\mathbb{R})$, il reste à montrer que $\Delta(0;\theta_1,\theta_2,\theta_3)$ est un commutateur de $SO_6(\mathbb{R})$.

Facilement il existe $\mu_1,\mu_2,\mu_3\in\mathbb{R}$ tels que $\mu_1+\mu_3=\theta_1,2\mu_2=\theta_2,-\mu_1+\mu_3=\theta_3$. La conjugaison de $\Delta(0;-\mu_1,-\mu_2,-\mu_3)$

par la matrice $\begin{bmatrix} \mathbf{0} & \mathbf{0} & I_2 \\ \mathbf{0} & I_2 & \mathbf{0} \\ I_2 & \mathbf{0} & \mathbf{0} \end{bmatrix} \in SO_6(\mathbb{R})$ donne la matrice $\Delta(0;-\mu_3,-\mu_2,-\mu_1)$ ($\mathbf{0}$ est la matrice nulle de $M_2(\mathbb{R})$) . La conjugaison de $\Delta(0;-\mu_3,-\mu_2,-\mu_1)$ par la matrice $\begin{bmatrix} J & \mathbf{0} & \mathbf{0} \\ \mathbf{0} & J & \mathbf{0} \\ \mathbf{0} & \mathbf{0} & I_2 \end{bmatrix} \in SO_6(\mathbb{R})$ donne la matrice $\Delta(0;\mu_3,\mu_2,-\mu_1)$; ici $J=\begin{bmatrix} 0 & 1 \\ 1 & 0 \end{bmatrix}$ et $\mathbf{0}$ est la matrice nulle de $M_2(\mathbb{R})$. Enfin on a $\Delta(0;\mu_1,\mu_2,\mu_3)\Delta(0;\mu_3,\mu_2,-\mu_1)=\Delta(0;\theta_1,\theta_2,\theta_3)$, ce qui montre que $\Delta(0;\theta_1,\theta_2,\theta_3)$ est commutateur de $SO_6(\mathbb{R})$.

ε) Pour des raisons de déterminant, on a toujours $D(O_n(\mathbb{R}))\subset SO_n(\mathbb{R})$. Il résulte alors de α), β), δ) que $D(O_n(\mathbb{R}))=D(SO_n(\mathbb{R}))=SO_n(\mathbb{R})$ pour $n\geq 3$, que $D(O_2(\mathbb{R}))=SO_2(\mathbb{R})$ et que $D(SO_2(\mathbb{R}))=\{I_2\}$ puisque $SO_2(\mathbb{R})$ est commutatif.

Remarque 5.2.3. Les propriétés α), β), γ) permettent de montrer ε) , bien entendu γ) est inutile quand on a montré δ) qui est un peu technique.

Remarque 5.2.4. La démonstration serait plus simple si pour toute matrice $A\in SO_n(\mathbb{R})$, on avait A semblable à A^{-1} modulo $SO_n(\mathbb{R})$; or cela est seulement vrai pour n impair (exercice 10.68.) . Bien entendu, on a A semblable à A^{-1} modulo $O_n(\mathbb{R})$.

5.3. Les sous-groupes distingués de $O_n(\mathbb{R})$

Proposition 5.3.1. *Soit E l'espace euclidien de dimension* n . *Le centre de* $O(E)$ *est* $\{\mathbb{1}_E,-\mathbb{1}_E\}$. *Si* $n\geq 3$, *le centre de* $SO(E)$ *est* $\{\mathbb{1}_E,-\mathbb{1}_E\}$ *si* n *est impair,* $\{\mathbb{1}_E\}$ *si* n *est impair ;* $SO(E)$ *est abélien si* $n=2$.

Démonstration Soient u dans le centre de $O(E)$, σ une symétrie d'hyperplan $(\mathbb{R}a)^{\perp}$. On a $\sigma=u\sigma u^{-1}$, ainsi σ est aussi une symétrie d'hyperplan $(\mathbb{R}\,\sigma(a))^{\perp}$. Il suit que u laisse les droites invariantes, c'est donc une homothétie (*Fr 1*, A.2.2.3.10.) et comme u est orthogonal, le rapport d'homothétie est ± 1 .

Soient u dans le centre de $SO(E)$, r un renversement de plan P, i.e. r induit $-\mathbb{1}_P$ sur P et $\mathbb{1}_{P^\perp}$ sur $P^\perp$. On a $r=uru^{-1}$, ce qui montre que $u(P)=P$. Comme $n\geq 3$ toute droite est intersection de deux plans, ainsi u laisse les droites invariantes. C'est donc une homothétie de rapport ± 1. Or dét $(-\mathbb{1}_E)=(-1)^n$, ainsi la proposition est montrée.

Théorème 5.3.2. *Soit E un espace euclidien de dimension n.*

1. *Si n est impair, $n\geq 3$, alors $SO(E)$ est simple et les sous-groupes distingués de $O(E)$ sont $\{\mathbb{1}_E\}$, $\{\pm\mathbb{1}_E\}$, $SO(E)$, $O(E)$.*
2. *Si $n=2$, $SO(E)$ est commutatif, donc tout sous-groupe est distingué. Les sous-groupes distingués de $O(E)$ sont les sous-groupes de $SO(E)$ et $O(E)$.*
3. *Si n est pair, $n\geq 6$, alors les sous-groupes distingués de $SO(E)$ sont $\{\mathbb{1}_E\}$, $\{\pm\mathbb{1}_E\}$, $SO(E)$. Les sous-groupes distingués de $O(E)$ sont $\{\mathbb{1}_E\}$, $\{\pm\mathbb{1}_E\}$, $SO(E)$, $O(E)$.*
4. *Si $n=4$, soient G_1 le sous-ensemble des éléments u de $SO(E)$ tels qu'il existe une base $\mathscr{B}$ orthonormale, bien orientée, $0\leq\theta\leq\pi$, avec*

$$\mathrm{Mat}(u;\mathscr{B})=\begin{bmatrix}\cos\theta & -\sin\theta & 0 & 0\\ \sin\theta & \cos\theta & 0 & 0\\ 0 & 0 & \cos\theta & -\sin\theta\\ 0 & 0 & \sin\theta & \cos\theta\end{bmatrix},$$

G_2 le sous-ensemble des éléments de u de $SO(E)$ tels qu'il existe une base $\mathscr{B}'$ orthonormale, bien orientée, $0\leq\theta\leq\pi$, avec

$$\mathrm{Mat}(u;\mathscr{B}')=\begin{bmatrix}\cos\theta & -\sin\theta & 0 & 0\\ \sin\theta & \cos\theta & 0 & 0\\ 0 & 0 & \cos\theta' & -\sin\theta'\\ 0 & 0 & \sin\theta' & \cos\theta'\end{bmatrix},$$

où $\theta':=2\pi-\theta$. Alors G_1, G_2 sont deux sous-groupes distingués de $SO(E)$. Tout élément de G_1 commute avec tout élément de G_2 et $G_1G_2:=\{g_1g_2 \mid g_i\in G_i\}=SO(E)$; en plus $G_1\cap G_2=\{\pm\mathbb{1}_E\}$. Les sous-groupes distingués de $SO(E)$ sont $SO(E)$, G_1, G_2, $\{\pm\mathbb{1}_E\}$, $\{\mathbb{1}_E\}$, on a $\frac{SO(E)}{G_i}\simeq SO_3(\mathbb{R})$ et $\frac{G_i}{\{\pm\mathbb{1}_E\}}\simeq SO_3(\mathbb{R})$. Les sous-groupes distingués de $O(E)$ sont $\{\mathbb{1}_E\}$, $\{\pm\mathbb{1}_E\}$, $SO(E)$, $O(E)$.

Démonstration α) *Le groupe* $SO(E)$ *pour* $n=3$. Soient $G\subset SO(E)$ un sous-groupe distingué de $SO(E)$, $G\neq\{\mathbb{1}\}$, $v\in G$, $v\neq\mathbb{1}$. Comme v est une rotation la proposition 5.1.1. montre qu'il existe une base orthonormale (e_1,e_2,e_3) avec $\mathrm{Mat}(v;(e_i))=\begin{bmatrix}1 & 0 & 0\\ 0 & \cos\theta & -\sin\theta\\ 0 & \sin\theta & \cos\theta\end{bmatrix}$, $0<\theta\leq\pi$. Soit n le plus petit entier tel que $n\theta>\frac{\pi}{2}$, alors on a $n\theta\leq\pi$. En effet, si $\frac{\pi}{2}<\theta\leq\pi$, on a $n=1$ et c'est clair. Si $0<\theta\leq\frac{\pi}{2}$, facilement $n\theta>\pi$ implique $(n-1)\theta>\pi-\theta\geq\frac{\pi}{2}$, ce qui contredit la “minimalité” de n . Ainsi $\frac{\pi}{2}<n\theta\leq\pi$. Soit $u:=v^n$, on a donc $\mathrm{Mat}(u;(e_i))=\begin{bmatrix}1 & 0 & 0\\ 0 & \cos\mu & -\sin\mu\\ 0 & \sin\mu & \cos\mu\end{bmatrix}$, avec $\frac{\pi}{2}<\mu\leq\pi$.

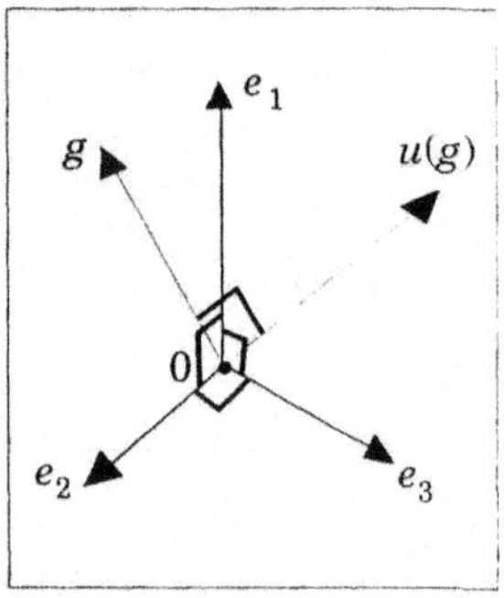

C'est alors un petit exercice de montrer qu'on peut choisir un vecteur g unitaire de la forme $\alpha e_1+\beta e_2$, avec $u(g)$ orthogonal à g . Soit r le renversement de plan $(\mathbb{R}u(g))^{\perp}$. On a $ruru^{-1}\in G$, $ruru^{-1}(u(g))=-u(g)$. Il suit de cela que $ruru^{-1}$ est un renversement. De plus si P et P' sont deux plans il existe $w\in SO(E)$ tel que $w(P)=P'$ (3.13.). Il suit que $r_{P'}=w\,r_P\,w^{-1}$ où r_P (resp. $r_{P'}$) est le renversement de plan P (resp. P'). Ainsi G contient tous les renversements et on a $G=SO(E)$ (proposition 3.15.).

β) On suppose maintenant que $n\geq 5$, que G est un sous-groupe distingué de $SO(E)$ et que $G\ni u$ avec $u\neq\pm\mathbb{1}_E$.

β.1) *Si* u *laisse invariant les points d'un sous-espace* W *de dimension* $n-4\geq 1$ *et si* u *induit sur* $W^{\perp}$ *un automorphisme* $u_{W^{\perp}}\neq-\mathbb{1}_{W^{\perp}}$ *, alors* G *contient un renversement.*

Soit w l'automorphisme de $W^{\perp}$ induit par u . Il existe une droite D de $W^{\perp}$ avec $w(D)\neq D$; sinon w serait l'homothétie $\pm\mathbb{1}_{W^{\perp}}$. Soient $f\in W$, $P=D\oplus\mathbb{R}f$, w un renversement de plan P . Alors $uw^{-1}u^{-1}$ laisse invariant les points de $u(P)^{\perp}$, il suit que $wuw^{-1}u^{-1}$ laisse invariant les points de $u(P)^{\perp}\cap P^{\perp}$ et on a $\dim(u(P)^{\perp}\cap P^{\perp})\geq n-3$. On a $wuw^{-1}u^{-1}\neq-\mathbb{1}_E$ à cause de ce qui précède ; $wuw^{-1}u^{-1}\neq\mathbb{1}_E$, sinon on aurait $w^{-1}=uw^{-1}u^{-1}$ et donc $P^{\perp}=u(P)^{\perp}$ c'est impossible. Ainsi

$w u w^{-1} u^{-1} \in G$ et α) appliqué à $(u(P)^{\perp} \cap P^{\perp})^{\perp}$ montre que G contient un renversement.

β.2) *Si u laisse invariant les points de W avec* $\dim W = n-4$ *et u induit* $-\mathbb{1}_{W^{\perp}}$ sur $W^{\perp}$ *, alors G contient un renversement.*

On décompose $W^{\perp} = D \oplus V$ où $\dim D = 1$. Soient D' une droite de W, $W' = D' \oplus V$, $v \in SO(E)$ avec $v(D) = D'$, $v(x) = x$ pour $x \in V$, v induit $\mathbb{1}_{W'^{\perp}}$ sur $W'^{\perp}$. Alors $v u v^{-1}$ laisse invariant les points de $W'^{\perp} \cap W$ et on a $\dim(W'^{\perp} \cap W) = n-5$. Comme $u^{-1} v u v^{-1}(x) = x$ pour $x \in V$, il suit que $u^{-1} v u v^{-1}$ laisse invariant les points d'un espace de dimension $n-2$. Comme $u^{-1} v u v^{-1} \neq \mathbb{1}_E$, α) montre encore que G contient un renversement.

β.3) *Le cas général* $(n \geq 5)$. Il existe un plan Q tel que $u(Q) \neq Q$, sinon u laisse les droites invariantes parce que toute droite est intersection de deux plans et ainsi $u = \pm \mathbb{1}_E$, ce qui est contraire à l'hypothèse β). Soit r le renversement de plan Q, alors $r u r^{-1} u^{-1}$ laisse les points de $Q^{\perp} \cap u(Q)^{\perp}$ invariants. Comme $\dim(Q^{\perp} \cap (u(Q))^{\perp}) \geq n-4$, β.1) et β.2) montrent que G contient un renversement et l'argument utilisé par α) montre que $G = SO(E)$.

γ) *Pour* $n=4$, on peut déterminer les sous-groupes distingués de $SO(E)$, soit par l'exercice C.10.49., soit en identifiant $SO(E)$ à un groupe opérant sur les quaternions (C.10.91.).

δ) *Les sous-groupes distingués de O(E) pour* $n=2$. Soit H un sous-groupe distingué de $O(E)$, si $H \not\subset SO(E)$, alors H contient une symétrie par rapport à une droite et par conjugaison contient toutes les symétries par rapport à une droite, ainsi $H = O(E)$. Si $H \subset SO(E)$, la formule $v u v^{-1} = u^{-1}$ avec $u \in SO(E)$, $v \in O(E) - SO(E)$, montre que H est distingué dans $O(E)$.

ε) *Les sous-groupes distingués de O(E) pour* $n=3$, $n \geq 5$. Soit H un sous-groupe distingué de $O(E)$, $H^+ := H \cap SO(E)$, alors H^+ est distingué dans $O(E)$, donc aussi dans $SO(E)$; de plus l'application dét montre que H^+ est d'indice 1 ou 2 dans H. Comme H^+ est distingué dans $SO(E)$, par ce qui précède H^+ est $\{\mathbb{1}_E\}$ ou $SO(E)$, ou $\{\pm \mathbb{1}_E\}$ dans le cas où n est pair ; ces sous-groupes sont distingués dans $O(E)$, si donc $H^+ = H$, c'est fini. Si $(H:H^+) = 2$ et si $H^+ = SO(E)$, alors $H = O(E)$. Si $(H:H^+) = 2$ et si $H^+ = \{\mathbb{1}_E\}$, alors $o(H) = 2$, soit $H = \{\mathbb{1}_E, u\}$ avec $o(u) = 2$; ainsi u est une involution, or les involutions différentes de $\pm \mathbb{1}_E$ ont une infinité de conjugués (utiliser 5.3.3. ci-après), cela implique que $u=-\mathbb{1}_E$. Si $(H:H^+)=2$ et si $H^+=\{\pm\mathbb{1}_E\}$, or par 5.3.3. $u\neq\pm\mathbb{1}_E$ a une infinité de conjugués. Ainsi la situation $H^+=\{\pm\mathbb{1}_E\}$ et $(H:H^+)=2$ est impossible.

φ) *Les sous-groupes distingués de* $O(E)$ *pour* $n=4$. On conserve les notations de ε) et on traite de la même façon les cas où $H^+=\{\mathbb{1}_E\}$, $H^+=\{\pm\mathbb{1}_E\}$, $H^+=SO(E)$. Il reste le cas $H^+=G_i$; comme $uG_1u^{-1}=G_2$, pour $u\in O(E)-SO(E)$, cela montre que ce cas est impossible.

Lemme 5.3.3. *Soient* $A\in O_n(\mathbb{R})$, $\mathscr{C}(A):=\{OAO^{-1}\mid O\in O_n(\mathbb{R})\}$.

1. *Soit* $n\geq 3$, *alors les propriétés suivantes sont équivalentes.*

i) $A=\pm I_n$, *ii*) card $\mathscr{C}(A)=1$, *iii*) card $\mathscr{C}(A)$ *est fini.*

2. *Soit* $n=2$, *alors* $\mathscr{C}(A)=\{A\}$ *si* $A=\pm I_2$, *si* $A\in SO_2(\mathbb{R})-\{\pm I_2\}$, *on a* $\mathscr{C}(A)=\{A,A^{-1}\}$, *ainsi* $\mathrm{card}(\mathscr{C}(A))=2$; *enfin,* $\mathrm{card}(\mathscr{C}(A))$ *est infini si* $A\in O_2(\mathbb{R})-SO_2(\mathbb{R})$.

Démonstration α) Soient $n\geq 2$, $A=\begin{bmatrix} U & 0\\ 0 & V\end{bmatrix}$ avec $U=\begin{bmatrix} 1 & 0\\ 0 & -1\end{bmatrix}$ $V\in O_n(\mathbb{R})$, $S=\begin{bmatrix} S_1 & 0\\ 0 & S_2\end{bmatrix}$ avec $S_1=\begin{bmatrix} \cos\theta & -\sin\theta\\ \sin\theta & \cos\theta\end{bmatrix}$, sachant que $S_1US_1^{-1}=\begin{bmatrix} \cos 2\theta & -\sin 2\theta\\ \sin 2\theta & \cos 2\theta\end{bmatrix}$, il suit que $\mathscr{C}(A)$ est infini. En particulier 2. suit de cela.

β) Soient $n\geq 3$, $A=\begin{bmatrix} U & 0\\ 0 & V\end{bmatrix}\in O_n(\mathbb{R})$ avec $U=\begin{bmatrix} \cos\theta & -\sin\theta\\ \sin\theta & \cos\theta\end{bmatrix}$, $\theta\in\,]0,\pi[$, $V\in O_{n-2}(\mathbb{R})$. Soient $(\varepsilon_1,\varepsilon_2,\dots,\varepsilon_n)$ la base canonique de $\mathbb{R}^n$, $(\varepsilon_1,e_2,\dots,e_n)$ (resp. $(\varepsilon_1,e_2',\dots,e_n')$) une base orthonormale qui complète (ε_1), $S:=\mathrm{Mat}_{(\varepsilon_i)}(\varepsilon_1,e_2,\dots,e_n)$ (resp. $S':=\mathrm{Mat}_{(\varepsilon_i)}(\varepsilon_1,e_2',\dots,e_n')$). Alors $SAS^{-1}(\varepsilon_1)=(\cos\theta)\varepsilon_1+(\sin\theta)e_2$ (resp. $S'AS'^{-1}(\varepsilon_1)=(\cos\theta)\varepsilon_1+(\sin\theta)e_2'$). On a donc $SAS^{-1}(\varepsilon_1)=S'AS'^{-1}(\varepsilon_1)$ si et seulement si $e_2=e_2'$; cela montre que $\mathscr{C}(A)$ est infini.

γ) Soient $n\geq 3$, $A\in O_n(\mathbb{R})$, $A\neq\pm I_n$, il suit de 5.1.4. qu'il existe $T\in O_n(\mathbb{R})$ tel que $TAT^{-1}=\begin{bmatrix} U & 0\\ 0 & V\end{bmatrix}$ avec $U=\begin{bmatrix} 1 & 0\\ 0 & -1\end{bmatrix}$ ou $U=\begin{bmatrix} \cos\theta & -\sin\theta\\ \sin\theta & \cos\theta\end{bmatrix}$; sachant que $\mathscr{C}(A)=\mathscr{C}(TAT^{-1})$ il suit de α) et β) que $\mathscr{C}(A)$ est infini. Il suit de cela que *iii*) implique *i*) de 1. est montré ; bien entendu *i*) implique *ii*) et *ii*) implique *iii*) est immédiat.

5.4. Le groupe orthogonal en dimension 2 , 3

5.4.1. Le groupe orthogonal en dimension 2

Nous présentons ici une classification des éléments du groupe orthogonal euclidien en dimension 2 , par sous-espaces invariants, en présentant la forme matricielle dans une base orthonormée issue de 5.1.1. et en mettant en évidence des invariants géométrico-numériques qui caractérisent l'automorphisme orthogonal.

Soient E le plan euclidien orienté, $u \in O(E)$, $E^+ = \ker(u - \mathbb{1}_E)$, $E^- = \ker(u + \mathbb{1}_E)$, $s_+ = \dim E^+$, $s_- = \dim E^-$, alors le tableau suivant est une conséquence de 5.1.1. .

5.4.1.1. Le tableau de la classification

	s_+ , s_- , E^+ , E^-	u	matrice, χ_u , m_u	invariants ou éléments caractéristiques	dessin
0	$s_+ = 2$, $s_- = 0$, $E^+ = E$	$u = \mathbb{1}_E$	$\begin{bmatrix} 1 & 0 \\ 0 & 1 \end{bmatrix}$ $(X-1)^2$, $X-1$		
I	$s_+ = 1$, $s_- = 1$, $E^+ = D$, $E^- = D^\perp$	u est une symétrie orthogonale de droite D	$\begin{bmatrix} 1 & 0 \\ 0 & -1 \end{bmatrix}$ $(X-1)(X+1)$ $(X-1)(X+1)$	la droite D caractérise la symétrie orthogonale de droite D	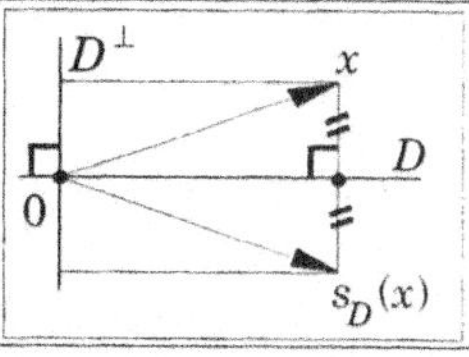
II	$s_+ = 0$, $s_- = 0$	u est une rotation de mesure d'angle $\theta \notin \pi\mathbb{Z}$	$\begin{bmatrix} \cos\theta & -\sin\theta \\ \sin\theta & \cos\theta \end{bmatrix}$ $X^2 - 2\cos\theta X + 1$ $X^2 - 2\cos\theta X + 1$	le nombre, $\theta \notin \pi\mathbb{Z}$ modulo $2\pi\mathbb{Z}$, caractérise la rotation u de mesure d'angle θ	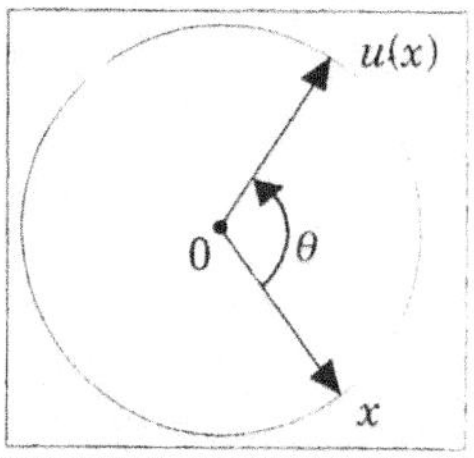
III	$s_+ = 0$, $s_- = 2$	u est l'homothétie de rapport -1 ; c'est aussi la rotation de mesure d'angle π	$\begin{bmatrix} -1 & 0 \\ 0 & -1 \end{bmatrix}$ $(X+1)^2$ $X+1$	le rapport -1 caractérise l'homothétie	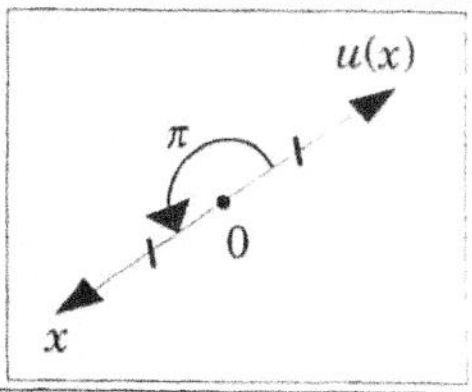

5.4.1.2. Remarque Dans les cas **II** et **III**, par 3.14. u est produit de deux symétries $u=\sigma_{a_2}\sigma_{a_1}$ avec $2\,\mathrm{mes}\,\widehat{a_1 a_2}=\theta$; en effet, soit ρ la rotation telle que $\rho(a_1)=a_2$, on a donc $\rho\sigma_{a_1}\rho^{-1}=\sigma_{a_2}$ (3.13.) , ainsi $\sigma_{a_2}\sigma_{a_1}=\rho(\sigma_{a_1}\rho^{-1}\sigma_{a_1})=\rho^2$ en utilisant 4.1.1.2. . Cela décrit toutes les écritures de $u=\sigma_{a_2}\sigma_{a_1}$, avec a_1 arbitraire et a_2 défini par la relation angulaire précédente.

5.4.2. Le groupe orthogonal en dimension 3

Nous présentons ici une classification des éléments du groupe orthogonal euclidien en dimension 3 , par sous-espaces invariants, en présentant la forme matricielle dans une base orthonormée issue de 5.1.1. et en mettant en évidence des invariants géométrico-numériques qui caractérisent l'automorphisme orthogonal.

5.4.2.1. Invariants ou éléments caractéristiques pour les rotations Soient E un espace vectoriel euclidien de dimension 3 , orienté par une base orthonormale (e_1,e_2,e_3) .

5.4.2.1.1. *Une rotation qui n'est pas l'identité et qui n'est pas un demi-tour ; axe de rotation, angle de rotation.*

Lemme *Soient* E *un espace vectoriel euclidien de dimension 3 , orienté par une base orthonormale* (e_1,e_2,e_3) .

1. *Soit* $r\in SO(E)$, $r\neq \mathbb{1}_E$ *et* r *différent d'un demi-tour. Alors il existe une base orthonormale* (f_1,f_2,f_3) *de même orientation que* (e_1,e_2,e_3) , $\theta\in]0,\pi[$ *avec* $\mathrm{Mat}(r;f_1,f_2,f_3)==\begin{bmatrix}1 & 0 & 0\\ 0 & \cos\theta & -\sin\theta\\ 0 & \sin\theta & \cos\theta\end{bmatrix}$. *Si* (g_1,g_2,g_3) *est une base orthonormale de même orientation que* (e_1,e_2,e_3) , *si* $\mu\in]0,\pi[$ *avec*

$$\mathrm{Mat}(r;g_1,g_2,g_3)=\begin{bmatrix}1 & 0 & 0\\ 0 & \cos\mu & -\sin\mu\\ 0 & \sin\mu & \cos\mu\end{bmatrix}$$ *; alors* $f_1=g_1$ *et* $\theta=\mu$.

2. *Soient* $f_1 \in E$ *avec* $\|f_1\|=1$, $\theta \in]0,\pi[$. *Soient* $f_2, f_3 \in E$ (resp. $f_2', f_3' \in E$) *tels que* (f_1, f_2, f_3) (resp. (f_1, f_2', f_3')) *soit une base orthonormale de* E *de même orientation que* (e_1, e_2, e_3) *et soit* $r \in SO(E)$ (resp. $r' \in SO(E)$) *tel que* $\mathrm{Mat}(r; f_1, f_2, f_3) = \begin{bmatrix} 1 & 0 & 0 \\ 0 & \cos\theta & -\sin\theta \\ 0 & \sin\theta & \cos\theta \end{bmatrix}$

(resp. $\mathrm{Mat}(r'; f_1, f_2', f_3') = \begin{bmatrix} 1 & 0 & 0 \\ 0 & \cos\theta & -\sin\theta \\ 0 & \sin\theta & \cos\theta \end{bmatrix}$) . *Alors* $r=r'$. *Ainsi la rotation* r *est définie selon ce qui précède par le couple* (f_1, θ) *et on la note* $r(f_1, \theta)$.

3. *Soit* $\mathscr{R}$ *l'ensemble des rotations de* E *qui sont différentes de l'identité et d'un demi-tour ; alors l'application* $(f_1, \theta) \longmapsto r(f_1, \theta)$ *de* $\{x \in E \mid \|x\|=1\} \times]0,\pi[$ *dans* $\mathscr{R}$ *est une bijection.*

Si $r \in SO(E)$ est différent de l'identité et d'un demi-tour, alors la droite $\mathbb{R}f_1$ s'appelle l'*axe orienté de rotation de* r . Le nombre réel $\theta \in]0,\pi[$ défini en 1. s'appelle une *mesure de l'angle de rotation* de r .

Démonstration 1. Il suit de 5.1.1. qu'il existe une base orthonormale (f_1, f_2, f_3) de E , de même orientation que (e_1, e_2, e_3) avec

$\mathrm{Mat}(r; f_1, f_2, f_3) = \begin{bmatrix} 1 & 0 & 0 \\ 0 & \cos\theta & -\sin\theta \\ 0 & \sin\theta & \cos\theta \end{bmatrix}$ et $\theta \in]0,\pi[$. Montrons que le couple (f_1, θ) satisfaisant ce qui précède est unique. Soit donc (g_1, g_2, g_3) est une base orthonormale de même orientation que (e_1, e_2, e_3) , avec

$\mathrm{Mat}(r; g_1, g_2, g_3) = \begin{bmatrix} 1 & 0 & 0 \\ 0 & \cos\mu & -\sin\mu \\ 0 & \sin\mu & \cos\mu \end{bmatrix}$ et $\mu \in]0,\pi[$. Le calcul de χ_r avec les deux formes matricielles montre que $\cos\theta = \cos\mu$, ainsi $\theta = \mu$. Ensuite les deux formes matricielles montrent que $\ker(r - \mathbb{1}_E) = \mathbb{R}f_1 = \mathbb{R}g_1$; ainsi on a $g_1 = f_1$ ou $g_1 = -f_1$. Il reste à montrer que $g_1 = -f_1$ est impossible. Supposons $g_1 = -f_1$, alors la base orthonormale $(-f_1, g_2, g_3)$ (resp. $(-f_1, -f_2, f_3)$) est de même orientation que (e_1, e_2, e_3) ; la matrice de passage de la base $(-f_1, g_2, g_3)$ à la base $(-f_1, -f_2, f_3)$ est de la forme

$\begin{bmatrix} 1 & 0 \\ 0 & M \end{bmatrix}$, avec $\det M > 0$, de plus M est la matrice de passage de (g_2, g_3) à $(-f_2, f_3)$; ce qui montre que (g_2, g_3) et $(-f_2, f_3)$ sont deux bases orthonormées, de même orientation, de $(\mathbb{R} f_1)^\perp = (\mathbb{R} g_1)^\perp$. Soit v l'automorphisme de $(\mathbb{R} f_1)^\perp = (\mathbb{R} g_1)^\perp$ induit par r, qui est une rotation ; on a

$\operatorname{Mat}(v; f_2, f_3) = \begin{bmatrix} \cos\theta & -\sin\theta \\ \sin\theta & \cos\theta \end{bmatrix}$, $\operatorname{Mat}(v; g_2, g_3) = \begin{bmatrix} \cos\mu & -\sin\mu \\ \sin\mu & \cos\mu \end{bmatrix}$ et donc

$\operatorname{Mat}(v; -f_2, f_3) = \begin{bmatrix} \cos\theta & \sin\theta \\ -\sin\theta & \cos\theta \end{bmatrix}$. Comme (g_2, g_3) et $(-f_2, f_3)$ ont même orientation, il résulte de 4.1.1.3. que $\begin{bmatrix} \cos\mu & -\sin\mu \\ \sin\mu & \cos\mu \end{bmatrix} = \begin{bmatrix} \cos\theta & \sin\theta \\ -\sin\theta & \cos\theta \end{bmatrix}$; sachant que $\theta = \mu$ et $0 < \theta < \pi$, c'est impossible.

En conclusion, si r est une rotation avec $r \neq 1_E$ et si r est différent d'un demi-tour, il existe une base orthonormée (f_1, f_2, f_3) de E, de même orientation que (e_1, e_2, e_3) avec $\theta \in]0, \pi[$ et

$\operatorname{Mat}(r; f_1, f_2, f_3) = \begin{bmatrix} 1 & 0 & 0 \\ 0 & \cos\theta & -\sin\theta \\ 0 & \sin\theta & \cos\theta \end{bmatrix}$ et le couple (f_1, θ) est unique ; en revanche f_2, f_3 peuvent être arbitrairement choisis de façon que (f_1, f_2, f_3) soit une base orthonormée de même orientation que (e_1, e_2, e_3).

2. Inversement, soient $f_1 \in E$ avec $\|f_1\| = 1$ et $\theta \in]0, \pi[$; le couple (f_1, θ) définit une rotation $r := r(f_1, \theta)$ de la façon qui suit. On complète f_1 en une base orthonormée (f_1, f_2, f_3) de même orientation que (e_1, e_2, e_3) et r est alors l'automorphisme orthogonal tel que

$\operatorname{Mat}(r; f_1, f_2, f_3) = \begin{bmatrix} 1 & 0 & 0 \\ 0 & \cos\theta & -\sin\theta \\ 0 & \sin\theta & \cos\theta \end{bmatrix}$; cela ne dépend pas du choix de (f_2, f_3) avec les conditions requises (4.1.1.).

3. Soit $\mathscr{R}$ l'ensemble des rotations de E qui sont différentes de l'identité et d'un demi-tour, $\mathscr{S} := \{x \in E \mid \|x\| = 1\} \times]0, \pi[$. Si on note $r(f_1, \theta)$ la rotation associée au couple $(f_1, \theta) \in \mathscr{S}$ selon 2. , alors l'application $(f_1, \theta) \longmapsto r(f_1, \theta)$ de $\mathscr{S}$ dans $\mathscr{R}$ est une bijection.

Remarque. Si on souhaite imposer une orientation "arbitraire" à la droite $\ker(r-\mathbb{1}_E)$ par un vecteur unitaire g_1 , on complète g_1 en une base orthonormée (g_1,g_2,g_3) de même orientation que (e_1,e_2,e_3) et on a $\mathrm{Mat}(r;g_1,g_2,g_3)=\begin{bmatrix} 1 & 0 & 0 \\ 0 & \cos\theta & -\sin\theta \\ 0 & \sin\theta & \cos\theta \end{bmatrix}$, avec $\theta\in]0,\pi[\cup]\pi,2\pi[$; le réel θ ne dépend pas du choix de (g_2,g_3) avec les conditions requises (4.1.1.) . On dit parfois que θ est une *mesure de la rotation* r , celle-ci ayant son axe de rotation orienté par g_1 .

5.4.2.1.1. *Soit* r *un demi-tour.* Alors la droite vectorielle $\ker(u-\mathbb{1}_E)$ s'appelle l'axe du demi-tour r et s'appelle un *invariant* ou *l'élément caractéristique* du demi-tour.

5.4.2.2. Le tableau de la classification

Soient E l'espace vectoriel euclidien orienté de dimension 3, $u \in O(E)$, $E^+ = \ker(u - \mathbb{1}_E)$, $E^- = \ker(u + \mathbb{1}_E)$, $s_+ = \dim E^+$, $s_- = \dim E^-$, alors le tableau suivant est une conséquence de 5.1.1. .

	s_+, s_-, E^+, E^-	u	matrice, χ_u, m_u	invariants ou éléments caractéristiques	dessin
0	$s_+=3$, $s_-=0$, $E^+=E$	$u = \mathbb{1}_E$	$\begin{bmatrix} 1 & 0 & 0 \\ 0 & 1 & 0 \\ 0 & 0 & 1 \end{bmatrix}$, $(X-1)^3$, $X-1$		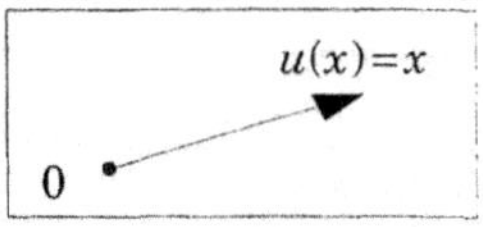
I	$s_+=2$, $s_-=1$, $E^+=P$, un plan, $E^-=P^{\perp}$	u est la symétrie orthogonale d'hyperplan P	$\begin{bmatrix} -1 & 0 & 0 \\ 0 & 1 & 0 \\ 0 & 0 & 1 \end{bmatrix}$ $(X-1)^2(X+1)$ $(X-1)(X+1)$	P caractérise la symétrie orthogonale d'hyperplan P	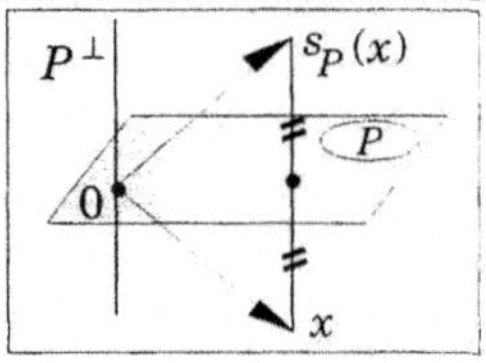
II	$s_+=1$, $s_-=0$, $E^+=D=\mathbb{R}e$ avec $\lVert e \rVert = 1$, e définit l'orientation de D^+	u est la rotation d'axe orienté D^+ et de mesure d'angle $\theta \in]0, \pi[$	$\begin{bmatrix} 1 & 0 & 0 \\ 0 & \cos\theta & -\sin\theta \\ 0 & \sin\theta & \cos\theta \end{bmatrix}$ $(X-1)(X^2-2\cos\theta X+1)$ $(X-1)(X^2-2\cos\theta X+1)$	le couple unique (e, θ) caractérise la rotation u	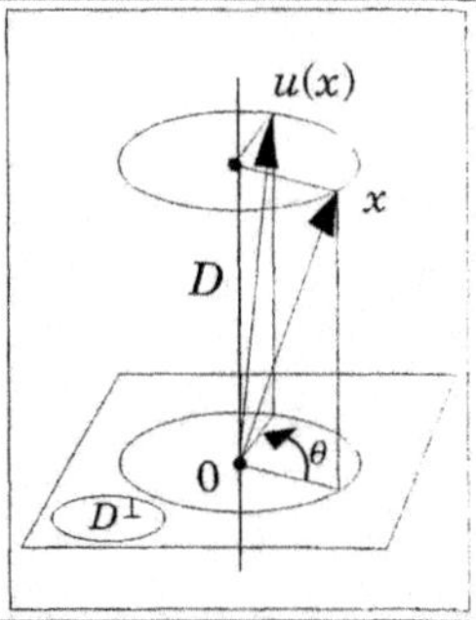
III	$s_+=1$, $s_-=2$, $E^+=D$, $E^-=D^{\perp}$	u est le demi-tour d'axe D	$\begin{bmatrix} 1 & 0 & 0 \\ 0 & -1 & 0 \\ 0 & 0 & -1 \end{bmatrix}$ $(X-1)(X+1)^2$ $(X-1)(X+1)$	la droite D caractérise le demi-tour u	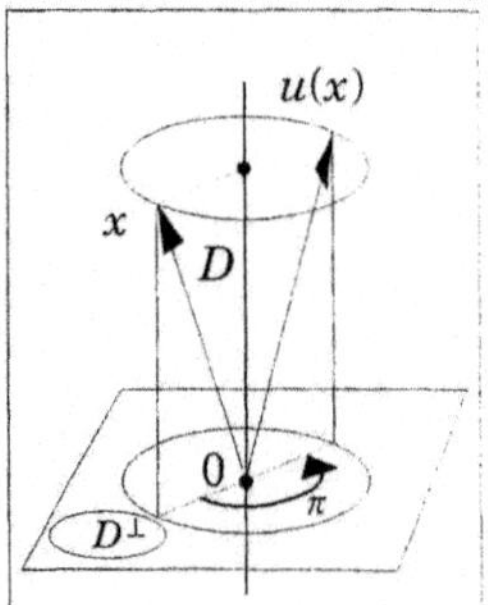

IV	$s_+=0$, $s_-=1$,	$u=\rho s_P=s_P\rho$ est la symétrie-rotation où ρ est la rotation d'axe $\mathbb{R}e$, orienté par e et de mesure d'angle $\theta\in]0,\pi[$, et s_P est la symétrie orthogonale de plan $P=(\mathbb{R}e)^\perp$	$\begin{bmatrix} -1 & 0 & 0 \\ 0 & \cos\theta & -\sin\theta \\ 0 & \sin\theta & \cos\theta \end{bmatrix}$ $(X+1)(X^2-2\cos\theta X+1)$ $(X+1)(X^2-2\cos\theta X+1)$	si $P^\perp=\mathbb{R}e$ avec $\|e\|=1$ et si l'orientation $(P^\perp)^+$ est définie par e , alors le couple (e,θ) avec $\theta\in]0,\pi[$ caractérise la symétrie-rotation u	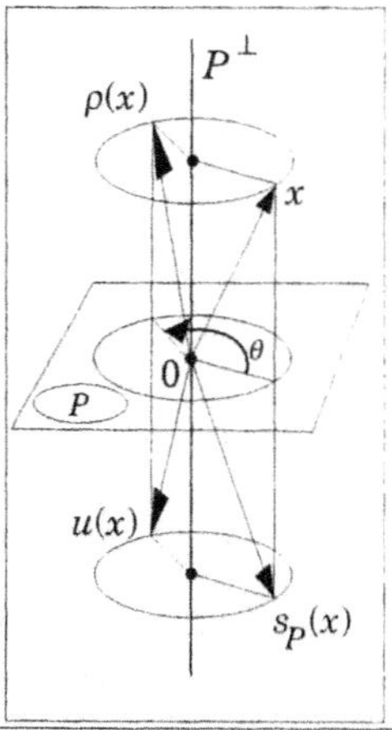
V	$s_+=0$, $s_-=3$, $E^-=E$	u est l'homothétie de rapport -1	$\begin{bmatrix} -1 & 0 & 0 \\ 0 & -1 & 0 \\ 0 & 0 & -1 \end{bmatrix}$ $(X+1)^3 , X+1$	le rapport -1 caractérise l'homothétie u	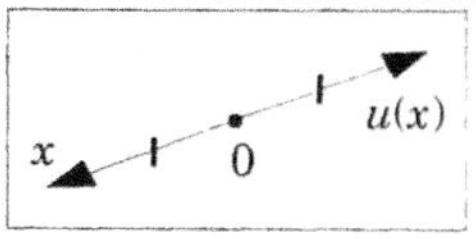

5.4.2.3. Remarques Il s'agit bien là d'une classification. Si r est une rotation, il existe une base orthonormée (e_1,e_2,e_3) bien orientée telle que la matrice de r dans la base soit de la forme décrite dans l'un des 5 types, et cette forme sera unique.

5.4.2.4. Remarques Pour **II** et **III**, les rotations d'axe D et de mesure d'angle θ , on sait par 3.14. que $r=\sigma_{a_2}\sigma_{a_1}$, produit de deux symétries hyperplanes avec $\|a_1\|=\|a_2\|=1$. Facilement $(\mathbb{R}a_1)^\perp\cap(\mathbb{R}a_2)^\perp$ est une droite stable point par point, c'est donc l'axe de rotation $D=\mathbb{R}e_3$ de r avec $\|e_3\|=1$. On complète (e_3) en une base orthonormale bien orientée (e_1,e_2,e_3) et cela veut dire que dans le plan $\mathbb{R}e_1\oplus\mathbb{R}e_2$ orienté par (e_1,e_2) on a $2\,\mathrm{mes}\,\widehat{a_1a_2}\equiv\theta$ modulo $2\pi\mathbb{Z}$ (5.3.1.2.). Ainsi $a_1\in D^\perp$ est arbitraire et $a_2\in D^\perp$ avec $\theta\equiv 2\,\mathrm{mes}\,\widehat{a_1a_2}$ modulo $2\pi\mathbb{Z}$ (l'orientation de $D^\perp$ est définie par (e_1,e_2) et cela donne toutes les décompositions.

On peut aussi décrire r comme produit de deux demi-tours $r=\rho_2\rho_1$ par le même procédé. Avec les notations ci-dessus, ainsi que les conditions d'orientation ci-dessus, ρ_1 est un demi-tour d'axe $\mathbb{R}a_1$ avec $a_1\in D^\perp$ arbitraire et on choisit a_2 de façon que $\theta\equiv 2\,\mathrm{mes}\,\widehat{a_1a_2}$ modulo $2\pi\mathbb{Z}$, alors ρ_2 est le renversement d'axe $\mathbb{R}a_2$ et cela donne toutes les décompositions.

En **IV** la décomposition en produit commutatif d'une symétrie et d'une rotation est unique. En effet si $u=\rho s_P=s_P\rho$, on a $\rho s_P\rho^{-1}=s_P$ par 3.13. on a donc $\rho(P^{\perp})=P^{\perp}$, or pour une rotation ρ de mesure d'angle $\theta\in]0,\pi[$, la seule droite globalement stable par ρ est l'axe de la rotation. Il suit donc que $P^{\perp}$ est l'axe de rotation de ρ. Comme $P^{\perp}$ est l'espace propre de u relatif à la valeur propre -1, il suit que $P^{\perp}$, donc P, donc s_P sont uniques ; ainsi ρ l'est aussi.

Le **V** est bien entendu le composé d'un demi-tour d'axe $P^{\perp}$ et de la symétrie orthogonale s_P, mais cela est vrai pour tout P ; on n'a donc pas l'unicité de **IV**.

6. Le groupe des similitudes d'un espace vectoriel euclidien

Définition 6.1. Soit E un espace vectoriel euclidien, on appelle *similitude de rapport* $\mu>0$, tout élément $u\in G\ell(E)$ tel que $(u(x)\,|\,u(x))^{\frac{1}{2}}=\mu\,(x\,|\,x)^{\frac{1}{2}}$ pour tout $x\in E$. L'ensemble des similitudes est un sous-groupe de $G\ell(E)$ noté $GO(E)$, un élément u de $GO(E)$ de déterminant positif (resp. négatif) est appelé *similitude directe* (resp. *indirecte*), ces ensembles sont *notés* $GO^{+}(E)$ (resp. $GO^{-}(E)$). Le sous-ensemble $GO^{+}(E)$ est un sous-groupe distingué de $GO(E)$.

Proposition 6.2. *Soient E un espace vectoriel euclidien,* $\mathbb{R}_{+}^{\times}:=\{\lambda\in\mathbb{R}\,|\,\lambda>0\}$ *le sous-groupe des réels strictement positifs. Alors* $GO(E)=O(E)\times\mathbb{R}_{+}^{\times}\mathbb{1}_E$, $GO^{+}(E)=SO(E)\times\mathbb{R}_{+}^{\times}\mathbb{1}_E$ (produit direct). *Ainsi une similitude n'est autre chose que le composé (commutatif) d'une homothétie de rapport positif et d'un automorphisme orthogonal.*

Démonstration Soit $u\in GO(E)$ une similitude rapport $\mu>0$. Soit $v:=\mu^{-1}u$, on a $(v(x)\,|\,v(x))=(x\,|\,x)$ pour tout $x\in E$, l'utilisation de la forme polaire montre que $(v(x)\,|\,v(y))=(x\,|\,y)$ pour tout $x,y\in E$, i.e. $v\in O(E)$. Comme $\mu>0$ on a $v\in SO(E)$ si et seulement si $u\in GO^{+}(E)$. Il est élémentaire de montrer que la décomposition est unique.

Corollaire 6.3. *Soient E un espace vectoriel euclidien, u un automorphisme de E (comme espace vectoriel). Alors les propriétés suivantes sont équivalentes.*
i) L'endomorphisme u est une similitude vectorielle de rapport $\mu>0$,
ii) pour tout $x, y \in E$, on a $(u(x) \mid u(y))=\mu^2(x \mid y)$ (i.e. u conserve les angles non orientés de vecteurs ou de demi-droites),
iii) pour tout $x \in E$, on a $\| u(x) \|^2=\mu^2 \| x \|^2$ (i.e. u multiplie les longueurs par une même constante),
iv) pour tout $x, y \in E$ avec $(x \mid y)=0$, on a $(u(x) \mid u(y))=0$ (i.e. u conserve l'orthogonalité).

Démonstration Seul *iv)* implique *i)* nécessite une explication. Si $\| e_1 \| = \| e_2 \|$, on a $(e_1+e_2 \mid e_1-e_2)=0$, i.e. $\|u(e_1)\| = \| u(e_2)\|$. Si donc μ est tel que $\| u(e_1) \| =\mu \| e_1 \|$, il suit de ce qui précède que $\| u(x) \| =\mu \| x \|$ pour tout $x \in E$. Ainsi $\mu^{-1}u$ est un automorphisme qui conserve la norme, comme $(x \mid y)=\frac{1}{2}(\| x+y \|^2 - \| x \|^2 - \| y \|^2)$ pour tout $x, y \in E$, il suit $\mu^{-1}u$ est un automorphisme orthogonal, donc que u est une similitude de rapport $\mu>0$.

Corollaire 6.4. *Soient E le plan euclidien, $\Delta, \Delta' \in \tilde{\mathscr{D}}(E)$ deux demi-droites, $u \in GO^+(E)$ une silimitude directe. Alors on a $\widehat{\Delta\Delta'} = \widehat{u(\Delta)u(\Delta')}$.*

7. Produit vectoriel sur un espace euclidien de dimension 3

Définition (et **proposition**) Soit E un espace vectoriel euclidien de dimension 3, orienté par une base orthonormée (e_1,e_2,e_3). Alors il existe une et une seule application $\wedge : E\times E \to E$ telle que $\det_{(e_1,e_2,e_3)}(x,y,z)=(\wedge(x,y)\,|\,z)$ pour tout $x,y,z\in E$. Si (e'_1,e'_2,e'_3) est une base orthonormée de même orientation que (e_1,e_2,e_3) et si $\wedge' : E\times E\to E$ est l'application associée selon ce qui précède, on a $\wedge=\wedge'$. De plus $\wedge$ est bilinéaire alternée. On note $x\wedge y$ l'élément $\wedge(x,y)$. On a $x\wedge y$ *orthogonal à* x et y ; si x n'est pas colinéaire à y, $(x,y,x\wedge y)$ est une base de E de même orientation que (e_1,e_2,e_3). L'expression analytique dans la base (e_1,e_2,e_3) de $x\wedge y$ est donnée par

$$\begin{bmatrix} x_1 \\ x_2 \\ x_3 \end{bmatrix} \wedge \begin{bmatrix} y_1 \\ y_2 \\ y_3 \end{bmatrix} = \begin{bmatrix} x_2y_3-x_3y_2 \\ x_3y_1-x_1y_3 \\ x_1y_2-x_2y_1 \end{bmatrix}$$

où $x=x_1e_1+x_2e_2+x_3e_3$, $y=y_1e_1+y_2e_2+y_3e_3$. On peut aussi calculer $x\wedge y$ autrement. Si x est colinéaire à y on a $x\wedge y=0$. Si x n'est pas colinéaire à y, on oriente le plan $\mathbb{R}x\oplus\mathbb{R}y$ par la base (x,y), soient θ une mesure de $\widehat{xy}$ et f un vecteur unitaire orthogonal à $\mathbb{R}x\oplus\mathbb{R}y$ tel que (x,y,f) ait même orientation que (e_1,e_2,e_3), alors on a $x\wedge y=(\|x\|\,\|y\|\sin\theta)f$.

Le vecteur $x\wedge y$ s'appelle le *produit vectoriel* de x et y dans l'espace euclidien orienté E. On a les formules suivantes pour tout $x,y,z\in E$: $(x\wedge y)\wedge z=(x\,|\,z)y-(y\,|\,z)x$, $x\wedge(y\wedge z)+y\wedge(z\wedge x)+z\wedge(x\wedge y)=0$ (identité de **Jacobi**).

Il suit de la définition de $x\wedge y$ que $u(x\wedge y)=u(x)\wedge u(y)$ pour $u\in SO(E)$ et $u(x\wedge y)=-(u(x)\wedge u(y))$ pour $u\in O(E)-SO(E)$. On a aussi $\|x\wedge y\|^2=\|x\|^2\|y\|^2-(x\,|\,y)^2$ (identité de **Lagrange**). Si $x\neq 0$ et $y\neq 0$ on a, $\|x\wedge y\|=\|x\|\,\|y\|\sin\theta$ où $\theta=\overline{x,y}$, i.e. $\cos\theta=\frac{(x\,|\,y)}{\|x\|\,\|y\|}$, $\theta\in[0,\pi]$.

8. Endomorphisme normal, auto-adjoint, orthogonal d'un espace vectoriel euclidien

Définition 8.1. (et **proposition**) Soient E un espace vectoriel euclidien , $u \in \mathcal{E}nd E$ un endomorphisme. Alors il existe un et un seul $w \in \mathcal{E}nd E$ tel que $(u(x)\,|\,y)=(x\,|\,w(y))$ pour tout $x,y \in E$. L'endomorphisme w s'appelle l'*adjoint* de u (relativement au produit scalaire de E) et se note u^* . On a les propriétés suivantes : $(u(x)\,|\,y)=(x\,|\,u^*(y))$ pour tout $x,y \in E$, $(u+v)^*=u^*+v^*$, $(\lambda u)^*=\lambda u^*$, $(uv)^*=v^*u^*$, $(u^*)^*=u$, $(\mathbb{1}_E)^*=\mathbb{1}_E$. De plus $\operatorname{rang} u^*=\operatorname{rang} u$, $\operatorname{dét} u=\operatorname{dét} u^*$.

Démonstration Soient E un espace vectoriel euclidien , $u \in \mathcal{E}nd E$ un endomorphisme, $(e_1,e_2,\dots,e_n)$ une base orthonormale de E . Par 2.5. on a

$$(x\,|\,y)={}^tXY \text{ où } X=\begin{bmatrix} x_1 \\ x_2 \\ \vdots \\ x_n \end{bmatrix},\ Y=\begin{bmatrix} y_1 \\ y_2 \\ \vdots \\ y_n \end{bmatrix}, \text{ avec } x=x_1e_1+x_2e_2+\dots+x_ne_n ,$$

$y=y_1e_1+y_2e_2+\dots+y_ne_n$. Soit $U=\operatorname{Mat}(u\,;e_i)$, alors $(u(x)\,|\,y)={}^t(UX)\,Y={}^tX({}^tUY)$. Soit $w \in \mathcal{E}nd E$ tel que ${}^tU=\operatorname{Mat}(w\,;e_i)$; alors on a bien $(u(x)|y)=(x\,|\,w(y))$ pour tout $x,y \in E$. En plus l'élément w est unique parce que $(x\,|\,(w-w')(y))=0$ pour tout $x \in E$ implique $(w-w')(y)=0$, i.e. $w=w'$.

Si donc $u \in \mathcal{E}nd E$, si $(e_1,e_2,\dots,e_n)$ est une base orthonormale de E , si $U=\operatorname{Mat}(u\,;e_i)$, alors on a ${}^tU=\operatorname{Mat}(u^*;e_i)$; ainsi toutes les relations de 8.1. peuvent se déduire de *Fr 1* , 1.0.5.5.1. .

Remarque 8.2. On a choisi la démonstration matricielle parce qu'elle est la plus simple, sinon on peut procéder comme il suit. Soient $y \in E$ et $\theta(y)$ la forme linéaire sur E , $x \longmapsto (x\,|\,y)$, alors $\theta : E \to E^*$ est une application linéaire injective, donc bijective . Soient $y \in E$, alors $x \longmapsto (u(x)\,|\,y)$ est une forme linéaire sur E et comme θ est bijectif il existe un seul élément de E noté $w(y)$ tel que $(u(x)\,|\,y)=(x\,|\,w(y))$ pour tout $x \in E$. Pour montrer que w est linéaire on peut procéder ainsi. On a les relations $(u(x)\,|\,y_1)=(x\,|\,w(y_1))$, $(u(x)\,|\,y_2)=(x\,|\,w(y_2))$, $(u(x)\,|\,y_1+y_2)=(x\,|\,w(y_1+y_2))$; une combinaison de ces relations donne l'égalité

$(u(x)\mid 0)=(x\mid w(y_1)+w(y_2)-w(y_1+y_2))$, comme cela est vrai pour tout x , on a bien $w(y_1)+w(y_2)=w(y_1+y_2)$. Le même procédé donne $w(\lambda y)=\lambda y$, l'unicité de w , et aussi les autres relations concernant u^* . Celles concernant le rang et le déterminant seront conséquences de la forme matricielle ci-après.

Définition 8.3. Soient E un espace vectoriel euclidien , $u\in \mathcal{E}nd\,E$ un endomorphisme, u^* son adjoint. On dit que u est *normal* si $u\,u^*=u^*u$. On dit que u est *auto-adjoint* ou *symétrique* si $u^*=u$. On dit que u est *anti-symétrique* si $u^*=-u$. Rappelons que u est *orthogonal* si $(u(x)\mid u(y))=(x\mid y)$ pour tout $x,y\in E$ (3.1.) ; on a donc u *orthogonal* si et seulement si $u\,u^*=u^*u=\mathbb{1}_E$.

8.4. Représentation matricielle

Soient E un espace vectoriel euclidien , $u\in \mathcal{E}nd\,E$ un endomorphisme, $(e_1,e_2,\dots,e_n)$ une base orthonormale de E , $U=\mathrm{Mat}(u\,;e_i)$. Alors u est *normal* si et seulement si ${}^tU\,U=U\,{}^tU$; u est *auto-adjoint* ou *symétrique* si et seulement si ${}^tU=U$, i.e. U est symétrique ; u est *anti-symétrique* si et seulement si ${}^tU=-U$; enfin u est *orthogonal* si et seulement si ${}^tU\,U=U\,{}^tU=I_n$.

Proposition 8.5. *Soient E un espace vectoriel euclidien, u un endomorphisme de E , $\Psi_u : E\times E\to\mathbb{R}$ l'application définie par $\Psi_u(x,y)=(u(x)\mid y)$. Alors Ψ_u est une forme bilinéaire symétrique sur E si et seulement si u est un endomorphisme symétrique de E . Soient $\mathcal{S}ym(E)$ le $\mathbb{R}$-espace vectoriel des endomorphismes symétriques de E , $\mathcal{B}il\mathcal{S}ym(E)$ le $\mathbb{R}$-espace vectoriel des formes bilinéaires symétriques sur E ; alors l'application $u\longmapsto\Psi_u$ est un isomorphisme de $\mathcal{S}ym(E)$ sur $\mathcal{B}il\mathcal{S}ym(E)$.*

Démonstration On a $\Psi_u(x,y)=(u(x)\mid y)=(x\mid u^*(y))$, $\Psi_u(y,x)=(u(y)\mid x)=(x\mid u(y))$; ainsi Ψ_u est symétrique si et seulement si $u=u^*$. Si $\Psi_u=0$, on a facilement $u=0$. Il reste donc à montrer que $u\longmapsto\Psi_u$ est est surjectif, la méthode matricielle ci-après est la plus rapide.

8.6. Représentation matricielle (et fin de la démonstration de 8.5.)

Soient E un espace vectoriel euclidien , $u \in \mathcal{End}\,E$ un endomorphisme, $(e_1, e_2, \ldots, e_n)$ une base orthonormale de E , $U = \mathrm{Mat}(u\,;e_i)$. Alors on a avec les notations de 8.1. $\Psi_u(x,y) = {}^t(UX)Y = {}^tX\,{}^tUY$; ainsi Ψ_u est symétrique si et seulement si ${}^tU$ est symétrique, i.e. si et seulement si U est symétrique. Soient g une forme bilinéaire symétrique sur E , $M = \mathrm{Mat}(g\,;e_i)$, alors on a $g(x,y) = {}^tXMY = {}^t({}^tMX)Y$. Soit donc $u \in \mathcal{End}\,E$ tel que ${}^tM = \mathrm{Mat}(u\,;e_i)$ et comme M est une matrice symétrique u est un endomorphisme symétrique et on a bien $g(x,y) = (u(x)\,|\,y)$.

Lemme 8.7. *Soient* E *un espace vectoriel euclidien ,* u *un endomorphisme de l'espace vectoriel* E *,* u^* *l'adjoint de* u *.*
1. *Soit* F *un sous-espace vectoriel de* E *, alors les propriétés suivantes sont équivalentes. i)* $u(F^{\perp}) \subset F^{\perp}$ *, ii)* $u^*(F) \subset F$ *.*
2. *Si* u *est normal, alors* $\ker u = \ker u^*$ *.*

Démonstration 1. C'est une vérification sans problème.
2. On a $(u(x)\,|\,u(x)) = (u^*(x)\,|\,u^*(x))$ parce que u est normal. Cela montre facilement 2. .

Lemme 8.8. *Soient* E *un espace vectoriel euclidien de dimension* 2 *,* u *un endomorphisme de l'espace vectoriel* E *,* χ_u *son polynôme caractéristique.*
1. *Si* u *est auto-adjoint* (définition 8.3.) *il existe une base orthonormale de* E *constituée de vecteurs propres de* u *.*
2. *Si* u *est normal* (définition 8.3.) *et si* χ_u *a une racine dans* $\mathbb{R}$ *, alors il existe une base orthonormale constituée de vecteurs propres de* u *; c'est en particulier le cas lorsque* u *est orthogonal avec* $\text{dét}\, u = -1$ *ou bien* $u = \pm \mathbb{1}_E$ (4.1.1.) *. Cela veut dire que* $u = u^*$ *.*
3. *Si* u *est normal et si* χ_u *n'a pas de racine dans* $\mathbb{R}$ *, alors il existe une base orthonormale* (e_1, e_2) *,* $\rho > 0$ *,* $\theta \in]0, \pi[$ *avec* $u(e_1) = \rho(\cos\theta\, e_1 + \sin\theta\, e_2)$ $u(e_2) = \rho(-\sin\theta\, e_1 + \cos\theta\, e_2)$ i.e. *que* u *est produit d'une homothétie de rapport* ρ *et d'une rotation de mesure d'angle* $\theta \in]0, \pi[$ *, c'est donc une similitude directe qui n'est pas une homothétie.*

Démonstration 1. Soient (e_1,e_2) une base orthonormale, $U=\mathrm{Mat}(u\,;e_i)$, on a $U=\begin{bmatrix} a & b \\ b & c \end{bmatrix}$ (8.4.), ainsi $\chi_u(X)=X^2-(a+c)X+(ac-b^2)$; or le discriminant de χ_u est $(a-c)^2+4b^2\geq 0$. On est donc ramené au cas 2..
2. Il existe donc e_1 de norme 1 avec $u(e_1)=\lambda_1 e_1$. Comme $u-\lambda_1 \mathbb{1}_E$ est normal, le lemme 8.7.2. dit que $e_1 \in \ker(u^*-\lambda_1 \mathbb{1}_E)$; $u^*(\mathbb{R}e_1)\subset \mathbb{R}e_1$, ainsi le lemme 8.7.1. dit que $u((\mathbb{R}e_1)^\perp)\subset(\mathbb{R}e_1)^\perp$. Soit e_2 de norme 1 orthogonal à e_1, alors on a $u(e_2)\in \mathbb{R}e_2$, ce qui montre que (e_1,e_2) est une base de vecteurs propres de u.
3. Soient (e_1,e_2) une base orthonormale, $U=\mathrm{Mat}(u\,;e_i)=\begin{bmatrix} a & b \\ c & d \end{bmatrix}$, en décrivant l'égalité ${}^tU\,U=U\,{}^tU$ (représentation matricielle 8.4.), on obtient les relations
(1) $a^2+b^2=a^2+c^2$, $c^2+d^2=b^2+d^2$, $ac+bd=ab+cd$.
Soit donc $b=c$ ou $b=-c$. Le cas $b=c$ est le cas 1. et alors χ_u a une racine, c'est donc impossible. Il reste donc le cas $b=-c\neq 0$; ainsi la dernière égalité nous donne $b(-a+d)=b(a-d)$, i.e. $a=d$. On a donc $U=\begin{bmatrix} a & -c \\ c & a \end{bmatrix}$, soient $\rho:=(a^2+c^2)^{\frac{1}{2}}$, $\theta\in\mathbb{R}$ avec $\cos\theta=\frac{a}{\rho}$, $\sin\theta=\frac{c}{\rho}$, ainsi $\theta\notin\pi\mathbb{Z}$ puisque $c\neq 0$. Quitte à changer (e_1,e_2) en $(-e_1,e_2)$, on peut choisir $\theta\in]0,\pi[$.

Lemme 8.9. *Soient E un espace euclidien, u un endomorphisme normal, u^* son adjoint, F un sous-espace vectoriel de E avec $u(F)\subset F$. Alors $u^*(F)\subset F$ et par suite $u(F^\perp)\subset F^\perp$, $u^*(F^\perp)\subset F^\perp$.*

Démonstration α) Soit p le projecteur orthogonal de E sur F, i.e. $p(x)=x$ pour $x\in F$, $p(x)=0$ pour $x\in F^\perp$. Si $(e_i)_{1\leq i\leq n}$ est une base orthonormale de E constituée de la réunion d'une base orthonormale de F et d'une base orthonormale de $F^\perp$, ainsi $\mathrm{Mat}(p\,;e_i)$ est une matrice diagonale réelle, ce qui montre que $p=p^*$ (8.4).
β) On a $u^*(F)\subset F$ si et seulement si $(\mathbb{1}_E-p)u^*p=0$. Soit $v=(\mathbb{1}_E-p)u^*p$. On a donc
(1) $v^*v=pu(\mathbb{1}_E-p)^2u^*p$, or $(\mathbb{1}_E-p)^2=\mathbb{1}_E-p$; ainsi
(2) $v^*v=pu(\mathbb{1}_E-p)u^*p=puu^*p-pupu^*p$. Comme u est normal $uu^*p=u^*up$ et comme $u(F)\subset F$, on a $pup=up$. Ainsi
(3) $v^*v=(pu^*p)(pup)-(pup)(pu^*p)$, puisque $p^2=p$.

Il suit de (3) et *Fr 1*, A.2.1.3. ou *Fr 1*, A.3.3.3. que $\mathrm{Tr}\, v^* v = 0$, donc $v=0$ par 8.10. Ce qui montre que $u^*(F) \subset F$

γ) Le reste du lemme est une application du lemme 8.7.1.

Lemme 8.10. *Soient E un espace vectoriel euclidien, u un endomorphisme de l'espace vectoriel E, u^* l'adjoint de u. Alors on a les propriétés suivantes sont équivalentes.*

i) $\mathrm{Tr}(u^* u)=0$, *ii)* $u=0$.

Démonstration Soient $(e_1, e_2, \dots, e_n)$ une base orthonormale de E, on a $\mathrm{Mat}(u; e_i) = [C_1 C_2 \dots C_n]$, ainsi $\mathrm{Mat}(u^*; e_i)$ est la matrice dont les lignes sont $({}^tC_1, {}^tC_2, \dots, {}^tC_n)$, par suite $\mathrm{Tr}(u^* u) = {}^tC_1 C_1 + {}^tC_2 C_2 + \dots + {}^tC_n C_n$. Ainsi $\mathrm{Tr}(u^* u)=0$ si et seulement si $C_1 = C_2 = \dots = C_n = 0$, i.e. si et seulement si $u=0$.

Théorème 8.11. *Soient E un espace vectoriel euclidien, u un endomorphisme de l'espace vectoriel E. Alors les propriétés suivantes sont équivalentes.*

i) L'endomorphisme u est normal (i.e. $u u^* = u^* u$),

ii) il existe une décomposition de E en somme directe orthogonale de sous-espaces E_i, $1 \leq i \leq s$ avec les propriétés qui suivent : $u(E_i) \subset E_i$ pour $1 \leq i \leq s$, $\dim E_i = 1$ *ou 2 pour $1 \leq i \leq s$; si* $\dim E_i = 2$ *et si u_i est l'endomorphisme de E_i induit par u, alors u_i est une similitude directe qui n'est pas une homothétie.*

Si i) et ii) sont réalisés, on a $\chi_u(X) = P_1^{\alpha_1} P_2^{\alpha_2} \dots P_k^{\alpha_k}$, $m_u(X) = P_1 P_2 \dots P_k$, où P_i est un irréductible unitaire de $\mathbb{R}[X]$, de degré 1 ou 2, $P_i \neq P_j$ pour $i \neq j$, $\alpha_i \geq 1$, i.e. *u est semi-simple* (Fr 1, 5.6.1.). *En plus on a*

$E = \ker P_1(u) \overset{\perp}{\oplus} \ker P_2(u) \overset{\perp}{\oplus} \dots \overset{\perp}{\oplus} \ker P_k(u)$.

Démonstration ii) *implique* i) est immédiat en considérant la forme matricielle dans une base orthonormale réunion de bases orthonormales des E_i et en utilisant 8.4. .

i) *implique* ii) Par le lemme 5.1.2. , il existe un sous-espace vectoriel V stable par u, avec $\dim V = 1$ ou 2 ; en particulier si u n'a pas de vecteur propre non nul, on a $\dim V = 2$. Il suit du lemme 8.9. que u induit un endomorphisme normal v de V (où v^* est induit par u^*) et que u induit un endomorphisme normal w de $V^{\perp}$ (où w^* est induit par u^*). Alors le théorème suit du lemme 8.8. appliqué à V et v et d'une hypothèse de récurrence sur la dimension appliquée à $V^{\perp}$ et w .

Si $\dim E_i = 1$, on a $\chi_{u_i} = X - \lambda_i$ qui est un irréductible unitaire de $\mathbb{R}[X]$; si $\dim E_i = 2$, on a $\chi_{u_i} = X^2 - 2(\rho_i \cos\theta_i)X + \rho_i^2$ avec $\rho_i > 0$ et $0 < \theta_i < \pi$, qui est un irréductible de $\mathbb{R}[X]$. Il suit de cela que $m_{u_i}(X) = \chi_{u_i}(X)$, $\chi_u(X) = \chi_{u_1}(X)\chi_{u_2}(X)\ldots\chi_{u_s}(X)$, $m_u(X) = \operatorname{ppcm}_{1 \leq i \leq s} \chi_{u_i}(X)$. Soit $\{P_1, P_2, \ldots, P_k\} := \{\chi_{u_i}(X) \mid 1 \leq i \leq s\}$ avec $P_i \neq P_j$ si $i \neq j$, alors $\chi_u(X) = P_1^{\alpha_1} P_2^{\alpha_2} \ldots P_k^{\alpha_k}$ avec $\alpha_i \geq 1$, et $m_u(X) = P_1 P_2 \ldots P_k$, ce qui veut dire que u est semi-simple (Fr 1, 5.6.1.). Il suit de Fr 1, 3.1.6. que $E = \ker P_1 \oplus \ker P_2 \oplus \ldots \oplus \ker P_k$; il reste à montrer l'orthogonalité. Soit x_i (resp. x_j) tel que $P_i(u)(x_i) = 0$ (resp. $P_j(u)(x_j) = 0$) et $i \neq j$. Comme u est normal, il suit facilement que $P_j(u)$ est normal et donc que

(1) $P_j(u)^*(x_j) = 0$ par 8.7. . En plus $1 = \operatorname{pgcd}(P_i, P_j)$ et par Bézout il existe $A_i, A_j \in \mathbb{R}[X]$ avec $1 = A_i P_i + A_j P_j = A_i P_i + P_j A_j$ (par commutativité). Ainsi $\mathbb{1}_E = A_i(u)P_i(u) + P_j(u)A_j(u)$ et $x_i = P_j(u)A_j(u)(x_i)$. Par suite $(x_i \mid x_j) = (P_j(u)A_j(u)(x_i) \mid x_j) = (x_i \mid A_j(u)^* P_j(u)^*(x_j)) = 0$ par (1) . Ainsi la somme directe est orthogonale.

Théorème 8.12. *Soit $U \in M_n(\mathbb{R})$. Alors les propriétés suivantes sont équivalentes.*

i) On a ${}^tU\,U = U\,{}^tU$,

ii) il existe $P \in SO_n(\mathbb{R})$ (resp. $P \in O_n(\mathbb{R})$) avec $PUP^{-1} = \Delta$ où Δ est un tableau diagonal de matrices carrées Δ_i d'ordre 1 ou 2 , de plus les matrices Δ_i d'ordre 2 sont de la forme $\Delta_i = \begin{bmatrix} \rho_i \cos\theta_i & -\rho_i \sin\theta_i \\ \rho_i \sin\theta_i & \rho_i \cos\theta_i \end{bmatrix}$

$$\Delta = \begin{bmatrix} \Delta_1 & 0 & . & . & 0 \\ 0 & \Delta_2 & 0 & . & . \\ . & . & . & . & . \\ . & . & . & . & 0 \\ 0 & . & . & 0 & \Delta_r \end{bmatrix}$$

avec $\rho_i > 0$; $\theta_i \in \mathbb{R} - \pi\mathbb{Z}$ (resp. $\theta_i \in]0, \pi[$) .

Démonstration ii) implique i) est immédiat.

i) implique ii) Soient $\mathbb{R}^n$ muni de la structure euclidienne canonique définie en 2.2. , $(\varepsilon_i)_i$ la base canonique de $\mathbb{R}^n$, $\hat{U}$ l'endomorphisme de $\mathbb{R}^n$ tel que $\hat{U}(X) = UX$ et donc tel que $U = \operatorname{Mat}(\hat{U}; \varepsilon_i)$. Tout d'abord, *i)* et 8.4. montrent que $\hat{U}$ est un endomorphisme normal de $\mathbb{R}^n$, et alors le théorème 8.11. dit que par un changement de base orthonormale la matrice de $\hat{U}$ a bien la forme Δ indiquée. Cela veut dire qu'il existe $P\in O_n(\mathbb{R})$ tel que $PUP^{-1}=\Delta$; il reste à montrer qu'on peut choisir P dans $SO_n(\mathbb{R})$. On a donc à considérer seulement le cas où $P\in O_n(\mathbb{R})-SO_n(\mathbb{R})$; il suffit alors de changer P en $D_1(-1)P$ où $D_1(-1):=\begin{bmatrix} -1 & 0 & . & 0 \\ 0 & 1 & . & . \\ . & . & . & 0 \\ 0 & . & 0 & 1 \end{bmatrix}$. Dans ce cas le tableau diagonal $(\Delta_1,\Delta_2,\dots,\Delta_t)$ est changé lui-même si Δ_1 est d'ordre 1, en $(\Delta_1^{-1},\Delta_2,\dots,\Delta_t)$ si Δ_1 est d'ordre 2.

Corollaire 8.13. *Soient E un espace euclidien, u un endomorphisme de l'espace vectoriel E, $\Lambda:=\text{spectre}\, u:=\{\lambda\in\mathbb{R}\mid \chi_u(\lambda)=0\}=\{\lambda\in\mathbb{R}\mid m_u(\lambda)=0\}$. Alors les propriétés suivantes sont équivalentes.*
i) L'endomorphisme u est auto-adjoint ou symétrique (i.e. $u=u^*$),
ii) il existe une base orthonormale de E, constituée de vecteurs propres de u,
iii) l'application $g:E\times E\to\mathbb{R}$, définie par $g(x,y)=(u(x)\mid y)$ est une forme bilinéaire symétrique,
iv) on a $E=\overset{\perp}{\underset{\lambda\in\Lambda}{\oplus}}\ker(u-\lambda\, \mathbb{1}_E)$.

En plus on a $\ker u=\text{noyau}\, g$.

Démonstration C'est bien entendu une conséquence immédiate du théorème 8.11. . Néanmoins on peut en donner une démonstration directe.
i) équivalent à iii) C'est 8.5. .
i) implique ii) α) *L'endomorphisme u admet un vecteur propre non nul.*
Par le lemme 5.1.2. , il existe un sous-espace vectoriel V de E avec $1\leq\dim V\leq 2$ et $u(V)\subset V$. Si $\dim V=1$, α) est démontré. Supposons maintenant $\dim V=2$, alors u induit sur V un endomorphisme v qui est auto-adjoint, et par le lemme 8.8. l'endomorphisme v admet un vecteur propre non nul ; ainsi α) est montré.
β) On a donc un vecteur propre e_1 avec $\|e_1\|=1$ et alors $E=\mathbb{R}e_1\oplus(\mathbb{R}e_1)^\perp$. Comme u est auto-adjoint, on a facilement $u((\mathbb{R}e_1)^\perp)\subset(\mathbb{R}e_1)^\perp$; ainsi u induit un endomorphisme w sur $(\mathbb{R}e_1)^\perp$, de plus w est auto-adjoint. Une récurrence sur la dimension de l'espace montre qu'il existe une base orthonormale $(e_2,e_3,\dots,e_n)$ de $(\mathbb{R}e_1)^\perp$ constituée de vecteurs propres de

w. Il suit que $(e_1, e_2, \ldots, e_n)$ est une base orthonormale, constituée de vecteurs propres de u.
ii) implique iv) Comme u est diagonalisable on a $E = \underset{\lambda \in \Lambda}{\oplus} \ker(u - \lambda 1\!\!1_E)$ (Fr 1, 5.2.2.). Soient $\lambda, \lambda' \in \Lambda$, $\lambda \neq \lambda'$, $x \in E$ (resp. y) avec $u(x) = \lambda x$ (resp. $u(y) = \lambda' y$), alors $(u(x) \mid y) = \lambda (x \mid y)$ et
$(u(x) \mid y) = (x \mid u^*(y)) = (x \mid u(y)) = \lambda' (x \mid y)$; comme $\lambda \neq \lambda'$, on a bien $(x \mid y) = 0$. Ce qui montre que la somme directe est orthogonale.
iv) implique i) Soit $\mathscr{B}_\lambda$ une base orthonormale de $\ker(u - \lambda 1\!\!1_E)$, alors $\mathscr{B} := \underset{\lambda \in \Lambda}{\cup} \mathscr{B}_\lambda$ est une base orthonormale de E constituée de vecteurs propres de u. Ainsi $U := \mathrm{Mat}(u ; \mathscr{B})$ est diagonale, donc symétrique, l'endomorphisme u est alors symétrique (8.4.).

Corollaire 8.14. *Soit $U \in M_n(\mathbb{R})$. Alors les propriétés suivantes sont équivalentes.*
i) On a ${}^tU = U$ (i.e. U est symétrique),
ii) il existe $P \in SO_n(\mathbb{R})$ (i.e. ${}^tPP = I_n$, $\det P = 1$) avec $PUP^{-1} = D$ où D est une matrice diagonale.
iii) l'application $g : \mathbb{R}^n \times \mathbb{R}^n \to \mathbb{R}$, définie par $g(X, Y) = {}^tXUY$ est bilinéaire symétrique.

Démonstration *ii) implique i)* est immédiat.
i) implique ii) Soient $\mathbb{R}^n$ muni de la structure euclidienne canonique définie en 2.2., $(\varepsilon_i)_i$ la base canonique de $\mathbb{R}^n$, $\hat{U}$ l'endomorphisme de $\mathbb{R}^n$ tel que $\hat{U}(X) = UX$ et donc tel que $U = \mathrm{Mat}(\hat{U} ; \varepsilon_i)$. Tout d'abord, *i)* et 8.4. montrent que $\hat{U}$ est un endomorphisme symétrique de $\mathbb{R}^n$, et alors le théorème 8.13. dit que par un changement de base orthonormale la matrice de $\hat{U}$ a bien la forme Δ indiquée. Cela veut dire qu'il existe $P \in O_n(\mathbb{R})$ tel que $PUP^{-1} = \Delta$; il reste à montrer qu'on peut choisir P dans $SO_n(\mathbb{R})$. On a donc à considérer seulement le cas où
$P \in O_n(\mathbb{R}) - SO_n(\mathbb{R})$; il suffit alors de changer P en $D_1(-1)P$ ($D_1(-1)$ a été défini dans le preuve de 8.12.).

Corollaire 8.15. (et **définition**) *Soient* E *un espace vectoriel euclidien,* u *un endomorphisme de l'espace vectoriel* E ,
$\Lambda := \text{spectre}\, u := \{ \lambda \in \mathbb{R} \mid \chi_u(\lambda) = 0 \} = \{ \lambda \in \mathbb{R} \mid m_u(\lambda) = 0 \}$. *Alors les propriétés suivantes sont équivalentes.*
i) Il existe un endomorphisme (resp. *automorphisme)* v *de l'espace vectoriel* E *tel que* $u = v^* v$,
ii) il existe une base orthonormale de E *, constituée de vecteurs propres de* u *et les valeurs propres sont les nombres réels positifs ou nuls (* resp. *strictement positifs),*
iii) l'application $g : E \times E \to \mathbb{R}$ *, définie par* $g(x,y) = (u(x) \mid y)$ *est symétrique positive,* i.e. $g(x,x) \geq 0$ (resp. *définie positive,* i.e. $g(x,x) > 0$ *), pour tout* $x \neq 0$,
iv) il existe w *un endomorphisme (* resp. *automorphisme) auto-adjoint tel que* $u = w^2$,
v) pour tout $\lambda \in \Lambda$ *, on a* $\lambda \geq 0$ (resp. $\lambda > 0$ *) et de plus* $E = \overset{\perp}{\bigoplus_{\lambda \in \Lambda}} \ker(u - \lambda \, \mathbb{1}_E)$.

Un endomorphisme qui possède les propriétés *i), ii), iii), iv),* est dit *symétrique positif* (resp. *symétrique défini positif).* En plus l'endomorphisme w de *iv)* peut être choisi symétrique positif (resp. symétrique défini positif) .

En plus on a $\text{rang}\, u = \text{rang}\, v = \text{rang}\, w$; $\ker u = \ker v = \ker w = \text{noyau}\, g$.

Démonstration *i) implique ii)* Comme $u = v^* v$ est symétrique, par 8.13. , il existe une base orthonormale de E , $(e_1, e_2, \dots, e_n)$ constituée de vecteurs propres pour u . Ainsi $u(e_i) = \lambda_i e_i$, par suite
$(u(e_i) \mid e_i) = \lambda_i (e_i \mid e_i) = (v(e_i) \mid v(e_i))$. Ce qui montre que $\lambda_i \geq 0$ (resp. $\lambda_i > 0$) .
ii) implique iii) On suppose que $(e_i)_i$ est une base orthonormale de E avec $u(e_i) = \lambda_i e_i$, $\lambda_i \geq 0$ (resp. $\lambda_i > 0$) ; on a donc $g(e_i, e_j) = \delta_{ij} \lambda_j$, ce qui montre que $g(x,x) \geq 0$ (resp. $g(x,x) > 0$) si $x \neq 0$, donc que g est symétrique positive (resp. symétrique définie positive).
iii) implique iv) Par le corollaire 8.13. (*iii) implique i)*), il existe une base orthonormale $(e_i)_i$ de E , avec $u(e_i) = \lambda_i e_i$. En plus g symétrique positive (resp. symétrique définie positive) implique $\lambda_i \geq 0$ (resp. $\lambda_i > 0$) , i.e. $\lambda_i = \mu_i^2$ avec $\mu_i \geq 0$ (resp. $\mu_i > 0$) . Soit donc $w \in \mathcal{E}nd\, E$ défini par

$w(e_i)=\mu_i e_i$, on a bien $u=w^2$ avec w endomorphisme (resp. automorphisme) auto-adjoint.
iv) implique v) Comme w est auto-adjoint, il en est de même de $u=w^2$, ainsi par 8.13. on a $E=\overset{\perp}{\underset{\lambda\in\Lambda}{\oplus}} \ker(u-\lambda\, \mathbb{1}_E)$. En plus, comme w est auto-adjoint, par 8.13. il est diagonalisable et $\text{spectre}\, u=\{\mu^2 \mid \mu\in \text{spectre}\, w\}$, ce qui montre que si $\lambda\in\Lambda$ alors $\lambda\geq 0$ (resp. $\lambda>0$ si w est un automorphisme).
v) implique i) Soit $\mathscr{B}_\lambda$ une base orthonormale de $\ker(u-\lambda\, \mathbb{1}_E)$, alors $(e_1,e_2,\ldots,e_n):=\mathscr{B}:=\underset{\lambda\in\Lambda}{\cup}\mathscr{B}_\lambda$ est une base orthonormale de E et on a $u(e_i)=\lambda_i e_i$ avec $\lambda_i\geq 0$ (resp. $\lambda_i>0$) . Donc $\lambda_i=\mu_i^2$ avec $\mu_i\geq 0$ (resp. $\mu_i>0$) . Soit $v\in \mathscr{E}\!\mathit{nd}\, E$ tel que $v(e_i)=\mu_i e_i$. Alors par 8.4. v est auto-adjoint et $u=v^2$, i.e. $u=v^*v$.

Corollaire 8.16. (et **définition**) *Soit $U\in M_n(\mathbb{R})$. Alors les propriétés suivantes sont équivalentes.*
i) Il existe $V\in M_n(\mathbb{R})$ (resp. $G\ell_n(\mathbb{R})$) *avec $U={}^tVV$,*
ii) il existe $P\in SO_n(\mathbb{R})$ (i.e. ${}^tPP=I_n$, dét $P=1$) *avec $PUP^{-1}=D$ où D est une matrice diagonale à coefficients diagonaux positifs ou nuls* (resp. *strictement positifs),*
iii) l'application $g:\mathbb{R}^n\times\mathbb{R}^n\to\mathbb{R}$, définie par $g(X,Y)={}^tXUY$ est bilinéaire symétrique positive (resp. *définie positive),*
iv) il existe $W\in M_n(\mathbb{R})$ (resp. *$G\ell_n(R)$) avec $U=W^2$ et ${}^tW=W$,*
v) il existe $T\in M_n(\mathbb{R})$ (resp. *$G\ell_n(R)$) avec $U={}^tTT$ où T est triangulaire (supérieure ou inférieure, comme on veut) à coefficients diagonaux réels positifs ou nuls* (resp. *strictement positifs).*

Une matrice qui possède les propriétés *i), ii), iii), iv), v)* est dite *symétrique positive* (resp. *symétrique, définie, positive).*

En plus on a
$\text{rang}\, U=\text{rang}\, V=\text{rang}\, W=\text{rang}\, T;\ \ker U=\ker V=\ker W=\ker T=\text{noyau}\, g$.

Démonstration C'est le corollaire 8.15, en ajoutant ce qui suit
i) implique v) Il suffit d'utiliser l'exercice 10.4. .

Remarques 8.17. Il suit du corollaire 8.15. qu'un endomorphisme symétrique positif u est le carré d'un endomorphisme. La réciproque peut être fausse. Considérer l'endomorphisme u défini dans la base (e_1,e_2) par $u(e_1)=e_2$, $u(e_2)=-e_1$, i.e. $u^2=-\mathbb{1}_E$.

La partie $v)$ s'appelle aussi la factorisation de **Cholesky** (voir *Ci* 4.4-1 et 10.82.).

Corollaire 8.18. *Soient E un espace vectoriel euclidien, u un automorphisme de l'espace vectoriel E . Alors les propriétés suivantes sont équivalentes.*

i) L'automorphisme u est orthogonal (i.e. $uu^*=\mathbb{1}_E$),

ii) il existe une décomposition de E en somme directe orthogonale de sous-espaces E_i , $1\leq i\leq s$ avec les propriétés qui suivent : $u(E_i)=E_i$, $\dim E_i=1$ ou 2 pour $1\leq i\leq s$; si u_i est l'automorphisme de E_i induit par u ; on a $u_i=\pm\mathbb{1}_{E_i}$ si $\dim E_i=1$ et u_i est une rotation de mesure d'angle $\theta_i\in]0,\pi[$ si $\dim E_i=2$.

Si i) et ii) sont réalisés, on a $\chi_u(X)=P_1^{\alpha_1}P_2^{\alpha_2}\dots P_k^{\alpha_k}$, $m_u(X)=P_1P_2\dots P_k$, où P_i est un irréductible unitaire de $\mathbb{R}[X]$, $P_i\neq P_j$ pour $i\neq j$, et P_i est de la forme $X-1$ ou $X+1$ ou $X^2-2(\cos\theta)X+1$ avec $0<\theta<\pi$. En plus on a $E=\ker P_1(u)\overset{\perp}{\oplus}\ker P_2(u)\overset{\perp}{\oplus}\dots\overset{\perp}{\oplus}\ker P_k(u)$.

Démonstration C'est un corollaire du théorème 8.11. , mais c'est aussi le théorème 5.1.1. .

Corollaire 8.19. *Soit $U\in M_n(\mathbb{R})$. Alors les propriétés suivantes sont équivalentes.*

i) On a ${}^tUU=I_n$,

ii) il existe $P\in SO_n(\mathbb{R})$ (resp. $P\in O_n(\mathbb{R})$) avec $PUP^{-1}=\Delta$ où Δ est le tableau diagonal de matrices carrées Δ_i d'ordre 1 ou 2 , les matrices Δ_i d'ordre 1 sont de la forme $\Delta_i=\left[\pm 1\right]$, celles d'ordre 2 sont de

$$\Delta=\begin{bmatrix}\Delta_1 & 0 & . & . & 0\\ 0 & \Delta_2 & 0 & . & \\ . & . & . & . & .\\ . & . & . & . & 0\\ 0 & . & . & 0 & \Delta_r\end{bmatrix}$$

la forme $\Delta_i=\begin{bmatrix}\cos\theta_i & -\sin\theta_i\\ \sin\theta_i & \cos\theta_i\end{bmatrix}$, $\theta_i\in\mathbb{R}-\pi\mathbb{Z}$ (resp. $\theta_i\in]0,\pi[$) .

Corollaire 8.20. *Soient* E *un espace vectoriel euclidien de dimension* n , $(\cdot\,|\,\cdot)$ *le produit scalaire de* E , g *une forme bilinéaire symétrique sur l'espace vectoriel* E , u *l'unique endomorphisme auto-adjoint de* E *tel que* $g(x,y)=(u(x)\,|\,y)$ *pour tout* $x,y\in E$ (proposition 8.5.) . *Soit* $(e_1,e_2,\dots,e_n)$ *une base orthonormale de* E , *alors les propriétés suivantes sont équivalentes.*
i) $(e_1,e_2,\dots,e_n)$ *est orthogonal pour* g ,
ii) $(e_1,e_2,\dots,e_n)$ *est une base de vecteurs propres pour* u .

Par le corollaire 8.13. *il existe une base* $(e_1,e_2,\dots,e_n)$ *orthonormale de* E *qui satisfait i) et ii) et on a* $u(e_i)=g(e_i,e_i)e_i$, $1\leq i\leq n$.

Soient $\lambda_1>\lambda_2>\dots>\lambda_r$ *les valeurs propres (distinctes) de* u , $V_i:=\{x\in E\mid u(x)=\lambda_i x\}$. *Alors toute base orthonormale de* E *qui est orthogonale pour* g *est exactement de la forme* $\mathcal{B}_1\cup\mathcal{B}_2\cup\dots\cup\mathcal{B}_r$ *où* $\mathcal{B}_i$ *est une base orthonormale du sous-espace vectoriel euclidien* V_i .

Démonstration *i) implique ii)* On a $g(e_i,e_j)=(u(e_i)\,|\,e_j)=0$ pour $j\neq i$. Ainsi $u(e_i)\in(\mathbb{R}e_1+\dots+\mathbb{R}e_{i-1}+\mathbb{R}e_{i+1}+\dots+\mathbb{R}e_n)^{\perp}=\mathbb{R}e_i$, donc $(e_1,e_2,\dots,e_n)$ est une base de vecteurs propres pour u .
ii) implique i) est immédiat.

Enfin soit $\mathcal{B}$ une base orthonormale de E qui est orthogonale pour g . Il suit de ce qui précède que $\mathcal{B}\subset\dot{\bigcup}_{i=1}^{r}(V_i-\{0\})$ ($\mathcal{B}$ est considéré comme une partie) ; soit donc $\mathcal{B}_i:=\mathcal{B}\cap V_i$, on a $\mathcal{B}=\dot{\bigcup}_{i=1}^{r}\mathcal{B}_i$ et ainsi $n=\operatorname{card}\mathcal{B}=\sum_{i=1}^{r}\operatorname{card}\mathcal{B}_i$. Comme $\mathcal{B}_i$ est une partie libre de V_i on a $\operatorname{card}\mathcal{B}_i\leq\dim V_i$. Enfin $E=\bigoplus_{i=1}^{r}V_i$, donc $n=\sum_{i=1}^{r}\dim V_i$. Il suit donc de tout cela que $\operatorname{card}\mathcal{B}_i=\dim V_i$ pour $1\leq i\leq r$, ce qui veut dire que $\mathcal{B}_i$ est une base de V_i , et bien entendu orthonormale. Pour la réciproque il suffit de montrer que V_i est orthogonal à V_j pour $i\neq j$; soient $x\in V_i$, $y\in V_j$, alors on a $\lambda_i(x\,|\,y)=(u(x)\,|\,y)=(x\,|\,u(y))=\lambda_j(x\,|\,y)$ et comme $\lambda_i\neq\lambda_j$ on a bien $(x\,|\,y)=0$ (c'est aussi affirmé en 8.13.).

Corollaire 8.21. *Soient* E *un* $\mathbb{R}$*-espace vectoriel euclidien,* $u\in\mathcal{End}\,E$. *Alors les propriétés suivantes sont équivalentes.*
i) $uu^*=u^*u$, i.e. u *est normal,*
ii) il existe $P\in\mathbb{R}[X]$ *tel que* $u^*=P(u)$.

Démonstration α) *ii) implique i)* est immédiat.
β) On suppose *i)* satisfait. Par 8.11. il existe une base orthonormale $(e_1, e_2, \dots, e_n)$ de E telle que $M := \mathrm{Mat}(u\,; e_i)$ soit un tableau diagonal constitué de matrices $[\mu_i] \in M_1(\mathbb{R})$, $i \in I$ et de matrices $S_j := S(\lambda_j, \theta_j) = \lambda_j \begin{bmatrix} \cos\theta_j & -\sin\theta_j \\ \sin\theta_j & \cos\theta_j \end{bmatrix}$ avec $\lambda_j > 0$, $0 < \theta_j < \pi$, $j \in J$. Facilement ${}^tS_j = 2\lambda_j \cos\theta_j \mathbb{1}_E - S_j = P_j(S_j)$ où $P_j(X) := 2\lambda_j \cos\theta_j - X$. Enfin $m_j(X) := m_{S_j}(X) = X^2 - 2(\cos\theta_j)\lambda_j X + \lambda_j^2$. On a donc $P_j(X) = P_{j'}(X)$ si et seulement si $m_j(X) = m_{j'}(X)$. Par le théorème des chinois, il existe $P(X) \in \mathbb{R}[X]$ tel que $P(X) \equiv \mu_i$ modulo $(X - \mu_i)$, pour $i \in I$ et $P(X) \equiv P_j(X)$ modulo $m_j(X)$, $j \in J$. Il suit que $P(M) = {}^tM$ et donc que $P(u) = u^*$.

Corollaire 8.22. *Soit $M \in M_n(\mathbb{R})$, alors les propriétés suivantes sont équivalentes.*
i) $M\,{}^tM = {}^tMM$,
ii) il existe $P \in \mathbb{R}[X]$ tel que ${}^tM = P(M)$.

Démonstration C'est une conséquence immédiate de 8.21. .

Théorème 8.23. *Soient E un espace vectoriel euclidien, u un endomorphisme de l'espace vectoriel E . Alors les propriétés suivantes sont équivalentes.*
i) L'endomorphisme u est anti-symétrique (i.e. $u^* = -u$) ,
ii) il existe une décomposition de E en somme directe orthogonale de sous-espaces E_i , $0 \le i \le s$ avec les propriétés qui suivent : $u(E_i) \subset E_i$ pour $0 \le i \le s$, $E_0 = \ker u$; pour $1 \le i \le s$, $\dim E_i = 2$, si u_i est l'endomorphisme de E_i induit par u , alors u_i est une similitude directe de rapport $\rho_i > 0$ et de mesure d'angle $\pm\frac{\pi}{2}$, lorsqu'une orientation du plan E_i a été définie.

Si i) et ii) sont réalisés, si $\{\rho_1, \rho_2, \dots, \rho_s\} = \{\rho_1, \rho_2, \dots, \rho_k\}$ avec $\rho_i \ne \rho_j$, pour $1 \le i < j \le k$, alors on a $\chi_u(X) = X^{\alpha_0}(X^2 + \rho_1^2)^{\alpha_1}(X^2 + \rho_2^2)^{\alpha_2} \dots (X^2 + \rho_k^2)^{\alpha_k}$, avec $\alpha_0 = \dim E_0$, $m_u(X) = X^{\mu}(X^2 + \rho_1^2)(X^2 + \rho_2^2) \dots (X^2 + \rho_k^2)$, avec $\mu = 0$ si $\alpha_0 = 0$ et $\mu = 1$ si $\alpha_0 > 0$. En plus on a
$$E = \ker u \overset{\perp}{\oplus} \ker(u^2 + \rho_1^2 \mathbb{1}_E) \overset{\perp}{\oplus} \dots \overset{\perp}{\oplus} \ker(u^2 + \rho_k^2 \mathbb{1}_E) .$$

Théorème 8.24. *Soient $U \in M_n(\mathbb{R})$, $\alpha_0 := \dim(\ker U)$. Alors les propriétés suivantes sont équivalentes.*
i) On a ${}^tU = -U$,

ii) il existe $P \in SO_n(\mathbb{R})$ *avec* $PUP^{-1} = \Delta$ (resp. Δ') *si* $\alpha_0 > 0$ (resp. $\alpha_0 = 0$), *où* Δ (resp. Δ') *est un tableau diagonal* $(\Delta_0, \Delta_1, \ldots, \Delta_s)$ (resp. $(\Delta_1, \Delta_2, \ldots, \Delta_s)$) *de matrices carrées ;* Δ_0 *est la matrice nulle de* $M_{\alpha_0}(\mathbb{R})$, $\Delta_i := \rho_i \begin{bmatrix} 0 & 1 \\ -1 & 0 \end{bmatrix}$ *avec* $\rho_i > 0$ *, pour* $1 \le i \le s$ (resp. $\Delta_i := \rho_i \begin{bmatrix} 0 & 1 \\ -1 & 0 \end{bmatrix}$ *avec* $\rho_i > 0$ *, pour* $1 \le i \le s-1$ *, et* $\Delta_s := \pm \rho_s \begin{bmatrix} 0 & 1 \\ -1 & 0 \end{bmatrix}$ *avec* $\rho_s > 0$).

$$\Delta = \begin{bmatrix} \Delta_0 & 0 & . & 0 \\ 0 & \Delta_1 & 0 & . \\ . & . & . & 0 \\ . & . & 0 & \Delta_s \end{bmatrix},$$

$$\Delta' = \begin{bmatrix} \Delta_1 & 0 & . & 0 \\ 0 & \Delta_2 & 0 & . \\ . & . & . & 0 \\ . & . & 0 & \Delta_s \end{bmatrix}$$

9. Le groupe orthogonal d'une forme bilinéaire symétrique sur $\mathbb{R}^n$

9.0. Définitions

Soient E un $\mathbb{R}$–espace vectoriel, alors une norme sur E induit une norme d'algèbre sur $\mathcal{E}nd\, E$ selon *Fr 1*, A.2.1.5.1. ; le choix d'une norme sur E est sans importance puisqu'elles sont toutes équivalentes. Ensuite la norme sur $\mathcal{E}nd\, E$ rend continue l'application $u \longmapsto u^{-1}$ de $G\ell(E)$ dans lui-même (*Fr 1*, A.2.2.5.). Ainsi cela induit une topologie sur le groupe $G\ell(E)$ et donc aussi sur tous les sous-groupes de $G\ell(E)$.

Si G est un sous-groupe de $G\ell(E)$, alors il est facile de montrer que la composante connexe par arcs G_0 de $1\!\!1_E$ de G est un sous-groupe distingué de G appelé la *composante neutre* de G .

Lemme 9.1. *Soient* E *un* $\mathbb{R}$*–espace vectoriel de dimension* $n \ge 2$, f *une forme bilinéaire symétrique sur* E *de signature* (p, q) *avec* $p+q=n$, $p \ne 0$, $\mathcal{Q} := \{x \in E \mid f(x,x) = 1\}$. *Si* $p \ge 2$, $\mathcal{Q}$ *est connexe par arcs, si* $p = 1$, $\mathcal{Q}$ *a deux composantes connexes par arcs, celle de* x_0 *et de* $-x_0$, *où* x_0 *est un point quelconque de* $\mathcal{Q}$ *; en particulier* x *et* $-x$ *sont dans deux composantes connexes distinctes.*

Démonstration α) Le cas $p=1$. Soit $(e_1, e_2, \ldots, e_n)$ une base orthogonale avec $f(e_1, e_1) = 1$ et $f(e_i, e_i) = -1$ pour $i \ge 2$. Alors $x = \sum_{i=1}^{n} x_i e_i \in \mathcal{Q}$ si et seulement si $x_1^2 - x_2^2 - \ldots - x_n^2 = 1$, il suit que $|x_1| \ge 1$. Soit $\mathrm{pr}_1 : \mathcal{Q} \to \mathbb{R}$ l'application induite par la projection sur la première composante. On a donc $\mathrm{pr}_1^{-1}\{x_1 \in \mathbb{R} \mid x_1 \ge 0\} \cap \mathrm{pr}_1^{-1}\{x_1 \in \mathbb{R} \mid x_1 \le 0\} = \emptyset$, ce qui montre que

$\mathcal{Q}$ a au moins deux composantes connexes. Soient $\mathcal{Q}^+=\{\sum_{i=1}^{n} x_i e_i \in \mathcal{Q} \mid x_1 \geq 1\}$, $\mathcal{Q}^-=\{\sum_{i=1}^{n} x_i e_i \in \mathcal{Q} \mid x_1 \leq -1\}$, montrons que $\mathcal{Q}^+$ et $\mathcal{Q}^-$ sont connexes par arcs ; si $x=x_1e_1+x_2e_2+\ldots+x_ne_n \in \mathcal{Q}^+$, alors $t \longmapsto (1+t^2(x_2^2+\ldots+x_n^2))^{\frac{1}{2}}e_1+tx_2e_2+\ldots+tx_ne_n$ est un chemin de $\mathcal{Q}^+$ qui joint e_1 à x . Cela montre que $\mathcal{Q}^+$ est connexe par arcs ; une même méthode montre que $\mathcal{Q}^-$ l'est aussi.

β) *Le cas* $p \geq 2$. Soient $(e_1, e_2, \ldots, e_n)$ une base orthogonale avec $f(e_i, e_i)=1$, pour $1 \leq i \leq p$, $f(e_i, e_i)=-1$ pour $p<i \leq n$, $x=x_1e_1+x_2e_2+\ldots+x_ne_n \in \mathcal{Q}$, $\alpha(t)=1-t^2(x_2^2+\ldots+x_p^2-x_{p+1}^2\ldots-x_n^2)$. Comme $\alpha(0)=1$, $\alpha(1)=x_1^2$, on a $\alpha(t)>0$ pour $0 \leq t \leq 1$; ainsi $t \longmapsto \text{signe}(x_1)\,\alpha(t)^{\frac{1}{2}}e_1+tx_2e_2+\ldots+tx_ne_n$ est un chemin de $\mathcal{Q}$ qui relie x à $\text{signe}(x_1)e_1$. Il reste à trouver un chemin de $\mathcal{Q}$ qui relie e_1 à $-e_1$, c'est $t \longmapsto (\cos \pi t)e_1+(\sin \pi t)e_2$, parce que $p \geq 2$.

Lemme 9.2. *Soient E un $\mathbb{R}$–espace vectoriel de dimension $n \geq 2$, f une forme bilinéaire symétrique sur E , (a, b) une famille libre avec $f(a,a)=f(b,b)=1$, $P=\mathbb{R}\,a \oplus \mathbb{R}\,b$. Alors P est euclidien si et seulement si $|f(a,b)|<1$, P est hyperbolique si et seulement si $|f(a,b)|>1$, P est isotrope si et seulement si $|f(a,b)|=1$.*

Proposition 9.3. *Soient E un $\mathbb{R}$–espace vectoriel de dimension $n \geq 2$, f une forme bilinéaire symétrique sur E de signature (p,q) avec $p+q=n$, $1 \leq p<n$, $\mathcal{Q}^+$ une composante connexe de la quadrique $\mathcal{Q}$ qui est $\mathcal{Q}$ si $p \geq 2$,* (lemme 9.1.) , *$a, b \in \mathcal{Q}^+$. Alors il existe une application continue $\varphi:[0,1] \to SO(f)$ telle que $\varphi(0)=\mathbb{1}_E$, $\varphi(1)(a)=b$, $SO(f)$ est le groupe spécial orthogonal de f .*

Démonstration α) *Le cas* $b=\pm a$. Si $b=a$ c'est trivial. Si $b=-a$, alors par le lemme 9.1. , on a $p \geq 2$. En complétant (a) en une base orthogonale, on peut obtenir un plan euclidien $P=\mathbb{R}a \oplus \mathbb{R}a'$ dont (a,a') est une base orthonormale. Soit $\varphi(t)$ l'automorphisme orthogonal qui induit l'identité sur $P^{\perp}$ et sur P l'automorphisme dont la matrice dans (a,a') est $M(t)=\begin{bmatrix} \cos \pi t & -\sin \pi t \\ \sin \pi t & \cos \pi t \end{bmatrix}$. Alors $t \longmapsto \varphi(t)$ convient.

β) *On suppose que $P=\mathbb{R}a+\mathbb{R}b$ est un plan euclidien.* Alors on peut compléter (a) en une base orthonormale (a,a') , on a donc $b=\cos\theta\, a+\sin\theta\, a'$.

Soit $\varphi(t)$ l'automorphisme orthogonal qui induit l'identité sur $P^{\perp}$ et qui induit sur P un automorphisme représenté dans la base (a, a') par la matrice $\begin{bmatrix} \cos\theta t & -\sin\theta t \\ \sin\theta t & \cos\theta t \end{bmatrix}$. Alors $t \longmapsto \varphi(t)$ convient.

γ) *On suppose que* $\mathbb{R}a + \mathbb{R}b$ *est un plan hyperbolique.* On peut compléter (a) en une base (a, a') avec $f(a, a') = 0$, $f(a', a') = -1$. Alors $b = \varepsilon(\mathrm{ch}\,\theta\, a + \mathrm{sh}\,\theta\, a')$ où $\varepsilon = \pm 1$. Soit $\varphi(t)$ l'automorphisme orthogonal qui induit l'identité sur $P^{\perp}$ et qui induit sur P l'automorphisme représenté dans la base (a, a') par $M(t) = \begin{bmatrix} \mathrm{ch}\,\theta t & \mathrm{sh}\,\theta t \\ \mathrm{sh}\,\theta t & \mathrm{ch}\,\theta t \end{bmatrix}$. On a $\varphi(0) = \mathbb{1}_E$, $\varphi(1)(a) = \varepsilon b$. Si $\varepsilon = 1$, c'est fini.

Si $\varepsilon = -1$, $t \longmapsto \varphi(t)(a)$ est un chemin qui relie a à $-b$, ainsi b et $-b$ sont dans la même composante. Par α) il existe une application continue $\psi : [0, 1] \to SO(f)$ avec $\psi(0) = \mathbb{1}_E$, $\psi(1)(-b) = b$. Il suit que $t \longmapsto \psi(t)\varphi(t)$ convient.

δ) *On suppose que* $\mathbb{R}a + \mathbb{R}b$ *est un plan isotrope.* Montrons qu'il existe $a' \in \mathcal{Q}$ dans la même composante connexe que a tel que $\mathbb{R}a + \mathbb{R}a'$ et $\mathbb{R}b + \mathbb{R}a'$ soient des plans non isotropes. Par le lemme 9.2. on a $f(a, b) = \varepsilon = \pm 1$, ainsi $f(a, \varepsilon b) = 1$. Soit $c = \varepsilon b - a$, on a $f(a, c) = 0$, $f(c, c) = 0$ et $c \neq 0$. On complète (a) en une base orthogonale $(e_1, e_2, \ldots, e_n)$ avec $a = e_1$, $f(e_i, e_i) = 1$ pour $1 \leq i \leq p$, $f(e_i, e_i) = -1$ pour $i > p$. On a donc $c = \lambda_2 e_2 + \ldots + \lambda_n e_n$ et $\lambda_2^2 + \ldots + \lambda_p^2 - \lambda_{p+1}^2 - \ldots - \lambda_n^2 = 0$, ainsi $p \geq 2$ et on peut supposer que $\lambda_2 \neq 0$ quitte à permuter $e_2, e_3, \ldots, e_p$, puisque $c \neq 0$. Soit $a' := (1 + \lambda_2^2)^{-\frac{1}{2}}(e_1 + \lambda_2 e_2)$, d'abord a' est dans la même composante connexe que a puisque $p \geq 2$, ensuite $f(a', a') = 1$, $f(a, a') = \lambda_2(1 + \lambda_2^2)^{-\frac{1}{2}} \neq \pm 1$, $f(a', \varepsilon b) = (1 + \lambda_2^2)^{\frac{1}{2}} \neq \pm 1$. Clairement a' et a sont indépendants, comme $\lambda_2^2 + \ldots + \lambda_p^2 - \lambda_{p+1}^2 - \ldots - \lambda_n^2 = 0$, l'un des λ_i pour $i > p$ est non nul ; cela montre que b et a' sont indépendants. Enfin le lemme 9.2. montre que les plans $\mathbb{R}a + \mathbb{R}a'$ et $\mathbb{R}b + \mathbb{R}a'$ sont non isotropes. Par β) et γ) il existe une application continue $\varphi_1 : [0, 1] \to SO(f)$ avec $\varphi_1(0) = \mathbb{1}_E$, $\varphi_1(1)(a) = a'$, et il existe $\varphi_2 : [0, 1] \to SO(f)$ avec $\varphi_2(0) = \mathbb{1}_E$, $\varphi_2(1)(a') = b$. Alors $t \longmapsto \varphi_2(t)\varphi_1(t)$ convient.

Théorème 9.4. *Soient E un $\mathbb{R}$-espace vectoriel de dimension $n\geq 2$, f une forme bilinéaire symétrique sur E de signature (p,q) avec $p+q=n$, $O(f)$* (resp. *$SO(f)$*) *le groupe orthogonal de f* (resp. *spécial orthogonal*) *, $D(O(f))$ le groupe engendré par les commutateurs de $O(f)$, qui pour $n\geq 3$, est aussi celui de $SO(f)$) . Si $pq=0$, on a $D(O(f))=SO(f)$. Si $pq\neq 0$, $D(O(f))$ est d'indice 2 dans $SO(f)$ et dans ce cas $\frac{O(f)}{D(O(f))}\simeq\frac{\mathbb{Z}}{2\mathbb{Z}}\times\frac{\mathbb{Z}}{2\mathbb{Z}}$. D'autre part $D(O(f))$ est la composante neutre de $O(f)$.*

En termes matriciels, avec les notations de 1.5. , cela veut dire que $D(O_{pq}(\mathbb{R}))=SO_{pq}(\mathbb{R})$ si $pq=0$ et que $D(O_{pq}(\mathbb{R}))$ est d'indice 2 dans $SO_{pq}(\mathbb{R})$ si $pq\neq 0$ et dans ce cas que $\frac{O_{pq}(\mathbb{R})}{D(O_{pq}(\mathbb{R}))}\simeq\frac{\mathbb{Z}}{2\mathbb{Z}}\times\frac{\mathbb{Z}}{2\mathbb{Z}}$. Si $p+q\geq 3$, on a en plus $D(O_{pq}(\mathbb{R}))=D(SO_{pq}(\mathbb{R}))$.

Démonstration α) Si $pq=0$. C'est donc le cas de signature $(n,0)$ ou $(0,n)$; facilement $O(f)\simeq O_n(\mathbb{R})$. Ce sont alors les corollaires 5.2.1. et 5.2.2. de la proposition 5.1.1. .

β) *Si $1\leq p<n$, alors $SO(f)$ a au moins deux composantes connexes.*

Soient $(e_1,e_2,\dots,e_n)$ une base orthogonale avec $f(e_i,e_i)=1$ pour $1\leq i\leq p$, $f(e_i,e_i)=-1$ pour $i>p$, $E^+:=\bigoplus_{i=1}^{p}\mathbb{R}e_i$, $E^-:=\bigoplus_{i=p+1}^{n}\mathbb{R}e_i$, $h:E\to E^+$ la projection canonique associée à la décomposition $E=E^+\oplus E^-$, $i:E^+\to E$ l'injection canonique. Montrons que hui est un automorphisme de E^+ pour $u\in SO(f)$. Soit $x\in E^+$ avec $hui(x)=0$, on a donc $u(x)\in E^-$; or $f(x,x)=f(u(x),u(x))$, $f(x,x)\geq 0$ et $f(u(x),u(x))\leq 0$, ce qui montre que $f(x,x)=0$, comme $x\in E^+$ qui est euclidien , on a $x=0$. Soit $\varphi:SO(f)\to\{1,-1\}$ l'application continue définie par $\varphi(u)=\text{signe}(\text{dét}(hui))$. On a $\varphi(\mathbb{1}_E)=1$; soit u la rotation de plan hyperbolique définie par $u(e_1)=-e_1$, $u(e_{p+1})=-e_{p+1}$ et $u(e_i)=e_i$ autrement, alors on a $\varphi(u)=-1$. Cela montre bien que $SO(f)$ a au moins deux composantes connexes.

γ) *Si $1\leq p<n$, alors $SO(f)$ a au plus deux composantes connexes par arcs.*

γ.1) *On suppose que $p=1$.* Soient $\mathcal{Q}^+$, $\mathcal{Q}^-$ les composantes connexes par arcs de $\mathcal{Q}$, $a\in\mathcal{Q}^+$, $-a\in\mathcal{Q}^-$, $u\in SO(f)$ tel que $u(a)\in\mathcal{Q}^+$. Posons $b=u(a)$, par la proposition 9.3., il existe une application continue $\varphi:[0,1]\to SO(f)$ telle que $\varphi(0)=\mathbb{1}_E$, $\varphi(1)(b)=a$; ainsi $\varphi(1)u(a)=a$ et $\varphi(1)u$ s'identifie dans

$(\mathbb{R}a)^{\perp}$ à un élément de $SO(g)$, où g est un forme bilinéaire de signature $(0,n-1)$. Par α) il existe une application continue $\psi:[0,1]\to SO(g)\subset SO(f)$ avec $\psi(0)=\varphi(1)u$ et $\psi(1)=\mathbb{1}_E$. Ainsi il existe une application continue $\theta:[0,1]\to SO(f)$ telle $\theta(0)=u$, $\theta(1)=\mathbb{1}_E$.

Soit r une rotation de plan hyperbolique contenant a avec $r(a)=-a$, il suit de la connexité que $r(\mathcal{Q}^+)=\mathcal{Q}^-$, $r(\mathcal{Q}^-)=\mathcal{Q}^+$. Supposons maintenant que $u(a)\in\mathcal{Q}^-$, alors $ru(a)\in\mathcal{Q}^+$, par ce qui précède $t\longmapsto\theta(t)$ relie ru à $\mathbb{1}_E$, ainsi $t\longmapsto r\theta(t)$ relie u à r parce que $r^2=\mathbb{1}_E$.

Cela montre donc que $SO(f)$ a au plus deux composantes connexes par arcs.

γ.2) *On suppose* $p\geq 2$. Soient $a\in\mathcal{Q}$, $u\in SO(f)$, $b:=u(a)$. Par la proposition 9.3. il existe une application continue $\varphi:[0,1]\to SO(f)$ avec $\varphi(0)=\mathbb{1}_E$ et $\varphi(1)(b)=a$. Ainsi $t\longmapsto\varphi(t)u$ relie u à $\varphi(1)u$ et $\varphi(1)u(a)=a$. Ainsi $\varphi(1)u$ s'identifie dans $(\mathbb{R}a)^{\perp}$ à un élément de $SO(g)$, où g est une forme bilinéaire de signature $(p-1,q)$. Par récurrence $SO(g)$ a deux composantes connexes par arcs, celle de $\mathbb{1}$ et celle de r ; on a donc un chemin qui relie u à $\mathbb{1}_E$ ou à $\hat{r}$, où $\hat{r}$ se déduit de r en le prolongeant par l'identité sur $\mathbb{R}a$. Cela montre bien que $SO(f)$ a au plus deux composantes connexes par arcs.

δ) *Si* $pq\neq 0$, *$SO(f)$ a exactement deux composantes connexes par arcs et $D(O(f))$ est la composante neutre de $O(f)$*. Soit K la composante neutre de $O(f)$, il suit de β) et γ) que K est d'indice 2 dans $SO(f)$; ainsi $\frac{SO(f)}{K}$ est abélien, ce qui montre que $D(O(f))\subset K$. Comme $o(\frac{SO(f)}{D(O(f))})\leq 2$ (B.14.2.) il suit donc que $K=D(O(f))$; ainsi $o(\frac{SO(f)}{D(O(f))})=4$, comme tout élément de $\frac{O(f)}{D(O(f))}$ est d'ordre 1 ou 2 (B.14.1.), on a bien $\frac{O(f)}{D(O(f))}\simeq\frac{\mathbb{Z}}{2\mathbb{Z}}\times\frac{\mathbb{Z}}{2\mathbb{Z}}$.

Remarque 9.5. L'application φ définie en β) est un homomorphisme, ce n'est pas évident. On peut consulter l'exercice 10.48 ou N. Bourbaki, formes sesquilinéaires et formes quadratiques, § 7, exercice 27, p. 132.

Remarque 9.6. Sous l'hypothèse $pq\neq 0$, on savait déjà par B.14.3. que $\frac{SO(f)}{DSO(f)}\simeq\frac{\mathbb{R}^{\times}}{\mathbb{R}^{\times 2}}\simeq\frac{\mathbb{Z}}{2\mathbb{Z}}$; en revanche que $D(O(f))$ soit connexe par arcs est nouveau.

10. Exercices

Exercice 10.0. *sur la somme de deux vecteurs*

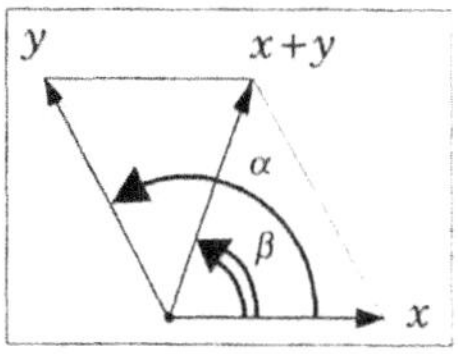

Soient E *le plan vectoriel euclidien orienté,* $x, y \in E-\{0\}$, $\alpha = \text{mes}(\widehat{x, y}) \in]0, \pi[$ (resp. $]\pi, 2\pi[$) , *alors on a* $x+y \neq 0$. *Soit* $\beta = \text{mes}(\widehat{x, x+y}) \in [0, 2\pi[$. Si $\alpha \in]0, \pi[$, *alors* $0<\beta<\alpha<\pi$. *Si* $\alpha \in]\pi, 2\pi[$, *alors* $\pi<\alpha<\beta<2\pi$.

Soient $e_1 := \frac{x}{\|x\|}$, $e_2 \in E$ tel que (e_1, e_2) soit une base orthonormale avec bonne orientation. 1) On suppose $0<\alpha<\pi$. Montrer que $x+y=(\|x\|+\|y\|\cos\alpha)e_1+\|y\|\sin\alpha\, e_2$ et $x+y=\|x+y\|(\cos\beta\, e_1+\sin\beta\, e_2)$. En conclure que $0<\beta<\pi$.
2) Des formules $\|x\|+\|y\|\cos\alpha=(x\,|\,y)$,
$\|x\|+\|y+y\|\cos\beta=(x\,|\,x+y)=\|x\|^2+\|x\|\ \|y\|\cos\alpha$, déduire que
$\|x+y\|(\cos\beta-\cos\alpha)=\|x\|+(\|y\|-\|x+y\|)\cos\alpha$.
3) Montrer que $\|y\|-\|x+y\|\geq -\|x\|$ et $\|x+y\|-\|y\|\geq -\|x\|$.
4) Si $\cos\alpha>0$, montrer que $\|x\|-(\|x\|-\|\ \|x+y\|)\cos\alpha \geq \|x\|(1-\cos\alpha)$ et que $\|x\|-(\|x\|-\|x+y\|)\cos\alpha>0$.
5) Si $\cos\alpha<0$, montrer de même que $\|x\|-(\|x\|-\|\ \|x+y\|)\cos\alpha>0$.
6) Conclure que $0<\beta<\alpha<\pi$.
7) On suppose que $\pi<\alpha<2\pi$. En considérant la symétrie orthogonale σ_x , montrer en utilisant 6) que $\pi<\alpha<\beta<2\pi$.

Exercice 10.1. *une famille de vecteurs d'un demi-espace ouvert qui forment deux à deux des angles obtus ou droits, est libre*

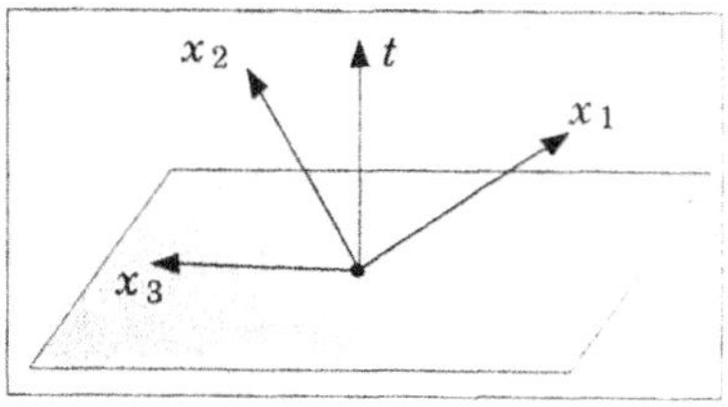

Soient E *un espace vectoriel euclidien,* $x_1, x_2, \ldots, x_n \in E-\{0\}$ *avec* $(x_i\,|\,x_j)\leq 0$ *pour tout* $i \neq j$. *On suppose qu'il existe* $t \in E$ *avec* $(t\,|\,x_i)>0$ *pour tout* i . *Alors* $(x_1, x_2, \ldots, x_n)$ *est une famille libre.*

On procède comme suit. Supposons la famille liée avec une liaison minimale $\sum_{i\in I} \lambda_i x_i = 0$.
1) Montrer que les λ_i ont tous le même signe (si $I=I_1 \cup I_2$ avec $\lambda_i>0$ pour $i \in I_1$, $\lambda_i<0$ pour $i \in I_2$, poser $v := \sum_{i\in I_1} \lambda_i x_i = -\sum_{j\in I_2} \lambda_j x_j$, déduire que $(v\,|\,v)\leq 0$ et donc que $v=0$; ainsi $I_1=\emptyset$ ou $I_2=\emptyset$).
2) Ensuite en calculant $(t\,|\,\sum_{i\in I} \lambda_i x_i)$, on conclut que $(x_i)_i$ est libre.

Exercice 10.2. *matrices de* **Gram** *et orthonormalisation*

Soient $(E,(.|.))$ *un espace vectoriel euclidien de dimension* n .

1. *Soit* $(e_1,e_2,\dots,e_n)$ (resp. $(f_1,f_2,\dots,f_n)$) *une famille de* E , $M=\left[\, m_{ij} \,\right]_{ij}\in M_n(\mathbb{R})$ *tel que* $e_j=m_{1j}f_1+m_{2j}f_2+\dots+m_{nj}f_n$. *Alors on a* $\left[\, (e_i|e_j) \,\right]_{ij}={}^tM\left[\, (f_i|f_j) \,\right]_{ij}M$.

2. *Soit* $(e_1,e_2,\dots,e_n)$ *une famille de* E .

2.1. *Alors* $\text{dét}\left[\, (e_i|e_j) \,\right]_{ij}=0$ *si et seulement si la famille* $(e_1,e_2,\dots,e_n)$ *est liée.*

2.2. *Pour toute famille* $(e_1,e_2,\dots,e_n)$ *on a* $\text{dét}\left[\, (e_i|e_j) \,\right]_{ij}\leq(e_1|e_1)(e_2|e_2)\dots(e_n|e_n)$ *; en plus si la famille est libre on a* $\text{dét}\left[\, (e_i|e_j) \,\right]_{ij}=(e_1|e_1)(e_2|e_2)\dots(e_n|e_n)$ *si et seulement si la famille* $(e_1,e_2,\dots,e_n)$ *est orthogonale.*

3. *Soit une famille libre* $(e_1,e_2,\dots,e_n)$, *et soit le parallélépipède* $P_n:=\{y_1e_1+y_2e_2+\dots+y_ne_n \mid 0\leq y_i\leq 1\ ,\ 1\leq i\leq n\}$. *Alors* $(\text{volume}(P_n))^2=|\,\text{dét}\left[\, (e_i|e_j) \,\right]_{ij}\,|$.

Soit $T_n:=\{y_1e_1+y_2e_2+\dots+y_ne_n \mid 0\leq y_i\leq 1$ *et* $y_1+y_2+\dots+y_n\leq 1\}$, i.e. T_n *est l'enveloppe convexe des points* $(e_0,e_1,\dots,e_n)$ *où* $e_0=0$. *Soit* $d_{ij}:=\|e_i-e_j\|$. *Alors* $(\text{volume}\,(T_n))=2^{1-n}\left|\,\text{dét}\left[\, \frac{1}{2}(d_{0i}^2+d_{0j}^2-d_{ij}^2) \,\right]_{\substack{1\leq i\leq n\\ 1\leq j\leq n}}\right|^{\frac{1}{2}}$ *; c'est donc le volume d'un triangle, d'un tétraèdre, ... etc , en fonction des longueurs des arêtes.*

4. *Soit* $M=\left[\, m_{ij} \,\right]={}^tVV\in M_n(\mathbb{R})$ *une matrice symétrique positive avec* $V=\left[\, C_1\ \ C_2\ \ .\ \ .\ \ C_n \,\right]$. *Alors on a* $M=\left[\, {}^tC_iC_j \,\right]_{ij}$ *et* $\text{dét}\,M\leq m_{11}m_{22}\dots m_{nn}$ *; en plus on a égalité si et seulement si* M *est une matrice diagonale.*

1) Montrer 1. .

2.1.) Montrer 2.1. .

2.2.) On suppose $(e_1,e_2,\dots,e_n)$ libre (le cas lié est immédiat). Soit $(f_1,f_2,\dots,f_n)$ une famille orthonormale avec $e_1=b_{11}f_1$, $e_2=b_{12}f_1+b_{22}f_2,\dots,e_n=b_{1n}f_1+b_{2n}+\dots+b_{nn}f_n$ et $b_{ii}>0$ (utiliser 2.9.) . Montrer en utilisant 1. que $\text{dét}\left[\, (e_i|e_j) \,\right]_{ij}=b_{11}^2b_{22}^2\dots b_{nn}^2$. Conclure.

3) Soit $(\varepsilon_1,\varepsilon_2,\dots,\varepsilon_n)$ une base orthonormale de E et $M=\left[\, m_{ij} \,\right]_{ij}\in M_n(\mathbb{R})$ avec $e_j=m_{1j}\varepsilon_1+m_{2j}\varepsilon_2+\dots+m_{nj}\varepsilon_n$. En déduire que

$$y_1e_1+y_2e_2+\dots+y_ne_n=x_1e_1+x_2e_2+\dots+x_ne_n \text{ implique } X=MY \text{ où } X=\begin{bmatrix} x_1\\ x_2\\ \vdots\\ x_n \end{bmatrix},\ Y=\begin{bmatrix} y_1\\ y_2\\ \vdots\\ y_n \end{bmatrix}.$$

Montrer que $\text{volume}\,P_n:=\int_{x\in P_n}dx_1dx_2\dots dx_n=\int_{y_1=0}^{1}\int_{y_2=0}^{1}\dots\int_{y_n=0}^{1}|\,\text{dét}\,M\,|\,dy_1dy_2\dots dy_n$ où $x=x_1\varepsilon_1+x_2\varepsilon_2+\dots+x_n\varepsilon_n$; en conclure que $\text{volume}\,P_n=|\,\text{dét}\,M\,|$. En déduire que 3. est satisfait en utilisant 1. .

Pour calculer volume (T_n), on peut procéder comme il suit. Par récurrence $P_{n-1}=S_1\cup S_2\cup\ldots\cup S_{2n-2}$ avec $S_1=T_{n-1}$, volume(S_i)=volume (S_1) et volume $(S_i\cap S_j)=0$ pour $i\neq j$.

Soit $\Delta_i:=\{z+\lambda e_n \mid z\in S_i\ ,0\leq\lambda\leq 1\}$, montrer que volume$(\Delta_i)$= volume$(\Delta_1)$ et que volume$(\Delta_i\cap\Delta_j)=0$ si $i\neq j$.

Soit h l'homothétie affine de centre $\frac{1}{n}(e_1+e_2+\ldots+e_n)$ et de rapport -1. Montrer que $\Delta_1=T_n\cup h(T_n)$ et que volume $(T_n\cap h(T_n))=0$. En conclure que volume $(T_n)=2^{1-n}$ volume(P_n) et donc que 3. est satisfait.

Exercice 10.3. *les polynômes orthogonaux*

Soient $E=\mathbb{R}[X]$ le $\mathbb{R}$-espace vectoriel des polynômes muni du produit scalaire $(f\mid g)_{a,b}:=\int_a^b f(x)g(x)dx$. Le problème consiste à orthonormaliser la famille $(X^n)_{n\geq 0}$, selon 2.9..

1) Soit $(P_{n,a,b})_{n\geq 0}$ une famille qui orthonormalise la famille $(X^n)_{n\geq 0}$.

1.1) Montrer que $\deg P_{n,a,b}=n$ et qu'il existe $U_n\in\mathbb{R}[X]$ tel que $\deg U_n=2n$, $\frac{d^n}{dX^n}U_n=P_{n,a,b}$ et $\frac{d^i}{dX^i}U_n(a)=0$ pour $0\leq i<n$.

1.2. En intégrant par parties $\int_a^b P_{n,a,b}(x)(x-b)^\alpha dx$ pour $\alpha=0,1,\ldots,n-1$, déduire que $\frac{d^i}{dX^i}U_n(b)=0$, pour $0\leq i<n$.

1.3. En déduire que $P_{n,a,b}(X)=k_{n,a,b}\frac{d^n}{dX^n}\{(X-a)(X-b)\}^n$.

2) Montrer que $\int_0^1 (\frac{d^n}{dX^n}\{x(x-1)\}^n)^2 dx=\frac{(n!)^2}{2n+1}$.

Conclure que $P_{n,0,1}(X)=\frac{\sqrt{2n+1}}{n!}\{X(X-1)\}^n$, si l'on impose que le coefficient de X^n de $P_{n,0,1}$ est positif.

3) Si on pose $P_{n,a,b}(X)=k_{n,a,b}\frac{d^n}{dX^n}\{(X-a)(X-b)\}^n$ avec $k_{n,a,b}>o$ et $a<b$. Montrer que $(k_{n,a,b})(b-a)^{n+\frac{1}{2}}=(k_{n,a',b'})(b'-a')^{n+\frac{1}{2}}$ et que

$P_{n,a,b}(X)=\frac{1}{(b-a)^{n+\frac{1}{2}}}\frac{\sqrt{2n+1}}{n!}\frac{d^n}{dX^n}\{(X-a)(X-b)\}^n$.

4) Montrer que $P_{n,a,b}(X)=\sqrt{2n+1}(\sum_{i=0}^{n}\binom{n}{i}\binom{n}{n-i}X^{n-i}(X-1)^i)$ et donc que $P_{n,0,1}(X)=\sqrt{2n+1}R_n(X)$ où $R_n(X)\in\mathbb{Z}[X]$.

5) Montrer que $P_{n,0,1}(X)=\sqrt{2n+1}(\frac{(2n)!}{(n!)^2}X^n+\ldots)$.

6) Soit $M=\left[\frac{1}{i+j+1}\right]_{\substack{0\le i<n\\0\le j<n}}$. Déduire de 4) et 5) qu'il existe $S=[s_{ij}]_{\substack{0\le i<n\\0\le j<n}}\in M_n(\mathbb{R})$, avec $P_{j,0,1}=s_{0j}X^0+s_{1j}X^1+\ldots+s_{jj}X^j$, $S=TD$ où $T=\left[t_{ij}\right]\in M_n(\mathbb{Z})$ est triangulaire supérieure avec $t_{ii}=\frac{(2i)!}{(i!)^2}$, $0\le i<n$ et $D=\left[d_{ij}\right]$ est la matrice diagonale avec $d_{ii}=\sqrt{2i+1}$ pour $0\le i<n$. Calculer $\left[(X^i|X^j)_{0,1}\right]$ en utilisant 10.2.1. , conclure que $M^{-1}\in M_n(\mathbb{Z})$ et que $\det M^{-1}=\prod_{i=0}^{n-1}(2i+1)\left(\frac{(2i)!}{(i!)^2}\right)^2\in\mathbb{Z}$.

Exercice 10.4. *application de la méthode d'orthonormalisation ; décomposition d'*Iwasawa

1. *Soit* $M\in G\ell_n(\mathbb{R})$. *Alors il existe* $O\in O_n(\mathbb{R})$, $T\in M_n(\mathbb{R})$ *une matrice triangulaire supérieure (*resp. *inférieure) telles que* $M=OT$ *et que les coefficients diagonaux de* T *soient positifs ; en plus, les matrices* O *et* T *sont uniques.*
2. *Soit* $T_n'(\mathbb{R})$ *le sous-groupe des matrices de* $G\ell_n(\mathbb{R})$, *triangulaires supérieures à coefficients diagonaux positifs. Alors l'application de* $(O,T)\longmapsto OT$ *est un homéomorphisme de* $O_n(\mathbb{R})\times T_n'(\mathbb{R})$ *sur* $G\ell_n(\mathbb{R})$.
3. *Soit* $M\in M_n(\mathbb{R})$. *Alors il existe* $O\in O_n(\mathbb{R})$, $T\in M_n(\mathbb{R})$ *triangulaire supérieure (*resp. *inférieure) avec* $M=OT$.
4. *Soit* $U\in M_n(\mathbb{R})$ *une matrice symétrique positive. Alors il existe une matrice* T *triangulaire supérieure (*resp. *inférieure) avec* $U={}^tTT$.
5. (la décomposition d'Iwasawa) *Soient* $T_{1,n}(\mathbb{R})$ *le sous-groupe de* $G\ell_n(\mathbb{R})$ *des matrices triangulaires supérieures avec des* 1 *sur la diagonale,* D_+ *le sous-groupe de* $G\ell_n(\mathbb{R})$ *des matrices diagonales à coefficients positifs. Alors l'application* $(O,\Delta,T)\longmapsto O\,\Delta\,T$ *de* $O_n(\mathbb{R})\times D_+\times T_{1,n}(\mathbb{R})$ *dans* $G\ell_n(\mathbb{R})$ *est un homéomorphisme.*

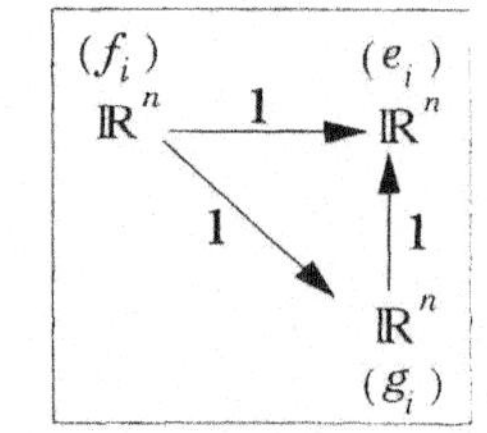

1) Soient $(e_1,e_2,\ldots,e_n)$ la base canonique de $\mathbb{R}^n$, muni du produit scalaire habituel, $M\in G\ell_n(\mathbb{R})$, $(f_1,f_2,\ldots,f_n)$ les vecteurs colonnes de M, $(g_1,g_2,\ldots,g_n)$ une base orthonormale de $\mathbb{R}^n$ avec $f_i=b_{1i}g_1+b_{2i}g_2+\ldots+b_{ii}g_i$, et $b_{ii}>0$ (c'est le lemme 2.9.). Montrer que
$\mathrm{Mat}(\mathbb{1};(g_i),(e_i))\mathrm{Mat}(\mathbb{1};(f_i),(g_i))=\mathrm{Mat}(\mathbb{1};(f_i),(e_i))$, que $M=\mathrm{Mat}(\mathbb{1};f_i,e_i)$, que $O:=\mathrm{Mat}(\mathbb{1};(e_i),g_i))\in O_n(\mathbb{R})$,

$$\mathrm{Mat}(\mathbb{1};(f_i),(g_i))=\begin{bmatrix} b_{11} & b_{12} & \cdot & & \cdot & b_{1n}\\ 0 & b_{22} & \cdot & \cdot & \cdot & b_{2n}\\ 0 & 0 & b_{33} & \cdot & \cdot & b_{3n}\\ \cdot & \cdot & \cdot & \cdot & \cdot & \cdot\\ \cdot & \cdot & \cdot & \cdot & \cdot & 0\\ 0 & \cdot & & \cdot & 0 & b_{nn}\end{bmatrix}=T$$ (triangulaire supérieure) ; remarquer que changer $(g_1,g_2,\ldots,g_n)$ en $(g_n,g_{n-1},\ldots,g_1)$ donne une matrice triangulaire inférieure. Conclure que $M=OT$ et que T est triangulaire supérieure (resp. inférieure).

2) Soit $\varphi : O_n(\mathbb{R}) \times T_n^{\prime}(\mathbb{R}) \to G\ell_n(\mathbb{R})$ défini par $\varphi((O,T))=OT$. Déduire de 1. que φ est bijectif et de *Fr 1*, A.2.2.5.0. que φ est continu. Soit la suite $(O_k T_k)_k$ convergeant vers $M=OT$, il s'agit de montrer que O_k converge vers O et donc que T_k converge vers T. Supposer le contraire et déduire qu'il existe une sous-suite $(O_{k_\ell})_\ell$ avec $\lim_\ell = O_{k_\ell} = O_1$ avec $O_1 \in O_n(\mathbb{R})$ (utiliser la compacité de $O_n(\mathbb{R})$). En conclure que $(T_{k_\ell})_\ell$ converge vers $T_1 \in T_n^{\prime}(\mathbb{R})$ et donc que $OT = O_1 T_1$. Conclure de 1. que $O = O_1$. En déduire que $(O_k)_k$ converge vers O et que (T_k) converge vers T.

3) Soient $M \in M_n(\mathbb{R})$, $M_k = -\frac{1}{k} I_n + M$. Montrer que $M_k \in G\ell_n(\mathbb{R})$ pour k assez grand et que $M = \lim_{k\to\infty} M_k$. On écrit $M_k = O_k T_k$ avec $O_k \in O_n(\mathbb{R})$ et T_k triangulaire supérieure (resp. inférieure). Montrer que $(O_k)_k$ admet une sous-suite toujours notée $(O_k)_k$ qui converge vers $O \in O_n(\mathbb{R})$ (utiliser la compacité de $O_n(\mathbb{R})$). Soit $T := \lim_{k\to\infty} M_k O_k^{-1}$, conclure.

4) Pour montrer 4., remarquer que U s'écrit $U = {}^t VV$ et utiliser 3..

5) Montrer que 5. est une conséquence de 2..

Exercice 10.5. *matrices orthogonalement triangularisables*

Soit $A \in M_n(\mathbb{R})$. *Alors les propriétés suivantes sont équivalentes.*

i) Le polynôme caractéristique χ_A *se factorise en polynômes de degré* 1 *de* $\mathbb{R}[X]$,

ii) il existe $O \in SO_n(\mathbb{R})$ *tel que* $OAO^{-1} = T$ *où* T *est triangulaire.*

1) Montrer *ii) implique i)*.

2) On suppose *i)* satisfait. Montrer que $A = PT_1P^{-1}$ où $P \in G\ell_n(\mathbb{R})$, T_1 triangulaire (supérieure). Ecrire $P = OT_2$ où $O \in SO_n(\mathbb{R})$, T_2 triangulaire (supérieure) (exercice 10.4.). Conclure que *ii)* est satisfait.

Exercice 10.6. *adjoint et décomposition en somme directe orthogonale*

Soient E *un espace vectoriel euclidien,* u *un endomorphisme de* E, u^* *son adjoint,* $P, Q \in \mathbb{R}[X] - \{0\}$ *avec* $PQ(u) = 0$ *et* $1 = \mathrm{pgcd}(P,Q)$, $V = \ker P(u)$, $V^* = \ker P(u^*)$, $W = \ker Q(u)$. *Alors on a* $E = V \oplus W = V^* \overset{\perp}{\oplus} W$.

1) Montrer que $E = V \oplus W$.

2) Montrer qu'il existe $A, B \in \mathbb{R}[X]$ tels que $1 = P(X)A(X) + Q(X)B(X)$ et donc que $\mathbb{1}_E = P(u^*)A(u^*) + Q(u^*)B(u^*)$.

3) Soient $x \in V^*$, $y \in W$, montrer que $x = Q(u^*)B(u^*)(x)$ et que $(x \mid y) = (Q(u^*)B(u^*)(x) \mid y) = (x \mid Q(u)B(u)(y)) = 0$; conclure que V^*, W sont orthogonaux.

4) Montrer que $\dim V = \dim V^*$ (penser à $\mathrm{rg}\, P(u) = \mathrm{rg}\, P(u)^* = \mathrm{rg}\, P(u^*)$). En déduire $E = V^* \overset{\perp}{\oplus} W$.

Exercice 10.7. *sur les projecteurs orthogonaux*

Soient E *un espace vectoriel euclidien,* u *un endomorphisme de* E *tel que* $u^2=u$ *(* i.e. *un projecteur). Alors on a les équivalences suivantes.*

i) u *est un projecteur orthogonal (* i.e. $\ker u$ *est orthogonal à* $\operatorname{im} u$ *, soit aussi* $E=\ker u \overset{\perp}{\oplus} \operatorname{im} u$ *),*

ii) $u^*=u$ *(*u *est auto-adjoint, ou symétrique),*

iii) $\|u(x)\| \leq \|x\|$ *pour tout* $x \in E$.

1) Montrer *i) implique ii) et iii).*

2) Montrer *ii) implique i)* (on a $x \in E$, $y \in \ker u$, ainsi $(u(x)|y)=(x|u^*(y))=(x|u(y))=0$).

3) Montrer *iii) implique i)* (soient $t \in \ker u$, $s \in \operatorname{im} u$, calculer $\|s+\lambda t\|^2$, considérer λ assez petit avec $\lambda(s|t) \leq 0$, conclure).

Exercice 10.8. *l'inégalité de* **Hadamard**

Soient E *un espace euclidien de dimension* n, $(e_i)_i$ *une base orthonormale,* $x_1, x_2, \ldots, x_n \in E$. *Alors on a* $|\det_{(e_i)}(x_1, x_2, \ldots, x_n)| \leq \|x_1\| \|x_2\| \ldots \|x_n\|$ *et on a égalité si et seulement si* $(x_1, x_2, \ldots, x_n)$ *est une famille orthogonale. Il suit que le volume du parallélépipède construit à partir de* $(x_1, x_2, \ldots, x_n)$ *de longueurs de côtés* $\ell_1, \ell_2, \ldots, \ell_n$ *fixées est maximum si et seulement si la famille est orthogonale, et le volume est alors* $\ell_1 \ell_2 \ldots \ell_n$.

1) Par orthonormalisation (2.9.) on a $x_1=\alpha_{11}v_1$, $x_2=\alpha_{12}v_1+\alpha_{22}v_2$, ..., $x_n=\alpha_{1n}v_1+\alpha_{2n}v_2+\ldots+\alpha_{nn}v_n$. En déduire que

$$\det_{(e_i)}(x_1, \ldots, x_n)=\det_{(e_i)}(v_1, \ldots, v_n)\det\begin{bmatrix} \alpha_{11} & \alpha_{12} & . & . & \alpha_{1n} \\ 0 & \alpha_{22} & . & . & \alpha_{2n} \\ 0 & 0 & . & . & . \\ . & . & . & . & . \\ 0 & . & . & 0 & \alpha_{nn} \end{bmatrix}, \text{ donc}$$

$|\det_{(e_i)}(x_1, \ldots, x_n)|=|\alpha_{11}||\alpha_{22}|\ldots|\alpha_{nn}|$.

2) Remarquer que $\|x_1\|=|\alpha_{11}|$, $\|x_2\|=(\alpha_{21}^2+\alpha_{22}^2)^{\frac{1}{2}} \geq |\alpha_{22}|$, ... Conclure.

Exercice 10.9. *une matrice par blocs, symétrique, positive*

Soit $A=\begin{bmatrix} A_{11} & A_{12} \\ A_{21} & A_{22} \end{bmatrix}$ *une matrice symétrique positive, avec* $A_{11} \in M_p(\mathbb{R})$, $A_{22} \in M_q(\mathbb{R})$. *Alors on a* $\det A \leq \det A_{11} \det A_{22}$.

1) On suppose A défini positif. En considérant $\begin{bmatrix} X \\ 0 \end{bmatrix}$ et $\begin{bmatrix} 0 \\ Y \end{bmatrix}$, montrer que A_{11} et A_{22} sont symétriques, définis positifs. Donc $A_{11}={}^tS_1S_1$, $A_{22}={}^tS_2S_2$. Si $S=\begin{bmatrix} S_1 & 0 \\ 0 & S_2 \end{bmatrix}$,

on a ${}^tS^{-1}AS^{-1}=\begin{bmatrix} I_p & U \\ {}^tU & I_q \end{bmatrix}$ et $\text{dét}A_{11}\,\text{dét}\,A_{22}=\text{dét}\,S_1^2\,\text{dét}\,S_2^2=\text{dét}\,S^2$.

Montrer qu'il existe $T\in O_n(\mathbb{R})$ tel que ${}^tT\begin{bmatrix} 0 & U \\ {}^tU & 0 \end{bmatrix}T=\begin{bmatrix} a_1 & 0 & . & . & 0 \\ 0 & a_2 & 0 & . & \\ & . & & & . \\ & & & . & 0 \\ & & . & 0 & a_n \end{bmatrix}$, avec $\sum_i a_i=0$ et $1+a_i\geq 0$ (parce que ${}^tT{}^tS^{-1}AS^{-1}T$ est défini positif).

On a donc $\text{dét}({}^tS^{-1}AS^{-1})=\prod_i(1+a_i)$. Or $\prod_i(1+a_i)\leq 1$ (comparer la moyenne géométrique et la moyenne arithmétique). En déduire que $\text{dét}A\leq\text{dét}A_{11}\,\text{dét}A_{22}$.
2) Pour le cas général, on a toujours A_{11}, A_{22} positif ; si donc $\text{dét}A=0$, l'inégalité est bien vérifiée.

Exercice 10.10. *une inégalité numérique sur les matrices symétriques*

Soit $M=\left[\, m_{ij}\,\right]\in M_n(\mathbb{R})$ *une matrice symétrique,* $\chi_M(X)=(X-\lambda_1)(X-\lambda_2)\dots(X-\lambda_n)$ *avec* $\lambda_1\geq\lambda_2\dots\geq\lambda_n$. *Alors on a* $m_{11}+m_{22}+\dots+m_{kk}\leq\lambda_1+\lambda_2+\dots+\lambda_k$ *pour* $1\leq k\leq n$ *et on a égalité pour* $k=n$.

On a $M={}^tP\begin{bmatrix} \lambda_1 & 0 & . & . & 0 \\ 0 & \lambda_2 & 0 & . & . \\ . & . & . & . & . \\ & . & . & . & 0 \\ . & . & . & 0 & \lambda_n \end{bmatrix}P$ où $P=\left[\, p_{ij}\,\right]\in O_n(\mathbb{R})$. Ainsi

$m_{ii}=p_{1i}^2\lambda_1+p_{2i}^2\lambda_2+\dots+p_{ni}^2\lambda_n$. Comme $P\in O_n(\mathbb{R})$, montrer que $\sum_{i=1}^{k}\sum_{j>k}p_{ij}^2=\sum_{i>k}\sum_{j=1}^{k}p_{ij}^2$.
En déduire que

$$\begin{aligned} m_{11}+m_{22}+\dots+m_{kk} &= \sum_{i=1}^{n}\sum_{j=1}^{k}p_{ij}^2\lambda_i\leq\sum_{i=1}^{k}\sum_{j=1}^{k}p_{ij}^2\lambda_i+\lambda_k\sum_{i>k}\sum_{j=1}^{k}p_{ij}^2 \\ &= \sum_{i=1}^{k}\sum_{j=1}^{k}p_{ij}^2\lambda_i+\lambda_k\sum_{i=1}^{k}\sum_{j>k}p_{ij}^2 \\ &\leq\sum_{i=1}^{k}\sum_{j=1}^{k}p_{ij}^2\lambda_i+\sum_{i=1}^{k}\sum_{j>k}p_{ij}^2\lambda_i= \\ &\sum_{i=1}^{k}(\sum_{j=1}^{n}p_{ij}^2)\lambda_i=\lambda_1+\lambda_2+\dots+\lambda_k \end{aligned}$$

Pour $k=n$, l'égalité est donnée par la trace.

Exercice 10.11. *endomorphismes orthogonaux et auto-adjoints*

Soit u un endomorphisme d'un espace euclidien, auto-adjoint et orthogonal. Montrer que $u^2=\mathbb{1}$.

Exercice 10.12. *le théorème de* Fisher-Cochran

Soient $(E,(.|.))$ *un espace vectoriel euclidien ,* $f_1,f_2,\dots,f_m$ *des formes bilinéaires symétriques sur* E *avec* $\sum_{i=1}^{m} f_i(x,y)=(x|y)$ *pour tout* x,y *et* $\sum_{i=1}^{m} \operatorname{rang} f_i=\dim E$ *. Soient* u_i *l'endomorphisme auto-adjoint associé à* f_i , i.e. $f_i(x,y)=(u_i(x)|y)$ *. Alors on a* $u_1+u_2+\dots+u_m=\mathbb{1}_E$, $u_i^2=u_i$ *et* $u_iu_j=0$ *pour tout* $i\neq j$ *. En plus* $E=u_1(E)\overset{\perp}{\oplus}u_2(E)\overset{\perp}{\oplus}\dots\overset{\perp}{\oplus}u_m(E)$ *; en particulier* $f_i(x,x)=(u_i(x)|x)=(u_i(x)|u_i(x))$.

1) Montrer que $E=u_1(E)\oplus u_2(E)\oplus\dots\oplus u_m(E)$ (utiliser $\mathbb{1}_E=\sum_{i=1}^{m} u_i$ et $\dim E=\sum_{i=1}^{m} \operatorname{rang} u_i$).

2) En remarquant que $x=\sum_{i=1}^{m} u_i(x)$, déduire que $u_\ell(x)=\sum_{i=1}^{m} u_iu_\ell(x)$ et que $u_\ell(x)=\sum_{i=1}^{m} u_\ell u_i(x)$.

3) Déduire de 1) et 2) que $u_\ell^2=u_\ell$ pour tout ℓ et que $u_iu_j=u_ju_i$ pour tout $i\neq j$.

4) Montrer que $u_i(E)$ est orthogonal à $u_j(E)$ pour tout $i\neq j$.

Exercice 10.13. *quelques calculs de signature*

1. *Soit* $A=\begin{bmatrix} a & b \\ b & c \end{bmatrix}\in\mathcal{Sym}_2(\mathbb{R})$ *. Alors on a*

$\operatorname{sgn} A=(2,0)$ *si* $ac-b^2>0$ *et* $a>0$.
$\operatorname{sgn} A=(0,2)$ *si* $ac-b^2>0$ *et* $a<0$.
$\operatorname{sgn} A=(1,1)$ *si* $ac-b^2<0$.
$\operatorname{sgn} A=(1,0)$ *si* $ac-b^2=0$ *et* a *ou* $c>0$.
$\operatorname{sgn} A=(0,1)$ *si* $ac-b^2=0$ *et* a *ou* $c<0$.
$\operatorname{sgn} A=(0,0)$ *si* $a=b=c=0$.

2. *Soit* $A:=\begin{bmatrix} 1 & 1 & . & . & 1 \\ 1 & 1 & . & . & 1 \\ . & . & . & . & . \\ 1 & 1 & . & . & 1 \end{bmatrix}\in\mathcal{Sym}_n(\mathbb{R})$ *. Alors* $\operatorname{sgn} A=(1,0)$.

3. *Soient* $A=[a_{ij}]\in\mathcal{Sym}_n(\mathbb{R})$ *avec* $\operatorname{sgn} A=(p,0)$, $r=\operatorname{card}\{i\,|\,a_{ii}=0\}$ *. Alors* $p\leq n-r$.

Exercice 10.14. *un produit sur les matrices symétriques positives*

Soient $A,B\in\mathcal{Sym}_n(\mathbb{R})$, deux matrices symétriques de $M_n(\mathbb{R})$ avec $A=[\,a_{ij}\,]_{ij}$, $B=[\,b_{ij}\,]_{ij}$. On note $A*B$ la matrice $[\,a_{ij}b_{ij}\,]_{ij}$, i.e. de terme général $a_{ij}\,b_{ij}$. Si $A\in\mathcal{Sym}_n(\mathbb{R})$, on appelle signature de A , la signature de la forme bilinéaire symétrique définie sur $\mathbb{R}^n\times\mathbb{R}^n$ par $(X,Y)\longmapsto {}^tXAY$ et on la note $\operatorname{sgn} A$.

0) *Soit* $B=[b_{ij}]\in \mathcal{Sym}_n(\mathbb{R})-\{0\}$ *. Alors les propriétés suivantes sont équivalentes.*

i) Il existe $b_1,b_2,\dots,b_n\in\mathbb{R}$ *tels que* $b_{ij}=b_ib_j$ *pour* $1\leq i\leq n$, $1\leq j\leq n$.

ii) $\operatorname{sgn}B=(1,0)$.

0.1) On suppose *i)* satisfait. Montrer que $\operatorname{rang}B=1$. Soit

$$D_B:=\begin{bmatrix} b_1 & 0 & . & . & 0\\ 0 & b_2 & . & . & .\\ . & . & . & . & .\\ 0 & . & . & 0 & b_n\end{bmatrix},\ \Delta:=\begin{bmatrix} 1 & 1 & . & 1\\ 1 & 1 & . & 1\\ . & . & . & .\\ 1 & . & . & 1\end{bmatrix}.$$ Montrer que $B={}^tD_B\Delta D_B$ et que $\operatorname{sgn}B=(1,0)$.

0.2) On suppose que *ii)* est satisfait . Montrer qu'il existe $S\in G\ell_n(\mathbb{R})$ tel que $B={}^tS\begin{bmatrix} 1 & 0 & . & . & 0\\ 0 & 0 & . & . & 0\\ . & . & . & . & .\\ 0 & . & . & . & 0\end{bmatrix}S$. Soit $\begin{bmatrix} b_1 & b_2 & . & . & b_n\end{bmatrix}$ la première ligne de la matrice S , conclure que $b_{ij}=b_ib_j$.

1) Soient $A,B\in\mathcal{Sym}_n(\mathbb{R})$, on suppose que $\operatorname{sgn}A=(p,0)$, $\operatorname{sgn}B=(1,0)$. Avec les notations de 0.1) , montrer que $A*B={}^tD_BAD_B$; en conclure que $\operatorname{sgn}(A*B)=(p',0)$ avec $p'\geq 0$.

2) Soient $A,B\in\mathcal{Sym}_n(\mathbb{R})$, on suppose que $\operatorname{sgn}A=(p,0)$ et que $\operatorname{sgn}B=(p',0)$. Conclure que $\operatorname{sgn}(A*B)=(p'',0)$ avec $p''\geq 0$ (considérer d'abord le cas $p'=0$; ensuite si $p'>0$, montrer que $B=B_1+B_2+\dots+B_{p'}$ avec $B_i\in\mathcal{Sym}_n(\mathbb{R})$ et $\operatorname{sgn}B_i=(1,0)$, conclure avec 1)) .

3) Soient $A,B\in\mathcal{Sym}_n(\mathbb{R})$ avec $\operatorname{sgn}A=\operatorname{sgn}B=(n,0)$; il s'agit de montrer que $\operatorname{sgn}A*B=(n,0)$. Ecrire $B=B_1+B_2+\dots+B_n$ avec $\operatorname{sgn}B_i=(1,0)$. Déduire de 1) avec les notations de 0.1) que $B_i={}^tD_{B_i}\Delta D_{B_i}$ et que $A*B={}^tD_{B_1}AD_{B_1}+{}^tD_{B_2}AD_{B_2}+\dots+{}^tD_{B_n}AD_{B_n}$. Soit $X\in\mathbb{R}^n$ tel que ${}^tX(A*B)X=0$, montrer que ${}^t(D_{B_i}X)A(D_{B_i}X)=0$ pour $1\leq i\leq n$. En déduire que $D_{B_i}X=0$ pour $1\leq i\leq n$ et donc que ${}^tXBX=0$. Déduire que $X=0$. Conclure en utilisant 2) que $\operatorname{sgn}(A*B)=(n,0)$.

4) Soit $F(X)=\sum_{i=0}^{\infty}f_iX^i\in\mathbb{R}[[X]]$ qui est une série entière , i.e. une série avec rayon de convergence infini ; on suppose en plus que $f_i\geq 0$ pour $i\geq 0$. Soient $A=\begin{bmatrix} a_{ij}\end{bmatrix}\in\mathcal{Sym}_n(\mathbb{R})$, ainsi $B:=\begin{bmatrix} f(a_{ij})\end{bmatrix}\in\mathcal{Sym}_n(\mathbb{R})$.

4.1) On suppose que $\operatorname{sgn}A=(p,0)$ avec $p\geq 0$, montrer $\operatorname{sgn}B=(p',0)$ avec $p'\geq 0$ (utiliser 2)) .

4.2) On suppose que $\operatorname{sgn}A=(n,0)$, montrer que $\operatorname{sgn}B=(n,0)$.

4.3) Soit $C:=[e^{a_{ij}}]\in\mathcal{Sym}_n(\mathbb{R})$. On suppose que $\operatorname{sgn}A=(n,0)$, montrer que $\operatorname{sgn}C=(n,0)$.

Exercice 10.15. *endomorphismes simultanément orthogonalement diagonalisables ; quelques propriétés algébriques, affines et topologiques des matrices symétriques*

1. *Soient* E *un espace vectoriel euclidien ,* S *un ensemble d'endomorphismes symétriques de* E. *Alors les propriétés suivantes sont équivalentes.*

i) Il existe une base orthonormale $(e_1, e_2, \dots, e_n)$ *qui diagonalise tous les éléments de* S ,

ii) on a $uv = vu$ *, pour tout* $u, v \in S$.

2. *Soit* S *un ensemble de matrices symétriques de* $M_n(\mathbb{R})$. *Alors les propriétés suivantes sont équivalentes.*

i) Il existe $O \in SO_n(\mathbb{R})$ *tel que pour tout* $A \in S$ *la matrice* OAO^{-1} *soit diagonale,*

ii) on a $AB = BA$ *, pour tout* $A, B \in S$.

3. *Soient* $\mathcal{S}ym_n(\mathbb{R})$ (resp. $\mathcal{S}ym_n^{+}(\mathbb{R})$, $\mathcal{S}ym_n^{++}(\mathbb{R})$) *le sous-ensemble de* $M_n(\mathbb{R})$ *des matrices symétriques* (resp. *symétriques positives, symétriques définies positives*) . *Alors* $\mathcal{S}ym_n(\mathbb{R})$ *est un sous-espace vectoriel de* $M_n(\mathbb{R})$.

4. *Soient* $\mathcal{A} \subset \mathcal{S}ym_n(\mathbb{R})$ *et* V *le sous-espace vectoriel de* $\mathcal{S}ym_n(\mathbb{R})$ *engendré par* $\mathcal{A}$. *On suppose que pour tout* $M, N \in \mathcal{A}$ *, on a* $MN = NM$. *Alors* $\dim V \leq n$.

5. *Soit* $\mathcal{B}$ *une sous-algèbre de* $\mathcal{S}ym_n(\mathbb{R})$. *Alors* $\mathcal{B}$ *est conjugué d'une sous-algèbre de* $\mathcal{D}$ *, la sous-algèbre de* $M_n(\mathbb{R})$ *des matrices diagonales.*

6. *La partie* $\mathcal{S}ym_n^{+}(\mathbb{R})$ *est une partie convexe et fermée de* $M_n(\mathbb{R})$.

7. *La partie* $\mathcal{S}ym_n^{++}(\mathbb{R})$ *est une partie convexe de* $M_n(\mathbb{R})$ et l'adhérence de $\mathcal{S}ym_n^{++}(\mathbb{R})$ *dans* $M_n(\mathbb{R})$ *est* $\mathcal{S}ym_n^{+}(\mathbb{R})$. *En plus* $\mathcal{S}ym_n^{++}(\mathbb{R})$ est *un ouvert de* $\mathcal{S}ym_n^{+}(\mathbb{R})$.

1) Montrer 1. en s'inspirant de *Fr 1* , A.5.7.11. .
2) Déduire 2. de 1. .
3) Déduire 4. de 2. .
4) Pour montrer 5. , remarquer que le produit de deux matrices symétriques est une matrice symétrique si et seulement si elles commutent, et utiliser 4. .

Exercice 10.16. *matrices à coefficients positifs*

Théorème (Perron 1907) *Soient* $A = [\, a_{ij} \,] \in M_n(\mathbb{R})$ *avec* $a_{ij} > 0$,

$\chi_A(X) = (X-\lambda_1)^{\alpha_1}(X-\lambda_2)^{\alpha_2} \dots (X-\lambda_r)^{\alpha_r}$ *avec* $\lambda_i \in \mathbb{C}$ *, distincts,* $|\lambda_1| \geq |\lambda_2| \geq \dots \geq |\lambda_r|$. *Alors on a* $\lambda_1 \in \mathbb{R}$, $\lambda_1 > 0$, $\lambda_1 > |\lambda_2|$, $\alpha_1 = 1$ *et l'espace propre associé à* λ_1 *est de dimension* 1,

engendré par $Z = \begin{bmatrix} z_1 \\ z_2 \\ \vdots \\ z_n \end{bmatrix}$ *avec* $z_i > 0$ *pour* $1 \leq i \leq n$. *De même l'espace propre de* ${}^tA$ *associé* *à* λ_1 *est de dimension* 1, *engendré par* $Z^* = \begin{bmatrix} z_1^* \\ z_2^* \\ \vdots \\ z_n^* \end{bmatrix}$ *avec* $z_i^* > 0$ *pour* $1 \leq i \leq n$. *Soient*

$Q(X) = (X-\lambda_2)^{\alpha_2} \ldots (X-\lambda_r)^{\alpha_r} \in \mathbb{R}[X]$, $W = \ker Q(A)$, *alors* $\mathbb{R}^n = \mathbb{R}Z^* \overset{\perp}{\oplus} W$ (c'est l'orthogonalité pour le produit scalaire canonique de $\mathbb{R}^n$). *Soit* $X = \begin{bmatrix} x_1 \\ x_2 \\ \vdots \\ x_n \end{bmatrix} \neq 0$, $x_i \geq 0$ *pour* $1 \leq i \leq n$, *alors on a* $\lim\limits_{k \to 0} \dfrac{A^k(X)}{\|A^k(X)\|} = \dfrac{Z}{\|Z\|}$.

1) Soit $C := \left\{ X = \begin{bmatrix} x_1 \\ x_2 \\ \vdots \\ x_n \end{bmatrix} \in \mathbb{R}^n \mid \sum\limits_{i=1}^{n} x_i^2 = 1 \text{ et } x_i \geq 0 \text{ pour } 1 \leq i \leq n \right\}$, montrer que

$\overset{\circ}{C} = \left\{ X = \begin{bmatrix} x_1 \\ x_2 \\ \vdots \\ x_n \end{bmatrix} \in C \mid x_i > o \text{ pour } 1 \leq i \leq n \right\}$, est l'intérieur de C . Montrer que C est compact et que si $X \in C$, il existe $\rho_X > 0$ avec $\rho_X A X \in \overset{\circ}{C}$.

2) *Soient* $X \in C$ *et* $r_X := \sup\{\rho \in \mathbb{R} \mid \rho X \leq AX\}$ (on dit que $X \leq Y$ si $x_i \leq y_i$ pour $1 \leq i \leq n$ et que $X < Y$ si $x_i < y_i$ pour $1 \leq i \leq n$) . *Alors* $X \longmapsto r_X$ *est une fonction continue.*
Soit $\varepsilon > 0$. Si $x_i \neq 0$, montrer qu'il existe $\eta_i > 0$ tel $\|Y\| < \eta_i$ et $X+Y \in C$ impliquent $r_X - \varepsilon < \dfrac{A(X+Y)_i}{x_i + y_i} < r_X + \varepsilon$, où $A(X+Y)_i$ désigne la *i*-ième composante de $A(X+Y)$. Si $x_i = 0$, montrer qu'il existe $\eta_i > 0$ tel que $\|Y\| < \eta_i$ et $X+Y \in C$ impliquent $\dfrac{A(X+Y)_i}{y_i} > r_X + \varepsilon$. En déduire que $X \longmapsto r_X$ est continue .

3) *Soit* $r = \max\limits_{X \in C} r_X$, *alors il existe* $Z \in C$ *avec* $r_Z = r$ (c'est la compacité). *Alors on a* $AZ = rZ$.

En effet $AZ \geq rZ$ et donc $AZ - rZ \geq 0$. Supposer $AZ - rZ \neq 0$, déduire qu'il existe $\mu > 0$ avec $\mu(AZ - rZ) \in C$, ainsi qu'il existe $\lambda > 0$ tel que $\lambda A(\mu(AZ - rZ)) \in \overset{\circ}{C}$. Il suit de cela que $A(AZ) > rAZ$ et ainsi on aurait $r_{\nu AZ} > r$ si $\nu > 0$ est tel que $\nu AZ \in C$. Conclure.

4) *Soit* $\lambda\in\mathbb{C}$ *avec* $\chi_A(\lambda)=0$, *alors on a* $|\lambda|\le r$, *et* $|\lambda|=r$ *implique* $\lambda=r$. Soit $Y\in\mathbb{C}^n-\{0\}$ tel que $AY=\lambda Y$; si $Y=\begin{bmatrix} y_1\\ y_2\\ \vdots\\ y_n\end{bmatrix}$, posons $Y^+=\begin{bmatrix} |y_1|\\ |y_2|\\ \vdots\\ |y_n|\end{bmatrix}$. Alors on a

$AY^+\ge|\lambda|Y^+$ et on a égalité si $Y=e^{i\theta}Y^+$. En effet on a $AY^+>|\lambda|Y^+$, il suit que $r_vY^+\ge|\lambda|$ (où $v>0$ et $vY^+\in C$) , ainsi $r\ge|\lambda|$. Si on a $r=|\lambda|$, on a donc $r_vY^+\ge|\lambda|$ et donc $AY^+=|\lambda|Y^+$ avec $Y=e^{i\theta}Y^+$; soit donc $\lambda=|\lambda|=r$.

5) *L'espace propre associé à* r *est de dimension* 1 (i.e. $\mathbb{R}Z$) . Soit $T\neq0$ avec $AT=rT$ et $\lambda=\max\limits_i(-\frac{T_i}{Z_i})$, où T_i (resp. Z_i) désigne la i-ième composante de T (resp. Z) . Montrer que $T+\lambda Z\ge0$ et que l'une des composantes est nulle. En déduire que $A(T+\lambda Z)=r(T+\lambda Z)$ implique $T+\lambda Z=0$.

6) *On a* $\alpha_1=1$. Supposer le contraire et montrer qu'il existe $Y\in\mathbb{R}^n$ avec $(A-\lambda_1I_n)^2Y=0$ et $(A-\lambda_1I_n)Y\neq0$, ainsi $AY=\lambda_1Y+\rho Z$ et quitte à changer Y en $-Y$, on a $\rho>0$. Poser $Y=\begin{bmatrix} y_1\\ y_2\\ \vdots\\ y_n\end{bmatrix}$, $Y^*=\begin{bmatrix} y_1^*\\ y_2^*\\ \vdots\\ y_n^*\end{bmatrix}$ où $y_i^*=\max(0,y_i)$. Montrer que $AY^*>\lambda_1Y^*$, que cela impliquerait $r_{Y^*}>\lambda_r=r$. D'où la contradiction.

7) Comme $(X-\lambda_1)$ et $Q(X)$ sont étrangers on a bien $\mathbb{R}^n=\mathbb{R}Z^*\overset{\perp}{\oplus}W$ (exercice 10.6.). Si donc X a ses composantes positives ou nulles, on a $X\notin W$, il suit alors de *Fr 1*, *A*.5.5.3, que $\lim\limits_{k\to\infty}\frac{A^k(X)}{\|A^k(X)\|}=\frac{Z}{\|Z\|}$.

Exercice 10.17. *sur les invariants ou les éléments caractéristiques d'une rotation en dimension* 3

Soient E *un espace vectoriel euclidien orienté de dimension* 3 , $u\in SO(E)-\{\mathbb{1}\}$.

1. *L'élément* u *est un demi-tour si et seulement si* $\mathrm{Tr}\,u=-1$ *; par ailleurs* $\ker(u-\mathbb{1}_E)$ *est l'axe de rotation de* u . *Si* u *est un demi-tour et si* x *est un élément de* E *tel que* $x+u(x)\neq0$, *alors* $\mathbb{R}(x+u(x))$ *est l'axe de rotation de* u .

2. *On suppose que* u *n'est pas un demi-tour. Soient* (f_1,f_2,f_3) *une base orthonormale qui définit l'orientation ,* $\begin{bmatrix} 0 & a & b\\ -a & 0 & c\\ -b & -c & 0\end{bmatrix}=\mathrm{Mat}(\frac{u-u^*}{2};(f_i)_i)$. *Alors le couple* (e_1,θ) *associé à* u *selon* 5.4.2.1.1. *est donné par* $e_1=\frac{1}{(a^2+b^2+c^2)^{\frac12}}(-cf_1+bf_2-af_3)$, $\cos\theta=\frac{\mathrm{Tr}\,u-1}{2}$, *en plus on a* $\sin\theta=(a^2+b^2+c^2)^{\frac12}$.

1) Soit (e_1,e_2,e_3) une base orthonormale bien orientée telle que

$\mathrm{Mat}(u;(e_i)_i)=\begin{bmatrix}1&0&0\\0&\cos\theta&-\sin\theta\\0&\sin\theta&\cos\theta\end{bmatrix}$ avec $0\leq\theta\leq\pi$ selon 5.4.2.1. . Conclure que

$\mathrm{Tr}\,u=1+2\cos\theta$ et que u est un demi-tour si et seulement si $\mathrm{Tr}\,u=-1$. Si u est un demi-tour et si x est un élément de E tel que $x+u(x)\neq 0$, montrer que $\mathbb{R}(x+u(x))$ est l'axe de rotation de u .

On suppose désormais que u *n'est pas un demi-tour et que* $u\neq 1\!\!1_E$.

2) Soit (f_1,f_2,f_3) une base orthonormale qui définit l'orientation , montrer que

$\begin{bmatrix}0&a&b\\-a&0&c\\-b&-c&0\end{bmatrix}=\mathrm{Mat}(\frac{u-u^*}{2};(f_i)_i)$ avec $(a,b,c)\neq(0,0,0)$.

3) Soit toujours (e_1,e_2,e_3) une base orthonormale bien orientée telle que

$\mathrm{Mat}(u;(e_i)_i)=\begin{bmatrix}1&0&0\\0&\cos\theta&-\sin\theta\\0&\sin\theta&\cos\theta\end{bmatrix}$ avec $0<\theta<\pi$ selon 5.4.2.1., montrer que

$\mathrm{Mat}(\frac{u-u^*}{2};(e_i)_i)=\begin{bmatrix}0&0&0\\0&0&-\sin\theta\\0&\sin\theta&0\end{bmatrix}$. Conclure que $\mathbb{R}e_1=\ker(\frac{u-u^*}{2})$ et que

$e_1=\frac{\varepsilon}{(a^2+b^2+c^2)^{\frac{1}{2}}}(-cf_1+bf_2-af_3)$ avec $\varepsilon=\pm1$.

4) Soit y orthogonal à e_1 avec $\|y\|=1$. Calculer $z:=y\wedge(\frac{(u-u^*)}{2}(y))$ en utilisant les représentations matricielles dans les bases (f_1,f_2,f_3) et (e_1,e_2,e_3) , et en déduire que $\sin\theta\, e_1=-cf_1+bf_2-af_3$. Conclure que $\varepsilon=1$ et que $\sin\theta=(a^2+b^2+c^2)^{\frac{1}{2}}$.

5) Soit E un espace vectoriel euclidien de dimension 3 , orienté par une base orthonormée $\mathcal{B}$, f l'endomorphisme de E défini par $\mathrm{Mat}(f,\mathcal{B})=\frac{1}{4}\begin{bmatrix}2&-\sqrt{6}&-\sqrt{6}\\\sqrt{6}&3&-1\\\sqrt{6}&-1&3\end{bmatrix}$.

Démontrer que $f\in SO(E)$ et déterminer le couple (e_1,θ) qui définit la rotation f selon 5.4.2.1. .

6) Soit E un espace vectoriel euclidien de dimension 3 , orienté par une base orthonormée $\mathcal{B}$, f l'endomorphisme de E défini par $\mathrm{Mat}(f,\mathcal{B})=-\frac{1}{3}\begin{bmatrix}2&1&-2\\2&-2&1\\1&2&2\end{bmatrix}$

Démontrer que $f\in SO(E)$ et déterminer le couple (e_1,θ) qui définit la rotation f selon 5.4.2.1.1. .

Exercice 10.18. *sur la décomposition en symétrique plus anti-symétrique*

Soit E un espace vectoriel euclidien de dimension quelconque, $u \in \mathcal{End}\, E$. Alors il existe $v, w \in \mathcal{End}\, E$ uniques tels que $u = v + w$ avec $v^* = v$, $w^* = -w$. En plus, on a $vw = wv$ si et seulement si u est normal (i.e. $uu^* = u^*u$).

Exercice 10.19. *matrices orthogonalement équivalentes, décomposition de* **Cartan**, *conjugaison, groupes d'isotropie de matrices "diagonales"*

0. *Deux matrices* $A, B \in M_{n,m}(\mathbb{R})$ *sont dites orthogonalement équivalentes s'il existe* $O_1 \in O_n(\mathbb{R})$, $O_2 \in O_m(\mathbb{R})$ *avec* $A = O_1 B O_2^{-1}$. *On peut aussi dire que* $O_n(\mathbb{R}) \times O_m(\mathbb{R})$ *opère sur* $M_{n,m}(\mathbb{R})$ *par* $(O_1, O_2) * M = O_1 M O_2^{-1}$. *Ainsi les orbites ne sont autre chose que les classes d'équivalences modulo la relation ci-dessus.*

1. (décomposition de Cartan) *Soient* $M \in M_{n,m}(\mathbb{R}) - \{0\}$, $r = \operatorname{rang} M$. *Alors il existe* $d_1, d_2, \dots, d_r \in \mathbb{R}$ *avec* $d_1 \geq d_2 \geq \dots \geq d_r > 0$, $O_1 \in O_n(\mathbb{R})$, $O_2 \in O_m(\mathbb{R})$ *tels que*

$$O_1 M O_2^{-1} = \begin{bmatrix} D & 0_1 \\ 0_3 & 0_2 \end{bmatrix} \quad \text{où } D = \begin{bmatrix} d_1 & 0 & . & . & 0 \\ 0 & d_2 & 0 & . & . \\ . & 0 & . & . & . \\ . & . & . & . & 0 \\ 0 & . & . & 0 & d_r \end{bmatrix} \quad \text{et où } 0_1, 0_2, 0_3 \text{ sont des matrices nulles.}$$

On a $\chi_{M^tM}(X) = (X - d_1^2) \dots (X - d_r^2) X^{n-r}$, *il suit de cela que les éléments* $d_1, d_2, \dots, d_r$ *sont uniques.*

2. *Soit* $\mathcal{G}_n$ *l'ensemble des polynômes unitaires de* $\mathbb{R}[X]$ *de degré* n *qui se factorisent en polynômes de degré* 1 *de la forme* $(X - a_1)(X - a_2) \dots (X - a_r) X^{n-r}$ *avec* $a_i > 0$, $r \leq \inf(n, m)$. *Alors l'application* $M \longmapsto \chi_{M^tM}(X)$ *induit une bijection de l'ensemble des orbites de* $M_{n,m}(\mathbb{R})$ *sous l'action de* $O_n(\mathbb{R}) \times O_m(\mathbb{R})$ *sur* $\mathcal{G}_n$ *(l'opération est définie en* 0.).

3. *Soient* $r \leq \inf(n, m)$, $\tilde{J}(\boldsymbol{d}; \boldsymbol{\alpha}) := \begin{bmatrix} J(\boldsymbol{d}; \boldsymbol{\alpha}) & 0_1 \\ 0_2 & 0_3 \end{bmatrix} \in M_{n,m}(\mathbb{R})$, *où* 0_1 (resp. 0_2, 0_3) *est la matrice nulle de* $M_{r,m-r}(\mathbb{R})$ (resp. $M_{n-r,r}(\mathbb{R})$, $M_{n-r,m-r}(\mathbb{R})$),

$$J(\boldsymbol{d}; \boldsymbol{\alpha}) := J(d_1, \dots, d_s; \alpha_1, \dots, \alpha_s) = \begin{bmatrix} d_1 I_{\alpha_1} & 0 & & 0 \\ 0 & d_2 I_{\alpha_2} & . & . \\ & 0 & . & . & . \\ . & . & . & . & 0 \\ 0 & & . & . 0 & d_s I_{\alpha_s} \end{bmatrix}, \text{ avec } d_1 > d_2 > \dots > d_s > 0,$$

$\alpha_1 + \alpha_2 + \dots + \alpha_s = r$. *Alors le groupe d'isotropie de* $\tilde{J}(\boldsymbol{d}; \boldsymbol{\alpha})$ *est l'ensemble des couples de matrices*

$$\left(\begin{bmatrix} A & 0_1 \\ 0_2 & B \end{bmatrix}, \begin{bmatrix} A & 0_3 \\ 0_4 & C \end{bmatrix} \right) \text{ où } A = \begin{bmatrix} A_1 & 0 & . & . \\ 0 & A_2 & . & . \\ . & . & . & 0 \\ . & . & 0 & A_s \end{bmatrix} \text{ avec } A_j \in O_{\alpha_j}(\mathbb{R}),\ B \in O_{n-r}(\mathbb{R}),$$

$C \in O_{m-r}(\mathbb{R})$.

4. *Soient* $r \leq n$, $\bar{J}(\boldsymbol{d};\boldsymbol{\alpha}) := \begin{bmatrix} J(\boldsymbol{d};\boldsymbol{\alpha}) & 0_1 \\ 0_2 & 0_3 \end{bmatrix} \in M_n(\mathbb{R})$, *où* 0_1 (resp. 0_2 , 0_3) *est la matrice nulle de* $M_{r,n-r}(\mathbb{R})$ (resp. $M_{n-r,r}(\mathbb{R})$, $M_{n-r}(\mathbb{R})$) ,

$$J(\boldsymbol{d};\boldsymbol{\alpha}) := J(d_1,\dots,d_s;\alpha_1,\dots,\alpha_s) = \begin{bmatrix} d_1 I_{\alpha_1} & 0 & & 0 \\ 0 & d_2 I_{\alpha_2} & \cdot & \cdot \\ \cdot & 0 & \cdot & \cdot \\ \cdot & \cdot & \cdot & 0 \\ 0 & \cdot & 0 & d_s I_{\alpha_s} \end{bmatrix} , \text{ avec } d_i \in \mathbb{R} , \ d_i \neq 0 , \ d_i \neq d_j$$

pour $i \neq j$, $\alpha_1 + \alpha_2 + \dots + \alpha_s = r$. *Alors le groupe d'isotropie de* $\bar{J}(\boldsymbol{d};\boldsymbol{\alpha})$ *pour la conjugaison,* i.e. *le groupe des matrices* P *telles que* $\bar{J}(\boldsymbol{d};\boldsymbol{\alpha}) = P\bar{J}(\boldsymbol{d};\boldsymbol{\alpha})P^{-1}$, *est l'ensemble des matrices*

de la forme $\begin{bmatrix} A & 0_1 \\ 0_2 & B \end{bmatrix}$ *avec* $B \in O_{n-r}(\mathbb{R})$, $A = \begin{bmatrix} A_1 & 0 & \cdot & 0 \\ 0 & A_2 & \cdot & \cdot \\ \cdot & \cdot & \cdot & \cdot \\ 0 & \cdot & \cdot & A_s \end{bmatrix}$ *avec* $A_i \in O_{\alpha_i}(\mathbb{R})$.

5. *Soit* $M \in M_{n,m}(\mathbb{R})$, *alors l'orbite de* M *est un fermé de* $M_{n,m}(\mathbb{R})$.

1) Montrer que deux matrices de $M_{n,m}(\mathbb{R})$ sont orthogonalement équivalentes si et seulement si elles expriment la même application linéaire dans des bases orthonormales (éventuellement différentes).

2) Soient E, F deux espaces vectoriels euclidiens avec $\dim E = m$, $\dim F = n$, $u : E \to F$ une application linéaire de rang $r > 0$, on note $(\,.\,|\,.\,)$ le produit scalaire de E et F .

2.1) Montrer que $(x,y) \longmapsto (u(x)\,|\,u(y))$ est une forme bilinéaire symétrique positive sur E , on la note Φ .

2.2) Montrer qu'il existe une base orthonormale $(e_1, e_2, \dots, e_m)$ de E qui est orthogonale pour Φ .

2.3) Quitte à changer les indices, on peut supposer que $u(e_i) \neq 0$ pour $i \leq s$ et $u(e_i) = 0$ pour $i > s$. Montrer que $s = r$.

2.4) Posons $d_i^2 = (u(e_i)\,|\,u(e_i))$ pour $i \leq r$, $f_i := \frac{1}{d_i} u(e_i)$ ($d_i > 0$) . Montrer que $(f_1, f_2, \dots, f_r)$ est une famille orthonormale de F .

2.5) Montrer qu'il existe une base orthonormale $(e'_1, e'_2, \dots, e'_m)$ de E , $(f'_1, f'_2, \dots, f'_n)$ de F telles que $u(e'_i) = d_i f'_i$ avec $d_1 \geq d_2 \geq \dots \geq d_r > 0$, pour $i \geq r$ et $u(e'_i) = 0$ pour $i > r$.

2.6) Soit $M \in M_{n,m}(\mathbb{R}) - \{0\}$ montrer que 1. est satisfait.

3) Montrer que 2. est satisfait.

4) Soient $O_1 \in O_n(\mathbb{R})$, $O_2 \in O_m(\mathbb{R})$ avec $O_1 \tilde{J}(\boldsymbol{d};\boldsymbol{\alpha}) = \tilde{J}(\boldsymbol{d};\boldsymbol{\alpha}) O_2$. Déduire de *Fr 1*, A.1.4.28.3. que $O_1 = \begin{bmatrix} A & U \\ 0_4 & B \end{bmatrix}$, $O_2 = \begin{bmatrix} D & 0_3 \\ V & C \end{bmatrix}$ où $A, D \in G\ell_r(\mathbb{R})$ avec $A\,J(\boldsymbol{d};\boldsymbol{\alpha}) = J(\boldsymbol{d};\boldsymbol{\alpha})D$, $B \in G\ell_{n-r}(\mathbb{R})$, $C \in G\ell_{m-r}(\mathbb{R})$, 0_4 (resp. 0_5) est la matrice nulle de $M_{n-r,r}(\mathbb{R})$ (resp. $M_{r,m-r}(\mathbb{R})$) , $U \in M_{r,n-r}(\mathbb{R})$, $V \in M_{m-r,r}(\mathbb{R})$. Montrer que

A , $D \in O_r(\mathbb{R})$. Montrer que U et V sont les matrices nulles (remarquer que les colonnes de U sont orthogonales aux colonnes de A) ; en déduire que $B \in O_{n-r}(\mathbb{R})$, $C \in O_{n-r}(\mathbb{R})$ Considérer la relation $A\,J(\boldsymbol{d};\boldsymbol{\alpha}) = J(\boldsymbol{d};\boldsymbol{\alpha})D$, considérer la décomposition de A et D en blocs définis par $J(\boldsymbol{d};\boldsymbol{\alpha})$, ensuite comparer la norme de la première colonne de $A\,J(\boldsymbol{d};\boldsymbol{\alpha})$ et celle de la première colonne de $J(\boldsymbol{d};\boldsymbol{\alpha})D$, continuer et conclure que

$$A = D = \begin{bmatrix} A_1 & 0 & . & 0 \\ 0 & A_2 & . & . \\ . & . & . & . \\ 0 & . & . & A_s \end{bmatrix}$$ avec $A_i \in O_{\alpha_i}(\mathbb{R})$. En conclure que 3. est satisfait.

5) Déduire de *Fr 1*, A.1.4.28.4. que 4. est satisfait.

6) Montrer 5. en remarquant que $O_n(\mathbb{R}) \times O_m(\mathbb{R})$ est compact.

Exercice 10.20. *matrices orthogonalement équivalentes et orthogonalement semblables*

Soient $M, N \in M_{n,m}(\mathbb{R})$. *Alors les propriétés suivantes sont équivalentes.*

i) M *est orthogonalement équivalent à* N , *ii)* ${}^tMM$ *est orthogonalement semblable à* ${}^tNN$.

Exercice 10.21. *matrices normales semblables et orthogonalement semblables*

Soient $M, N \in M_n(\mathbb{R})$ *deux matrices normales. Alors les propriétés suivantes sont équivalentes.*

i) M *est semblable à* N modulo $G\ell_n(\mathbb{R})$, *ii)* M *est semblable à* N modulo $O_n(\mathbb{R})$.

Exercice 10.22. *interprétation en termes de groupe opérant sur un ensemble des propriétés de matrices réelles normales*

Soient $\mathcal{N}_n(\mathbb{R}) := \{N \in M_n(\mathbb{R}) \mid {}^tNN = N\,{}^tN\}$, $\mathcal{S}ym_n(\mathbb{R}) := \{S \in M_n(\mathbb{R}) \mid {}^tS = S\}$, $\mathcal{S}ym_n^+(\mathbb{R}) := \{S \in M_n(\mathbb{R}) \mid$ il existe $V \in M_n(\mathbb{R})$ avec $S = {}^tVV\}$. Alors $O_n(\mathbb{R})$ opère par conjugaison sur $\mathcal{N}_n(\mathbb{R})$ (resp. $\mathcal{S}ym_n(\mathbb{R})$, $\mathcal{S}ym_n^+(\mathbb{R})$, $O_n(\mathbb{R})$) . Soient

$\mathcal{E}_n := \{P(X) \in \mathbb{R}[X] \mid \deg P = n$, P unitaire et les facteurs irréductibles de P sont de degré 1 ou de la forme $X^2 + 2aX + b$ avec $a^2 - b < 0\}$,

$\mathcal{F}_n := \{P \in \mathbb{R}[X] \mid \deg P = n$, P unitaire et les facteurs irréductibles de P sont de degré 1 $\}$

$\mathcal{G}_n := \{P \in \mathbb{R}[X] \mid \deg P = n$, P unitaire et les facteurs irréductibles de P sont de la forme $X - a, a \geq 0\}$,

$\mathcal{H}_n := \{P \in \mathbb{R}[X] \mid \deg P = n, P$ unitaire et les facteurs irréductibles de P sont de la forme $X - 1, X + 1$ ou $X^2 - 2aX + 1$ avec $a^2 < 1\}$.

Alors l'application $M \mapsto \chi_M(X)$ induit une bijection des orbites de $\mathcal{N}_n(\mathbb{R})$ (resp. $\mathcal{S}ym_n(\mathbb{R})$, $\mathcal{S}ym_n^+(\mathbb{R})$, $O_n(\mathbb{R})$) sur $\mathcal{E}_n$ (resp. $\mathcal{F}_n$, $\mathcal{G}_n$, $\mathcal{H}_n$) ; en particulier pour $\mathcal{S}ym_n(\mathbb{R})$ (resp. $\mathcal{S}ym_n^+(\mathbb{R})$) les orbites sont celles des matrices diagonales (resp. diagonales à coefficients positifs), autrement ce sont des matrices semi-simples.

Exercice 10.23. *le groupe $SO_n(\mathbb{R})$ est un sous-groupe compact maximal de $S\ell_n(\mathbb{R})$*

Soit $SO_n(\mathbb{R}) \subset G \subset S\ell_n(\mathbb{R})$ un sous-groupe compact. Montrer que $G = SO_n(\mathbb{R})$ (utiliser l'exercice 10.19.).

Exercice 10.24. *les sous-groupes de $G\ell_n(\mathbb{R})$ contenant $SO_n(\mathbb{R})$*

1. *Soit G un groupe avec $SO_n(\mathbb{R}) \subset G \subset S\ell_n(\mathbb{R})$, alors $G = SO_n(\mathbb{R})$ ou $G = S\ell_n(\mathbb{R})$.*
2. *Soit G un groupe avec $SO_n(\mathbb{R}) \subset G \subset G\ell_n(\mathbb{R})$ et $S\ell_n(\mathbb{R}) \cap G = SO_n(\mathbb{R})$. Alors il existe deux parties $H^+ \subset \mathbb{R}_+^\times$, $H^- \subset \mathbb{R}_+^\times$, telles que $H := H^+ \cup H^-$ et H^+ soient des sous-groupes de $\mathbb{R}_+^\times$ avec $(H : H^+) = 1$ ou 2 et enfin $G = H^+ SO_n(\mathbb{R}) \cup H^-(O_n(\mathbb{R}) - SO_n(\mathbb{R}))$*, i.e. *la réunion des similitudes directes de rapport appartenant à H^+ et la réunion des similitudes indirectes de rapport appartenant à H^-.*
3. *Soit G un groupe avec $SO_n(\mathbb{R}) \subset G \subset G\ell_n(\mathbb{R})$ et $S\ell_n(\mathbb{R}) \cap G \neq SO_n(\mathbb{R})$. Alors $G \supset S\ell_n(\mathbb{R})$ et il existe $H \subset \mathbb{R}^\times$ un sous-groupe avec $G = \text{dét}^{-1}(H)$; ce qui veut dire que $H = \text{dét}^{-1}(G)$ et que G est engendré par $S\ell_n(\mathbb{R})$ et les $D_n(\mu)$ avec $\mu \in H$.*
4. *Les affinités orthogonales de base hyperplane engendrent $G\ell_n(\mathbb{R})$* ; on appelle affinité orthogonale de base hyperplane de rapport μ, une matrice semblable modulo $SO_n(\mathbb{R})$ à une matrice $D_n(\mu)$ avec $\mu \neq 0$.

A) Montrons 1. *pour* $n = 2$. On suppose que $SO_2(\mathbb{R}) \subset G \subset S\ell_2(\mathbb{R})$ et $SO_2(\mathbb{R}) \neq G$.

1) Montrer que G contient une matrice diagonale $D = \begin{bmatrix} a & 0 \\ 0 & a^{-1} \end{bmatrix}$ avec $a > 1$ (utiliser l'exercice 10.19.).

Soient $R(\theta) := \begin{bmatrix} \cos\theta & -\sin\theta \\ \sin\theta & \cos\theta \end{bmatrix}$, $V_0(\theta) := {}^tR(\theta) D R(\theta)$, $V_n(\theta) := {}^tR(\theta) D V_{n-1}(\theta) D R(\theta)$.

2) Montrer que $V_n(0) = D^{2n+1}$, $V_n(\frac{\pi}{2}) = D^{-1} = \begin{bmatrix} a^{-1} & 0 \\ 0 & a \end{bmatrix}$, et notons $V_n(\theta) = \begin{bmatrix} a_n(\theta) & b_n(\theta) \\ b_n(\theta) & d_n(\theta) \end{bmatrix}$.

3) Montrer que les valeurs propres de $V_n(\theta)$ sont les racines de $X^2 - (a_n(\theta) + d_n(\theta))X + 1$.

4) Soient $n \geq 1$, b tel que $a \leq b \leq a^{2n+1}$. Montrer qu'il existe $\theta \in [0, \frac{\pi}{2}]$ tel que $V_n(\theta)$ admette b pour valeur propre (soit $T(\theta) := a_n(\theta) + d_n(\theta)$, remarquer que T est continu, que $T(\frac{\pi}{2}) = a + a^{-1} \leq b + b^{-1} \leq a^{2n+1} + a^{-(2n+1)} = T(0)$).

5) Soit $b \geq a$. Montrer qu'il existe $n \geq 1$, $\theta \in [0, \frac{\pi}{2}]$ tel que b soit valeur propre de $V_n(\theta)$ (utiliser 4)); en conclure que $\begin{bmatrix} b & 0 \\ 0 & b^{-1} \end{bmatrix} \in G$. Soit $b \geq 1$, montrer que $\begin{bmatrix} b & 0 \\ 0 & b^{-1} \end{bmatrix} \in G$ (remarquer que $D \begin{bmatrix} b & 0 \\ 0 & b^{-1} \end{bmatrix} \in G$).

6) Déduire de 5) que $G = S\ell_2(\mathbb{R})$ (utiliser l'exercice 10.19.).

B) On suppose que $SO_n(\mathbb{R}) \subset G \subset G\ell_n(\mathbb{R})$ *et* $G \cap S\ell_n(\mathbb{R}) = SO_n(\mathbb{R})$.

1) Soit $D = \begin{bmatrix} d_1 & 0 & . & . & 0 \\ 0 & d_2 & . & . & . \\ . & . & . & . & . \\ . & . & . & . & 0 \\ 0 & . & . & 0 & d_n \end{bmatrix} \in G$, avec $d_i > 0$, montrer que $D' = \begin{bmatrix} d_2 & 0 & . & . & 0 \\ 0 & d_1 & . & . & . \\ . & . & d_3 & . & . \\ . & . & . & . & 0 \\ 0 & . & . & 0 & d_n \end{bmatrix} \in G$,

et donc que $D'D^{-1} = \begin{bmatrix} d_2 d_1^{-1} & 0 & . & . & 0 \\ 0 & d_1 d_2^{-1} & . & . & . \\ . & . & 1 & . & . \\ . & . & . & . & 0 \\ 0 & . & . & 0 & 1 \end{bmatrix} \in G \cap S\ell_n(\mathbb{R})$.

2) Conclure que $d_1 = d_2$ et par la même méthode que $d_1 = d_2 = \ldots = d_n$, i.e. que D est de la forme λI_n .

3) Soit $D' := \begin{bmatrix} d_1 & 0 & . & & 0 \\ 0 & d_2 & . & & . \\ . & . & . & . & . \\ . & . & . & d_{n-1} & 0 \\ 0 & . & . & 0 & -d_n \end{bmatrix} \in G$ avec $d_i > 0$. Déduire de 2) en considérant D'^2 que $d_1 = d_2 = \ldots = d_n$, i.e. que D' est de la forme $\mu D_n(-1)$.

4) Soient $H^- := \{\mu \in \mathbb{R}_+^\times \mid \mu D_n(-1) \in G\}$, $H^+ := \{\lambda \in \mathbb{R}_+^\times \mid \lambda I_n \in G\}$, $H := H^+ \cup H^-$. Montrer que H et H^+ sont des sous-groupes de $\mathbb{R}_+^\times$ et que $(H : H^+) = 1$ ou 2 .

5) Soit $A \in G$, déduire de 10.19. qu'il existe $O_1, O_2 \in SO_n(\mathbb{R})$, $\lambda \in \mathbb{R}_+^\times$ tels que $O_1 A O_2 = \lambda I_n$ ou $O_1 A O_2 = \mu D_n(-1)$. En conclure que 2. est satisfait .

C) On suppose que $S\ell_n(\mathbb{R}) \subset G \subset G\ell_n(\mathbb{R})$.

1) Montrer que $G = \text{dét}^{-1}(\text{dét}\, G))$.

2) En déduire que 3. est conséquence de 1. .

D) Montrons **1.** *pour* $n \geq 3$.

On suppose **1.** , **2.** , **3.** montrés pour $n-1$.

Soit G un groupe avec $SO_n(\mathbb{R}) \subset G \subset S\ell_n(\mathbb{R})$, et $G \neq SO_n(\mathbb{R})$.

1) Montrer que G contient un élément diagonal de la forme $\Delta = \begin{bmatrix} \delta_1 & 0 & . & . \\ 0 & \delta_2 & 0 & . \\ . & . & . & 0 \\ . & . & 0 & \delta_n \end{bmatrix}$ avec $\delta_1 \geq \delta_2 \geq \ldots \geq \delta_{n-1} \geq \delta_n > 0$ avec $\delta_1 > 1$, $\delta_n < 1$ (utiliser l'exercice 10.19.). Montrer que G

contient l'élément $\Phi:=\begin{bmatrix} \delta_2^{-1} & 0 & . & . \\ 0 & \delta_3^{-1} & 0 & . \\ . & . & . & 0 \\ . & . & 0 & \delta_1^{-1} \end{bmatrix}$ (il suffit de conjuguer Δ^{-1} par une matrice de permutation convenable en changeant éventuellement de signe un des coefficients de la matrice de conjugaison) .

2) En déduire que G contient une matrice de la forme $D=\begin{bmatrix} \mu_1 & 0 & . & . \\ 0 & \mu_2 & 0 & . \\ . & . & . & 0 \\ . & . & 0 & \mu_n \end{bmatrix}$ avec $\mu_1 \geq \mu_2 \geq ... \geq \mu_{n-1} \geq 1 > \mu_n > 0$, $\mu_1\mu_2 ... \mu_{n-1}\mu_n = 1$, $\mu_1 > 1$ (il suffit de conjuguer $\Delta\,\Phi$ par une matrice de permutation convenable en changeant éventuellement de signe un des coefficients de la matrice de conjugaison) .

3) On munit $E:=\mathbb{R}^n$ du produit scalaire canonique, soit $(\varepsilon_i)_i$ la base canonique de E et soit $d \in G\ell(E)$ tel que $D=\mathrm{Mat}(d\,;\varepsilon_i)$. Soit $W:=\mathbb{R}\varepsilon_2 \oplus \mathbb{R}\varepsilon_3 \oplus ... \oplus \mathbb{R}\varepsilon_n$, on a donc $E=\mathbb{R}\varepsilon_1 \overset{\perp}{\oplus} W$. Soit $SO(W)_1$ les éléments s de $G\ell(E)$ tels que $s(\varepsilon_1)=\varepsilon_1$, $s(W)=W$ et que s induise sur W un élément de $SO(W)$. Montrer $SO(W)_1 \subset G$.

4) Soit H le sous-groupe de G engendré par d et $SO(W)_1$. Montrer que $h(W)=W$ pour tout $h \in H$. Soient H_1 l'ensemble des éléments de $G\ell(W)$ induits par les éléments de H , d_1 l'endomorphisme de W induit par d . Montrer que d_1 n'est pas une similitude. Conclure de l'hypothèse de récurrence que $H_1 \supset S\ell(W)$.

5) Soit $u \in S\ell(W)$, montrer que u admet une décomposition de la forme $u=d_1^{\alpha_1}s_1d_1^{\alpha_2}s_2 ... d_1^{\alpha_k}s_k$ où $s_i \in SO(W)$, $\alpha_i \in \mathbb{Z}$; soit $v:=d^{\,\alpha_1}t_1d^{\alpha_2}t_2 ... d^{\alpha_k}t_k$, où t_i est défini par $t_i(w)=s_i(w)$ pour $w \in W$ et $t_i(\varepsilon_1)=\varepsilon_1$. Soit $\alpha=\alpha_1+\alpha_2+...+\alpha_k$, on a donc $1=\mathrm{dét}\,u=(\mathrm{dét}\,d_1)^{\alpha}=\mu_1^{-\alpha}$. Conclure que $v(\varepsilon_1)=\varepsilon_1$, $u(w)=v(w)$ pour $w \in W$ et que $v \in H$.

6) Soit $a>0$, déduire de 5) qu'il existe $h \in H$ tel que $h(\varepsilon_1)=\varepsilon_1$, $h(\varepsilon_2)=a\,\varepsilon_2$, $h(\varepsilon_3)=a^{-1}\varepsilon_3$, $h(\varepsilon_i)=\varepsilon_i$ pour $i>3$.

7) Soit $a_1 \geq a_2 \geq ... \geq a_n > 0$ avec $1=a_1a_2...a_n$. Déduire de 6) qu'il existe $k \in G$ tel que $k(\varepsilon_i)=a_i\varepsilon_i$ (considérer des produits de conjugués de l'élément h défini en 6)). En déduire que 1. est satisfait (exercice 10.19) .

E) Soit G le sous-groupe de $G\ell_n(\mathbb{R})$ engendré par les affinités orthogonales de base hyperplane.

1) Montrer que $G \supset O_n(\mathbb{R})$ (remarquer que $O_n(\mathbb{R})$ est engendré par les affinités orthogonales de base hyperplane et de rapport -1 , utiliser 3.14.).

2) Montrer que $\mathrm{dét}\,G=\mathbb{R}^{\times}$ et que $D_n(\mu)$ pour $\mu \neq 1,-1$ n'est pas une similitude.

3) Conclure de 2. et 3. que 4. est satisfait.

Remarque L'exercice 10.24. implique l'exercice 10.23.

Exercice 10.25. *la décomposition polaire de $G\ell_n(\mathbb{R})$ et $M_n(\mathbb{R})$ et décomposition de* Cartan

Soient $\mathcal{S}ym_n^{++}(\mathbb{R}) \subset G\ell_n(\mathbb{R})$ les matrices symétriques définies positives (une matrice S est définie positive, symétrique si ${}^tS=S$ et ${}^tXSX>0$ pour tout vecteur colonne $X \neq 0$), $O_n(\mathbb{R}) \subset G\ell_n(\mathbb{R})$ le groupe orthogonal euclidien. Alors l'application $\varphi : O_n(\mathbb{R}) \times \mathcal{S}ym_n^{++}(\mathbb{R}) \to G\ell_n(\mathbb{R})$ définie par $\varphi(A,B)=AB$ est un homéomorphisme. Soient $\mathcal{S}ym_n^{+}(\mathbb{R})$ l'ensemble des matrices symétriques positives (une matrice S est dite symétrique positive si ${}^tS=S$ et si ${}^tXSX \geq 0$ pour tout vecteur colonne X), $M \in M_n(\mathbb{R})$, alors il existe $O \in O_n(\mathbb{R})$, $S \in \mathcal{S}ym_n^{+}(\mathbb{R})$ tels que $M=OS$.

1) Soit $M \in M_n(\mathbb{R})$, montrer que $M=O_1 D O_2$ avec $O_1, O_2 \in O_n(\mathbb{R})$,

$$D=\begin{bmatrix} \lambda_1 & 0 & . & . & . \\ 0 & \lambda_2 & 0 & . & . \\ . & 0 & . & . & . \\ . & . & . & . & 0 \\ . & . & . & 0 & \lambda_n \end{bmatrix}, \lambda_i \geq 0$$

(utiliser 10.19.) ; conclure que $M=(O_1O_2)(O_2^{-1}D\,O_2)$, i.e. que $M=OS$ avec $O \in O_n(\mathbb{R})$, $S \in \mathcal{S}ym_n^{+}(\mathbb{R})$ et que $S \in \mathcal{S}ym_n^{++}(\mathbb{R})$ si et seulement si $M \in G\ell_n(\mathbb{R})$. Conclure aussi que l'application φ est surjective.

2) Montrer que l'application φ est injective (considérer $M=AB=A'B'$ avec $A, A' \in O_n(\mathbb{R})$, $B, B' \in \mathcal{S}ym_n^{++}(\mathbb{R})$, remarquer que ${}^tMM=B^2=B'^2$, conclure en utilisant 10.26.3)).

3) Il s'agit de montrer que φ est bicontinue (clairement φ est continue). Soit A_kB_k convergeant vers $M=AB$, il s'agit de montrer que A_k converge vers A et donc que B_k converge vers B. Supposer le contraire et déduire qu'il existe une sous-suite $(A_{k_\ell})_\ell$ avec $\lim_\ell A_{k_\ell}=A_1$, $A_1 \in O_n(\mathbb{R})$ et il existe $\varepsilon>0$ avec $\|A-A_1\| \geq \varepsilon$ (utiliser la compacité de $O_n(\mathbb{R})$). En conclure que $(B_{k_\ell})_\ell$ converge vers $B_1 \in \mathcal{S}ym_n^{++}(\mathbb{R})$ et donc que $AB=A_1B_1$. Conclure de 2) que $A=A_1$; ce qui est une contradiction. En déduire que $(A_k)_k$ converge vers A et que (B_k) converge vers B.

4) Montrer que $\begin{bmatrix} 0 & 1 \\ 0 & 1 \end{bmatrix}$ admet deux décompositions sous la forme du 4)).

5) (Autre démonstration de 1)) On peut obtenir la décomposition $M=OS$ de 1) avec $O \in O_n(\mathbb{R})$, $S \in \mathcal{S}ym_n^{+}(\mathbb{R})$ (resp. $\mathcal{S}ym_n^{++}(\mathbb{R})$) si $M \in M_n(\mathbb{R})$ (resp. $M \in G\ell_n(\mathbb{R})$) sans utiliser la décomposition de Cartan.

5.1) Soit $M \in G\ell_n(\mathbb{R})$. Montrer qu'il existe $O_1 \in O_n(\mathbb{R})$ tel que $O_1\,{}^tMMO_1^{-1}=\Delta^2$ où

$$\Delta=\begin{bmatrix} d_1 & 0 & . & . \\ 0 & d_2 & . & . \\ . & . & . & 0 \\ . & . & 0 & d_n \end{bmatrix}$$

avec $d_i>0$. Soit $S:=O_1^{-1}\Delta O_1$, montrer que $MS^{-1} \in O_n(\mathbb{R})$.

5.2) Soit $M \in M_n(\mathbb{R})$, remarquer que $M = \lim_{m\to\infty} M_m$ avec $M_m \in G\ell_n(\mathbb{R})$. En utilisant 5.1) on a $M_m = O_m S_m$ avec $O_m \in O_n(\mathbb{R})$ et $S_m \in \mathcal{S}ym_n^{++}(\mathbb{R})$. Montrer qu'il existe une sous-suite $(O_{m_k})_k$ de $(O_m)_m$ qui converge vers $O \in O_n(\mathbb{R})$, en conclure que $(S_{m_k})_k$ converge vers $S \in \mathcal{S}ym_n^{+}(\mathbb{R})$ et conclure.

6) Montrer que la décomposition de Cartan dans $M_n(\mathbb{R})$ est conséquence de la décomposition polaire dans $M_n(\mathbb{R})$.

Exercice 10.26. *quelques résultats sur les endomorphismes d'espaces vectoriels*

1) Soient E un K–espace vectoriel de dimension finie, u un endomorphisme diagonalisable, $\lambda_1, \lambda_2, \ldots, \lambda_r$ ses valeurs propres (distinctes), $P \in K[X]$; on suppose que $P(\lambda_i) \neq P(\lambda_j)$ pour tout $i \neq j$. Montrer que $P(u)$ est diagonalisable et que $E = \bigoplus_{i=1}^{r} \ker(P(u) - P(\lambda_i)\mathbb{1}_E)$.

2) Soient u diagonalisable et $P(X)$ satisfaisant 1), $v \in \mathcal{E}nd\, E$ tel que $P(u)v = vP(u)$. Montrer que $uv = vu$.

3) Soient $m \geq 1$, $A, B \in M_n(\mathbb{R})$, deux matrices symétriques positives. Montrer que $A^m = B^m$ implique $A = B$ (utiliser 1)).

4) Soient $m \geq 1$, $A, C \in M_n(\mathbb{R})$, A une matrice symétrique positive . Montrer que $CA^m = A^m C$ implique $CA = AC$ (utiliser 2)).

Exercice 10.27. *formes bilinéaires symétriques sur un espace euclidien*

Soient $(E, (.|.))$ *un espace vectoriel euclidien,* $(e_1, e_2, \ldots, e_n)$ *une base orthonormale de* E , φ *une forme bilinéaire symétrique sur* E , $M = \mathrm{Mat}(\varphi; e_i)$. *Alors les propriétés suivantes sont équivalentes.*

i) Il existe une base orthonormale de l'espace $(E, (.|.))$, *constituée de vecteurs isotropes pour* φ ,

ii) on a $\mathrm{Tr}\, M = 0$, i.e. $\sum_{i=1}^{n} \varphi(e_i, e_i) = 0$.

1) Soit $(f_1, f_2, \ldots, f_n)$ une base orthonormale de E avec $\varphi(f_i, f_i) = 0$ pour $1 \leq i \leq n$. Soit $M' = \mathrm{Mat}(\varphi, f_i)$. Montrer que M' est orthogonalement semblable à M , i.e. $M' = S^{-1} M S$ avec ${}^t S S = I_n$. Conclure que $\mathrm{Tr}\, M = 0$.

2) On suppose $\mathrm{Tr}\, M = 0$, i.e. $\sum_{i=1}^{n} \varphi(e_i, e_i) = 0$.

2.1) Montrer qu'il existe $f_1 \in E$ avec $\|f_1\| = 1$ et $\varphi(f_1, f_1) = 0$ (s'il existe i avec $\varphi(e_i, e_i) = 0$ on choisit $f_1 = e_i$; sinon il existe i_1 et i_2 avec $\varphi(e_{i_1}, e_{i_1}) > 0$, $\varphi(e_{i_2}, e_{i_2}) < 0$ et choisir f_1 sous la forme $\lambda_1 e_{i_1} + \lambda_2 e_{i_2}$) .

2.2) Compléter f_1 en une base orthonormale $(f_1, f_2, f_3, \dots, f_n)$. Remarquer que $\mathbb{R}f_2 \oplus \dots \oplus \mathbb{R}f_n$ satisfait *ii)* pour la restriction de φ à ce sous-espace. Conclure avec une récurrence sur la dimension que i) est satisfait pour φ.

Exercice 10.28. *un endomorphisme diagonalisable est symétrique relativement à une forme bilinéaire symétrique définie positive*

Soient E *un* $\mathbb{R}$*-espace vectoriel de dimension finie,* $u \in \mathcal{End}\, E$. *Alors les propriétés suivantes sont équivalentes.*

i) L'endomorphisme u *est diagonalisable,*

ii) l'endomorphisme u *est symétrique pour une forme bilinéaire symétrique définie positive sur* E.

Montrer cela.

Exercice 10.29. *bases orthogonales simultanées*

Soient $(E, (.\,|\,.))$ *un espace vectoriel euclidien,* $\mathcal{G}$ *un ensemble de forme bilinéaires symétriques sur le* $\mathbb{R}$*–espace vectoriel* E. *Si* $g \in \mathcal{G}$, *soit* u_g *l'endomorphisme auto-adjoint pour* $(.\,|\,.)$ *tel que* $g(x, y) = (u_g(x)\,|\,y)$ *pour tout* $x, y \in E$. *Alors les propriétés suivantes sont équivalentes.*

i) Il existe une base orthonormale pour $(E, (.\,|\,.))$, *qui est pour tout* $g \in \mathcal{G}$ *une base orthogonale,*

ii) on a $u_g u_{g'} = u_{g'} u_g$ *pour tout* $g, g' \in \mathcal{G}$.

1) Montrer que *i) implique ii)* (corollaire 8.20.)

2) On suppose *ii)* satisfait.

2.1) Si pour tout $g \in \mathcal{G}$, u_g est une homothétie, conclure.

2.2) On suppose qu'il existe $g_0 \in \mathcal{G}$ tel que u_{g_0} ne soit pas une homothétie, soit $\{\lambda_1, \lambda_2, \dots, \lambda_r\} = \text{spectre}\, u_{g_0}$ (avec $\lambda_i \neq \lambda_j$ pour $i \neq j$). Montrer que $E = \bigoplus_{i=1}^{r} \ker(u_{g_0} - \lambda_i 1\!\!1_E)$, que la somme est orthogonale et que $\ker(u_{g_0} - \lambda_i 1\!\!1_E)$ est stable par u_g.

Par récurrence sur la dimension, montrer qu'il existe une base $\mathcal{B}_i$ de $\ker(u_{g_0} - \lambda_i 1\!\!1_E)$ qui est orthonormale pour $(.\,|\,.)$ et constituée de vecteurs propres pour tout u_g, i.e. orthogonale pour g. Conclure.

Exercice 10.30. *matrices symétriques et matrices diagonalisables*

1. *Soient* $A, B \in M_n(\mathbb{R})$ *, avec* A *symétrique,* B *symétrique, définie positive. Alors* AB *et* BA *sont diagonalisables.*
2. *Soient* $A, B \in M_n(\mathbb{R})$ *, symétriques, définies positives. Alors* AB *et* BA *sont diagonalisables à valeurs propres strictement positives.*
3. *Soient* $A, B \in M_n(\mathbb{R})$ *, symétriques, définies positives. Alors* $(\text{dét}A)^{\frac{1}{n}} + (\text{dét}\, B)^{\frac{1}{n}} \leq (\text{dét}(A+B))^{\frac{1}{n}}$.

1) Pour montrer 1. , écrire $B={}^tCC$ et considérer $CABC^{-1}$ et ${}^tC^{-1}BA\,{}^tC$.

2) Pour montrer 2. , considérer $X\neq 0$ tel que $ABX=\lambda X$ avec $\lambda \in \mathbb{R}$. Montrer que ${}^t(ABX)BX>0$ et que ${}^tXBX>0$, en conclure que $\lambda>0$.

3) Pour montrer 3. , remarquer en utilisant 2. pour $A^{-1}B$, que $A^{-1}B$ est diagonalisable à valeurs propres strictement positives. Utiliser alors *Fr 1, A*.5.7.41. .

Exercice 10.31. *rang d'une matrice symétrique*

Soit $A \in M_n(\mathbb{R})$, $A=\left[\, a_{ij} \,\right]$ *une matrice symétrique avec* $a_{ij} \leq 0$ *pour tout* $i\neq j$, $a_{ii}>0$ *pour* $1\leq i\leq n$, $\sum_{j=1}^{n} a_{ij}=0$ *pour* $1\leq i\leq n$. *Alors* A *est positif et* $\text{rang}A=n-1$.

1) Montrer que A est orthogonalement diagonalisable.

2) Soit $\lambda\in\mathbb{R}$ une valeur propre de A et $X=\begin{bmatrix} x_1 \\ x_2 \\ \vdots \\ x_n \end{bmatrix}\neq 0$ un vecteur propre associé. Soit i_0 tel que $|x_{i_0}|\geq|x_j|$ pour tout j . Montrer que

(1) $\quad \lambda=\sum_{j=1}^{n} a_{i_0 j}\dfrac{x_j}{x_{i_0}}$

3) Montrer que

(2) $\quad \left|\sum_{j\neq i_0} a_{i_0 j}\dfrac{x_j}{x_{i_0}}\right| \leq -\left(\sum_{j\neq i_0} a_{i_0 j}\right)$ et qu'on a égalité si et seulement si

(3) $\quad$ ou bien pour tout $j\neq i_0$ on a $\dfrac{x_j}{x_{i_0}}=1$, ou bien pour tout $j\neq i_0$ on a $\dfrac{x_j}{x_{i_0}}=-1$.

3) Montrer que $\lambda=0$ si et seulement $\dfrac{x_j}{x_{i_0}}=1$ pour tout j (utiliser (1), (2), (3) et $0=\sum_{j=1}^{n} a_{i_0 j}$).

4) Si (3) n'est pas satisfait, montrer que $\lambda>0$ (utiliser (2) et (1)).

5) Si $\dfrac{x_j}{x_{i_0}}=-1$ pour tout $j\neq i_0$, montrer que $\lambda>0$.

6) Déduire de 3) que $\ker A = \mathbb{R}\begin{bmatrix} 1 \\ 1 \\ \vdots \\ 1 \end{bmatrix}$.

7) Conclure que A est orthogonalement semblable à $\begin{bmatrix} 0 & 0 & . & . & . & . \\ 0 & \lambda_2 & 0 & . & . & . \\ . & 0 & \lambda_3 & 0 & . & . \\ . & . & 0 & . & . & . \\ . & . & . & . & . & 0 \\ . & . & . & . & 0 & \lambda_n \end{bmatrix}$ avec $\lambda_i > 0$ pour $i \geq 2$. Conclure.

Exercice 10.32. *Soit* $A \in M_n(\mathbb{R})$, $A = [a_{ij}]$ *une matrice symétrique avec* $a_{ii} > \sum_{j \neq i} |a_{ij}|$ *pour* $1 \leq i \leq n$. *Alors A est défini positif* (s'inspirer de l'exercice 10.31.).

Exercice 10.33. *une norme sur l'algèbre* $M_n(\mathbb{R})$

Soit $E = M_n(\mathbb{R})$, *le* $\mathbb{R}$*-espace vectoriel des matrices* $n \times n$. *Alors* $(A, B) \to \mathrm{Tr}\, A\,{}^tB$ *est une forme bilinéaire symétrique définie positive sur* E. *De plus* $A \to (\mathrm{Tr}\, A\,{}^tA)^{\frac{1}{2}}$ *est une norme d'algèbre,* i.e. $\mathrm{Tr}(AB\,{}^t(AB)) \leq \mathrm{Tr}(A\,{}^tA)\,\mathrm{Tr}(B\,{}^tB)$.

1) Si $A = [a_{ij}]$, montrer que $\mathrm{Tr}(A\,{}^tA) = \sum_{ij} a_{ij}^2$, en conclure que $(A, B) \longmapsto \mathrm{Tr}(A\,{}^tB)$ est défini positif.
2) Soient $U, V \in M_n(\mathbb{R})$, symétriques positifs. Montrer que $\mathrm{Tr}(UV) \leq \mathrm{Tr}(U)\,\mathrm{Trace}(V)$. On procède ainsi :
2.1) On suppose V diagonale à coefficients positifs ou nuls. Montrer la formule (les coefficients diagonaux de U sont positifs ou nuls).
2.2) Montrer qu'il existe S tel que ${}^tSS = I_n$ et SVS^{-1} diagonal. Montrer la formule sachant que $\mathrm{Tr}(UV) = \mathrm{Tr}(SUS^{-1}SVS^{-1})$.
3) Remarquer que $\mathrm{Tr}(AB\,{}^t(AB)) = \mathrm{Tr}(AB\,{}^tB\,{}^tA) = \mathrm{Tr}({}^tAAB\,{}^tB)$ et que $\mathrm{Tr}({}^tAA) = \mathrm{Tr}(A\,{}^tA)$, appliquer 2) et conclure.

Exercice 10.34. *norme euclidienne et forme quadratique*

Soient E un espace vectoriel euclidien, $\|.\|$ sa norme, q une forme quadratique sur le $\mathbb{R}$-espace vectoriel E, $\mathcal{Q} = \{x \in E \mid q(x) + d = 0\}$ où $d \in \mathbb{R}$.
1) Etudier l'existence de $\min_{x \in \mathcal{Q}} \|x\|$ (resp. $\max_{x \in \mathcal{Q}} \|x\|$).
2) En cas de réponse affirmative, déterminer le (ou les) points qui réalisent ce minimum (resp. maximum).

Exercice 10.35. *méthode des moindres carrés, minimum d'un polynôme de degré 2*

Soient $A \in M_{m,n}(\mathbb{R})$, $b \in \mathbb{R}^m$. *Alors il existe* $x_0 \in \mathbb{R}^n$ *tel que* $\| A x_0 - b \| = \min_{x \in \mathbb{R}^n} \| Ax - b \|$. *De plus on a l'équivalence*

i) $\| A x_0 - b \| = \min_{x \in \mathbb{R}^n} \| Ax - b \|$, *ii)* ${}^tA A x_0 = {}^tA b$.

1) Montrer qu'il existe $x_0 \in \mathbb{R}^n$ tel que $Ax_0 - b$ soit orthogonal à $A\mathbb{R}^n$.
2) En écrivant $b - Ax = A(x_0 - x) + (b - Ax_0)$, déduire que $\| b - Ax \|^2 = \| A(x_0 - x) \|^2 + \| b - A x_0 \|^2$, et que $\| b - A x_0 \|$ réalise le minimum et que $\| b - Ax \|$ réalise le minimum si et seulement si $b - Ax$ est orthogonal à $A\mathbb{R}^n$.
3) Montrer que $b - Ax$ orthogonal à $A\mathbb{R}^n$ veut dire que ${}^t(A\mathbb{R}^n)(b - Ax) = 0$, i.e. ${}^tA A x = {}^tA b$.

Exercice 10.36. *fonctions polynômiales de degré 2*

Soit P *une fonction polynomiale de degré* 2 *sur* $\mathbb{R}^n$, *on a donc* $P(x) = q(x) - 2\varphi(x) + c$, *où* q *est homogène de degré* 2 , i.e. *une forme quadratique sur* $\mathbb{R}^n$, φ *est homogène de degré* 1 , i.e. *une forme linéaire sur* $\mathbb{R}^n$. *Si* $(.|.)$ *désigne le produit scalaire canonique sur* $\mathbb{R}^n$, *on a* $q(x) = (u(x)|x)$ *où* u *est symétrique,* $\varphi(x) = (b|x)$ *où* $b \in \mathbb{R}^n$. *Alors les propriétés suivantes sont équivalentes.*
i) P *a un minimum sur* $\mathbb{R}^n$,
ii) q *est une forme bilinéaire symétrique positive et* $b \in \mathrm{im}(u)$.

Le minimum est réalisé par l'ensemble des solutions de $u(x) = b$.

1) *i) implique ii).* Soit $r = \mathrm{rang}\, u$, montrer qu'il existe une base orthonormale $(e_1, e_2, \ldots, e_n)$ telle que $P(\sum_{i=1}^n x_i e_i) = a_1 x_1^2 + a_2 x_2^2 + \ldots + a_r x_r^2 - 2(b_1 x_1 + \ldots + b_n x_n) + c$ avec $a_1 a_2 \ldots a_r \neq 0$. Montrer que *i)* implique $b_{r+1} = b_{r+2} = \ldots = b_n = 0$ et $a_i > 0$ pour $1 \leq i \leq r$, et donc que $b \in \mathrm{im}\, u$.
2) *ii) implique i)*. On a $u = v^* v$ ($\mathrm{rang}\, v = r$) et $b = u(y)$. Ainsi donc $P(x) = (v(x) - v(y) | v(x) - v(y)) + (c - (u(y)|y)) = \| v(x) - v(y) \|^2 + (c - (u(y)|y))$. Conclure .

Exercice 10.37. *norme euclidienne d'une matrice*

On munit $\mathbb{R}^n$ *de la norme euclidienne définie par* $\| X \| = (x_1^2 + x_2^2 + \ldots + x_n^2)^{\frac{1}{2}}$ *si* $x_1, x_2, \ldots, x_n$ *sont les composantes de* X . *On munit* $M_n(\mathbb{R})$ *de la norme définie par* $\| A \|' := \max_{\|X\| = 1} \| AX \|$. *On sait que* A *se décompose sous la forme* $A = O_1 D O_2$ *où*

$$O_i \in O_n(\mathbb{R}) , \ D = \begin{bmatrix} d_1 & 0 & . & . \\ 0 & d_2 & 0 & . \\ . & . & . & 0 \\ . & . & . & d_n \end{bmatrix} \quad \textit{avec } d_1 \geq d_2 \geq \ldots \geq d_n \geq 0 \ (10.19.) \ . \ \textit{Alors on a}$$

$\| A \|' = \| D \|' = d_1$. *Il suit que* $\| {}^tA A \|' = \| A \|'^2$. *Si* B *est symétrique on a donc*

$\| B \|' = \max\{ |\lambda| \mid \lambda \in \text{spectre} B \}$, *en particulier* $\| A \|'^2$ *est la plus grande valeur propre de* ${}^tAA$.

1) Montrer que cela suit de $\| OX \|' = \| X \|'$ si $O \in O_n(\mathbb{R})$.
2) Il suit de cela que $\| A \|'$ ne s'exprime pas en général rationnellement en fonction des coefficients de A . En effet, il faut rechercher la plus grande racine du polynôme caractéristique de A .

Par exemple, on a $\left\| \begin{bmatrix} a & b \\ 0 & c \end{bmatrix} \right\|' = \left(\frac{a^2 + c^2 + \sqrt{(a^2 - c^2)^2 + 4a^2b^2}}{2} \right)^{\frac{1}{2}}$.

Exercice 10.38. *le groupe des rotations est engendré par des rotations dont les axes sont fixés*

Soient $(E, (.|.))$ *un espace vectoriel euclidien de dimension* 3 , $e_1, e_2, e_3 \in E$ *avec* $\| e_i \| = 1$ *pour* $1 \le i \le 3$, G_i *le sous-groupe de* $SO(E)$ *des rotations d'axe* $\mathbb{R}e_i$. *Soient* $(e_i, f_{i,2}, f_{i,3})$ *une base orthonormale de* E , $\theta \in \mathbb{R}$ *et* $r_i(\theta)$ *la rotation d'axe* $\mathbb{R}e_i$ *telle que* $\text{Mat}(r_i(\theta); e_i, f_{i,2}, f_{i,3}) = \begin{bmatrix} 1 & 0 & 0 \\ 0 & \cos\theta & -\sin\theta \\ 0 & \sin\theta & \cos\theta \end{bmatrix}$. *Alors les propriétés suivantes sont équiva-lentes.*

i) Pour tout $u \in SO(E)$, *il existe* $\theta_1, \theta_2, \theta_3 \in \mathbb{R}$ *(qui dépendent de* u *) avec* $u = r_3(\theta_3) r_2(\theta_2) r_1(\theta_1)$, *ii)* $(e_1 | e_2) = (e_2 | e_3) = 0$.

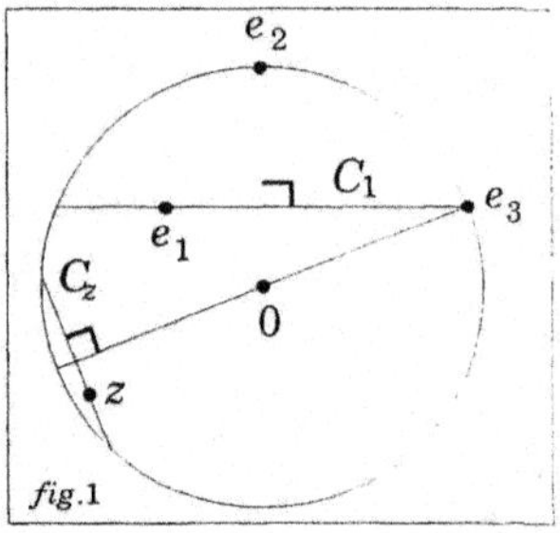

1) On suppose *i)* satisfait.
1.1) Soit $C_1 := \{ r_2(\mu)(e_1) \mid \mu \in \mathbb{R} \}$, montrer que $e_3 \in C_1$ (soit $u \in SO(E)$ tel que $u(e_1) = e_3$, écrire $u = r_3(\mu') r_2(\mu) r_1(\mu'')$ et calculer $u(e_1)$) .
1.2) Soit $z \in E$ tel que $\| z \| = 1$, $C_z := \{ r_3(\alpha)(z) \mid \alpha \in \mathbb{R} \}$, montrer que $C_z \cap C_1 \neq \emptyset$ pour tout z tel que $\| z \| = 1$.
1.3) En conclure que C_1 est un grand cercle, i.e. un cercle de rayon 1 et donc que $(e_1 | e_2) = (e_2 | e_3) = 0$.

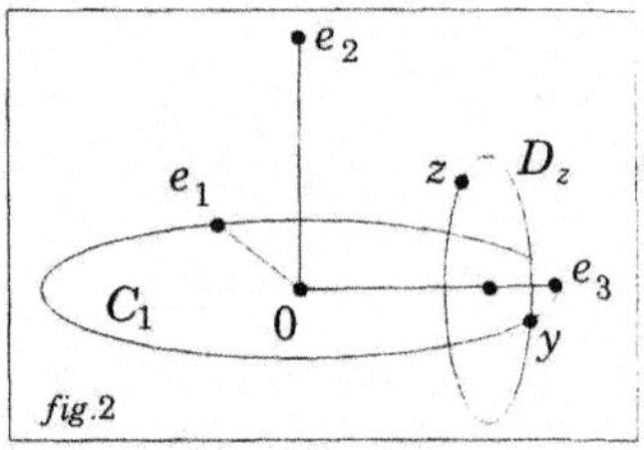

2) On suppose *ii)* satisfait. Soit $S := \{ x \in E \mid \| x \| = 1 \}$, C_1 le cercle de rayon 1 passant par e_1, e_3 de plan orthogonal à e_2 . Soient $u \in SO(E)$, $z := u(e_1)$, D_z le cercle de S passant par z de plan orthogonal à e_3
2.1) Montrer que $C_1 \cap D_z \neq \emptyset$.
2.2) Soit $y \in C_1 \cap D_z$, montrer qu'il existe $\alpha, \beta \in \mathbb{R}$ tels que $r_3(\alpha)(y) = z$ et $r_2(\beta)(e_1) = y$.
2.3) En conclure qu'il existe $\gamma \in \mathbb{R}$ tel que $u = r_3(\alpha) r_2(\beta) r_1(\gamma)$ (remarquer que $u^{-1} r_3(\alpha) r_2(\beta)(e_1) = e_1$) .

3) Soient $e_1, e_2 \in E$ avec $(e_1 | e_2) = 0$, $u \in SO(E)$. Montrer qu'il existe $\alpha, \beta, \gamma \in \mathbb{R}$ tels que $u = r_1(\alpha) r_2(\beta) r_1(\gamma)$ (utiliser 2)).
4) Soient $e_1, e_2 \in E$ avec $\|e_i\| = 1$, $C_1 := \{ r_2(\alpha)(e_1) \mid \alpha \in \mathbb{R} \}$. Montrer que $\{ r_2(\alpha) r_1(\beta) \mid \alpha, \beta \in \mathbb{R} \} = \{ u \in SO(E) \mid u(e_1) \in C_1 \}$. En conclure que $\{ r_2(\alpha) r_1(\beta) \mid \alpha, \beta \in \mathbb{R} \} \neq SO(E)$.

Exercice 10.39. *sous-groupes et sous-groupes finis de* $O_2(\mathbb{R})$

1) *Les sous-groupes finis de* $SO_2(\mathbb{R})$.

Soit H *un sous-groupe fini de* $SO_2(\mathbb{R})$ *d'ordre* $n > 1$. *Alors* H *est le groupe cyclique engendré par la rotation d'angle admettant* $\frac{2\pi}{n}$ *pour mesure* ; i.e.

$$H = \left\{ \begin{bmatrix} \cos\frac{k2\pi}{n} & -\sin\frac{k2\pi}{n} \\ \sin\frac{k2\pi}{n} & \cos\frac{k2\pi}{n} \end{bmatrix} \mid 0 \leq k < n \right\} .$$

Soit $r \in H$, montrer que $r^n = \mathbb{1}_E$, et donc que r est une rotation de mesure d'angle θ , avec $n\theta = 2k\pi$ où $k \in \mathbb{Z}$. Soit ρ la rotation de mesure d'angle $\frac{2\pi}{n}$, ainsi le sous-groupe $\tilde{H}$ engendré par ρ est cyclique d'ordre n . Remarquer que $r = \rho^k$, et que $H \subset \tilde{H}$. Conclure que $H = \tilde{H}$, pour des raisons d'ordre.
2) *Les sous-groupes de* $O_2(\mathbb{R})$ (à partir des sous-groupes de $SO_2(\mathbb{R})$).
2.1) Soient E le plan vectoriel euclidien, G un sous-groupe de $O(E)$, $G^+ := SO_2(E) \cap G$. Montrer que, ou bien $G = G^+$, ou bien $G \neq G^+$ et $G = G^+ \cup \sigma G^+$ où $\sigma \in G - G^+$ (quelconque), σ est bien entendu une symétrique orthogonale hyperplane. En plus G^+ est distingué (normal) dans G , d'indice 2 .
2.2) Réciproquement soient $H \subset SO(E)$ un sous-groupe , $\sigma \in O(E) - SO(E)$ une symétrie orthogonale hyperplane. Montrer que $H \cup \sigma H$ est un sous-groupe de $O(E)$ (en effet on a $\sigma h \sigma^{-1} = h^{-1}$ pour $h \in H$). Montrer que H est distingué (normal) dans $H \cup \sigma H$.
3) *Les sous-groupes finis de* $O_2(\mathbb{R})$. *Soient* $\theta \in [0, \frac{2\pi}{n}[$,

$$G_{n,\theta} := \left\{ \begin{bmatrix} \cos\frac{k2\pi}{n} & -\sin\frac{k2\pi}{n} \\ \sin\frac{k2\pi}{n} & \cos\frac{k2\pi}{n} \end{bmatrix} , \begin{bmatrix} \cos(\frac{k2\pi}{n}+\theta) & \sin(\frac{k2\pi}{n}+\theta) \\ \sin(\frac{k2\pi}{n}+\theta) & -\cos(\frac{k2\pi}{n}+\theta) \end{bmatrix} \mid 0 \leq k < n \right\} ,$$ *alors* $G_{n,\theta}$

est un sous-groupe de $O_2(\mathbb{R})$ *avec* $G_{n,\theta} \not\subset SO_2(\mathbb{R})$. *Ce groupe est engendré par*

$$r := \begin{bmatrix} \cos\frac{k2\pi}{n} & -\sin\frac{k2\pi}{n} \\ \sin\frac{k2\pi}{n} & \cos\frac{k2\pi}{n} \end{bmatrix} \quad \textit{et } s := \begin{bmatrix} \cos\theta & \sin\theta \\ \sin\theta & -\cos\theta \end{bmatrix} ; \textit{ on a } o(r) = n , o(s) = 2 , srs^{-1} = r^{-1} ,$$

ainsi $G_{n,\theta}$ *est isomorphe au groupe diédral* $\mathfrak{D}_n$ *à* $2n$ *éléments. Réciproquement si* G *est un sous-groupe fini de* $O_2(\mathbb{R})$ *avec* $o(G) = 2n$, $G \not\subset SO_2(\mathbb{R})$, *il existe un et un seul* $\theta \in [0, \frac{2\pi}{n}[$ *tel que* $G = G_{n,\theta}$. *Il suit que deux sous-groupes* G *et* G' *d'ordre* n *de* $O_2(\mathbb{R})$

avec $G \not\subset SO_2(\mathbb{R})$, $G' \not\subset SO_2(\mathbb{R})$ *sont conjugués par un élément* $s \in SO_2(\mathbb{R})$; i.e. $G' = sGs^{-1}$.

Montrer cela en utilisant 1) , 2) .

Exercice 10.40. *relation entre les sous-groupes de* $O_n(\mathbb{R})$ *et de* $SO_n(\mathbb{R})$

1) *Soient* G *un sous-groupe de* $O_n(\mathbb{R})$, $G^+ = G \cap SO_n(\mathbb{R})$. *Alors* $(G:G^+) = 1$ *ou* 2 , *en particulier* G^+ *est distingué dans* G .

2) *Soient* $n \geq 3$ *un entier impair,* G *un sous-groupe de* $O_n(\mathbb{R})$, $G^+ = G \cap SO_n(\mathbb{R})$. *Alors on a les possibilités suivantes :*

α) *ou bien* $G = G^+$,

β) *ou bien* $G \neq G^+$ et $-I_n \in G$. *Ainsi* $G = G^+ \cup -I_n G^+$.

γ) *ou bien* $G \neq G^+$ et $-I_n \notin G$. *Alors il existe un sous-groupe unique* H *de* $SO_n(\mathbb{R})$ *avec* $G^+ \subset H$, $(H:G^+) = 2$ *et* $G = G^+ \cup -I_n H_1$ *où* $H = G^+ \cup H_1$.

Réciproquement on a les propriétés suivantes :

δ) *Soit* $H \subset SO_n(\mathbb{R})$, *un sous-groupe. Alors* $H \cup -I_n H$ *est un sous-groupe de* $O_n(\mathbb{R})$.

ε) *Soient* $H_1 \subset H_2 \subset SO_n(\mathbb{R})$ *des sous-groupes avec* $(H_2:H_1) = 2$. *Alors* $H_1 \cup -I_n H_1'$ *est un sous-groupe de* $O_n(\mathbb{R})$, *où* $H_2 = H_1 \cup H_1'$.

1) Montrer 1) .

2.β) Montrer cela en remarquant que $\text{dét}(-I_n) = -1$.

2.γ) Soit $G_1 = G \cup -I_n G$, clairement G_1 est un sous-groupe de $O_n(\mathbb{R})$ et $(G_1:G) = 2$. Soit $G_1^+ = G_1 \cap SO_n(\mathbb{R})$, montrer que $G_1 \neq G_1^+$ et donc que $(G_1:G_1^+) = 2$ (par 1)). Utiliser $(G_1:G^+) = (G_1:G)(G:G^+) = 2 \times 2 = 4$ et $(G_1:G^+) = (G_1:G_1^+)\,(G_1^+:G^+)$, pour déduire que $(G_1^+:G^+) = 2$. Conclure que $H = G_1^+$ convient.

Exercice 10.41. *les sous-groupes finis de* $SO_3(\mathbb{R})$

Théorème *Soient* E *l'espace vectoriel euclidien de dimension* 3 , $G \neq \{\mathbb{1}_E\}$ *un sous-groupe fini de* $SO(E)$. *Alors* G *est de l'un des cinq types suivant :*

I $G = \{\mathbb{1}_E, r, r^2, \dots, r^{n-1}\}$ *où* r *est une rotation d'axe* Δ *et de mesure d'angle* $\frac{2\pi}{n}$, G *est le groupe cyclique d'ordre* n .

II $G = \{r^i, sr^i \mid 0 \leq i < m\}$, *où* r *est une rotation d'axe* Δ *et de mesure d'angle* $\frac{2\pi}{m}$ *et* s *est un demi-tour d'axe* Δ' *avec* $\Delta' \perp \Delta$, G *est le groupe diédral d'ordre* $2m$ (en effet $srs^{-1} = r^{-1}$)

III G *est le groupe des rotations du tétraèdre régulier, on a* $o(G) = 12$ *et* $G \simeq \mathfrak{A}_4$.

IV G *est le groupe des rotations du cube, on a* $o(G) = 24$, *et* $G \simeq \mathfrak{S}_4$

V G *est le groupe des rotations de l'icosaèdre régulier, on a* $o(G) = 60$ *et* $G \simeq \mathfrak{A}_5$.

Dans les cas **I** et **II** *soit* H *le plan vectoriel orthogonal à* Δ , *alors* $g(H) = H$ *pour tout* $g \in G$; *soit* g_H *l'automorphisme de* H *induit par* g , *alors* $g \longmapsto g_H$ *est une injection de* G *dans* $SO(H)$ *pour le cas* **I** *et dans* $O(H)$ *pour le cas* **II**.

En revanche pour les cas **III**, **IV**, **V** , G *n'est pas isomorphe à un sous-groupe de* $O_2(\mathbb{R})$.

A) **Tétraèdre, cube, icosaèdre et groupe de rotations**

A.0) **Une construction d'automorphismes orthogonaux**

Soient E *un espace vectoriel euclidien,* $(x_i)_{1\le i\le s}$ (resp. $(y_i)_{1\le i\le s}$ *) une famille d'éléments de* E *. Alors les propriétés suivantes sont équivalentes.*

i) Il existe $u\in O(E)$ *tel que* $u(x_i)=y_i$ *, pour* $1\le i\le s$ *,*

ii) $\|x_i\|=\|y_i\|$ *, pour* $1\le i\le s$ *et* $\|x_i-x_j\|=\|y_i-y_j\|$ *pour tout* i,j *.*

En particulier, si $\sigma\in\mathfrak{S}_s$ *est une permutation de* $\{1,2,\dots,s\}$ *, il existe* $u\in O(E)$ *tel que* $u(x_i)=x_{\sigma(i)}$ *pour* $1\le i\le s$ *, si et seulement si* $\|x_i\|=\|x_{\sigma(i)}\|$ *pour* $1\le i\le s$ *et* $\|x_i-x_j\|=\|x_{\sigma(i)}-x_{\sigma(j)}\|$ *pour tout* i,j *.*

1) Montrer que *i) implique ii)* .

Pour montrer *ii) implique i)* , on travaille par récurrence sur s . *On suppose donc qu'il existe* $v\in O(E)$ *tel que* $v(x_i)=y_i$ *pour* $1\le i\le s-1$. Soit $z_s:=v(x_s)$. Si $z_s=y_s$, alors *ii)* est satisfait au rang s . On suppose maintenant que $z_s\neq y_s$.

2) Montrer que $\|z_s\|=\|y_s\|$ et que $\|z_s-y_i\|=\|y_s-y_i\|$ pour $1\le i\le s-1$. Conclure que $(z_s-y_s|y_i)=0$ pour $1\le i\le s-1$.

3) Soit $W=\mathbb{R}y_1+\mathbb{R}y_2+\dots+\mathbb{R}y_{s-1}$ et $w\in O(E)$, défini par $w(x)=x$ pour $x\in W$ et $w(x)=-x$ pour $x\in W^{\perp}$. Conclure que $w(y_i)=y_i$ pour $1\le i\le s-1$ et que $w(z_s)=y_s$.

4) En déduire que $w\,v(x_i)=y_s$ pour $1\le i\le s$ et que *i)* est satisfait.

A.1) **Le tétraèdre régulier et son groupe de rotations**

A.1.0) Définition de l'ensemble $\mathcal{T}$ des sommets du tétraèdre régulier.

Soient E l'espace vectoriel euclidien de dimension 3 , orienté par une base orthonormée (e_1,e_2,e_3) . Soient $z_0:=e_3$, $z_1:=\frac{2\sqrt{2}}{3}e_1+0\,e_2-\frac{1}{3}e_3$, $z_2:=\frac{2\sqrt{2}}{3}(-\frac{1}{2}e_1+\frac{\sqrt{3}}{2}e_2)-\frac{1}{3}e_3$, $z_3:=\frac{2\sqrt{2}}{3}(-\frac{1}{2}e_1-\frac{\sqrt{3}}{2}e_2)-\frac{1}{3}e_3$. Alors $\mathcal{T}:=\{z_0,z_1,z_2,z_3\}$ sera appelé l'ensemble des sommets du *tétraèdre régulier* associé à (e_1,e_2,e_3) . On appelle *tétraèdre régulier* associé à (e_1,e_2,e_3) l'enveloppe convexe des éléments de $\mathcal{T}$. On appelle *sommet* du tétraèdre tout élément de $\mathcal{T}$. On appelle *arête* de $\mathcal{T}$ le segment défini par tout couple (a,b) où $a,b\in\mathcal{T}$. On appelle face de $\mathcal{T}$ l'enveloppe convexe de tout triplet (a,b,c) où $a,b,c\in\mathcal{T}$.

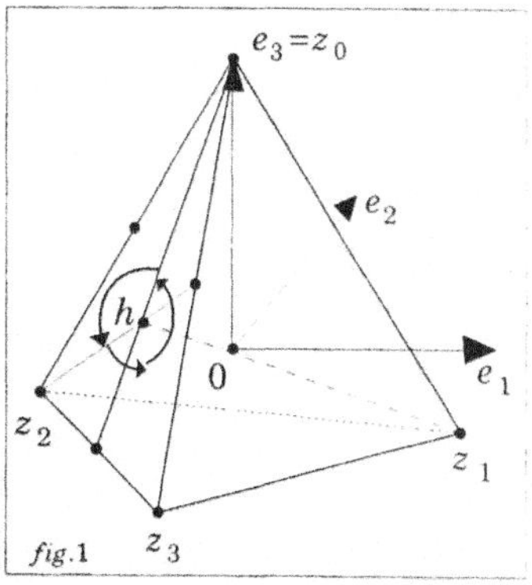

fig.1

A.1.1) Montrer que $\|z_k\|=1$ pour $0\le k\le 3$.

$A.1.2)$ Soit r_0 la rotation d'axe orienté défini par z_0 et de mesure d'angle $\frac{2\pi}{3}$. Montrer que $z_{k+1}=r_0^k(z_1)$ pour $0\leq k\leq 2$. En conclure que $\mathscr{T}$ est stable par r_0.

$A.1.3)$ Montrer $\|z_0-z_1\|^2=\frac{8}{3}$ et que $\|z_1-z_2\|^2=\frac{8}{3}$; en conclure que

$\|z_0-z_1\|=\|z_0-z_2\|=\|z_0-z_3\|=\|z_1-z_2\|=\|z_2-z_3\|=\|z_1-z_3\|$ (utiliser r_0^k).

$A.1.4)$ Soit $z=\alpha e_1+0e_2+\gamma e_3$ avec $\alpha>0$ et $\|z\|=1$. Montrer que $\|z_0-z\|=\|z-r_0(z)\|$ si et seulement si $z=z_1$.

$A.1.4)$ Soient $G(\mathscr{T}):=\{\sigma\in O(E)\,|\,\sigma(\mathscr{T})=\mathscr{T}\}$, $G^+(\mathscr{T}):=\{\sigma\in SO(E)\,|\,\sigma(\mathscr{T})=\mathscr{T}\}$. Déduire de $A.1.3)$ et $A.0)$ que pour tout $\sigma\in\mathfrak{S}_4$, le groupe des permutations de $\{0,1,2,3\}$, il existe un et un seul élément $\bar{\sigma}\in G(\mathscr{T})$ tel que $\bar{\sigma}(z_i)=z_{\sigma(i)}$. En conclure que $\sigma\longmapsto\bar{\sigma}$ est un isomorphisme de $\mathfrak{S}_4$ sur $G(\mathscr{T})$.

$A.1.5)$ Soient les 3-cycles $c_0=(1,2,3)$, $c_1=(0,3,2)$, $c_2=(0,1,3)$, $c_3=(0,2,1)$, $r_i:=\bar{c}_i$; montrer que r_i est la rotation d'axe orienté z_i et de mesure d'angle $\frac{2\pi}{3}$. En conclure que $\sigma\longmapsto\bar{\sigma}$ est un isomorphisme de $\mathfrak{A}_4$ sur $G^+(\mathscr{T})$ (remarquer que $G^+(\mathscr{T})$ est d'indice 2 dans $G(\mathscr{T})$).

$A.1.6)$ Soient les produits de 2-cycles $s_1:=(1,2)(3,0)$, $s_2:=(2,3)(1,0)$, $s_3:=(3,1)(2,0)$, montrer que $\bar{s}_1$ (resp. $\bar{s}_2$, $\bar{s}_3$) est le demi-tour d'axe porté par le vecteur z_1+z_2 (resp. z_2+z_3, z_3+z_1). En conclure que $G^+(\mathscr{T})=\{\bar{s}_\alpha, r_\beta^k, \mathbb{1}_E\,|\,1\leq\alpha\leq 3\ ,\ 0\leq\beta\leq 3\ ,\ 1\leq k\leq 2\}$.

$A.2)$ **Le cube et son groupe de rotations**

$A.2.0)$ Définition de l'ensemble $\mathscr{C}$ des sommets du cube (ou de l'hexaèdre régulier).

Soient E un espace vectoriel euclidien de dimension 3, orienté par une base orthonormée (e_1,e_2,e_3). Soit $\mathscr{C}:=\{\varepsilon_1e_1+\varepsilon_2e_2+\varepsilon_3e_3\,|\,\varepsilon_i\in\{\pm1\}\}$, alors $\mathscr{C}$ sera appelé l'ensemble des sommets du *cube* associé à (e_1,e_2,e_3). On appelle *cube* associé à (e_1,e_2,e_3) l'enveloppe convexe de $\mathscr{C}$. On appelle *sommet* de $\mathscr{C}$ tout élément de $\mathscr{C}$. On appelle *arête* de $\mathscr{C}$, le segment défini par tout couple (a,b) de points de $\mathscr{C}$ avec $\|a-b\|=2$. On appelle *face* de $\mathscr{C}$, l'enveloppe convexe de toute suite (a_1,a_2,a_3,a_4) de points telle que $\|a_1-a_2\|=\|a_2-a_3\|=\|a_3-a_4\|=\|a_4-a_1\|=2$.

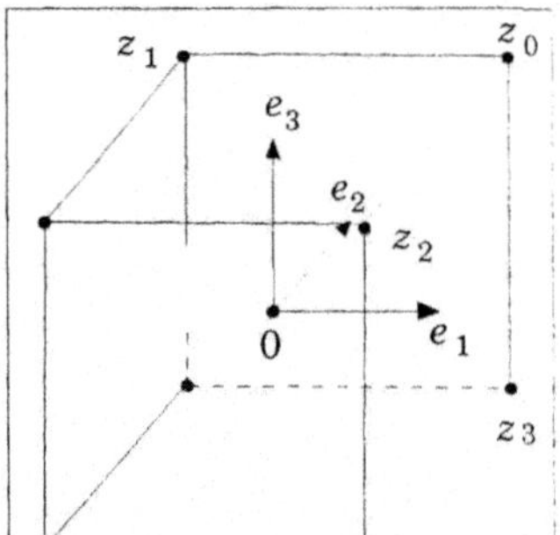

fig.2

$A.2.1)$ Soit r_i la rotation d'axe orienté e_i et de mesure d'angle $\frac{\pi}{2}$ pour $1\leq i\leq 3$. Montrer que $\mathscr{C}$ est stable par r_i^k pour $1\leq i\leq 3$, $1\leq k\leq 3$. Ces rotations sont au nombre de 9.

$A.2.2)$ Soient $z_0:=e_1+e_2+e_3$, $z_1=-e_1+e_2+e_3$, $z_2=e_1-e_2+e_3$, $z_3=e_1+e_2-e_3$. Montrer que $r_2r_3(z_0)=z_0$, $r_2r_3(z_1)=z_2$, $r_2r_3(z_2)=z_3$. Conclure que r_2r_3 est une rotation d'axe orienté z_0 et de mesure d'angle $\frac{2\pi}{3}$. En considérant les éléments $r_k(r_2r_3)r_k^{-1}$, montrer que les rotations d'axe passant par un sommet de $\mathscr{C}$ et de mesure d'angle $\frac{2\pi}{3}$ ou $\frac{4\pi}{3}$ laissent stable $\mathscr{C}$. Ces rotations sont au nombre de 8.

$A.2.3)$ Montrer que $r_3^2r_1(z_0)=z_1$ et que $r_3^2r_1(z_1)=z_0$; en conclure que le demi-tour d'axe passant par le milieu de l'arête (z_0,z_1) laisse stable $\mathscr{C}$. En considérant les $r_k(r_3^2r_1)r_k^{-1}$, montrer que les demi-tours d'axe passant par le milieu d'une arête laissent stable $\mathscr{C}$. Ces demi-tours sont au nombre de 6.

$A.2.4)$ Soit H l'ensemble constitué des rotations définies en $A.2.1)$, $A.2.2)$, $A.2.3)$ auquel on adjoint $\mathbb{1}_E$. Montrer que $\operatorname{card} H=24$.

$A.2.5)$ Soit $G^+(\mathscr{C}):=\{\sigma\in SO(E)\mid\sigma(\mathscr{C})=\mathscr{C}\}$, ce groupe s'appelle le *groupe des rotations du cube* $\mathscr{C}$.

$A.2.5.1)$ Montrer que $H\subset G^+(\mathscr{C})$; soit H_1 le sous-groupe de $G^+(\mathscr{C})$ engendré par H.

$A.2.5.2)$ Montrer que l'orbite de z_0 par H_1 est $\mathscr{C}$; donc que l'orbite de z_0 par $G^+(\mathscr{C})$ est $\mathscr{C}$.

$A.2.5.3)$ Montrer que $\{\sigma\in G^+(\mathscr{C})\mid\sigma(z_0)=z_0\}=\{\mathbb{1}_E,r_2r_3,(r_2r_3)^2\}$ (remarquer que $\|z_0-z_1\|=\|z_0-z_2\|=\|z_0-z_3\|=2$ et que $\|z_0-z\|>2$ pour $z\in\mathscr{C}-\{z_0,z_1,z_2,z_3\}$).

$A.2.5.4)$ Conclure que $o(G^+(\mathscr{C}))=3\times\operatorname{card}\mathscr{C}=24$. En déduire que $H=G^+(\mathscr{C})$.

$A.2.6)$ Soient $D_i:=\mathbb{R}z_i$, $0\le i\le 3$. Soit $\sigma\in G^+(\mathscr{C})$, montrer que $\sigma(D_i)=D_j$. Soient $\mathscr{D}=\{D_0,D_1,D_2,D_3\}$, $\sigma\in G^+(\mathscr{C})$, montrer que σ induit une bijection $\sigma_{\mathscr{D}}$ de $\mathscr{D}$ et que $\sigma\longmapsto\sigma_{\mathscr{D}}$ est un homomorphisme injectif φ de $G^+(\mathscr{C})$ dans $\mathfrak{S}(\mathscr{D})\simeq\mathfrak{S}_4$.

$A.2.7)$ Soit $G(\mathscr{C}):=\{\sigma\in O(E)\mid\sigma(\mathscr{C})=\mathscr{C}\}$. Montrer que $G(\mathscr{C})\simeq\{\pm\mathbb{1}_E\}\times\mathfrak{S}_4$.

$A.2.8)$ Remarquons qu'il serait un peu fastidieux dans ce cas d'utiliser $A.0)$.

$A.3)$ **L'icosaèdre régulier et son groupe de rotations**

$A.3.0)$ Définition de l'ensemble $\mathcal{I}$ des sommets de l'icosaèdre régulier.

Soient E l'espace vectoriel euclidien de dimension 3, orienté par une base orthonormée (e_1, e_2, e_3). Soient $z_0 := e_3$, $z_{k+1} := \frac{2}{\sqrt{5}}(\cos\frac{2\pi k}{5} e_1 + \sin\frac{2\pi k}{5} e_2) + \frac{1}{\sqrt{5}} e_3$ pour $0 \le k \le 4$. Alors $\mathcal{I} := \{\pm z_k \mid 0 \le k \le 5\}$ sera appelé *l'ensemble des sommets de l'icosaèdre régulier* associé à (e_1, e_2, e_3). *L'icosaèdre régulier* associé à (e_1, e_2, e_3) est l'enveloppe convexe de $\mathcal{I}$. On appelle *sommet* de $\mathcal{I}$ tout élément de $\mathcal{I}$. On appelle *arête* de $\mathcal{I}$, le segment défini par tout couple (a, b) avec $a, b \in \mathcal{I}$ et $\|a-b\| = \ell$ où ℓ est défini en $A.3.4)$.

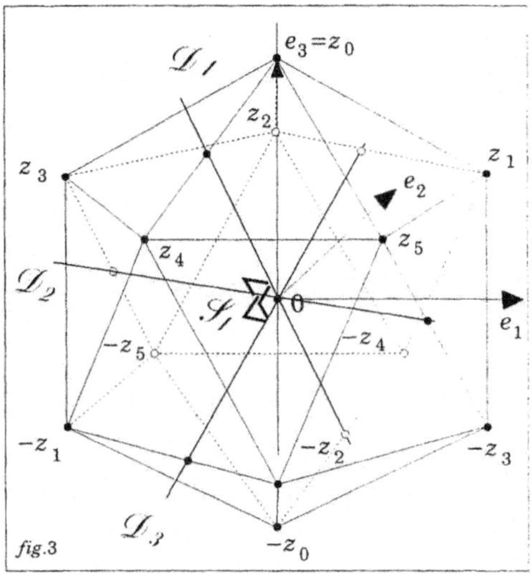

fig.3

$A.3.1)$ Montrer que $\|z_k\| = 1$ pour $0 \le k \le 5$.

$A.3.2)$ Soit r_0 la rotation d'axe orienté défini par z_0 et de mesure d'angle $\frac{2\pi}{5}$. Montrer que $z_{k+1} = r_0^k(z_1)$ pour $0 \le k \le 4$. Conclure que $\mathcal{I}$ est stable par r_0.

$A.3.3)$ Montrer que $2\cos\frac{2\pi}{5} = 2\cos\frac{8\pi}{5} = \frac{-1+\sqrt{5}}{2}$, $2\cos\frac{4\pi}{5} = 2\cos\frac{6\pi}{5} = \frac{-1-\sqrt{5}}{2}$.

$A.3.4)$ Montrer que $\|z_0 - z_1\|^2 = \frac{10-2\sqrt{5}}{5}$; soit $\ell > 0$ tel que $\ell^2 = \frac{10-2\sqrt{5}}{5}$.

$A.3.5)$ Montrer que $\|z_1 - z_2\|^2 = \frac{10-2\sqrt{5}}{5} = \ell^2$.

$A.3.6)$ Soit $z = \alpha e_1 + 0 e_2 + \gamma e_3$ avec $\alpha > 0$, $\gamma \ge 0$, et $\|z\|^2 = \alpha^2 + \beta^2 = 1$. Montrer que $\|z_0 - z\| = \|z - r_0(z)\|$ si et seulement si $z = z_1$ (r_0 est défini en $A.3.2)$).

$A.3.7)$ Montrer que $\|z_1 - (-z_3)\|^2 = \|z_1 - (-z_4)\|^2 = \ell^2$ (ℓ est défini en $A.3.4)$). En déduire que $\ell = \|z_1 + z_3\| = \|z_1 + z_4\| = \|z_2 + z_4\| = \|z_2 + z_5\| = \|z_3 + z_5\| = \|z_3 + z_1\| = \|z_4 + z_1\| = \|z_4 + z_2\| = \|z_5 + z_2\| = \|z_5 + z_3\|$; $\ell = \|z_0 - z_1\| = \|z_0 - z_2\| = \|z_0 - z_3\| = \|z_0 - z_4\| = \|z_0 - z_5\|$ (faire agir r_0^k).

$A.3.8)$ Montrer que z_1 est orthogonal aux vecteurs $z_0 - z_2$, $z_0 + z_4$, $z_0 + z_3$, $z_0 - z_5$; en conclure que $z_0, z_2, -z_4, -z_3, z_5$ appartiennent à un plan affine P orthogonal à z_1. Soit h la projection orthogonale de z_1 sur P. Montrer que
$\|h - z_0\| = \|h - z_5\| = \|h + z_3\| = \|h + z_4\| = \|h - z_2\|$ (utiliser Pythagore et $\|z_1 - z_0\| = \|z_1 - z_5\| = \|z_1 + z_3\| = \|z_1 + z_4\| = \|z_1 + z_2\|$). Déduire de cela les égalités d'angles non orientés

$\overline{h-z_0\,,h-z_5}=\overline{h-z_5\,,h-z_3}=\overline{h-z_3\,,h-z_4}=\overline{h-z_4\,,h-z_2}=\overline{h-z_2\,,h-z_0}=\frac{2\pi}{5}$. Soit r_1 la rotation d'axe orienté défini par z_1 et de mesure d'angle $\frac{2\pi}{5}$, conclure que $r_1(z_0)=z_5$, $r_1^2(z_0)=-z_3$, $r_1^3(z_0)=-z_4$, $r_1^4(z_0)=z_2$. Conclure aussi que $\mathcal{I}$ est stable par r_1.

$A.3.9)$ Soit r_k la rotation d'axe orienté z_k et de mesure d'angle $\frac{2\pi}{5}$, $1\le k\le 5$. Montrer que $r_k=r_0^{k-1}r_1r_0^{1-k}$. En conclure que $\mathcal{I}$ est stable par r_k pour $0\le k\le 5$. En conclure que ces rotations r_j^k, $0\le j\le 5$, $1\le k\le 4$ sont au nombre de 24.

$A.3.10.1)$ Montrer que $r_1^2r_2(z_0)=z_1$ et $r_1^2r_2(z_1)=z_0$; en conclure que $r_1^2r_2$ est le demi-tour d'axe passant par le milieu de l'arête $(z_0\,,z_1)$. Ainsi le demi-tour d'axe passant par le milieu de l'arête $(z_0\,,z_1)$ laisse $\mathcal{I}$ stable. En considérant $r_j^k(r_1^2r_2)r_j^{-k}$, conclure que tout demi-tour d'axe passant par le milieu d'une arête laisse $\mathcal{I}$ stable. Montrer que ces demi-tours sont au nombre de 15.

$A.3.10.2)$ Montrer que $r_2r_0(z_0)=z_1$, $r_2r_0(z_1)=z_2$, $r_2r_0(z_2)=z_0$. En conclure que les rotations d'axe $z_0+z_1+z_2$ passant par le centre de gravité de la face $(z_0\,,z_1\,,z_2)$ et de mesure d'angle $\frac{2\pi}{3}$ et $\frac{4\pi}{3}$ laissent $\mathcal{I}$ stable. En considérant $r_j^k(r_2r_0)r_j^{-k}$, conclure que toute rotation d'axe passant par le centre de gravité d'une face et de mesure d'angle $\frac{2\pi}{3}$ et $\frac{4\pi}{3}$ laisse $\mathcal{I}$ stable. Montrer que ces rotations sont au nombre de 20.

$A.3.10.3)$ Soit H l'ensemble constitué des rotations définies en $A.3.9)$, $A.3.10.1)$ et $A.3.10.2)$ auquel on adjoint $\mathbb{1}_E$. Montrer que $\mathrm{card}H=60$.

$A.3.11)$ Soit $G^+(\mathcal{I}):=\{\sigma\in SO(E)\,|\,\sigma(\mathcal{I})=\mathcal{I}\}$, ce groupe $G^+(\mathcal{I})$ s'appelle *le groupe des rotations* de l'icosaèdre régulier $\mathcal{I}$.

$A.3.11.1)$ Montrer que $H\subset G^+(\mathcal{I})$; soit H_1 le sous-groupe de $G^+(\mathcal{I})$ engendré par H_1.

$A.3.11.2)$ Montrer que l'orbite de z_0 par $G^+(\mathcal{I})$ est $\mathcal{I}$.

$A.3.11.3)$ Montrer $\{\sigma\in G^+(\mathcal{I})\,|\,\sigma(z_0)=z_0\}=\{r_0^k\,|\,0\le k\le 4\}$. Soit $a\in\mathcal{I}$ tel que $\|z_0-a\|=\|z_0-z_1\|$, montrer que $a\in\{z_1,z_2,z_3,z_4,z_5\}$.

$A.3.11.4)$ Conclure que $o(G^+(\mathcal{I}))=5\times\mathrm{card}\,\mathcal{I}$, i.e. $o(G^+(\mathcal{I}))=60$. En déduire que $H=G^+(\mathcal{I})$.

$A.3.12)$ *Le groupe $G^+(\mathcal{I})$ est isomorphe à $\mathfrak{A}_5$*. Soit $\mathcal{S}_1:=\{\mathcal{L}_1,\mathcal{L}_2,\mathcal{L}_3\}$ l'ensemble constitué des trois droites passant par 0 et respectivement le milieu de z_0 et z_4, z_3 et $-z_5$, z_1 et z_2 ; ces 3 droites sont 2 à 2 orthogonales. Soient $\mathcal{S}_i:=r_0^{i-1}(\mathcal{S}_1)$ pour $1\le i\le 5$, $\Sigma:=\{\mathcal{S}_1,\mathcal{S}_2,\mathcal{S}_3,\mathcal{S}_4,\mathcal{S}_5\}$. Alors le plan orthogonal à $\mathcal{L}_1$ passant par 0 est le plan $V(z_1,z_2,0)$; montrer que

(0) les seules droites de $V(z_1,z_2,0)$ passant par 0 et coupant les arêtes en leur milieu sont $\mathcal{L}_2$ et $\mathcal{L}_3$.

Soit Δ une droite passant par 0 et le milieu d'une arête, montrer que $\Delta\in\mathcal{S}_1\cup\mathcal{S}_2\cup\mathcal{S}_3\cup\mathcal{S}_4\cup\mathcal{S}_5$. Soit $g\in G^+(\mathcal{I})$, montrer qu'il existe i_0 tel que $g(\mathcal{L}_1)\in\mathcal{S}_{i_0}$, déduire de (0) que $g(\mathcal{L}_2)\,,g(\mathcal{L}_3)\in\mathcal{S}_{i_0}$. Ainsi $G^+(\mathcal{I})$ opère sur Σ.

Montrons que $G^+(\mathcal{J})$ opère fidèlement ; i.e. soit $g \in G^+(\mathcal{J})$ avec $g(\mathcal{S}_i)=\mathcal{S}_i$ pour $1 \leq i \leq 5$, montrons que $g=\mathbb{1}$.

(1) Si g est une rotation d'ordre 5, quitte à changer g en g^α, on peut supposer que $\frac{2\pi}{5}$ est la mesure de l'angle de rotation et que l'axe passe par z_4 (par exemple). Or $g(\mathcal{S}_1)$ est la droite qui passe par le milieu de z_4 et z_3 ou z_4 et z_5, ainsi $g(D_1) \notin \mathcal{S}_1$. Ce cas est impossible.

(2) Si g est une rotation d'ordre 3, d'axe le centre de gravité du triangle (z_0, z_4, z_5) (par exemple). Il n'existe pas de droite de $\mathcal{S}_1$ passant par les milieux de z_4 et z_5 ou z_0 et z_5. C'est impossible.

(3) Si g est une rotation d'ordre 2, d'axe passant par le milieu de z_0 et z_5 (par exemple). Alors $g(\mathcal{D}_1)$ passe par le milieu de z_5 et z_1 et $g(\mathcal{D}_1) \notin \mathcal{S}_1$. C'est impossible.

En déduire que $g=\mathbb{1}$. Ainsi $G^+(\mathcal{J})$ s'identifie à un sous-groupe de $\mathfrak{S}(\Sigma)$ (des permutations de Σ), ce groupe est donc d'indice 2 dans $\mathfrak{S}_5$, conclure que $G^+(\mathcal{J}) \simeq \mathfrak{A}_5$.

A.3.13) *Le groupe* $G(\mathcal{J})$ *est isomorphe à* $\{\pm \mathbb{1}_E\} \times \mathfrak{A}_5$. Soit $G(\mathcal{J}) := \{\sigma \in O(E) \mid \sigma(\mathcal{J}) = \mathcal{J}\}$, ce groupe $G(\mathcal{J})$ s'appelle *le groupe des automorphismes orthogonaux* de l'icosaèdre régulier $\mathcal{J}$. Montrer le résultat ci-dessus.

B) **Les sous-groupes finis de $SO_3(\mathbb{R})$**

B.1) Soient $x \neq 0$, $G_x := \{g \in G \mid g(x) = x\}$. Soit $X := \{x \in E \mid \|x\| = 1, G_x \neq \{\mathbb{1}_E\}\}$, en d'autres termes X est constitué des points de la sphère unité par lesquels passent l'axe de rotation d'un élément de $G - \{\mathbb{1}_E\}$, si $x \in X$ on a donc $o(G_x) \geq 2$. Soit $\Gamma := \{(g,x) \in (G - \{\mathbb{1}_E\}) \times X \mid g(x) = x\}$. Comme tout $g \in G - \{\mathbb{1}_E\}$ a exactement deux points fixes sur la sphère unité, conclure que

(1) $\quad \operatorname{card} \Gamma = 2(o(G) - 1)$. Ensuite G opère sur X ; en effet si $hx = x$ avec $h \in G - \{\mathbb{1}_E\}$, remarquer que $ghg^{-1}(gx) = g(x)$, donc $g(x) \in X$. Montrer les relations

(2) $\quad \Gamma = \bigcup_{x \in X} (G_x - \{\mathbb{1}_E\}) \times \{x\}$, ainsi

(3) $\quad \operatorname{card} \Gamma = \sum_{x \in X} (o(G_x) - 1)$.

Soit $A \subset X$ un système de représentants des orbites de X par G. Si x et x' sont dans la même orbite, on a $o(G_x) = o(G_{x'})$.

Ainsi (3) peut s'écrire

(4) $\quad \operatorname{card} \Gamma = \sum_{x \in A} \operatorname{card}(\text{orbite}\, x)\, (o(G_x) - 1)$; i.e.

(5) $\quad \operatorname{card} \Gamma = \sum_{x \in A} \frac{o(G)}{o(G_x)} (o(G_x) - 1)$.

Soit par (1) et (5)

(6) $\quad 2 - \frac{2}{o(G)} = \sum_{x \in A} \left(1 - \frac{1}{o(G_x)}\right)$

B.2) On a $\operatorname{card} A < 4$. En effet $1 - \frac{1}{o(G_x)} \geq \frac{1}{2}$ et $\sum_{x \in A} \left(1 - \frac{1}{o(G_x)}\right) \geq \frac{\operatorname{card} A}{2}$.

B.3) On a $\operatorname{card} A \geq 2$. Si $\operatorname{card} A = 1$, on aurait $1 \leq 2 - \frac{2}{o(G)} = 1 - \frac{1}{o(G_x)} < 1$, ce qui est impossible.

B.4) *Si* $\operatorname{card} A = 2$. On a $2 - \frac{2}{o(G)} = 2 - (\frac{1}{o(G_{x_1})} + \frac{1}{o(G_{x_2})})$. Comme $o(G_{x_i}) \leq o(G)$, on a donc $o(G) = o(G_{x_1}) = o(G_{x_2})$. Ceci montre que l'axe de rotation de tout élément de G passe par x_1. Soit $H := x_1^{\perp}$, conclure que $g(H) = H$, que g induit un automorphisme orthogonal g_H de $O(H)$ et que $g \longmapsto g_H$ est injectif. Comme le sous-groupe d'ordre n de $SO(H)$ est celui engendré par une rotation de mesure d'angle $\frac{2\pi}{n}$, cela montre que G satisfait au cas **I** .

B.5) *Si* $\operatorname{card} A = 3$. On a $o(G_{x_1})) \leq o(G_{x_2})) \leq o(G_{x_3})) \leq o(G)$.

B.5.1) *On a* $o(G_{x_1}) = 2$. Sinon $o(G_{x_i}) \geq 3$ et $\sum_{i=1}^{3} (1 - \frac{1}{o(G_{x_i})}) \geq 2$ ce qui est impossible puisque $2 - \frac{2}{o(G)} < 2$.

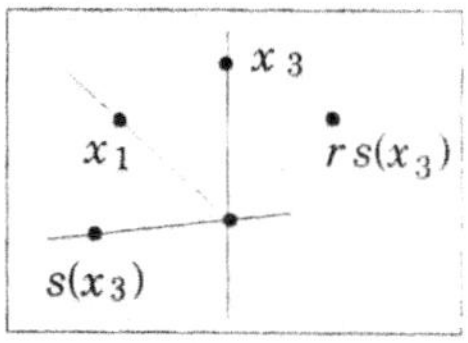

B.5.2) *Si* $o(G_{x_2}) = 2$, on a $2 - \frac{2}{o(G)} = 2 - \frac{1}{2} - \frac{1}{2} + 1 - \frac{1}{o(G_{x_3})}$, donc $o(G_{x_3}) = \frac{o(G)}{2} = m$. Ainsi G_{x_3} est un groupe cyclique d'ordre m engendré par la rotation r d'axe passant x_3 .

Il s'agit maintenant de montrer que $(x_1 | x_3) = 0$ et $(x_2 | x_3) = 0$. Le groupe G_{x_1} contient un demi-tour s d'axe $\mathbb{R}x_1$; supposons $(x_1 | x_3) \neq 0$, alors $s(x_3) \notin \mathbb{R}x_3$ et il suit que $s(x_3) \neq x_3$ et $rs(x_3) \neq x_3$. Or l'orbite de x_3 sous G a 2 éléments ; ce qui est impossible. De même, $(x_2 | x_3) = 0$. Alors cela montre facilement que G satisfait le cas **II**.

B.5.3) *On a* $o(G_{x_2}) \leq 3$. Sinon $\sum_i (1 - \frac{1}{o(G_{x_i})} \geq (1 - \frac{1}{2}) + (1 - \frac{1}{4}) + (1 - \frac{1}{4})$;

$2 > 2 - \frac{2}{o(G)} = \sum_i (1 - \frac{1}{o(G_{x_i})} \geq 2$, c'est impossible.

B.5.4) *Si* $o(G_{x_2}) = 3$, *on a* $o(G_{x_3}) \leq 5$. En effet, on a $2 - \frac{2}{o(G)} = (1 - \frac{1}{2}) + (1 - \frac{1}{3}) + (1 - \frac{1}{(G_{x_3})})$, soit $\frac{1}{o(G_{x_3})} = \frac{1}{6} + \frac{2}{o(G)}$, ce qui montre que $o(G_{x_3}) \leq 5$.

B.5.5) *Si* $o(G_{x_2}) = 3$, $o(G_{x_3}) = 3$, *on a* $o(G) = 12$ (*le* cas **III**) .

Si $o(G_{x_2}) = 3$, $o(G_{x_3}) = 4$, on a $o(G) = 24$ (*le* cas **IV**) .

Si $o(G_{x_2}) = 3$, $o(G_{x_3}) = 5$, on a $o(G) = 60$ (*le* cas **V**) .

B.6) Le cas **III** , i.e. $o(G_{x_1}) = 2$, $o(G_{x_2}) = 3$, $o(G_{x_3}) = 3$, donc $o(G) = 12$; alors G est le *groupe des rotations du tétraèdre régulier.*

Soient $z_0 = x_2$, ainsi G_{z_0} est le groupe cyclique engendré par la rotation r_0 d'axe orienté z_0 et de mesure d'angle $\frac{2\pi}{3}$, $\mathscr{P}$ l'orbite de z_0 par G .

B.6.1) Montrer que $\operatorname{card} \mathscr{P} = \frac{12}{3} = 4$. Montrer qu'il existe $z \in \mathscr{P}$ et $z \notin \mathbb{R}z_0$. Conclure que $\mathscr{P}=\{z_0, z, r_0(z), r_0^2(z)\}$. Soient $\sigma \in G$ tel que $z=\sigma(z_0)$, $r_1 := \sigma r_0 \sigma^{-1}$, montrer que $\{z_0, r_1(z_0), r_1^2(z_0)\} = \{z_0, r_0(z), r_0^2(z)\}$. En conclure que $\|z_0 - z\| = \|z - r_0(z)\|$.

B.6.2) Soient $f_3 := z_0$, (f_1, f_2, f_3) une base orthonormale bien orientée avec $z = \alpha f_1 + 0 f_2 + \gamma f_3$, $\alpha > 0$. Déduire de *A*.1.4) que $\alpha = \frac{2\sqrt{2}}{3}$, $\gamma = -\frac{1}{3}$ et donc que $\mathscr{P}$ est le tétraèdre régulier construit à partir de la base orthonormée (f_1, f_2, f_3) selon A.1.0) .

B.6.3) Déduire de *A*.1.9.4) que G est le groupe de rotations du tétraèdre régulier $\mathscr{P}$.

B.6.4) Soient (e_1, e_2, e_3) une base orthonormée bien orientée , $\mathscr{T}$ le tétraèdre régulier construit à partir de (e_1, e_2, e_3) selon *A*.1.0) , $G^+(\mathscr{T})$ le groupe des rotations de $\mathscr{T}$. Montrer qu'il existe $\sigma \in SO(E)$ tel que $\sigma G \sigma^{-1} = G^+(\mathscr{T})$.

B.7) Le cas **IV**, i.e. $o(G_{x_1})=2$, $o(G_{x_2})=3$, $o(G_{x_3})=4$ donc $o(G)=24$; alors G est le *groupe des rotations du cube.*

B.7.1) Montrer que card(orbite x_3)$=6$ et que $x \in$ orbite x_3 , implique $-x \in$ orbite x_3 ; en conclure que orbite $x_3 = \{\pm f_1, \pm f_2, \pm f_3\}$ où $\|f_i\| = 1$.

B.7.2) Soit r_i la rotation d'axe orienté f_i et de mesure d'angle $\frac{\pi}{4}$. Montrer que $(f_i | f_j) = 0$ pour $i \neq j$ (supposer $(f_1 | f_2) \neq 0$, en conclure que card$\{\pm r_1^k(f_2) \mid 0 \leq k \leq 3\} = 8$) . Conclure que (f_1, f_2, f_3) est une base orthonormée. Montrer que $x_2 = \alpha f_1 + \beta f_2 + \gamma f_3$ avec $\alpha \beta \gamma \neq 0$.

B.7.3) Montrer que $|\alpha| = |\beta| = |\gamma|$ (supposer $|\alpha| \neq |\beta|$, montrer que card$\{r_1^{\ell} r_3^k(x_2) \mid 0 \leq k < 4, 0 \leq \ell < 4\} > 8$) . En déduire que orbite $x_2 = \{\frac{1}{\sqrt{3}}(\varepsilon_1 f_1 + \varepsilon_2 f_2 + \varepsilon_3 f_3) \mid \varepsilon_i \in \{\pm 1\}, 1 \leq i \leq 3\} = \mathscr{P}$. Conclure que G laisse $\mathscr{P}$ stable et donc que G laisse stable le cube construit à partir de la base orthonormée (f_1, f_2, f_3) selon *A*.2.0) .

B.7.4) Soient (e_1, e_2, e_3) une base orthonormée bien orientée , $\mathscr{C}$ le cube construit à partir de (e_1, e_2, e_3) selon *A*.2.0) , $G^+(\mathscr{C})$ le groupe des rotations de $\mathscr{C}$. Montrer qu'il existe $\sigma \in SO(E)$ tel que $\sigma G \sigma^{-1} = G^+(\mathscr{C})$.

B.8) Le cas **V** , i.e. $o(G_{x_1})=2$, $o(G_{x_2})=3$, $o(G_{x_3})=5$, donc $o(G)=60$; alors G est le *groupe des rotations de l'icosaèdre régulier.*

Soient $z_0 = x_3$, *ainsi* G_{z_0} est le groupe cyclique engendré par la rotation r_0 d'axe orienté z_0 et de mesure d'angle $\frac{2\pi}{5}$, $\mathscr{P}$ l'orbite de z_0 par G .

B.8.1) Montrer que card $\mathscr{P} = \frac{60}{5} = 12$. Soit $H := \{r_0^k \mid 0 \leq k \leq 4\}$, montrer que H opère sur $\mathscr{P}$ et que si $x \neq \pm z_0$ et $x \in \mathscr{P}$, alors l'orbite de x sous H a 5 éléments. En conclure que $\mathscr{P}$ a sous H , exactement deux orbites à 5 éléments et que $-z_0 \in \mathscr{P}$. Soient $z_1 = \sigma(z_0) \in \mathscr{P}$, $r_1 = \sigma r_0 \sigma^{-1}$ et H_1 le groupe d'ordre 5 engendré par r_1 . Comme $\mathscr{P}$ est aussi l'orbite de z_1 par G déduire de la méthode précédente appliquée à H_1 que $-z_1 \in \mathscr{P}$. Si donc $x \in \mathscr{P}$, on a $-x \in \mathscr{P}$.

B.8.2) Soit $x \in \mathscr{P} - \{z_0, -z_0\}$. Montrer que $\{r_0^k(x) \mid 0 \leq k \leq 4\} \cap \{r_0^k(-x) \mid 0 \leq k \leq 4\} = \emptyset$; en conclure que $\mathscr{P} = \{\pm r_0^k(x) \mid 0 \leq k \leq 4\} \cup \{z_0, -z_0\}$.

B.8.3) Montrer qu'il existe $z_1 \in \mathscr{P} - \{z_0, -z_0\}$ tel que $\|z_0 - z_1\| < \|z_0 + z_1\|$ (sinon déduire que pour tout $x \in \mathscr{P} - \{z_0, -z_0\}$, on a $(x \mid z_0) = 0$; si $x = \sigma(z_0)$, remarquer que $\sigma r_0 \sigma^{-1}$ est une rotation d'axe x et de mesure d'angle $\frac{2\pi}{5}$, en conclure que $(\sigma r_0 \sigma^{-1}(z_0) \mid z_0) \neq 0$ et $\sigma r_0 \sigma^{-1}(z_0) \neq \pm z_0$, ce qui est impossible).
B.8.4) Soit $\ell' := \|z_0 - z_1\|$, $\ell'' := \|z_0 + z_1\|$ où z_1 est défini en 3) ; conclure que $\ell' < \sqrt{2}$, $l'' > \sqrt{2}$.
B.8.5) Soit $z_1 = \sigma(z_0)$ défini en *B*.8.3) . Soit $x \in \mathscr{P} - \{z_1, -z_1\}$, montrer que $\|z_1 - x\| \in \{\ell', \ell''\}$ (utiliser *B*.8.4) et appliquer σ) . Montrer que $\|z_1 - r_0(z_1)\| < \sqrt{2}$, en conclure que $\|z_1 - r_0(z_1)\| = \ell'$.
B.8.6) Soient $f_3 := z_0$, (f_1, f_2, f_3) une base orthonormée bien orientée telle que $z_1 = \alpha f_1 + 0 f_2 + \gamma f_3$ avec $\alpha > 0$. Déduire de *A*.3.6) que $\alpha = \frac{2}{\sqrt{5}}$, $\gamma = \frac{1}{\sqrt{5}}$ et donc que $\mathscr{S}$ est l'ensemble des sommets de l'icosaèdre régulier construit à partir de la base orthonormée bien orientée (f_1, f_2, f_3) .
B.8.7) Déduire de *A*.3.11) que G est le groupe des rotations de l'icosaèdre régulier $\mathscr{S}$.
B.8.8) Soient (e_1, e_2, e_3) une base orthonormée bien orientée , $\mathscr{T}$ l'icosaèdre régulier construit à partir de (e_1, e_2, e_3) selon *A*.3.0. , $G^+(\mathscr{T})$ le groupe des rotations de $\mathscr{T}$. Montrer qu'il existe $\sigma \in SO(E)$ tel que $\sigma G \sigma^{-1} = G^+(\mathscr{T})$.

Exercice 10.42. *groupe orthogonal, similitudes en dimension 2 et nombres complexes*

On identifie le plan euclidien à $\mathbb{R} \oplus i\mathbb{R}$, le $\mathbb{R}$-espace vectoriel sous-jacent du corps des nombres complexes et le produit scalaire est défini par $(z, z') \longmapsto z\bar{z}' + \bar{z}z'$.
1) Soit $a \in \mathbb{C}^\times$ et $\sigma_a : \mathbb{C} \to \mathbb{C}$ défini par $\sigma_a(z) = az$. Montrer que σ_a est une similitude directe de $\mathbb{C}$ et que σ_a est une rotation si et seulement si $|a| = 1$; de plus $|a|$ est le rapport de similitude.
2) Soit $a \in \mathbb{C}^\times$ et $\tau_a : \mathbb{C} \to \mathbb{C}$ défini par $\tau_a(z) = a\bar{z}$. Montrer que τ_a est une similitude indirecte de rapport $|a|$; ainsi τ_a est un retournement si et seulement $|a| = 1$.
3) Soit θ une similitude directe (resp. indirecte) de $\mathbb{C}$. Montrer qu'il existe $a \in \mathbb{C}^\times$ unique tel que $\theta = \sigma_a$ (resp. τ_a) .

Exercice 10.43. *un sous-groupe fini de $G\ell_n(\mathbb{R})$ est conjugué d'un sous-groupe de $O_n(\mathbb{R})$*

Soient G un groupe fini de $G\ell_n(\mathbb{R})$, $(.\,|\,.)$ le produit scalaire canonique sur $\mathbb{R}^n$, $\Phi : \mathbb{R}^n \times \mathbb{R}^n \to \mathbb{R}$ définie par $\Phi(X, Y) = \sum_{g \in G} (g(X) \mid g(Y))$.
1) Montrer que Φ est une forme bilinéaire définie positive sur $\mathbb{R}^n$.
2) Soit $O(\Phi)$ le groupe orthogonal de Φ . Montrer qu'il existe une matrice $M \in G\ell_n(\mathbb{R})$ telle que $O_n(\mathbb{R}) = M\, O(\Phi)\, M^{-1}$.
2) Conclure.

Exercice 10.44. *tout sous-groupe compact de $G\ell_n(\mathbb{R})$ est conjugué d'un sous-groupe de $O_n(\mathbb{R})$*

Soient $\mathcal{G}$ un sous-groupe compact de $G\ell_n(\mathbb{R})$, $\mathcal{C}(\mathcal{G},\mathbb{R})$ les applications continues de $\mathcal{G}$ dans $\mathbb{R}$, munies de la norme "sup" sur $\mathcal{G}$. On admet qu'il existe sur $\mathcal{C}(\mathcal{G},\mathbb{R})$ une forme linéaire continue ρ avec les propriétés suivantes.

α) Soient $A\longmapsto\varphi(A)$ un élément de $\mathcal{C}(\mathcal{G},\mathbb{R})$, $N\in\mathcal{G}$, notons ψ la fonction $A\longmapsto\varphi(AN)$, alors on a $\rho(\varphi)=\rho(\psi)$.

β) Si $\varphi\in\mathcal{C}(\mathcal{G},\mathbb{R}), \varphi\neq 0, \varphi(A)\geq 0$ pour tout $A\in\mathcal{G}$, alors on a $\rho(\varphi)>0$, (l'existence d'une mesure de Haar sur $\mathcal{G}$, montre l'existence de ρ).

1) Soient $X,Y\in\mathbb{R}^n$, $a_{X,Y}:\mathcal{G}\to\mathbb{R}$ défini par $A\longmapsto {}^t(AX)AY$. Montrer que $a_{X,Y}\in\mathcal{C}(\mathcal{G},\mathbb{R})$.

2) Soit $\Phi:\mathbb{R}^n\times\mathbb{R}^n\to\mathbb{R}$ défini par $\Phi(X,Y)=\rho(a_{X,Y})$. Montrer que Φ est une forme bilinéaire symétrique définie positive.

3) Montrer que $\mathcal{G}\subset O(\Phi)$. Conclure.

Exercice 10.45. *quelques conséquences du théorème de* Sylvester

1) Soient (E,f), (E',f') deux $\mathbb{R}$-espaces quadratiques. Montrer que les propriétés suivantes sont équivalentes.

i) (E,f) et (E',f') sont isomorphes comme espaces quadratiques,

ii) $\dim E=\dim E'$ et $\operatorname{sgn} f=\operatorname{sgn} f'$.

2) Montrer que les classes de congruences de matrices symétriques de $M_n(\mathbb{R})$ modulo $G\ell_n(\mathbb{R})$ sont exactement celles de $\begin{bmatrix} I_p & 0 & 0\\ 0 & -I_q & 0\\ 0 & 0 & 0\end{bmatrix}$ où $(p,q)\in\{0,1,\dots,n\}$ avec $p+q\leq n$ (il y en a $\frac{(n+1)(n+2)}{2}$).

3) Soient (F,f) un $\mathbb{R}$-espace quadratique, $(p,q)=\operatorname{sgn} f$, F_1,F_2 deux sous-espaces vectoriels avec $F=F_1\overset{\perp}{\oplus}F_2$, (p_i,q_i) la signature de la forme bilinéaire induite sur F_i par f. Alors on a $(p,q)=(p_1,q_1)+(p_2,q_2)$.

4) Soit (F,f) un $\mathbb{R}$-espace quadratique. Montrer que (F,f) est hyperbolique (resp. défini positif, resp. défini négatif) si et seulement si $\operatorname{sgn} f=(p,p)$ avec $\dim F=2p$ (resp. $\operatorname{sgn} f=(\dim F,0)$, resp. $\operatorname{sgn} f=(0,\dim F)$).

5) Soit (E,f) un $\mathbb{R}$-espace quadratique, $\operatorname{sgn} f=(p,q)$. Montrer que $E=H\overset{\perp}{\oplus}D$ où H est hyperbolique de signature (p,p) (resp. (q,q)) si $p\leq q$ (resp. $p\geq q$) et D est défini de signature $(0,q-p)$ (resp. $(p-q,0)$).

Si $E=H'\overset{\perp}{\oplus}D'$ avec H' hyperbolique de signature (α,α) et D' défini de signature (β,γ) (on a donc $\beta\gamma=0$), montrer que E est de signature $(\alpha+\beta,\alpha+\gamma)$.

Conclure qu'il existe $u\in O(f)$ avec $u(H)=H'$ et $u(D)=D'$.

6) Soit (E,f) un $\mathbb{R}$-espace quadratique non dégénéré de signature (p,q). Montrer que tout sous-espace isotrope maximal est de dimension $\inf(p,q)$ (utiliser 5 et *B*.11.3.) .

Exercice 10.46. *sur les groupes* $O_{p,q}(\mathbb{R})$, $SO_{p,q}(\mathbb{R})$

1) Soient E un $\mathbb{R}$-espace vectoriel de dimension finie, f (resp. f') une forme bilinéaire symétrique sur E, non dégénérée de signature (p,q) (resp. (p',q')) .
1.1) *Montrer que les propriétés suivantes sont équivalentes.*
i) $O(f)=O(f')$, *ii)* $O(f)\subset O(f')$, *iii) il existe* $\lambda\in\mathbb{R}^{\times}$ *tel que* $f=\lambda f'$.
Pour montrer *ii)* implique *iii)*, comme $O(f)=O(-f)$ on peut supposer $p>0$. Soit $(e_1,\dots,e_p,e_{p+1},\dots,e_n)$ une base qui définit la signature de f. Remarquer que $f'(e_1,e_1)=f'(\cos\theta\, e_1+\sin\theta\, e_i,\cos\theta\, e_1+\sin\theta\, e_i)$ pour $2\le i\le p$; en choisissant quelques valeurs de θ, montrer que $f'(e_1,e_1)=f'(e_i,e_i)$ et $0=f'(e_1,e_i)$. De même
$f'(e_1,e_1)=f'(\mathrm{ch}\,\varphi\, e_1+\mathrm{sh}\,\varphi\, e_i,\mathrm{ch}\,\varphi\, e_1+\mathrm{sh}\,\varphi\, e_i)$, pour $p+1\le i\le n$. Procéder de même et conclure que $f'(e_1,e_1)=-f'(e_i,e_i)$ et $f'(e_1,e_i)=0$. Conclure .
1.2) *Montrer que les propriétés suivantes sont équivalentes.*
i) Il existe $u\in G\ell(E)$ *avec* $u\,O(f)\,u^{-1}=O(f')$,
ii) il existe $\lambda\in\mathbb{R}^{\times}$ *tel que* $f'(u(x),u(y))=\lambda f(x,y)$, *pour tout* $x,y\in E$,
iii) $(p,q)=(p',q')$ *ou* $(p,q)=(q',p')$. (voir *B*.16.9).
2) Soient $p,q\in\mathbb{N}$ avec $p+q=n$,

$$O_{p,q}(\mathbb{R}):=\{\,S\in G\ell_n(\mathbb{R})\mid {}^tS\begin{bmatrix} I_p & 0\\ 0 & -I_q\end{bmatrix}S=\begin{bmatrix} I_p & 0\\ 0 & -I_q\end{bmatrix}\}$$

et $SO_{p,q}(\mathbb{R})=S\ell_n(\mathbb{R})\cap O_{p,q}(\mathbb{R})$.
2.1) *On suppose que* $p+q=p'+q'=n$, *montrer que les propriétés suivantes sont équivalentes.*
i) $O_{p,q}(\mathbb{R})=O_{p',q'}(\mathbb{R})$, *ii)* $pq=p'q'=0$ *ou* $(p,q)=(p',q')$ *ou* $(p,q)=(q',p')$.
2.2) *On suppose que* $p+q=p'+q'=n$, *montrer que les propriétés suivantes sont équivalentes.*
i) $O_{p,q}(\mathbb{R})$ *et* $O_{p',q'}(\mathbb{R})$ *sont conjugués* modulo $G\ell_n(\mathbb{R})$,
ii) $(p,q)=(p',q')$ *ou* $(p,q)=(q',p')$.

Exercice 10.47. *topologie des groupes* $O_{p,q}(\mathbb{R})$, $SO_{p,q}(\mathbb{R})$

Montrer que pour $p+q=n$, que $O_{p,q}(\mathbb{R})$, $SO_{p,q}(\mathbb{R})$ sont fermés dans $M_n(\mathbb{R})$ et que $O_{p,q}(\mathbb{R})$ (resp. $SO_{p,q}(\mathbb{R})$) sont compacts si et seulement si $pq=0$.

Exercice 10.48. *sur le groupe des commutateurs de* $SO_{s,t}(\mathbb{R})$

Soient E *un* $\mathbb{R}$*-espace vectoriel de dimension* n, f *une forme bilinéaire symétrique sur* E, *non dégénérée de signature* (s,t) *avec* $st\neq 0$, $(e_1,e_2,\dots,e_n)$ *une base avec*

$f(e_i,e_j)=0$ pour $i\neq j$, $f(e_i,e_i)=1$ pour $1\leq i\leq s$, $f(e_j,e_j)=-1$, $s+1\leq i\leq n$. Soit $u\in O(f)$, $U=\mathrm{Mat}(u,e_i)=\begin{bmatrix} M & N \\ P & Q\end{bmatrix}$, avec $M\in M_s(\mathbb{R})$, $Q\in M_t(\mathbb{R})$, $N\in M_{s,t}(\mathbb{R})$, $P\in M_{t,s}(\mathbb{R})$. Alors $\text{dét} M\neq 0$ *et l'application $\sigma: O_{s,t}(\mathbb{R})\to\{1,-1\}$ définie par $\sigma(U)=\text{signe}(\text{dét} M)$ est un homomorphisme et $\ker\sigma\cap SO_{s,t}(\mathbb{R})$ est le groupe des commutateurs de $O_{s,t}(\mathbb{R})$* (donc aussi de $SO_{s,t}(\mathbb{R})$ *, il est d'indice 2 dans $SO_{s,t}(\mathbb{R})$*) .

1) Montrer que ${}^tMM-{}^tPP=I_s$, ${}^tQQ-{}^tNN=I_t$, ${}^tMN-{}^tPQ=0$.
2) Soit $R\in M_{t,s}(\mathbb{R})$, $\lambda\in\mathbb{R}$, montrer que
${}^t(M+\lambda NR)(M+\lambda NR)=I_s-\lambda^2\,{}^tRR+{}^t(P+\lambda QR)(P+\lambda QR)$.
3) Supposons $I_s-{}^tRR$ définie positive. Montrer que ${}^t(M+\lambda NR)(M+\lambda R)$ est définie positive pour $-1\leq\lambda\leq 1$ (soit X un vecteur colonne, calculer ${}^tX{}^t(M+\lambda R)(M+\lambda NR)X$, considérer le polynôme $P(\lambda)=-\lambda^2\,{}^tX{}^tRRX+{}^tXX$) .
4) Déduire que le signe de $\text{dét}(M+\lambda R)$ est invariant sur $[-1,1]$.
5) Soient $X\in\mathbb{R}^n$, $X=\begin{bmatrix} X_+ \\ X_-\end{bmatrix}$ où X_+ correspond aux s premières composantes et X_- aux suivantes. Montrer que $U\begin{bmatrix} X_+ \\ 0\end{bmatrix}=\begin{bmatrix} MX_+ \\ PX_+\end{bmatrix}$, que $\|X_+\|^2=\|MX_+\|^2-\|PX_+\|^2$ où $\|\,.\,\|$ est la norme euclidienne canonique sur $\mathbb{R}^n$. Conclure que $MX_+=0$ implique $X_+=0$, donc que $\text{dét} M\neq 0$.
6) Soient $v\in O(f)$, $V=\mathrm{Mat}(v,e_i)=\begin{bmatrix} M' & N' \\ P' & Q'\end{bmatrix}\in O_{s,t}(\mathbb{R})$.
6.a) Soient $R=P'M'^{-1}$, $X\in\mathbb{R}^s-\{0\}$. Montrer que $\|M'^{-1}(X)\|=\|X\|^2-\|P'M'^{-1}(X)\|^2$ (calculer $V\begin{bmatrix} M'^{-1}X \\ 0\end{bmatrix}$ et utiliser que v est orthogonal). Conclure que $\|RX\|<\|X\|$ (remarquer que $M'^{-1}X\neq 0$ par 5)).
6.b) Déduire de 4) que $\text{signe}(\text{dét} M)=\text{signe dét}(M+NP'M'^{-1})$.
6.c) Conclure que σ est un homomorphisme.
7) Montrer que $\sigma(SO_{s,t}(\mathbb{R}))=\{\pm 1\}$. Montrer que $\ker\sigma\cap SO_{s,t}(\mathbb{R})$ contient les commutateurs. Conclure (utiliser *B*.14.1.).

Exercice 10.49. *la structure de $SO_4(\mathbb{R})$*

Soient E un $\mathbb{R}$-espace vectoriel orienté de dimension 4 , G_1 le sous-ensemble des éléments u de $SO(E)$ tels qu'il existe une base $\mathscr{B}$ orthonormale, bien orientée, $0\leq\theta\leq\pi$, avec

$\mathrm{Mat}(u;\mathscr{B})=\begin{bmatrix} \cos\theta & -\sin\theta & 0 & 0 \\ \sin\theta & \cos\theta & 0 & 0 \\ 0 & 0 & \cos\theta & -\sin\theta \\ 0 & 0 & \sin\theta & \cos\theta\end{bmatrix}$, *$G_2$ le sous-ensemble des éléments de u de $SO(E)$ tels qu'il existe une base $\mathscr{B}'$ orthonormale, bien orientée, $0\leq\theta\leq\pi$, avec*

$$\mathrm{Mat}(u\,;\mathscr{B}')=\begin{bmatrix}\cos\theta & -\sin\theta & 0 & 0\\ \sin\theta & \cos\theta & 0 & 0\\ 0 & 0 & \cos\theta' & -\sin\theta'\\ 0 & 0 & \sin\theta' & \cos\theta'\end{bmatrix},\ où\ \theta':=2\pi-\theta\ .$$

1. *Alors* G_1 , G_2 *sont deux sous-groupes distingués de* $SO(E)$. *Tout élément de* G_1 *commute avec tout élément de* G_2 *et* $G_1G_2:=\{g_1g_2 \mid g_i\in G_i\}=SO(E)$; *en plus* $G_1\cap G_2=\{\pm\mathbb{1}_E\}$.
2. *(la structure du groupe* G_i*) Soient* $\mathscr{E}:=(e_1,e_2,e_3,e_4)$ une base de E qui définit l'orientation , $F:=\mathbb{R}e_2\oplus\mathbb{R}e_3\oplus\mathbb{R}e_4$, $\alpha:SO(F)\to SO(E)$ l'injection définie par $\alpha(u)(e_1)=e_1$, $\alpha(u)(e_i)=u(e_i)$ pour $2\le i\le 4$, $\beta:SO(E)\to\frac{SO(E)}{G_i}$ la surjection canonique. Alors $\beta\alpha:SO(F)\to\frac{SO(E)}{G_i}$ est un isomorphisme bicontinu ; ainsi il existe un isomorphisme bicontinu de $SO_3(\mathbb{R})$ sur $\frac{SO(E)}{G_i}$. De même il existe un isomorphisme bicontinu de $\frac{G_i}{\{\pm\mathbb{1}_E\}}$ sur $SO_3(\mathbb{R})$.
3. *Enfin* $SO(E)$, G_1 , G_2 , $\{\pm\mathbb{1}_E\}$, $\{\mathbb{1}_E\}$ *sont les seuls sous-groupes distingués de* $SO(E)$.

1. *Les ensembles* G_1 *et* G_2 *sont des sous-groupes*

1.1) Montrer que $uG_iu^{-1}\subset G_i$ pour tout $u\in SO(E)$.

1.2) Soient $g\in SO(E)$, montrer qu'il existe $g_i\in G_i$ pour $i=1,2$ avec $g=g_1g_2$ et $g_1g_2=g_2g_1$ (utiliser 5.1.4.). En déduire que $SO(E)=\{g_1g_2 \mid g_1\in G_1,g_2\in G_2\}$. Montrer que $G_1\cap G_2=\{\pm\mathbb{1}_E\}$ (utiliser 5.1.4.).

1.3) Soit $S\in O(E)$ avec $\det S=-1$, montrer que $G_2=SG_1S^{-1}$ (utiliser 5.1.4.).

1.4) Montrer que $G_1\cup G_2-\{\pm\mathbb{1}_E\}=\{u\in SO(E) \mid \deg m_u(X)=2\}$ et aussi $G_1\cup G_2=\{u\in SO(E) \mid \chi_u(X)=P(X)^2$ avec $\deg P=2\}$.

1.5) Soient $x,y\in E$ avec $\|x\|=\|y\|=1$. Montrer qu'il existe un élément u de G_i tel que $u(x)=y$ (si $y=x$, montrer que $u\in G_i$ avec $u(x)=y$ implique $u=\mathbb{1}_E$; si $y=-x$, montrer que $u\in G_i$ avec $u(x)=y$ implique $u=-\mathbb{1}_E$; si $\dim\mathbb{R}x+\mathbb{R}y=2$, soit (e_1,e_2) une base orthonormale de $\mathbb{R}x\oplus\mathbb{R}y$ avec $x=e_1$, en écrivant $y=\cos\theta\,e_1+\sin\theta\,e_2$, trouver $u\in G_1$ (resp. G_2) tel que $u(x)=y$). Montrer que u est unique (si $x=\pm y$ c'est immédiat ; si $x\ne\pm y$ et $u(x)=v(y)$ avec $u,v\in G_1$ (resp. G_2) remarquer que $m_u(X)=X^2-2\cos\theta_1X+1$, $m_v(X)=X^2-2\cos\theta_2X+1$, avec $0<\theta_i<\pi$; en conclure que u et v laissent stable $\mathbb{R}x\oplus\mathbb{R}y$ et que u et v coïncident sur $\mathbb{R}x\oplus\mathbb{R}y$; conclure que u et v coïncident sur $(\mathbb{R}x\oplus\mathbb{R}y)^{\perp}$).

1.6) Soit $\mathscr{E}:=\{e_1,e_2,e_3,e_4\}$ une base orthonormale de E qui définit l'orientation. Montrer qu'il existe $w_i\in G_1$ avec $w_i(e_1)=e_{i+1}$ pour $0\le i\le 3$ (utiliser 1.5.)). Montrer que

$w_0=\mathbb{1}_E$ et que $\mathrm{Mat}(w_1;\mathscr{E})=\begin{bmatrix} 0 & -1 & 0 & 0 \\ 1 & 0 & 0 & 0 \\ 0 & 0 & 0 & -1 \\ 0 & 0 & 1 & 0 \end{bmatrix}$, $\mathrm{Mat}(w_2;\mathscr{E})=\begin{bmatrix} 0 & 0 & -1 & 0 \\ 0 & 0 & 0 & 1 \\ 1 & 0 & 0 & 0 \\ 0 & -1 & 0 & 0 \end{bmatrix}$,

$\mathrm{Mat}(w_3;\mathscr{E})=\begin{bmatrix} 0 & 0 & 0 & -1 \\ 0 & 0 & -1 & 0 \\ 0 & 1 & 0 & 0 \\ 1 & 0 & 0 & 0 \end{bmatrix}$. En déduire que

(1) $\quad -\mathbb{1}_E=w_1^2=w_2^2=w_3^2$

1.6) Déduire de la forme matricielle 1.5) que $w_1w_2=w_3$. Déduire de cela et de (1) que

(2) $\quad w_1w_2=-w_2w_1=w_3$, $w_2w_3=-w_3w_2=w_1$, $w_3w_1=-w_1w_3=w_2$ (calculer $w_1(w_1w_2)$, utiliser (1) et obtenir $-w_2=w_1w_3$, continuer par multiplications convenables à droite et à gauche). Déduire de (1) que

(3) $\quad w_i^*=-w_i$ pour , $1\le i\le 3$, où w_i^* est l'adjoint de w_i.

1.7) Soit $w=a_0\mathbb{1}_E+a_1w_1+a_2w_2+a_3w_3\in\mathscr{End}\,E$, $a_i\in\mathbb{R}$. Montrer que $\deg m_w(X)\le 2$ (en utlisant (1) et (2) montrer que $w^2=(a_0^2-a_1^2-a_2^2-a_3^2)\mathbb{1}_E+2a_0(a_1w_1+a_2w_2+a_3w_3)$).

1.8) Soit $w=a_0\mathbb{1}_E+a_1w_1+a_2w_2+a_3w_3\in\mathscr{End}\,E, a_i\in\mathbb{R}$. Montrer que $w\in O(E)$ si et seulement si $a_0^2+a_1^2+a_2^2+a_3^2=1$ (calculer ww^* en utilisant (1) , (2) , (3)).

1.9) Montrer que $(\mathbb{1}_E, w_1, w_2, w_3)$ est une famille libre de $\mathscr{End}\,E$ (calculer ww^*, comme en 1.8)).

1.10) Soit $H:=\{w=a_0\mathbb{1}_E+a_1w_1+a_2w_2+a_3w_3 \mid a_0^2+a_1^2+a_2^2+a_3^2=1\}$. Montrer que H est un sous-groupe de $O(E)$ (en calculant w^*, remarquer que $w^{-1}\in H$; soit $w, w'\in H$, écrire $ww'=b_0\mathbb{1}_E+b_1w_1+b_2w_2+b_3w_3$, calculer $(ww')(ww')^*$ en utilisant 1.8)). En utilisant 1.7) et 1.4.) , montrer que $H\subset G_1\cup G_2$.

1.11) Soient $\mathbb{S}_3(\mathbb{R}):=\{(a_0,a_1,a_2,a_3)\in\mathbb{R}^4 \mid a_0^2+a_1^2+a_2^2+a_3^2=1\}$, $\varphi:\mathbb{S}_3(\mathbb{R})\to H$ défini par $\varphi((a_0,a_1,a_2,a_3))=a_0\mathbb{1}_E+a_1w_1+a_2w_2+a_3w_3$, remarquer que φ est continu et bijectif et donc que H est connexe. Conclure que $H\subset SO(E)$.

1.12) Montrer qu'il n'y a pas de chemin de $G_1\cup G_2-\{\pm\mathbb{1}_E\}$ qui relie un élément de $G_1-\{\pm\mathbb{1}_E\}$ à un élément de $G_2-\{\pm\mathbb{1}_E\}$. Remarquer que $\mathbb{S}_3(\mathbb{R})-\{(\pm1,0,0,0)\}$ est connexe par arcs. En conclure que $H-\{\pm\mathbb{1}_E\}\subset G_1-\{\pm\mathbb{1}_E\}$, i.e. $H\subset G_1$ (considérer l'application φ de 1.11)).

1.13) Montrer que $H=G_1$ (soit $x\in E$ tel que $\|x\|=1$, en utilisant 1.6) , montrer qu'il existe $w\in H$ tel que $w(e_1)=x$, conclure en utilisant 1.5)). En déduire que G_1 est un sous-groupe distingué de $SO(E)$ (utiliser 1.13) et 1.1)). En déduire aussi que G_2 est un sous-groupe distingué de $SO(E)$ (utiliser 1.3)).

1.14) Montrer que tout élément de G_1 commute avec tout élément de G_2 (soit $h_i\in G_i$, $h=h_1h_2$, en utilisant 1.2) , on a $h=g_1g_2$ avec $g_i\in G_i$, $g_1g_2=g_2g_1$ et toujours en utilisant 1.2) et 1.13) déduire qu'il existe $\varepsilon\in\{\pm1\}$ avec $h_i=\varepsilon g_i$ pour $i=1,2$).

2) *La structure des groupes* G_i .

2.1) Soient $\mathscr{E}:=(e_1,e_2,e_3,e_4)$ une base de E qui définit l'orientation,

$F:=\mathbb{R}e_2\oplus\mathbb{R}e_3\oplus\mathbb{R}e_4$, $\alpha:SO(F)\to SO(E)$ l'injection définie par $\alpha(u)(e_1)=e_1$ et $\alpha(u)(e_i)=u(e_i)$ pour $2\le i\le 4$, $\beta:SO(E)\to\dfrac{SO(E)}{G_i}$ la surjection canonique.

2.2) Soient $0\le\theta\le\pi$, $R(\theta):=\begin{bmatrix}\cos\theta & -\sin\theta & 0 & 0\\ \sin\theta & \cos\theta & 0 & 0\\ 0 & 0 & \cos\theta & -\sin\theta\\ 0 & 0 & \sin\theta & \cos\theta\end{bmatrix}$, montrer que

$\{SR(\theta)S^{-1}\mid S\in SO_4(\mathbb{R})\ ,\ 0\le\theta\le\pi\}$ est l'image dans $SO_4(\mathbb{R})$ de la représentation matricielle dans la base $\mathscr{E}$ de G_1 . En conclure que G_1 est compact. Déduire de 1.3) que G_2 est aussi compact. Montrer alors que $\dfrac{SO(E)}{G_i}$ est compact.

2.3) Montrer que $\beta\alpha$ est injectif (utiliser 1.5)) , que $\beta\alpha$ est continu. Montrer que $\beta\alpha$ est surjectif (soit $v\in SO(E)$, $g_i\in G_i$ tel que $g_i(e_1)=v(e_1)$, écrire $v=g_i(g_i^{-1}v)$). Conclure que $\beta\alpha$ est isomorphisme bicontinu de $SO(F)$ sur $\dfrac{SO(E)}{G_i}$.

2.4) Soient $\gamma:G_1\to SO(E)$ l'injection canonique, $\delta:SO(E)\to\dfrac{SO(E)}{G_2}$ la surjection canonique. Montrer que $\delta\gamma$ est continu, surjectif (utiliser 1.2)) et que $\ker\delta\gamma=\{\pm\mathbb{1}_E\}$ (utiliser 1.2)). Conclure que $\delta\gamma$ induit un isomorphisme bicontinu de $\dfrac{G_1}{\{\pm\mathbb{1}_E\}}$ sur $\dfrac{SO(E)}{G_2}$ et donc en utilisant 2.3) qu'il existe un isomorphisme bicontinu de $\dfrac{G_1}{\{\pm\mathbb{1}_E\}}$ sur $SO_3(\mathbb{R})$ et aussi de $\dfrac{G_2}{\{\pm\mathbb{1}_E\}}$ sur $SO_3(\mathbb{R})$.

3. *Les sous-groupes distingués de* $SO(E)$.

3.1) Soit $u\in SO(E)$, montrer qu'il existe une base orthonormale (f_1,f_2,f_3,f_4) de E , $0\le\theta_1\le\theta_2\le\pi$ tels que $\mathrm{Mat}(u\,;(f_i)_i)=\begin{bmatrix}\cos\theta_1 & -\sin\theta_1 & 0 & 0\\ \sin\theta_1 & \cos\theta_1 & 0 & 0\\ 0 & 0 & \cos\theta_2 & -\sin\theta_2\\ 0 & 0 & \sin\theta_2 & \cos\theta_2\end{bmatrix}$; la base (f_1,f_2,f_3,f_4) n'est pas nécessairement bien orientée, mais le couple (θ_1,θ_2) est unique (5.1.1.) . Soit $u\in SO(E)$ tel que $0<\theta_1<\theta_2<\pi$, montrer que $\chi_u(X)=m_u(X)=(X^2-2\cos\theta_1X+1)(X^2-2\cos\theta_2X+1)$. En déduire qu'il existe $z\in E$ tel que $(z,u(z)\ ,\ u^2(z)\ ,\ u^3(z))$ soit une famille libre (*Fr 1, A*.3.1.8.) .

3.2) Soit G un sous-groupe distingué de $SO(E)$. On suppose que G contient un élément u avec $0<\theta_1<\theta_2<\pi$ selon les définitions de 3.1) . Soit $P:=\mathbb{R}z\oplus\mathbb{R}u(z)$ où z est défini en 3.1) . Montrer que $\dim P\cap u(P)=1$.

3.3) Soit ρ le renversement de plan P , i.e. $\rho(x)=-x$ pour tout $x\in P$, $\rho(x)=x$ pour tout $x\in P^\perp$. Soit $\sigma:=\rho u\rho u^{-1}$, montrer que $\sigma(u(z))=u(z)$. Montrer $\sigma\ne\mathbb{1}_E$ (remarquer que $u\rho u^{-1}$ est le renversement de plan $u(P)\ne P$).

3.4) Soit $G':=\{v\in G\mid v(u(z))=u(z)\}$. Montrer que $v(u(z)^\perp)=u(z)^\perp$ pour tout $v\in G'$ et que G' induit un sous-groupe distingué $\bar{G}'$ de $SO((\mathbb{R}u(z))^\perp)$. En conclure que $\bar{G}'=SO((\mathbb{R}u(z))^\perp)$. En déduire que $G=SO(E)$ (si $w\in SO(E)$ avec $w(u(z))=u(z)$, on a

$w \in G$; soient $t \in E-\{0\}$ et $s \in SO(E)$ tel que $s(t)=t$, conclure par conjugaison que $s \in G$; en déduire que tout renversement est dans G).
3.5) Soit G un sous-groupe distingué de $SO(E)$ avec $G \not\subset G_1 \cup G_2$. Déduire de 3.4) que $G=SO(E)$.
3.6) Soit G un sous-groupe distingué de $SO(E)$ avec $G \subset G_1 \cup G_2$. Montrer qu'il existe i avec $G \subset G_i$ (si $g \in G$ et $g \notin G_1$, montrer que tout $g' \in G$ est élément de G_2) . En considérant la surjection canonique $\rho : G_i \to \frac{G_i}{\{\pm \mathbb{1}_E\}}$ montrer que $G=SO(E)$, ou $G=G_i$, ou $G=\{\pm \mathbb{1}_E\}$, ou $G=\{\mathbb{1}_E\}$.
4) On peut aussi traiter la nature des sous-groupes distingués de $SO_4(\mathbb{R})$ à l'aide du corps des quaternions de **Hamilton** (C.10.91.).

Exercices 10.50. *automorphismes du groupe orthogonal euclidien*

1. *Soient* n *impair ,* Φ *un automorphisme de* $O_n(\mathbb{R})$ *. Alors il existe* $V \in O_n(\mathbb{R})$ *tel que* $\Phi(A)=VAV^{-1}$ *pour tout* $A \in O_n(\mathbb{R})$ *. Il suit que* Aut $(O_n(\mathbb{R})) \simeq \frac{O_n(\mathbb{R})}{\{\pm I_n\}}$.

2. *Soient* n *pair,* $n \geq 4$ *,* Φ *un automorphisme de* $O_n(\mathbb{R})$ *. Alors il existe* $V \in O_n(\mathbb{R})$ *tel que* $\Phi(A)=VAV^{-1}$ *pour tout* $A \in O_n(\mathbb{R})$ *, ou bien* $\Phi(A)=(\text{dét}A)\,VAV^{-1}$ *pour tout* $A \in O_n(\mathbb{R})$ *. Il suit de cela que* Aut $(O_n(\mathbb{R})) \simeq \frac{O_n(\mathbb{R})}{\{\pm I_n\}} \times \{\pm 1\}$.

3. *Soient* $S \in O_2(\mathbb{R})-SO_2(\mathbb{R})$ *. Soit* Φ *un automorphisme de* $O_2(\mathbb{R})$ *. Alors il existe* $V \in SO_2(\mathbb{R})$, $\varphi \in \text{Aut}\,(SO_2(\mathbb{R}))$ *tels que* $\Phi(R)=\varphi(R)$ *et* $\Phi(SR)=VS\,\varphi(R)V^{-1}$ *pour tout* $R \in SO_2(\mathbb{R})$ *. Il suit que* Aut $(O_2(\mathbb{R}))$ *est isomorphe au produit semi-direct de* Aut $(SO_2(\mathbb{R}))$ *par* $\frac{SO_n(\mathbb{R})}{\{\pm I_2\}}$ (*Fr 2* , E.1.5.) . *Soit* $\text{Aut}_{\text{cont}}(O_2(\mathbb{R}))$ *, le groupe des automorphismes continus de* $O_2(\mathbb{R})$ *. Alors* $\text{Aut}_{\text{cont}}(O_2(\mathbb{R}))$ *est isomorphe au produit semi-direct de* $\{\mathbb{1}, \sigma\}$ par $\frac{SO_2(\mathbb{R})}{\{\pm I_2\}}$, *où* $\sigma(R)=R^{-1}$ *pour tout* $R \in SO_2(\mathbb{R})$ (*Fr 2* , E.1.5.) .

Soit $E=\mathbb{R}^n$ l'espace euclidien de dimension n sur $\mathbb{R}$ muni de la forme quadratique q définie par $q(x)=x_1^2+x_2^2+\ldots+x_n^2$ où $x=(x_1, x_2, \ldots, x_n)$.

Soit $O_n(\mathbb{R})$ le groupe euclidien c'est-à-dire le groupe des automorphismes de E qui laissent la forme quadratique q invariante. Soit $G\ell_n(\mathbb{R})$ le groupe des automorphismes de l'espace vectoriel $E=\mathbb{R}^n$.
1.1) Soit $u \in G\ell_n(\mathbb{R})$. Montrer que l'automorphisme intérieur $a \longmapsto u\,a\,u^{-1}$ de $G\ell_n(\mathbb{R})$ induit un automorphisme de $O_n(\mathbb{R})$ si et seulement si $u=\lambda v$ où $\lambda \in \mathbb{R}^\times$ et $v \in O_n(\mathbb{R})$.
1.2) Soit Φ un automorphisme de $O_n(\mathbb{R})$. Montrer que $\text{dét}(\Phi(a))=\text{dét}(a)$ pour tout $a \in O_n(\mathbb{R})$ (remarquer que $\Phi(SO_n(\mathbb{R}))=SO_n(\mathbb{R})$) .
1.3) Soit χ un homomorphisme de $O_n(\mathbb{R})$ dans le centre de $O_n(\mathbb{R})$. Montrer que, ou bien $\chi(a)=\mathbb{1}_E$ pour tout $a \in O_n(\mathbb{R})$, ou bien $\chi(a)=\text{dét}(a)\,\mathbb{1}_E$ pour tout $a \in O_n(\mathbb{R})$.

1.4) Soit $u \in O_n(\mathbb{R})$ et χ l'homomorphisme de $O_n(\mathbb{R})$ dans son centre défini par $\chi(a) = \text{dét}(a)\, \mathbb{1}_E$ pour tout a. Montrer que l'application $a \longmapsto \chi(a)\, u\, a\, u^{-1}$ est un automorphisme de $O_n(\mathbb{R})$ si et seulement si n est pair.
2) Soient T et T' deux involutions de $O_n(\mathbb{R})$ (c'est-à-dire T et $T' \in O_n(\mathbb{R})$ et $T^2 = T'^2 = \mathbb{1}_E$). Supposons que $TT' = T'T$.
2.1) Montrer qu'il existe quatre sous-espaces E_1, E_2, E_3, E_4 orthogonaux deux à deux tels que d'une part $E_1 \oplus E_2$ et $E_3 \oplus E_4$ soient les sous-espaces propres de T, d'autre part $E_1 \oplus E_3$ et $E_2 \oplus E_4$ soient les sous-espaces propres de T'.
2.2) Soit S une involution de $O_n(\mathbb{R})$, montrer que S commute avec T et T' si et seulement si $S(E_i) = E_i$ pour $1 \leq i \leq 4$.

Notons $(T, T')^*$ l'ensemble des involutions de $O_n(\mathbb{R})$ qui commutent avec T et T' et notons $(T, T')^{**}$ l'ensemble des involutions de $O_n(\mathbb{R})$ qui commutent avec tous les éléments de $(T, T')^*$.

2.3) Montrer qu'une involution S de $O_n(\mathbb{R})$ appartient à $(T, T')^{**}$ si et seulement si l'endomorphisme de E_i induit par S (pour $1 \leq i \leq 4$) est une homothétie. Montrer que le nombre d'éléments de $(T, T')^{**}$ est 2^α où α est le nombre d'indice i ($1 \leq i \leq 4$) tels que $\dim_{\mathbb{R}} E_i \geq 1$.
2.4) Calculer le maximum du nombre d'éléments de $(T, T')^{**}$ lorsque T' parcourt l'ensemble des involutions de $O_n(\mathbb{R})$ qui commutent avec T dans les cas suivants :
a) T admet un sous-espace propre de dimension 0 (c'est-à-dire $T = \pm \mathbb{1}_E$) ;
b) T admet un sous-espace propre de dimension 1 ;
c) les sous-espaces propres de T sont de dimension supérieure ou égale à 2.
3) Si D est une droite de $E = \mathbb{R}^n$, on appelle symétrie de droite D l'automorphisme orthogonal s_D qui induit $-\mathbb{1}_D$ sur D, et $\mathbb{1}_{D^\perp}$ sur $D^\perp$. Soit d'autre part Φ un automorphisme du groupe $O_n(\mathbb{R})$.
3.1) Montrer que deux symétries de droites D et D' commutent si et seulement si $D = D'$ ou si D est orthogonale à D'.
3.2) Montrer que $\Phi(s_D)$ est une symétrie de droite ou que $-\Phi(s_D)$ est une symétrie de droite (appliquer 2.4)).
3.3) S'il existe une droite D_0 telle que $\Phi(s_{D_0})$ soit une symétrie de droite, montrer que pour toute droite D, $\Phi(s_D)$ est une symétrie droite (utiliser la conjugaison).

Supposons que $\Phi(s_{D_0})$ soit une symétrie de droite. Alors si s_D est une symétrie de droite D, $\Phi(s_D)$ est une symétrie de droite Δ, posons $\Delta = \theta(D)$.

3.4) Montrer que l'application θ de l'ensemble $\mathbb{P}(E)$ des droites de E dans lui-même définie par $\Phi(s_D) = s_{\theta(D)}$ est une bijection.
3.5) Montrer que la bijection θ préserve l'orthogonalité des droites.
3.6) Montrer que si D_1, D_2, D_3 sont trois droites coplanaires que $\theta(D_1)$, $\theta(D_2)$ et $\theta(D_3)$ le sont aussi (déterminer $\theta((D_1, D_2)^\perp)$).

On admettra le résultat suivant :

Théorème fondamental de la géométrie projective(*Fk*, p. 262, *Di*, p. 72) *Soit* $E=\mathbb{R}^n$, $n\geq 3$ *et* θ *une bijection de l'ensemble* $\mathbb{P}(E)$ *des droites de* E *sur lui-même, telle que l'image de trois droites coplanaires soit trois droites coplanaires. Alors il existe un* $\mathbb{R}$*-automorphisme* u *de l'espace vectoriel* E *tel que* $u(D)=\theta(D)$ *pour toute droite* D *de* E .

3.7) On suppose $n\geq 3$. Montrer qu'il existe $v\in O_n(\mathbb{R})$ tel que $v(D)=\theta(D)$ pour toute droite D . En conclure que $\Phi(s_D)=v\,s_D\,v^{-1}$ pour toute symétrie de droite D .
3.8) Soit Φ un automorphisme quelconque de $O_n(\mathbb{R})$ ($\Phi(s_{D_0})$ n'est pas nécessairement une symétrie de droite).
a) Si n est impair ; montrer qu'il existe $v\in O_n(\mathbb{R})$ tel que $\Phi(a)=v\,a\,v^{-1}$ pour tout $a\in O_n(\mathbb{R})$;
b) Si n est pair, montrer qu'il existe $v\in O_n(\mathbb{R})$ tel que : soit $\Phi(a)=v\,a\,v^{-1}$ pour tout $a\in O_n(\mathbb{R})$, soit $\Phi(a)=(\text{dét}\,a)\,v\,a\,v^{-1}$ pour tout $a\in O_n(\mathbb{R})$.
3.9) Si n est impair, montrer que le groupe des automorphismes de $O_n(\mathbb{R})$ est isomorphe à $SO_n(\mathbb{R})$.

Si n est pair, montrer que le groupe des automorphismes de $O_n(\mathbb{R})$ est isomorphe à $\dfrac{O_n(\mathbb{R})}{\{\pm I_n\}}\times\{\pm 1\}$.

4) Soit s une symétrie de droite de $O_2(\mathbb{R})$.
4.1) Montrer que tout élément de $O_2(\mathbb{R})-SO_2(\mathbb{R})$ s'écrit de façon unique sous la forme sr (où $r\in SO_2(\mathbb{R})$) .
4.2) Soit φ un automorphisme de $SO_2(\mathbb{R})$, soit $u\in SO_2(\mathbb{R})$. Montrer que l'application Φ définie par $\Phi(r)=\varphi(r)$ pour $r\in SO_2(\mathbb{R})$, $\Phi(sr)=u\,s\,\varphi(r)u^{-1}$ pour $r\in SO_2(\mathbb{R})$ est un automorphisme de $O_2(\mathbb{R})$.
4.3) Montrer que $\text{Aut}(O_2(\mathbb{R}))$, le groupe des automorphismes de $O_2(\mathbb{R})$ est isomorphe au produit semi-direct (E.1.5.) de $\text{Aut}(SO_2(\mathbb{R}))$ par $\dfrac{SO_2(\mathbb{R})}{\{\pm I_2\}}$.
4.4) Montrer que $\text{Aut}_{\text{cont}}(O_2(\mathbb{R}))$, le groupe des automorphismes continus de $O_2(\mathbb{R})$ est isomorphe au produit semi-direct (E.1.5.) de $\{\mathbb{1},\sigma\}$ par $\dfrac{SO_2(\mathbb{R})}{\{\pm I_2\}}$, où $\sigma(r)=r^{-1}$ (C.4.4.2.3.).

Exercice 10.51. *les réseaux de* $\mathbb{R}^2$ *et leurs groupes*

Définition 1 Un *réseau* L de $\mathbb{R}^2$ est un sous-groupe additif de $\mathbb{R}^2$ de la forme $L=\mathbb{Z}w_1+\mathbb{Z}w_2$ tel que (w_1,w_2) soit une $\mathbb{R}$-base de $\mathbb{R}^2$. On définit $m=m(L)$ par $m(L):=\inf_{x\in L-\{0\}}\|x\|$ où $\|.\|$ est la norme euclidienne canonique de $\mathbb{R}^2$ et $\mathcal{M}=\mathcal{M}(L):=\{x\in L\mid \|x\|=m\}$.
1.1) Montrer que toute boule fermée $B(0,R)$ centrée en 0 ne contient qu'un nombre fini

d'éléments de L , i.e. L est discret (on pourra utiliser une base orthonormée e_1, e_2 avec $e_1 = \frac{w_1}{\|w_1\|}$) . En déduire que m est strictement positif et que $\mathcal{M}$ est fini, de cardinal pair avec card $\mathcal{M} \geq 2$.

1.2) Soit $w = \lambda w_1 + \mu w_2 \in \mathcal{M}$ avec $\lambda, \mu \in \mathbb{Z}$ .Montrer que λ et μ sont premiers entre eux. En déduire qu'il existe $w' \in L$ tel que $L = \mathbb{Z} w + \mathbb{Z} w'$ (utiliser une relation de Bézout). Donner un exemple de réseau $L = \mathbb{Z} w_1 + \mathbb{Z} w_2$ avec w_1 et $w_2 \notin \mathcal{M}$.

1.3) Soit (w, w') une base de L avec $w \in \mathcal{M}$ on considère une base orthonormale (e_1, e_2) de $\mathbb{R}^2$ avec $e_1 = \frac{w}{m}$. Si $w' = x e_1 + y e_2$ montrer que $\| y \| \geq \frac{\sqrt{3}}{2} m$ (considérer les points de L qui sont sur les droites $\pm w' + \mathbb{R} w$ et l'intersection de ces droites avec le cercle $\mathscr{C}$ centré en 0 et de rayon m) .

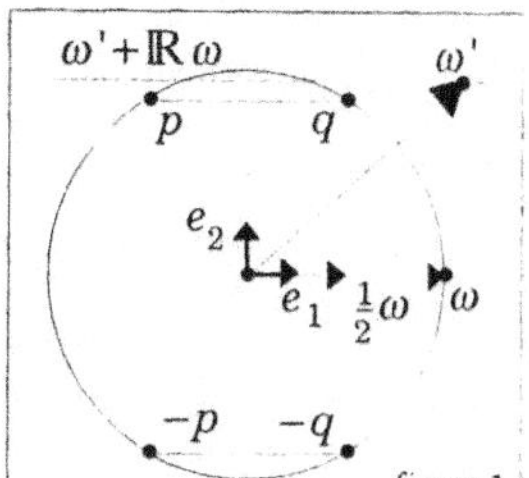

figure 1

1.4) On suppose card $\mathcal{M} \geq 4$ et $w'' = \alpha e_1 + \beta e_2 \in \mathcal{M}$ avec $w'' \neq \pm w$.

1.4.1) Montrer que $|\beta| \geq \frac{\sqrt{3}}{2} m$ (supposer le contraire et considérer $w'' \pm w$)

1.4.2) Montrer que $w'' = \lambda w \pm w'$, $\lambda \in \mathbb{Z}$ (écrire $w = m e_1$ et $w' = x e_1 + y e_2$ et utiliser 1.3). En déduire que w, w'' est une base de L .

1.4.3) Montrer que si $|\beta| > \frac{\sqrt{3}}{2} m$ alors $\mathcal{M} = (\pm w, \pm w'')$. Indication : soit $w_1'' \neq \pm w$, $\pm w''$. En utilisant 1.4.2.) montrer que $w_1'' = \varepsilon w + \varepsilon_1 w''$ avec $\varepsilon = \pm 1$ $\varepsilon = \pm 1$. Conclure en calculant $\| w_1'' \|^2 = \| (m\varepsilon + \varepsilon_1 \alpha) e_1 + \varepsilon_1 \beta e_2 \|^2$.

1.4.4) Montrer que si $|\beta| = \frac{\sqrt{3}}{2} m$, alors $\mathcal{M} = \{\pm w, \pm p, \pm q\}$ i.e. les éléments de $\mathcal{M}$ sont les sommets d'un hexagone régulier ; on dit que L est le *réseau hexagonal.*

2) *Classification des réseaux de* $\mathbb{R}^2$ *à similitude près*

On dit que deux réseaux , L et L' sont semblables s'il existe une similitude vectorielle de $\mathbb{R}^2$ telle que $f(L) = L'$ c'est une relation d'équivalence dans l'ensemble des réseaux de $\mathbb{R}^2$.

2.1) On se propose de montrer que tout réseau L de $\mathbb{R}^2$ est semblable à un réseau $\mathbb{Z}e + \mathbb{Z}u$ où $e = (1, 0)$ et $u \in \mathscr{D} := \{(x, y) \mid x^2 + y^2 \geq 1 \ , \ y > 0 \ , 0 \leq x \leq \frac{1}{2} \}$.

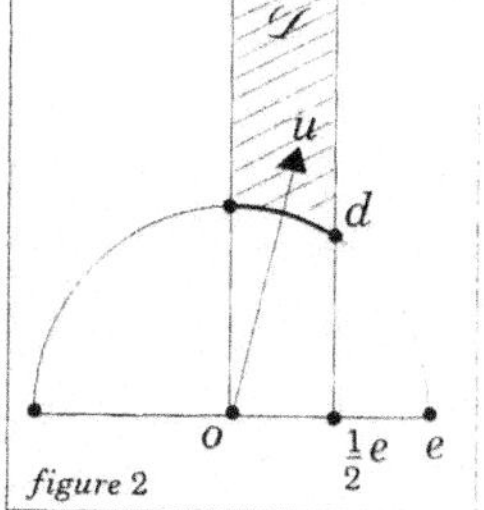

figure 2

2.1.1) Soit $L = \mathbb{Z} w + \mathbb{Z} w'$ avec $w \in \mathcal{M}(L)$. Montrer qu'il existe une similitude de f telle que $f(w) = e$ et $f(L) = \mathbb{Z}e + \mathbb{Z}v$ avec $e \in \mathcal{M}(f(L))$ $v = (x, y)$, $y > 0$, $0 \leq n < 1$ et $x^2 + y^2 \geq 1$.

2.1.2) Si $\frac{1}{2} < x < 1$, considérer $s(e - v)$ où s est la symétrie orthogonale par rapport à $\mathbb{R}e$. Conclure à l'existence d'une similitude g telle que

$g(L)=\mathbb{Z}e+\mathbb{Z}u$, $u\in\mathscr{D}$.

2.1.3) Déterminer $\mathcal{M}(L)$ suivant la position de $u\in\mathscr{D}$.

2.2) On se propose de montrer que tout vecteur $u\in\mathscr{D}$ correspond à un représentant unique de chaque classe d'équivalence des réseaux de $\mathbb{R}^2$. En d'autres termes il s'agit de montrer le résultat suivant : si $L=\mathbb{Z}e+\mathbb{Z}u$ et $L'=\mathbb{Z}e+\mathbb{Z}u'$ avec u et $u'\in\mathscr{D}$, et s'il existe une similitude f telle que $L'=f(L)$, alors $L'=L$.

2.2.1) Etablir que $f(\mathcal{M}(L))=\mathcal{M}(f(L))$ et $m(f(L))=\mu\, m(L)$ où μ est le rapport de similitude de f . En déduire que $f\in O_2(\mathbb{R})$; il en résulte aussi que si $\mathrm{card}\mathcal{M}(L)\neq\mathrm{card}\,\mathcal{M}(L')$ implique que L et L' ne sont pas semblables.

2.2.2) Démontrer le résultat pour $\mathrm{card}\mathcal{M}(L)=6$.

2.2.3) *On suppose que* $\mathrm{card}\mathcal{M}(L)=\mathrm{card}\mathcal{M}(L')=4$. On a donc $\mathcal{M}(L)=\{\pm e,\pm u\}$ et $\mathcal{M}(L')=\{\pm e,\pm u'\}$ et par conséquent l'un des cas suivants : $f(e)=\varepsilon_1 e$ et $f(u)=\varepsilon_2 u'$, ou $f(e)=\varepsilon_1 u'$ et $f(u)=\varepsilon_2 e$, avec $\varepsilon_1=\pm1$, $\varepsilon_2=\pm1$.

2.2.3.1) Montrer que dans les deux cas on peut se ramener à $\varepsilon_1=1$.

2.2.3.2) Montrer que $f(e)=e$ est impossible.

2.2.3.3) Montrer que le cas $f(e)=u'$ implique que f est une symétrie et que $u'=u$ d'où $L=L'$.

2.2.4) On suppose que $\mathrm{card}\mathcal{M}(L)=\mathrm{card}\mathcal{M}(L')=2$. On a donc $\mathcal{M}(L)=\mathcal{M}(L')=\{\pm e\}$ et par conséquent $f(e)=\pm e$.

2.2.4.1) On peut se rmener à $f(e)=e$.

2.2.4.2) Montrer que $f(u)=\lambda e+\varepsilon u'$ avec $\lambda\in\mathbb{Z}$, $\varepsilon=\pm1$.

2.2.4.3) Si $u=(y,y)$, $u'=(x',y')$, montrer que $y=y'$ et $\varepsilon=-1$. En déduire $x=x'$ d'où $L=L'$.

3) *Le groupe d'un réseau*

On appelle groupe du réseau L et on le note $G(L)$ le sous-groupe de $O_2(\mathbb{R})$ des éléments g tels que $g(L)=L$; on note alors $G^+(L):=G(L)\cap SO_2(\mathbb{R})$. Si $G^+(L)\neq G(L)$, pour tout $\sigma\in G(L)-G^+(L)$, on a alors $G(L)=G^+(L)\cup\sigma G^+(L)$, ainsi $G^+(L)$ est un sous-groupe d'indice 2 de $G(L)$ (donc distingué) ; on a toujours $G^+(L)\supset\{\pm I_2\}$.

3.1) Si $g\in O_2(\mathbb{R})$ est tel que $g(L)\subset L$ alors $g(L)=L$, i.e. $g\in G(L)$. Si $L'=f(L)$ où f est une similitude, alors $G(L')=f(G(L)f^{-1}$.

3.2) Montrer que $\mathrm{card}\,G^+(L)\leq\mathrm{card}\mathcal{M}(L)$ et que $\mathrm{card}G^+(L)$ est un entier pair (par conséquent $G^+(L)$ est un groupe fini cyclique)

3.3) Si $\mathrm{card}G^+(L)=6$, alors $\mathrm{card}G(L)=12$, $G^+(L)$ est le sous-groupe cyclique de $SO_2(\mathbb{R})$ des rotations d'angle un multiple de $\frac{2\pi}{6}$ et $G(L)\simeq\mathfrak{D}_6$ le groupe diédral d'ordre 12) , ce cas s'obtient uniquement avec le réseau hexagonal.

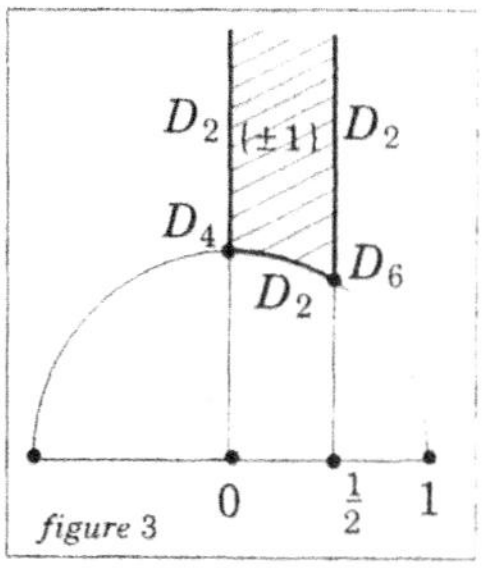

figure 3

3.4) Si $\mathrm{card}G^+(L)=4$, alors $\mathrm{card}G(L)=8$, $G^+(L)$ est le sous-groupe cyclique de $SO_2(\mathbb{R})$ des rotations d'angle un multiple de $\frac{\pi}{2}$ et $G(L)\simeq \mathfrak{D}_4$. Ce cas s'obtient uniquement avec le réseau carré, i.e. $L=\mathbb{Z}w_1+\mathbb{Z}w_2$ avec $\|w_1\|=\|w_2\|$ et $(w_1|w_2)=0$.

3.5) Si $\mathrm{card}G^+(L)=2$ i.e. $G^+(L)=\{\pm 1\}$ et si $\mathrm{card}G(L)=4$, i.e. $G(L)\simeq \mathfrak{D}_2$ ce cas s'obtient uniquement sur L est semblable au réseau $\mathbb{Z}e+\mathbb{Z}u$ avec les trois cas suivants :

$1=\|e\|<\|u\|$ e et u sont orthogonaux ; $\|e\|=\|u\|=1$ et $\frac{2\pi}{3}<\mathrm{mes}\,\widehat{(e,u)}<\frac{\pi}{2}$; $u=(\frac{1}{2},y)$, $y>\frac{\sqrt{3}}{2}$.

3.6) $G^+(L)=G(L)=\{\pm 1\}$. Ce cas s'obtient uniquement si L est semblable à un réseau $L=\mathbb{Z}e+\mathbb{Z}u$ avec $u\in\mathring{\mathscr{D}}$ (l'intérieur de $\mathscr{D}$) .

Exercice 10.52. *théorème de* Witt *faible sur* $\mathbb{R}$

Soient (E,f) un espace quadratique réel non dégénéré, F_1,F_2 deux sous-espaces vectoriels et $u:F_1\to F_2$ une isométrie avec F_1 (et donc F_2) non isotrope. Alors u se prolonge en un élément v de $O(f)$.

(remarquer que $E=F_i\oplus F_i^\perp$ et que $F_1^\perp$ et $F_2^\perp$ ont même signature (exercice 10.45.3)) .

Exercice 10.53. *sur la conjugaison des symétries hyperplanes et des renversements*

Soit (E,f) un espace quadratique réel non dégénéré.

1) *Soient $\sigma_{a_1},\sigma_{a_2}$ deux symétries hyperplanes (a_i non isotropes) . Alors σ_{a_1} et σ_{a_2} sont conjugués* modulo $SO(f)$ *si et seulement si $f(a_1,a_1)f(a_2,a_2)>0$.*

2) *Soient r_{P_1} (resp. r_{P_2}) un renversement de plan non isotrope P_1 (resp. P_2). Alors r_{P_1} et r_{P_2} sont conjugués modulo $SO(f)$ si et seulement si P_1 et P_2 ont la même signature.*

(C'est une application de l'exercice 10.52.) .

Exercice 10.54. *théorème de* Witt *sur* $\mathbb{R}$

Soient (E,f) un espace quadratique réel non dégénéré, F_1,F_2 deux sous-espaces vectoriels et $u:F_1\to F_2$ une isométrie. Alors u se prolonge en un élément v de $O(f)$.

Soient $F_i^o:=F_i\cap F_i^\perp$ et G_1 un sous-espace vectoriel tel que $F_1=F_1^o\oplus G_1$.

1) Montrer que $G_1^\perp$ et $(u(G_1))^\perp$ sont isométriques et non dégénérés (exercice 10.52.).

2) Soit $\rho:u(G_1)^\perp\to G_1$ une isométrie. Considérant une récurrence sur la dimension, montrer qu'il existe une isométrie w de $G_1^\perp$ qui prolonge $\rho u:F_1^o\to\rho u(F_1^o)$.

3) En déduire qu'il existe une isométrie $\lambda:G_1^\perp\to u(G_1)^\perp$ qui prolonge $u_{|F_1^o}:F_1^o\to u(F_1^o)$.

4) Conclure.

Exercice 10.55. *sur l'inclusion des groupes orthogonaux*

Soient $(E,(.|.))$ *un espace vectoriel euclidien,* $O(E)$ *son groupe orthogonal,* φ *une forme bilinéaire symétrique sur* E *,*
$O(\varphi):=\{u\in G\ell(E) \mid \varphi(u(x),u(y))=\varphi(x,y)$ *pour tout* $x,y\in E\}$ *. On suppose que* $O(\varphi)\subset O(E)$ *, alors il existe* $\lambda\in\mathbb{R}^\times$ *tel que* $\varphi(x,y)=\lambda(x|y)$ *pour tout* $x,y\in E$ *; en particulier on a* $O(\varphi)=O(E)$ *.*

1) Montrer que $\varphi\neq 0$.
2) Montrer qu'il existe une base orthonormale $(e_1,e_2,...,e_n)$ pour $(.|.)$ qui est orthogonale pour φ avec $\varphi(e_1,e_1)\neq 0$.
3) Soient $i_0\neq 1$, montrer qu'il existe $m_1,m_2\in\mathbb{R}$ avec $m_1^2a_1+m_2^2a_{i_0}=a_1$, $m_2\neq 0$ où $a_1=\varphi(e_1,e_1)$, $a_{i_0}=\varphi(e_{i_0},e_{i_0})$. Soit $u\in G\ell(E)$ défini par $u(e_1)=m_1e_1+m_2e_{i_0}$, $u(e_{i_0})=-\dfrac{a_{i_0}}{a_1}m_2e_1+m_1e_{i_0}$ et $u(e_i)=e_i$ pour $i\notin\{1,i_0\}$. Montrer que $u\in O(\varphi)$; en déduire que $m_1^2+m_2^2=1$.
4) Conclure que $a_1=a_{i_0}$ et donc que $\varphi(x,y)=a_1(x|y)$ pour tout $x,y\in E$.

Exercice 10.57. *sur la norme euclidienne*

Soient $(E,\|.\|)$ *un espace vectoriel euclidien,* $x,y,z\in E$ *. Alors on a*
$\|x+y\|+\|y+z\|+\|z+x\|\leq\|x\|+\|y\|+\|z\|+\|x+y+z\|$.

Soient $S_1:=\|x\|+\|y\|+\|z\|$, $S_2:=\|x+y\|+\|y+z\|+\|z+x\|$, $S_3:=\|x+y+z\|$, $T:=\|x\|+\|y\|-\|x+y\|$, $T':=\|y\|+\|z\|-\|y+z\|$, $T'':=\|z\|+\|x\|-\|z+x\|$, $U:=\|x\|+\|y\|+\|x+y\|$, $U':=\|y\|+\|z\|+\|y+z\|$, $U'':=\|z\|+\|x\|+\|z+x\|$.
1) Montrer que $S_1^2-S_3^2=TU+T'U'+T''U''$.
2) Soit $\delta:=T(S_1+S_3-U)+T'(S_1+S_3-U')+T''(S_1+S_2-U'')$. Montrer que $(T+T'+T'')(S_1+S_3)=\delta+S_1^2-S_3^2$ (utiliser 1)).
3) Montrer que $\delta\geq 0$. Conclure de 2) que $(2S_1-S_2)(S_1+S_3)=S_1^2-S_3^2+\delta$ et que $(S_1+S_3-S_2)(S_1+S_3)=\delta$. En déduire que $S_2\leq S_1+S_3$.
4) Il s'agit de déterminer les triplets $x,y,z\in E$ tels que $\|x+y\|+\|y+z\|+\|z+x\|=\|x\|+\|y\|+\|z\|+\|x+y+z\|$.
4.1) Montrer que $S_2=S_1+S_3$ si et seulement si $\delta=0$.
4.2) Si $x=0$ ou $y=0$, ou $z=0$, montrer que $S_2=S_1+S_3$.
4.3) On suppose $x\neq 0$, $y\neq 0$, $z\neq 0$ et $\delta=0$. Montrer que $T(S_1+S_3-U)=T'(S_1+S_3-U')=T''(S_1+S_3-U'')=0$. Montrer que $T=0$ (resp. $T'=0$, $T''=0$) si et seulement si il existe $\lambda>0$ tel que $y=\lambda x$ (resp. $z=\lambda y$, $x=\lambda z$) (utiliser C.2.7.). Montrer que $S_1+S_3-U=0$ (resp. $S_1+S_2-U'=0$, $S_1+S_3-U''=0$) si et seulement si il existe $\lambda>0$ tel que $x+y+(1+\lambda)z=0$ (resp. $y+z+(1+\lambda)x=0$,

$y+z+(1+\lambda)x=0$, $z+x+(1+\lambda)y=0$).
4.4) On suppose $x\neq 0$, $y\neq 0$, $z\neq 0$, $\delta=0$ et en plus que (x,y) est libre. Déduire de 4.3) qu'il existe $\lambda>0$ tel que $x+y+(1+\lambda)z=0$. Conclure que (y,z) est libre et toujours de 4.3) qu'il existe $\mu>0$ tel que $(y+z+(1+\mu)x)=0$. Conclure à une contradiction.
4.5) On suppose $x\neq 0$, $y\neq 0$, $z\neq 0$, $\delta=0$ et que $y=sx$ avec $s>0$. Montrer que $z=tx$ avec $t>0$, ou que $z=-tx$ avec $t>1+s$ (utiliser 4.4) et 4.3)).
4.6) On suppose que $S_1+S_3=S_2$. Montrer que le triplet x,y,z satisfait une des conditions suivantes :
$x=0$ ou $y=0$ ou $z=0$; $x\neq 0$, $y=sx$, $z=tx$ avec $s>0$, $t>0$;
$x\neq 0$, $y=sx$, $z=-tx$ avec $s>0$, $t>0$ et $t>1+s$;
$y\neq 0$, $z=sy$, $x=-ty$ avec $s>0$, $t>0$ et $t>1+s$;
$z\neq 0$, $x=sz$, $y=-tz$ avec $s>0$, $t>0$ et $t>1+s$.

Remarque. Soit $\|\,.\,\|_\infty$ la norme sur $\mathbb{R}^3$ définie par $\|(a,b,c)\|_\infty=\max(|a|,|b|,|c|)$. Alors l'inégalité est fausse ; choisir $a=(1,1,0), b=(0,1,1), c=(1,0,1)$.

Exercice 10.58. *les normes euclidiennes sont les normes qui vérifient le théorème de la médiane*

Soit $\|\,.\,\|$ *une norme sur* E *telle que pour tout* $a,b\in E$ *on ait* $\|a+b\|^2+\|a-b\|^2=2\|a\|^2+2\|b\|^2$. *Soit* $\varphi:E\times E\to\mathbb{R}$ *défini par* $\varphi(x,y):=\|x+y\|^2-\|x\|^2-\|y\|^2$, *pour tout* $x,y\in E$. *Alors* φ *est une forme bilinéaire symétrique, donc définie positive ;* i.e. $\|\,.\,\|$ *est une norme euclidienne.*

Soient E un $\mathbb{R}$-espace vectoriel de dimension finie.
1) Soient $(.\,|\,.)$ une forme bilinéaire symétrique définie positive sur E, $\|\,.\,\|_1$ la norme définie par $\|x\|_1^2:=(x\,|\,x)$. Soient $a,b\in E$, montrer que
* $\|a+b\|_1^2+\|a-b\|_1^2=2\|a\|_1^2+2\|b\|_1^2$ (c'est le théorème de la *médiane*).
Soit désormais $\|\,.\,\|$ une norme sur E telle que pour tout $a,b\in E$ on ait $\|a+b\|^2+\|a-b\|^2=2\|a\|^2+2\|b\|^2$. Soit $\varphi:E\times E\to\mathbb{R}$ défini par $\varphi(x,y):=\|x+y\|^2-\|x\|^2-\|y\|^2$, pour tout $x,y\in E$. Il s'agit de montrer que f est une forme bilinéaire symétrique, donc définie positive.
2) Montrer que φ est symétrique et que pour tout $a\in E$ on a $\varphi(a,a)=2\|a\|^2$.
3) Soient $a,b,c\in E$, montrer les relations suivantes
$\|a+b+c\|^2+\|a+b-c\|^2=2\|a+b\|^2+2\|c\|^2$
$\|a+b+c\|^2+\|a-b+c\|^2=2\|a+c\|^2+2\|b\|^2$
$\|a+b-c\|^2+\|a-b+c\|^2=2\|a\|^2+2\|b-c\|^2=2\|a\|^2-2\|b+c\|^2+4\|b\|^2+4\|c\|^2$.
4) Conclure que $\varphi(a,b+c)=\varphi(a,b)+\varphi(a,c)$.
5) Soit $\lambda\in\mathbb{Z}$, déduire de 4) que $\varphi(a,\lambda b)=\lambda\varphi(a,b)$.
Soit $\lambda\in\mathbb{Q}$, déduire que $\varphi(a,\lambda b)=\lambda\varphi(a,b)$ (remarquer que pour $\mu\in\mathbb{R}$, on a $\varphi(\mu a,\mu b)=\mu^2\varphi(a,b)$) . Soit $\lambda\in\mathbb{R}$, montrer que $\varphi(a,\lambda b)=\lambda\varphi(a,b)$ (remarquer que $\lambda\longmapsto\varphi(a,\lambda b)$ est continu).

6) Conclure qu'une norme qui vérifie le théorème de la médiane est une norme euclidienne, i.e. qui provient d'une forme bilinéaire symétrique définie positive.

Exercice 10.59. *sur l'action de SO(E) par conjugaison sur SO(E)*

Soient E un espace vectoriel euclidien, $u \in SO(E)$ avec $\chi_u(X)=(X^2-(2\cos\theta_1)X+1)^{n_1}(X^2-(2\cos\theta_2)X+1)^{n_2}\dots(X^2-(2\cos\theta_r)X+1)^{n_r}$ et $0<\theta_1<\theta_2<\dots<\theta_r<\pi$. Alors il existe une base orthonormale $\mathscr{E}=(e_{11},e'_{11},e_{12},e'_{12},\dots,e_{1n_1},e'_{1n_1},e_{21},e'_{21},\dots,e_{2n_2},e'_{2n_2},\dots,e_{r1},e'_{r1},\dots,e_{rn_r},e'_{rn_r})$ avec $u(e_{ik})=(\cos\theta_i)e_{ik}+(\sin\theta_i)e'_{ik}$, $u(e'_{ik})=-(\sin\theta_i)e_{ik}+(\cos\theta_i)e'_{ik}$. Soit une autre base orthonormale $\mathscr{F}=(f_{11},f'_{11},\dots,f_{1n'_1},f'_{1n'_1},f_{21},f'_{21},\dots,f_{2n'_2},f'_{2n'_2},\dots,f_{r1},f'_{r1},\dots,f_{rn'_r},f'_{rn'_r})$ avec $u(f_{ik})=(\cos\theta_i)f_{ik}+(\sin\theta_i)f'_{ik}$, $u(f'_{ik})=-(\sin\theta_i)f_{ik}+(\cos\theta_i)f'_{ik}$. Alors $n_k=n'_k$ pour $1\le k\le r$, $\bigoplus_{j=1}^{n_k}(\mathbb{R}e_{kj}\oplus\mathbb{R}e'_{kj})=\bigoplus_{j=1}^{n_k}(\mathbb{R}f_{kj}\oplus\mathbb{R}f'_{kj})=\ker(u^2-(2\cos\theta_k)u+\mathbb{1}_E)=:E_k$ et les bases $(e_{k1},e'_{k1},e_{k2},e'_{k2},\dots,e_{kn_k},e'_{kn_k})$, $(f_{k1},f'_{k1},f_{k2},f'_{k2},\dots,f_{kn_k},f'_{kn_k})$ de E_k ont la même orientation.

1) Montrer que l'existence de $\mathscr{E}$ résulte de la proposition 5.1.1.1. , et que $m_u(X)=(X^2-(2\cos\theta_1)X+1)(X^2-(2\cos\theta_2)X+1)\dots(X^2-(2\cos\theta_r)X+1)$. En conclure que $E_k:=\bigoplus_{j=1}^{n_k}(\mathbb{R}e_{kj}\oplus\mathbb{R}e'_{kj})=\ker(u^2-(2\cos\theta_k)u+\mathbb{1}_E)^{n_k}=\ker(u^2-(2\cos\theta_k)u+\mathbb{1}_E)$ et que $E:=\overset{\perp}{\bigoplus}_{1<k\le r}E_k$.

2) Soit $F_k:=\bigoplus_{j=1}^{n'_k}(\mathbb{R}f_{kj}\oplus\mathbb{R}f'_{kj})$, montrer que $E=\overset{\perp}{\bigoplus}_{1<k\le r}F_k$, que $F_k\subset E_k$; en déduire que $n_k=n'_k$, et que $\mathscr{E}_k:=(e_{k1},e'_{k1},\dots,e_{kn_r},e'_{kn_r})$ et $\mathscr{F}_k:=(f_{k1},,f'_{k1},\dots,f_{kn_r},f'_{kn_r})$ sont deux bases orthonormales de E_k .

Il reste à montrer que $\mathscr{E}_k$ et $\mathscr{F}_k$ ont même orientation.

3) Soient u_k l'endomorphisme de E_k induit par u , $A:=\begin{bmatrix}\cos\theta_k & -\sin\theta_k\\ \sin\theta_k & \cos\theta_k\end{bmatrix}$; ainsi

$$\mathrm{Mat}(u_k,\mathscr{E}_k)=\mathrm{Mat}(u_k,\mathscr{F}_k)=\begin{bmatrix}A & 0 & . & . & . & 0\\ 0 & A & 0 & . & . & .\\ . & . & . & . & . & .\\ 0 & . & . & . & . & A\end{bmatrix}=:A'$$

. Soit P la matrice de passage de $\mathscr{E}_k$ à $\mathscr{F}_k$, on a donc $PA'P^{-1}=A'$, soit $PA'=A'P$. En écrivant $P=\begin{bmatrix}P_{11} & P_{12} & . & . & P_{1m}\\ P_{21} & P_{22} & . & . & P_{2m}\\ . & . & & . & .\\ P_{m1} & P_{m2} & . & . & P_{mm}\end{bmatrix}$ avec $P_{ij}\in M_2(\mathbb{R})$ et $m=n_k$, montrer que $P_{ij}A=AP_{ij}$. Comme $\chi_A=m_A$ on a $P_{ij}\in\mathbb{R}I_2\oplus\mathbb{R}A$ (exercice *Fr 1*, A.4.7.3.). Alors il résulte de l'exercice *Fr 1*, A.3.5.14. que $\det P>0$. Il suit bien que $\mathscr{E}_k$ et $\mathscr{F}_k$ ont la même orientation.

Exercice 10.60. *orientation d'un espace vectoriel euclidien*

Soient E un espace vectoriel euclidien de dimension n , $\mathcal{B}on$ l'ensemble des bases orthonormées de E indexées sur l'ensemble $\{1,2,\dots,n\}$.
1) Soient $(e_1,e_2,\dots,e_n)$ une base orthonormée , $\mathcal{R}$ la relation d'équivalence "même orientation" définie en *Fr 1*, A.1.4.17. . Montrer qu'il y a sur $\mathcal{B}on$ exactement deux classes : celle de $(e_1,e_2,\dots,e_n)$ et celle de $(-e_1,e_2,\dots,e_n)$.
2) Montrer que le groupe $O(E)$ et aussi $SO(E)$ opère sur $\mathcal{B}on$ par $u*(e_1,e_2,\dots,e_n)=(u(e_1),u(e_2),\dots,u(e_n))$. En déduire que les classes de $\mathcal{B}on$ modulo $\mathcal{R}$ sont exactement les orbites de $\mathcal{B}on$ sous l'action de $SO(E)$.

Exercice 10.61. *l'intersection du groupe orthogonal euclidien et du groupe orthogonal d'une forme bilinéaire symétrique*

Soient $(E,(.\,|\,.))$ *un espace vectoriel euclidien* , g *une forme bilinéaire symétrique sur* E , v *l'endomorphisme auto-adjoint tel que* $g(x,y)=(v(x)\,|\,y)$ *pour tout* $x,y\in E$, $\{\lambda_1,\lambda_2,\dots,\lambda_r\}:=\text{spectre } v$, $V_i=\ker(v-\lambda_i 1\!\!1_E)$, $O(E)$ (resp. $O(g)$, resp. $O(V_i)$) *le groupe orthogonal de l'espace vectoriel euclidien* E (resp. *le groupe orthogonal de* g , resp. *le groupe orthogonal de l'espace vectoriel euclidien* V_i) . *Soit* $u\in O(E)\cap O(g)$, *alors* $uv=vu$, *ainsi* $u(V_i)\subset V_i$, *et* u *induit un endomorphisme* u_2 *de* V_i *et l'application* $u\longmapsto(u_1,u_2,\dots,u_r)$ *est un isomorphisme de* $O(E)\cap O(g)$ *sur* $O(V_1)\times O(V_2)\times\dots\times O(V_r)$. *En particulier* $O(E)\cap O(g)$ *est fini si et seulement si* $r=n$ *et dans ce cas il est isomorphe à* $(\frac{\mathbb{Z}}{2\mathbb{Z}})^n$.

1) Soit $u\in O(E)\cap O(g)$ il s'agit de montrer que $u(V_i)\subset V_i$.
1.1) Montrer que $E=V_1\overset{\perp}{\oplus}V_2\overset{\perp}{\oplus}\dots\overset{\perp}{\oplus}V_r$.
1.2) Soit $u\in O(g)$, montrer que $(v(x)\,|\,y)=(v(u(x))\,|\,u(y))$ pour tout $x,y\in E$.
Soit $u\in O(E)$, montrer que $(v(x)\,|\,y)=(u(v(x))\,|\,u(y))$ pour tout $x,y\in E$.
Soit $u\in O(g)\cap O(E)$, conclure que $uv=vu$.
1.3) En déduire que $u(V_i)\subset V_i$ pour $1\le i\le r$.
2) Soit u_i l'endomorphisme de V_i induit par u .
2.1) Montrer que $u\longmapsto(u_1,u_2,\dots,u_r)$ est une injection de $O(E)\cap O(g)$ dans $O(V_1)\times O(V_2)\times\dots\times O(V_r)$.
2.2) Soit $w_i\in O(V_i)$, $1\le i\le r$, $x_i\in V_i$ et $w(x_1+x_2+\dots+x_r):=w_1(x_1)+w_2(x_2)+\dots+w_r(x_r)$.
Montrer que $w\in O(E)$ (utiliser 1.1)) .
2.3) Il s'agit maintenant de montrer que $w\in O(g)$.
Soient $x=x_1+x_2+\dots+x_r$, $y=y_1+y_2+\dots+y_r$ avec $x_i,y_i\in V_i$. Montrer que $g(x,y)=(v(x)\,|\,y)=\sum_{i=1}^{r}\lambda_i(x_i\,|\,y_i)$ (utiliser 1.1)) . Montrer que
$g(w(x),w(y))=(v(w(x))\,|\,w(y)))=\sum_{i=1}^{r}\lambda_i(w_i(x_i)\,|\,w_i(y_i))=\sum_{i=1}^{r}\lambda_i(x_i\,|\,y_i)$ (utiliser 1.1) et la

définition de w). Conclure que $w \in O(g)$ et que l'application $u \longmapsto (u_1, u_2, \dots, u_r)$ est un isomorphisme.
3) Montrer que $O(E) \cap O(g)$ est fini si et seulement si $n = r$ et que dans ce cas $O(E) \cap O(g) \simeq (\frac{\mathbb{Z}}{2\mathbb{Z}})^r$.

Exercice 10.62. *il existe une sphère unique contenant un repère affine*

Soient E un espace affine euclidien attaché à un espace vectoriel euclidien T, $(x_0, x_1, \dots, x_n)$ un repère affine de E. Alors il existe un unique $w \in E$ tel que $\| w - x_0 \| = \| w - x_1 \| = \dots = \| w - x_n \|$. En d'autres termes il existe une sphère unique contenant $x_0, x_1, \dots, x_n$.

1) Montrer que $\| w - x_0 \| = \| w - x_i \|$ est équivalent à $((w - x_0) + (w - x_i) \mid (w - x_0) - (w - x_i)) = 0$ ou encore $(2(w - x_0) - (x_i - x_0) \mid x_i - x_0) = 0$.
2) Soient $e_i = x_i - x_0$, $t = w - x_0$, il s'agit donc de montrer qu'il existe t unique avec $(2t - e_i \mid e_i) = 0$ pour $1 \le i \le n$. Remarquer que $(e_i)_{1 \le i \le n}$ est une base de T. Montrer qu'il existe une famille unique $(f_i)_{1 \le i \le n}$ telle que $(f_i \mid e_j) = \delta_{ij}$ pour tout i, j. Conclure que $(f_i)_{1 \le i \le n}$ est une famille libre, donc une base de T. En conclure que $2t = (e_1 \mid e_1) f_1 + (e_2 \mid e_2) f_2 + \dots + (e_n \mid e_n) f_n$.

Exercice 10.63. *un sous-groupe G d'exposant fini du groupe orthogonal euclidien est fini*

Soient $(E, (.\mid.))$ un espace vectoriel euclidien de dimension n, G un sous-groupe de $O(E)$ d'exposant m, i.e. *que $g^m = 1_E$ pour tout $g \in G$. Alors G est fini* (ceci est un cas particulièrement simple d'un résultat plus général *Fr 2*, *F.*6.7.28.).

1) *Une norme sur $\mathcal{End}\ E$.* Soit $\| . \|$ la norme euclidienne définie par $\| x \|^2 = (x \mid x)$.
1.1) Soient $u \in \mathcal{End}\ E$ et $\| u \|' := \sup_{\| x \| = 1} \| u(x) \|$. Montrer qu'il existe $y \in E$ avec $\| y \| = 1$ et $\| u \|' = \| u(y) \|$ (utiliser la compacité de $\{x \in E \mid \| x \| = 1\}$). Montrer que $\| u + v \|' \le \| u \|' + \| v \|'$, $\| \lambda u \|' = |\lambda| \, \| u \|'$, $\| uv \|' \le \| u \|' \| v \|'$, i.e. que $\| . \|'$ est une norme de la $\mathbb{R}$-algèbre $\mathcal{End}\ E$.
1.2) Soient $u \in O(E)$, $v \in \mathcal{End}\ E$, montrer que $\| u \|' = 1$ et que $\| uv \|' = \| vu \|' = \| v \|'$.
1.3) Soient $u \in \mathcal{End}\ E$, u^* l'adjoint de $\mathcal{End}\ E$, montrer que $\| u \|' = \| u^* \|'$ (soit y avec $\| y \| = 1$ tel que $\| u \|'^2 = (u(y) \mid u(y))$, donc $\| u \|'^2 = (y \mid u^*(u(y)))$ utiliser l'inégalité de Schwarz et conclure que $\| u \|' \le \| u^* \|' \dots$).
1.5) Montrer que $O(E)$ est un sous-groupe compact de $\mathcal{End}\ E$ muni de la norme $\| . \|'$ (remarquer que $O(E)$ est borné, si $\Phi : \mathcal{End}\ E \to \mathcal{End}\ E$ est l'application définie par $\Phi(v) = v v^*$ alors Φ est continue et $O(E) = \Phi^{-1}(1_E)$).
2) Soit H l'adhérence de G dans $\mathcal{End}\ E$.
2.1) Montrer que $H \subset O(E)$ et que H est un sous-groupe compact de $O(E)$, d'exposant m.

2.2) Soient $\mathscr{P}$ l'ensemble des polynômes unitaires de $\mathbb{R}[X]$ de degré n muni de la distance suivante : si $P=p_0+p_1X+\ldots+X^n$, $Q=q_0+q_1X+\ldots+X^n$, alors $d(P,Q)=\max\limits_i|p_i-q_i|$. Soit $\rho:H\to\mathscr{P}$ défini par $\rho(h)=\chi_h$, montrer que ρ est continu et que $\rho(H)$ est une partie finie de $\mathscr{P}$; plus précisément que

$$\rho(H)\subset\{(X-1)^\alpha(X+1)^\beta\prod_{k=1}^{m-1}(X^2-(2\cos\frac{2\pi k}{m})X+1)^{\gamma_k}\mid \alpha+\beta+2(\gamma_1+\ldots+\gamma_{m-1})=n\}\ .$$

2.3) Montrer qu'il existe $\varepsilon>0$ tel que $\|h-\mathbb{1}_E\|'<\varepsilon$ implique $h=\mathbb{1}_E$ pour $h\in H$ (remarquer qu'il existe $\varepsilon>0$, avec $\|h-\mathbb{1}_E\|'<\varepsilon$ implique $\chi_h=\chi_{\mathbb{1}_E}$ et conclure en utilisant 5.1.4.).

2.4) Soient $h,h'\in H$ avec $\|h-h'\|'<\varepsilon$, où ε est défini en 2.3) . Conclure en utilisant 2.3) et 1.2) que $h=h'$.

2.5) Déduire de la compacité de H que H est fini.

Exercice 10.64. *les groupes $O_n(\mathbb{R})$, $SO_n(\mathbb{R})$, $O_{p,q}(\mathbb{R})$, $SO_{p,q}(\mathbb{R})$ pour $n\geq2$, $p+q\geq2$, ne sont pas de type fini*

Soient E un $\mathbb{R}$-espace vectoriel avec $\dim E\geq2$, f une forme bilinéaire symétrique sur E , non dégénérée . On suppose que le groupe $O(f)$ (resp. $SO(f)$) est de type fini .

Soient $\mathscr{B}=(e_1,e_2,\ldots,e_n)$ une base orthogonale de E , avec $f(e_i,e_i)\in\{1,-1\}$ et notons toujours $O(f)$ (resp. $SO(f)$) la représentation matricielle de $O(f)$ (resp. $SO(f)$) dans cette base. Soit A la sous-$\mathbb{Z}$-algèbre de $\mathbb{R}$ engendrée par les coefficients d'un système générateur fini .

1) Soient $a_1=f(e_1,e_1)$, $a_2=f(e_2,e_2)$, $S:=\{(m_1,m_2)\in K^2\mid a_1m_1^2+a_2m_2^2=a_1\}$. On considère les automorphismes orthogonaux qui induisent une rotation sur $\mathbb{R}e_1\oplus\mathbb{R}e_2$ et l'identité sur $(\mathbb{R}e_1\oplus\mathbb{R}e_2)^\perp$. En examinant les coefficients en position (1 , 1) et (2 , 1) , montrer que $\{m_1,m_2\in\mathbb{R}\mid(m_1,m_2)\in S\}\subset A\subset\mathbb{R}$.

2) Montrer que $A=\mathbb{R}$.

3) Conclure que $\mathbb{R}$ est un corps fini, donc une contradiction (utiliser *Fr 2*, F.6.7.30.).

Exercice 10.65. *espace vectoriel de matrices nilpotentes et de matrices diagonalisables*

Soient $\mathscr{D}$ (resp. $\mathscr{N}$) un sous-espace vectoriel de $M_n(\mathbb{R})$ de matrices diagonalisables (resp. nilpotentes) . Alors on a $\dim\mathscr{D}\leq\frac{n(n+1)}{2}$, $\dim\mathscr{N}\leq\frac{n(n-1)}{2}$ *; en plus chaque borne est atteinte en prenant pour $\mathscr{D}$ (resp. $\mathscr{N}$) les matrices symétriques (resp. les matrices triangulaires supérieures avec des zéros sur la diagonale).*

Soient $\mathscr{S}ym_n(\mathbb{R})$ le sous-espace vectoriel des matrices symétriques de $M_n(\mathbb{R})$, $T_{0,n}(\mathbb{R})$ le sous-espace vectoriel de $M_n(\mathbb{R})$ des matrices triangulaires supérieures avec des

zéros sur la diagonale. Soit $\mathscr{D}$ (resp. $\mathscr{N}$) un sous-espace vectoriel de $M_n(\mathbb{R})$ de matrices diagonalisables (resp. nilpotentes) .
1) Montrer que $\mathscr{D} \cap T_{0,n}(\mathbb{R})=\{0\}$ et que $\mathscr{N} \cap \mathscr{Sym}_n(\mathbb{R})=\{0\}$.
2) Conclure que $\dim \mathscr{D} \leq \frac{n(n+1)}{2}$ et que $\dim \mathscr{N} \leq \frac{n(n-1)}{2}$.
3) La propriété $\dim \mathscr{N} \leq \frac{n(n-1)}{2}$ ne dépend pas du corps de base (B.16.16.).

Exercice 10.66. *sous-groupe discret du groupe des isométries*

Soient E un espace affine euclidien de dimension n attaché à un espace vectoriel euclidien T , $o \in E$. Soient $\|.\|$ la norme euclidienne de T, on note aussi $\|.\|$ la norme sur $\mathscr{End}\, T$ induite par la norme de T, en plus E est muni de la distance définie par $\delta(x,x'):=\|x-x'\|$. Le groupe $\mathscr{Is}(E)$ des isométries de E est muni d'une distance définie par $d_o(\sigma,\sigma'):=\max(\|\sigma(o)-\sigma'(o)\| , \|u-u'\|)$ où u (resp. u') est l'automorphisme orthogonal associé à σ (resp. σ') ; pour cette distance $\mathscr{Is}(E)$ est un groupe topologique, i.e. la multiplication est continue et l'application $\sigma \longmapsto \sigma^{-1}$ est continue. Facilement on a $(1+\|o'-o\|)^{-1} \leq d_{o'}(\sigma,\sigma') \leq (1+\|o'-o\|)\, d_o(\sigma,\sigma')$ ce qui prouve que la topologie sur $\mathscr{Is}(E)$ définie par la distance d_o ne dépend pas du point o .

Soit H un sous-groupe de $\mathscr{Is}(E)$, $(a_0, a_1, \dots, a_n)$ un repère affine de E , alors les propriétés suivantes son équivalentes.
i) Le sous-groupe H est un sous-groupe discret de $\mathscr{Is}(E)$,
ii) $\{h(x) \mid h \in H\}$ est une partie discrète de E , pour tout $x \in E$,
iii) $\{h(a_i) \mid h \in H\}$ est une partie discrète de E , pour $0 \leq i \leq n$.

1) Montrer que *ii)* implique *iii)* .
2) On suppose *iii)* satisfait. Soit $(h_k)_k$ une suite de H qui converge vers un élément de $h \in H$. Montrer qu'il existe N_i tel que $h_k(a_i)=h(a_i)$ pour $k \geq N_i$; en conclure que $h_k=h$ pour $k \geq N$ avec $N=\max_i N_i$ et donc que H est discret dans $\mathscr{Is}(E)$.
3) On suppose *i)* satisfait. Supposons *ii)* non satisfait en x . Montrer qu'il existe une suite $(h_k)_k$ de H , $h \in H$ avec $\lim_{k \to \infty} h_k(x)=h(x)$ et $h_k(x) \neq h(x)$ pour tout k . Soit u_k l'automorphisme orthogonal associé à h_k . Montrer qu'il existe une sous-suite $(u_{k_\ell})_\ell$ qui converge vers $v \in O(T)$ (remarquer que $O(T)$ est compact) . Soit $g \in \mathscr{Is}(E)$ défini par $g(x+t)=h(x)+v(t)$ pour tout $t \in T$. Montrer $(h_{k_\ell})_\ell$ converge vers g . En conclure que $h_{k_\ell}^{-1} h_{k_{\ell+1}}$ converge vers $\mathbb{1}$; déduire de *i)* que $h_{k_\ell}=h_{k_{\ell+1}}$ pour ℓ assez grand. Conclure à une contradiction et donc que *ii)* est satisfait.

Exercice 10.67. *sur les groupes d'isométries qui ont un point fixe commun*

0. *Soient* E *un espace affine euclidien avec* $\dim E = 2$ *ou* 3, H *un sous-groupe de* $\mathcal{I}s(E)$ *tel que tout* $\sigma \in H$ *admette au moins un point fixe. Alors il existe un point fixe commun à tout élément de* H.

Ce résultat repose sur les préliminaires suivants.

1. *Soient* T *un espace vectoriel euclidien de dimension* 3, u (resp. u') *une rotation d'axe* $\mathbb{R}e$ (resp. $\mathbb{R}e'$) *avec* $u \neq \mathbb{1}_T$ (resp. $u' \neq \mathbb{1}_T$). *On suppose que* $\mathbb{R}e \neq \mathbb{R}e'$, *alors* $uu' \neq \mathbb{1}_T$, *c'est une rotation d'axe* $\mathbb{R}e''$ *et la famille* (e, e', e'') *est libre.*

2. *Soient* E *un espace affine euclidien orienté de dimension* 3, $\sigma \neq \mathbb{1}_E$ (resp. $\sigma' \neq \mathbb{1}_E$) *une rotation de* E *d'axe* D (resp. D'). *Alors les propriétés suivantes sont équivalentes.*

i) $\sigma\sigma'$ *admet au moins un point fixe* (i.e. *est une rotation*),

ii) $D \cap D' \neq \emptyset$ *ou bien* D *et* D' *ont même direction avec* $D \neq D'$, *si l'on définit sur* D *et* D' *la même orientation, soit* θ (resp. θ') *une mesure de la rotation* σ (resp. σ'), *alors on a* $\theta + \theta' \not\equiv 0$ modulo $2\pi\mathbb{Z}$.

3. *Soient* E *un espace affine euclidien de dimension* n, H *un sous-groupe de* $\mathcal{I}s(E)$, $H^+ := \mathcal{I}s^+(E) \cap H$. *Alors les propriétés suivantes sont équivalentes.*

i) Il existe $a \in E$ *qui est point fixe commun à tout élément de* H,

ii) il existe $b \in E$ *qui est point fixe commun à tout élément de* H^+.

4. *Soient* K *un corps de caractéristique nulle,* E *un espace affine sur* K, G *un sous-groupe fini du groupe affine* $G_{aff}(E)$. *Alors il existe* $o \in E$ *qui est un point fixe commun à tout élément de* G.

5. *Soient* E *un espace affine de dimension finie sur* $\mathbb{R}$ *ou* $\mathbb{C}$, G *un sous-groupe de* $G_{aff}(E)$ *qui est borné. Alors il existe un point fixe commun à tout élément de* G.

6. *Soient* E *un espace affine de dimension finie sur un corps de caractéristique nulle,* G *un sous-groupe de* $G_{aff}(E)$ *qui est de torsion. Alors il existe un point fixe commun à tout élément de* G.

7. *Soient* E *un espace affine euclidien associé à un espace vectoriel euclidien* T, $\sigma \in \mathcal{I}s(E)$ *qui admet au moins un point fixe,* V *une variété linéaire non vide telle que* $\sigma(V) = V$. *Alors* σ *a un point fixe dans* V.

8. *Soient* E *un espace affine euclidien,* $G \subset \mathcal{I}s(E)$ *un groupe commutatif tel que tout* $g \in G$ *admet un point fixe. Alors il existe un point fixe commun.*

9. *Soient* E *un espace affine de dimension finie sur un corps de caractéristique nulle,* $H \subset G \subset G_{aff}(E)$ *des sous-groupes du groupe affine de* E, *avec* H *d'indice fini dans* G. *Alors les propriétés suivantes sont équivalentes.*

i) Les éléments de H *ont un point fixe commun,*

ii) les éléments de G *ont un point fixe commun.*

10. *Soient* E *un espace affine de dimension finie sur un corps de caractéristique nulle,* $H \subset G \subset G_{aff}(E)$ *des sous-groupes du groupe affine de* E, *avec* H *distingué dans* G *et* $\frac{G}{H}$ *de torsion. Alors les propriétés suivantes sont équivalentes.*

i) Les éléments de H *ont un point fixe commun,*
ii) les éléments de G *ont un point fixe commun.*

11. *Soient* E *un espace affine euclidien,* $H \subset G \subset \mathcal{I}s(E)$ *des sous-groupes du groupe des isométries de* E *, avec* H *distingué dans* G *et* $\frac{G}{H}$ *abélien et tout* $g \in G$ *admet un point fixe. Alors les propriétés suivantes sont équivalentes.*
i) Les éléments de H *ont un point fixe commun,*
ii) les éléments de G *ont un point fixe commun.*

12. *Soient* E *un espace affine euclidien ,* $G_0 \subset G_1 \subset \ldots \subset G_k$ *une suite croissante de sous-groupe de* $\mathcal{I}s(E)$ *. On suppose que* G_i *est distingué dans* G_{i+1} *pour* $0 \leq i \leq k-1$ *et que* $\frac{G_{i+1}}{G_i}$ *est de torsion ou abélien et que tout* $g \in G_k$ *admet un point fixe. Alors les propriétés suivantes sont équivalentes.*
i) Les éléments de G_0 *ont un point fixe commun,*
ii) les éléments de G_k *ont un point fixe commun.*

13. *Soient* E *un espace affine euclidien,* G *un sous-groupe de* $\mathcal{I}s(E)$ *qui est presque résoluble. On suppose que tout élément de* G *a un point fixe. Alors il existe un point fixe commun à tout élément de* G *.*

Définition Un groupe G est dit *presque résoluble,* s'il contient un sous-groupe d'indice fini qui est résoluble.

14. *Soient* E *un espace affine euclidien de dimension* n *, avec* $n \geq 4$ *. Alors* $\mathcal{I}s(E)$ *contient un sous-groupe* G *avec les propriétés suivantes : tout élément de* G *a un point fixe et il n'existe pas de point fixe commun à tous les éléments de* G *.*

1) Soient E un espace affine euclidien de dimension 2 , H un sous-groupe de $\mathcal{I}s(E)$, $H^+ := \mathcal{I}s^+(E) \cap H$, on suppose que tout élément de H^+ admet au moins un point fixe. Soient $\sigma_1, \sigma_2 \in H^+ - \{ \mathbb{1}_E \}$, o_i le centre de la rotation σ_i . Montrer que $\sigma_1 \sigma_2 \sigma_1^{-1} \sigma_2^{-1}$ est une translation de vecteur $\sigma_1(o_2) - \sigma_2 \sigma_1(o_2)$; conclure que $\sigma_1(o_2) = \sigma_2(\sigma_1(o_2))$ et que $\sigma_1(o_2) = o_2$; i.e. $o_1 = o_2$. Conclure qu'il existe un point fixe commun o à tous les éléments de H^+ . Si $H^+ \neq \{ \mathbb{1}_E \}$, montrer que o est le seul point fixe commun.

2) Soient T un espace vectoriel euclidien de dimension 3 , $u \neq \mathbb{1}_T$ (resp. $u' \neq \mathbb{1}_T$) une rotation de T d'axe $\mathbb{R}e$ (resp. $\mathbb{R}e'$) avec $\|e\| = \|e'\| = 1$ et $\mathbb{R}e \neq \mathbb{R}e'$.

2.1) Soient $w \in SO(T) - \{ \mathbb{1}_T \}$, $\mathbb{R}f$ l'axe de rotation de w , $x \notin \mathbb{R}f$. Montrer que $w(x) \neq x$ et que $(f \mid w(x) - x) = 0$.

2.2) Montrer que $uu' \neq \mathbb{1}_T$ et donc que uu' est une rotation d'axe $\mathbb{R}e''$ avec $\|e''\| = 1$. Montrer que $uu'(e') = u(e')$, que $u(e') \neq e'$. Déduire de 2.1) que $(e'' \mid u(e') - e') = 0$, $(e \mid u(e') - e') = 0$.

2.3) On suppose que (e, e', e'') est lié ; conclure de 2.2) que $(e' \mid u(e') - e') = 0$. En remarquant que $(u(e')+e'|u(e')-e')=0$, montrer que $(u(e')-e'|u(e')-e')=0$, i.e. $u(e')=e'$. Conclure à une contradiction, i.e. que $(e,e',e")$ est une famille libre et qu'ainsi 1. est satisfait.

3) Soient E un espace affine euclidien de dimension 3, $\sigma\neq\mathbb{1}_E$ (resp. $\sigma'\neq\mathbb{1}_E$) une rotation de E d'axe D (resp. D').

3.1) Si $a\in D\cap D'$, montrer que a est un point fixe de $\sigma\sigma'$. Si D et D' ont même direction avec $D\neq D'$, si l'on définit sur D et D' la même orientation, soit θ (resp. θ') une mesure de la rotation σ (resp. σ'), on suppose que $\theta+\theta'\not\equiv 0 \text{ modulo } 2\pi\mathbb{Z}$. Montrer que $\sigma\sigma'\neq\mathbb{1}_E$, et que c'est une rotation d'axe $D"$ parallèle à D. En conclure que *ii)* implique *i)* de 2. est satisfait.

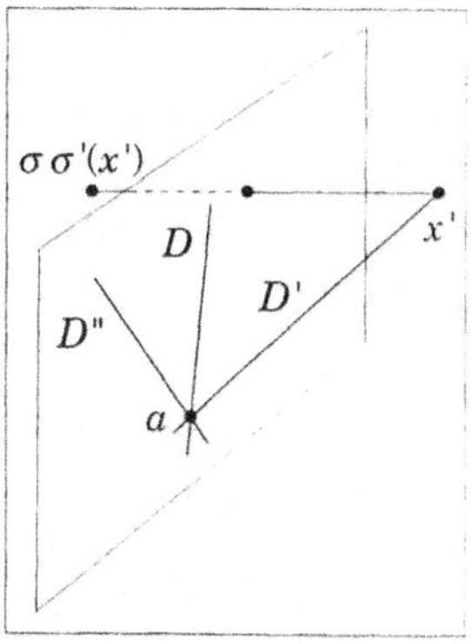

3.2) Soient $\tau\neq\mathbb{1}_E$ une rotation de E d'axe Δ, $x\notin\Delta$. Montrer que $x\neq\tau(x)$ et que Δ est contenu dans l'hyperplan médiateur de x et $\tau(x)$ (remarquer que pour $z\in\Delta$, on a $\|z-x\|=\|z-\tau(x)\|$).

3.3) On suppose que $D\neq D'$, soit $x'\in D'$ et $x'\notin D$. Montrer que $\sigma\sigma'(x')=\sigma(x')\neq x'$, que $\sigma\sigma'\neq\mathbb{1}_E$. On suppose que $\sigma\sigma'$ admet un point fixe, conclure que $\sigma\sigma'$ est une rotation d'axe $D"$. Conclure de 3.2) que $D"$ et D sont contenus dans P, l'hyperplan médiateur de x' et $\sigma(x')$.

3.4) On suppose que $a\in D"\cap D$, montrer que $a\in D'$ (remarquer que $\sigma'=\sigma^{-1}(\sigma\sigma')$). On suppose que D et $D"$ sont parallèles, montrer que D' est parallèle à D ; si l'on définit sur D et D' la même orientation, soit θ (resp. θ') une mesure de la rotation σ (resp. σ'), montrer que $\theta+\theta'\not\equiv 0$ modulo $2\pi\mathbb{Z}$ (on suppose toujours $D\neq D'$).

3.5) Conclure que *i)* implique *ii)* de 2. est satisfait.

4) Soient E un espace affine euclidien de dimension 3, H un sous-groupe de $\mathcal{I}s(E)$ tel que tout $\sigma\in H$ admette au moins un point fixe. Soit $H^+:=H\cap\mathcal{I}s(E)$.

4.1) Soient $\sigma_1,\sigma_2\in H^+-\{\mathbb{1}_E\}$, D_i l'axe de σ_i. Montrer que D_1 parallèle à D_2 implique $D_1=D_2$ (soit P un plan orthogonal à D_i qui coupe D_i en o_i, remarquer que $\sigma_1\sigma_2\sigma_1^{-1}\sigma_2^{-1}$ est une translation de vecteur $\sigma_1(o_2)-\sigma_2\sigma_1(o_2)$, conclure comme en 1.1) que $o_1=o_2$ et donc que $D_1=D_2$).

4.2) Soient $\sigma_1,\sigma_2\in H^+-\{\mathbb{1}_E\}$, D_i l'axe de σ_i, on suppose que $D_1\neq D_2$. Conclure de 2. que $D_1\cap D_2$ est un point a.

4.3) Sous l'hypothèse 4.2), montrer que $\sigma_1\sigma_2\neq\mathbb{1}_E$ et donc que $\sigma_1\sigma_2$ est une rotation d'axe D, avec $a\in D$. Soit e_1 (resp. e_2, e) un vecteur qui définit la direction de D_1 (resp. D_2, D), déduire de 1. que (e_1,e_2,e) est une famille libre. Soit $\sigma'\in H^+-\{\mathbb{1}_E\}$ une rotation d'axe D', déduire de ce qui précède que $D'=D_1$, ou $D'=D_2$, ou $D'=D$ ou que D' coupe D_1,D_2,D ; en conclure que $a\in D'$.

4.4) Déduire de ce qui précède que les éléments de H^+ ont un point fixe commun.

5) Soit E un espace affine euclidien de dimension n .
5.1) Montrer que **3.***i)* implique **3.** *ii)*.
5.2) On suppose **3.***ii)* satisfait, soit $V := \{x \in E \mid \sigma(x)=x$ pour tout $\sigma \in H^+\}$, on a donc $V \neq \emptyset$. Soit $\sigma' \in H$, montrer que $\sigma'(V)=V$ (considérer la variété linéaire des points fixes de $\sigma'\tau\sigma'^{-1}$ pour tout $\tau \in H^+$). En conclure que tout $\sigma \in H$ induit une isométrie σ_V de V et que l'image de H par l'application $\sigma \longmapsto \sigma_V$ est un groupe d'ordre 1 ou 2. En conclure qu'il existe $a \in V$ qui est point fixe de tout élément de H .
6) Montrer que **0.** est satisfait en utilisant 1), 4), 5) .
7) Montrons **4.** . Soient $m=o(G)$, $a \in E$, $b := \frac{1}{m} \sum_{g \in G} g(a)$, montrer $g(b)=b$ pour tout $g \in G$. En déduire **4.** .
8) Montrons **5.** . Soit G_1 l'adhérence de G dans $G_{aff}(E)$, ainsi G_1 est compact. Il reste à montrer qu'il existe un point fixe commun à tout élément de G_1 . Donc on peut supposer que G est compact. L'existence d'une mesure de Haar sur G montre qu'il existe une forme linéaire continue φ sur $C(G,\mathbb{R})$, les fonctions continues sur G à valeurs dans $\mathbb{R}$, avec les propriétés suivantes:

(1) Soit f la fonction constante avec $f(g)=1$ pour tout $g \in G$, alors $\varphi(f)=1$.

(2) Soient $h \in G$, $f \in C(G,\mathbb{R})$, f' la fonction $g \longmapsto f(hg)$, alors $\varphi(f)=\varphi(f')$.

Soient $(e_1, e_2, \ldots, e_n)$ une base de T l'espace vectoriel attaché à E , $C(G,T)$ les fonctions continues sur G à valeurs dans T . Si $f \in C(G,T)$, il existe $f_i \in C(G,\mathbb{R})$, $1 \leq i \leq n$, uniques avec $f = f_1 e_1 + f_2 e_2 + \ldots + f_n e_n$. Soit Φ l'application linéaire continue de $C(G,T)$ dans T définie par $\Phi(f) := \varphi(f_1)e_1 + \varphi(f_2)e_2 + \ldots + \varphi(f_n)e_n$. Montrer que l'application linéaire Φ satisfait les propriétés suivantes :

(1') Soit f la fonction constante avec $f(g)=t$ pour tout $g \in G$, alors $\Phi(f)=t$.

(2') Soient $h \in G$, $f \in C(G,T)$, f' la fonction $g \longmapsto f(hg)$, alors $\Phi(f)=\Phi(f')$.

(3') Soient $u \in G\ell(T)$, $f \in C(G,T)$, alors on a $u(\Phi(f))=\Phi(uf)$, où uf est la fonction définie par $uf(g) := u(f(g))$.

Soient $o \in E$, $f_1 \in C(G,T)$ la fonction définie par $f_1(g) := g(o)-o$ pour tout $g \in G$. Soit $w := o + \Phi(f_1)$; il s'agit de montrer que w est un point fixe commun à tout élément de G .

Soient $h, g \in G$, montrer que

(4) $f_1(hg) = u(f_1(g)) + f_1(h)$ où u est l'application linéaire associée à h en utilisant (2') .

Maintenant h étant fixé , soit $f'_1 \in C(G,T)$ la fonction définie par $f'_1(g)=f_1(hg)$ pour tout $g \in G$. Il suit de la relation (4) que $f'_1(g)=u(f_1(g))+f_1(g)$ pour tout $g \in G$, et donc que

(5) $\Phi(f'_1)=u(\Phi(f_1))+f_1(h)$, i.e. $\Phi(f_1)=u(\Phi(f_1))+f_1(h)$.

En déduire que $h(w)=w$ et que **5.** est satisfait.

9) Montrons **6.** . Déduire de *Fr 3* , A.3.2.3. que G est isomorphe à un sous-groupe de $G\ell_{n+1}(K)$ si $\dim E = n$ et de *Fr 1* , A.5.7.40.6.1. que G est réunion filtrante supérieure-

ment d'une famille $(G_i)_{i\in I}$ de sous-groupes finis de G ; cela veut dire que pour $i, j\in I$, il existe $k\in I$ tel que $G_i\cup G_j\subset G_k$.

Soit $V_i:=\{x\in E \mid x$ est point fixe de tout élément de $G_i\}$, alors V_i est une variété linéaire non vide (c'est **4.**). Montrer que la famille $(V_i)_{i\in I}$ est filtrante inférieurement. Soit $r=\inf_{i\in I} \dim V_i$ et j tel que $r=\dim V_j$, montrer que $\bigcap_{i\in I} V_i=V_j$. Conclure que **6.** est satisfait.

10) Montrons 7. . Soit $o\in E$ tel que $\sigma(o)=o$. Soit W la direction de V, montrer qu'il existe un unique $t\in W^{\perp}$ tel que $o+t\in V$. Montrer que $\sigma(o+t)=o+t$. Conclure que 7. est satisfait.

11) Montrons **8.** . Le cas $G=\{\mathbb{1}_E\}$ est trivial ; supposons maintenant $G\neq\{\mathbb{1}_E\}$. Soient $\sigma\in G-\{\mathbb{1}_E\}$, $V_\sigma:=\{x\in E\mid \sigma(x)=x\}$; montrer que $V_\sigma\neq E$. Montrer que $h\sigma h^{-1}=\sigma$ implique que $h(V_\sigma)=V_\sigma$. Conclure que G induit un groupe commutatif H de $\mathcal{I}s(V_\sigma)$, et en utilisant 7. que tout élément de H a un point fixe. Par récurrence sur la dimension montrer qu'il existe un point fixe commun à tout élément de H, donc à tout élément de G. Ainsi **8.** est satisfait.

12) Montrons **9.** .

12.1) Soit $H_1\subset G\subset\mathcal{I}s(E)$ Le plus grand sous-groupe de H qui est distingué dans G. Montrer que H_1 est d'indice fini dans G (utiliser ***Fr2***, E.7.3. , ou ***Cal***, théorème 2.17, p. 77)

12.2) On suppose *i)* satisfait, i.e. $V:=\{x\in E\mid h(x)=x$ pour tout $h\in H_1\}\neq\emptyset$. Montrer que $g(V)=V$ pour tout $g\in G$ (remarquer que $ghg^{-1}(g(x))=g(x)$ pour tout $h\in G$ et pour tout $x\in V$, en conclure que $g(V)\subset V$ et aussi que $g^{-1}(V)\subset V$).

12.3) Soient $g\in G$, g_V l'automorphisme affine de V induit par g et $\rho: G\to G_{aff}(V)$ l'homomorphisme défini par $\rho(g)=g_V$. Déduire que $\rho(G)$ est fini et par **4.** qu'il existe $a\in V$ tel que $g(a)=a$ pour tout $g\in G$.

12.4) En déduire que *i) implique ii)* et donc que **9.** est satisfait.

13) Montrons **10.** .

On suppose *i)* satisfait, i.e. $V:=\{x\in E\mid h(x)=x$ pour tout $h\in H\}\neq\emptyset$.

13.1) Montrer que $g(V)=V$ pour tout $g\in G$ (utiliser la même méthode que 12.2)).

13.2) Soient $g\in G$, g_V l'automorphisme affine de V induit par g et $\rho: G\to G_{aff}(V)$ l'homomorphisme défini par $\rho(g)=g_V$. Déduire que $\rho(G)$ est de torsion et par **6.** qu'il existe $a\in V$ tel que $g(a)=a$ pour tout $g\in G$.

13.3) En déduire que *i) implique ii)* et donc que **10.** est satisfait.

14) Montrons **11.** .

On suppose *i)* satisfait, i.e. $V:=\{x\in E\mid h(x)=x$ pour tout $h\in H\}\neq\emptyset$.

14.1) Montrer que $g(V)=V$ pour tout $g\in G$ (utiliser la même méthode que 12.2)).

14.2) Soient $g\in G$, g_V l'isométrie de V induite par g et $\rho: G\to\mathcal{I}s(V)$ l'homomorphisme défini par $\rho(g)=g_V$. Déduire que $\rho(G)$ est abélien, de 7. que tout élément de $\rho(G)$ a un point fixe dans V.

14.3) Conclure que *ii)* est satisfait et donc que **11.** est satisfait.
15) Montrer que **12.** est une conséquence de **10.** et **11.** .
16) Montrer que **13.** est une conséquence de **9.** et **11.** .
17) Montrons **14.** .
17.1) *On suppose que* $\dim E = 4$
17.1.1) *Le groupe* $SO_4(\mathbb{R})$ *contient un groupe libre* H *à deux générateurs avec* $\ker(h - I_4) = \{0\}$ *pour tout* $h \in H - \{I_4\}$.

Soit G_1 le sous-ensemble des matrices de $SO_4(\mathbb{R})$ qui sont conjugués modulo $SO_4(\mathbb{R})$ à une matrice de la forme $\begin{bmatrix} \cos\theta & -\sin\theta & 0 & 0 \\ \sin\theta & \cos\theta & 0 & 0 \\ 0 & 0 & \cos\theta & -\sin\theta \\ 0 & 0 & \sin\theta & \cos\theta \end{bmatrix}$ avec $\theta \in [0, 2\pi[$. Alors G_1 est un sous-groupe de $SO_4(\mathbb{R})$ et il existe un isomorphisme $\frac{G_1}{\{\pm I_4\}} \simeq SO_3(\mathbb{R})$ (C.10.49.) .

Par 10.69. , $SO_3(\mathbb{R})$ contient un sous-groupe libre engendré par deux générateurs u_1 *et* v_1 . Soient $\varphi : G_1 \twoheadrightarrow SO_3(\mathbb{R})$ la surjection induite par l'isomorphisme ci-dessus et $u, v \in G_1$ tels que $\varphi(u) = u_1$, $\varphi(v) = v_1$. Montrer que le sous-groupe H de G_1 , donc de $SO_4(\mathbb{R})$ engendré par u et v est libre. Remarquer que pour tout $h \in G_1 - \{I_4\}$ on a $\ker(h - I_4) = \{0\}$.
17.1.2.) *Il existe un sous-groupe* G *de* $\mathcal{I}s(E)$ *qui satisfait* **14.** .

Soient E l'espace affine euclidien de dimension 4 , T l'espace vectoriel associé, (e_1, e_2, e_3, e_4) une base orthonormée de T , $o, o' \in E$, $o \neq o'$.
Soit $f \in \mathcal{I}s(E)$ tel que $f(o) = o$ et tel que la matrice de l'application linéaire associée dans la base (e_1, e_2, e_3, e_4) soit u . Soit $g \in \mathcal{I}s(E)$ tel que $g(o) = o'$ et tel que la matrice de l'application linéaire associée dans la base (e_1, e_2, e_3, e_4) soit v . Soit G le sous-groupe de $\mathcal{I}s(E)$ engendré par f et g . Déduire de 17.1.1) que G est un groupe libre engendré par f et g . Déduire aussi de 17.1.1) que pour tout $k \in G - \{\mathbb{1}_E\}$, on a $\ker(\varphi(k) - \mathbb{1}_T) = \{0\}$ et donc k admet un point fixe unique.

Remarquer que f admet o comme point fixe unique, et $g(o) = o' \neq o$. Conclure qu'il n'existe pas de point fixe commun à tout élément de G .
17.2) *On suppose que* $\dim E \geq 4$.

Soient $T_1 \subset T$ un sous-espace vectoriel de dimension 4 , $o \in E$, $F := o + T_1$, c'est un espace affine euclidien de dimension 4 . Soit G le sous-groupe de $\mathcal{I}s(F)$ défini en 17.1). Soit $k \in G$ et $\tilde{k} \in \mathcal{I}s(E)$ défini par $\tilde{k}(o + t_1 + t_2) = k(o + t_1) + t_2$ où $t_1 \in T_1$, $t_2 \in T_1^{\perp}$. Alors $\tilde{G} := \{\tilde{k} \mid k \in G\}$ est un sous-groupe de $\mathcal{I}s(E)$ et $o' + T_1^{\perp}$ est la variété linéaire des points fixes de $\tilde{k}$ si $\{o'\}$ est la variété linéaire des points fixes de k . Conclure qu'il n'existe pas de point fixe commun aux éléments de $\tilde{G}$ et que **14.** est satisfait.

Exercice 10.68. *matrice semblable à son inverse* modulo $SO_n(\mathbb{R})$

1. *Soit* $A \in O_n(\mathbb{R})$ *, alors* A *est semblable à* A^{-1} modulo $O_n(\mathbb{R})$
2. *Soient* n *impair ,* $A \in O_n(\mathbb{R})$ *, alors* A *est semblable à* A^{-1} modulo $SO_n(\mathbb{R})$
3. *Soient* $n=2r$ *,* $A \in O_n(\mathbb{R})$ *, alors les propriétés suivantes sont équivalentes.*

i) A *n'est pas semblable à* A^{-1} modulo $SO_n(\mathbb{R})$,

ii) A *est semblable* modulo $SO_n(\mathbb{R})$ *à* $\Delta(0,0;\theta_1,\theta_2,\dots,\theta_r)$ *avec* $0<\theta_1 \le \theta_2 \le \dots \le \theta_r < \pi$ *ou à* $\Delta(0,0;\mu_1,\mu_2,\dots,\mu_r)$ *avec* $0<\mu_1 \le \mu_2 \le \dots \le \mu_{r-1} \le 2\pi - \mu_r < \pi$ *(avec les notations de* 5.1.4.*).*

Montrer cela en appliquant 5.1.4.

Exercice 10.69. *le groupe* $SO_3(\mathbb{R})$ *contient un groupe libre à deux générateurs*

$$\textit{Soient } g := \begin{bmatrix} 0 & 1 & 0 \\ 1 & 0 & 0 \\ 0 & 0 & -1 \end{bmatrix} \in SO_3(\mathbb{R}) \text{ , } h = \begin{bmatrix} 1 & 0 & 0 \\ 0 & -\frac{1}{2} & -\frac{\sqrt{3}}{2} \\ 0 & \frac{\sqrt{3}}{2} & -\frac{1}{2} \end{bmatrix} \in SO_3(\mathbb{R}) \text{ .}$$

1. *Soient* $k \ge 1$, $n_1, n_2, \dots, n_k \in \{1,2\}$ *, alors* $h^{n_1}g\,h^{n_2}g \dots h^{n_k}g \ne I_3$.
2. *Soient* $u := hg\,h^2g$ *,* $v := h^2g\,hg$ *,* $\alpha_1, \alpha_2, \dots, \alpha_k, \beta_1, \beta_2, \dots, \beta_k \in \mathbb{Z}$ *avec* $\alpha_2 \ne 0$ *,* $\alpha_3 \ne 0, \dots, \alpha_k \ne 0, \beta_1 \ne 0, \beta_2 \ne 0, \dots, \beta_{k-1} \ne 0$ *. Alors* $u^{\alpha_1}v^{\beta_1}u^{\alpha_1}v^{\beta_2}\dots u^{\alpha_k}v^{\beta_k} \ne I_3$; i.e. *le sous-groupe de* $SO_3(\mathbb{R})$ *engendré par* u *et* v *est libre.*

Démonstration 1) Soient $k \ge 1$, $n_1, n_2, \dots, n_k \in \{1,2\}$. Montrer par récurrence sur k que

$$h^{n_1}g\,h^{n_2}g \dots h^{n_k}g = 2^{-k} \begin{bmatrix} p_{1,k} & p_{2,k} & p_{3,k}\sqrt{3} \\ q_{1,k} & p_{4,k} & q_{2,k}\sqrt{3} \\ q_{3,k}\sqrt{3} & p_{5,k}\sqrt{3} & q_{4,k} \end{bmatrix} \text{ avec } p_{1,k}, p_{2,k}, p_{3,k}, p_{4,k}, p_{5,k} \in 2\mathbb{Z} \text{ ,}$$

$q_{1,k}, q_{2,k}, q_{3,k}, q_{4,k} \in 1+2\mathbb{Z}$. Conclure que 1. est satisfait .

2) Soient G le sous-groupe de $SO_3(\mathbb{R})$ engendré par g et h , $W := \{h^{n_1}g\,h^{n_2}g \dots h^{n_k}g \mid k \ge 1, n_1, n_2, \dots, n_k \in \{1,2\}\}$. Montrer que W est stable par multiplication. Soit $W^{-1} := \{w^{-1} \mid w \in W\}$, montrer que $G = \{I_3\} \cup \{g\} \cup W \cup W^{-1} \cup gW \cup Wg$.

3) Soient $u := hgh^2g$, $v := h^2ghg$,
$A_k := u^{\alpha_1}v^{\beta_1}u^{\alpha_2}v^{\beta_2}\dots u^{\alpha_{k-1}}v^{\beta_{k-1}}u^{\alpha_k}$ ou $A_k := v^{\beta_1}u^{\alpha_2}v^{\beta_2}\dots u^{\alpha_{k-1}}v^{\beta_{k-1}}u^{\alpha_k}$
$B_k := u^{\alpha_1}v^{\beta_1}u^{\alpha_2}v^{\beta_2}\dots u^{\alpha_k}v^{\beta_k}$ ou $B_k := v^{\beta_1}u^{\alpha_2}v^{\beta_2}\dots u^{\alpha_k}v^{\beta_k}$ avec $k \ge 1$, $\alpha_i, \beta_i \in \mathbb{Z} - \{0\}$, il s'agit de montrer les relations suivantes:

(1_k) $A_k = g^{\varepsilon}wh^2g$ si $\alpha_k > 0$,
$A_k = g^{\varepsilon}wh^sgh^2$ si $\alpha_k < 0$, avec $\varepsilon \in \{0,1\}$, $s \in \{1,2\}$, $w \in W$.

(2_k) $B_k = g^{\varepsilon}whg$ si $\beta_k > 0$, $B_k = g^{\varepsilon}wh^sgh$ si $\beta_k < 0$, avec $\varepsilon \in \{0,1\}$, $s \in \{1,2\}$, $w \in W$.

3.1.) Montrer que (1_1) et (2_1) sont satisfaits.

3.2.) On suppose que (2_{k-1}) est satisfait. Si $\alpha_k \ge 1$, montrer que $g^{\varepsilon}w\,hgu^{\alpha_k}$ satisfait

(1_k) ; si $\alpha_k \leq -1$, montrer que $g^\varepsilon w h^s g h u^{\alpha_k}$ satisfait (1_k) . Si $\alpha_k \leq -1$, montrer que $g^\varepsilon w\, h g u^{\alpha_k}$ satisfait (1_k) (écrire $g^\varepsilon w(h g u^{-1}) u^{\alpha_k+1}$) . Si $\alpha_k \geq 1$, montrer que $g^\varepsilon w h^s g h u^{\alpha_k}$ satisfait (1_k) (écrire $g^\varepsilon w(h g h u) u^{\alpha_k-1}$) . Conclure que (2_{k-1}) implique (1_k) .

3.3) Par une méthode analogue, montrer que (1_k) implique (2_k) .

3.4) En déduire que (1_k) et (2_k) sont satisfaits pour $k \geq 1$.

4) Déduire de 1. et de (1_k) et (2_k) que 2. est satisfait.

Exercice 10.70. *les réseaux de* $\mathbb{R}^n$

Soient V *un* $\mathbb{R}$*-espace vectoriel de dimension* n , 0 *l'élément neutre de* V , $\|.\|$ *une norme de* $\mathbb{R}$*-espace vectoriel sur* V .

1. *Soient* H *un sous-groupe de* V . *Alors les propriétés suivantes sont équivalentes.*

i) Il existe une base $(e_1, e_2, \ldots, e_n)$ *du* $\mathbb{R}$*-espace vectoriel telle que* $H = \mathbb{Z}e_1 \oplus \mathbb{Z}e_2 \oplus \ldots \oplus \mathbb{Z}e_n$,

ii) H *contient une famille* $\mathbb{R}$*-libre à* n *éléments et pour tout disque* D *de centre* 0 *et de rayon strictement positif, l'ensemble* $D \cap H$ *est fini,*

iii) H *contient une famille* $\mathbb{R}$*-libre à* n *éléments et il existe un disque* D *de centre* 0 *et de rayon strictement positif, tel que l'ensemble* $D \cap H$ *soit fini,*

iv) H *contient une famille* $\mathbb{R}$*-libre à* n *éléments et il existe un disque* D *de centre* 0 *et de rayon strictement positif, tel que l'ensemble* $D \cap H = \{0\}$.

v) H *contient une famille* $\mathbb{R}$*-libre à* n *éléments et* H *est discret dans* $\mathbb{R}^n$.

Un sous-groupe de V qui possède les propriétés *i)* à *v)* est appelé un *réseau* de V .

2. *Soient* H *un réseau de* V , $(g_1, g_2, \ldots, g_n)$ *une famille* $\mathbb{Z}$*-libre de* H . *Alors* $\mathbb{Z}g_1 \oplus \mathbb{Z}g_2 \oplus \ldots \oplus \mathbb{Z}g_n$ *est un réseau de* V *d'indice fini dans* H .

3. *Soient* H *un réseau de* V , H_1 *un sous-groupe d'indice fini dans* H , *alors* H_1 *est un réseau de* V .

1) Il s'agit de montrer 1. .

1.1) Montrer *i)* implique *ii)* , *ii)* implique *iii)*, *iii)* implique *iv)* et *iv)* implique *v* .

1.2) On suppose *v)* satisfait, il s'agit de montrer *i)*. Soient $(f_1, f_2, \ldots, f_n)$ une famille $\mathbb{R}$-libre de H , $W := \{x_1 f_1 + x_2 f_2 + \ldots + x_n f_n) \mid x_i \in \mathbb{R}$ et $|x_i| \leq 1\}$.

1.2.1) Montrer que $W \cap H$ est fini (remarquer que W est compact).

1.2.2) Montrer que tout élément de H s'écrit sous la forme $h_1 + h_2$ où $h_1 \in W \cap H$ et $h_2 \in \mathbb{Z}f_1 \oplus \mathbb{Z}f_2 \oplus \ldots \oplus \mathbb{Z}f_n$.

1.2.3) Conclure que $\mathbb{Z}f_1 \oplus \mathbb{Z}f_2 \oplus \ldots \oplus \mathbb{Z}f_n$ est un sous-groupe d'indice fini de H .

1.2.4) Conclure que *i)* est satisfait (soit d l'indice de $\mathbb{Z}f_1 \oplus \mathbb{Z}f_2 \oplus \ldots \oplus \mathbb{Z}f_n$ dans H , remarquer que $H \subset \mathbb{Z}\frac{f_1}{d} \oplus \mathbb{Z}\frac{f_2}{d} \oplus \ldots \oplus \mathbb{Z}\frac{f_n}{d}$ et appliquer E.6.1.) .

2) Il s'agit de montrer 2. . On a donc $H = \mathbb{Z}e_1 \oplus \mathbb{Z}e_2 \oplus \ldots \oplus \mathbb{Z}e_n$, où $(e_1, e_2, \ldots, e_n)$ est une base du $\mathbb{R}$-espace vectoriel V .

2.1) Soit $M \in M_n(\mathbb{Z})$, la matrice de $(g_1, g_2, \dots, g_n)$ dans la base $(e_1, e_2, \dots, e_n)$, montrer que dét$M \neq 0$. En conclure que $(g_1, g_2, \dots, g_n)$ est $\mathbb{R}$-libre, et donc que $H_1 := \mathbb{Z}g_1 \oplus \mathbb{Z}g_2 \oplus \dots \oplus \mathbb{Z}g_n$ est un réseau de V .
2.1) Montrer que $e_i = a_{i1}g_1 + a_{i2}g_2 + \dots + a_{in}g_n$ avec $a_{ij} \in \mathbb{Q}$ (utiliser $M \in M_n(\mathbb{Z})$, donc que $M^{-1} \in M_n(\mathbb{Q})$). Conclure qu'il existe $d \geq 1$, $d \in \mathbb{Z}$ avec $de_i \in H_1$, $1 \leq i \leq n$. En déduire que $dH \subset H_1 \subset H$ et que $[H : H_1] \leq d^n$.
3) Il s'agit de montrer 3. .
On a $H = \mathbb{Z}e_1 \oplus \mathbb{Z}e_2 \oplus \dots \oplus \mathbb{Z}e_n$, où $(e_1, e_2, \dots, e_n)$ est une base du $\mathbb{R}$-espace vectoriel V , $m := [H : H_1]$, conclure que $mH \subset H_1$ et que H_1 contient la famille $(me_1, me_2, \dots, me_n)$ qui est $\mathbb{R}$-libre. Montrer que H discret implique H_1 discret. Déduire de **1.** que H_1 est un réseau.

Exercice 10.71. *les sous-groupes fermés de* $\mathbb{R}^n$

Soient V *un* $\mathbb{R}$*-espace vectoriel de dimension* n , H *un sous-groupe fermé de* V . *Alors il existe une base* $(e_1, e_2, \dots, e_n)$ *de* V , I , J *deux parties de* $\{1, 2, \dots, n\}$ *avec* $I \cap J = \emptyset$ *et* $H = (\bigoplus_{i \in I} \mathbb{Z}e_i) \oplus (\bigoplus_{j \in J} \mathbb{R}e_j)$.

1) Soient 0 l'élément neutre de V, $B(0, \frac{1}{k})$ la boule fermée de V de centre 0 et de rayon $\frac{1}{k}$, W_k le $\mathbb{R}$-sous-espace vectoriel de V engendré par $B(0, \frac{1}{k}) \cap H$. Montrer que la suite W_k est stationnaire, i.e. qu'il existe k_0 tel que $W_k = W_{k_0}$ pour $k \geq k_0$ (remarquer que W_k est décroissant et considérer la dimension).
2) Soit $W := W_{k_0}$ défini en 1). Montrer que $H \cap W$ est dense dans W , en conclure que $H \cap W = W$ (soient $d = \dim W$, $(e_{1k}, e_{2k}, \dots, e_{dk})$ une base de W constituée d'éléments de $B(0, \frac{1}{k}) \cap H$, écrire $x \in W$ sous la forme $x = x_1 e_{1k} + x_2 e_{2k} + \dots + x_d e_{dk}$ et décomposer x_i en partie entière plus fractionnaire).
3) Soient $\varphi := V \to \frac{V}{W}$ la surjection canonique, X le sous-$\mathbb{R}$-espace vectoriel de $\varphi(V)$ engendré par $\varphi(H)$. Montrer que $\varphi(0)$ est un point isolé de $\varphi(H)$, en conclure que $\varphi(H)$ est un réseau de X (10.70).

En déduire qu'il existe une famille libre $(e_{d+1}, e_{d+2}, \dots, e_{d+\ell})$ de V telle que $X = \mathbb{R}\varphi(e_{d+1}) \oplus \mathbb{R}\varphi(e_{d+2}) \oplus \dots \oplus \mathbb{R}\varphi(e_{d+\ell})$ et que $\varphi(H) = \mathbb{Z}\varphi(e_{d+1}) \oplus \mathbb{Z}\varphi(e_{d+2}) \oplus \dots \oplus \mathbb{R}\varphi(e_{d+\ell})$.
4) Soit $(e_1, e_2, \dots, e_d)$ une base de W , montrer que $(e_1, e_2, \dots, e_d, e_{d+1}, \dots, e_{d+\ell})$ est une famille $\mathbb{R}$-libre de V . Soit $(e_1, e_2, \dots, e_n)$ une base qui complète la famille libre $(e_1, e_2, \dots, e_{d+\ell})$. Conclure.

Exercice 10.72. *une certaine dualité dans* $\mathbb{R}^n$

Soient $\mathbb{R}^n$ *le* $\mathbb{R}$*-espace vectoriel euclidien muni du produit scalaire canonique, noté* $(.|.)$. *Soit* M *un sous-groupe de* $\mathbb{R}^n$ *, alors on note* M° *le sous-groupe défini par*

$M^\circ := \{x \in \mathbb{R}^n \mid (x \mid M) \subset \mathbb{Z}\}$. *Alors on a* $(M^\circ)^\circ = \overline{M}$, *où* $\overline{M}$ *est l'adhérence de* M *dans* $\mathbb{R}^n$.

1) Montrer que $M^\circ = \overline{M}^\circ$.
2) Montrer qu'il existe une base $(e_1, e_2, \ldots, e_n)$ de $\mathbb{R}^n$ telle que
$\overline{M} = \mathbb{Z}e_1 \oplus \mathbb{Z}e_2 \oplus \ldots \oplus \mathbb{Z}e_d \oplus \mathbb{R}e_{d+1} \oplus \ldots \oplus \mathbb{R}e_{d+\ell}$ (utiliser C.10.71.)
3) Soit $(f_1, f_2, \ldots, f_n)$ la base de $\mathbb{R}^n$ telle que $(e_i \mid f_j) = \delta_{ij}$ pour tout i, j . Montrer que $\overline{M}^\circ = \mathbb{Z}f_1 \oplus \mathbb{Z}f_2 \oplus \ldots \oplus \mathbb{Z}f_d \oplus \mathbb{R}f_{d+\ell+1} \oplus \ldots \oplus \mathbb{R}f_n$.
4) Conclure que $(\overline{M}^\circ)^\circ = \overline{M}$.

Exercice 10.73. *les sous-groupes fermés de* $(\frac{\mathbb{R}}{\mathbb{Z}})^n$ (resp. $\mathbb{T}^n$)

1. *Soient* $\mathbb{R}^n$ *le* $\mathbb{R}$*-espace vectoriel euclidien muni du produit scalaire canonique* $(.\mid.)$, $\varphi : \mathbb{R}^n \to (\frac{\mathbb{R}}{\mathbb{Z}})^n$ *la surjection canonique,* H *un sous-groupe de* $(\frac{\mathbb{R}}{\mathbb{Z}})^n$,
$\Lambda := \{\lambda \in \mathbb{Z}^n \mid (\lambda \mid x) \in \mathbb{Z}$ *pour tout* $x \in \varphi^{-1}(H)\}$.

1.1. *Soit* $\overline{H}$ *l'adhérence de* H dans $(\frac{\mathbb{R}}{\mathbb{Z}})^n$, *alors on a*

$\overline{H} = \{\varphi(y) \mid y \in \mathbb{R}^n$ *avec* $(y \mid \lambda) \in \mathbb{Z}$, *pour tout* $\lambda \in \Lambda\}$.

1.2. *Soit* $d = \text{rang}\,\Lambda$, *alors* $\overline{H} \simeq F_1 \times F_2 \times \ldots \times F_d \times (\frac{\mathbb{R}}{\mathbb{Z}})^{n-d}$ *où* F_i *est un groupe cyclique fini avec* $o(F_1) \mid o(F_2) \mid \ldots \mid o(F_d)$. *Si* $0 = \text{rang}\,\Lambda$, *on a* $\overline{H} = (\frac{\mathbb{R}}{\mathbb{Z}})^n$.

1.3. *En particulier si* $\theta = \begin{bmatrix} \theta_1 \\ \theta_2 \\ \vdots \\ \theta_n \end{bmatrix} \in \mathbb{R}^n$ *et si la famille* $(1, \theta_1, \theta_2, \ldots, \theta_n)$ *est* $\mathbb{Z}$*-libre , alors le sous-groupe* $\mathbb{Z}\,\varphi(\theta)$ *est dense dans* $(\frac{\mathbb{R}}{\mathbb{Z}})^n$.

1.4. *Soient* $\theta = \begin{bmatrix} \theta_1 \\ \theta_2 \\ \vdots \\ \theta_n \end{bmatrix} \in \mathbb{R}^n$, $G = \overline{\varphi(\mathbb{Z}\theta)}$, *l'adhérence de* $\varphi(\mathbb{Z}\theta)$ *dans* $(\frac{\mathbb{R}}{\mathbb{Z}})^n$. *On suppose que* $\theta_i = \frac{a_i}{b_i} \in \mathbb{Q}$, *où* $\frac{a_i}{b_i}$ *est sous forme irréductible ; soit* $m = \text{ppcm}(b_1, b_2, \ldots, b_n)$, *alors* $\varphi(\mathbb{Z}\theta)$ *est le groupe cyclique d'ordre* m *engendré par* $\varphi(\theta)$. *On suppose que*
$\mathbb{Q}1 + \mathbb{Q}\theta_1 + \mathbb{Q}\theta_2 + \ldots + \mathbb{Q}\theta_n = \mathbb{Q}1 \oplus \mathbb{Q}\theta_1 \oplus \mathbb{Q}\theta_2 + \ldots \oplus \mathbb{Q}\theta_r$ *avec* $r \geq 1$. *Alors on a*
$\theta_j := L_j(\theta_1, \theta_2, \ldots, \theta_r) = a_{j0} + a_{j1}\theta_1 + \ldots + a_{jr}\theta_r$ *avec* $r+1 \leq j \leq n$, $a_{jk} \in \mathbb{Q}$; *soient* $N \geq 1$ *avec* $N a_{ji} \in \mathbb{Z}$ *pour* $r+1 \leq j \leq n$, $0 \leq i \leq r$ *et* $M_j(x) := a_{j1}x_1 + a_{j2}x_2 + \ldots + a_{jr}x_r$ *où*

$x=(x_1,x_2,\dots,x_r)\in\mathbb{R}^n$, $H:=\left\{\varphi\left(\begin{bmatrix}x_1\\x_2\\\vdots\\x_r\\M_{r+1}(x)\\\vdots\\M_n(x)\end{bmatrix}\right)\,\middle|\,\begin{bmatrix}x_1\\x_2\\\vdots\\x_r\end{bmatrix}\in\mathbb{R}^r\right\}$. *Alors* H *est un sous-groupe de* G. *Soit* $F:=\left\{\varphi\left(\begin{bmatrix}\zeta_1\\\zeta_2\\\vdots\\\zeta_n\end{bmatrix}\right)\,\middle|\,\zeta_1=\zeta_2=\dots=\zeta_r=0\ ,\ \zeta_j\in\frac{1}{N}\mathbb{Z}\,,r+1\le j\le n\right\}$. *Soit* K *le sous-groupe de* $(\frac{\mathbb{R}}{\mathbb{Z}})^n$ *engendré par* H *et* F, *alors* G *est un sous-groupe de* K, *il suit de cela que* $(G:H)\,|\,N^{n-r}$.

2. *Soient* $\mathbb{C}$ *le corps des nombres complexes*, $\mathbb{T}:=\{z\in\mathbb{C}\,\big|\,|z|=1\}=\{e^{2i\pi x}\,|\,x\in\mathbb{R}\}$. *Soient* H *un sous-groupe de* $\mathbb{T}^n$,

$$\Lambda:=\left\{\lambda\in\mathbb{Z}^n\,|\,(\lambda\,|\,x)\in\mathbb{Z}\ \textit{pour tout}\ x=\begin{bmatrix}x_1\\x_2\\\vdots\\x_n\end{bmatrix}\in\mathbb{R}^n\ \textit{tel que}\ \begin{bmatrix}e^{2i\pi x_1}\\e^{2i\pi x_2}\\\vdots\\e^{2i\pi x_n}\end{bmatrix}\in H\right\}.$$

2.1. *Soit* $\overline{H}$ *l'adhérence de* H *dans* $\mathbb{T}^n$. *Alors on a*

$$\overline{H}=\left\{\begin{bmatrix}e^{2i\pi y_1}\\e^{2i\pi y_2}\\\vdots\\e^{2i\pi y_n}\end{bmatrix}\,\middle|\,y=\begin{bmatrix}y_1\\y_2\\\vdots\\y_n\end{bmatrix}\in\mathbb{R}^n\ \textit{avec}\ (y\,|\,\lambda)\in\mathbb{Z}\ \textit{pour tout}\ \lambda\in\Lambda\right\}.$$

2.2. *Soit* $d=\operatorname{rang}\Lambda$, *alors* $\overline{H}\simeq F_1\times F_2\times\dots\times F_d\times\mathbb{T}^{n-d}$ *où* F_i *est cyclique fini avec* $o(F_1)\,|\,o(F_2)\,|\dots|\,o(F_d)$. *Si* $\operatorname{rang}\Lambda=0$, i.e. $\Lambda=\{0\}$, *on a* $H=\mathbb{T}^n$.

2.3. *En particulier si* $(1,\theta_1,\theta_2,\dots,\theta_n)$ *est une famille* $\mathbb{Z}$*-libre de* $\mathbb{R}$, *alors le sous-groupe engendré par* $\begin{bmatrix}e^{2i\pi\theta_1}\\e^{2i\pi\theta_2}\\\vdots\\e^{2i\pi\theta_n}\end{bmatrix}$ *est dense dans* $\mathbb{T}^n$.

2.4. *Soient* $\theta=\begin{bmatrix}\theta_1\\\theta_2\\\vdots\\\theta_n\end{bmatrix}\in\mathbb{R}^n$, $e^{2i\pi\theta}:=\begin{bmatrix}e^{2i\pi\theta_1}\\e^{2i\pi\theta_2}\\\vdots\\e^{2i\pi\theta_n}\end{bmatrix}\in\mathbb{T}^n$, $G:=\overline{e^{2i\pi\theta\mathbb{Z}}}$ *l'adhérence dans* $\mathbb{T}^n$ *du sous-groupe engendré par* $e^{2i\pi\theta}$. *On suppose que* $\theta_i=\frac{a_i}{b_i}\in\mathbb{Q}$, où $\frac{a_i}{b_i}$ *est sous forme irréductible ; soit* $m=\operatorname{ppcm}(b_1,b_2,\dots,b_n)$, *alors* $\varphi(\mathbb{Z}\theta)$ *est le groupe cyclique d'ordre* m *engendré par* $e^{2i\pi\theta}$. *On suppose que*

$\mathbb{Q}1+\mathbb{Q}\theta_1+\mathbb{Q}\theta_2+\ldots+\mathbb{Q}\theta_n=\mathbb{Q}1\oplus\mathbb{Q}\theta_1\oplus\mathbb{Q}\theta_2+\oplus\ldots\oplus\mathbb{Q}\theta_r$ *avec* $r\geq 1$. *Alors on a* $\theta_j:=L_j(\theta_1,\theta_2,\ldots,\theta_r)=a_{j0}+a_{j1}\theta_1+\ldots+a_{jr}\theta_r$ *avec* $r+1\leq j\leq n$, $a_{jk}\in\mathbb{Q}$ *; soient* $N\geq 1$ *avec* $Na_{ji}\in\mathbb{Z}$ *pour* $r+1\leq j\leq n$, $0\leq i\leq r$ *et* $M_j(x):=a_{j1}x_1+a_{j2}x_2+\ldots+a_{jr}x_r$ *où*

$$x=(x_1,x_2,\ldots,x_r)\in\mathbb{R}^n\ ,\ H:=\left\{\begin{bmatrix} e^{2i\pi x_1}\\ e^{2i\pi x_2}\\ \vdots\\ e^{2i\pi x_r}\\ e^{2i\pi M_{r+1}(x)}\\ \vdots\\ e^{2i\pi M_n(x)}\end{bmatrix}\ \middle|\ \begin{bmatrix}x_1\\ x_2\\ \vdots\\ x_r\end{bmatrix}\in\mathbb{R}^r\right\}$$

. Alors H est un sous-groupe de G . Soit

$$F:=\left\{\begin{bmatrix} e^{2i\pi\zeta_1}\\ e^{2i\pi\zeta_2}\\ \vdots\\ e^{2i\pi\zeta_n}\end{bmatrix}\ \middle|\ \zeta_1=\zeta_2=\ldots=\zeta_r=0\ ,\ \zeta_j\in\frac{1}{N}\mathbb{Z}\ ,\ r+1\leq j\leq n\right\}$$

. Soit K le sous-groupe de $\mathbb{T}^n$ engendré par H et F , alors G est un sous-groupe de K , il suit de cela que $(G:H)\,|\,N^{n-r}$.

1) Montrons 1..

1.1) Soit $M:=\varphi^{-1}(H)$, montrer qu'il existe une base $(e_1,e_2,\ldots,e_n)$ de $\mathbb{R}^n$ avec $\overline{M}=\mathbb{Z}e_1\oplus\mathbb{Z}e_2\oplus\ldots\oplus\mathbb{Z}e_\delta\oplus\mathbb{R}e_{\delta+1}\oplus\ldots\oplus\mathbb{R}e_n$ (utiliser 10.71.) et le fait que $\overline{M}\supset\mathbb{Z}^n$) . Montrer, avec les notations de 10.72. , que $M^\circ=\Lambda=\overline{M}^\circ$; en conclure que $d=\delta$. Conclure aussi que $\overline{M}=\Lambda^\circ$ (10.72.) et donc que 1.1. est satisfait.

1.2) Il s'agit de montrer 1.2..

Selon les notations de 1.1) , on a $\overline{M}=(\mathbb{Z}e_1\oplus\mathbb{Z}e_2\oplus\ldots\oplus\mathbb{Z}e_d)\oplus(\mathbb{R}e_{d+1}\oplus\ldots\oplus\mathbb{R}e_n)$; soient $U:=\mathbb{Z}e_1\oplus\mathbb{Z}e_2\oplus\ldots\oplus\mathbb{Z}e_d$, $V:=\mathbb{R}e_{d+1}\oplus\mathbb{R}e_{d+2}\oplus\ldots\oplus\mathbb{R}e_n$ et $(\varepsilon_i)_{1\leq i\leq n}$ la base canonique de $\mathbb{R}^n$.

1.2.1) On écrit $\varepsilon_i=u_i+v_i$ avec $u_i\in U$, $v_i\in V$. Montrer que rang $(u_1,u_2,\ldots,u_n)=d$. Soit $p_1:U\oplus V\to U$ la projection sur U parallèlement à V . Montrer que $p_1(\mathbb{Z}^n)$ est un sous-groupe de U de rang d ; en déduire qu'il existe une base $(f_1,f_2,\ldots,f_d)$ de U , $a_1\,|\,a_2\,|\ldots|\,a_d$ des entiers avec $p_1(\mathbb{Z}^n)=\mathbb{Z}a_1f_1\oplus\mathbb{Z}a_2f_2\oplus\ldots\oplus\mathbb{Z}a_df_d$.

1.2.2) Soit toujours $\varphi:\mathbb{R}^n\to(\frac{\mathbb{R}}{\mathbb{Z}})^n$ la surjection canonique. Montrer que

$\varphi(\overline{M})\simeq\frac{\mathbb{Z}}{a_1\mathbb{Z}}\times\frac{\mathbb{Z}}{a_2\mathbb{Z}}\times\ldots\times\frac{\mathbb{Z}}{a_d\mathbb{Z}}\times\varphi(V)$ et que $\varphi(V)\simeq\frac{V}{\mathbb{Z}^n\cap V}$.

1.2.3) Soit $S:=\{\lambda=(\lambda_1,\lambda_2,\ldots,\lambda_n)\in\mathbb{Z}^n\,|\,\lambda_1u_1+\lambda_2u_2+\ldots+\lambda_nu_n=0\}$.
Montrer que S est un groupe abélien libre de rang $n-d$. Soient $(\lambda^1,\lambda^2,\ldots,\lambda^{n-d})$ une base de S , $w_i:=\lambda_1^iv_1+\lambda_2^iv_2+\ldots+\lambda_n^iv_n$ pour $1\leq i\leq n-d$, et où $\lambda^i=(\lambda_1^i,\lambda_2^i,\ldots,\lambda_n^i)$. Montrer que $(w_1,w_2,\ldots,w_{n-d})$ est une base du groupe $\mathbb{Z}^n\cap V$ et donc que $\mathbb{Z}^n\cap V$ est un réseau de V (10.70.) . Conclure que $\varphi(V)$ est

isomorphe à $(\frac{\mathbb{R}}{\mathbb{Z}})^{n-d}$.

1.2.4) Si $\Lambda=\{0\}$, déduire de 1.1. que $H=(\frac{\mathbb{R}}{\mathbb{Z}})^n$. Conclure que 1.2. est satisfait.

1.3) Montrer que 1.3. est conséquence de 1.2. .

1.4) Soit $\psi:\mathbb{R}^r\to(\frac{\mathbb{R}}{\mathbb{Z}})^r$ la surjection canonique, déduire de 1.3. que $(\frac{\mathbb{R}}{\mathbb{Z}})^r$ est l'adhérence de $\psi(\mathbb{Z}\mu)$ où $\mu:=\begin{bmatrix}\theta_1\\ \theta_2\\ \vdots\\ \theta_n\end{bmatrix}$. Soient $x_1,x_2,\dots,x_r\in\mathbb{R}$, $\ell\geq 1$ un entier, montrer qu'il existe un entier z_ℓ et $\lambda_1,\lambda_2,\dots,\lambda_r\in\mathbb{Z}$ tels que $|z_\ell\theta_i-x_i+\lambda_i|<\frac{1}{\ell}$ pour $1\leq i\leq r$. En conclure que pour $\ell\geq 1$, il exite $t_\ell\in\mathbb{Z}$, $v_1,v_2,\dots,v_r\in\mathbb{Z}$ tels que $|t_\ell\theta_i-x_i+Nv_i|<\frac{N}{\ell}$ (remplacer x_i par $\frac{x_i}{N}$) . Déduire que $\lim_{\ell\to\infty}\varphi(Nt_\ell\theta)=\varphi\left(\begin{bmatrix}x_1\\ \vdots\\ x_r\\ M_{r+1}(x)\\ \vdots\\ M_n(x)\end{bmatrix}\right)$.

Soit $(s_\ell)_\ell$ une suite d'entiers tels que $(\varphi(s_\ell\theta))_\ell$ a une limite $\varphi\left(\begin{bmatrix}x_1\\ x_2\\ \vdots\\ x_n\end{bmatrix}\right)$. Montrer qu'il existe des entiers a_j avec $0\leq a_j<N$ pour $r+1\leq j\leq n$ avec $x_j\equiv M_j(x)+\frac{a_j}{N}$ modulo $\mathbb{Z}$, pour $r+1\leq j\leq n$. Conclure.

2) Montrer que 2. est conséquence de 1. .

Exercice 10.74. *sous-groupes fermés du groupe des isométries ayant un point fixe*

Soient E un espace affine euclidien, attaché à un espace vectoriel euclidien T , $\mathcal{I}s(E)$ le groupe des isométries de E muni de la topologie définie en 10.66. , G un sous-groupe fermé de $\mathcal{I}s(E)$. Alors les propriétés suivantes sont équivalentes.
i) Il existe un point fixe commun à tout élément de G ,
ii) le groupe G est borné,
iii) pour tout $\sigma\in G$, la famille $(\sigma^n)_{n\geq 1}$ est bornée,
iv) tout élément de G a un point fixe.

0.1) Montrer que *i)* *implique* *ii)*. Soient ω un point fixe commun à tout élément de G , $\sigma\in G$, remarquer que $d_o(\sigma,\mathbb{1}_E)\leq\max(2\|\omega-o\|,2)$, donc que G est borné.

0.2) *ii)* *implique* *iii)* est évident

0.3) *iii)* *implique* *iv)* C'est [*Fr.3*] , exercice C.1.6.11. partie 0.0. .

1) *iv) implique i)* C'est la partie difficile de 10.74. .
Montrer que 10.74. *iv) implique i)* est immédiat si $\dim E=1$.

1') On suppose que 10.74. , *iv) implique i)* vrai pour tout espace affine euclidien E , avec $\dim E<n$ et pour tout sous-groupe fermé G de $\mathcal{I}s(E)$.

On suppose maintenant que $\dim E=n$.

2) Si le groupe G est borné, montrer que 10.67.5. permet de conclure.

Soit $\varphi : \mathcal{I}s(E)\to O(T)$ l'homomorphisme canonique et notons toujours $\|.\|$ la norme euclidienne de T .

3) *Soit G un sous-groupe fermé de $\mathcal{I}s(E)$ satisfaisant l'hypothèse iv) de* 10.74.. *Soit $\mathcal{H}$ une partie de G stable pour la conjugaison avec les éléments de G ; on suppose en plus que* $\bigcap_{\sigma\in\mathcal{H}} \ker(\varphi(\sigma)-\mathbb{1}_T)\neq\{0\}$ *et que pour tout $\sigma\in G$ il existe un entier $m\geq 1$ tel que $\sigma^m\in\mathcal{H}$. Alors il existe un point fixe commun à tout élément de G ; en particulier le groupe G est borné.*

Soit H l'adhérence dans G , du sous-groupe de G engendré par $\mathcal{H}$, montrer que H est distingué dans G et que $\frac{G}{H}$ est un groupe de torsion. Soit $W:=\bigcap_{h\in H}\ker(\varphi(h)-\mathbb{1}_T)$, montrer que $W\neq\{0\}$. Soit $o\in E$, remarquer que $o+W^{\perp}$ est stable pour tout élément de H (utiliser le fait que pour $h\in\mathcal{I}s(E)$ on a $T=(\ker(\varphi(h)-\mathbb{1}_T)\overset{\perp}{\oplus}(\mathrm{im}(\varphi(h)-\mathbb{1}_T))$) et que tout élément de H a un point fixe sur $o+W^{\perp}$ (utiliser 10.67.7.). Montrer que le groupe H induit un groupe fermé H' de $\mathcal{I}s(o+W^{\perp})$, satisfaisant les hypothèses de 10.74. *iv)* , déduire de 1') que l'ensemble $\{x\in o+W^{\perp}\mid h(x)=x$ pour tout $h\in H\}$ est non vide. Comme $\frac{G}{H}$ est un groupe de torsion, conclure avec 10.67.10. que $\{x\in E\mid g(x)=x$ pour tout $g\in G\}\neq\emptyset$.

4) *On suppose que G n'est pas borné. Soit $o\in E$, alors il existe une suite $(\sigma_k)_k$ de G telle que $\lim_k\varphi(\sigma_k)=\mathbb{1}_T$ et $\lim_k\|\sigma_k(o)-o\|=\infty$. Ainsi il existe une sous-suite toujours notée $(\sigma_k)_k$ telle $\frac{\sigma_k(o)-o}{\|\sigma_k(o)-o\|}$ a une limite notons-la $x:=\lim_k\frac{\sigma_k(o)-o}{\|\sigma_k(o)-o\|}$; bien entendu, on a $\|x\|=1$.*

Montrer qu'il existe une suite $(\mu_k)_k$ de G telle que $\lim_k\|\mu_k(o)-o\|=\infty$, et une sous-suite toujours notée $(\mu_k)_k$ avec $(\varphi(\mu_k))_k$ convergente dans $O(T)$. Quitte à extraire une sous-suite montrer aussi que $\|\mu_{k+1}(o)-o\|\geq 3\|\mu_k(o)-o\|$. Soit $\sigma_k:=\mu_k\mu_{k+1}^{-1}$, montrer que $\lim_k\varphi(\sigma_k)=\mathbb{1}_T$, et que $\lim_k\|\sigma_k(o)-o\|=+\infty$.

5) Soit $\sigma\in\mathcal{I}s(E)$, $u=\varphi(\sigma)$; on dit que σ satisfait la propriété (†) si

(†) $T=P_1\overset{\perp}{\oplus}P_2\overset{\perp}{\oplus}\dots\overset{\perp}{\oplus}P_s\overset{\perp}{\oplus}\ker(u-\mathbb{1}_T)$ *où P_i est un plan stable par u , et u induit sur P_i une rotation de mesure d'angle $2\pi\theta_i$ avec $\theta_i\notin\mathbb{Q}$; on autorise $s=0$* , i.e. $u=\mathbb{1}_T$

Soit $v \in \mathcal{I}s(E)$, montrer qu'il existe $m \geq 1$ un entier, tels que v^m satisfasse la propriété (†).

6) *Soient* G *un sous-groupe fermé de* $\mathcal{I}s(E)$ *qui n'est pas borné, satisfaisant les hypothèses* $(iv))$ *de* 10.74. , $\mathcal{H} := \{\sigma \in G \mid \sigma$ satifasse (†)$\}$. *Soit* x *défini en* 4) , *montrer qu'il existe* $\mu \in \mathcal{H}$, *tel que* $x \notin \ker(v - \mathbb{1}_T)$ *où* $v = \varphi(\mu)$.

Sinon conclure que $\mathcal{H}$ satisfait les hypothèses de 3) et qu'alors G est borné, ce qui est impossible.

7) *Soient* G *fermé, non borné, satisfaisant les hypothèses* $(iv))$ de 10.74. , $\mu \in \mathcal{H}$ *défini en* 6) *et* $(v_k)_k$ *la suite de* G *satisfaisant* 4). *Alors on a* $\lim_k \| \sigma_k \mu \sigma_k^{-1}(o) - o \| = +\infty$.

Soient $v = \varphi(\mu), u_k = \varphi(\sigma_k)$, montrer que

$\sigma_k \mu \sigma_k^{-1}(o) = o + u_k(\mu(o) - o) + (\mathbb{1}_T - u_k v u_k^{-1})(\sigma_k(o) - o)$. Sachant que $\lim_k \frac{\sigma_k(o) - o}{\| \sigma_k(o) - o \|} = x$,

$\lim_k u_k v u_k^{-1} = v$, $(\mathbb{1}_T - v)(x) \neq 0$, déduire que

$\lim_k \| u_k(\mu(o) - o) + (\mathbb{1}_T - u_k v u_k^{-1})(\sigma_k(o) - o) \| = +\infty$.

8) Soit toujours G un sous-groupe fermé non borné de $\mathcal{I}s(E)$ et satisfaisant les hypothèses $(iv))$ de 10.74. . On conserve les notations de 7) avec $\mu_k := \sigma_k \mu \sigma_k^{-1}$, $v_k := \varphi(\mu_k)$, $v := \varphi(\mu)$, $u_k := \varphi(\sigma_k)$, $T = P_1 \overset{\perp}{\oplus} P_2 \overset{\perp}{\oplus} \ldots \overset{\perp}{\oplus} P_s \overset{\perp}{\oplus} \ker(v - \mathbb{1}_T)$ où P_i est un plan stable sous v et où v induit sur P_i une rotation de mesure d'angle $2\pi\theta_i$ avec $\theta_i \notin \mathbb{Q}$.

La méthode consistera à montrer l'existence dans G *d'une translation de vecteur non nul ; ce qui sera en contradiction avec l'hypothèse* iv).

8.1) Montrer que $T = P_{1,k} \overset{\perp}{\oplus} P_{2,k} \overset{\perp}{\oplus} \ldots \overset{\perp}{\oplus} P_{s,k} \overset{\perp}{\oplus} \ker(v_k - \mathbb{1}_T)$ où $P_{i,k} = u_k(P_i)$ est un plan stable sous v_k et où v_k induit aussi sur $P_{i,k}$ la rotation de mesure d'angle $2\pi\theta_i$. Comme μ_k a un point fixe montrer que $\mu_k(o) - o = t_{1,k} + t_{2,k} + \ldots + t_{s,k}$ avec $t_{i,k} \in P_{i,k}$ et que $\lim_k (\| t_{1,k} \|^2 + \| t_{2,k} \|^2 + \ldots + \| t_{s,k} \|^2 = +\infty$ (remarquer que $\ker(v_k - \mathbb{1}_T) \perp \mathrm{im}(v_k - \mathbb{1}_T)$).

Ainsi, quitte à extraire une sous-suite et à permuter les indices qu'on peut supposer que $\lim_{k \to \infty} \| t_{1,k} \| = +\infty$. Comme la famille $(1, \theta_1)$ est $\mathbb{Q}$-libre, quitte à permuter les indices $(2, 3, \ldots, s)$ on peut supposer que $\mathbb{Q}\theta_1 + \mathbb{Q}\theta_2 + \ldots + \mathbb{Q}\theta_s + \mathbb{Q}1 = \mathbb{Q}\theta_1 \oplus \mathbb{Q}\theta_2 \oplus \ldots \oplus \mathbb{Q}\theta_r \oplus \mathbb{Q}1$.

8.2) *Description de* $\overline{(v_k)^{\mathbb{Z}}}$. Soit $\Lambda := \{ \boldsymbol{\lambda} = (\lambda_1, \lambda_2, \ldots, \lambda_s) \in \mathbb{Z}^s \mid \lambda_1\theta_1 + \lambda_2\theta_2 + \ldots + \lambda_s\theta_s \in \mathbb{Z} \}$, montrer que $\overline{(v_k)^{\mathbb{Z}}}$, l'adhérence de $(v_k)^{\mathbb{Z}}$ dans $O(T)$ est exactement le sous-groupe des rotations r_x de T telles que $r_x(P_{i,k}) \subset P_{i,k}$, $\ker(r_x - \mathbb{1}_T) \supset \ker(v_k - \mathbb{1}_T)$ et r_x induit sur $P_{i,k}$ une rotation de mesure d'angle $2\pi x_i$ avec $x = (x_1, x_2, \ldots, x_s)$ et $x_1\lambda_1 + x_2\lambda_2 + \ldots + x_s\lambda_s \in \mathbb{Z}$ pour tout $\boldsymbol{\lambda} \in \Lambda$ (utiliser l'exercice C.10.73 partie 1.3.).

8.3) *Il existe* $\tau_k \in \overline{(v_k)^{\mathbb{Z}}}$ *avec* $\varphi(\tau_k)=r_{\theta,k}$, $T=Q_{1,k}\overset{\perp}{\oplus}Q_{2,k}\overset{\perp}{\oplus}\dots\overset{\perp}{\oplus}Q_{p,k}\overset{\perp}{\oplus}\ker(r_{\theta,k}-\mathbb{1}_T)$, $Q_{j,k}$ *est un plan stable par* $r_{\theta,k}$ *qui induit sur* $Q_{j,k}$ *une rotation de mesure d'angle* $2\pi b_j\theta_1$, *avec* $b_1=1$ et $b_j\in\mathbb{Q}-\{0\}$ (θ_1 est toujours défini à partir de v) ; *enfin* $\tau_k(o)-o=t_{1,k}+t'_{2,k}+\dots+t'_{p,k}$ *avec* $t'_{j,k}\in Q_{j,k}$ ($t_{1,k}$ est toujours celui défini en 8.1)).

Déduire de 8.2) et de l'exercice C.10.73 partie 1.4.) qu'il existe $\theta\in\mathbb{R}^s$ de la forme $\theta:=(\theta_1,0,\dots,0,a_{r+1}\theta_1,a_{r+2}\theta_1,\dots,a_s\theta_1)$ avec $a_i\in\mathbb{Q}$ et $\theta\equiv\lim_\ell m_\ell(\theta_1,\theta_2,\dots,\theta_s)$ modulo $\mathbb{Z}^s$ où $m_\ell\in\mathbb{Z}$; en déduire que $r_\theta=\lim_\ell v_k^{m_\ell}$ et donc que $r_\theta\in\overline{(v_k)^{\mathbb{Z}}}$. Par ailleurs $\mu_k^m(o)-o=t_{1,k,m}+t_{2,k,m}+\dots+t_{s,k,m}$ avec $t_{j,k,m}=(\mathbb{1}_{P_{j,k}}+r_j+r_j^2+\dots+r_j^{m-1})(t_{j,k})$ où r_j est la rotation de $P_{j,k}$ de mesure d'angle $2\pi\theta_j$, soit encore $t_{j,k,m}=(\mathbb{1}_{P_{j,k}}-r_j^m)(\mathbb{1}_{P_{j,k}}-r_j)^{-1}(t_{j,k})$. Déduire de cela que la suite $(\mu_k^{m_\ell})_\ell$ a une limite $\tau_k\in G$ avec $\varphi(\tau_k)=r_\theta$, et $\tau_k(o)-o=t_{1,k}+t'_{r+1,k}+\dots+t'_{s,k}$, où $t'_{j,k}=\lim_\ell(\mathbb{1}_{P_{j,k}}-r_j^{m_\ell})(\mathbb{1}_{P_{j,k}}-r_j)^{-1}(t_{j,k})$, où r_j est la rotation de plan $P_{j,k}$ et de mesure d'angle $2\pi\theta_j$ pour $r+1\le j\le s$; et donc que $t'_{j,k}=(\mathbb{1}_{P_{j,k}}-r'_j)(\mathbb{1}_{P_{j,k}}-r_j)^{-1}(t_{j,k})$ où r'_j est la rotation du plan $P_{j,k}$ de mesure d'angle $2\pi a_j\theta_1$ pour $r+1\le j\le s$.

Ainsi en posant $Q_{1,k}=P_{1,k}$ et en réindexant les $P_{j,k}$ qui correspondent à $a_j\neq 0$ on obtient 8.3) en notant $r_{\theta,k}$ l'élément r_θ .

8.4) *Il existe* $m_k\in\mathbb{R}$, $v_k:=(\tau_k)^{m_k}\in G$, $\|v_k(o)-o\|=1$ *et en posant* $w_k:=\varphi(v_k)$ *on a*

$$\chi w_k=(X-1)^{n-p}(X^2-(2\cos 2\pi m_k\theta_1)X+1)\prod_{j=2}^{p}(X^2-(2\cos 2\pi m_k b_j\theta_1)X+1) .$$

(1) On a $\tau_k^m(o)-o=t''_{1,k}+t''_{2,k}+\dots+t''_{p,k}$ avec $t''_{1,k}=(\mathbb{1}_T-r_{\theta,k}^m)(\mathbb{1}_T-r_{\theta,k})^{-1}(t_{1,k})$, $t''_{j,k}=(\mathbb{1}_T-r_{\theta,k}^m)(\mathbb{1}_T-r_{\theta,k})^{-1}(t'_{j,k})$ pour $2\le j\le p$.

(2) Montrer que $\|t''_{1,k}\|^2=\dfrac{1-\cos 2\pi m\theta_1}{1-\cos 2\pi\theta_1}\|t_{1,k}\|^2$, $\|t''_{j,k}\|^2=\dfrac{1-\cos(2\pi m b_j\theta_1)}{1-\cos(2\pi a_j\theta_1)}\|t'_{j,k}\|^2$ pour $2\le j\le p$. En déduire que

(3) $$\|\tau_k^m(o)-o\|^2=\frac{1-\cos(2\pi m\theta_1)}{1-\cos(2\pi\theta_1)}\|t_{1,k}\|^2+\sum_{j=2}^{p}\frac{1-\cos(2\pi m b_j\theta_1)}{1-\cos(2\pi b_j\theta_1)}\|t'_{j,k}\|^2 .$$

Sachant que $\|t_{1,k}\|\to\infty$, montrer qu'il existe k_0 tel que pour $k\ge k_0$, il existe $m_k\in\mathbb{R}$ avec $0<m_k\theta_1<1$ et

(4) $$\frac{1-\cos(m_k 2\pi\theta_1)}{1-\cos(2\pi\theta_1)}\|t_{1,k}\|^2+\sum_{j=2}^{p}\frac{1-\cos(m_k 2\pi b_j\theta_1)}{1-\cos(2\pi b_j\theta_1)}\|t'_{j,k}\|^2=1 .$$

Comme $m_k\theta_1=\lim_{t\to\infty}m_{k,t}\theta_1$ modulo $\mathbb{Z}$ où $m_{k,t}\in\mathbb{Z}$ (exercice C.10.73 partie 1.4.)), conclure de (1) et (4) que la suite $(\tau_k^{m_{k,t}})_t$ a une limite dans G notée v_k avec $\|v_k(o)-o\|=1$; en plus soit $w_k=\varphi(v_k)$, on a $w_k(Q_{j,k})=Q_{j,k}$, $\ker(w_k-\mathbb{1}_T)=\ker(r_{\theta,k}-\mathbb{1}_T)$ et w_k induit sur $Q_{j,k}$ une rotation qui est de mesure d'angle $2\pi m_k\theta_1$ sur $Q_{1,k}$,

$2\pi m_k b_j \theta_1$ sur $Q_{j,k}$ avec $2 \leq j \leq p$. Il suit aussi que

$$\chi_{w_k} = (X-1)^{n-p}(X^2 - (2\cos 2\pi m_k \theta_1)X + 1) \prod_{j=2}^{p} (X^2 - (2\cos 2\pi m_k b_j \theta_1)X + 1) .$$

8.5) *On peut extraire de la suite* $(v_k)_k$ *une sous-suite qui converge vers une translation de vecteur non nul.*

Déduire de (4) que $\frac{1-\cos(m_k 2\pi\theta_1)}{1-\cos(2\pi\theta_1)} \| t_{1,k} \|^2 \leq 1$, et donc que $\lim_k m_k \theta_1 = 0$ modulo $\mathbb{Z}$ et par le choix de m_k en 8.4) que $\lim_k m_k \theta_1 = 0$. En déduire aussi que $\lim_k m_k b_j \theta_1 = 0$. Conclure que $\lim_k \chi_{w_k} = (X-1)^n$. Comme $\| v_k(o) - o \| = 1$, montrer qu'il existe une sous-suite de $(v_k)_k$ telle que $(v_k(0))_k$ soit convergente et que $(w_k)_k$ converge dans $O(T)$ (qui est compact). En déduire que la sous-suite $(v_k)_k$ de G converge vers une translation de vecteur non nul, conclure à une contradiction puisque tout élément de G a un point fixe.

Exercice 10.75. *décomposition en sous-espaces à "norme constante"*

Soient $(T, (.|.))$, $T \neq \{0\}$ *un espace vectoriel euclidien,* $\| . \|$ *la norme euclidienne sur* T *et notons aussi* $\| . \|$ *la norme sur* $\mathcal{E}nd\, T$ *(les endomorphismes du* $\mathbb{R}$*-espace vectoriel* T *) définie par* $\| u \| := \max_{x \neq 0} \frac{\| u(x) \|}{\| x \|}$.

1. *Soient* $u \in \mathcal{E}nd\, T, F := \{ x \in T \mid \| u(x) \| = \| u \| \| x \| \}$. *Alors* F *est un sous-espace vectoriel de* T .

2. *Soient* $u \in \mathcal{E}nd\, T$. *Alors les propriétés suivantes sont équivalentes.*

i) $u u^* = u^* u$, i.e. u *est normal,*

ii) il existe un entier $s \geq 1$, *des sous-espaces vectoriels non nuls* $T_1, T_2, \dots, T_s$ *avec* $T = T_1 \overset{\perp}{\oplus} T_2 \overset{\perp}{\oplus} \dots \overset{\perp}{\oplus} T_s$, $u(T_i) \subset T_i$, *de plus il existe* $\alpha_i \geq 0$, *tel* $\| u(x) \| = \alpha_i \| x \|$ *pour tout* $x \in T_i$ *et* $\alpha_1 > \alpha_2 > \dots > \alpha_s \geq 0$.

De plus cette décomposition est unique, i.e. *si* $T = V_1 \overset{\perp}{\oplus} V_2 \overset{\perp}{\oplus} \dots \overset{\perp}{\oplus} V_t$ *avec* $V_i \neq \{0\}$, $u(V_i) \subset V_i$, $\| u(x) \| = \beta_i \| x \|$ *pour tout* $x \in V_i$, $\beta_1 > \beta_2 > \dots > \beta_t \geq 0$, *alors* $s = t$, $\alpha_i = \beta_i$ *pour* $1 \leq i \leq s$ *et* $V_i = T_i$ *pour* $1 \leq i \leq s$. *On a* $\| u \| = \alpha_1$, $V_1 = \{ x \in E \mid \| u(x) \| = \| u \| \| x \| \}$.

1) Il s'agit de montrer 1. .

1.1) Soient $x \in F$, $\lambda \in \mathbb{R}$, montrer que $\lambda x \in F$.

1.2) Soient $x, y \in F$. Montrer que

$2 \| u \|^2 (\| x \|^2 + \| y \|^2) = 2(\| u(x) \|^2 + \| u(y) \|^2) = \| u(x+y) \|^2 + \| u(x-y) \|^2$.

Montrer aussi que

$\| u(x+y) \|^2 + \| u(x-y) \|^2 \leq \| u \|^2 (\| x+y \|^2 + \| x-y \|^2) = 2 \| u \|^2 (\| x \|^2 + \| y \|^2)$.

1.3) Déduire de 1.2) que $\| u(x+y) \| = \| u \| \| x+y \|$ et $\| u(x-y) \| = \| u \| \| x-y \|$.

1.4) Conclure que F est un sous-espace vectoriel de T .

2) Il s'agit de montrer 2. .
2.1) Supposons *i)* satisfait. Déduire *ii)* de 8.11. .
2.2) On suppose *ii)* satisfait. Déduire que u induit sur T_i un endomorphisme u_i qui est une similitude ; ainsi u_i est normal, et donc aussi u .
2.3) Montrons l'unicité de la décomposition. En considérant la première décomposition, montrer que $\|u\|=\alpha_1$, et $T_1=\{x\in E \mid \|u(x)\|=\|u\|\,\|x\|\}$. En considérant la seconde décomposition, montrer que $\|u\|=\beta_1$, et $V_1=\{x\in E \mid \|u(x)\|=\|u\|\,\|x\|\}$. En conclure que $T_1=V_1$ et donc que $T_2\overset{\perp}{\oplus}T_3\overset{\perp}{\oplus}\dots\overset{\perp}{\oplus}T_s=V_2\overset{\perp}{\oplus}V_3\overset{\perp}{\oplus}\dots\overset{\perp}{\oplus}V_t$. Conclure à l'unicité par récurrence sur la dimension sachant que u induit un endomorphisme sur $T_1^{\perp}=V_1^{\perp}$.

Exercice 10.76. *le premier théorème de* **Bieberbach** *; un groupe cristallographique est extension d'un groupe fini par un réseau*

Définition (d'un groupe cristallographique) Soient E un espace affine euclidien de dimension n , $n\geq 1$, attaché à un espace vectoriel euclidien T, $\|\,.\,\|$ la norme euclidienne de T , $o\in E$. On définit une distance sur $\mathcal{I}s(E)$ par $d_o(f,f')=\max(\|f(o)-f'(o)\|,\|u-u'\|)$ si u (resp. u') est l'automorphisme orthogonal associé à f (resp. f') ; alors $\mathcal{I}s(E)$ muni de cette distance est un groupe topologique. On dit qu'un sous-groupe G de $\mathcal{I}s(E)$ est *cristallographique* si G est une partie discrète de $\mathcal{I}s(E)$ et s'il existe une partie compacte K de E telle que $G*K=E$, i.e. pour tout $x\in E$, il existe $f\in G$ et $k\in K$ tel que $x=f(k)$.

Théorème (**Bieberbach**, 1910) *Soient E un espace affine euclidien attaché à un espace vectoriel euclidien T , $\mathcal{I}s(E)$ le groupe des isométries de E , $O(T)$ le groupe orthogonal de T , $\varphi:\mathcal{I}s(E)$ l'homomorphisme qui à une isométrie associe son automorphisme orthogonal, G un sous-groupe de $\mathcal{I}s(E)$.*
1. *Les propriétés suivantes sont équivalentes.*
i) Le groupe G est cristallographique,
ii) il existe une famille $\mathbb{R}$-libre $(t_1,t_2,\dots,t_n)$ de T telle que les translations τ_{t_i} de vecteurs t_i soient des éléments de G et que $[G:H]$ soit fini, si H est le sous-groupe engendré par la famille $(\tau_{t_1},\tau_{t_2},\dots,\tau_{t_n})$,
iii) Soient $\mathcal{T}$ le sous-groupe des translations de G , $L(G):=\{f(o)-o \mid f\in\mathcal{T}\}$, alors $L(G)$ est un réseau de T et $[G:\mathcal{T}]$ est fini.
2. *Il existe un entier N , dépendant seulement de n , tel que pour tout sous-groupe cristallographique G de $\mathcal{I}s(E)$ on ait $[G:\mathcal{T}]\leq N$ où $\mathcal{T}$ est le sous-groupe de G constitué des translations.*

0. Montrons *iii)* implique *i)* de 1..

Soient $m = [G : \mathcal{T}]$, $f_1, f_2, \dots, f_m \in G$ tels que $G = \mathcal{T} f_1 \cup \mathcal{T} f_2 \cup \dots \cup \mathcal{T} f_m$, $(t_1, t_2, \dots, t_n)$ une base de T telle que $L(G) = \mathbb{Z}\, t_1 \oplus \mathbb{Z}\, t_2 \oplus \dots \oplus \mathbb{Z}\, t_n$.

0.1) Soit $K := \{x_1 t_1 + x_2 t_2 + \dots + x_n t_n \mid 0 \le x_i \le 1 \text{ pour } 1 \le i \le n\}$. Soit $y \in E$, montrer qu'il existe $x \in K$, $f \in \mathcal{T}$ tels que $y = f(x)$.

0.2) Soient $u_i = \varphi(f_i)$, $A_1 := \inf_{u_i \neq u_j} \| u_i - u_j \|$,
$A_2 := \inf\{\text{distance de } f_i(o) - f_j(o) \text{ à } L(G) \mid u_i = u_j\}$, $A = \inf(A_1, A_2)$. Soient $f, f' \in G$ avec $d_o(f, f') < A$, montrer que $f = f'$.

0.3) Déduire de 0.1) et 0.2) que G est un sous-groupe cristallographique de $\mathcal{I}s(E)$.

L'objet des questions qui suivent est de montrer *i)* implique *ii)* de 1. et aussi 2..

Dans la suite $o \in E$ est un point fixé une fois pour toutes.

1) Soit G un sous-groupe cristallographique de $\mathcal{I}s(E)$.

1.1) Soit $A > 0$, un nombre réel, montrer que $\{f \in G \mid \| f(o) - o \| \le A\}$ est fini.

1.2) Montrer qu'il existe $B > 0$ un nombre réel qui possède la propriété suivante : pour tout $x \in E$, il existe $f \in G$ tel que $\| f(o) - x \| \le B$.

2) (formules sur les commutateurs).

Soient $f, g, h \in \mathcal{I}s(E)$, $u, v, w \in O(T)$ les automorphismes orthogonaux associés , $t_f := f(o) - o$, $t_g := g(o) - o$, $t_h := h(o) - o$.

Soient $f, g \in \mathcal{I}s(E)$, $h := f g f^{-1} g^{-1}$.

2.1) Montrer que $t_h = t_f + u(t_g) + uvu^{-1}(t_f) - [u, v](t_g)$, où $[u, v] := uvu^{-1}v^{-1}$.

2.2) En déduire que $t_h = (\mathbb{1}_T - uvu^{-1})(t_f) + (u - \mathbb{1}_T)(t_g) + (\mathbb{1}_T - [u, v])(t_g)$.

3) On souhaite montrer le résultat suivant.

Soient G un sous-groupe cristallographique de $\mathcal{I}s(E)$, $e \in T$ avec $\| e \| = 1$, $\varepsilon > 0$. Alors il existe $f \in G$ tel que $\| u - \mathbb{1}_T \| < \varepsilon$, $\| \frac{t_f}{\| t_f \|} - e \| < \varepsilon$, où u est l'automorphisme orthogonal associé à f et $t_f := f(o) - o$.

3.1) Montrer qu'il existe une suite $(f_k)_k$ de G telle que $\| t_{f_k} - k e \| \le B$, où $t_{f_k} = f_k(o) - o$ (utiliser 1.2)) .

Soit $\eta > 0$ tel que $\frac{2\eta}{1 - \eta} < \varepsilon$.

3.2) Soit u_k l'automorphisme orthogonal associé à f_k . Montrer qu'il existe une sous-suite $(f_{k_\ell})_\ell$ de la suite $(f_k)_k$ telle que la suite (u_{k_ℓ}) soit convergente et que $\frac{k_\ell}{k_{\ell+1}} < \frac{\eta}{2}$ pour $\ell \ge 1$.

Soient $g_\ell := f_{k_\ell}$, $v_\ell := u_{k_\ell}$, $t_\ell = f_{k_\ell}(o) - o$; on a donc $\| t_\ell - k_\ell e \| \le B$.

3.3) Montrer que $g_{\ell+1} g_\ell^{-1}(o) = o + t_{\ell+1} - v_{\ell+1} v_\ell^{-1}(t_\ell) =: o + r_{\ell+1}$. Montrer que pour ℓ assez grand, on a $\| \frac{t_{\ell+1}}{k_{\ell+1}} - e \| < \frac{\eta}{2}$, $\| \frac{1}{k_{\ell+1}} u_{\ell+1} u_\ell^{-1}(t_\ell) \| < \frac{\eta}{2}$ et donc que $\| \frac{r_{\ell+1}}{k_{\ell+1}} - e \| < \eta$. En déduire que pour ℓ assez grand on a $\| \frac{r_{\ell+1}}{\| r_{\ell+1} \|} - e \| < \frac{2\eta}{1 - \eta} < \varepsilon$.

3.4) Montrer que pour ℓ assez grand on a $\| u_{\ell+1} u_\ell^{-1} - \mathbb{1}_T \| < \varepsilon$.
3.5) Conclure que pour ℓ assez grand, $g_{\ell+1} g_\ell^{-1}$ convient.
4) On souhaite montrer le résultat suivant.

Soient G un sous-groupe cristallographique de $\mathcal{I}s(E)$, $f \in G$, u *son automorphisme orthogonal associé, on suppose que* $\| u - \mathbb{1}_T \| \leq \frac{1}{2}$. *Alors* $u = \mathbb{1}_T$, i.e. f *est une translation.*

(∗) *Soit* $\mathcal{F} := \{ f \in G \mid 0 < \| u - \mathbb{1}_T \| \leq \frac{1}{2} \}$, supposons $\mathcal{F} \neq \emptyset$.
4.1) Montrer qu'il existe $g \in \mathcal{F}$ tel que $\| t_g \| = \min_{f \in \mathcal{F}} \| t_f \|$ où $t_g := g(o) - o$, $t_f = f(o) - o$ (utiliser 1.1)).
4.2) Soient v l'automorphisme orthogonal asscié à g , $F = \{ t \in T \mid \| (v - \mathbb{1}_T)(t) = \| v - \mathbb{1}_T \| \, \| t \| \}$. Montrer que F est sous-espace vectoriel stable par v , conclure qu'il existe $0 \leq \alpha_2 < \| v - \mathbb{1}_T \|$ avec $\| (v - \mathbb{1}_T)(t) \| \leq \alpha_2 \| t \|$ pour tout $t \in F^\perp$ (utiliser l'exercice 10.75.).

Si $t \in T$, on notera $t = t^+ + t^-$ la décomposition avec $t^+ \in F, t^- \in F^\perp$.
4.3) Soient $\alpha_1 = \| v - \mathbb{1}_T \|$, $\mathcal{G} := \{ f \in G \mid t_f \neq 0 \, , \| t_f^- \| \leq \| t_f^+ \| \, , \| u - \mathbb{1}_T \| \leq \frac{1}{8}(\alpha_1 - \alpha_2) \}$, où $t_f = f(o) - o$, u est l'automorphisme orthogonal associé à f . Montrer que $\mathcal{G}$ est non vide (soit $e \in F$ avec $\| e \| = 1$, en utilisant 3) , il existe $f \in G$ tel que $\| \frac{t_f}{\| t_f \|} - e \| < \frac{1}{2}$, $\| u - \mathbb{1}_T \| \leq \frac{1}{8}(\alpha_1 - \alpha_2)$, conclure que $t_f \neq 0$ et $\| t_f^- \| \leq \| t_f^+ \|$) .
4.4) Montrer qu'il existe $h \in \mathcal{G}$ avec $\| t_h \| = \inf_{f \in \mathcal{G}} \| t_f \|$ (utiliser 1.1)) . Soit w l'automorphisme orthogonal associé à h .

Soit $\tilde{h} := [g, h] = g h g^{-1} h^{-1}$, il s'agit de montrer que $\tilde{h} \in \mathcal{G}$ et que $\| t_{\tilde{h}} \| < \| t_h \|$.
4.5) Soit $[v, w] := v w v^{-1} w^{-1}$, montrer que $\| [v, w] - \mathbb{1}_T \| \leq 2 \| v - \mathbb{1}_T \| \, \| w - \mathbb{1}_T \|$ (remarquer que $\| [v, w] - \mathbb{1}_T \| = \| v w - w v \|$ et écrire, $v = \mathbb{1}_T + (v - \mathbb{1}_T)$, $w = \mathbb{1}_T + (w - \mathbb{1}_T)$) .

Soit $\tilde{w} := [v, w]$ l'automorphisme orthogonal associé à $\tilde{h}$, conclure que $\| \tilde{w} - \mathbb{1}_T \| \leq \frac{1}{8}(\alpha_1 - \alpha_2)$.
4.6) Déduire de 2.2) que $t_{\tilde{h}} = (\mathbb{1}_T - v w v^{-1})(t_g) + (v - \mathbb{1}_T)(t_h) + (\mathbb{1}_T - [v, w])(t_h)$.
4.7) Supposons $w = \mathbb{1}_T$, conclure que $t_{\tilde{h}} = (v - \mathbb{1}_T)(t_h)$ et que $t_{\tilde{h}}^+ = (v - \mathbb{1}_T)(t_h^+)$, $t_{\tilde{h}}^- = (v - \mathbb{1}_T)(t_h^-)$. Conclure $\| t_{\tilde{h}}^- \| < \| t_{\tilde{h}}^+ \|$, que $t_{\tilde{h}}^+ \neq 0$, donc $t_{\tilde{h}} \neq 0$ et aussi que $\| t_{\tilde{h}} \| < \| t_h \|$.
4.8) Supposons $w \neq \mathbb{1}_T$, montrer que $h \in \mathcal{F}$ et donc que $\| t_g \| \leq \| t_h \|$. Soient $r = (v - \mathbb{1}_T)(t_h)$, $s = (\mathbb{1}_T - v w v^{-1})(t_g) + (\mathbb{1}_T - [v, w])(t_h)$. Montrer que $r^+ = (v - \mathbb{1}_T)(t_h^+)$, $r^- = (v - \mathbb{1}_T)(t_h^-)$, $\| r^+ \| = \alpha_1 \| \, \| t_h^+ \|$, $\| r^- \| \leq \alpha_2 \| t_h^- \|$. Montrer que $\| r \| \leq \alpha_1 \| t_h \|$ et $\| s \| \leq \frac{1}{4}(\alpha_1 - \alpha_2) \| t_h \|$, conclure que $\| t_{\tilde{h}} \| < \| t_h \|$. Montrer que $\| r^+ \| \geq \frac{\alpha_1}{2} \| t_h \| > 0$, que

$\| r^- + s \| \leq \frac{\alpha_1}{2} \| t_h \|$. Conclure que $\| t^+_{\tilde h} \| \geq \| t^-_{\tilde h} \|$, que $\| t^+_{\tilde h} \| > 0$ et donc que $t_{\tilde h} \neq 0$.

4.9) Déduire de 4.7) et 4.8) que $\tilde h \in \mathscr{G}$ et que $\| t_{\tilde h} \| < \| t_h \|$. Conclure à une contradiction et donc que $\mathscr{F}$ est vide.

5) On souhaite montrer le résultat suivant.

Soient G un sous-groupe cristallographique de $\mathscr{I}s(E)$. Alors il existe une famille libre $(t_1, t_2, \dots, t_n)$ de T telle que les translations de vecteurs t_i soient des éléments de G .

5.1) Soit $(e_1, e_2, \dots, e_n)$ une base orthonormale de T . Montrer qu'il existe $f_i \in G$ tel que $\| u_i - \mathbb{1}_T \| \leq \frac{1}{2}$, $\| \frac{t_i}{\| t_i \|} - e_i \| < \frac{1}{n}$, où u_i est l'automorphisme orthogonal associé à f_i et $t_i := f_i(o) - o$ (utiliser 3)) .

5.2) Montrer que $(t_1, t_2, \dots, t_n)$ est une famille $\mathbb{R}$-libre (considérer l'expression $\sum_i \lambda_i \frac{t_i}{\| t_i \|} = \sum_i \lambda_i e_i + \sum_i \lambda_i (\frac{t_i}{\| t_i \|} - e_i)$, remarquer que $\| \sum_i \lambda_i e_i \| \geq \max_i | \lambda_i |$ et que $\| \sum_i \lambda_i (\frac{t_i}{\| t_i \|} - e_i) \| < \max_i | \lambda_i \|$).

5.3) Déduire de 4) que f_i est une translation de vecteur t_i .

6) On souhaite montrer le résultat suivant .

Soient E un espace affine euclidien de dimension n attaché à un espace vectoriel euclidien T , $\varphi : \mathscr{I}s(E) \to O(T)$ l'homomorphisme canonique qui à l'isométrie f associe son automorphisme orthogonal. Alors il existe un entier N (dépendant de n) *avec les propriétés suivantes. On a $\ker \varphi = \mathscr{T}(G)$, les éléments de G qui sont des translations, de plus $o(\frac{G}{\mathscr{T}(G)}) \leq N$. Enfin $\mathscr{T}(G)$ est isomorphe à un réseau de T .*

6.1) Montrer qu'on peut recouvrir $O(T)$ par un nombre fini de boules de rayon $\frac{1}{4}$ (remarquer que $O(T)$ est compact) .

Soit N le nombre minimum de boules de rayon $\frac{1}{4}$ qui recouvrent $O(T)$.

6.2) Soit $\mathscr{B}$ une boule de $O(T)$ de rayon $\frac{1}{4}$, montrer que $\mathrm{card}(\mathscr{B} \cap \varphi(G)) \leq 1$ (utiliser 4.)) . Conclure que $o(\varphi(G)) \leq N$.

6.3) En remarquant que $\ker \varphi = \mathscr{T}(G)$, conclure que $o(\frac{G}{\mathscr{T}(G)}) \leq N$.

6.4) Montrer que $\mathscr{T}(G)$ s'identifie à un sous-groupe discret de T. Déduire de 5) que $\mathscr{T}(G)$ s'identifie à un réseau de T (utiliser 10.70. partie v) de 1.)

6.5) Conclure que *i*) implique *ii*) de 1. est satisfait, que *ii*) implique *iii*) est satisfait et aussi 2. .

Exercice 10.77. *sur le réseau à "grosses mailles"*

Soient T un $\mathbb{R}$-espace vectoriel euclidien de dimension n , $\| . \|$ sa norme euclidienne, L un réseau de T , on suppose que $d(L) := \inf_{t \in L - \{0\}} \| t \| \geq 1$.

1. *Soient* $\rho>0$ *, un nombre réel ,* $N(\rho):=\{t\in L \mid \|t\|\leq\rho\}$ *. Alors on a* $N(\rho)\leq(2\rho+1)^r$.
2. *Soient* $w_1, w_2, \dots, w_k \in L$, $F=\mathbb{R}w_1+\mathbb{R}w_2+\dots+\mathbb{R}w_k$, $w\in L$, $w\notin F$ *et* $w=w_+ + w_\perp$ *avec* $w_+\in F$, $w_\perp\in F^\perp$ *. Alors* $\|w_\perp\| \ (3+\|w_1\|+\|w_2\|+\dots+\|w_k\|)^{-n}$.

1) Il s'agit de montrer 1. . Soient $t_1, t_2, \dots, t_N$ les vecteurs du réseau avec $\|t_i\|\leq\rho$. Remarquer que les sphères ouvertes de centre t_i et t_j pour $i\neq j$ et de rayon $\frac{1}{2}$ sont disjointes, que les sphères de centre t_i et de rayon $\frac{1}{2}$ sont contenues dans la sphère de centre o et de rayon $\rho+\frac{1}{2}$. En calculant le volume de ces sphères, conclure à l'inégalité.
2) Montrons 2. . Soit N l'entier tel que $N\leq(3+\|w_1\|+\|w_2\|+\dots+\|w_n\|)<N+1$. Supposons $0<\|w_\perp\|\leq\frac{1}{N}$.
2.1) Montrer que $\|iw-t\|\leq 1$ pour $0\leq i\leq N$ et pour tout $t\in F$.
2.2) Conclure qu'il existe $t_i\in\mathbb{Z}w_1+\mathbb{Z}w_2+\dots+\mathbb{Z}w_k$ tel que $\|iw-t_i\|\leq 1+\frac{1}{2}(\|w_1\|+\|w_2\|+\dots+\|w_k\|)$.
2.3) En déduire une contradiction en utilisant 1. pour $\rho=1+\frac{1}{2}(\|w_1\|+\|w_2\|+\dots+\|w_k\|)$.

Exercice 10.78. *tout sous-groupe cristallographique est conjugué d'un sous-groupe cristallographique normal*

Définition Soient E un espace affine euclidien de dimension n , attaché à un espace vectoriel euclidien T , $\|.\|$ sa norme euclidienne, $o\in E$. Soient G un sous-groupe cristallographique de $\mathcal{I}s(E)$, $\mathcal{T}(G)$ le sous-groupe de G constitué des translations, $L(G):=\{f(o)-o \mid f\in\mathcal{T}(G)\}$, c'est un réseau de T (exercice 10.76., partie *iii)* de 1.). On dit que G est un *sous-groupe cristallographique normal* si les propriétés suivantes sont satisfaites :
(1) on a $\|t\|\geq 1$ pour tout $t\in L(G)$, $t\neq 0$,
(2) il existe une famille $(w_1, w_2, \dots, w_n)$ de $L(G)$ qui est $\mathbb{R}$-libre avec $\|w_1\|=\|w_2\|=\dots=\|w_n\|$.

Soient E un espace affine euclidien , $G_{aff}(E)$ *le groupe affine de E ,* $\mathcal{I}s(E)$ *le groupe des isométries de E , G un sous-groupe cristallographique de* $\mathcal{I}s(E)$ *. Alors il existe* $f\in G_{aff}(E)$ *tel que* fGf^{-1} *soit un sous-groupe cristallographique normal de* $\mathcal{I}s(E)$.

Si L est un réseau de T , on note $d(L):=\inf_{t\in L-\{0\}} \|t\|$.

1) Soient $\delta:=d(L(G))$, h l'homothétie de centre o et de rapport δ^{-1} . Montrer que $hGh^{-1}\subset\mathcal{I}_s(E)$, $L(hGh^{-1})=\delta^{-1}L(G)$. En conclure que la propriété (1) est satisfaite pour hGh^{-1} et que $L(hGh^{-1})$ contient un élément de norme 1 .

Notons (p_k) la propriété suivante :

(p_k) *il existe* $f \in G_{aff}(E)$ *tel que* $fGf^{-1} \subset \mathcal{T}_s(E)$, $d(L(fGf^{-1})) \geq 1$ *et* $L(fGf^{-1})$ *contient une famille* $\mathbb{R}$-libre $(w_1, w_2, \ldots, w_k)$.

Il s'agit de montrer que (p_k) implique (p_{k+1}) , si $k<n$.
2) On suppose (p_k) satisfait. Soit $\varphi : G_{aff}(E) \to G\ell(T)$ l'homomorphisme qui à une application affine associe son application linéaire. Soit $t \in L(fGf^{-1})$, $g \in fGf^{-1}$. Montrer que $\varphi(g)(t) \in L(fGf^{-1})$ (considérer la translation τ_t de vecteur t et $g\tau_t g^{-1}$) .
3) On suppose (p_k) satisfait, qu'il existe $g \in fGf^{-1}$, i tels que $\varphi(g)(w_i) \notin \mathbb{R}\, w_1 \oplus \mathbb{R}\, w_2 \oplus \ldots \oplus \mathbb{R}\, w_k$. Montrer que (p_{k+1}) est satisfait avec la famille $((w_1, w_2, \ldots, w_k), \varphi(g)(w_i))$.
4) On suppose (p_k) satisfait, que pour tout $g \in fGf^{-1}$, pour $1 \leq i \leq k$, on a $\varphi(g)(w_i) \in \mathbb{R}\, w_1 \oplus \mathbb{R}\, w_2 \oplus \ldots \oplus \mathbb{R}\, w_k$. Soit $F := \mathbb{R}\, w_1 \oplus \mathbb{R}\, w_2 \oplus \ldots \oplus \mathbb{R}\, w_k$, si $s \in T$, on note $s = s_+ + s_\perp$ la décomposition avec $s_+ \in F$, $s_\perp \in F^\perp$. Soient $\mu > 0$, v_μ l'affinité orthogonale vectorielle de base F et de rapport μ définie par $v_\mu(s_+ + s_\perp) = s_+ + \mu s_\perp$. Montrer qu'il existe $\lambda > 0$ tel que $1 = \inf_{s \in L(fGf^{-1}), s \notin F} \| v_\lambda(s) \|$.

Soit ℓ l'affinité orthogonale de E de base $o+F$ et de rapport λ définie par $\ell(o+t) = o + v_\lambda(t)$. Conclure que (p_{k+1}) est satisfait en considérant $\ell G \ell^{-1}$.
5) Déduire le résultat cherché de 1) , 3) , 4) .

Exercice 10.79. *le deuxième théorème de* Bieberbach *; la finitude du nombre de groupes cristallographiques à isomorphisme près*

Théorème (Bieberbach, 1910) *Soit* E *un espace affine euclidien de dimension* n *, alors le nombre de sous-groupes cristallographiques de* $\mathcal{T}s(E)$ *, à isomorphisme près, est fini.*

1) Montrer que le nombre de sous-groupes cristallographiques de $\mathcal{T}s(E)$, à isomorphisme près est le nombre de sous-groupes cristallographiques normaux à isomorphismes près (utiliser l'exercice 10.78.) .
2) Soient G un sous-groupe cristallographique normal de $\mathcal{T}s(E)$, $(w_1, w_2, \ldots, w_n)$ une famille $\mathbb{R}$-libre de $L(G)$, avec $\| w_i \| = 1$, t_i la translation de vecteur w_i , H le sous-groupe engendré par la famille $(t_1, t_2, \ldots, t_n)$. Montrer que dans toute classe à droite de G modulo H , il existe un élément f avec $\| f(o) - o \| \leq \frac{n}{2}$ (o est un élément de E) . En déduire que le nombre de classes à droite modulo H est fini (utiliser l'exercice 10.76, 1.1)). Soient $Hf_1, Hf_2, \ldots, Hf_N$ l'ensemble des classes à droite modulo H .
3) En déduire que pour tout $f \in G$, il existe $z_1, z_2, \ldots, z_n \in \mathbb{Z}$, $1 \leq v \leq N$ uniques tels que $f = t_1^{z_1} t_2^{z_2} \ldots t_n^{z_n} f_v$. Montrer qu'il existe $m_{i,j,k}(G) \in \mathbb{Z}$, $1 \leq v_{j,k}(G) \leq N$ tels que

(1) $\quad f_j f_k = t_1^{m_{1,j,k}(G)}\, t_2^{m_{2,j,k}(G)} \ldots t_n^{m_{n,j,k}(G)} f_{v_{j,k}(G)}$.

4) Soient G' un sous-groupe cristallographique normal de $\mathcal{I}s(E)$, $w'_1, w'_2, \ldots, w'_n$ une famille $\mathbb{R}$-libre de $L(G')$ avec $\| w'_i \| = 1$, t'_i la translation de vecteur w'_i. Supposons que N soit le nombre de classes à droite de G' modulo H', le sous-groupe engendré par $t'_1, t'_2, \ldots, t'_n$; soit $H'f'_1, H'f'_2, \ldots, H'f'_N$ ces classes. Alors on a $f'_j f'_k = t_1'^{m_{1,j,k}(G')} t_2'^{m_{2,j,k}(G')} \ldots t_n'^{m_{n,j,k}(G')} f'_{v_{j,k}(G')}$. Montrer que $m_{i,jk}(G) = m_{i,jk}(G')$, $v_{j,k}(G) = v_{j,k}(G')$ pour $1 \le i \le n$, $1 \le j \le N$, $1 \le k \le N$ impliquent que le groupe G est isomorphe au groupe G'.

5) Il s'agit de montrer que $| m_{i,j,k}(G) | \le \frac{3n}{2}(n+2)^n$ ($m_{i,j,k}(G)$ est défini en 3)).

5.1) Montrer que $\| f_j f_k f^{-1}_{v_{j,k(G)}}(o) - o \| \le \frac{3n}{2}$, donc que $\| m_{1,j,k}(G) w_1 + m_{2,j,k}(G) w_2 + \ldots + m_{1,j,k}(G) w_n \| \le \frac{3n}{2}$.

5.2) Soient $F := \mathbb{R} w_2 \oplus \mathbb{R} w_3 \oplus \ldots \oplus \mathbb{R} w_n$, $t = t_+ + t_\perp$ la décomposition avec $t_+ \in F$, $t_\perp \in F^\perp$. Déduire de 5.1) que $| m_{1,j,k}(G) | \, \| w_{1,\perp} \| \le \frac{3n}{2}$. Montrer que $w_{1,\perp} \ne 0$ et que $\| w_{1,\perp} \| \ge (n+2)^{-n}$ (utiliser 10.77. 2.). En conclure que $| m_{1,j,k}(G) \| \le \frac{3n}{2}(n+2)^n$.

5.3) Par une méthode identique, conclure que $\| m_{i,j,k}(G) \| \le \frac{3n}{2}(n+2)^n$.

6) Il s'agit de montrer que $N \le (3^n)^n (2n+1)^n$.

6.1) Soit $f \in G$, montrer que $\varphi(f)(w_i) \in L(G)$ et que $\| \varphi(f)(w_i) \| = 1$ (examiner la translation $f t_i f^{-1}$).

6.2) Montrer que $\operatorname{card} \varphi(G) \le (3^n)^n$ (utiliser 6.1) et l'exercice 10.77., 1.).

6.3) Soit f_j et f_k tels que $f_j f_k^{-1}$ soit une translation. Montrer que $\| f_j f_k^{-1}(o) - o \| \le n$. Conclure que $f_j f_k^{-1}(o) - o$ appartient à un ensemble ayant au plus $(2n+1)^n$ éléments (utiliser l'exercice 10.77., 1.).

6.4) Déduire de 6.2) et 6.3) que $N \le (3^n)^n (2n+1)^n$.

7) Déduire de 1), 4), 5), 6) que le nombre de sous-groupes cristallographiques de $\mathcal{I}s(E)$, à isomorphe près, est fini.

Exercice 10.80. *le troisième théorème de* **Bieberbach** *; les groupes cristallographiques isomorphes sont géométriquement isomorphes.*

Théorème (Bieberbach, 1910) *Soit E un espace affine euclidien, $\mathcal{I}s(E)$ le groupe des isométries de E, $G_{aff}(E)$ le groupe des bijections affines de E, G et G' deux sous-groupes cristallographiques de $\mathcal{I}s(E)$, $\rho : G \to G'$ un isomorphisme de groupe. Alors il existe $\mu \in G_{aff}(E)$ tel que pour tout $g \in G$, on ait $\rho(g) = \mu g \mu^{-1}$.*

Soient T l'espace vectoriel auquel est attaché E, $o \in E$, $\varphi : G_{aff}(E) \to G\ell(T)$ l'application qui à une application affine associe son application linéaire. Soit $\mathcal{T}$ (resp. $\mathcal{T}'$) le sous-groupe des translations de G (resp. G'), $L(G) := \{ f(o) - o \mid f \in \mathcal{T} \}$ (resp.

$L(G') := \{f(o) - o \mid f \in \mathcal{T}'\})$.

1) Soit $m := [G' : \mathcal{T}']$ (exercice 10.76. , *iii*) de 1.). Montrer que $\rho(\mathcal{T}^m) \subset \mathcal{T}'$.

2) Montrer qu'il existe $(t_1, t_2, \dots, t_n)$ une famille de T telle que $(\tau_{t_1}, \tau_{t_2}, \dots, \tau_{t_n})$ soit une base du groupe abélien libre $\mathcal{T}^m$ (exercice 10.76. , partie *iii*) de 1,) ; τ_{t_i} désigne la translation de vecteur t_i. En conclure que $(t_1, t_2, \dots, t_n)$ est $\mathbb{R}$-libre.

3) Déduire de 1) que $\rho(\tau_{t_i})$ est une translation de vecteur t'_i, i.e. $\rho(\tau_{t_i}) = \tau_{t'_i}$. Déduire de 2) que la famille $(t'_1, t'_2, \dots, t'_n)$ est $\mathbb{Z}$-libre, donc qu'elle est $\mathbb{R}$-libre (exercice 10.70. partie 2.).

4) Soit ψ le $\mathbb{R}$-automorphisme de T défini par $\psi(t_i) = t'_i$ pour $1 \le i \le n$; on a donc $\rho(\tau_{t_i}) = \tau_{\psi(t_i)}$. Soit $\tau_t \in \mathcal{T}$, de l'égalité $\tau_t \tau_{t_i} \tau_t^{-1} = \tau_{t_i}$ déduire que $\rho(\tau_t) \tau_{t'_i} (\rho(\tau_t))^{-1} = \tau_{t'_i}$ et que $\varphi(\rho(\tau_t))(t'_i) = t'_i$ pour $1 \le i \le n$. En conclure que $\varphi(\rho(\tau_t)) = \mathbb{1}_T$ et que $\rho(\tau_t)$ est une translation de vecteur t'.

5) Montrer que $\rho(\tau_{mt}) = \tau_{\psi(mt)}$ et que $t' = \psi(t)$. Ainsi $\rho(\mathcal{T}) \subset \mathcal{T}'$. En considérant ρ^{-1}, en déduire que $\rho(\mathcal{T}) = \mathcal{T}'$ et que $\rho(\tau_t) = \tau_{\psi(t)}$ pour tout $t \in L(G)$ et que $L(G') = \psi(L(G))$.

6) Déduire de 5) que $[G : \mathcal{T}] = [G' : \mathcal{T}] = m$. Soient $f_1, f_2, \dots, f_m \in G$ tels que $G = \mathcal{T} f_1 \cup \mathcal{T} f_2 \cup \dots \cup \mathcal{T} f_m$; en déduire que $G' = \mathcal{T}' f'_1 \cup \mathcal{T}' f'_2 \cup \dots \cup \mathcal{T}' f'_m$ où $f'_i = \rho(f_i)$.

Soient $u_i := \varphi(f_i)$, $u'_i := \varphi(f'_i)$. De la relation $f_i \tau_t f_i^{-1} = \tau_{u_i(t)}$, déduire que $f'_i \tau_{\psi(t)} f'^{-1}_i = \tau_{\psi(u_i(t))} = \tau_{u'_i(\psi(t))}$. En déduire que $u'_i = \psi\, u_i\, \psi^{-1}$.

7) Soient i, j avec $1 \le i \le m$, $1 \le j \le m$. Montrer qu'il existe $v(i,j)$ avec $1 \le v(i,j) \le m$, $s_{ij} \in L(G)$ tels que

(1) $\quad f_i f_j = \tau_{s_{ij}} f_{v(i,j)}$ pour $1 \le i \le m$, $1 \le j \le m$.

Soient $o \in E$, $w := \frac{1}{m}(f_1(o) + f_2(o) + \dots + f_m(o))$. Déduire de (1) que

(2) $\quad f_i(w) = w + \frac{1}{m} s_i$ où $s_i := s_{i1} + s_{i2} + \dots + s_{im} \in L(G)$. Soit

$w' := \frac{1}{m}(f'_1(o) + f'_2(o) + \dots + f'_m(o))$. En appliquant ρ à (1) et utilisant 5) déduire que

(3) $\quad f'_i(w') = w' + \frac{1}{m} \psi(s_i)$.

8) Soit $\mu \in G_{aff}(E)$ défini par $\mu(w + t) = w' + \psi(t)$ pour tout $t \in T$. Montrer que $\rho(\tau_t) = \mu\, \tau_t\, \mu^{-1}$ pour tout $t \in L(G)$. Montrer que $\rho(f_i) = \mu\, f_i\, \mu^{-1}$ pour $1 \le i \le m$. En conclure que $\rho(g) = \mu\, g\, \mu^{-1}$ pour tout $g \in G$.

9) *Un exemple en dimension 2 ; G n'est pas produit semi-direct de $\varphi(G)$ par $\mathcal{T}$.*

Soient (e_1, e_2) une base orthonormale de T, $o \in E$, G le sous-groupe de $\mathcal{I}s(E)$ engendré par $\tau_{e_1}, \tau_{e_2}, f$ où $f = \tau_{e'} \text{sym}_{o+\mathbb{R}e_2}$, où $e' := \frac{e_2}{2}$.

Soient $\mathcal{T} = \{\tau_{z_1 e_1 + z_2 e_2} \mid z_1, z_2 \in \mathbb{Z}\}$, $G_1 := \mathcal{T} \cup \mathcal{T} f$.

9.1) Montrer que $f^2 = \tau_{e_2}\ f\, \tau_t = \tau_{t'} f$ où $t = z_1 e_1 + z_2 e_2$, $z_1, z_2 \in \mathbb{Z}$, $t' := -t + 2 z_2 e_2$.

9.2) Conclure de ces relations que G_1 est un sous-groupe de $\mathcal{I}s(E)$, donc que $G = G_1$ et que G est cristallographique.

9.3) Montrer qu'il n'existe pas de sous-groupe H de G tel que φ induise un isomorphisme de H sur $\varphi(G)$ (remarquer que les éléments de $\mathcal{T}f$ n'ont pas de point fixe, or un groupe fini a toujours un point fixe).

Exercice 10.81. *sur les classes à gauche de* $S\ell_2(\mathbb{R})$ modulo $SO_2(\mathbb{R})$

Soient le demi-plan de Poincaré $\mathfrak{H} := \{x+iy \in \mathbb{C} \mid x,y \in \mathbb{R}, y>0\}$ *. Alors le groupe* $S\ell_2(\mathbb{R})$ *agit sur* $\mathfrak{H}$ *par* $\begin{bmatrix} a & b \\ c & d \end{bmatrix} * z = \frac{az+b}{cz+d}$*. L'application* $A \mapsto A*i$ *induit un homéomorphisme des classes à gauche de* $S\ell_2(\mathbb{R})$ modulo $SO_2(\mathbb{R})$ *sur* $\mathfrak{H}$ *.*

1) Soient $A \in S\ell_2(\mathbb{R})$, $z \in \mathfrak{H}$, montrer que $A*z \in \mathfrak{H}$. En déduire que le groupe $S\ell_2(\mathbb{R})$ opère sur $\mathfrak{H}$ par $(A,z) \mapsto A*z$.
2) Montrer que $\mathfrak{H} = S\ell_2(\mathbb{R})*i$ (remarquer que $ai+b = \frac{1}{\sqrt{a}}\begin{bmatrix} a & b \\ 0 & 1 \end{bmatrix} * i$).
3) Montrer que le sous-groupe d'isotropie de i est $SO_2(R)$
4) Notons $S\ell_2(\mathbb{R})/SO_2(\mathbb{R})$ l'ensemble des classes à gauche de $S\ell_2(\mathbb{R})$ modulo $SO_2(\mathbb{R})$ et $s : S\ell_2(\mathbb{R}) \to S\ell_2(\mathbb{R})/SO_2(\mathbb{R})$ la surjection canonique. Soit $\rho : S\ell_2(\mathbb{R}) \to \mathfrak{H}$ défini par $\rho(A) = A*i$. Montrer que ρ induit une bijection $\varphi : S\ell_2(\mathbb{R})/SO_2(\mathbb{R}) \to \mathfrak{H}$ telle que $\varphi s = \rho$.
5) On rappelle que les ouverts de $S\ell_2(\mathbb{R})/SO_2(\mathbb{R})$ sont les $s(U)$ où U est ouvert de $S\ell_2(\mathbb{R})$. Montrer que ρ est continu, en déduire que φ est continu.
6) Soit $\psi : \mathfrak{H} \to S\ell_2(\mathbb{R})$ défini par $\psi(ai+b) = \frac{1}{\sqrt{a}}\begin{bmatrix} a & b \\ 0 & 1 \end{bmatrix}$. Montrer que $\rho\,\psi(z) = z$ pour tout $z \in \mathfrak{H}$ et que ψ est continu.
7) Soient U un ouvert de $S\ell_2(\mathbb{R})$, $V := s^{-1}(s(U))$. Montrer que $\psi^{-1}(V) = \rho(V)$.
8) Déduire de 6) et 7) que φ^{-1} est continu.

Exercice 10.82. *factorisation* LU *d'une matrice*

Soient K *un corps commutatif,* $A \in M_n(K)$, A_p *le mineur de* A *constitué à partir des lignes d'indices* $1,2,\dots,p$ *et des colonnes d'indices* $1,2,\dots,p$ *. Alors les propriétés suivantes sont équivalentes.*
i) On a $A = BC$ *où* $B, C \in G\ell_n(K)$) B *est triangulaire inférieure avec des* 1 *sur la diagonale,* C *est triangulaire supérieure,*
ii) on a $A_p \neq 0$ *pour* $1 \leq p \leq n$ *.*
Si ces conditions sont réalisées B *et* C *sont uniques.*

1) Montrer que *i)* implique *ii).*
2) On suppose *ii)* satisfait. Montrer par récurrence sur p , qu'il existe une matrice S qui est produit de $B_{ij}(\lambda)$ avec $i>j$ telle que $A' := SA$ possède les propriétés suivantes. D'une part $A' = \begin{bmatrix} T & U \\ 0 & V \end{bmatrix}$ où $T \in M_p(K)$, $U \in M_{p,n-p}(K)$, $V \in M_{n-p,n-p}(K)$ et T est triangulaire supérieure. Par ailleurs si A'_i est le mineur de A' constitué à partir des lignes d'indices $1,2,\dots,i$ et des colonnes d'indices $1,2,\dots,i$, alors $A'_i \neq 0$ pour

$1 \leq i \leq n$. Conclure que *i)* est satisfait.

3) Montrer l'unicité de B et C .

4) **Remarque** Cette décomposition s'appelle la décomposition LU (L pour lower triangular, U pour upper triangular). Cette décomposition conduit à la résolution du système linéaire $AX=b$ avec la résolution du système $BY=b$ et ensuite $CX=Y$; chacun étant particulièrement simple puisque B et C sont triangulaires (consulter avec intérêt Ci 4.3-1).

Exercice 10.83. *factorisation de* Cholesky .

Soit $A \in M_n(\mathbb{R})$ *une matrice symétrique définie positive. Alors il existe une unique matrice* B *, triangulaire inférieure, à coefficients diagonaux positifs avec* $A = B^t B$.

C'est donc 8.16. Ici nous utiliserons la fatorisation LU , i.e. 10.81. .
Soit $A = [\, a_{ij} \,] \in M_n(\mathbb{R})$, une matrice symtrique, définie positive.

1) Soit $A_k = [\, a_{ij} \,]_{\substack{1 \leq i \leq k \\ 1 \leq j \leq k}} \in M_k(\mathbb{R})$, montrer que A_k est symétrique, définie positive

(soient $Y = \begin{bmatrix} y_1 \\ y_2 \\ \cdot \\ \cdot \\ \cdot \\ y_k \end{bmatrix} \in \mathbb{R}^k$, $X = \begin{bmatrix} y_1 \\ \vdots \\ y_k \\ 0 \\ \vdots \\ 0 \end{bmatrix} \in \mathbb{R}^n$, montrer que ${}^t Y A_k Y = {}^t X A X$) .

2) Déduire de 1) que $\det A_k > 0$ pour $1 \leq k \leq n$ et de 10.82. que $A = LU$ où L est triangulaire inférieure avec des 1 sur la diagonale et $U = [\, a_{ij} \,]$ est triangulaire supérieure. Montrer que $\det A_k = u_{11} u_{22} \dots u_{kk}$ et donc que $u_{ii} > 0$ pour $1 \geq i \geq n$.

3) Soit D la matrice diagonale donc les éléments diagonaux sont $(u_{11}, u_{22}, \dots, u_{nn})$. Soit $V = D^{-1} U$, déduire de 10.82. que ${}^t V = L$. Soient Δ la matrice diagonale dont les éléments diagonaux sont $(\sqrt{u_{11}}, \sqrt{u_{22}}, \dots, \sqrt{u_{nn}})$, $B = L\Delta$, montrer que $A = B^t B$.

4) Déduire de 10.82. que B est unique.

5) Calcul pratique de la matrice B telle $A = B^t B$. On pose $A = \left[\, a_{ij} \,\right]$, $B = \left[\, b_{ij} \,\right]$ avec $b_{ij} = 0$ pour $j > i$. Ainsi $A = B^t B$ s'écrit $a_{ij} = \sum_{k=1}^{n} b_{ik} b_{jk}$. On résoud l'équation pour $i = 1$ et $1 \leq j \leq n$, ensuite pour $i = 2$, etc... La méthode de **Cholesky** pour résoudre le système $AX=b$ consiste à résoudre $BY=b$ et ${}^t BX = Y$. (consulter Ci , 4.4-1).

Exercice 10.84. *une caractérisation des endomorphismes symétriques, anti-symétriques, des automorphismes orthogonaux, des endomorphismes normaux.*

Soient $(E,(.|.))$ un espace vectoriel euclidien, $u:E\to E$ une application ensembliste. Alors on a les propriétés équivalentes suivantes.
i) L'application u est un endomorphisme symétrique (resp. *un endomorphisme anti-symétrique,* resp. *un automorphisme orthogonal,* resp. *un endomorphisme normal)*
ii) On a $(u(x)|y)=(x|u(y))$ (resp. $(u(x)|y)=-(x|u(y))$, resp. $(u(x)|u(y))=(x|y)$, resp. il existe $P(X)\in\mathbb{R}[X]$ tel que $(u(x)|y)=(x|P(u)(y))$) *pour tout* $x,y\in E$.

1) Montrer *i)* implique *ii)*
2) On suppose que $(u(x)|y)=(x|u(y))$ pour tout $x,y\in E$. Montrer que $(u(x+x')-u(x)-u(x')|y)=0$ et que $(u(\lambda x)-\lambda u(x)|y)=0$. Conclure que u est linéaire et donc que u est un endomorphisme symétrique.
3) On suppose que $(u(x)|y)=-(x|u(y))$ pour tout $x,y\in E$. Conclure par la même méthode que 2) que u est un endomorphisme anti-symétrique.
4) On suppose que $(u(x)|(u(y))=(x|y)$ pour tout $u,y\in E$. Soit $(e_i)_{1\le i\le n}$ une base orthonormale de E, en déduire que $(u(e_i))_{1\le i\le n}$ est une base orthonormale de E. Montrer que $(u(x+x')-u(x)-u(x')|u(e_i))=0$ pour $1\le i\le n$ et que $(u(\lambda x)-\lambda u(x)|u(e_i))=0$ pour $1\le i\le n$. Conclure que u est un automorphisme orthogonal.
5) Soit $P(X)\in\mathbb{R}[X]$, on suppose que $(u(x)(y)=(x|P(u)(y))$ pour tout $x,y\in E$. Montrer que u est linéaire, que u est un endomorphisme normal.

Exercice 10.85. *les sous-groupes commutatifs du groupe euclidien*

Soient E un espace vectoriel euclidien, G un sous-groupe commutatif de $O(E)$.
1. *Alors* $E=V_1\overset{\perp}{\oplus}V_2\overset{\perp}{\oplus}\dots\overset{\perp}{\oplus}V_s\overset{\perp}{\oplus}W_1\overset{\perp}{\oplus}\dots\overset{\perp}{\oplus}W_t$ *avec* $\dim V_i=1$ *et* $\dim W_j=2$. *En plus pour tout $g\in G$, on a $g(V_i)=V_i$ et $g(W_j)=W_j$. Enfin pour tout j il existe $g\in G$ tel que l'endomorphisme de W_j induit par g ne soit pas diagonalisable.*
2. *Soient g_{V_i}* (resp. g_{W_j}) *l'endomorphisme de V_i* (resp. W_j) *induit par g. Alors l'application $g\mapsto(g_{V_1},\dots,g_{V_s},g_{W_1},\dots,g_{W_t})$ est un homomorphisme injectif $\rho:G\to\{\pm\mathbb{1}_{V_1}\}\times\dots\times\{\pm\mathbb{1}_{V_s}\}\times SO(W_1)\times\dots\times SO(W_t)$. La surjection canonique $\{\pm\mathbb{1}_{V_1}\}\times\dots\times\{\pm\mathbb{1}_{V_s}\}\times SO(W_1)\times\dots\times SO(W_t)\to SO(W_j)$ induit un homomorphisme $\rho_j:G\to SO(W_j)$ avec $\rho_j(G)\neq\{\pm\mathbb{1}_{W_j}\}$.*
3. *Soit G un sous-groupe commutatif d'exposant 2 de $O_n(\mathbb{R})$, alors G est contenu dans un sous-groupe H de $O_n(\mathbb{R})$ avec $-I_n\in H$* et $H\simeq(\frac{\mathbb{Z}}{2\mathbb{Z}})^n$.

4. *Soient* $k \geq 2$, $p \geq 2$, G *un sous-groupe d'exposant* 2^k *de* $O_{2p}(\mathbb{R})$, *alors* G *est isomorphe à un sous-groupe de* $(\frac{\mathbb{Z}}{2\mathbb{Z}})^s \times (\frac{\mathbb{Z}}{2^k\mathbb{Z}})^t$ *avec* $s+2t=2p$ *et* $t \geq 1$. *De plus* $O_{2p}(\mathbb{R})$ *contient un sous-groupe* H *d'exposant* 2^k *qui est isomorphe à* $(\frac{\mathbb{Z}}{2^k\mathbb{Z}})^p$, *et tout sous-groupe de* $O_{2p}(\mathbb{R})$ *isomorphe à* $(\frac{\mathbb{Z}}{2^k\mathbb{Z}})^p$ *contient* $-I_{2p}$.

1) Soit $n = \dim E$, on suppose le résultat vrai pour espace vectoriel euclidien F avec $\dim F < n$ et pour tout sous-groupe commutatif H de $O(F)$.

1.1) On suppose dans toute cette question 1.1) *que pour tout* $g \in G$, *le polynôme minimal* m_g *est irréductible.*

1.1.1) Conclure que $m_g(X) = X-1$, ou $m_g(X) = X+1$, ou $m_g(X)$ est de la forme $m_g(X) = X^2+2aX+1$ avec $-1<a<1$. Conclure aussi que pour $g \in G$ et $g \neq \pm \mathbb{1}_E$, on a $m_g(X) = X^2+2aX+1$ avec $-1<a<1$.

1.1.2) *Soient* $g, h \in G$ *avec* $g, h, gh \notin \{\pm \mathbb{1}_E\}$. *Soit* $x \in E$, $x \neq 0$, *il s'agit de montrer que* $V := \mathbb{R}x + \mathbb{R}g(x)$ *est stable par* g *et* h . Montrer qu'il existe a (resp. b , resp. c) avec $-1<a<1$ (resp. $-1<b<1$, resp. $-1<c<1$) tel que $g^2+2ag+\mathbb{1}_E=0$ (resp. $h^2+2bh+\mathbb{1}_E=0$, resp. $(gh)^2+2cgh+\mathbb{1}_E=0$) . Conclure que $(ab+c)gh+ag+bh+\mathbb{1}_E=0$. Si $ab+c=0$, conclure que $b \neq 0$ et que $h(x) \in \mathbb{R}x+\mathbb{R}g(x)$ et que $h(g(x)) \in \mathbb{R}x+\mathbb{R}g(x)$. On suppose maintenant $ab+c \neq 0$, soit $W := \mathbb{R}x+\mathbb{R}g(x)+\mathbb{R}h(x)$. Montrer que W est stable par h et que $2 \leq \dim W \leq 3$. Montrer que $\dim W = 3$ est impossible (considérer h_W , l'endomorphisme de W induit par h , sachant que $m_{h_W} \mid m_h$) conclure à une contradiction en dimension 3) . Ainsi $W = \mathbb{R}x+\mathbb{R}g(x) = V$ et conclure que V est stable par g et h .

1.1.3) Déduire de 1.1.1) , 1.1.2) que sous les hypothèses de 1.1) et de l'hypothèse de récurrence que le résultat est satisfait.

1.2) On suppose qu'il existe $g \in G$ tel que le polynôme minimal m_g de g se décompose sous la forme $m_g(X) = P_1 P_2 \ldots P_r$, avec $r \geq 2$ et P_i irréductible unitaire de $\mathbb{R}[X]$. En déduire que $E = \ker P_1(g) \overset{\perp}{\oplus} \ker P_2(g) \overset{\perp}{\oplus} \ldots \overset{\perp}{\oplus} \ker P_r(g)$, que $\dim \ker P_i(g) < \dim E$ et que $h(\ker P_i(g)) = \ker P_i(g)$ pour tout $h \in G$. En utilisant l'hypothèse de récurrence, conclure que le résultat est satisfait.

1.3) Conclure de 1.1) et 1.2) que 1. est satisfait.

2) Montrer que l'application $g \mapsto (g_{V_1}, \ldots, g_{V_s}, g_{W_1}, \ldots, g_{W_t})$ est un homomorphisme injectif de G dans $\{\pm \mathbb{1}_{V_1}\} \times \ldots \times \{\pm \mathbb{1}_{V_s}\} \times SO(W_1) \times \ldots \times SO(W_t)$ et déduire de 1. que 2 est satisfait.

3) Soit G un sous-groupe commutatif d'exposant 2 de $O_n(\mathbb{R})$. En conservant les notations de 1. et 2. , déduire de 2. que $t=0$ et $s=n$. Conclure que 3. est satisfait.

4) Soient $k \geq 2$, $p \geq 2$, G un groupe d'exposant 2^k de $O_{2p}(\mathbb{R})$. En conservant les

notations de 1. et 2. , conclure que $t \geq 1$ et qu'il existe j tel que $\rho_j(G)$ soit cyclique d'ordre 2^k . Conclure que G est isomorphe à un sous-groupe de $(\frac{\mathbb{Z}}{2\mathbb{Z}})^s(\frac{\mathbb{Z}}{2^k\mathbb{Z}})^t$ avec $s+2t=n$, $t \geq 1$. Montrer que $O_{2p}(\mathbb{R})$ contient un sous-groupe isomorphe à $(\frac{\mathbb{Z}}{2^k\mathbb{Z}})^p$. Soit G un sous-groupe de $O_{2p}(\mathbb{R})$ isomorphe $(\frac{\mathbb{Z}}{2^k\mathbb{Z}})^p$, avec les notations de 2. , montrer que $2^2 \mid o(\rho_j(G)) \mid 2^k$. En déduire que $s=0$, $t=p$ et $o(\rho_j(G))=2^k$ pour $1 \leq j \leq t$. Conclure que $-I_{2p} \in G$ et que 4. est satisfait.

Exercice 10.86. *homomorphismes de groupes orthogonaux euclidiens*

1. *Soit* $\rho : O_n(\mathbb{R}) \to O_m(\mathbb{R})$ *un homomorphisme injectif. Alors* $n \leq m$. *Soit* $\rho : O_n(\mathbb{R}) \to O_m(\mathbb{R})$ *un isomorphisme, alors* $n=m$.
2. *Soit* $\rho : O_n(\mathbb{R}) \to O_m(\mathbb{R})$ *un homomorphisme. Alors les propriétés suivantes sont équivalentes.*
i) On a $\ker \rho = SO_n(\mathbb{R})$, *ii) il existe une involution* $T \in O_m(\mathbb{R})$, $T \neq I_m$ *avec* $\rho(A)=T$ *si* $\mathrm{dét} A=-1$ *et* $\rho(A)=I_m$ *si* $\mathrm{dét}\, A=1$.
3. *Soit* $\rho : O_n(\mathbb{R}) \to O_m(\mathbb{R})$ *avec* $\ker \rho = \{\pm I_n\}$, *alors* $m \geq n$.
4. *Si* n *est impair, l'homomorphisme* $\rho : O_n(\mathbb{R}) \to O_n(\mathbb{R})$ *défini par* $\rho(A) := (\mathrm{dét} A)A$ *est tel que* $\ker \rho = \{\pm I_n\}$.
5. *Si* $n \geq 4$ *est pair, il n'existe pas d'homomorphisme* $\rho : O_n(\mathbb{R}) \to O_n(\mathbb{R})$ *avec* $\ker \rho = \{\pm I_n\}$.
6. *Si* $n=2$, *il existe un homomorphisme* $\rho : O_2(\mathbb{R}) \to O_2(\mathbb{R})$ *défini par* $\rho(R)=R^2$ *pour tout* $R \in SO_2(\mathbb{R})$ *et* $\rho(S)=I_2$ *pour tout* $S \in O_2(\mathbb{R})-SO_2(\mathbb{R})$ *; ainsi* $\ker \rho = \{\pm I_2\}$.
7. *Soit* $\rho : SO_n(\mathbb{R}) \to O_m(\mathbb{R})$, *un homomorphisme, alors* $\rho(SO_n(\mathbb{R})) \subset SO_m(\mathbb{R})$. *Soit* $\rho : SO_n(\mathbb{R}) \to O_m(\mathbb{R})$, *un homomorphisme injectif, alors* $n \leq m$ *; en particulier si* $\rho : SO_n(\mathbb{R}) \to SO_m(\mathbb{R})$ *est un isomorphisme, alors* $n=m$.
8. *On suppose que* n *est impair. Soit* $\rho : SO_n(\mathbb{R}) \to O_m(\mathbb{R})$ *un homomorphisme avec* $\rho(SO_n(\mathbb{R})) \neq \{I_m\}$, *alors* $m \geq n$ *et* ρ *est injectif.*
9. *On suppose que* n *est pair, avec* $n \geq 4$. *Soit* $\rho : SO_n(\mathbb{R}) \to O_m(\mathbb{R})$ *un homomorphisme tel que* $\ker \rho = \{\pm I_n\}$. *Alors* $m \geq n$.
10. *On suppose que* $n \geq 4$ *et* n *pair. Alors il n'existe pas d'homomorphisme* $\rho : SO_n(\mathbb{R}) \to SO_n(\mathbb{R})$ *tel que* $\ker \rho = \{\pm I_n\}$.
11. *Soient* G_1 *et* G_2 *les sous-groupes distingués de* $SO_4(\mathbb{R})$ *définis selon* C.5.3.2. , *sachant que* $\frac{SO_4(\mathbb{R})}{G_i} \simeq SO_3(\mathbb{R})$, *il existe un homomorphisme surjectif* $\rho_i : SO_4(\mathbb{R}) \to SO_3(\mathbb{R})$ *avec* $\ker \rho_i = G_i$.
12. *Soient* $s : \mathbb{R} \to \frac{\mathbb{R}}{\mathbb{Z}}$ *la surjection canonique,* K *un sous-groupe de* $\frac{\mathbb{R}}{\mathbb{Z}}$. *Alors les propriétés suivantes sont équivalentes.*

i) Il existe un homomorphisme $\psi : \frac{\mathbb{R}}{\mathbb{Z}} \to \frac{\mathbb{R}}{\mathbb{Z}}$ *tel que* $\ker \psi = K$,

ii) pour tout $m \geq 1$, *le groupe* $\dfrac{\frac{1}{m}\, s^{-1}(K)}{s^{-1}(K)}$ *est cyclique.*

13. *L'application* $\mu \mapsto \begin{bmatrix} \cos 2\pi\mu & -\sin 2\pi\mu \\ \sin 2\pi\mu & \cos 2\pi\mu \end{bmatrix}$ *induit un isomorphisme* $\gamma : \frac{\mathbb{R}}{\mathbb{Z}} \tilde{\to} SO_2(\mathbb{R})$. *Soit* $s : \mathbb{R} \to \frac{\mathbb{R}}{\mathbb{Z}}$ *la surjection canonique,* H *un sous-groupe de* $SO_2(\mathbb{R})$. *Alors les propriétés suivantes sont équivalentes.*

i) Il existe un homomorphisme $\rho : SO_2((\mathbb{R}) \to SO_2((\mathbb{R})$ *tel que* $\ker \rho = H$,

ii) pour tout $m \geq 1$, *le groupe* $\dfrac{s(\frac{1}{m} s^{-1}(H))}{H}$ *est cyclique.*

14. *Soit* H *un sous-groupe de* $SO_2(\mathbb{R})$. *Alors les propriétés suivantes sont équivalentes.*

i) Il existe $m \geq 2$ *et* $\rho : SO_2(\mathbb{R}) \to SO_m(\mathbb{R})$ *un homomorphisme tel que* $\ker \rho = H$,

ii) on a $H_1, H_2, \ldots, H_k$ *des sous-groupes de* $SO_2(\mathbb{R})$, *avec* $H = H_1 \cap H_2 \cap \ldots \cap H_k$ *et* H_i *satisfait la propriété ii) de* 13. .

Si ces conditions sont réalisées, on peut choisir $m = 2k$.

15. *Soit* H *un sous-groupe de* $SO_2(\mathbb{R})$. *Alors les propositions suivantes sont équivalentes.*

i) Il existe un homomorphisme $\rho : O_2(\mathbb{R}) \to SO_m(\mathbb{R})$, *tel que* $\ker \rho = H$,

ii) il existe des sous-groupes $H_1, H_2, \ldots, H_k$ *de* $SO_2(\mathbb{R})$ *qui satisfont ii) de* 13. *avec* $H = H_1 \cap H_2 \cap \ldots \cap H_k$.

1) Soit $\rho : O_n(\mathbb{R}) \to O_m(\mathbb{R})$ un homomorphisme injectif. En utilisant l'exercice C.10.85.3. , montrer que $O_n(\mathbb{R})$ contient un sous-groupe G isomorphe à $(\frac{\mathbb{Z}}{2\mathbb{Z}})^n$. Toujours en utilisant l'exercice C.10.85. 3. , montrer que $\rho(G)$ est isomorphe à un sous-groupe de $(\frac{\mathbb{Z}}{2\mathbb{Z}})^m$. Conclure que $n \leq m$ et que 1. est satisfait.

2) Montrer que 2. est satisfait.

3) Soit $\rho : O_n(\mathbb{R}) \to O_m(\mathbb{R})$ avec $\ker \rho = \{\pm I_n\}$.

3.1) On suppose que $n = 2$, en déduire que $m \geq 2$.

3.2) On suppose que $n \geq 3$. Il s'agit de montrer que $-I_m \notin \rho(O_n(\mathbb{R}))$. Si $\rho(u) = -I_m$, déduire que pour $v \in O_n(\mathbb{R})$ on a $uv = vu$ ou $uv = -vu$; en considérant $v = \sigma_a$ une symétrie orthogonale d'hyperplan $a^\perp$, conclure que $u(a) = \pm a$ et que $u = \pm I_n$. Conclure.

3.3) On suppose toujours $n \geq 3$. Montrer qu'il existe un sous-groupe de $O_n(\mathbb{R})$ isomorphe à $(\frac{\mathbb{Z}}{2\mathbb{Z}})^n$ et tel que $-I_n \in G$ (C.10.85. 3.) . En déduire que $o(\rho(G)) = 2^{n-1}$. Montrer que $\rho(G)$ est inclus dans un sous-groupe H de $O_m(\mathbb{R})$, isomorphe à $(\frac{\mathbb{Z}}{2\mathbb{Z}})^m$ avec

$-I_m \in H$ (C.10.85. 3.) ; en déduire que $o(\rho(G)) \mid 2^{m-1}$. Conclure que $n \leq m$.

4) Soient n impair , $\rho : O_n(\mathbb{R}) \to O_n(\mathbb{R})$ défini par $\rho(A) = (\det A)A$; montrer que $\ker \rho = \{\pm I_n\}$. Soit $\psi = O_n(\mathbb{R}) \to O_n(\mathbb{R})$ un homomorphisme tel que $\ker \psi = \{\pm I_n\}$; montrer qu'il existe $B \in O_n(\mathbb{R})$ tel que $\psi(A) = (\det A)BAB^{-1}$, pour tout $A \in O_n(\mathbb{R})$ (utiliser C.10.50) .

5) On suppose $n = 2p$, $p \geq 2$. Supposons qu'il existe un homomorphisme $\rho : O_{2p}(\mathbb{R}) \to O_{2p}(\mathbb{R})$ avec $\ker\rho = \{\pm I_{2p}\}$. Soit $k \geq 3$, montrer que $O_{2p}(\mathbb{R})$ contient un sous-groupe G , isomorphe à $(\frac{\mathbb{Z}}{2^k\mathbb{Z}})^p$ avec $-I_{2p} \in G$ et $-I_{2p}$ correspond à l'élément $(\overline{2^{k-1}}, \overline{2^{k-1}}, \ldots, \overline{2^{k-1}})$ de $(\frac{\mathbb{Z}}{2^k\mathbb{Z}})^p$ (C.10.85. 4.) . Montrer que $\rho(G)$ est sous-groupe d'un sous-groupe H de $O_{2p}(\mathbb{R})$ isomorphe à $(\frac{\mathbb{Z}}{2\mathbb{Z}})^s \times (\frac{\mathbb{Z}}{2^k\mathbb{Z}})^t$ avec $s + 2t = 2p$ et $-I_{2p} \notin \rho(G)$. Montrer que $o(\rho(G)) = 2^{kp-1}$.

Montrons d'abord que $s = 0$ est impossible. Supposons le contraire, montrer alors que $\rho(G)$ est d'indice 2 dans $H \simeq (\frac{\mathbb{Z}}{2^k\mathbb{Z}})^p$ et que $-I_{2p}$ est un carré d'élément de H . Conclure à une contradiction.

Supposons maintenant $s \geq 1$, i.e. $s = 2\alpha$ avec $\alpha \geq 1$. Soit $g \in G$, montrer que $o(\rho(g)) = 2^k$ est équivalent à $o(g) = 2^k$ et $g^{2^{k-1}} \neq -I_{2p}$. Montrer que $\operatorname{card}\{g \in G \mid o(\rho(g)) 2^k\} = 2^{kp} - 2^{(k-1)p} - 2^{(k-2)p}$. Soit $K := \{h \in \rho(G) \mid o(h) = 2^k\}$. Conclure que $\operatorname{card} K = \frac{1}{2}(2^{kp} - 2^{(k-1)p} - 2^{(k-2)p})$. Montrer que $K \cup -K \subset \{\ell \in H \mid o(\ell) = 2^k\}$. Montrer que $\operatorname{card}\{\ell \in H \mid o(\ell) = 2^k\} = 2^s 2^{kt} - 2^s 2^{(k-1)t}$. Conclure que $\operatorname{card}(K \cup -K) > \operatorname{card}\{\ell \in H \mid o(\ell) = 2^k\}$, et donc qu'il n'existe pas d'homomorphisme $\rho : O_{2p}(\mathbb{R}) \to O_{2p}(\mathbb{R})$ avec $\ker \rho = \{\pm I_{2p}\}$.

6) Montrer 6. .

7) Soit $\rho : SO_n(\mathbb{R}) \to O_m(\mathbb{R})$, un homomorphisme, déduire de C.5.1.1. que tout élément de $SO_n(\mathbb{R})$ est le carré d'un élément de $SO_n(\mathbb{R})$ et donc que $\rho(SO_n(\mathbb{R})) \subset SO_m(\mathbb{R})$.

Soit maintenant $\rho : SO_n(\mathbb{R}) \to SO_m(\mathbb{R})$, un homomorphisme injectif. Supposons d'abord que $n = 2p$, déduire de C.10.85. 3. que $SO_n(\mathbb{R})$ contient un sous-groupe G isomorphe à $(\frac{\mathbb{Z}}{2\mathbb{Z}})^{2p}$ conclure comme en 1) que $2p \leq m$. Supposons maintenant que $n = 2p+1$, déduire de C.10.85. 4. que $SO_{2p+1}(\mathbb{R})$ contient un sous-groupe G isomorphe à $(\frac{\mathbb{Z}}{2\mathbb{Z}})^{2p}$, conclure comme en 1) que $2p \leq m$. Il reste à considérer le cas où $m = 2p$. Remarquer comme en 3.2) que $-I_n \notin \varphi(SO_n(\mathbb{R}))$ et donc que $o(\rho(G)) \mid 2^{m-1}$, en déduire que $n \leq m$. Conclure que 7. est satisfait.

8) Déduire de 8. de C.5.3.2. .

9) Soit $\rho : SO_n(\mathbb{R}) \to O_m(\mathbb{R})$ un homomorphisme tel que $\ker \rho = \{\pm I_n\}$. Montrons que

$I_m \notin \varphi(SO_n(\mathbb{R}))$. Sinon, on aurait $u \in SO_n(\mathbb{R})$ tel que $\rho(u)=-I_m$ et ainsi pour un renversement r_P de plan P , on a $u r_P u^{-1}=r_P$ ou $u r_P u^{-1}=-r_P$. Si $n \geq 6$, montrer que $u(P)=P$ pour tout plan P . En conclure que $u(D)=D$ pour toute droite D et donc que $u=\pm I_n$, ce qui est impossible. Supposons que $n=4$, montrer que pour un plan P , on a $u(P)=P$ ou $u(P)=P^{\perp}$. Soit D une droite, s'il existe P_1, P_2 avec $D=P_1 \cap P_2$ et $u(P_i)=P_i$, conclure que $u(D)=D$. Sinon, montrer qu'il existe trois plans P_1, P_2, P_3 avec $D \in P_1 \cap P_2 \cap P_3$ et $P_1^{\perp} \cap P_2^{\perp} \cap P_3^{\perp}=\{0\}$; conclure à une contradiction.

En s'inspirant de la démonstration de 3.3) , montrer que $n \leq m$.

10) C'est exactement la démonstration de 5) .

11) Montrer que **11.** est C.5.3.2. .

12) Montrer que $s(\mathbb{Q})$ est le sous-groupe de torsion de $\frac{\mathbb{R}}{\mathbb{Z}}$, que l'on note $(\frac{\mathbb{R}}{\mathbb{Z}})_{\text{tors}}$, i.e. le sous-groupe de $\frac{\mathbb{R}}{\mathbb{Z}}$ des éléments d'ordre fini.

On suppose que $i)$ est satisfait. Montrer que $\psi((\frac{\mathbb{R}}{\mathbb{Z}})_{\text{tors}})=\psi s(\mathbb{Q} s^{-1}(K))=\psi(\bigcup_{m \geq 1} \frac{1}{m} s^{-1}(K))$ et que $\psi s(\frac{1}{m} s^{-1}(K))) \simeq \dfrac{\frac{1}{m} s^{-1}(K)}{s^{-1}(K)} \subset \frac{\mathbb{Q}}{\mathbb{Z}}$. Conclure que $\dfrac{\frac{1}{m} s^{-1}(K)}{s^{-1}(K)}$ est cyclique d'ordre divisant m .

On suppose $ii)$ satisfait. Soit p un nombre premier, il s'agit de montrer qu'il existe un homomorphisme $\tau_p : (\bigcup_{k \geq 1} p^{-k} s^{-1}(K)) \to \frac{\mathbb{Q}}{\mathbb{Z}}$, tel que $\ker \tau_p = s^{-1}(K)$. Soient $L := \dfrac{\bigcup_{k \geq 1} p^{-k} s^{-1}(K)}{s^{-1}(K)}$, $L_k := \dfrac{p^{-k} s^{-1}(K)}{s^{-1}(K)}$, remarquer que $L = \bigcup_{k \geq 1} L_k$, que $L_k \subset L_{k+1}$ pour tout k . Si L est infini, montrer que $L = \bigcup_{\ell \geq 1} M_\ell$ où M_ℓ est cyclique d'ordre p^ℓ avec $M_\ell \subset M_{\ell+1}$ pour tout $\ell \geq 1$. En déduire qu'il existe $\xi_\ell \in M_\ell$ un générateur de M_ℓ avec $\xi_{\ell+1}^p = \xi_\ell$. Définir alors τ_p par $\tau_p(\xi_\ell) := s(p^{-\ell})$. Soient $G := \bigcup_{m \geq 1} \frac{1}{m} s^{-1}(K)$, $G_p := \bigcup_{k \geq 1} p^{-k} s^{-1}(K)$, montrer que $\dfrac{G}{s^{-1}(K)} \simeq \bigoplus_{p \in \mathscr{P}} \dfrac{G_p}{s^{-1}(K)}$, où $\mathscr{P}$ désigne l'ensemble des nombres premiers positifs. Déduire qu'il existe un homomorphisme $\varphi : s(\mathbb{Q} s^{-1}(K)) \to \frac{\mathbb{Q}}{\mathbb{Z}}$ tel que $\ker \varphi = s^{-1}(K)$. Conclure qu'il existe un homomorphisme $\psi : \frac{\mathbb{R}}{\mathbb{Z}} \to \frac{\mathbb{R}}{\mathbb{Z}}$ tel que $\ker \psi = K$ (écrire $\mathbb{R} = \mathbb{Q} s^{-1}(K) \oplus V$, comme somme directe de $\mathbb{Q}$-espaces vectoriels, et considérer ψ définit par $\psi(s(x+v)) = \varphi(s(x)) + s(v)$ où $x \in \mathbb{Q} s^{-1}(K)$, $v \in V$) .

13) Montrer que **13.** est une conséquence de **12.** .

14) On suppose $i)$ satisfait, comme $\rho(SO_2(\mathbb{R}))$ est un sous-groupe commutatif, déduire de C.10.85. **1.**, **2.** que $\mathbb{R}^m = V_1 \overset{\perp}{\oplus} \ldots \overset{\perp}{\oplus} V_s \overset{\perp}{\oplus} W_1 \overset{\perp}{\oplus} \ldots \overset{\perp}{\oplus} W_t$ et que $\rho(SO_2(\mathbb{R}))$ est un sous-groupe

de $(\pm \mathbb{1}_{V_1})\times\ldots\times(\pm \mathbb{1}_{V_s})\times SO(W_1)\times\ldots\times SO(W_t)$. Montrer que la projection de $\rho(SO_2(\mathbb{R}))$ sur $\{\pm \mathbb{1}_{V_i}\}$ est $\{\mathbb{1}_{V_i}\}$ et déduire *ii)* de 13. .

On suppose *ii)* satisfait. Soient $m=2k$, $\mathbb{R}^m = W_1 \overset{\perp}{\oplus} \ldots \overset{\perp}{\oplus} W_k$ une somme directe orthogonale en sous-espace de dimension 2. Par 13. , soit $\rho_i : SO_2(\mathbb{R}) \to SO_2(W_i)$ un homomorphisme avec $\ker \rho_i = H_i$. En conclure qu'il existe un homomorphisme $\rho : SO_2(\mathbb{R}) \to SO_m(\mathbb{R})$ tel que $\ker \rho = H_1 \cap H_2 \cap \ldots \cap H_k$.

15) Montrer *i)* implique *ii)* en considérant $\rho|_{SO_2(\mathbb{R})}$ et 14. .

On suppose *ii)* satisfait. Soient $m=2k$, $\psi : SO_2(\mathbb{R}) \to SO(W_1)\times\ldots\times SO(W_k) \subset SO_m(\mathbb{R})$ défini selon 14. . Soient $\sigma \in O_2(\mathbb{R}) - SO_2(\mathbb{R})$ et $\sigma' = (\sigma_1, \sigma_2, \ldots \sigma_k)$ avec $\sigma_i \in O(W_i) - SO(W_i)$. Soit $\bar{\psi} : O_2(\mathbb{R}) \to SO_m(\mathbb{R})$ défini par $\bar{\psi}(r) = \psi(r)$ pour $r \in SO_2(\mathbb{R})$ et $\bar{\psi}(\sigma r) = \sigma' \psi(r)$ pour $r(SO_2(\mathbb{R}))$. Conclure que *i)* est satisfait.

Exercice 10.87. *sur les rotations planes du groupe orthogonal euclidien*

*Soient E un espace vectoriel euclidien, $(e_1, e_2, \ldots, e_n)$ une base orthonormale de E , G un sous-groupe de $O(E)$. On suppose que pour $i \neq j$ le groupe G contient les rotations planes de plan $\mathbb{R}e_i \oplus \mathbb{R}e_j$ pour tout $i \neq j$ (*i.e. *les éléments u de $SO(E)$ tels que $u(x)=x$ pour $x \in (\mathbb{R}e_i \oplus \mathbb{R}e_j)^\perp$. Alors $G \supset SO(E)$. Si en plus G contient une symétrie hyperplane, alors $G = O(E)$.*

1) Soit $P = \mathbb{R}x \oplus \mathbb{R}y$ un plan avec $\|x\| = 1$. Montrer qu'il existe $u \in G$ tel que $u(x) = e_1$, $u(y) \in \mathbb{R}e_1 \oplus \mathbb{R}e_2$ (considérer une suite de rotations de plan $\mathbb{R}e_n \oplus \mathbb{R}e_{n-1}$, $\mathbb{R}e_{n-1} \oplus \mathbb{R}e_{n-2}$, $\ldots, \mathbb{R}e_2 \oplus \mathbb{R}e_1$, et ensuite une suite de rotations de plan $\mathbb{R}e_n \oplus \mathbb{R}e_{n-1}, \ldots, \mathbb{R}e_3 \oplus \mathbb{R}_2$) .
2) Déduire de 1) que G contient tous les renversements et donc que $G \supset SO(E)$ (utiliser C.3.13.) .
3) On suppose que G contient une symétrie hyperplane, déduire de 1) que G contient toutes les symétries hyperplanes et donc que $G = O(E)$ (utiliser C.3.13.) .

Exercice 10.88. *caractérisation des involutions orthogonales*

*Soient E un espace euclidien de dimension n , $\mathcal{B} := (e_1, e_2, \ldots, e_n)$ une base orthonormale, $G(\mathcal{B})$ (*resp. *$G^+(\mathcal{B})$) le groupe des involutions t_S où $S \subset \{1, 2, \ldots, n\}$ avec $t_S(x) = -x$ pour $x \in \bigoplus_{i \in S} \mathbb{R}e_i$ et $t_S(x) = x$ pour $x \in \bigoplus_{i \notin S} \mathbb{R}e_i$ (*resp. *le groupe des involutions t_S avec* $\det t_S = 1$, i.e. $2 \mid \operatorname{card} S$ *).*

1. *Soit $\rho : O(E) \to O(E)$, (*resp. *$\rho : SO(E) \to SO(E)$) un homomorphisme injectif.*
   *Alors il existe une base orthonormale $\mathcal{C} := (f_1, f_2, \ldots, f_n)$ telle que $\rho(G(\mathcal{B})) = G(\mathcal{C})$ (*resp. *$\rho(G^+(\mathcal{B})) = G^+(\mathcal{C})$).*
2. *Soient $\rho : O(E) \to O(E)$ un homomorphisme injectif, $0 \leq \alpha \leq n$, alors on a soit, pour tout S*

avec $\operatorname{card} S=\alpha$, $\rho(t_S)=t'_{S'}$ *avec* $\operatorname{card} S'=\alpha$ *; soit pour tout* S *avec* $\operatorname{card} S=\alpha$, $\rho(t_S)=t'_{S'}$ *avec* $\operatorname{card} S'=n-\alpha$ *(ici* $t'_{S'}$ *, est l'involution définie par* $t'_{S'}(y)=-y$ *pour* $y\in \bigoplus_{i\in S'} \mathbb{R} f_i$ *et* $t'_{S'}(y)=y$ *pour* $y\in \bigoplus_{i\notin S'} \mathbb{R} f_i$) .

3. *On suppose* $\dim E=n=2p$. *Soient* $\rho: SO(E)\to SO(E)$ *un homomorphisme injectif,* $0\le\alpha\le n$, $2\mid\alpha$. *Alors on a soit pour tout* S *avec* $\operatorname{card} S=\alpha$, $\rho(t_S)=t'_{S'}$, *avec* $\operatorname{card} S'=\alpha$ *; soit pour tout* S *avec* $\operatorname{card} S=\alpha$, $\rho(t_S)=t'_{S'}$, *avec* $\operatorname{card} S'=n-\alpha$.

4. *On suppose* $\dim E=n=2p+1$. *Soient* $\rho: SO(E)\to SO(E)$ *un homomorphisme injectif*, $0\le\alpha\le n, 2\mid\alpha$. *Alors on a pour tout* S *avec* $\operatorname{card} S=\alpha$, $\rho(t_S)=t'_{S'}$ *avec* $\operatorname{card} S'=\alpha$.

5. *En particulier, soit* $\rho: O(E)\to O(E)$ *est un homomorphisme injectif. Si* $\dim E=n=2p+1$, *alors pour toute droite* D , $\rho(\sigma_D)$ *est une symétrie orthogonale de droite* D' . *Si* $\dim E=n=2p$, *alors soit pour toute droite* D , $\rho(\sigma_D)$ *est une symétrie orthogonale* $\sigma_{D'}$ *de droite* D'*; soit pour toute droite* D , $\rho(\sigma_D)=-\sigma_{D'}$, *où* $\sigma_{D'}$ *est une symétrie orthogonale de droite* D' . *Soit* $\mathcal{B}=(e_1,e_2,\dots,e_n)$ *une base orthonormale de* E , *alors il existe une base orthonormale* $\mathcal{C}=(f_1,f_2,\dots,f_n)$ *de* E *avec les propriétés suivantes. On a* $\rho(G(\mathcal{B}))=G(\mathcal{C})$, *selon les notations de* 1. . *Si* $n=2p+1$, *on a* $\rho(\sigma_{e_i})=\sigma_{f_i}$ *pour* $1\le i\le n$. *Si* $n=2p$, *on a* $\rho(\sigma_{e_i})=\sigma_{f_i}$ *pour* $1\le i\le n$, *ou* $\rho(\sigma_{e_i})=-\sigma_{f_i}$ *pour* $1\le i\le n$.

6. *En particulier, soit* $\rho: SO(E)\to SO(E)$ *un homomorphisme injectif avec* $\dim E\ge 3$. *Alors pour tout plan* P , $\rho(r_P)$ *est un renversement de plan* P' . *Soit* $\mathcal{B}=(e_1,e_2,\dots,e_n)$ *une base orthogonale de* E , *alors il existe une base orthonormale* $\mathcal{C}=(f_1,f_2,\dots,f_n)$ *de* E *avec les propriétés suivantes. On a* $\rho(G(\mathcal{B}))=G(\mathcal{C})$, *selon les notations de* 1. . *En plus on a* $\rho(r_{\mathbb{R} e_i\oplus \mathbb{R} e_j})=r_{\mathbb{R} f_i\oplus \mathbb{R} f_j}$ *pour* $1\le i<j\le n$.

1) Montrer que le groupe $G(\mathcal{B})$ (resp. $G^+(\mathcal{B})$) est commutatif d'ordre 2^n (resp. 2^{n-1}).
1.1) Soit $\rho: O(E)\to O(E)$ un homomorphisme injectif. Remarquer que $\rho(G(\mathcal{B}))$ est un groupe commutatif constitué d'éléments orthogonalement diagonalisables (C.10.15.) ; en déduire qu'il existe une base orthonormale $\mathcal{C}:=(f_1,f_2,\dots,f_n)$ telle que $\rho(G(\mathcal{B}))=G(\mathcal{C})$ (resp. $\rho(G^+(\mathcal{B}))=G^+(\mathcal{C})$) .
1.2) Soit $\rho: SO(E)\to SO(E)$ un homomorphisme injectif. Conclure en utilisant les indications de 1.1) qu'il existe une base orthonormale $\mathcal{D}$ telle que $\rho(G^+(\mathcal{B}))=G^+(\mathcal{D})$; si $\rho: O(E)\to O(E)$ est un homomorphisme injectif, montrer que $\rho(G^+(\mathcal{B}))=G^+(\mathcal{C})$, où $\mathcal{C}$ est défini en 1.1) .
2) Il s'agit de montrer 2. .
2.1) Soit $\mathfrak{S}(\mathcal{B}):=\{u\in O(E)\mid \text{il existe } \sigma\in\mathfrak{S}_n \text{ avec } u(\mathbb{R}e_i)=\mathbb{R}e_{\sigma(i)} \text{ pour } 1\le i\le n\}$.
Montrer que $G(\mathcal{B})$ est un sous-groupe distingué de $\mathfrak{S}(\mathcal{B})$ et que $o(\mathfrak{S}(\mathcal{B}))=2^n n!$. En déduire que $\mathfrak{S}(\mathcal{B})$ agit par conjugaison sur $G(\mathcal{B})$.

Soit $H:=\{u\in O(E)\mid u\,G(\mathcal{B})\,u^{-1}=G(\mathcal{B})\}$, montrer que $H=\mathfrak{S}(\mathcal{B})$ (soit $S=\{i\}$, sachant $u t_S u^{-1}=t_{S'}$ et que $u t_S u^{-1}$ est l'involution définie par $u t_S u^{-1}(y)=-y$ pour $y\in u(\mathbb{R}e_i)$ et $u t_S u^{-1}(y)=y$ pour $y\in u(\mathbb{R}e_i)^{\perp}$, conclure que $S'=\{i'\}$ avec $u(\mathbb{R}e_i)=\mathbb{R}e_{i'}$) .

Soit toujours $\rho : O(E) \to O(E)$ injectif, conclure que $\rho(\mathfrak{S}(\mathscr{B})) = \mathfrak{S}(\mathscr{C})$.

2.2) Soit $S \subset \{1, 2, \ldots, n\}$ avec $\alpha = \operatorname{card} S$, montrer que pour $s \in \mathfrak{S}(\mathscr{B})$, on a $s t_S s^{-1} = t_{S'}$ et que $\operatorname{card} S' = \alpha$; réciproquement soit $S'' \subset \{1, 2, \ldots, n\}$ avec $\alpha = \operatorname{card} S''$, montrer qu'il existe $s' \in \mathfrak{S}(\mathscr{B})$ tel que $s' t_S s'^{-1} = t_{S''}$.

2.3) Soit $S \subset \{1, 2, \ldots, n\}$ montrer que
$G(\mathscr{B}) * t_S := \{ s t_S s^{-1} \mid s \in \mathfrak{S}(\mathscr{B}) \} = \{ t_{S'} \mid \operatorname{card} S' = \alpha \}$ et que $\operatorname{card} G(\mathscr{B}) * t_S = \binom{n}{\alpha}$.

2.4) Soient S' tel que $\rho(t_S) = t'_{S'}$, $\bar{\rho}(\alpha) := \operatorname{card} S'$. Montrer que $\binom{n}{\alpha} \leq \binom{n}{\bar{\rho}(\alpha)}$ (utiliser 2.1)). Soit $\rho_1(\alpha) := \bar{\rho}(\alpha)$, si $\bar{\rho}(\alpha) \leq [\frac{n}{2}]$, $\rho_1(\alpha) := n - \bar{\rho}(\alpha)$ si $\bar{\rho}(\alpha) > [\frac{n}{2}]$. Conclure que pour $0 \leq \alpha \leq [\frac{n}{2}]$, on a $0 \leq \alpha \leq \rho_1(\alpha) \leq [\frac{n}{2}]$; en déduire que $\alpha = \rho_1(\alpha)$ pour $0 \leq \alpha \leq [\frac{n}{2}]$.

2.5) Conclure que 2. est satisfait.

3) Il s'agit de montrer 3. . Le cas $n = 2$ est immédiat. On suppose désormais $n \geq 4$.

3.1) Soit $\mathfrak{S}^+(\mathscr{B}) := \{ u \in SO(E) \mid$ il existe $\sigma \in \mathfrak{S}_n$ tel que $u(\mathbb{R} e_i) = \mathbb{R} e_{\sigma(i)}$ pour $1 \leq i \leq n \}$. Montrer que $G^+(\mathscr{B})$ est un sous-groupe distingué de $\mathfrak{S}^+(\mathscr{B})$ et que $o(\mathfrak{S}^+(\mathscr{B})) = 2^{n-1} n!$. En déduire que $\mathfrak{S}^+(\mathscr{B})$ agit par conjugaison sur $\mathfrak{S}^+(\mathscr{B})$.

Soit $K := \{ u \in SO(E) \mid u G^+(\mathscr{B}) u^{-1} = G^+(\mathscr{B}) \}$, montrer que $K = G^+(\mathscr{B})$ (remarquer, comme en 2.1) que u induit une bijection $\bar{u}$ de l'ensemble des parties à 2 éléments de $\{1, 2, \ldots, n\}$ sur lui-même ; comme $n \geq 4$, en conclure que $\bar{u}$ est induit par une permutation $\sigma \in \mathfrak{S}_n$).

3.2) Soit $S \subset \{1, 2, \ldots, n\}$ avec $\alpha = \operatorname{card} S$, montrer que pour $s \in \mathfrak{S}^+(\mathscr{B})$, on a $s t_S s^{-1} = t_{S'}$ et que $\operatorname{card} S' = \alpha$; réciproquement soit $S'' \subset \{1, 2, \ldots, n\}$ avec $\alpha = \operatorname{card} S''$, montrer qu'il existe $s' \in \mathfrak{S}^+(\mathscr{B})$ tel que $s' t_S s'^{-1} = t_{S''}$.

3.3) Soit $S \subset \{1, 2, \ldots, n\}$ montrer que
$G^+(\mathscr{B}) * t_S := \{ s t_S s^{-1} \mid s \in \mathfrak{S}^+(\mathscr{B}) \} = \{ t_{S'} \mid \operatorname{card} S' = \alpha \}$ et que $\operatorname{card} G^+(\mathscr{B}) * t_S = \binom{n}{\alpha}$.

3.4) On suppose que $n = 2p$. Soient S' tel que $\rho(t_S) = t_{S'}$, $2\alpha = \operatorname{card} S'$ et $2\bar{\rho}(\alpha) := \operatorname{card} S'$. Montrer que $\binom{n}{2\alpha} \leq \binom{n}{2\bar{\rho}(\alpha)}$; soit $\rho_1(\alpha) := \bar{\rho}(\alpha)$ si $2\bar{\rho}(\alpha) \leq [\frac{n}{2}]$, $2\rho_1(\alpha) = n - 2\bar{\rho}(\alpha)$ si $2\bar{\rho}(\alpha) > [\frac{n}{2}]$. Conclure que pour $0 \leq 2\alpha \leq [\frac{n}{2}]$, on a $0 \leq 2\alpha \leq 2\rho_1(\alpha) \leq [\frac{n}{2}]$. En déduire que $\alpha = \rho_1(\alpha)$ pour $0 \leq \alpha \leq [\frac{n}{2}]$.

3.5) Conclure que 3. est satisfait.

4) On suppose maintenant que $n = 2p + 1$. Soient S avec $\operatorname{card} S = \alpha$, $2 \mid \alpha$, $\rho(t_S) = t_{S'}$, $\bar{\rho}(\alpha) := \operatorname{card} S'$. Montrer que $\binom{n}{\alpha} \leq \binom{n}{\bar{\rho}(\alpha)}$. Soit $\rho_1(\alpha) := \bar{\rho}(\alpha)$ si $\bar{\rho}(\alpha) < \frac{n}{2}$ et $\rho_1(\alpha) := n - \bar{\rho}(\alpha)$ si $\bar{\rho}(\alpha) > \frac{n}{2}$. Conclure que $0 \leq \alpha \leq \rho_1(\alpha) < \frac{n}{2}$ pour $0 \leq \alpha < n$ et $2 \mid \alpha$. Conclure que 4. est satisfait.

5) Montrer que 5. est une conséquence de 2. . Si $n = 2p+1$, il faut montrer que $\rho(\sigma_{e_i}) = -\sigma_{f_i}$ est impossible ; calculer $\rho(\sigma_{e_1} \sigma_{e_2} \ldots \sigma_{e_n})$ et conclure.

6) Soit $\rho : SO(E) \to SO(E)$ un homomorphisme injectif avec $\dim E \geq 3$. Supposons n impair, déduire de 4. que l'image d'un renversement est un renversement. Supposons $n=2p$, d'après 3. remarquer que pour tout plan P , $\rho(r_P)$ est un renversement, ou pour tout plan P , $\rho(r_P)$ est l'opposé d'un renversement, il s'agit d'éliminer ce dernier cas. Supposons donc que pour tout plan P , il existe un plan P' avec $\rho(r_P)=-r_{P'}$. Soient $\mathscr{B}:=(e_1,e_2,\dots,e_n)$ une base orthonormale et $\mathscr{C}:=(f_1,f_2,\dots,f_n)$ la base orthonormale de E définie selon 1. avec $\rho(G^+(\mathscr{B}))=G^+(\mathscr{C})$. Notons $P_{i,j}:=\mathbb{R}e_i \oplus \mathbb{R}e_j$ pour $i \neq j$, $Q_{\alpha,\beta}:=\mathbb{R}f_\alpha \oplus \mathbb{R}f_\beta$, pour $\alpha \neq \beta$. Montrer que $\rho(r_{P_{1,2}})=-r_{Q_{\alpha,\beta}}$, $\rho(r_{P_{1,3}})=-r_{Q_{\gamma,\delta}}$ et que $\rho(r_{P_{1,2}}r_{P_{1,3}})=-r_{Q_{\varepsilon,s}}$. Si $n=2p>6$, montrer que c'est impossible. On suppose maintenant $n=6$. Soient toujours $\rho(r_{P_{1,2}})=-r_{Q_{\alpha,\beta}}$, $\rho(r_{P_{1,i}})=-r_{Q_{\gamma,\delta}}$ avec $i \geq 3$, conclure que $-\rho(r_{P_{1,2}}r_{P_{1,i}})$ est un renversement si et seulement si $\{\alpha,\beta\} \cap \{\gamma,\delta\}=\emptyset$; aboutir à la même conclusion avec $-\rho(r_{P_{1,2}}r_{P_{2,i}})$ pour $i \geq 3$. Calculer le nombre de parties $\{\gamma,\delta\}$ de $\{1,2,\dots,6\}$ telles que $\gamma \neq \delta$ et $\{\alpha,\beta\} \cap \{\gamma,\delta\}=\emptyset$. Conclure à une contradiction. Sachant que le cas $n=4$ est élémentaire, montrer que 6. est satisfait.

Soit $\mathscr{B}=(e_1,e_2,\dots,e_n)$ une base orthonormale, $\mathscr{C}=(f_1,f_2,\dots,f_n)$ défini selon 3. avec $\rho(G^+(\mathscr{B}))=G^+(\mathscr{C})$ et $\rho(r_{\mathbb{R}e_i \oplus \mathbb{R}e_j})=r_{\mathbb{R}f_\alpha \oplus \mathbb{R}f_\beta}$. Pour $2 \leq i \leq n$, on a $\rho(r_{\mathbb{R}e_1 \oplus \mathbb{R}e_i})=r_{\mathbb{R}f_{\alpha i} \oplus \mathbb{R}f_{\beta i}}$. Montrer que pour $2 \leq i \leq j \leq n$, on a $\mathrm{card}(\{\alpha_i,\beta_i\} \cap \{\alpha_j,\beta_j\})=1$ (remarquer que $r_{\mathbb{R}e_1 \oplus \mathbb{R}e_i} r_{\mathbb{R}e_1 \oplus \mathbb{R}e_j}=r_{\mathbb{R}e_i \oplus \mathbb{R}e_j}$) . Il s'agit de montrer que $\{\alpha_2,\beta_2\},\{\alpha_3,\beta_3\},\dots,\{\alpha_n,\beta_n\}$ ont un élément commun. Il suffit de montrer que la situation $\{\alpha_2,\beta_2\}$, $\{\alpha_2,\beta_3\}$, $\{\beta_2,\beta_3\}$ est impossible (remarquer que $r_{\mathbb{R}f\beta_2 \oplus \mathbb{R}f\beta_3}=\rho(r_{\mathbb{R}e_2 \oplus \mathbb{R}e_3})$). On peut donc supposer que $\rho(r_{\mathbb{R}e_1 \oplus \mathbb{R}e_i})=r_{\mathbb{R}f_\alpha \oplus \mathbb{R}f_{\beta_i}}$; poser $g_1=f_\alpha$ et $g_i=f_{\beta_i}$ pour $2 \leq i \leq n$ et conclure que $\rho(r_{\mathbb{R}e_i \oplus \mathbb{R}e_j})=r_{\mathbb{R}g_i \oplus \mathbb{R}g_j}$ pour $i \neq j$.

Exercice 10.89. *homomorphismes continus de groupes orthogonaux euclidiens*

1. *Soient E un espace vectoriel euclidien, $\rho : SO_2(\mathbb{R}) \to SO(E)$ un homomorphisme continu avec $\rho(SO_2(\mathbb{R})) \neq \{\mathbb{1}_E\}$. Alors il existe une décomposition de E sous la forme $E=V_1 \overset{\perp}{\oplus} \dots \overset{\perp}{\oplus} V_s \overset{\perp}{\oplus} W_1 \overset{\perp}{\oplus} \dots \overset{\perp}{\oplus} W_t$ avec $\dim V_i=1$, $\dim W_j=2$, pour tout $r \in SO_2(\mathbb{R})$, on a $\rho(r)(V_i)=V_i$, $\rho(r)(W_j)=W_j$ et en identifiant $SO(W_j)$ à $SO_2(\mathbb{R})$, il existe $\alpha_j \in \mathbb{Z}-\{0\}$ tels que $\rho(r)=(\mathbb{1}_{V_1},\dots,\mathbb{1}_{V_s},r^{\alpha_1},\dots,r^{\alpha_t})$. En plus on a ρ injectif si et seulement si $1=\mathrm{pgcd}(\alpha_1,\alpha_2,\dots,\alpha_t)$.*

2. *Soient E un espace vectoriel euclidien de dimension $2p$, $E=W_1 \overset{\perp}{\oplus} W_2 \overset{\perp}{\oplus} \dots \overset{\perp}{\oplus} W_p$ une décomposition en somme directe orthogonale de plan , $\rho : SO(W_1) \times SO(W_2) \times \dots \times SO(W_p) \to SO(E)$ un homomorphisme continu. Alors il existe une décomposition $E=W_1' \overset{\perp}{\oplus} W_2' \overset{\perp}{\oplus} \dots \overset{\perp}{\oplus} W_p'$ avec $\rho(u)(W_j')=W_j'$ pour tout $u \in SO(W_1) \times SO(W_2) \times \dots \times SO(W_p)$; de plus il existe $\alpha_{ij} \in \mathbb{Z}$ tels que $\rho(r_1,r_2,\dots,r_p)=(r_1^{\alpha_{11}}r_2^{\alpha_{21}}\dots r_p^{\alpha_{p1}},r_1^{\alpha_{12}}r_2^{\alpha_{22}}\dots r_p^{\alpha_{p2}},\dots,r_1^{\alpha_{1p}}r_2^{\alpha_{2p}}\dots r_p^{\alpha_{pp}})$ pour tout*

$(r_1, r_2, \dots, r_p) \in SO(W_1) \times SO(W_2) \times \dots \times SO(W_p)$ *et en identifiant* $SO(W_j)$ *et* $SO(W'_j)$ *à* $SO_2(\mathbb{R})$. *En plus* ρ *injectif implique* $\text{dét}[\alpha_{ij}]_{ij} \neq 0$ *et dans ce cas* $\rho(SO(W_1) \times \dots \times (SO(W_p)) = SO(W'_1) \times \dots \times SO(W'_p)$. *Plus précisément* ρ *est injectif si et seulement si* $\text{dét}[\alpha_{ij}]_{ij} = \pm 1$.

Soient toujours ρ *injectif,* $\mathcal{B} = (e_1, e_2, \dots, e_n)$ *une base orthonormale avec* $W_i = \mathbb{R} e_{2i-1} \oplus \mathbb{R} e_{2i}$, $1 \le i \le p$, $\mathcal{C} = (f_1, f_2, \dots, f_n)$ *une base orthonormale définie selon* 10.88.6., i.e. *avec* $\rho(r_{\mathbb{R} e_i \oplus \mathbb{R} e_j}) = r_{\mathbb{R} f_i \oplus \mathbb{R} f_j}$ *pour* $1 \le i < j \le n$. *Alors on peut choisir* $W'_i = \mathbb{R} f_{2i-1} \oplus \mathbb{R} f_{2i}$. *Il suit de cela que* $\rho((r_1, r_2, \dots, r_p) = (r_1^{\varepsilon_1}, r_2^{\varepsilon_2}, \dots, r_p^{\varepsilon_p})$ avec $\varepsilon_k = \pm 1$.

3. *Soient* $\rho : O_2(\mathbb{R}) \to O_2(\mathbb{R})$ *un homomorphisme continu avec* $\rho(O_2(\mathbb{R})) \neq \{I_2\}$, $\sigma \in O_2(\mathbb{R}) - SO_2(\mathbb{R})$. *Alors il existe* $k \in \mathbb{Z}$, *tel que tout* $r \in SO_2(\mathbb{R})$ *on ait* $\rho(r) = r^k$. *Si* $k = 0$, *on a deux possibilités, ou bien il existe* $\sigma' \in O_2(\mathbb{R}) - SO_2(\mathbb{R})$ *tel que* $\rho(\sigma r) = \sigma'$ *et* $\rho(r) = I_2$, *ou bien* $\rho(\sigma r) = -I_2$ *et* $\rho(r) = I_2$. *Si* $k \neq 0$, *il existe* $\sigma' \in O_2(\mathbb{R}) - SO_2(\mathbb{R})$ *tel que* $\rho(\sigma r) = \sigma' r^k$, $\rho(r) = r^k$. *Dans ce cas* $\ker \rho = \{r \in SO_2(\mathbb{R}) \mid r^k = I_2\}$ *et* ρ *est surjectif.*

4. *Soient* $n \ge 3$, $\rho : O_n(\mathbb{R}) \to O_n(\mathbb{R})$ *un homomorphisme continu, injectif. Alors* ρ *est surjectif. De plus, si* $\rho : O_n(\mathbb{R}) \to O_n(\mathbb{R})$ *est un isomorphisme (continu ou non), il peut se décrire comme il suit. Soit il existe* $S \in O_n(\mathbb{R})$ *avec* $\rho(A) = SAS^{-1}$ *pour tout* $A \in SO_n(\mathbb{R})$; *soit il existe* $S \in O_n(\mathbb{R})$ *avec* $\rho(A) = (\text{dét} A) SAS^{-1}$ *pour tout* $A \in O_n(\mathbb{R})$, *ceci seulement pour* n *pair.*

5. *Soient* $n = 2p$, $p \ge 1$, *alors il n'existe pas d'homomorphisme (continu)* $\rho : O_n(\mathbb{R}) \to O_n(\mathbb{R})$ *avec* $\ker \rho = \{\pm I_n\}$.

6. *Soient* $n = 2p+1$, $p \ge 1$, $\rho : O_n(\mathbb{R}) \to O_n(\mathbb{R})$, *un homomorphisme continu avec* $\ker \rho = \{\pm I_n\}$. *Alors* ρ *est surjectif. De plus, si* $\rho : O_n(\mathbb{R}) \to O_n(\mathbb{R})$ *est un homomorphisme (continu ou non), surjectif avec* $\ker \rho = \{\pm I_n\}$, *il peut se décrire comme il suit. Il existe* $S \in SO_n(\mathbb{R})$ *avec* $\rho(A) = (\text{dét} A) SAS^{-1}$ *pour tout* $A \in O_n(\mathbb{R})$.

7. *Soient* $p \ge 1$, $\rho : SO_{2p+1}(\mathbb{R}) \to SO_{2p+1}(\mathbb{R})$ *un homomorphisme continu avec* $\rho(SO_{2p+1}(\mathbb{R})) \neq \{I_{2p+1}\}$. *Alors* ρ *est bijectif. De plus, si* $\rho : SO_{2p+1}(\mathbb{R}) \to SO_{2p+1}(\mathbb{R})$ *est un isomorphisme (continu ou non), il peut se décrire comme il suit. Alors il existe* $S \in SO_n(\mathbb{R})$ *tel que* $\rho(A) = SAS^{-1}$ *pour tout* $A \in SO_n(\mathbb{R})$.

8. *Soient* $p \ge 2$, $\rho : SO_{2p}(\mathbb{R}) \to SO_{2p}(\mathbb{R})$ *un homomorphisme continu avec* $\rho(SO_{2p}(\mathbb{R})) \neq \{I_{2p}\}$, *alors* ρ *est bijectif. De plus, si* $\rho : SO_{2p}(\mathbb{R}) \to SO_{2p}(\mathbb{R})$ *est un isomorphisme (continu ou non), il peut se décrire comme il suit. Il existe* $S \in O_{2p}(\mathbb{R})$ *tel que* $\rho(A) = SAS^{-1}$ *pour tout* $A \in SO_{2p}(\mathbb{R})$.

9. *Soit* $\rho : SO_4(\mathbb{R}) \to SO_3(\mathbb{R})$ *un homomorphisme continu avec* $\rho(SO_4(\mathbb{R})) \neq \{I_3\}$. *Alors on a* $\ker \rho = G_i$, $i = 1$ *ou* 2 ; G_i *est le sous-groupe distingué défini en* C.5.3.2.. *Alors* ρ *est surjectif. De plus, si* $\rho : SO_4(\mathbb{R}) \to SO_3(\mathbb{R})$ *est un homomorphisme (continu ou non), avec* ρ *surjectif, alors il peut se décrire comme il suit. Soit* $s : SO_4(\mathbb{R}) \to \dfrac{SO_4(\mathbb{R})}{G_i} \simeq SO_3(\mathbb{R})$ *la surjection canonique, alors il existe* $S \in SO_3(\mathbb{R})$ *avec* $\rho(A) = S\, s(A) S^{-1}$ *pour tout* $A \in SO_4(\mathbb{R})$.

1) On souhaite montrer 1. . En utilisant l'exercice 10.85. pour $\rho(G)$, montrer que $E=V_1\overset{\perp}{\oplus}V_2\overset{\perp}{\oplus}\dots\overset{\perp}{\oplus}V_s\overset{\perp}{\oplus}W_1\overset{\perp}{\oplus}\dots\overset{\perp}{\oplus}W_t$ avec $\dim V_i=1$, $\dim W_j=2$ et $\rho(r)(V_i)=V_i$, $\rho(r)(W_j)=W_j$. En considérant la projection $\rho_i:SO_{2p}(\mathbb{R})\to SO(V_i)$ induite par ρ déduire de 10.85. que $\rho_i(SO_{2p}(\mathbb{R}))\subset\{\pm\mathbb{1}_{V_i}\}$, et conclure de C.4.4.3.3. que $\rho_i(SO_{2p}(\mathbb{R}))=\{\mathbb{1}_{V_i}\}$; En considérant la projection $\rho_j(SO_{2p}(\mathbb{R}))\to SO(W_j)$ induite par ρ , déduire de C.4.4.3.3. qu'il existe $\alpha_j\in\mathbb{Z}-\{0\}$ tel que $\rho(r)=r^{\alpha_j}$ (remarquer que 10.85. implique $\rho_j(SO_2(\mathbb{R}))\neq\{\mathbb{1}_{W_j}\}$. Conclure que ρ est injectif si et seulement si $1=\mathrm{pgcd}(\alpha_1,\alpha_2,\dots,\alpha_t)$.

2) On souhaite montrer 2. .

2.1) En appliquant 10.85. à $\rho(SO(W_1)\times SO(W_2)\times\dots\times SO(W_p))$, montrer qu'il existe une décomposition $E=W_1'\overset{\perp}{\oplus}W_2'\overset{\perp}{\oplus}\dots\overset{\perp}{\oplus}W_p'$ avec $\rho(u)(W_j')=W_j'$ pour tout $u\in SO(W_1)\times SO(W_2)\times\dots\times SO(W_p)$. Déduire de 1. qu'il existe $\alpha_{ij}\in\mathbb{Z}$ tels que $\rho(r_1,r_2,\dots,r_p)=(r_1^{\alpha_{11}}r_2^{\alpha_{21}}\dots r_p^{\alpha_{p1}},r_1^{\alpha_{12}}r_2^{\alpha_{22}}\dots r_p^{\alpha_{p2}},\dots,r_1^{\alpha_{1p}}r_2^{\alpha_{2p}}\dots r_p^{\alpha_{pp}})$, pour tout $(r_1,r_2,\dots,r_p)\in SO(W_1)\times SO(W_2)\times\dots\times SO(W_p)$.

2.2) En utilisant l'homomorphisme de $\mathbb{R}$ sur $SO_2(\mathbb{R})$ défini par $\theta\to\begin{bmatrix}\cos 2\pi\theta & -\sin 2\pi\theta\\ \sin 2\pi\theta & \cos 2\pi\theta\end{bmatrix}$, montrer que ρ injectif implique $\det[\alpha_{ij}]_{ij}\neq 0$ et que dans ce cas $\rho(SO(W_1)\times\dots\times SO(W_p))=SO(W_1')\times\dots\times SO(W_p')$.

2.3) Montrer que ρ est injectif si et seulement si $\det[\alpha_{ij}]_{ij}=\pm 1$ (ce résultat n'est pas utilisé pour la suite).

2.4) On suppose ρ injectif. Montrer que le renversement de plan $\mathbb{R}f_{2i-1}\oplus\mathbb{R}f_{2i}$ laisse stable W_k' et induit sur W_k' l'élément $\mathbb{1}_{W_k'}$ ou $-\mathbb{1}_{W_k'}$. Montrer qu'il existe k_i avec $W_{k_i}'=\mathbb{R}f_{2i-1}\oplus\mathbb{R}f_{2i}$. Conclure que 2. est satisfait.

3) Soit $\rho:O_2(\mathbb{R})\to O_2(\mathbb{R})$ un homomorphisme continu avec $\rho(O_2(\mathbb{R}))\neq\{I_2\}$. Remarquer que $\rho(SO_2(\mathbb{R})\subset SO_2(\mathbb{R}))$ et déduire de 1. qu'il existe $k\in\mathbb{Z}$ tel que $\rho(r)=r^k$ pour tout $r\in SO_2(\mathbb{R}))$. Si $k=0$, montrer qu'il existe une involution t de $O_2(\mathbb{R})$ avec $\rho(\sigma)=t$ pour tout $\sigma\in O_2(\mathbb{R})-SO_2(\mathbb{R})$ et $\rho(SO_2(\mathbb{R}))=\{I_2\}$; remarquer que t est soit un élément de $O_2(\mathbb{R})-SO_2(\mathbb{R})$ ou que $t=-I_2$. Supposons maintenant $k\neq 0$, déduire de 2. que $\rho(SO_2(\mathbb{R}))=SO_2(\mathbb{R})$. Soit $\sigma\in O_2(\mathbb{R})-SO_2(\mathbb{R})$, montrer que $\rho(\sigma)\in O_2(\mathbb{R})-SO_2(\mathbb{R})$; conclure que 3. est satisfait.

4) Soient $n\geq 3$, $\rho:O_n(\mathbb{R})\to O_n(\mathbb{R})$ un homomorphisme continu, injectif.

4.1) En utilisant 10.88.5. , montrer que pour toute droite, $\rho(\sigma_D)=\sigma_{D'}$, ou bien pour toute droite D , on a $\rho(\sigma_D)=-\sigma_{D'}$. Soient $\mathscr{B}:=(e_1,e_2,\dots,e_n)$ une base orthonormale de $\mathbb{R}^n$, $\mathscr{C}=(f_1,f_2,\dots,f_n)$ la base orthonormale telle que $\rho(G(\mathscr{B}))=G(\mathscr{C})$ selon 10.88.1. . En utilisant 10.88.5. montrer qu'on peut choisir la base $\mathscr{C}$ avec $\rho(\sigma_{e_i})=\sigma_{f_i}$ (resp. $\rho(\sigma_{e_i})=-\sigma_{f_i}$) pour $1\leq i\leq n$ (σ_a est la symétrie orthogonale d'hyperplan $a^\perp$). Déduire

de 10.88.5. qu'il existe une application injective $\bar{\rho}:\mathbb{P}(\mathbb{R}^n)\to\mathbb{P}(\mathbb{R}^n)$ telle que $\bar{\rho}(\mathbb{R}a)=\mathbb{R}a'$ avec $\rho(\sigma_a)=\sigma_{a'}$ (resp. $\rho(\sigma_a)=-\sigma_{a'}$), où $\mathbb{P}(\mathbb{R}^n)$ désigne l'ensemble des droites de $\mathbb{R}^n$.
4.2) Soit r une rotation plane de plan $\mathbb{R}e_1\oplus\mathbb{R}e_2$, montrer qu'il existe $a,b\in\mathbb{R}e_1\oplus\mathbb{R}e_2$ avec $r=\sigma_a\sigma_b=(-\sigma_a)(-\sigma_b)$. Montrer que $\sigma_a\sigma_{e_i}=\sigma_{e_i}\sigma_a$ pour $i\geq 3$, en conclure que $\rho(\sigma_a)(f_i)=\varepsilon_i f_i$ pour $i\geq 3$, avec $\varepsilon_i\in\{\pm 1\}$; déduire que $\varepsilon_i=1$ pour $i\geq 3$ (sinon, on aurait $\rho(\sigma_a)=\sigma_{f_i}$, sachant que $\rho(\sigma_a)$ est une symétrie hyperplane). Conclure de cela que $\rho(\sigma_a)$ est une rotation plane de plan $\mathbb{R}f_1\oplus\mathbb{R}f_2$. Déduire de 1. que toute rotation plane de plan $\mathbb{R}f_1\oplus\mathbb{R}f_2$ est un élément de $\rho(O_n(\mathbb{R}))$ et par une méthode analogue, que toute rotation plane de plan $\mathbb{R}f_i\oplus\mathbb{R}f_j$ avec $i\neq j$ est un élément $\rho(O_n(\mathbb{R}))$. Déduire de 10.87. que $\rho(O_n(\mathbb{R}))=O_n(\mathbb{R})$, et ainsi que $\bar{\rho}:\mathbb{P}(\mathbb{R}^n)\to\mathbb{P}(\mathbb{R}^n)$ est une bijection.
4.3) Soient D,D' deux droites avec $D\neq D'$, montrer que D est orthogonal D' si et seulement si $\sigma_D\sigma_{D'}=\sigma_{D'}\sigma_D$. En conclure que $\bar{\rho}$ conserve l'orthogonalité. Soient D_1,D_2,D_3 trois droites coplanaires, montrer que $\bar{\rho}(D_1)$, $\bar{\rho}(D_2)$ et $\bar{\rho}(D_3)$ sont coplanaires (déterminer $\bar{\rho}((D_1,D_2)^\perp)$) .
4.4) Déduire du théorème fondamental de la géométrie projective (10.50 , p.174, *Fk*, p. 262, *Di*, p. 72) qu'il existe un automorphisme u de $\mathbb{R}^n$ tel que $u(D)=\bar{\rho}(D)$ pour toute droite D . Montrer que u est une similitude (C.6.3.) .
4.5) Déduire 4.4) qu'il existe $S\in O_n(\mathbb{R})$ tel que $\bar{\rho}(\mathbb{R}X)=\mathbb{R}(SX)$ pour tout $X\in\mathbb{R}^n$. Montrer aussi que $\rho(\sigma_X)=S\sigma_X S^{-1}$ pour tout $X\in\mathbb{R}^n-\{0\}$ (resp. $\rho(\sigma_X)=-S\sigma_X S^{-1}$) . En conclure que 4. est satisfait.
5) Déduire 5. de 10.86.5..
6) Soit $\rho:O_n(\mathbb{R})\to O_n(\mathbb{R})$ un homomorphisme continu avec $\ker\rho=\{\pm I_n\}$, $n=2p+1$. Soit $\rho_1:O_n(\mathbb{R})\to O_n(\mathbb{R})$ défini par $\rho_1(A)=(\text{dét}A)\rho(A)$, montrer que ρ_1 est un homomorphisme continu injectif. Déduire de 4. que 6. est satisfait.
7) Soit $\rho:SO_{2p+1}(\mathbb{R})\to SO_{2p+1}(\mathbb{R})$ un homomorphisme continu avec $\rho(SO_{2p+1}(\mathbb{R}))\neq\{I_{2p+1}\}$. Montrer que ρ est injectif (C.5.3.2.) . Montrer que ρ se prolonge en un homomorphisme continu, injectif $\rho_1:O_{2p+1}(\mathbb{R})\to O_{2p+1}(\mathbb{R})$ (utiliser l'isomorphisme $O_{2p+1}(\mathbb{R})\simeq\{\pm I_{2p+1}\}\times SO_{2p+1}(\mathbb{R})$) .
8) Soit $\rho:SO_{2p}(\mathbb{R})\to SO_{2p}(\mathbb{R})$ un homomorphisme continu avec $\rho(SO_{2p}(\mathbb{R}))\neq\{I_{2p}\}$.
8.1) Déduire de C.5.3.2. et de 10.86.10. que ρ est injectif. Soit P un plan, déduire de 10.88.6. que pour tout plan P , alors $\rho(r_P)$ est un renversement. 8.2) Soient $\mathcal{B}=(e_1,e_2,\dots,e_n)$ une base orthonormale de $E=\mathbb{R}^n$, $\mathcal{C}=(f_1,f_2,\dots,f_n)$ satisfaisant $\rho(r_{\mathbb{R}e_i\oplus\mathbb{R}e_j})=r_{\mathbb{R}f_i\oplus\mathbb{R}f_j}$ selon 10.88.6. . Déduire de 2. que $\rho(SO_n(\mathbb{R}))$ contient les rotations planes de plan $\mathbb{R}f_i\oplus\mathbb{R}f_j$ pour $i\neq j$ (appliquer 2. en choisissant convenablement $W_1,W_2,\dots,W_p$) . Déduire de 10.87. que $\rho(SO_n(\mathbb{R}))=SO_n(\mathbb{R})$ et donc que ρ est un isomorphisme.

8.3) On conserve les rotations de 8.2) . Soient $W_i := \mathbb{R}e_{2i-1} \oplus \mathbb{R}e_{2i}$, $W'_i = \mathbb{R}f_{2i-1} \oplus \mathbb{R}f_{2i}$ selon 2. . Alors on a toujours en utilisant 2. ,
$\rho((r_1, r_2, \dots, r_p) = (r_1^{\alpha_{11}} r_2^{\alpha_{21}} \dots r_p^{\alpha_{p1}}, r_1^{\alpha_{12}} r_2^{\alpha_{22}} \dots r_p^{\alpha_{p2}}, \dots, r_1^{\alpha_{1p}} r_2^{\alpha_{2p}} \dots r_p^{\alpha_{pp}})$. Il s'agit de montrer que $\alpha_{ij}=0$ pour $i \neq j$, et $\alpha_{ii} = \pm 1$.
8.3.1) Supposons $n \geq 6$. Soit $i<j$, en considérant la conjugaison de $(r_1, r_2, \dots, r_p)$ par $\mathbb{R}e_{2i} \oplus \mathbb{R}e_{2j}$, montrer que $\alpha_{ki} = \alpha_{kj} = 0$ pour $k \neq i, j$ et $\alpha_{i\ell} = \alpha_{j\ell} = 0$ pour $\ell \neq i, j$. Conclure que $\alpha_{ij}=0$ pour $i \neq j$ et $\alpha_{ii} = \pm 1$.
8.3.2) Supposons $n=4$. Soient G_1, G_2 les sous-groupes distingués de $SO_4(\mathbb{R})$ définis selon C.5.3.2. . Montrer que $\rho(G_i) = G_i$ pour $i=1,2$ ou que $\rho(G_1) = G_2$ et $\rho(G_2) = G_1$. Considérons le cas où $\rho(G_i) = G_i$ pour $i=1,2$. Montrer que $\begin{bmatrix} \alpha_{11} & \alpha_{12} \\ \alpha_{21} & \alpha_{22} \end{bmatrix} = \pm I_2$ ou

$\begin{bmatrix} \alpha_{11} & \alpha_{12} \\ \alpha_{21} & \alpha_{22} \end{bmatrix} = \pm \begin{bmatrix} 0 & 1 \\ 1 & 0 \end{bmatrix}$. Montrer que $\begin{bmatrix} \alpha_{11} & \alpha_{12} \\ \alpha_{21} & \alpha_{22} \end{bmatrix} = \pm \begin{bmatrix} 0 & 1 \\ 1 & 0 \end{bmatrix}$ est impossible (considérer $\rho(-\mathbb{1}_{W_1}, \mathbb{1}_{W_2})$). Pour le cas $\rho(G_1) = G_2$ et $\rho(G_2) = G_1$, montrer que
$\begin{bmatrix} \alpha_{11} & \alpha_{12} \\ \alpha_{21} & \alpha_{22} \end{bmatrix} = \pm \begin{bmatrix} 1 & 0 \\ 0 & -1 \end{bmatrix}$.

8.3.3) Soient P un plan, $\mathscr{R}(P)$ le sous-groupe des rotations planes de plan P . Déduire de 8.3) que $\rho(\mathscr{R}(P)) = \mathscr{R}(\bar{\rho}(P))$.
8.4) *(les plans qui contiennent une droite)*

Soient $D = \mathbb{R}e_1$ *une droite avec* $\|e_1\| = 1$, $\mathscr{P}(D)$ *l'ensemble de tous les plans de* $\mathbb{R}^n$ *qui contiennent* D , $\bar{\rho}(\mathscr{P}(D)) := \{\bar{\rho}(P) \mid P \in \mathscr{P}(D)\}$, *alors il existe une et une seule droite* D' *telle que* $\bar{\rho}(\mathscr{P}(D)) = \mathscr{P}(D')$.

On complète (e_1) en une base orthonormée $\mathscr{B} = (e_1, e_2, \dots, e_n)$, soit $\mathscr{C} = (f_1, f_2, \dots, f_n)$ une base orthonormée telle $\rho(r_{\mathbb{R}e_i \oplus \mathbb{R}e_j}) = r_{\mathbb{R}f_i \oplus \mathbb{R}f_j}$ pour $1 \leq i < j \leq n$.

Soit un plan $P := \mathbb{R}e_1 \oplus \mathbb{R}e$ où (e_1, e) est une base orthonormée. Montrer qu'il existe $s = s_{n-1}s_{n-2} \dots s_2$ où s_i est une rotation de plan $\mathbb{R}e_i \oplus \mathbb{R}e_{i+1}$, avec $e = s(e_2)$ et donc que $s(e_1) = e_1, s(e_2) = e$, ainsi $s(\mathbb{R}e_1 \oplus \mathbb{R}e_2) = P$. Conclure que $\rho(s)(\mathbb{R}f_1 \oplus \mathbb{R}f_2) = \bar{\rho}(P)$ (utiliser la formule $s\, r_{\mathbb{R}e_1 + \mathbb{R}e_2} s^{-1} = r_P$) , remarquer que $\rho(s_i)$ est une rotation plane de plan $\mathbb{R}f_i \oplus \mathbb{R}f_{i+1}$ (utiliser 8.3.3) ; en déduire que $\mathbb{R}f_1 \in \bar{\rho}(P)$. Montrer que 8.4) est satisfait.
8.5) Notons $\bar{\rho}(D)$ la droite définie par $\bar{\rho}(\mathscr{P}(D)) = \mathscr{P}(D')$ selon les notations de 8.4) . Soient D_1, D_2, D_3 trois droites d'un plan P , montrer $\bar{\rho}(D_i) \subset \bar{\rho}(P)$ pour $1 \leq i \leq 3$.

Soient $D_1 = \mathbb{R}e_1$, $D_2 = \mathbb{R}e_2$, avec (e_1, e_2) une famille orthonormale, $\mathscr{B} = (e_1, e_2, \dots, e_n)$ une base orthonormale qui complète (e_1, e_2) , d'après 2. il existe une base orthonormale $\mathscr{C} = (f_1, f_2, \dots, f_n)$ telle que $\bar{\rho}(\mathbb{R}e_i \oplus \mathbb{R}e_j) = \mathbb{R}f_i \oplus \mathbb{R}f_j$. Déduire de 8.4) que $\bar{\rho}(D_i) = \mathbb{R}f_i$ et donc que $\bar{\rho}$ préserve l'orthogonalité des droites. Conclure comme en 4. qu'il existe $S \in O_n(\mathbb{R})$ tel que $\rho(A) = SAS^{-1}$ pour tout $A \in SO_n(\mathbb{R})$.

9) Montrer que $\ker\rho\neq SO_4(\mathbb{R})$, $\ker\rho\neq\{I_4\}$, $\ker\rho\neq\{\pm I_4\}$ (utiliser 10.86.7. et 9.) . Déduire de C.5.3.2. que $\ker\rho=G_i$, $i=1,2$.

Soit $A\in SO_4(\mathbb{R})$, alors il existe un unique $S\in G_i$ tel que $SA=\begin{bmatrix} 1 & 0_1 \\ 0_2 & B \end{bmatrix}$ avec $B\in SO_3(\mathbb{R})$, 0_1 (resp. 0_2) est l'élément nul de $M_{1,3}(\mathbb{R})$ (resp. $M_{3,1}(\mathbb{R})$). Ainsi $s:SO_4(\mathbb{R})\to SO_3(\mathbb{R})$ défini par $s(A)=B$ est une surjection de noyau G_i . Il suit du théorème de factorisation des homomorphismes que ρ induit un homomorphisme continu et injectif de $SO_3(\mathbb{R})$ dans $SO_3(\mathbb{R})$. Alors par 8. il existe $S\in SO_3(\mathbb{R})$ tel que $\rho(A)=S\,s(A)S^{-1}$ pour tout $A\in SO_4(\mathbb{R})$.

Exercice 10.90. *sur le discriminant d'une matrice symétrique réelle*

Il existe un polynôme $d(X_{ij})\in\mathbb{Z}[X_{ij}]_{1\le i\le j\le n}$ *tel que tout* $S=[s_{ij}]\in\mathcal{Sym}_n(\mathbb{R})$ *on ait* $\mathrm{dis}_n(\chi_S(X))=d(s_{ij})=:d(S)$. *En plus il existe des polynômes* $d_1,d_2,\dots,d_k\in\mathbb{R}[X_{ij}]_{i\le j}$ *avec pour tout* $S\in\mathcal{Sym}_n(\mathbb{R})$ $d(S)=d_1(S)^2+d_2(S)^2+\dots+d_k(S)^2$.

1) *(le discriminant du polynôme caractéristique d'une matrice)*

1.1) Soient $(X_{ij})_{1\le i\le n,1\le j\le n}$ des indéterminées sur $\mathbb{Z}$, $M:=[X_{ij}]_{ij}\in M_n(\mathbb{Z}[X_{ij}]_{1\le i<j\le n,\ 1\le j\le n})$, $\chi_M(X)=X^n+c_1(X_{ij})X^{n-1}+\dots+c_n(X_{ij})$, avec $c_k(X_{ij})\in\mathbb{Z}[X_{ij}]_{i,j}$ homogène de degré k si $c_k\neq 0$ (*Fr 1,* 3.2.1.).

1.2) Soient $a_1,a_2,\dots,a_n$ des indéterminées sur $\mathbb{Z}$, $P(X):=X^n+a_1X^{n-1}+\dots+a_n$, alors $\mathrm{dis}_n P=D(a_1,a_2,\dots,a_n)=\mathrm{res}_{n,n-1}(P,P')\in\mathbb{Z}[a_1,a_2,\dots,a_n]$ (*Fr 2,* F.7.7.3.1.) ; en plus $D(a_1,a_2,\dots,a_n)=\sum_{1\alpha_1+2\alpha_2+\dots+n\alpha_n=n(n-1)} u_\alpha a_1^{\alpha_1}a_2^{\alpha_2}\dots a_n^{\alpha_n}$ (*Fr 2,* F.7.7.3.1. et F.7.7.2.4.).

Par ailleurs si $Z_1,Z_2,\dots Z_n$ sont des indéterminées sur $\mathbb{Z}$ et si $P(X)=(X-Z_1)(X-Z_2)\dots(X-Z_n)$ alors $\mathrm{dis}_n P=\prod_{1\le i<n}(Z_i-Z_j)^2$ (*Fr 2,* F.7.7.3.1.). Il suit alors que pour $M=[X_{ij}]_{ij}$ où X_{ij} sont des indéterminées sur $\mathbb{Z}$, que $\mathrm{dis}_n\chi_M(X)=d_1(X_{ij})$ ou $d_1\in\mathbb{Z}[X_{ij}]_{ij}$ est un polynôme homogène de degré $n(n-1)$.

2) *(le discriminant du polynôme caractéristique d'une matrice symétrique)*

Soit $\rho:\mathbb{Z}[X_{ij}]_{ij}\to\mathbb{Z}[X_{ij}]_{i\le j}$ l'homomorphisme défini par $\rho(X_{ij})=X_{ij}$ si $i\le j$ et $\rho(X_{ij})=X_{ji}$ si $i>j$ et soit $d(X_{ij})$ l'image de $d_1(X_{ij})$ par ρ .

Soit maintenant X_{ij} pour $i\le j$ des indéterminées sur $\mathbb{Z}$, $N=[n_{ij}]\in[X_{ij}]_{i\le j}$ défini par $n_{ij}=X_{ij}$ si $i\le j$ et $n_{ij}=X_{ji}$ si $i>j$. Alors on a $\mathrm{dis}_n\chi_N(X)=d(X_{ij})$, c'est un polynôme homogène de degré $n(n-1)$. En particulier si $N=\begin{bmatrix} Z_1 & 0 & . & . & 0 \\ 0 & Z_2 & . & . & \\ . & . & . & . & . \\ . & . & . & . & 0 \\ 0 & . & . & 0 & Z_n \end{bmatrix}$, on a $\mathrm{dis}_n\chi_N=\prod_{1\le i<j\le n}(Z_i-Z_j)^2$.

3) *(le discriminant d'une matrice symétrique réelle)*

Soit $S=[s_{ij}]\in\mathscr{Sym}_n(\mathbb{R})$, alors on a $\mathrm{dis}_n\chi_S(X)=d(s_{ij})=:d(S)$. En particulier si

$$S=\begin{bmatrix}\lambda_1 & 0 & . & . & 0\\ 0 & \lambda_2 & . & . & .\\ . & . & . & . & .\\ . & . & . & . & 0\\ 0 & . & . & 0 & \lambda_n\end{bmatrix}, \text{ on a } \mathrm{dis}_n\,\chi_S(X)=\prod_{1\le i<j\le n}(\lambda_i-\lambda_j)^2=d(S) \text{ (considérer l'homomor-}$$

phisme canonique $\mathbb{Z}[X_{ij}]_{i\le j}\to\mathbb{Z}[s_{ij}]\subset\mathbb{R}$, ou $\mathbb{Z}[Z_1,Z_2,\dots,Z_n]\to\mathbb{Z}[\lambda_1,\lambda_2,\dots,\lambda_n]\subset\mathbb{R}$).

4) *La mesure de* Haar *sur* $O_n(\mathbb{R})$. Nous admettrons le résultat ci-après, qui est une conséquence de l'existence d'une mesure de Haar sur le groupe compact $O_n(\mathbb{R})$.

Soit $\mathscr{C}(O_n(\mathbb{R}),\mathbb{R})$ le $\mathbb{R}$-espace vectoriel les fonctions continues sur $O_n(\mathbb{R})$ à valeurs dans $\mathbb{R}$. Alors il existe $\varphi:\mathscr{C}(O_n(\mathbb{R}),\mathbb{R})\to\mathbb{R}$, une forme linéaire continue avec les propriétés suivantes.

4.1) Soit $f\in\mathscr{C}(O_n(\mathbb{R}),\mathbb{R})$ avec $f\neq 0$ et $f(A)\ge 0$ pour tout $A\in O_n(\mathbb{R})$, alors on a $\varphi(f)>0$.

4.2) Soient $f\in\mathscr{C}(O_n(\mathbb{R}),\mathbb{R})$, $B\in O_n(\mathbb{R})$, $f'\in\mathscr{C}(O_n(\mathbb{R}),\mathbb{R})$ défini par $f'(A)=f(AB)$ pour tout $A\in O_n(\mathbb{R})$, alors on a $\varphi(f)=\varphi(f')$.

5) Soient $r(X_{ij})\in\mathbb{R}[X_{ij}]_{1\le i<j\le n}$ un polynôme homogène de degré $\frac{n(n-1)}{2}$. Si $T=[t_{ij}]_{ij}\in\mathscr{Sym}_n(\mathbb{R})$, on note $r(T)$ l'élément $r(t_{ij})$.

Montrer qu'il existe deux familles finies $(c_k(X_{ij}))_{k\in K}$, $c_k(X_{ij})\in\mathbb{R}[X_{ij}]_{i,j}$, homogène de degré $n(n-1)$ $(d_k(Z_{ij}))_{k\in K}$, $d_k(Z_{ij})\in\mathbb{R}[Z_{ij}]_{i\le j}$ homogène de degré $\frac{n(n-1)}{2}$ telles que $r(AS\,{}^tA)=\sum_{k\in K}c_k(a_{ij})d_k(s_{ij})$ pour tout $A=[a_{ij}]\in O_n(\mathbb{R})$, $S=[s_{ij}]\in\mathscr{Sym}_n(\mathbb{R})$. Soit encore $r(AS\,{}^tA)=\sum_{k\in K}c_k(A)\,d_k(S)$, en notant $c_k(A)=c_k(a_{ij})$ pour $A=[a_{ij}]$ et $d_k(S)=d_k(s_{ij})$ pour $S=[s_{ij}]$.

6) Soient $S\in\mathscr{Sym}_n(\mathbb{R})$, $f_S\in\mathscr{C}(O_n(\mathbb{R}),\mathbb{R})$ défini par $f_S(A):=r(AS\,{}^tA)^2$ pour tout $A\in O_n(\mathbb{R})$ et $q(S):=\varphi(f_S)$. Déduire de 5) que $q(S)=\sum_{k\in K}\sum_{k'\in K}\varphi(c_kc_{k'})d_k(S)d_{k'}(S)$, où $c_kc_{k'}$ est l'application $A\mapsto c_k(A)c_{k'}(A)$. Conclure que $q(S)\ge 0$ pour tout $S\in\mathscr{Sym}_n(\mathbb{R})$ et que $q\neq 0$. Soit $Q(Z_{ij}):=\sum_k\sum_{k'}\varphi(c_kc_{k'})d_k(Z_{ij})d_{k'}(Z_{ij})$. Montrer que $Q(S)=q(S)$ et que Q est un polynôme homogène de degré $n(n-1)$.

7) *On suppose désormais* que $d(S)=0$ implique $r(S)=0$. Conclure que $d(S)=0$ implique $Q(S)=0$.

8) Soient $S\in\mathscr{Sym}_n(\mathbb{R})$, $R\in O_n(\mathbb{R})$, montrer que $Q(RS\,{}^tR)=Q(S)$.

9) Soit $Q_1(Y_1,Y_2,\dots,Y_n):=Q_1(Y)$ l'image de $Q(Z_{ij})$ par l'homomorphisme de $\mathbb{R}[Z_{ij}]_{i\le j}$ dans $\mathbb{R}[Y_1,Y_2,\dots,Y_n]$ défini par $Z_{ii}\to Y_i$ et $Z_{ij}\to 0$ pour

$$i<j\text{ . Soit } S=\begin{bmatrix}\lambda_1 & 0 & . & . & 0\\ 0 & \lambda_2 & . & . & .\\ . & . & . & . & .\\ . & . & . & . & 0\\ 0 & . & . & 0 & \lambda_n\end{bmatrix}, \text{ montrer que } Q(S)=Q_1(Y_1,Y_2,\dots,Y_n)\text{ . On souhaite}$$

maintenant montrer que $Q_1(Y_1,Y_2,\dots,Y_n)=\lambda \prod_{i<j}(Y_i-Y_j)^2$ avec $\lambda\neq 0$.

Soit $d_1,d_2,\dots,d_n\in\mathbb{R}$ avec $d_i=d_j$ pour $i<j$, montrer que $Q_1(d_1,d_2,\dots,d_n)=0$. Conclure que $Y_i-Y_j \mid Q_1(Y_1,Y_2,\dots,Y_n)$ dans $\mathbb{R}[Y]$. En déduire que $Q_1(Y)=\prod_{i<j}(Y_i-Y_j)\,t(Y)$ (utiliser le fait que $\mathbb{R}[Y_1,Y_2,\dots,Y_n]$ est factoriel (*Fr 2,* F.7.1.2.)).

Il s'agit maintenant de montrer que $Y_i-Y_j \mid t(Y)$. Montrer que $A(Y)=(Y_i-Y_j)\,u(Y)+v(Y_1,\dots,Y_{i-1},Y_{i+1},\dots,Y_n)$. On fixe $d_1,\dots,d_{i-1},d_{i+1},\dots,d_n$ distincts, et on pose $d_i=d_j+\varepsilon$. Remarquer que $\prod_{s<\ell}(d_s-d_\ell)$ change de signe pour ε proche de 0 , lorsque ε change de signe. En conclure que $v(d_1,d_2,\dots,d_n)=0$ pour ε proche de 0 (utiliser $Q_1(d_1,d_2,\dots,d_n)\geq 0)$. En conclure que $v(Y_1,\dots,Y_{i-1},Y_{i+1},\dots,Y_n)=0$ (*Fr 2,* F.2.5.12.). Déduire que $Q_1(Y)=\prod_{i<j}(Y_i-Y_j)^2$ avec $\lambda\neq 0$ (pour $\lambda\neq 0$, montrer que $Q_1(Y)\neq 0$; il suffit d'utiliser $q\neq 0$ et 8)) .

Déduire de 8) que pour tout $S\subset\mathcal{S}ym_n(\mathbb{R})$, on a $Q(S)=\lambda\, d(S)$.

10) Identifions l'ensemble K de 5) à $\{1,2,\dots,N\}$, soit $\Phi(T_1,T_2,\dots,T_N):=\sum_{k=1}^{N}\sum_{k'=1}^{N}\varphi(c_k c_{k'})T_k T_{k'}$ (avec les notations de 6)). Montrer que pour tout $(\xi_1,\xi_2,\dots,\xi_N)\in\mathbb{R}^N$ on a $\Phi(\xi_1,\xi_2,\dots,\xi_n)=\varphi\left(\left(\sum_{k=1}^{N}\xi_k c_k\right)^2\right)$, en conclure que $\Phi(\xi_1,\xi_2,\dots,\xi_N)\geq 0$. Déduire de B.5.3. , B.5.4. qu'il existe $(L_1(T),L_2(T),\dots,L_N(T))$ une famille libre de polynômes homogènes de degré 1 avec $\Phi(\xi_1,\xi_2,\dots,\xi_n)=a_1L_1(\xi)^2+a_2L_2(\xi)^2+\dots+a_NL_N(\xi)^2$ et $a_i\in\{1,0\}$. Quitte à changer les indices, on peut supposer que $\Phi(\xi_1,\xi_2,\dots,\xi_n)=L_1(\xi)^2+L_2(\xi)^2+\dots+L_M(\xi)^2$ pour tout $\xi\in\mathbb{R}^N$.

Conclure que pour tout $S\in\mathcal{S}ym_n(\mathbb{R})$, on a $Q(S)=\lambda\, d(S)=\sum_{s=1}^{M}(L_s(d_1(S),d_2(S),\dots,d_N(S))^2$. Conclure qu'il existe $P_s(Z_{ij})$, un polynôme homogène de degré $\frac{n(n-1)}{2}$ avec $d(S)=P_1(S)^2+P_2(S)^2+\dots+P_M(S)^2$, pour tout $S\in\mathcal{S}ym_n(\mathbb{R})$.

11) Il s'agit maintenant de montrer qu'il existe $r(X_{ij})\in\mathbb{R}[X_{i,j}]_{1\leq i<j\leq n}$, un polynôme homogène de degré $\frac{n(n-1)}{2}$ avec $d(S)=0$ implique $r(S)=0$.

11.1) Soit $S\in\mathcal{S}ym_n(\mathbb{R})$, montrer que les propriétés suivantes sont équivalentes.

i) $d(S)=0$, *ii)* il existe $A\in M_n(\mathbb{R})$, anti-symétrique avec $AS=SA$ (se ramener au cas où S est diagonale).

11.2) Soit $i<j$, montrer qu'il existe $L_{ij}(Z_{\ell,c},T_{\ell',c'})\in\mathbb{Z}[Z_{\ell,c},T_{\ell',c'}]_{\substack{1\leq\ell<c\leq n\\ 1<\ell'<c'\leq n}}$ un polynôme homogène de degré 2 , par rapport aux $Z_{\ell,s}$ et aussi homogène de degré 1 par rapport aux $T_{\ell',s'}$, tels que pour tout $S=[s_{ij}]\in\mathcal{S}ym_n(\mathbb{R}),A=[a_{ij}]\in\mathcal{A}nti\text{-}\mathcal{S}ym_n(\mathbb{R})$, $L_{ij}(s_{\ell,s},a_{\ell',s'})$ soit le coefficient de $AS-SA$ en (i,j) .

Soit $I:=\{(\ell,c)\mid 1\leq\ell<c\leq n\}$, déduire qu'il existe $M(Z_{ij})\in M_{\frac{n(n-1)}{2}}(\mathbb{Z}[Z_{ij}]_{<j})$

telle que $M(s_{ij})[a_{\ell,c}]_{\ell,c\in I}=[b_{\ell,c}]_{(\ell,c)\in I}$ où $S=[s_{ij}]\in \mathcal{S}ym_n(\mathbb{R})$,
$A=[a_{\ell,c}]_{\ell,c}\in \mathcal{A}nti\text{-}\mathcal{S}ym_n(\mathbb{R})$ et $AS-SA=[b_{\ell,c}]_{\ell,c}$. En plus, remarquer que les coefficients de $M(Z_{ij})$ sont des polynômes homogènes de degré 1 ou sont nuls.

11.3) Déduire de 11.1) et 11.2) que $d(S)=0$ implique $\text{dét}M(s_{ij})=0$. Si

$$S=[s_{ij}]=\begin{bmatrix}\lambda_1 & 0 & . & . & 0\\ 0 & \lambda_2 & . & . & .\\ . & . & . & . & .\\ . & . & . & . & 0\\ 0 & . & . & 0 & \lambda_n\end{bmatrix}$$ avec $\lambda_i\neq\lambda_j$ pour $i\neq j$, déduire de 11.1) que $\text{dét}M(s_{ij})\neq 0$.

Soit $r(Z_{ij}):=\text{dét}\,M(Z_{ij})$, conclure que $r\neq 0$, r est homogène, $\deg r=\frac{n(n-1)}{2}$, et que $d(S)=0$ implique $r(s_{ij})=0$.

12) Déduire de 11) et 10) le résultat.

13) **Remarque historique.** La question ci-après est semble-t-il toujours ouverte. Peut-on décrire (à partir de leurs coefficients) les polynômes $P(X_1,X_2,\dots,X_n)\in\mathbb{R}[X_1,X_2,\dots,X_n]$ tel que pour tout $(x_1,x_2,\dots,x_n)\in\mathbb{R}^n$, on ait $P(x_1,x_2,\dots,x_n)\geq 0$?

Cela est bien entendu proche du 17ème problème de **Hilbert** (consulter "On the discriminant of real symmetric matrices", **Peter Lax**, Communications on Pure and Applied Mathematics, vol. LI , 1387-1396 (1998) ; consulter aussi "Proceedings of Symposia in pure mathematics" vol. XXVIII, 1976 A.M.S. (p. 24, énoncé de **Hilbert**, 483-490, article **A. Pfister**).

Exercice 10.91. *le corps des quaternions et le groupe* $SO_4(\mathbb{R})$.

1. *Existence du corps des quaternions de* **Hamilton**

Il existe une $\mathbb{R}$*-algèbre* $\mathbb{H}$ *avec les propriétés suivantes. Le* $\mathbb{R}$*-espace vectoriel* $\mathbb{H}$ *est de dimension* 4 *et se décompose sous la forme* $\mathbb{H}=\mathbb{R}\,e_0\oplus\mathbb{R}\,e_1\oplus\mathbb{R}\,e_2\oplus\mathbb{R}\,e_3$ *avec* $e_0e_i=e_ie_0=e_i$ *pour* $0\leq i\leq 3$, $e_1^2=e_2^2=e_3^2=-e_0$, $e_1e_2=-e_2e_1=e_3$, $e_2e_3=-e_3e_2=e_1$, $e_3e_1=-e_1e_3=e_2$. *Il suit de cela que* e_0 *est l'élément neutre de* $\mathbb{H}$ *pour la mutliplication et que* $\mathbb{R}e_0$ *est le centre de* $\mathbb{H}$.

2. *Si* $z=x_0e_0+x_1e_1+x_2e_2+x_3e_3\in\mathbb{H}$, *avec* $x_i\in\mathbb{R}$, *on note* $\bar{z}$ *l'élément* $\bar{z}:=x_0e_0-x_1e_1-x_2e_2-x_3e_3$. *On a pour tout* $z_1,z_2\in\mathbb{H}$, $\overline{z_1+z_2}=\bar{z}_1+\bar{z}_2$, $\overline{z_1z_2}=\bar{z}_2\bar{z}_1$. *Il suit de cela que* $\mathbb{H}$ *est un corps non commutatif.*

3. *Soit* $N(z):=\bar{z}z=z\bar{z}$, *alors on a* $N(z_1z_2)=N(z_1)N(z_2)$ *et* $N(x_0e_0+x_1e_1+x_2e_2+x_3e_3)=x_0^2+x_1^2+x_2^2+x_3^2$. *De plus* $z\longmapsto N(z)$ *est une forme quadratique sur le* $\mathbb{R}$*-espace vectoriel* $\mathbb{H}$, *dont la forme polaire associée est définie par* $(z\,|\,z')=z\bar{z}'+z'\bar{z}$; *pour cette structure* $\mathbb{H}$ *est un espace vectoriel euclidien et* (e_0,e_1,e_2,e_3) *est une base orthonormale.*

4. *Soit* $W:=\mathbb{R}e_1\oplus\mathbb{R}e_2\oplus\mathbb{R}e_3$ *(les quaternions purs), on a donc,* $z\in W$ *si et seulement si* $\bar{z}+z=0$ *et de plus* $W=(\mathbb{R}e_0)^{\perp}$. *Il suit que pour* $z,z'\in W$, *on a* $(z\,|\,z')=0$ *si et seulement si* $zz'=-z'z$.

5. *Soit* $\varepsilon,\varepsilon'\in W$ *avec* $N(\varepsilon)=N(\varepsilon')=1$ *et* $(\varepsilon\,|\,\varepsilon')=0$, *alors* $(\varepsilon,\varepsilon',\varepsilon\varepsilon')$ *est une base orthonormale de* W, *de même orientation que* (e_1,e_2,e_3).

6. *Soient* $\mathbb{H}_0:=\{z\in\mathbb{H}\,|\,N(z)=1\}$, *c'est un groupe pour la multiplication, soit* $a\in\mathbb{H}_0$, $s_a:\mathbb{H}\to\mathbb{H}$ (resp. $d_a:\mathbb{H}\to\mathbb{H}$) *l'application définie par* $s_a(z)=az$ (resp. $d_a(z)=za$). *Alors* s_a (resp. d_a) *est un élément de* $SO(\mathbb{H})$. *De façon plus précise, soit* $a=(\cos\theta)e_0+(\sin\theta)\varepsilon$ *avec* $\varepsilon\in W$, $N(\varepsilon)=1$, *et* $\varepsilon'\in W$ *avec* $N(\varepsilon')=1$ *et* $(\varepsilon\,|\,\varepsilon')=0$, *alors*

$$\mathrm{Mat}(s_a;e_0,\varepsilon,\varepsilon',\varepsilon\varepsilon')=\begin{bmatrix}\cos\theta & -\sin\theta & 0 & 0\\ \sin\theta & \cos\theta & 0 & 0\\ 0 & 0 & \cos\theta & -\sin\theta\\ 0 & 0 & \sin\theta & \cos\theta\end{bmatrix},$$

$$\mathrm{Mat}(d_a;e_0,\varepsilon,\varepsilon',\varepsilon\varepsilon')=\begin{bmatrix}\cos\theta & -\sin\theta & 0 & 0\\ \sin\theta & \cos\theta & 0 & 0\\ 0 & 0 & \cos\theta & \sin\theta\\ 0 & 0 & -\sin\theta & \cos\theta\end{bmatrix}.$$

En plus l'application $(a,b)\mapsto s_a d_{b^{-1}}$ *est un homomorphisme surjectif de* $\mathbb{H}_0^2\to SO(\mathbb{H})$, *de noyau* $\{(e_0,e_0),(-e_0,-e_0)\}$; *en plus pour tout* $a,b\in\mathbb{H}_0$, *on a* $s_a d_{b^{-1}}=d_{b^{-1}}s_a$.

7. *Soit* G_1 *le sous-ensemble des éléments* g *de* $SO(\mathbb{H})$ *pour lesquels il existe une base* $\mathcal{B}$ *de même orientation que* (e_0,e_1,e_2,e_3) *et* $\theta\in[0,\pi]$ *tel que*

$$\mathrm{Mat}(g;\mathcal{B})=\begin{bmatrix}\cos\theta & -\sin\theta & 0 & 0\\ \sin\theta & \cos\theta & 0 & 0\\ 0 & 0 & \cos\theta & -\sin\theta\\ 0 & 0 & \sin\theta & \cos\theta\end{bmatrix}.$$

Soit G_2 *le sous-ensemble des éléments* g *de* $SO(\mathbb{H})$ *pour lesquels il existe une base* $\mathcal{B}$ *de même orientation que* (e_0,e_1,e_2,e_3) *et*

$$\theta\in[0,\pi]\ \textit{tel que}\ \mathrm{Mat}(g;\mathcal{B})=\begin{bmatrix}\cos\theta & -\sin\theta & 0 & 0\\ \sin\theta & \cos\theta & 0 & 0\\ 0 & 0 & \cos\theta & \sin\theta\\ 0 & 0 & -\sin\theta & \cos\theta\end{bmatrix}.$$

Alors $a\mapsto s_a$ (resp. $a\mapsto d_a^{-1}$) *est une application bijective de* $\mathbb{H}_0$ *sur* G_1 (resp. G_2), *comme cette application respecte le produit, il suit de cela que* G_1 (resp. G_2) *est un sous-groupe de* $SO(\mathbb{H})$; *par ailleurs il suit de* 6. *que* G_i *est un sous-groupe distingué de* $SO(\mathbb{H})$. *Enfin* $SO(\mathbb{H})=G_1G_2:=\{g_1g_2\,|\,g_i\in G_i\}$, *de plus* $g_1g_2=g_2g_1$ *pour tout* $g_1\in G_1$, $g_2\in G_2$, $G_1\cap G_2=\{\pm 1\!\!1_{\mathbb{H}}\}$ *et* $\dfrac{SO(\mathbb{H})}{G_1}\simeq\dfrac{G_2}{\{\pm 1\!\!1_{\mathbb{H}}\}}$, $\dfrac{SO(\mathbb{H})}{G_2}\simeq\dfrac{G_1}{\{\pm 1\!\!1_{\mathbb{H}}\}}$.

8. *Soit* $a\in\mathbb{H}_0$, $u_a:\mathbb{H}\to\mathbb{H}$ *défini par* $u_a(z)=aza^{-1}$, *alors* $u_a=s_ad_{a^{-1}}\in SO(\mathbb{H})$ *et* $u_a(e_0)=e_0$; *ainsi* $u_a(W)=W$, *soit* v_a *l'automorphisme de* W, *induit par* u_a, *on a* $v_a\in SO(W)$. *Soient* $a\in\mathbb{H}_0$, *avec* $a=(\cos\theta)e_0+(\sin\theta)\varepsilon$ *avec* $\varepsilon\in W$, $N(\varepsilon)=1$, $\varepsilon'\in W$, $(\varepsilon\,|\,\varepsilon')=0$; *alors*

$\mathrm{Mat}(v_a;\varepsilon,\varepsilon',\varepsilon\varepsilon')=\begin{bmatrix}1&0&0\\0&\cos 2\theta&-\sin 2\theta\\0&\sin 2\theta&\cos 2\theta\end{bmatrix}$. *Il suit de cela que* $a\mapsto v_a$ *est un homomorphisme surjectif de* $\mathbb{H}_0$ *sur* $SO(W)$, *de noyau* $\{\pm e_0\}$. *Ainsi* $\dfrac{\mathbb{H}_0}{\{\pm e_0\}}\simeq SO_3(\mathbb{R})$ *et* $\dfrac{G_i}{\{\pm e_0\}}\simeq SO_3(\mathbb{R})$.

9. *Les* $\mathbb{R}$*-automorphismes du corps* $\mathbb{H}$ *sont intérieurs.*

1) Soit $\mathbb{H}:=\{\begin{bmatrix}u&-\bar v\\v&\bar u\end{bmatrix}\in M_2(\mathbb{C})\mid u,v\in\mathbb{C}\}$, montrer que $\mathbb{H}$ est une sous-$\mathbb{R}$-algèbre de $M_2(\mathbb{C})$. Soient $I:=\begin{bmatrix}i&0\\0&-i\end{bmatrix}$, $J:=\begin{bmatrix}0&-1\\1&0\end{bmatrix}$, montrer que $I^2=J^2=-I_2$, que $IJ=JI$. En déduire que $(IJ)^2=-I_2$, que $J(IJ)=-(IJ)J=I$, $(IJ)I=-I(IJ)=J$. Enfin, montrer que $\mathbb{H}=\mathbb{R}I_2\oplus\mathbb{R}I\oplus\mathbb{R}J\oplus\mathbb{R}IJ$.

On écrit désormais $e_0:=I_2$, $e_1:=I$, $e_2:=J$, $e_3:=IJ$. Montrer que $\mathbb{H}$ satisfait aux conditions voulues. Montrer que le centre de $\mathbb{H}$ est $\mathbb{R}e_0$.

2) Montrer que $\overline{z_1+z_2}=\overline{z_1}+\overline{z_2}$, $\overline{z_1z_2}=\overline{z_2}\,\overline{z_1}$. Soit $z=x_0e_0+x_1e_1+x_2e_2+x_3+e_3$, montrer que $\bar zz=z\bar z=x_0^2+x_1^2+x_2^2+x_3^2$. Si $z\neq 0$, en déduire que z admet un inverse dans $\mathbb{H}$, et donc que $\mathbb{H}$ est un corps non commutatif.

3) Montrer que $\bar zz=z\bar z\in\mathbb{R}$, en déduire que $N(z_1z_2)=N(z_1)N(z_2)$ (utiliser le fait que $\mathbb{R}e_0$ est le centre de $\mathbb{H}$). Montrer que $(z\mid z')=z\bar z'+z'\bar z$ est la forme polaire associée à N et que cette forme bilinéaire sur $\mathbb{H}$ est définie positive et que (e_0,e_1,e_2,e_3) est une base orthonormale de $\mathbb{H}$.

4) Montrer 4. .

5) Pour montrer 5. il suffit d'écrire $\varepsilon,\varepsilon',\varepsilon\varepsilon'$ sur la base (e_1,e_2,e_3) .

6) Il s'agit de montrer 6. . La seule partie délicate est que $(a,b)\mapsto s_ad_b^{-1}$ est surjectif. Soit $u\in SO(\mathbb{H})$, $a=u(e_0)$, alors $s_a^{-1}u(e_0)=e_0$, en déduire qu'il existe $\ell\in W$, $N(\ell)=1$ et $s_a^{-1}u(\ell)=1$ (remarquer que $(\mathbb{R}e_0)^{\perp}=W$, c'est 4.). En utilisant 5. , en déduire qu'il existe $\ell'\in W$ avec $N(\ell')=1$, $(\ell\mid\ell')=0$, et $(e_0,\ell,\ell',\ell\ell')$ est une base orthonormale de même orientation que (e_0,e_1,e_2,e_3) . Conclure que

$\mathrm{Mat}(s_a^{-1}u;e_0,\ell,\ell',\ell\ell')=\begin{bmatrix}1&0&0&0\\0&1&0&0\\0&0&\cos\theta&-\sin\theta\\0&0&\sin\theta&\cos\theta\end{bmatrix}$. Soient $\mu=\frac{\theta}{2}$, $a'=(\cos\mu)e_0+(\sin\mu)\ell$, $b=(\cos\mu)e_0-(\sin\mu)\ell$, déduire de ce qui précède que $s_a^{-1}u=s_{a'}d_b$. Conclure que 6. est satisfait.

7) Déduire de 6. que, quitte à changer ε en $-\varepsilon$, on a $s_a\in G_1$ et $d_a\in G_2$. Soit $u\in G_1$ et P un plan tel que $u(P)=P$. Soient (f_1,f_2) une base orthonormale de P , $a=f_1^{-1}$, $\ell=f_1^{-1}f_2$, $Q=\mathbb{R}e_0+\mathbb{R}\ell$, montrer que $s_a(Q)=P$ et que $(\ell\mid e_0)=0$, $N(\ell)=1$ et donc que $\ell\in W$. Montrer que $s_aus_a^{-1}\in G_1$ et que $s_aus_a^{-1}(Q)=Q$. En utilisant 5. montrer qu'il

existe $\ell' \in W$ avec $N(\ell')=1$, $(\ell \mid \ell')=0$ et que $(e_0, \ell, \ell', \ell\ell')$ est une base orthonormale de $\mathbb{H}$ de même orientation que (e_0, e_1, e_2, e_3) . Conclure de C.5.1.4. que

$$\mathrm{Mat}(s_a u\, s_a^{-1}; e_0, \ell, \ell', \ell\ell') = \begin{bmatrix} \cos\theta & -\sin\theta & 0 & 0 \\ \sin\theta & \cos\theta & 0 & 0 \\ 0 & 0 & \cos\theta & -\sin\theta \\ 0 & 0 & \sin\theta & \cos\theta \end{bmatrix}$$

. Déduire de 5. que $s_a u\, s_a^{-1} = s_{a'}$ avec $a' = (\cos\theta)e_0 + (\sin\theta)\ell$. Conclure que pour tout élément $u \in G_1$, il existe $b \in \mathbb{H}_0$ tel que $u = s_b$. Montrer de même que pour tout élément $u \in G_2$, il existe $b \in \mathbb{H}_0$ avec $u = d_b$. Montrer que 7. est satisfait.

8) Montrer que 8. est satisfait.

9) Il s'agit de montrer 9. .

9.1) Montrer que $z \in W$ et $N(z)=1$ si et seulement si $z^2=-1$.

9.2) Soient $z, z' \in W$ avec $N(z)=N(z')=1$. Montrer que $(z \mid z')=0$ si et seulement si $zz'=z'z$.

9.3) Soit u un $\mathbb{R}$-automorphisme du corps $\mathbb{H}$. Montrer que $u(e_0)=e_0$, que $u(e_1)$ et $u(e_2)$ sont deux éléments de W avec $N(u(e_1))=N(u(e_2))=1$ et $(u(e_1) \mid u(e_2))=0$ (utiliser 9.1) et 9.2)) . Montrer que $u(W)=W$ et que u induit un élément de $SO(W)$ (utiliser 5.). Conclure de 8. que u est un automorphisme intérieur.

Exercice 10.92. *décomposition en sous-groupes irréductibles de $G\ell_n(\mathbb{R})$ et formes bilinéaires symétriques définies positives*

Soient V un $\mathbb{R}$-espace vectoriel de dimension finie, Φ une forme bilinéaire symétrique définie positive sur V , G un sous-groupe de $O(\Phi)$. Alors il existe une décomposition de V en sous-espaces vectoriels, $V=V_1 \oplus V_2 \oplus \ldots \oplus V_r$, avec les propriétés qui suivent. Chaque V_i est stable par les éléments de G et si G_i désigne le sous-groupe de $G\ell(V_i)$ constitué des endomorphismes de V_i induits par les éléments de G , alors G_i est un sous-groupe irréductible de $G\ell(V_i)$. En plus la décomposition $V=V_1 \oplus V_2 \oplus \ldots \oplus V_r$ est unique à l'ordre près et on a $V=V_1 \overset{\perp}{\oplus} V_2 \overset{\perp}{\oplus} \ldots \overset{\perp}{\oplus} V_r$ (on dit que G est irréductible si les seuls sous-espaces vectoriels de V stables par G sont $\{0\}$ et V , voir aussi *Fr 1*, A.4.7.18. pour la définition de groupe irréductible).

1) On suppose que $W \subset V$ est stable par tout élément $g \in G$, i.e. $g(W) \subset W$. Déduire que $g(W^{\perp}) \subset W^{\perp}$ pour tout $g \in G$, où $W^{\perp}$ est l'orthogonal de W relativement à Φ .

2) Conclure à l'existence, en utilisant 1) et une hypothèse de récurrence sur la dimension.

3) Montrer l'unicité de la décomposition.

Exercice 10.93. *sous-groupes irréductibles de $G\ell_n(\mathbb{R})$ et formes hermitiennes*

Soient V un $\mathbb{R}$-espace vectoriel de dimension finie

1. *Soit Φ une forme bilinéaire symétrique non nulle sur V, G un sous-groupe irréductible de $G\ell(V)$. On suppose que $\Phi(g(x),g(y))=\Phi(x,y)$ pour tout $x,y\in V$ et pour tout $g\in G$. Alors Φ est non dégénéré.*
2. *Soit Φ une forme bilinéaire symétrique définie positive sur V, G un sous-groupe irréductible de $G\ell(V)$. On suppose que $\Phi(g(x),g(y))=\Phi(x,y)$ pour tout $x,y\in V$ et pour tout $g\in G$. Soit en plus Φ' bilinéaire symétrique sur V telle que $\Phi'(g(x),g(y))=\Phi'(x,y)$ pour tout $x,y\in V$ et pour tout $g\in G$, alors il existe $\lambda\in\mathbb{R}$ tel que $\Phi'=\lambda\Phi$.*

Montrer cela en s'inspirant de B.16.3. .

D. Espaces vectoriels hermitiens

0. Introduction

Le chapitre *Espaces vectoriels hermitiens* est dévolu aux formes hermitiennes qui sont une généralisation aux $\mathbb{C}$-espaces vectoriels, des formes bilinéaires symétriques. Leur introduction est en particulier nécessaire pour définir sur un $\mathbb{C}$-espace vectoriel de dimension finie une norme que lui donne une structure comparable à celle d'un espace vectoriel euclidien ; en effet une forme bilinéaire symétrique sur un $\mathbb{C}$-espace vectoriel de dimension finie a toujours un indice positif (i.e. il existe des isotropes non nuls), ce qui interdit d'associer à une telle forme une notion de métrique. En fait la théorie des formes bilinéaires symétriques et des formes hermitiennes se trouve englobée dans celle des formes sesquilinéaires (N. **Bourbaki**, Algèbre, chapitre 9).

Une forme hermitienne diffère d'une forme bilinéaire symétrique en ce sens qu'elle est linéaire sur la première variable, semi-linéaire sur la seconde variable et que la permutation des variables conduit à la conjugaison. Cela étant, les représentations matricielles, l'orthogonalité, la notion de forme dégénérée, non dégénérée, de rang sont analogues aux formes bilinéaires symétriques. Il en est de même des notions d'éléments isotropes, espaces isotropes, totalement isotropes ainsi que le théorème qui relie la dimension d'un sous-espace et de son orthogonal.

La classification des formes hermitiennes est assurée par un résultat analogue au théorème de **Sylvester** qui conduit à la notion de signature. Un algorithme de **Gauss** permet de déterminer cette signature.

Les endomorphismes qui conservent la forme hermitienne constituent le groupe des automorphismes unitaires et le sous-groupe des automorphismes de déterminant 1 s'appelle le groupe spécial unitaire.

Le cas le plus abondamment étudié est celui d'une forme hermitienne à laquelle on peut associer une norme, il y en a une appelée forme hermitienne définie positive, que l'on appelle bien souvent le produit scalaire. Un espace vectoriel hermitien est un $\mathbb{C}$-espace vectoriel de dimension finie muni d'une forme hermitienne définie positive ; pour une dimension donnée il y a unicité de cette structure, un représentant est $\mathbb{C}^n$ muni du produit scalaire canonique.

Le groupe unitaire d'un espace hermitien est plus facilement décrit que le groupe orthogonal puisque ses éléments sont les automorphismes diagonalisables dans une base orthonormale dont les valeurs propres sont de module 1 . Les propriétés de compacité et de connexité se montrent facilement. Le groupe dérivé du groupe unitaire est le groupe spécial unitaire puisque toute rotation est un commutateur. Enfin les sous-groupes distingués se décrivent facilement à partir des sous-groupes des homothéties et du groupe spécial unitaire.

A côté des endomorphismes qui respectent la structure hermitienne, i.e. les automorphismes unitaires, il y a des endomorphismes qui dans une base orthonormale ont une matrice particulièrement simple ; il s'agit des endomorphismes normaux, hermitiens et anti-hermitiens. En plus l'ensemble des formes hermitiennes sur le $\mathbb{C}$-espace vectoriel est en bijection avec l'ensemble des endomorphismes hermitiens à travers le produit scalaire hermitien. Les résultats les plus essentiels sont que les endomorphismes normaux sont orthogonalement diagonalisables et que pour toute forme hermitienne, il existe une base orthonormale pour le produit scalaire qui est orthogonale pour la forme hermitienne.

1. Formes hermitiennes, formes quadratiques hermitiennes

Les formes hermitiennes sont une généralisation aux $\mathbb{C}$-espaces vectoriels, des formes bilinéaires symétriques. Leur introduction est en particulier nécessaire pour définir sur un $\mathbb{C}$-espace vectoriel de dimension finie une norme que lui donne une structure comparable à celle d'un espace vectoriel euclidien ; en effet une forme bilinéaire symétrique sur un $\mathbb{C}$-espace vectoriel de dimension finie a toujours un indice positif (i.e. il existe des isotropes non nuls), ce qui interdit d'associer à une telle forme une notion de métrique. En fait la théorie des formes bilinéaires symétriques et des formes hermitiennes se trouve englobée dans celle des formes sesquilinéaires (N. **Bourbaki**, Algèbre, chapitre 9).

1.1. Définitions, représentation matricielle, polynômes homogènes

On notera *toujours* $z \longmapsto \bar{z}$ l'automorphisme de conjugaison de $\mathbb{C}$ défini par $\overline{a+ib} := a-ib$ pour $a, b \in \mathbb{R}$ et $i^2 = -1$.

Définition 1.1.1. Soit E un $\mathbb{C}$-espace vectoriel. Une *forme hermitienne* sur E est une application $f : E \times E \to \mathbb{C}$ telle que
$f(x+x',y) = f(x,y) + f(x',y)$ pour tout $x, x', y \in E$,
$f(\lambda x, y) = \lambda f(x,y)$ pour tout x , $y \in E, \lambda \in \mathbb{C}$,
$f(y,x) = \overline{f(x,y)}$ pour tout $x, y \in E$, on a donc $f(x, y+y') = f(x, y) + f(x, y')$,
$f(x, \lambda y) = \bar{\lambda} f(x,y)$ pour tout $x, y, y' \in E$, $\lambda \in \mathbb{C}$.

Définition 1.1.2. (et **proposition**) Soit f une forme hermitienne sur un $\mathbb{C}$-espace vectoriel, on appelle *forme quadratique hermitienne* associée à f , l'application $q : E \to \mathbb{C}$ définie par $q(x) = f(x,x)$ pour tout $x \in E$. En plus

(1) $\quad f(x,y) = \frac{1}{4}(q(x+y) - q(x-y)) + \frac{i}{4}(q(x+iy) - q(x-iy))$,

on dit que f est la *forme polaire* de l'application q .

Réciproquement une application $q : E \to \mathbb{C}$ dont la forme polaire f définie par (1) est une forme hermitienne et qui satisfait en plus $q(\lambda x) = \lambda \bar{\lambda} q(x)$ pour tout $\lambda \in \mathbb{C}$, $x \in E$ a la propriété que $q(x) = f(x,x)$; i.e. c'est la forme quadratique hermitienne associée à f .

Exemple 1.1.3. $E=\mathbb{C}$, $f(x,y)=x\,\overline{y}$.

Exemple 1.1.4. $E=\mathbb{C}\times\mathbb{C}$, $f((x_1,x_2),(y_1,y_2))=x_1\overline{y}_1+x_2\overline{y}_2$.

Exemple 1.1.5. $E=\mathbb{C}\times\mathbb{C}$, $f((x_1,x_2),(y_1,y_2))=x_1\overline{y}_1-x_2\overline{y}_2$.

Exemple 1.1.6. $E=\mathscr{C}([0,1],\mathbb{C})$, $f(u,v)=\int_0^1 u(x)\overline{v(x)}\,dx$.

Exemple 1.1.7. $E=\mathbb{C}^X$, $f(u,v)=u(\alpha)\overline{v(\alpha)}$, *où* α *est un élément de* X .

Exemple 1.1.8. $E=M_n(\mathbb{C})$, $f(A,B)=\mathrm{Tr}({}^tA\overline{B})$.

Exemple 1.1.9. $E=M_n(\mathbb{C})$, $f(A,B)=\mathrm{Tr}(A\overline{B})$.

1.1.10. Représentation matricielle

Soient E un $\mathbb{C}$-espace vectoriel de dimension n , $(a_1,a_2,\dots,a_n)$ une base, f une forme hermitienne. Soient $x=\sum_i x_i a_i$, $y=\sum_j y_j a_j$, alors $f(x,y)=\sum_i\sum_j x_i\overline{y}_j f(a_i,a_j)$.

Soient $X=\begin{bmatrix} x_1\\ x_2\\ \vdots\\ x_n\end{bmatrix}$, $Y=\begin{bmatrix} y_1\\ y_2\\ \vdots\\ y_n\end{bmatrix}$, $M=[\,f(a_i,a_j)\,]_{i,j}$, alors on a $f(x,y)={}^tXM\overline{Y}$.

On dit que M est *la matrice qui représente* f *dans la base* $(a_i)_i$, on la note $M=\mathrm{Mat}(f;(a_i)_i)$. On a $q(x)={}^tXM\overline{X}$. Par ailleurs il suit de la relation $f(y,x)=\overline{f(x,y)}$ pour tout $x,y\in E$ que ${}^tM=\overline{M}$. Une matrice qui satisfait ${}^tM=\overline{M}$ est dite *hermitienne.* Réciproquement si M est une matrice hermitienne, l'application f définie par $f(x,y)={}^tXM\overline{Y}$ est une forme hermitienne sur $\mathbb{C}^n$; bien entendu X et Y sont définis à partir de x et y comme ci-dessus.

1.1.11. Forme hermitienne canoniquement associée à un matrice hermitienne

Soient $M\in M_n(\mathbb{C})$ une matrice hermitienne , $\Phi_M:\mathbb{C}^n\times\mathbb{C}^n\to\mathbb{C}$ défini par $(X,Y)\longmapsto {}^tXM\overline{Y}$; alors Φ_M est une forme hermitienne sur $\mathbb{C}^n\times\mathbb{C}^n$, appelée la *forme hermitienne canoniquement associée à* M . De plus $M\longmapsto\Phi_M$ est un isomorphisme du $\mathbb{R}$-espace vectoriel des matrices hermitiennes de $M_n(\mathbb{C})$ sur le $\mathbb{R}$-espace vectoriel des formes hermitiennes sur $\mathbb{C}^n$.

1.1.12. Formes quadratiques hermitiennes et polynômes homogènes de degré 2

Proposition *Soit* $P(X_1, X_2, \ldots, X_n, Y_1, Y_2, \ldots, Y_n) \in \mathbb{C}[X, Y]$ *un polynôme homogène de degré* 2 *de la forme* $P = \sum_{i=1}^{n} \sum_{j=1}^{n} a_{ij} X_i Y_j$ *avec* $a_{ij} = \bar{a}_{ji}$ *pour tout* i, j. *Alors* $x \longmapsto \hat{P}(x) := P(x_1, x_2, \ldots, x_n, \bar{x}_1, \bar{x}_2, \ldots, \bar{x}_n)$ *est une forme quadratique hermitienne sur le* $\mathbb{C}$*-espace vectoriel* $\mathbb{C}^n$. *Soit* $\mathscr{P}_2$ *l'ensemble des polynômes homogènes de degré* 2 *de la forme ci-dessus,* $\mathcal{Q}$ *l'ensemble des formes quadratiques hermitiennes sur* $\mathbb{C}^n$, *non nulles. Alors* $x \longmapsto \hat{P}$ *est une bijection de* $\mathscr{P}_2$ *sur* $\mathcal{Q}$.

Démonstration Facilement, en appliquant 1.1.2. on montre que $\hat{P}$ est une forme quadratique hermitienne. Par ailleurs 1.1.11. montre que $P \longmapsto \hat{P}$ est surjectif. Pour $P \longmapsto \hat{P}$ injectif, il suffit de montrer que si $P \neq 0$, il existe $x \in \mathbb{C}^n$ tel que $P(x) \neq 0$. Si $a_{ii} \neq 0$, alors $P(x) \neq 0$ avec $x_i = 1$ et $x_j = 0$ pour $j \neq i$. Supposons $a_{11} = a_{22} = \ldots = a_{nn} = 0$ et $a_{st} \neq 0$ avec $s \neq t$, alors $P(x) \neq 0$ avec $x_s = 1$ et $x_t = 1$ ou i (avec $i^2 = -1$) et $x_k = 0$ pour $k \notin \{s, t\}$.

1.2. Orthogonalité, forme dégénérée, non dégénérée, rang

Définition 1.2.1. Soit f une forme hermitienne sur un $\mathbb{C}$-espace vectoriel E. On dit que x et y de E sont *orthogonaux relativement à* f si $f(x, y) = 0$ (ou ce qui revient au même si $f(y, x) = 0$). Soit A une partie de E, on appelle *orthogonal de* A et on le note $A^\perp$, l'ensemble des éléments de E orthogonaux à tout élément de A ; c'est un sous-espace vectoriel de E.

Définition 1.2.2. Une forme hermitienne f sur un $\mathbb{C}$-espace vectoriel E est dite *non dégénérée si* $E^\perp = \{0\}$; dans le cas contraire elle est dite *dégénérée.* Le sous-espace vectoriel $E^\perp$ s'appelle le *noyau* de f et se note noyau f.

Définition 1.2.3. Soit V un $\mathbb{C}$-espace vectoriel. L'application $(\lambda, x) \longmapsto \bar{\lambda} x$ de $\mathbb{C} \times V \to V$ définit sur V une loi externe. Le groupe additif V muni de cette loi externe est un $\mathbb{C}$-espace vectoriel noté $\overline{V}$.

Définition 1.2.4. (et **proposition**) Soient f une forme hermitienne sur un $\mathbb{C}$-espace vectoriel E de dimension finie, E^* le dual de E, $\theta : E \to \overline{E^*}$ l'application définie par $\theta(y) = f(.,y)$ où $f(.,y)$ est la forme linéaire $x \longmapsto f(x,y)$. Alors θ est une application linéaire et le rang de θ s'appelle *le rang* de f et on le note $\operatorname{rang} f$. On a $\ker \theta = E^{\perp}$. Ainsi $\dim E = \operatorname{rang} f + \dim E^{\perp}$ et f est non dégénérée si et seulement si $\operatorname{rang} f = \dim E$ (en dimension finie).

Proposition 1.2.5. *Soient f une forme hermitienne sur un $\mathbb{C}$-espace vectoriel E de dimension finie, $(e_1, e_2, \dots, e_n)$ une base de E, $(e_1^*, e_2^*, \dots, e_n^*)$ la base duale et $\theta : E \to \overline{E^*}$ l'application linéaire définie par $\theta(y) = f(.,y)$. Alors* $\operatorname{Mat}(\theta; e_i, e_i^*) = \operatorname{Mat}(f; e_i)$, *ainsi le rang de f est le rang de toute matrice qui représente f.*

Définition 1.2.6. Soit f une forme hermitienne sur un $\mathbb{C}$-espace vectoriel E, $(E_i)_{i \in I}$ une famille de sous-espaces vectoriels de E. On dit que le sous-espace vectoriel F est *somme directe orthogonale des* E_i et on le note $F = (\overset{\perp}{\underset{i \in I}{\oplus}} E_i)$, si $F = (\underset{i \in I}{\oplus} E_i)$ (*Fr 1*, 1.0.0.4.1.) et si E_i est orthogonal à E_j pour tout $i \neq j$.

1.3. Eléments isotropes, espaces isotropes, totalement isotropes

Définition 1.3.1. Soit f une forme hermitienne sur un $\mathbb{C}$-espace vectoriel E. Un élément $x \in E$ est dit *isotrope* si $f(x,x) = 0$. Un sous-espace F de E est dit *isotrope* s'il existe $x \in F$, $x \neq 0$ et $x \in F^{\perp}$, i.e. $F \cap F^{\perp} \neq \{0\}$. Un sous-espace F est dit *totalement isotrope* si tout élément de F est isotrope, i.e. si $F \subset F^{\perp}$.

Théorème 1.3.2. *Soient f une forme hermitienne sur un $\mathbb{C}$-espace vectoriel E de dimension finie, F un sous-espace vectoriel. Alors on a* $\dim F + \dim F^{\perp} = \dim E + \dim (E^{\perp} \cap F)$.

Démonstration Soient E^* le dual de E , $\theta : E \to \overline{E^*}$ l'application linéaire définie par $\theta(y)(x)=f(x,y)$ pour tout $x\in E$ selon 1.2.5. . On a

(1) $\theta(F)^{"\perp"} := \{x\in E \mid \varphi(x)=0 \text{ pour tout } \varphi\in\theta(F)\} =$
$\{x\in E \mid f(x,y)=0 \text{ pour tout } y\in F\}=F^{\perp}$.

Ici "$\perp$" signifie orthogonal pour la dualité entre E et E^* (*Fr 1*, A.1.0.5.3.) et on a

(2) $\dim E=\dim\theta(F)+\dim\theta(F)^{"\perp"}$ (*Fr 1*, A.1.0.5.3.2.).
Facilement on a $\ker\theta|_F=F\cap E^{\perp}$, ainsi

(3) $\dim F=\dim\theta(F)+\dim(E^{\perp}\cap F)$.
Ainsi le théorème suit de (1) , (2) , (3).

Corollaire 1.3.3. *Soient f une forme hermitienne sur un $\mathbb{C}$-espace vectoriel E de dimension n , $(e_1,e_2\dots,e_n)$ une base. Alors les propriétés suivantes sont équivalentes.*
i) f est non dégénérée,
ii) pour tout sous-espace vectoriel F , on a $\dim E=\dim F+\dim F^{\perp}$,
iii) $\text{dét}(\text{Mat}(f,e_i))\neq 0$,
iv) pour tout sous-espace F on a $(F^{\perp})^{\perp}=F$.

Corollaire 1.3.4. *Soient f une forme hermitienne sur un $\mathbb{C}$-espace vectoriel de dimension finie, F un sous-espace vectoriel. Alors les propriétés suivantes sont équivalentes.*
i) $f_{|F\times F}$ est non dégénérée, ii) $F\cap F^{\perp}=\{0\}$, iii) F est non isotrope,
iv) $E=F\oplus F^{\perp}$.

Corollaire 1.3.5. *Soient f une forme hermitienne non dégénérée sur un $\mathbb{C}$-espace vectoriel E de dimension finie, F un sous-espace vectoriel. Alors les propriétés suivantes sont équivalentes.*
i) F est non isotrope, ii) $F^{\perp}$ est non isotrope.

Corollaire 1.3.6. *Soient f une forme hermitienne sur un $\mathbb{C}$-espace vectoriel E , F et G deux sous-espaces vectoriels. Alors on a $(F+G)^{\perp}=F^{\perp}\cap G^{\perp}$. Si E est de dimension finie et f non dégénérée, on a $(F\cap G)^{\perp}=F^{\perp}+G^{\perp}$.*

1.4. Classification des formes hermitiennes.

Propositions 1.4.1. *Soient E un $\mathbb{C}$-espace vectoriel de dimension finie, f une forme hermitienne sur E. Alors il existe une base de E qui est orthogonale pour f.*

Démonstration Si $f=0$, toute base est orthogonale. Si $f\neq 0$, il existe $e_1 \in E$ tel que $f(e_1,e_1)\neq 0$, en effet par 1.1.2. si la forme quadratique hermitienne est nulle, il en est de même de la forme hermitienne f. Il suit de 1.3.4. que $E=\mathbb{C}e_1 \overset{\perp}{\oplus} (\mathbb{C}e_1)^{\perp}$; par hypothèse de récurrence sur la dimension $(\mathbb{C}e_1)^{\perp}$ admet une base orthogonale $(e_2,e_3,\dots,e_n)$, ainsi $(e_1,e_2,\dots,e_n)$ est une base orthogonale pour f.

On peut se dispenser de 1.3.4. de la façon qui suit. L'application $x \longmapsto f(x, e_1)$ est une forme linéaire φ sur E non nulle et on a $\ker\varphi=(\mathbb{C}e_1)^{\perp}$. Il suit que $E=\mathbb{C}e_1 \oplus (\mathbb{C}e_1)^{\perp}$, en effet $\mathbb{C}e_1 \cap (\mathbb{C}e_1)^{\perp}=\{0\}$ et $\dim E = 1+\dim(\mathbb{C}e_1)^{\perp}$. Par récurrence sur la dimension, $(\mathbb{C}e_1)^{\perp}$ admet, par récurrence sur la dimension, une base orthogonale $(e_2,e_3,\dots,e_n)$. Il suit que $(e_1,e_2,\dots,e_n)$ est une base orthogonale de E.

Théorème 1.4.2. (de Sylvester) *Soient E un $\mathbb{C}$-espace vectoriel de dimension n, f une forme hermitienne sur E. Alors il existe une base orthogonale $(a_1,a_2,\dots,a_n)$ de E, I_1,I_2,I_3 une partition de $I=\{1,2,\dots,n\}$ avec $f(a_i,a_i)>0$ pour $i\in I_1$, $f(a_i,a_i)<0$ pour $i \in I_2$, $f(a_i,a_i)=0$ pour $i\in I_3$. Soit $(b_1,b_2,\dots,b_n)$ une (autre) base de E satisfaisant les mêmes propriétés, J_1,J_2,J_3 une partition associée. Alors on a $\operatorname{card} I_i=\operatorname{card} J_i$ pour $1\leq i\leq 3$.*

Le couple $(\operatorname{card} I_1, \operatorname{card} I_2)$ s'appelle la *signature* de f et on le note $\operatorname{sgn} f$; en plus on a $\operatorname{rang} f = \operatorname{card} I_1 + \operatorname{card} I_2$.

On a $f(x,x)\geq 0$, pour tout $x\in E$ si et seulement si $\operatorname{card} I_2=0$; dans ce cas on dit que f est *positif.*

On a $f(x,x)>0$, pour tout $x\in E-\{0\}$ si et seulement si $\operatorname{card} I_2=\operatorname{card} I_3=0$; dans ce cas on dit que f est *défini positif*.

L'espace vectoriel E admet une base orthonormale pour f si et seulement si f est défini positif.

On a une construction d'une telle base par le théorème 1.4.4. qui suit.

Démonstration Il suffit de copier C.1.1. .

Définition 1.4.3. Soit $M \in M_n(\mathbb{C})$ une matrice hermitienne alors on appelle *signature de* M , la signature de la forme hermitienne Φ_M définie sur $\mathbb{C}^n$ selon 1.1.4. par $(X,Y) \longmapsto {}^tXM\overline{Y}$ et on le note $\operatorname{sgn} M$. En plus on dit que M est *positive* (resp. *définie positive*) si Φ_M et positive (resp. définie positive).

Théorème 1.4.4. (algorithme de **Gauss**)
1) Soit $P(X_1,X_2,\dots,X_n,Y_1,Y_2,\dots,Y_n) \in \mathbb{C}[X,Y]$ *un polynôme homogène de degré* 2 *de la forme* $P=\sum_{i=1}^{n}\sum_{i=1}^{n} a_{ij}X_iY_i$ *avec* $a_{ij}=\overline{a}_{ji}$ *pour tout* i,j *. Alors il existe* $Q_1,Q_2,\dots,Q_n \in \mathbb{C}[X_1,X_2,\dots,X_n]$ *avec* $Q_i=\sum_{j=1}^{n} u_{ji}X_j$ *et il existe* $a_1,a_2,\dots,a_n \in \{0,1,-1\}$ *avec* $P=\sum_{i=1}^{n} a_i Q_i(X)\overline{Q}_i(Y)$ *où* $\overline{Q}_i(Y)=\sum_{j=1}^{n} \overline{u}_{ji}Y_j$ *; de plus* $(Q_1,Q_2,\dots,Q_n)$ *est une famille libre de* $\mathbb{C}[X_1,X_2,\dots,X_n]$.
2) Soient E *un* $\mathbb{C}$*-espace vectoriel de dimension* n , $(e_1,e_2,\dots,e_n)$ *une base de* E , q *la forme quadratique hermitienne sur* E *telle que* $q(\sum_{j=1}^{n} x_je_j)=P(x_1,x_2,\dots,x_n,\overline{x}_1,\overline{x}_2,\dots,\overline{x}_n)$ *où* P *est défini en 1) . Soient* $P=\sum_{i=1}^{n} a_i Q_i(X)\overline{Q}_i(Y)$ *la décomposition de* 1) , $(f_1,f_2,\dots,f_n)$ *la base de* E *définie par* $e_j=\sum_{i=1}^{n} u_{ji}f_i$ *. Alors on a* $q(\sum_{i=1}^{n} y_if_i)=\sum_{i=1}^{n} a_iy_i\overline{y}_i$ *et* $(f_1,f_2,\dots,f_n)$ *est orthogonale pour* q .

Le nombre de i *avec* $a_i \neq 0$ *est le rang de* q *. Soient* s *le nombre de* i *avec* $a_i=1$, t *le nombre de* i *avec* $a_i=-1$ *. Alors* (s,t) *est la signature de* q .

Démonstration α) *Il existe* i *avec* $a_{ii} \neq 0$. On peut supposer que $a_{11} \neq 0$. On a donc $P(X,Y)=a_{11}X_1Y_1+X_1(\overline{u}_2Y_2+\dots+\overline{u}_nY_n)+(u_2X_2+\dots+u_nX_n)Y_1+A$, avec $A(X_2,X_3,\dots,X_n,Y_2,Y_3,\dots,Y_n)=\sum_{i=2}^{n}\sum_{j=2}^{n} b_{ij}X_iY_j$ et $b_{ij}=\overline{b}_{ji}$. Comme $a_{11} \in \mathbb{R}$ il existe $b \in \mathbb{R}$, $a_1 \in \{1,-1\}$ avec $a_{11}=a_1b^2$.

Soient $Q_1(X)=bX_1+\frac{u_2}{b}X_2+\ldots+\frac{u_n}{b}X_n$, $\bar{Q}_1(Y)=bY_1+\frac{\bar{u}_2}{b}Y_2+\ldots+\frac{\bar{u}_n}{b}Y_n$. On alors $P=a_1Q_1(X)\bar{Q}_1(Y)+(A-(\frac{u_2}{b}X_2+\ldots+\frac{u_n}{b}X_n)(\frac{\bar{u}_2}{b}Y_2+\ldots+\frac{\bar{u}_n}{b}Y_n))$. Par récurrence on a $A-(\frac{u_2}{b}X_2+\ldots+\frac{u_n}{b}X_n)(\frac{\bar{u}_2}{b}Y_2+\ldots+\frac{\bar{u}_n}{b}Y_n)=\sum_{i=2}^{n}a_iQ_i(X)\bar{Q}_i(Y)$. On a donc $P=\sum_{i=1}^{n}a_iQ_i(X)\bar{Q}_i(Y)$ avec $a_i\in\{0,1,-1\}$ et facilement $(Q_1,Q_2,\ldots,Q_n)$ est une famille $\mathbb{C}$-libre.

β) *On suppose* $a_{ii}=0$ *pour* $1\le i\le n$. Supposons $a_{12}\neq 0$. On a donc

$$P=a_{12}X_1Y_2+\bar{a}_{12}X_2Y_1+X_1\bar{A}(Y_3,\ldots,Y_n)+A(X_3,\ldots,X_n)Y_1$$
$$+X_2\bar{B}(Y_3,\ldots,Y_n)+B(X_3,\ldots,X_n)Y_2+C \text{ , où}$$

$A(X_3,\ldots,X_n)=u_3X_3+\ldots+u_nX_n$, $\bar{A}(Y_3,\ldots,Y_n)=\bar{u}_3Y_3+\ldots+\bar{u}_nY_n$,

$B(X_3,\ldots,X_n)=v_3X_3+\ldots+v_nX_n$, $\bar{B}(Y_3,\ldots,Y_n)=\bar{v}_3Y_3+\ldots+\bar{v}_nY_n$,

$C(X_3,\ldots,X_n)=\sum_{i=3}^{n}\sum_{j=3}^{n}c_{ij}X_iY_j$ avec $c_{ij}=\bar{c}_{ij}$. Il suit que

$$P=(a_{12}X_1+B(X))(Y_2+\frac{\bar{A}(Y)}{a_{12}})+(X_2+\frac{A(X)}{\bar{a}_{12}})(\bar{a}_{12}Y_1+\bar{B}(Y))$$
$$+C-(B(X)\frac{\bar{A}(Y)}{a_{12}}+\frac{A(X)}{\bar{a}_{12}}\bar{B}(Y)) \text{ . On pose}$$

$Q_1(X)=\frac{1}{\sqrt{2}}(a_{12}X_1+B(X)+X_2+\frac{A(X)}{\bar{a}_{12}})$, $Q_2=\frac{1}{\sqrt{2}}(a_{12}X_1+B(X)-X_2-\frac{A(X)}{\bar{a}_{12}})$. Par récurrence, on a $C-(B(X)\frac{\bar{A}(Y)}{a_{12}}+\frac{A(X)}{\bar{a}_{12}}\bar{B}(Y))=\sum_{i=3}^{n}a_iQ_i(X)\bar{Q}_i(Y)$.

Ainsi on a $P=Q_1(X)\bar{Q}_1(Y)-Q_2(X)\bar{Q}_2(Y)+\sum_{i=3}^{n}a_iQ_i(X)\bar{Q}_i(Y)$.

Le reste s'achève comme pour le théorème C.5.3. .

Remarque. 1.4.5. On a un résultat plus fort, disant qu'on peut choisir $(f_1,f_2,\ldots,f_n)$ orthonormale (pour une forme hermitienne définie positive) et orthogonale pour q (4.2.10.) .

1.5. Les automorphismes unitaires

Définition 1.5.1. (et **proposition**) Soient E un $\mathbb{C}$-espace vectoriel de dimension finie, f une forme hermitienne sur E, non dégénérée. On appelle *automorphisme unitaire* (relativement à f) de E, tout automorphisme du $\mathbb{C}$-espace vectoriel E tel que $f(x,y)=f(u(x),u(y))$, pour tout $x,y\in E$. Soit $(e_i)_i$ une base de E, alors $u\in \mathscr{End}\,E$ est unitaire si et seulement si $f(e_i,e_j)=f(u(e_i),u(e_j))$, pour tout i,j.

Le sous-ensemble de $G\ell(E)$ des automorphismes unitaires est un sous-groupe de $G\ell(E)$ appelé le *groupe unitaire de* f et noté $U(f)$. Soient $u\in U(f)$, x un vecteur propre de u, *non isotrope,* alors on a $u(x)=\lambda x$ avec $|\lambda|=1$; cela peut être faux si x est isotrope.

1.5.2. Représentation matricielle Soient $(a_i)_{1\le i\le n}$ une base de E, $M:=\mathrm{Mat}\,(f;(a_i)_i)$, $u\in G\ell(E)$, $U=\mathrm{Mat}(u;(a_i)_i)$, alors $u\in U(f)$ si et seulement si ${}^tUM\bar{U}=M$. En particulier si $(a_i)_i$ est une base orthonormale, on a $u\in U(f)$ si et seulement si ${}^tU\,\bar{U}=I_n$ (i.e. aussi ${}^t\bar{U}\,U=I_n$).

1.5.3. Exemple *Quasi-symétrie par rapport à un hyperplan non isotrope*

Soient $a\in E$, non isotrope, $\xi\in\mathbb{C}$ avec $|\xi|=1$ et $\sigma_{a,\xi}$ défini par $\sigma_{a,\xi}(x):=x+(\xi-1)\frac{f(x,a)}{f(a,a)}a$, alors $\sigma_{a,\xi}\in U(f)$, $\sigma_{a,\xi}(x)=x$ si $f(x,a)=0$ et $\sigma_{a,\xi}(a)=\xi a$; il suit de cela que si $(e_1,e_2,\dots,e_n)$ est une base orthogonale de E avec $e_1=a$, on a $f(\sigma_{a,\xi}(e_i),\sigma_{a,\xi}(e_j))=f(e_i,e_j)$ pour tout i,j, il suffit alors d'appliquer 1.5.1. ; en plus la représentation matricielle dans cette base montre que $\det\sigma_{a,\xi}=\xi$.

Si $u\in U(f)$, on a $|\det u|=1$, cela suit de 1.5.2. ; le sous-groupe de $U(f)$ des éléments de déterminant 1 est un sous-groupe distingué de $U(f)$, appelé le *groupe spécial unitaire,* il est noté $SU(f)$. L'application $u\longmapsto \det u$ induit un isomorphisme de $\frac{U(f)}{SU(f)}$ sur $\mathbb{T}:=\{z\in\mathbb{C}\ |z|=1\}$; cela suit de l'existence des quasi-symétries.

1.5.4. Les groupes $U_{p,q}(\mathbb{C})$, $SU_{p,q}(\mathbb{C})$

Soient $p\geq 0$, $q\geq 0$ des entiers avec $p+q=n$, $I_{p,q}:=\begin{bmatrix} I_p & 0_1 \\ 0_2 & -I_q \end{bmatrix}$ où 0_1 (resp. 0_2) est la matrice nulle de $M_{p,n-q}(\mathbb{C})$ (resp. $M_{q,n-p}(\mathbb{C})$) , avec $I_{n,0}=I_n$, $I_{0,n}=-I_n$.

Soient f une forme hermitienne de signature (p,q) sur un $\mathbb{C}$-espace vectoriel de dimension $n=p+q$. Alors il existe une base orthogonale $(e_1,e_2,\dots,e_n)$ avec $f(e_i,e_i)=1$ pour $1\leq i\leq p$ et $f(e_i,e_i)=-1$ pour $p+1\leq i\leq n$; ainsi $\mathrm{Mat}(f;(e_i)_i)=I_{p,q}$. Soient $U(f)$ (resp. $SU(f)$) le groupe unitaire (resp. spécial unitaire) de f . Soient $u\in G\ell(E)$, $U=\mathrm{Mat}(u;e_i)$, alors on a $u\in U(f)$ (resp. $SU(f)$) si et seulement si ${}^t\bar{U}I_{p,q}U=I_{p,q}$ (resp. ${}^t\bar{U}I_{p,q}U=I_{p,q}$ et $\det U=1$).

On adoptera les notations suivantes avec $p+q=n$:

$U_{p,q}(\mathbb{C}):=\{U\in G\ell_n(\mathbb{C})\mid {}^t\bar{U}I_{p,q}U=I_{p,q}\}$, $SU_{p,q}(\mathbb{C}):=\{U\in U_{p,q}(\mathbb{C})\mid \det U=1\}$ et $U_n(\mathbb{C}):=\{U\in G\ell_n(\mathbb{C})\mid {}^t\bar{U}U=I_n\}$, $SU_n(\mathbb{C}):=\{U\in U_n(\mathbb{C})\mid \det U=1\}$, i.e. $U_n(\mathbb{C}):=U_{n,0}(\mathbb{C})$ et $SU_n(\mathbb{C}):=SU_{n,0}(\mathbb{C})$. On remarquera que $U_{p,q}(\mathbb{C})=U_{q,p}(\mathbb{C})$.

Si donc f est une forme hermitienne de signature (p,q) sur un $\mathbb{C}$-espace vectoriel de dimension $n=p+q$, on a $U(f)\simeq U_{p,q}(\mathbb{C})$ et $SU(f)\simeq SU_{p,q}(\mathbb{C})$.

2. Espace hermitien

Dans ce paragraphe nous adoptons un point de vue volontairement élémentaire ; i.e. tous nos résultats seront conséquences de la définition 2.1. ci-après. Bien entendu, beaucoup de choses énoncées ici ne sont que des redites de ce qui précède.

Définition 2.1. Un *espace vectoriel hermitien* est un couple (E,f) où E est un $\mathbb{C}$-espace vectoriel de dimension finie et f une forme hermitienne sur E telle que $f(x,x)>0$ pour tout $x\in E-\{0\}$.

Une *famille* $(e_1,e_2,\dots,e_r)$ (resp. *base* $(e_1,e_2,\dots,e_n)$) d'un espace vectoriel hermitien (E,f) est dite *orthonormale* si $f(e_i,e_j)=\delta_{ij}$ pour tout i,j .

Souvent la forme hermitienne qui définit la structure hermitienne est notée $(x,y)\longmapsto(x\,|\,y)$. Ainsi lorsqu'on dira que E est un espace vectoriel hermitien, la forme hermitienne qui définit sa structure sera ainsi notée s'il n'y a pas d'autres précisions ; on dit aussi que $(x,y)\longmapsto(x\,|\,y)$ est le *produit scalaire* de E .

Exemple 2.2. *(l'espace vectoriel hermitien $\mathbb{C}^n$)* Soient $E=\mathbb{C}^n$,

$(X\,|\,Y):=\sum_{i=1}^{n} x_i\bar{y}_i={}^tX\bar{Y}$ où $X=\begin{bmatrix} x_1 \\ x_2 \\ \vdots \\ x_n \end{bmatrix}$, $Y=\begin{bmatrix} y_1 \\ y_2 \\ \vdots \\ y_n \end{bmatrix}$; alors $\mathbb{C}^n$ muni de la forme hermitienne $(\cdot\,|\,\cdot)$ est un espace vectoriel hermitien. La forme $(\cdot\,|\,\cdot)$ est encore appelée le *produit scalaire canonique* de l'espace hermitien $\mathbb{C}^n$. En particulier la base canonique $(\varepsilon_1,\varepsilon_2,\dots,\varepsilon_n)$ de $\mathbb{C}^n$ est orthonormale.

Exemple 2.3. Soient $\mathscr{C}([a,b],\mathbb{C})$ le $\mathbb{C}$-espace vectoriel des fonctions continues sur l'intervalle réel $[a,b]$, φ la forme hermitienne définie sur $\mathscr{C}([a,b],\mathbb{C})$ par $(f,g)\longmapsto \int_a^b f(t)\overline{g(t)}dt$. Alors tout sous-espace vectoriel E de dimension finie de $\mathscr{C}([a,b],\mathbb{C})$, muni de la forme hermitienne induite par φ est hermitien.

Exemple 2.4. Soient $M_n(\mathbb{C})$ le $\mathbb{C}$-espace vectoriel des matrices $n\times n$ à coefficients dans $\mathbb{C}$, Φ la forme hermitienne sur $M_n(\mathbb{C})$ définie par $\Phi(A,B)=\mathrm{Tr}({}^tA\,\bar{B})$. Alors $(M_n(\mathbb{C}),\Phi)$ est un espace vectoriel hermitien.

Proposition 2.5. *Soient (E,f) un espace vectoriel hermitien, F un sous-espace vectoriel.*

1. *Alors $(F,f_{|F\times F})$ est un espace vectoriel hermitien.*
2. *L'espace vectoriel hermitien (E,f) admet une base orthonormale.*
3. *On a $E=F\oplus F^{\perp}$; en particulier $(F^{\perp})^{\perp}=F$.*
4. *Toute famille orthonormale de (E,f) peut être complétée en une base orthonormale de (E,f) .*
5. *Soit $(e_1,e_2,\dots,e_n)$ une base orthonormale de E , $x\in E$, alors on a* $x=f(x,e_1)e_1+f(x,e_2)e_2+\dots+f(x,e_n)e_n$.
6. *Soient $(e_1,e_2,\dots,e_n)$ une base orthonormale de E ,*

$x = x_1 e_1 + x_2 e_2 + \ldots + x_n e_n$, $y = y_1 e_1 + y_2 e_2 + \ldots + y_n e_n$, $X := \begin{bmatrix} x_1 \\ x_2 \\ \vdots \\ x_n \end{bmatrix}$, $Y := \begin{bmatrix} y_1 \\ y_2 \\ \vdots \\ y_n \end{bmatrix}$, *alors*

on a $f(x,y) = {}^t X \overline{Y}$.

Démonstration 1. Clairement $(F, f_{|F\times F})$ satisfait la définition 2.1. .
2. Soit $e_1' \in E - \{0\}$, on a donc $f(e_1', e_1') > 0$. Soit $e_1 := a e_1'$ où $1 = a^2 f(e_1', e_1')$, ainsi $f(e_1, e_1) = 1$. Par ailleurs $x \longmapsto f(x, e_1)$ est une forme linéaire φ sur E non nulle et on a $\ker\varphi = (\mathbb{C} e_1)^\perp$. Il suit que $E = \mathbb{C} e_1 \oplus (\mathbb{C} e_1)^\perp$, en effet $\mathbb{C} e_1 \cap (\mathbb{C} e_1)^\perp = \{0\}$ et $\dim E = 1 + \dim(\mathbb{C} e_1)^\perp$. Comme $(\mathbb{C} e_1)^\perp$ est un espace vectoriel hermitien, par récurrence sur la dimension, $(\mathbb{C} e_1)^\perp$ admet une base orthonormale $(e_2, e_3, \ldots, e_n)$. Il suit que $(e_1, e_2, \ldots, e_n)$ est une base orthonormale de E .
3. Soit $F \neq \{0\}$ un sous-espace vectoriel de E , alors F admet par 2. une base orthonormale $(e_1, e_2, \ldots, e_t)$. Montrons que $E = F + F^\perp$. Soient $x \in E$ et $y := x - (f(x, e_1) e_1 + f(x, e_2) e_2 + \ldots + f(x, e_t) e_t)$, facilement $f(y, e_i) = 0$ pour $1 \leq i \leq t$, donc $y \in F^\perp$. Par ailleurs $F \cap F^\perp = \{0\}$, ainsi $E = F \oplus F^\perp$.
4. Si $(e_1, e_2, \ldots, e_s)$ est une famille orthonormale, i.e. $f(e_i, e_j) = \delta_{ij}$. Alors $(e_1, e_2, \ldots, e_s)$ est une base orthonormale de $W := \mathbb{C} e_1 + \mathbb{C} e_2 + \ldots + \mathbb{C} e_s$. Comme $E = W \oplus W^\perp$ par 3. et que $W^\perp$ admet une base orthonormale $(e_{s+1}, e_{s+2}, \ldots, e_n)$ par 2. ; il suit que $(e_1, e_2, \ldots, e_s, e_{s+1}, e_{s+2}, \ldots, e_n)$ est une base orthonormale de E .
5. Il suffit de montrer que $x - (f(x, e_1) e_1 + f(x, e_2) e_2 + \ldots + f(x, e_n) e_n)$ est orthogonal à e_i pour $1 \leq i \leq n$.

Corollaire 2.6. *Deux espaces vectoriels hermitiens sont isomorphes, si et seulement si ils ont même dimension ; on dit que deux espaces vectoriels hermitiens sont isomorphes s'il existe un isomorphisme d'espace vectoriel qui respecte les formes hermitiennes. Soient* (E, f) *un espace hermitien,* V , W *deux sous-espaces vectoriels de* E *avec* $\dim V = \dim W = r$, *alors* $(V, f_{|V\times V})$ *est isomorphe à* $(W, f_{|W\times W})$ *; mieux il existe une base orthonormale* $(v_1, v_2, \ldots, v_n)$ (resp. $(w_1, w_2, \ldots, w_n)$) *de* E *telle que* $(v_1, v_2, \ldots, v_r)$ (resp. $(w_1, w_2, \ldots, w_r)$) *soit une base de* V (resp. W *).*

Proposition 2.7. (inégalité de Schwarz) *Soient* $(E,(.\,|\,.))$ *un espace vectoriel hermitien . Alors on a*
1. $|(x\,|\,y)|^2 \leq (x\,|\,x)(y\,|\,y)$ *, de plus on a égalité si et seulement si* x *et* y *sont colinéaires.*
2. $(x+y\,|\,x+y)^{\frac{1}{2}} \leq (x\,|\,x)^{\frac{1}{2}} + (y\,|\,y)^{\frac{1}{2}}$ *, de plus on a égalité si et seulement si il existe* $(\lambda,\mu) \in \mathbb{C}\times\mathbb{C} - \{(0,0)\}$ *avec* $\lambda x+\mu y=0$ *et* $\lambda\mu \leq 0$.

Démonstration 1. Si $y=0$, le résultat est clair. Supposons $y\neq 0$, soit $\lambda \in \mathbb{C}$, on a $0 \leq (x+\lambda y\,|\,x+\lambda y) = (x\,|\,x) + \lambda(y\,|\,x) + \bar\lambda(x\,|\,y) + \lambda\bar\lambda(y\,|\,y)$,
en multipliant les deux membres par $(y\,|\,y)$ on a
$0 \leq (x\,|\,x)(y\,|\,y) + \lambda(y\,|\,x)(y\,|\,y) + \bar\lambda(x\,|\,y)(y\,|\,y) + \lambda\bar\lambda(y\,|\,y)^2$, soit
$0 \leq (\lambda(y\,|\,y)+(x\,|\,y))(\bar\lambda(y\,|\,y)+(x\,|\,y)) + ((x\,|\,x)(y\,|\,y) - |(x,y)|^2)$.

En choisissant $\lambda \in \mathbb{C}$ tel que $\lambda(y\,|\,y)+(x\,|\,y)=0$, on a l'inégalité.

En plus si $(x\,|\,x)(y\,|\,y) = |(x\,|\,y)|^2$, on déduit $(x+\lambda y\,|\,x+\lambda y)=0$, i.e. $x+\lambda y=0$, donc x et y sont colinéaires. La réciproque est immédiate.
2. On a
$(x+y\,|\,x+y) = (x\,|\,x)+(y\,|\,y)+(x\,|\,y)+(y\,|\,x) \leq (x,x)+(y\,|\,y)+2\,|(x\,|\,y)|$.
Par 1. on déduit que $(x+y\,|\,x+y) \leq (x\,|\,x)+(y\,|\,y)+2(x\,|\,x)^{\frac{1}{2}}(y\,|\,y)^{\frac{1}{2}}$. Ce qui est l'inégalité 2. .

Si on a égalité, on a donc $|(x\,|\,y)| = (x\,|\,x)^{\frac{1}{2}}(y\,|\,y)^{\frac{1}{2}}$ et par 1. on a bien $x=\rho y$ (si $y\neq 0$) avec $\rho \in \mathbb{C}$. Il suit alors que $|1+\rho|^2 = (1+|\rho|)^2$, cela montre facilement que ρ est un réel positif ou nul.

Corollaire 2.8. *Soit* E *un espace vectoriel hermitien. Alors* $x \longmapsto (x\,|\,x)^{\frac{1}{2}}$ *est une norme du* $\mathbb{C}$*-espace vectoriel* E .

Lorsqu'il n'y a pas de crainte de confusion cette norme est notée $\|.\|$.

Rappelons que $x \longmapsto \|x\|$ est une norme si les propriétés suivantes sont vérifiées :
1. $\|x\| \geq 0$ pour tout $x \in E$, $\|x\|=0$ si et seulement si $x=0$.
2. $\|x+y\| \leq \|x\|+\|y\|$ pour tout $x,y \in E$.
3. $\|\lambda x\| = |\lambda|\,\|x\|$ pour tout $\lambda \in \mathbb{C}$, $x \in E$.

Lemme 2.9. (orthonormalisation de **Schmidt**) *Soit* $(E,(\cdot|\cdot))$ *un espace hermitien et soit* $(e_1,e_2,\ldots,e_r)$ *une famille libre de* E . *Alors il existe une et une seule famille orthonormale* $(g_1,g_2,\ldots,g_r)$ *de* E *telle que* $g_1=a_{11}e_1$, $g_2=a_{12}e_1+a_{22}e_2$, ... , $g_r=a_{1r}e_1+a_{2r}e_2+\ldots+a_{rr}e_r$, *avec* $a_{ij}\in\mathbb{C}$, $a_{ii}\in\mathbb{R}$, $a_{ii}>0$ *pour* $1\leq i\leq r$; *la famille* $(g_i)_i$ *est dite orthonormale si* $(g_i|g_j)=\delta_{ij}$ *pour tout* i,j . *En plus on a* $\mathbb{C}e_1\oplus\mathbb{C}e_2\oplus\ldots\oplus\mathbb{C}e_r=\mathbb{C}g_1\oplus\mathbb{C}g_2\oplus\ldots\oplus\mathbb{C}g_r$ *et aussi* $e_1=b_{11}g_1$, $e_2=b_{12}g_1+b_{22}g_2,\ldots,e_r=b_{1r}g_1+b_{2r}g_2+\ldots+b_{rr}g_r$ avec $b_{ii}>0$.

Démonstration On montre ce lemme par récurrence sur r . Pour le cas $r=1$, on pose $g_1=\frac{1}{\|e_1\|}e_1$. On suppose le lemme montré pour la famille $(e_1,e_2,\ldots,e_{r-1})$, i.e. il existe une famille $(g_1,g_2,\ldots,g_{r-1})$ avec $g_1=a_{11}e_1$, $g_2=a_{12}e_1+a_{22}e_2$, ... , $g_{r-1}=a_{1,r-1}e_1+a_{2,r-1}e_2+\ldots+a_{r-1,r-1}e_{r-1}$, $a_{ij}\in\mathbb{C}$, $a_{ii}\in\mathbb{R}$, $a_{ii}>0$ pour $1\leq i\leq r-1$, la famille $(g_i)_i$ est orthonormale et en plus on a $\mathbb{C}e_1\oplus\mathbb{C}e_2\oplus\ldots\oplus\mathbb{C}e_{r-1}=\mathbb{C}g_1\oplus\mathbb{C}g_2\oplus\ldots\oplus\mathbb{C}g_{r-1}$. On a donc $W:=\mathbb{C}e_1\oplus\mathbb{C}e_2\oplus\ldots\oplus\mathbb{C}e_{r-1}\oplus\mathbb{C}e_r=\mathbb{C}g_1\oplus\mathbb{C}g_2\oplus\ldots\oplus\mathbb{C}g_{r-1}\oplus\mathbb{C}e_r$; l'orthogonal de $\mathbb{C}g_1\oplus\mathbb{C}g_2\oplus\ldots\oplus\mathbb{C}g_{r-1}$ dans W est un espace de dimension 1 , engendré par un élément g_r avec $(g_r|g_r)=1$. Par 6.5.5. on a $e_r=(e_r|g_1)g_1+\ldots+(e_r|g_{r-1})g_{r-1}+(e_r|g_r)g_r$. En plus $(e_r|g_r)\neq 0$, parce que $(g_1,\ldots,g_{r-1},e_r)$ est une famille libre. Ainsi

(1) $\quad g_r=\frac{1}{(e_r|g_r)}e_r-\frac{1}{(e_r|g_r)}((e_r|g_1)g_1+\ldots+(e_r|g_{r-1})g_{r-1})$.

Quitte à changer g_r en $e^{i\theta}g_r$, avec $(e_r|g_r)=\rho e^{i\theta}$, il suit de (1) que $g_r=a_{1r}e_1+a_{2r}e_2+\ldots+a_{rr}e_r$, avec $a_{rr}\in\mathbb{R}$, $a_{rr}>0$. Cela vérifie le lemme au rang r pour l'existence.

Pour l'unicité, si $(g_1',g_2',\ldots,g_r')$ est une famille orthonormale avec les propriétés requises, la famille $(g_1',g_2',\ldots,g_{r-1}')$ a les propriétés requises vis à vis de $(e_1,e_2,\ldots,e_{r-1})$; ainsi par récurrence $g_i=g_i'$ pour $1\leq i\leq r-1$. On a donc

(2) $\quad g_r=\lambda_1e_1+\lambda_2e_2+\ldots+\lambda_{r-1}e_{r-1}+\lambda_re_r$,

$g_r'=\lambda_1'e_1+\lambda_2'e_2+\ldots+\lambda_{r-1}'e_{r-1}+\lambda_r'e_r$, avec $\lambda_r,\lambda_r'\in\mathbb{R}$, $\lambda_r>0$, $\lambda_r'>0$. Par ailleurs g_r (resp. g_r') est un générateur unitaire d'un espace vectoriel de dimension 1 qui est l'orthogonal de $\mathbb{C}e_1\oplus\mathbb{C}e_2\oplus\ldots\oplus\mathbb{C}e_{r-1}$ dans $\mathbb{C}e_1\oplus\mathbb{C}e_2\oplus\ldots\oplus\mathbb{C}e_{r-1}\oplus\mathbb{C}e_r$, on a donc $g_r=\mu g_r'$, et par (2) on a $\mu=1$. Ce qui montre l'unicité.

Proposition 2.10. *Soit E un espace hermitien , V et W deux sous-espaces vectoriels de même dimension. Alors il existe $u \in SU(E)$ tel que $u(V)=W$.*

Corollaire 2.11. *Soient $\sigma_{a,\xi}$, $\sigma_{a',\xi'}$, deux quasi-symétries d'un espace hermitien E (définition 3.1.), alors les propriétés suivantes sont équivalentes.*
i) Il existe $w \in SU(E)$ tel que $\sigma_{a,\xi}=w\,\sigma_{a',\xi'}w^{-1}$, ii) $\xi=\xi'$.

3. Le groupe unitaire

L'étude du groupe unitaire d'un espace vectoriel hermitien est analogue à celle du groupe orthogonal d'un espace vectoriel euclidien à deux grandes différences près ; d'une part les démonstrations sont plus faciles (elles reposent pour ainsi dire sur la diagonalisation des automorphismes unitaires), d'autre part les résultats sont souvent distincts du cas euclidien.

Définitions 3.1. Soit l'espace vectoriel hermitien E , on appelle *groupe unitaire* de E , le groupe des bijections linéaires $u:E\to E$ telles que $(x\,|\,y)=(u(x)\,|\,u(y))$ pour tout $x,y\in E$; on le note $U(E)$. On appelle *groupe spécial unitaire* de E , ou encore *groupe des rotations*, le sous-groupe de $U(E)$ des éléments de déterminant 1 ; on le note $SU(E)$. Un élément $u\in SU(E)$ est appelé une *rotation.* Un élément $u\in \mathscr{End}\,E$ est un automorphisme unitaire si et seulement si il existe une base orthonormale $(e_1,e_2,\dots,e_n)$ de E telle que $(u(e_1),u(e_2),\dots,u(e_n))$ soit une base orthonormale de E .

Soient $a\in E-\{0\}$, $\xi\in\mathbb{C}$ avec $|\xi|=1$ et $\sigma_{a,\xi}$ l'automorphisme de E défini par $\sigma_{a,\xi}(x)=x+(\xi-1)\frac{(x\,|\,a)}{(a\,|\,a)}a$ pour tout $x\in E$, alors $\sigma_{a,\xi}$ est un automorphisme unitaire, appelé une *quasi-symétrie* ; en effet soit $(e_1,e_2,\dots,e_n)$ une base orthonormale avec $e_1=\frac{1}{\|a\|}a$, alors $\sigma_{a,\xi}(e_1)=\xi e_1$ et $\sigma_{a,\xi}(e_i)=e_i$ pour $i\geq 2$, et on a donc $(\sigma_{a,\xi}(e_i)\,|\,\sigma_{a,\xi}(e_j))=(e_i\,|\,e_j)$ pour tout i,j ; en plus cela montre que dét $\sigma_{a,\xi}=\xi$; en particulier $\sigma_{a,1}=\mathbb{1}_E$, et $\sigma_{a,-1}$ est la symétrie orthogonale d'hyperplan $a^{\perp}$, souvent notée σ_a , comme dans le cas euclidien.

3.2. Représentation matricielle Soient $(e_1, e_2, \dots, e_n)$ une base orthonormale de l'espace vectoriel hermitien $(E, (.\,|\,.))$, on a donc $(x\,|\,y) = {}^tX\,\bar{Y}$, si

$x = \sum_{i=1}^{n} x_i e_i$, $y = \sum_{i=1}^{n} y_i e_i$, $X = \begin{bmatrix} x_1 \\ x_2 \\ \vdots \\ x_n \end{bmatrix}$, $Y = \begin{bmatrix} y_1 \\ y_2 \\ \vdots \\ y_n \end{bmatrix}$. Soient $u \in G\ell(E)$, et

$U = \mathrm{Mat}(u\,; e_i)$, la matrice de u dans la base $(e_1, e_2, \dots, e_n)$. Alors $u \in U(f)$ si et seulement si ${}^tU\,\bar{U} = I_n$. Il suit que $|\,\mathrm{dét}\,u\,| = 1$.

3.3. Le groupe unitaire de l'espace vectoriel hermitien $\mathbb{C}^n$ Soient $\mathbb{C}^n$ muni de la forme hermitienne canonique défini en 2.2. , $U \in G\ell_n(\mathbb{C})$, $\hat{U}$ l'endomorphisme de $\mathbb{C}^n$ qui lui est canoniquement associé selon *Fr 1, A.*1.0.4.1.4. . Alors $\hat{U}$ est un élément de $U(\mathbb{C}^n)$ si et seulement si ${}^tU\,\bar{U} = I_n$.

On adoptera les *notations* suivantes,
$U_n(\mathbb{C}) := \{ U \in M_n(\mathbb{C}) \mid {}^tU\,\bar{U} = I_n \}$, $SU_n(\mathbb{C}) := \{ U \in U_n(\mathbb{C}) \mid \mathrm{dét}\,U = 1 \}$.

Soit $(\varepsilon_1, \varepsilon_2, \dots, \varepsilon_n)$ la base canonique de $\mathbb{C}^n$,
$U = [\, C_1\ C_2\ \cdot\ \cdot\ C_n \,] \in G\ell_n(\mathbb{C})$, alors $\hat{U} \in U(\mathbb{C}^n)$ si et seulement si $(U(\varepsilon_1), U(\varepsilon_2), \dots, U(\varepsilon_n))$ est une base orthonormale de l'espace euclidien $\mathbb{C}^n$, i.e. si et seulement si la famille $(C_1, C_2, \dots, C_n)$ est une base orthonormale de l'espace euclidien $\mathbb{C}^n$, i.e. si et seulement si $U \in U_n(\mathbb{C})$.

Soient E un espace vectoriel hermitien $(e_1, e_2, \dots, e_n)$ une base orthonormale de E, $(f_1, f_2, \dots, f_n)$ une famille de E,
$P := \mathrm{Mat}_{(e_1, e_2, \dots, e_n)}(f_1, f_2, \dots, f_n)$. Alors $(f_1, f_2, \dots, f_n)$ est une base orthonormale de E si et seulement si $P \in U_n(\mathbb{C})$.

3.4. Les groupes unitaires sur $\mathbb{C}^n$ sont conjugués *Soient* Φ *une forme hermitienne définie positive sur* $\mathbb{C}^n$, $U(\Phi)$ *son groupe unitaire, alors il existe* $T \in G\ell_n(\mathbb{C})$ *tel que* $U(\Phi) = T^{-1}\,U_n(\mathbb{C})\,T$.

La démonstration est analogue à celle de C.3.5. .

3.5. Des générateurs pour $U_n(\mathbb{C})$ et $SU_n(\mathbb{C})$

Théorème 3.5.1. *Soient E un espace vectoriel hermitien de dimension $n \geq 1$, $u \in G\ell(E)$. Alors les propriétés suivantes sont équivalentes.*
i) L'automorphisme u est unitaire,
ii) il existe une base orthonormale de E constituée de vecteurs propres de u et les valeurs propres sont de valeur absolue 1 .

Si i) et ii) sont réalisés, on a $\chi_u(X)=(X-\lambda_1)^{\alpha_1}(X-\lambda_2)^{\alpha_2}\dots(X-\lambda_k)^{\alpha_k}$ avec $\lambda_i \in \mathbb{C}$, $|\lambda_i|=1$, $\lambda_i \neq \lambda_j$ pour $i \neq j$, $\alpha_i \geq 1$ et $m_u(X)=(X-\lambda_1)(X-\lambda_2)\dots(X-\lambda_k)$, i.e. u est diagonalisable. En plus $E=\ker(u-\lambda_1 \mathbb{1}_E)\overset{\perp}{\oplus}\ker(u-\lambda_2\mathbb{1}_E)\overset{\perp}{\oplus}\dots\overset{\perp}{\oplus}\ker(u-\lambda_k \mathbb{1}_E)$.

Soit $u \in U(E)$, alors u se factorise sous la forme $u=\sigma_1\sigma_2\dots\sigma_p$ où σ_i est une quasi-symétrie et où $\sigma_i\sigma_j=\sigma_j\sigma_i$; en plus on peut choisir $p \leq n$. Plus précisément si $u \neq \mathbb{1}_E$ et si $s=\dim\ker(u-\mathbb{1}_E)$ alors u est produit de $n-s$ quasi-symétries et ce nombre est minimal. Soient $n \geq 2$, $v \in SU(E)$, alors v est produit de p rotations unitaires planes avec $p \leq n-1$ si $s=\dim\ker(u-\mathbb{1}_E)$, on peut choisir $p \leq n-s-1$. Un élément $w \in SU(E)$ est appelé rotation unitaire plane s'il existe un plan P tel que $w(P)=P$ et que w induise l'identité sur $P^{\perp}$.

Démonstration ii) implique i) Soient $(e_1,e_2,\dots,e_n)$ une base orthonormale de E avec $u(e_i)=\lambda_i e_i$ et $|\lambda_i|=1$, pour $1 \leq i \leq n$, $U:=\mathrm{Mat}(u\,;(e_i)_i)$. On a donc ${}^tU\bar{U}=I_n$, ce qui montre que u est unitaire (3.3.) .

i) implique ii) Soit $u \in U(E)$, montrons que u est orthogonalement diagonalisable. Comme $\mathbb{C}$ est algébriquement clos , u admet un vecteur propre e_1 , non nul, donc on peut supposer $\|e_1\|=1$; on a alors $u((\mathbb{C}e_1)^{\perp})=(\mathbb{C}e_1)^{\perp}$, ainsi u induit un automorphisme v de l'espace hermitien $(\mathbb{C}e_1)^{\perp}$ qui est unitaire . Par récurrence sur la dimension on peut supposer qu'il existe une base orthonormale $(e_2,e_3,\dots,e_n)$ de $(\mathbb{C}e_1)^{\perp}$, de vecteurs propres de v . On a donc $u(e_i)=\lambda_i e_i$, pour $1 \leq i \leq n$, comme $(u(e_i)\,|\,u(e_i))=(e_i\,|\,e_i)$, on déduit de cela que $|\lambda_i|=1$, pour $1 \leq i \leq n$.

Comme u est diagonalisable, on a $\chi_u(X)=(X-\lambda_1)^{\alpha_1}(X-\lambda_2)^{\alpha_2}\dots(X-\lambda_k)^{\alpha_k}$ avec $\lambda_i \in \mathbb{C}$, $|\lambda_i|=1$, $\lambda_i \neq \lambda_j$ pour $i \neq j$, $\alpha_i \geq 1$ et $m_u(X)=(X-\lambda_1)(X-\lambda_2)\dots(X-\lambda_k)$. En plus $E=\ker(u-\lambda_1 \mathbb{1}_E)\oplus\ker(u-\lambda_2\mathbb{1}_E)\oplus\dots\oplus\ker(u-\lambda_k \mathbb{1}_E)$; il reste à montrer que

$\ker(u-\lambda_i \mathbb{1}_E)$ est orthogonal à $\ker(u-\lambda_j \mathbb{1}_E)$. Soient $x \in \ker(u-\lambda_i \mathbb{1}_E)$, $y \in \ker(u-\lambda_j \mathbb{1}_E)$, on a $(x \mid y)=(u(x) \mid u(y))=(\lambda_i x \mid \lambda_j y)=\lambda_i \overline{\lambda}_j (x \mid y)$; comme $|\lambda_j|=1$, on a $\overline{\lambda}_j=\lambda_j^{-1}$ et ainsi $\lambda_i \overline{\lambda}_j \neq 1$, ce qui montre que $(x \mid y)=0$. Il suit que $E=\ker(u-\lambda_1 \mathbb{1}_E) \overset{\perp}{\oplus} \ker(u-\lambda_2 \mathbb{1}_E) \overset{\perp}{\oplus} \dots \overset{\perp}{\oplus} \ker(u-\lambda_k \mathbb{1}_E)$.

Soient $u \in U(E)$, $(e_1, e_2, \dots, e_n)$ une base orthonormale avec $u(e_i)=\lambda_i e_i$, σ_i la quasi-symétrie définie par $\sigma_i(e_i)=\lambda_i e_i$ et $\sigma_i(e_j)=e_j$ pour $j \neq i$, on a clairement $u=\sigma_1 \sigma_2 \dots \sigma_n$ avec $\sigma_i \sigma_j=\sigma_j \sigma_i$; le reste se traite comme la proposition C.3.14. .

Soit maintenant $v \in SU(E)$, on a donc aussi une base orthonormale $(e_1, e_2, \dots, e_n)$ avec $v(e_i)=\lambda_i e_i$, $|\lambda_i|=1$, $\lambda_1 \lambda_2 \dots \lambda_n=1$. Soit w la rotation unitaire plane définie par $w(e_1)=\lambda_1^{-1} e_1$, $w(e_2)=\lambda_1 e_2$, $w(e_i)=e_i$ pour $i \geq 3$. On a donc $wv(e_1)=e_1$, ainsi wv induit une rotation unitaire s sur $(\mathbb{C}e_1)^{\perp}$. Par récurrence sur la dimension on a $s=r_1 r_2 \dots r_p$ avec $p \leq n-2$ où r_i est une rotation unitaire plane de $(\mathbb{C}e_1)^{\perp}$; les r_i se prolongent en des rotations unitaires planes $\tilde{r}_i$ de E par $\tilde{r}_i(e_1)=e_1$. Il suit donc que $v=w^{-1} \tilde{r}_1 \dots \tilde{r}_p$. Ce qui termine le théorème.

Remarque Soient E un espace hermitien de dimension 4 , $u \in SU(E)$ dont la matrice dans une base orthonormale (e_1, e_2, e_3, e_4) est la matrice diagonale, de diagonale $(\xi, \xi^{-1}, \xi, \xi^{-1})$ avec $\xi \neq 1$. Alors $\ker(u-\mathbb{1}_E)=\{0\}$ et u est produit de deux rotations unitaires planes.

Corollaire 3.5.2. *Soit* $U \in M_n(\mathbb{C})$. *Alors les propriétés suivantes sont équivalentes.*

i) On a ${}^t\overline{U}U=I_n$,

ii) il existe $P \in SU_n(\mathbb{C})$ *avec* $PUP^{-1}=D$ *où* D *est une matrice diagonale dont les éléments diagonaux sont des nombres complexes de valeur absolue* 1 .

Démonstration ii) implique i) est immédiat.

i) implique ii) Si on munit $\mathbb{C}^n$ de la forme hermitienne canonique (2.2.) , l'automorphisme $\hat{M}$ défini par $\hat{M}(X)=MX$ est un automorphisme unitaire par 3.3. ; ainsi par 3.5.1. il existe $P \in G\ell_n(\mathbb{C})$ tel que $PMP^{-1}=D$, où D est une matrice diagonale dont les éléments sont des nombres complexes de valeur absolue 1 . En plus P est la matrice de passage d'une base orthonormale à une base orthonormale, on a donc $P \in U_n(\mathbb{C})$ (3.3.). Comme $\text{dét}P=\xi$ avec $|\xi|=1$, on a $D_n(\xi^{-1}) \in U_n(\mathbb{C})$; $D_n(\xi^{-1})$ est la matrice diagonale dont tous les coefficients diagonaux sont égaux à 1 , sauf le dernier qui est ξ^{-1} . Alors on a $P' := D_n(\xi^{-1})P \in SU_n(\mathbb{C})$ et $P'MP'^{-1}=D$.

Remarque 3.5.3. Ici $U(E)$ ne peut être engendré par des involutions pour des raisons de déterminant !

3.6. Le centralisateur de $SU_n(\mathbb{C})$ dans $U_n(\mathbb{C})$

Théorème 3.6.1. *Soient E un $\mathbb{C}$-espace vectoriel hermitien de dimension n , $H(E) := \{\lambda \mathbb{1}_E \mid \lambda \in \mathbb{C}, |\lambda|=1\}$ le sous-groupe des homothéties de $U(E)$. Alors $H(E)$ est le centralisateur de $SU(E)$ dans $U(E)$; en particulier $H(E)$ est le centre de $U(E)$ et $H(E) \cap SU(E) = \{\lambda \mathbb{1}_E \mid \lambda \in \mathbb{C}, \lambda^n=1\}$ est le centre de $SU(E)$.*

Démonstration Soit $u \in U(E)$ qui commute avec tout élément de $SU(E)$. Par 3.5.1. , il existe une décomposition de E en somme directe orthogonale $E=E_1 \overset{\perp}{\oplus} E_2 \overset{\perp}{\oplus} \dots \overset{\perp}{\oplus} E_r$ telle que $u(x)=\lambda_i x$ pour tout $x \in E_i$ et $\lambda_i \neq \lambda_j$ pour $i \neq j$. Soit $v \in SU(E)$ on a donc $vuv^{-1}=u$, cela montre que $v(E_i)$ est un espace propre de vuv^{-1} (donc de u) pour la valeur propre λ_i ; ainsi $v(E_i)=E_i$. Comme cela est vrai pour tout $v \in SU(E)$, on a donc $r=1$, i.e. $u \in H(E)$.

Remarque 3.6.2. Le groupe $SO_2(\mathbb{R})$ est abélien et le groupe $SU_2(\mathbb{C})$ n'est pas abélien ! En revanche $U_1(\mathbb{C}) \simeq SO_2(\mathbb{R}) \simeq \mathbb{T}$.

3.7. Connexité et compacité de $U_n(\mathbb{C})$ et $SU_n(\mathbb{C})$

Rappelons que $U_n(\mathbb{C})=\{M\in G\ell_n(\mathbb{C})\mid {}^tM\overline{M}=I_n\}$, $SU_n(\mathbb{C})=\{M\in U_n(\mathbb{C})\mid \text{dét } M=1\}$. Ces groupes sont munis de la topologie induite par celle de $M_n(\mathbb{C})$ qui est celle de $\mathbb{C}^{n^2}$ *(voir aussi Fr1, 2.1.5.).*

Théorème 3.7.1. *Les groupes $U_n(\mathbb{C})$ et $SU_n(\mathbb{C})$ sont connexes par arcs et compacts.*

Démonstration Soit $M\in U_n(\mathbb{C})$, par le corollaire 3.5.2. , il existe $P\in SU_n(\mathbb{C})$ tel que $PMP^{-1}=\begin{bmatrix}\alpha_1 & 0 & 0 & 0 & 0\\ 0 & \alpha_2 & 0 & . & .\\ . & . & . & . & .\\ . & . & . & . & 0\\ . & . & . & 0 & \alpha_n\end{bmatrix}$ avec $|\alpha_i|=1$ et $\alpha_1\alpha_2\ldots\alpha_n=1$ si $M\in SU_n(\mathbb{C})$. On a donc $\alpha_j=e^{i\theta_j}$; dans le cas où $\alpha_1\alpha_2\ldots\alpha_n=1$, une fois θ_1, $\theta_2, \ldots, \theta_{n-1}$ fixés, on peut choisir θ_n de façon que $\theta_1+\theta_2+\ldots+\theta_n=0$.

Soient $t\in[0,1]$ et $M(t):=C^{-1}\begin{bmatrix}e^{i\theta_1 t} & 0 & 0 & 0 & 0\\ 0 & e^{i\theta_2 t} & 0 & . & .\\ . & . & . & . & .\\ . & . & . & . & 0\\ . & . & . & 0 & e^{i\theta_n t}\end{bmatrix}C$. Alors $M(0)=I_n$, $M(1)=M$ et $M(t)\in U_n(\mathbb{C})$ (et $M(t)\in SU_n(\mathbb{C})$ si $M\in SU_n(\mathbb{C})$). Ainsi $t\longmapsto M(t)$ est un chemin qui relie I_n à M . Cela montre que $U_n(\mathbb{C})$ et $SU_n(\mathbb{C})$ sont connexes par arcs.

Montrons que $U_n(\mathbb{C})$ et $SU_n(\mathbb{C})$ sont compacts. D'abord $U_n(\mathbb{C})$ est un fermé de $M_n(\mathbb{C})$ parce que c'est l'image réciproque de I_n par l'application $M\longmapsto {}^tM\overline{M}$. Si $M=[\,m_{i,j}\,]_{i,j}\in U_n(\mathbb{C})$, on a $\sum_{j=1}^{n}|m_{ij}|^2=1$ pour $1\leq i\leq n$; cela montre que $|m_{ij}|\leq 1$. Ainsi $U_n(\mathbb{C})$ est un fermé, borné de $M_n(\mathbb{C})$, c'est donc un compact. Ensuite $SU_n(\mathbb{C})$ est l'image réciproque de 1 par l'application dét , c'est donc un fermé de $U_n(\mathbb{C})$. Cela montre que $SU_n(\mathbb{C})$ est compact.

Remarque 3.7.2. Par une méthode directement inspirée de la démonstration du théorème C.9.4. , on peut montrer que les groupes $U_{p,q}(\mathbb{C})$ et $SU_{p,q}(\mathbb{C})$ sont connexes par arcs .

3.8. Commutateurs et sous-groupes distingués de $U_n(\mathbb{C})$ et $SU_n(\mathbb{C})$

Théorème 3.8.0. *Soit $n \geq 2$, alors tout élément de $SU_n(\mathbb{C})$ est un commutateur de $SU_n(\mathbb{C})$. Soient $D(U_n(\mathbb{C}))$ (resp. $D(SU_n(\mathbb{C}))$) le sous-groupe de $U_n(\mathbb{C})$ (resp. $SU_n(\mathbb{C})$), engendré par les commutateurs de $U_n(\mathbb{C})$ (resp. $SU_n(\mathbb{C})$), alors pour $n \geq 2$, on a $D(U_n(\mathbb{C}))=D(SU_n(\mathbb{C}))=SU_n(\mathbb{C})$.*

Démonstration Par 3.5.2. une matrice de $SU_n(\mathbb{C})$ est semblable modulo $SU_n(\mathbb{C})$ à une matrice diagonale $A=\mathrm{Diag}(a_1,a_2,\dots,a_n)$ avec $|a_i|=1$ pour $1 \leq i \leq n$ et $a_1 a_2 \dots a_n=1$. Facilement il existe $b_1,b_2,\dots,b_n \in \mathbb{C}$ avec $b_2=a_2 b_1$, $b_3=a_3 b_2$, ..., $b_n=a_n b_{n-1}$ et $b_1 b_2 \dots b_n=1$, de plus on a $|b_i|=1$ pour $1 \leq i \leq n$. Soient $B:=\mathrm{Diag}(b_1,b_2,\dots,b_n)$, c la permutation circulaire $(1,2,\dots,n)$, $Q(c)$ la matrice de la permutation circulaire c, $S:=Q(c)$ (resp. $Q(c)D_n(-1)$) si n est impair (resp. pair). Alors on a $S \in SU_n(\mathbb{C})$ et la conjugaison de B^{-1} par S est $\mathrm{Diag}(b_n^{-1},b_1^{-1},\dots,b_{n-1}^{-1})$, comme $A=B\,\mathrm{Diag}(b_n^{-1},b_1^{-1},\dots,b_{n-1}^{-1})$, il suit de cela que A est un commutateur de $SU_n(\mathbb{C})$. Ce qui montre le théorème.

Théorème 3.8.1. *Soient E un espace vectoriel hermitien de dimension finie, G un sous-groupe de $U(E)$ tel que $uGu^{-1}=G$ pour tout $u \in SU(E)$, $H(E):=\{\lambda \mathbb{1}_E \mid \lambda \in \mathbb{C}, |\lambda|=1\}$ les homothéties de $U(E)$. Alors, ou bien $G \subset H(E)$, ou bien $G \supset SU(E)$. Ainsi les sous-groupes G de $U(E)$ tels que $uGu^{-1}=G$, pour tout $u \in SU(E)$, sont exactement les sous-groupes de la forme $L\mathbb{1}_E$ ou $L\mathbb{1}_E SU(E)$ où L est un sous-groupe de $\mathbb{T}:=\{z \in \mathbb{C} \mid |z|=1\}$. En particulier les sous-groupes distingués de $U(E)$ sont de la forme $L\mathbb{1}_E$ ou $L\mathbb{1}_E SU(E)$ et les sous-groupes distingués de $SU(E)$ sont de la forme $L\mathbb{1}_E$ ou $SU(E)$.*

Démonstration Le cas $\dim E=1$ est trivial, supposons $\dim E \geq 2$ et $G \not\subset H(E)$. Alors il existe $u \in G$, $u \notin H(E)$, comme u est orthogonalement diagonalisable (3.6.1.), il existe un plan P stable par u tel que l'automorphisme u_1 de P induit par u ne soit pas une homothétie de P ; i.e. u a au moins deux valeurs propres distinctes.

Soit W le sous-groupe des éléments de $SU(E)$ qui laissent P stable et induisent l'identité sur $P^{\perp}$, on a alors $W \simeq SU(P) \simeq SU_2(\mathbb{C})$. Si $w \in W$, le commutateur $uwu^{-1}w^{-1}$ laisse P stable et induit l'identité sur $P^{\perp}$.

(1) Ainsi il existe $\theta \in [0, \pi]$ tel que $\mathrm{Tr}(uwu^{-1}w^{-1}) = (n-2) + 2\cos\theta$, c'est 3.5.1..

Par ailleurs l'application $\varphi : W \to \mathbb{R}$ définie par $\varphi(w) = \mathrm{Tr}(uwu^{-1}w^{-1})$ est continue et son image est un segment fermé parce que $W \simeq SU_2(\mathbb{C})$ est compact et connexe (théorème 3.7.1.) ; on a donc $\theta_1 \in [0, \pi]$ avec $\varphi(W) = [n-2+2\cos\theta_1, n]$ parce que $\varphi(\mathbb{1}_E) = n$. Montrons que $\theta_1 > 0$. En effet le théorème 3.5.1. dit que $\varphi(w) = n$ si et seulement si $uwu^{-1}w^{-1} = \mathbb{1}_E$; comme u_1 n'est pas une homothétie de P, il existe $w \in W$ tel que $uw(x) \neq wu(x)$ pour un $x \in P$ (théorème 3.6.1.), cela montre que $\varphi(W)$ n'est pas réduit à $\{n\}$.

(2) On a donc $0 < \theta_1 \leq \pi$ avec $\varphi(W) = [n-2+2\cos\theta_1, n]$.

Soient (e_1, e_2) une base orthonormale de P, $\theta \in [0, \theta_1]$, 3.6.1., 3.6.2. et (2) montrent qu'il existe $v, w \in W$ avec

(3) $v(uwu^{-1}w^{-1})v^{-1}(e_1) = e^{i\theta}e_1$, $v(uwu^{-1}w^{-1})v^{-1}(e_2) = e^{-i\theta}e_2$, $v(uwu^{-1}w^{-1})v^{-1}(x) = x$ pour tout $x \in P^{\perp}$.

Soit maintenant $\theta \in [0, \pi]$, il existe n avec $\frac{\theta}{n} \in [0, \theta_1]$, alors (3) montre qu'il existe $v', w' \in W$ avec

(4) $v'(uw'u^{-1}w'^{-1})^n v'^{-1}(e_1) = e^{i\theta}e_1$, $v'(uw'u^{-1}w'^{-1})^n v'^{-1}(e_2) = e^{-i\theta}e_2$, $v'(uw'u^{-1}w'^{-1})^n v'^{-1}(x) = x$ pour tout $x \in P^{\perp}$.

Soit $\xi \in \mathbb{C}$ avec $|\xi| = 1$, alors (4) montre qu'il existe $s \in G$ tel que

(5) $s(e_1) = \xi e_1$, $s(e_2) = \xi^{-1}e_2$, $s(x) = x$ pour tout $x \in P^{\perp}$.

On complète (e_1, e_2) en une base orthonormale $(e_1, e_2, \dots, e_n)$ de E, par conjugaison par un élément de $SU(E)$ il suit de (5) qu'il existe $\ell \in G$ avec $\ell(e_i) = \xi e_i$, $\ell(e_{i+1}) = \xi^{-1}e_{i+1}$, $\ell(e_j) = e_j$ pour $j \notin \{i, i+1\}$.

(6) Soit $\xi_1, \xi_2, \dots, \xi_n \in \mathbb{C}$ avec $|\xi_i| = 1$, $\xi_1\xi_2\dots\xi_n = 1$, alors il suit facilement de (6),

(7) qu'il existe $s \in G$ avec $s(e_i) = \xi_i e_i$ pour $1 \leq i \leq n$.

Alors, par conjugaison par $SU(E)$, la relation (7) montre que $G \supset SU(E)$. Le reste du théorème suit de ce que tout élément de $u \in U(E)$ s'écrit $u = \lambda v$ avec $|\lambda| = 1$, $v \in SU(E)$.

4. Endomorphisme normal, auto-adjoint, unitaire d'un espace vectoriel hermitien

4.1. Les définitions

Définition 4.1.1. (et **proposition**) Soient $(E,(.\,|\,.))$ un espace vectoriel hermitien, u un endomorphisme de l'espace vectoriel E. Alors il existe un et un seul endomorphisme w de E tel que $(u(x)\,|\,y)=(x\,|\,w(y))$ pour tout $x,y\in E$; cet endomorphisme s'appelle l'endomorphisme *adjoint* de u et on le note u^*. Soient u,v des endomorphismes de E, $\lambda\in\mathbb{C}$, alors on a $(u+v)^*=u^*+v^*$, $(\lambda u)^*=\bar{\lambda}u^*$, $(u^*)^*=u$, $(uv)^*=v^*u^*$, $\mathbb{1}=\mathbb{1}^*$, $\operatorname{rang}u=\operatorname{rang}u^*$ et $\operatorname{dét}u^*=\overline{(\operatorname{dét}u)}$.

La démonstration la plus simple est matricielle.

4.1.2. Représentation matricielle (et démonstration de 4.1.1.)

Soient E un espace vectoriel hermitien, $u\in\mathcal{E}nd\,E$ un endomorphisme, $(e_1,e_2,\dots,e_n)$ une base orthonormale de E. Par 2.5. on a

$$(x\,|\,y)={}^tX\bar{Y} \text{ où } X=\begin{bmatrix}x_1\\x_2\\\vdots\\x_n\end{bmatrix},\ Y=\begin{bmatrix}y_1\\y_2\\\vdots\\y_n\end{bmatrix}, \text{ avec } x=x_1e_1+x_2e_2+\dots+x_ne_n,$$

$y=y_1e_1+y_2e_2+\dots+y_ne_n$. Soit $U:=\operatorname{Mat}(u\,;e_i)$, alors $(u(x)\,|\,y)={}^t(UX)\bar{Y}={}^tX({}^t\bar{U}\bar{Y})$. Soit $w\in\mathcal{E}nd\,E$ tel que ${}^t\bar{U}=\operatorname{Mat}(w\,;e_i)$; alors on a bien $(u(x)|y)=(x\,|\,w(y))$ pour tout $x,y\in E$. En plus l'élément w est unique parce que $(x\,|\,(w-w')(y))=0$ pour tout $x\in E$ implique $(w-w')(y)=0$, i.e. $w=w'$.

Si donc $u\in\mathcal{E}nd\,E$, si $(e_1,e_2,\dots,e_n)$ est une base orthonormale de E, si $U=\operatorname{Mat}(u\,;e_i)$, alors on a $U^*:={}^t\bar{U}=\operatorname{Mat}(u^*;e_i)$; ainsi toutes les relations de 4.1.1. peuvent se déduire de *Fr1*, 1.0.5.5.1..

Définition 4.1.3. Soient E un espace vectoriel hermitien. Un endomorphisme u de l'espace vectoriel E est dit *normal* si $u^*u=uu^*$. Un endomorphisme u de E est dit *auto-adjoint* (ou *hermitien*) si $u=u^*$. Un endomorphisme u de E est dit *anti-hermitien* si $u^*=-u$. Rappelons que u est *unitaire* si $(u(x)\,|\,u(y))=(x\,|\,y)$ pour tout $x,y\in E$ (3.1.) ; on a donc u *unitaire* si et seulement si $uu^*=u^*u=\mathbb{1}_E$. Bien entendu un endomorphisme hermitien, anti-hermitien est normal et un automorphisme unitaire est aussi normal.

4.1.4. Représentation matricielle

Soient E un espace vectoriel hermitien, $u\in \mathcal{E}nd\,E$ un endomorphisme, $(e_1,e_2,\dots,e_n)$ une base orthonormale de E, $U=\mathrm{Mat}(u\,;e_i)$. Alors u est *normal* si et seulement si ${}^t\bar{U}U=U\,{}^t\bar{U}$, u est *auto-adjoint* ou *hermitien* si et seulement si ${}^t\bar{U}=U$, i.e. la matrice U est hermitienne, u est *anti-hermitien* si et seulement si ${}^t\bar{U}=-U$, i.e. la matrice U est anti-hermitienne ; enfin u est *unitaire* si et seulement si ${}^t\bar{U}U=U\,{}^t\bar{U}=I_n$.

Proposition 4.1.5. *Soient E un espace vectoriel hermitien, u un endomorphisme de E, $\Psi_u:E\times E\to E$ l'application définie par $\Psi_u(x,y)=(u(x)\,|\,y)$. Alors Ψ_u est une forme hermitienne sur E si et seulement si u est un endomorphisme hermitien de E. Soient $\mathcal{H}erm(E)$ le $\mathbb{R}$-espace vectoriel des endomorphismes hermitiens de E, $\mathcal{F}orm.\mathcal{H}erm(E)$ le $\mathbb{R}$-espace vectoriel des formes hermitiennes sur E ; alors l'application $u\longmapsto\Psi_u$ est un isomorphisme de $\mathbb{R}$-espace vectoriel de $\mathcal{H}erm(E)$ sur $\mathcal{F}orm.\mathcal{H}erm(E)$.*

Démonstration On a $\Psi_u(x,y)=(u(x)\,|\,y)=(x\,|\,u^*(y))$,
$\Psi_u(y,x)=(u(y)\,|\,x)=\overline{(x\,|\,u(y))}$; ainsi Ψ_u est hermitien si et seulement si $u=u^*$. Facilement Ψ_u est une application $\mathbb{R}$-linéaire ; tout aussi facilement $\Psi_u=0$ implique $u=0$. Il reste donc à montrer que $u\longmapsto\Psi_u$ est surjectif, la méthode matricielle ci-après est la plus rapide.

4.1.6. Représentation matricielle (et fin de la démonstration de 4.1.5.)

Soient E un espace vectoriel hermitien, $u\in \mathcal{E}nd\,E$ un endomorphisme, $(e_1,e_2,\dots,e_n)$ une base orthonormale de E, $U=\mathrm{Mat}(u\,;e_i)$. Alors on a avec les notations de 4.1.5. $\Psi_u(x,y)={}^t(UX)\bar{Y}={}^tX{}^tU\bar{Y}$; ainsi Ψ_u est hermitien si et seulement si ${}^tU$ est hermitien, i.e. si et seulement si U est hermitien. Soient g une forme hermitienne sur E , $M=\mathrm{Mat}(g\,;e_i)$, alors on a $g(x,y)={}^tXM\bar{Y}={}^t({}^tMX)\bar{Y}$. Soit donc $u\in\mathcal{E}nd\,E$ tel que ${}^tM=\mathrm{Mat}(u\,;e_i)$ et comme M est un matrice hermitienne, ${}^tM$ est aussi une matrice hermitienne, u est donc un endomorphisme hermitien et on a bien $g(x,y)=(u(x)\,|\,y)$.

Lemme 4.1.7. *Soient E un espace hermitien, u un endomorphisme normal, u^* son adjoint, $e\in E$, avec $u(e)=\lambda e$, alors on a $u^*(e)=\bar{\lambda}e$. Soit $F:=\mathbb{C}e$, alors $u^*(F)\subset F$ et par suite $u(F^\perp)\subset F^\perp, u^*(F^\perp)\subset F^\perp$.*

Démonstration α) *On a* $u^*((\mathbb{C}e)^\perp)\subset(\mathbb{C}e)^\perp$. Soit $z\in(\mathbb{C}e)^\perp$, on a $(e\,|\,u^*(z))=(u(e)\,|\,z)=(\lambda e\,|\,z)=0$; ainsi $(\mathbb{C}e)^\perp$ est stable par u^* .
β) *On a* $u^*(e)=\bar{\lambda}e$. Soit $v:=u-\lambda\,\mathbb{1}_E$, alors $v^*=u^*-\bar{\lambda}\,\mathbb{1}_E$, ainsi $v^*v=vv^*$. On a $0=(v(e)\,|\,v(e))=(e\,|\,v^*v(e))=(e\,|\,vv^*(e))=(v^*(e)\,|\,v^*(e))$, ainsi $v^*(e)=0$, i.e. $u^*(e)=\bar{\lambda}e$.
γ) *On a* $u((\mathbb{C}e)^\perp)\subset(\mathbb{C}e)^\perp$. Soit $z\in E$ avec $(e\,|\,z)=0$; alors on a $(e\,|\,u(z))=(u^*(e)\,|\,z)=(\bar{\lambda}e\,|\,z)=\bar{\lambda}(e\,|\,z)=0$. Cela montre bien que $(\mathbb{C}e)^\perp$ est stable par u .

Le lemme 4.1.7. admet une généralisation qui est le suivant.

Lemme 4.1.8. *Soient E un espace hermitien, u un endomorphisme normal, u^* son adjoint, F un sous-espace vectoriel de E avec $u(F)\subset F$. Alors $u^*(F)\subset F$ et par suite $u(F^\perp)\subset F^\perp, u^*(F^\perp)\subset F^\perp$.*

Démonstration α) Soit p le projecteur orthogonal de E sur F , i.e. $p(x)=x$ pour $x\in F$, $p(x)=0$ pour $x\in F^\perp$. Soit $(e_i)_{1\le i\le n}$ est une base orthonormale de E constituée de la réunion d'une base orthonormale de F et d'une base orthonormale de $F^\perp$, alors $\mathrm{Mat}(p\,;e_i)$ est une matrice diagonale réelle, ce qui montre que $p=p^*$ (4.1.4.) .
β) On a $u^*(F)\subset F$ si et seulement si $(\mathbb{1}_E-p)u^*p=0$. Soit $v=(\mathbb{1}_E-p)u^*p$. On a donc
(1) $v^*v=pu(\mathbb{1}_E-p)^2u^*p$, or $(\mathbb{1}_E-p)^2=\mathbb{1}_E-p$; ainsi

(2) $v^*v=pu(\mathbb{1}_E-p)u^*p=puu^*p-pupu^*p$. Comme u est normal $uu^*p=u^*up$ et comme $u(F)\subset F$, on a $pup=up$. Ainsi

(3) $v^*v=(pu^*p)(pup)-(pup)(pu^*p)$, puisque $p^2=p$.

Il suit de (3) et *Fr 1*, A.2.1.3. ou A.3.3.3. que $\mathrm{Tr}\,v^*v=0$, donc $v=0$ par 4.1.9. Ce qui montre que $u^*(F)\subset F$

γ) Le reste du lemme se déduit de ce que $\ker u=0$ si et seulement si $\ker u^*=0$.

Lemme 4.1.9. *Soient* E *un espace vectoriel hermitien ,* u *un endomorphisme de l'espace vectoriel* E *,* u^* *l'adjoint de* u *. Alors on a les propriétés suivantes sont équivalentes.*

i) $\mathrm{Tr}(u^*u)=0$ *, ii)* $u=0$.

Démonstration Soient $(e_1,e_2,\dots,e_n)$ une base orthonormale de E , on a $\mathrm{Mat}(u\,;e_i)=[C_1C_2\dots C_n]$, ainsi $\mathrm{Mat}(u^*;e_i)$ est la matrice dont les lignes sont $({}^t\overline{C}_1,{}^t\overline{C}_2,\dots,{}^t\overline{C}_n)$, par suite $\mathrm{Tr}(u^*u)={}^t\overline{C}_1C_1+{}^t\overline{C}_2C_2+\dots+{}^t\overline{C}_nC_n$. Ainsi $\mathrm{Tr}(u^*u)=0$ si et seulement si $C_1=C_2=\dots=C_n=0$, i.e. si et seulement si $u=0$.

4.2. Les théorèmes

Théorème 4.2.1. *Soient* E *un espace vectoriel hermitien,* u *un endomorphisme de l'espace vectoriel* E *,*

$\Lambda:=\mathrm{spectre}\,u:=\{\lambda\in\mathbb{C}\mid\chi_u(\lambda)=0\}=\{\lambda\in\mathbb{C}\mid m_u(\lambda)=0\}$ *. Alors les propriétés suivantes sont équivalentes.*

i) L'endomorphisme u *est normal (* i.e. $uu^*=u^*u$ *),*

ii) il existe une base orthonormale de E *constituée de vecteurs propres de* u *,*

iii) on a $E=\overset{\perp}{\bigoplus_{\lambda\in\Lambda}}\ker(u-\lambda\,\mathbb{1}_E)$.

Si i) à iii) sont réalisés, on a $\chi_u(X)=(X-\lambda_1)^{\alpha_1}(X-\lambda_2)^{\alpha_2}\dots(X-\lambda_k)^{\alpha_k}$ *avec* $\lambda_i\in\mathbb{C}$ *et* $\lambda_i\neq\lambda_j$ *pour* $i\neq j$, $\alpha_i\geq1$ *et* $m_u(X)=(X-\lambda_1)(X-\lambda_2)\dots(X-\lambda_k)$, i.e. u *est diagonalisable.*

Démonstration *ii) implique i)* Comme la matrice D de u dans la base orthonormale de vecteurs propres est diagonale, on a ${}^t\bar{D}D = D\,{}^t\bar{D}$ et ainsi $u^* u = u u^*$.
i) implique ii) α) Soit λ une valeur propre de u, e_1 unitaire avec $u(e_1)=\lambda e_1$. Alors $(\mathbb{C}e_1)^{\perp}$ est stable par u^* et par u ; c'est 4.1.7..
β) Il suit de α) que u induit un endomorphisme w sur $(\mathbb{C}e_1)^{\perp}$ et que u^* induit sur $(\mathbb{C}e_1)^{\perp}$ l'adjoint de w ; ainsi w est normal. Alors une récurrence sur la dimension montre qu'il existe une base orthonormale $(e_2, e_3, \dots, e_n)$ de $(\mathbb{C}e_1)^{\perp}$ constituée de vecteurs propres de w. Ainsi $(e_1, e_2, \dots, e_n)$ est une base qui convient.
ii) implique iii) Par *ii)* u est diagonalisable, ainsi $E = \bigoplus_{\lambda \in \Lambda} \ker(u - \lambda\, \mathbb{1}_E)$ (*Fr 1*, 5.2.2.). Il reste à montrer que la somme est directe orthogonale. Soit $x \in E$ (resp. y) avec $u(x)=\lambda x$ (resp. $u(y)=\mu y$), avec $\lambda \neq \mu$; par 4.1.7. on sait alors que $u^*(y)=\bar{\mu}y$. Ainsi $(u(x)\,|\,y)=\lambda(x\,|\,y)$ et $(u(x)\,|\,y)=(x\,|\,u^*(y))=(x\,|\,\bar{\mu}y)=\mu(x\,|\,y)$; comme $\lambda \neq \mu$, on a bien $(x\,|\,y)=0$.
iii) implique i) Soit $\mathscr{B}_\lambda$ une base orthonormale de $\ker(u - \lambda\, \mathbb{1}_E)$, alors $(e_1, e_2, \dots, e_n) := \mathscr{B} = \bigcup_{\lambda \in \Lambda} \mathscr{B}_\lambda$ est une base orthonormale de E et on a $u(e_i)=\lambda_i e_i$, alors par 4.1.4. u est normal.

Corollaire 4.2.2. *Soit $U \in M_n(\mathbb{C})$. Alors les propriétés suivantes sont équivalentes.*

i) On a ${}^t\bar{U}U = U\,{}^t\bar{U}$,
ii) il existe $P \in SU_n(\mathbb{C})$ avec PUP^{-1} qui est diagonal.

Démonstration *ii) implique i)* est immédiat, pour
i) implique ii) Si on munit $\mathbb{C}^n$ de la forme hermitienne canonique (2.2.), l'automorphisme $\hat{U}$ défini par $\hat{U}(X)=UX$ est tel que $\mathrm{Mat}(\hat{U}; \varepsilon_i)=U$; or $(\varepsilon_i)_i$ étant une base orthonormale de $\mathbb{C}^n$, il suit de *i)* et de 4.1.4. que $\hat{U}$ est un automorphisme normal de $\mathbb{C}^n$; alors le théorème 4.2.1. dit que par un changement de base orthonormale la matrice de $\hat{U}$ a bien la forme Δ qui est diagonale. Cela veut dire qu'il existe $P \in U_n(\mathbb{C})$ tel que $PUP^{-1}=\Delta$; il reste à montrer qu'on peut choisir P dans $SU_n(\mathbb{C})$. Il suffit alors de

changer P en $D_1(\xi)P$, avec $D_1(\xi):=\begin{bmatrix} \xi & 0 & . & . & 0 \\ 0 & 1 & 0 & . & . \\ . & . & . & . & . \\ . & . & . & . & 0 \\ 0 & . & . & 0 & 1 \end{bmatrix} P$, et $\xi\,\text{dét}(P)=1$ et par conséquent $|\xi|=1$ et $D_1(\xi)\in U_n(\mathbb{C})$. Ce qui montre *ii*).

Corollaire 4.2.3. *Soient* $(E,(.\,|\,.))$ *un espace vectoriel hermitien, u un endomorphisme de l'espace vectoriel* E *,*
$\Lambda := \text{spectre}\, u := \{\lambda\in\mathbb{C} \mid \chi_u(\lambda)=0\} = \{\lambda\in\mathbb{C} \mid m_u(\lambda)=0\}$. *Alors les propriétés suivantes sont équivalentes.*
i) L'endomorphisme u est auto-adjoint ou hermitien (i.e. $u=u^*$ *),*
ii) il existe une base orthonormale de E *constituée de vecteurs propres de u et les valeurs propres sont des nombres réels,*
iii) l'application $g:E\times E\to\mathbb{C}$ *définie par* $g(x,y)=(u(x)\,|\,y)$ *est une forme hermitienne sur* E *,*
iv) pour tout $\lambda\in\Lambda$ *, on a* $\lambda\in\mathbb{R}$ *, et de plus* $E=\overset{\perp}{\underset{\lambda\in\Lambda}{\oplus}}\ker(u-\lambda\,\mathbb{1}_E)$.

En plus on a $\ker u = \text{noyau}\, g$. *Si i) à iv) sont réalisés, on a* $\chi_u(X)=(X-\lambda_1)^{\alpha_1}(X-\lambda_2)^{\alpha_2}\ldots(X-\lambda_k)^{\alpha_k}$ *avec* $\lambda_i\in\mathbb{R}$ *et* $\lambda_i\neq\lambda_j$ *pour* $i\neq j$, $\alpha_i\geq 1$ *et* $m_u(X)=(X-\lambda_1)(X-\lambda_2)\ldots(X-\lambda_k)$, i.e. *u est diagonalisable.*

Démonstration *i) implique ii)* Par 4.2.1. il existe une base orthonormale $(e_1,e_2,\ldots,e_n)$ avec $u(e_i)=\lambda_i e_i$; ainsi
$\lambda_i=(\lambda_i e_i\,|\,e_i)=(u(e_i)\,|\,e_i)=(e_i\,|\,u(e_i))=(e_i\,|\,\lambda_i e_i)=\overline{\lambda}_i$ donc λ_i est réel.
ii) implique iii) On a une base orthonormale (e_i) avec $u(e_i)=\lambda_i e_i$, $\lambda_i\in\mathbb{R}$, soit $U=\text{Mat}(u\,;e_i)$, alors ${}^t\overline{U}=U$ ce qui montre que $u^*=u$ (4.1.4.). Alors 4.1.5. montre que g est une forme hermitienne.
iii) implique iv) Comme g est une forme hermitienne, 4.1.5. montre que u est hermitien, donc normal. Par 4.2.1. on a $E=\overset{\perp}{\underset{\lambda\in\Lambda}{\oplus}}\ker(u-\lambda\,\mathbb{1}_E)$. Il reste à montrer que si $\lambda\in\Lambda$, alors $\lambda\in\mathbb{R}$. En effet si $u(x)=\lambda x$, avec $x\neq 0$, on a $\lambda(x\,|\,x)=(\lambda x\,|\,x)=(u(x)\,|\,x)=(x\,|\,u(x))=(x\,|\,\lambda x)=\overline{\lambda}(x\,|\,x)$, i.e. $\lambda=\overline{\lambda}$.
iv) implique i) Soit $\mathscr{B}_\lambda$ une base orthonormale de $\ker(u-\lambda\,\mathbb{1}_E)$, alors $(e_1,e_2,\ldots,e_n):=\mathscr{B}=\underset{\lambda\in\Lambda}{\cup}\mathscr{B}_\lambda$ est une base orthonormale de E et on a

$u(e_i)=\lambda_i e_i$ avec $\lambda_i \in \mathbb{R}$. Soit $U=\text{Mat}(u\,;e_i)$, alors ${}^t\bar{U}=U$ ce qui montre que $u^*=u$ (4.1.4.).

Corollaire 4.2.4. *Soit* $U \in M_n(\mathbb{C})$. *Alors les propriétés suivantes sont équivalentes.*

i) On a ${}^t\bar{U}=U$ *(*i.e. *U est hermitienne),*
ii) il existe $P \in SU_n(\mathbb{C})$ *avec* $PUP^{-1}=D$ *où D est une matrice diagonale réelle,*
iii) l'application $g:\mathbb{C}^n \times \mathbb{C}^n \longmapsto \mathbb{C}$ *définie par* $g(X,Y)={}^tXU\bar{Y}$ *est une forme hermitienne sur* $\mathbb{C}^n$.

Démonstration Il suffit d'adapter la démonstration de 4.2.2. .

Corollaire 4.2.5. (et **définition**) *Soient* $(E,(.\,|\,.))$ *un espace vectoriel hermitien, u un endomorphisme de l'espace vectoriel E ,*
$\Lambda := \text{spectre}\, u := \{\lambda \in \mathbb{C} \mid \chi_u(\lambda)=0\} = \{\lambda \in \mathbb{C} \mid m_u(\lambda)=0\}$. *Alors les propriétés suivantes sont équivalentes.*
i) Il existe un endomorphisme (resp. *automorphisme) v de l'espace vectoriel E tel que* $u=v^*v$,
ii) il existe une base orthonormale de E , constituée de vecteurs propres de u et les valeurs propres sont les nombres réels positifs ou nuls (resp. *strictement positifs),*
iii) l'application $g:E\times E \to \mathbb{C}$, *définie par* $g(x,y)=(u(x)\,|\,y)$ *est hermitienne positive* (resp. *définie positive)* ,
iv) il existe w un endomorphisme (resp. *automorphisme) auto-adjoint tel que* $u=w^2$.
v) pour tout $\lambda \in \Lambda$, *on a* $\lambda \in \mathbb{R}$, $\lambda \geq 0$ (resp. $\lambda > 0$ *) et de plus*

$$E = \overset{\perp}{\bigoplus_{\lambda \in \Lambda}} \ker(u - \lambda\, \mathbb{1}_E) .$$

Un endomorphisme qui possède les propriétés *i)* à *v)* est dit *hermitien positif* (resp. *hermitien défini positif*). En plus l'endomorphisme w de *iv)* peut être choisi symétrique positif (resp. symétrique défini positif) .

En plus on a $\text{rang}\, u = \text{rang}\, v = \text{rang}\, w$; $\ker u = \ker v = \ker w = \text{noyau}\, g$. *Si i)* à *iv) sont réalisés, on a* $\chi_u(X)=(X-\lambda_1)^{\alpha_1}(X-\lambda_2)^{\alpha_2}\ldots(X-\lambda_k)^{\alpha_k}$ *avec* $\lambda_i \in \mathbb{R}$, $\lambda_i \geq 0$ *(*resp. $\lambda_i > 0$ *),* $\lambda_i \neq \lambda_j$ *pour* $i \neq j$, $\alpha_i \geq 1$ *et*
$m_u(X)=(X-\lambda_1)(X-\lambda_2)\ldots(X-\lambda_k)$, i.e. *u est diagonalisable.*

Démonstration $i)$ *implique* $ii)$ Comme u est auto-adjoint, par le corollaire 4.2.3. , il existe une base orthonormale $(e_1, e_2, \dots, e_n)$ de E , constituée de vecteurs propres pour u . Ainsi $u(e_i)=\lambda_i e_i$, par suite
$(u(e_i) \mid e_i)=\lambda_i (e_i \mid e_i)=(v(e_i) \mid v(e_i))$. Ce qui montre que $\lambda_i \geq 0$ (resp. $\lambda_i > 0$).
$ii)$ *implique* $iii)$ On suppose que $(e_i)_i$ est une base orthonormale de E avec $u(e_i)=\lambda_i e_i$, $\lambda_i \geq 0$ (resp. $\lambda_i > 0$) ; on a donc $g(e_i, e_j)=\delta_{ij}\lambda_j$, ce qui montre que g est symétrique positive (resp. symétrique, définie, positive) .
$iii)$ *implique* $iv)$ Par le corollaire 4.2.3. il existe une base orthonormale de E , $(e_i)_i$, avec $u(e_i)=\lambda_i e_i$, comme g est positive (resp. définie, positive), on a alors $\lambda_i \geq 0$ (resp. $\lambda_i > 0$) , i.e. $\lambda_i = \mu_i^2$ avec $\mu_i \geq 0$ (resp. $\mu_i > 0$). Soit v défini par $v(e_i)=\mu_i e_i$, on a alors $v^*=v$ et $v^* v = u$.
$iv)$ *implique* $v)$ Comme w est auto-adjoint, il en est de même de $u=w^2$, ainsi par 4.2.3. on a $E = \overset{\perp}{\bigoplus_{\lambda \in \Lambda}} \ker(u - \lambda \, \mathbb{1}_E)$. En plus, comme w est auto-adjoint, par 4.2.3. il est diagonalisable, spectre $w \subset \mathbb{R}$, et spectre $u = \{\mu^2 \mid \mu \in \text{spectre } w\}$, ce qui montre que si $\lambda \in \Lambda$, on a $\lambda \in \mathbb{R}$, $\lambda \geq 0$ (resp. $\lambda > 0$ si w est un automorphisme).
$v)$ *implique* $i)$ Soit $\mathcal{B}_\lambda$ une base orthonormale de $\ker(u - \lambda \, \mathbb{1}_E)$, alors $(e_1, e_2, \dots, e_n) := \mathcal{B} = \bigcup_{\lambda \in \Lambda} \mathcal{B}_\lambda$ est une base orthonormale de E et on a $u(e_i)=\lambda_i e_i$ avec $\lambda_i \geq 0$ (resp. $\lambda_i > 0$) . Donc $\lambda_i = \mu_i^2$ avec $\mu_i \geq 0$ (resp. $\mu_i > 0$) . Soit $v \in \mathcal{E}nd\, E$ tel que $v(e_i)=\mu_i e_i$. Alors par 4.1.4. v est auto-adjoint et $u=v^2$, i.e. $u=v^* v$.

Corollaire 4.2.6. (et **définition**) *Soit* $U \in M_n(\mathbb{C})$. *Alors les propriétés suivantes sont équivalentes.*

$i)$ *Il existe* $V \in M_n(\mathbb{C})$ (resp. $G\ell_n(\mathbb{C})$) *avec* $U = {}^t\overline{V} V$,

$ii)$ *il existe* $P \in SU_n(\mathbb{C})$ *avec* $PUP^{-1}=D$ *où* D *est une matrice diagonale à coefficients diagonaux positifs ou nuls* (resp. *strictement positifs*),

$iii)$ *la forme sur* $\mathbb{C}^n \times \mathbb{C}^n$ *définie par* $(X,Y) \longmapsto {}^tXU\overline{Y}$ *est hermitienne positive* (resp. *définie positive*),

$iv)$ *il existe* $W \in M_n(\mathbb{C})$ (resp. $G\ell_n(\mathbb{C})$) *avec* $U=W^2$ *et* ${}^t\overline{W}=W$,

$v)$ *il existe* $T \in M_n(\mathbb{C})$ (resp. $G\ell_n(\mathbb{C})$) *avec* $U={}^t\overline{T} T$ *où* T *est triangulaire avec des réels positifs ou nuls sur la diagonale (supérieure ou inférieure, comme on veut).*

Une matrice qui possède les propriétés *i), ii), iii), iv), v)* est dite *hermitienne positive* (resp. *hermitienne, définie, positive).*

En plus on a

$\operatorname{rang} U = \operatorname{rang} V = \operatorname{rang} W = \operatorname{rang} T$; $\ker U = \ker V = \ker W = \ker T$.

Démonstration C'est le corollaire 4.2.5., en ajoutant ce qui suit.
i) implique v) Il suffit d'utiliser l'exercice D.5.1. .

Remarque 4.2.7. Il suit du corollaire 4.2.5. qu'un endomorphisme hermitien positif u est le carré d'un endomorphisme. La réciproque peut être fausse. Considérer l'endomorphisme u défini dans la base (e_1,e_2) par $u(e_1)=e_2$, $u(e_2)=-e_1$, i.e. $u^2=-\mathbb{1}_E$.

Corollaire 4.2.8. *Soient* $(E,(.\,|\,.))$ *un espace vectoriel hermitien de dimension* $n\geq 1$, $u\in G\ell(E)$, $\Lambda := \operatorname{spectre} u := \{\lambda\in\mathbb{C} \mid \chi_u(\lambda)=0\} = \{\lambda\in\mathbb{C} \mid m_u(\lambda)=0\}$. *Alors les propriétés suivantes sont équivalentes.*
i) L'automorphisme u *est unitaire,*
ii) il existe une base orthonormale de E *constituée de vecteurs propres de* u *et les valeurs propres sont de valeur absolue* 1 ,
iii) pour tout $\lambda\in\Lambda$, *on a* $|\lambda|=1$ *et de plus* $E=\overset{\perp}{\underset{\lambda\in\Lambda}{\oplus}} \ker(u-\lambda\,\mathbb{1}_E)$.
Si i) à iii) sont réalisés, on a $\chi_u(X)=(X-\lambda_1)^{\alpha_1}(X-\lambda_2)^{\alpha_2}\dots(X-\lambda_k)^{\alpha_k}$ *avec* $\lambda_i\in\mathbb{C}$, $\lambda_i\neq\lambda_j$ *pour* $i\neq j$, $|\lambda_i|=1$, $\alpha_i\geq 1$ *et* $m_u(X)=(X-\lambda_1)(X-\lambda_2)\dots(X-\lambda_k)$, i.e. u *est diagonalisable.*

Démonstration C'est une conséquence de 4.2.1. ou 3.5.1. .

Corollaire 4.2.9. *Soit* $U \in M_n(\mathbb{C})$. *Alors les propriétés suivantes sont équivalentes.*

i) On a ${}^t\bar{U}U = I_n$,

ii) il existe $P \in SU_n(\mathbb{C})$ *(*i.e. ${}^t\bar{P}P = I_n$, dét $P = 1$ *) avec* $PUP^{-1} = D$ *où* D *est une matrice diagonale dont les éléments diagonaux sont des nombres complexes de valeur absolue* 1 .

Corollaire 4.2.10. *Soient* $(E, (\cdot|\cdot))$ *un espace vectoriel hermitien de dimension* n , g *une forme hermitienne sur l'espace vectoriel* E , u *l'unique endomorphisme auto-adjoint de* E *tel que* $g(x,y) = (u(x)|y)$ *pour tout* $x, y \in E$ (proposition 4.1.5.). *Soit* $(e_1, e_2, \dots, e_n)$ *une base orthonormale de* E *, alors les propriétés suivantes sont équivalentes.*

i) $(e_1, e_2, \dots, e_n)$ *est orthogonal pour* g ,

ii) $(e_1, e_2, \dots, e_n)$ *est une base de vecteurs propres pour* u .

Par le corollaire 4.2.3. *il existe une base* $(e_1, e_2, \dots, e_n)$ *orthonormale de* E *qui satisfait i) et ii) et on a* $u(e_i) = g(e_i, e_i)e_i$, *pour* $1 \le i \le n$.

Soient $\lambda_1, \lambda_2, \dots, \lambda_r$ *les valeurs propres distinctes de* u . *Alors toute base orthonormale de* E *qui est orthogonale pour* g *est exactement de la forme* $\mathcal{B}_1 \cup \mathcal{B}_2 \cup \dots \cup \mathcal{B}_r$ *où* $\mathcal{B}_i$ *est une base orthonormale du sous-espace vectoriel euclidien* $\ker(u - \lambda_1 1\!\!1_E)$.

Démonstration i) implique ii) On a $g(e_i, e_j) = (u(e_i)|e_j) = 0$ pour $j \ne i$. Ainsi $u(e_i) \in (\mathbb{C}e_1 + \dots + \mathbb{C}e_{i-1} + \mathbb{C}e_{i+1} + \dots + \mathbb{C}e_n)^\perp = \mathbb{C}e_i$, donc $(e_1, e_2, \dots, e_n)$ est une base de vecteurs propres pour u .

ii) implique i) est immédiat.

Enfin soit $\mathcal{B}$ une base orthonormale de E qui est orthogonale pour g et soit $V_i := \ker(u - \lambda_i 1\!\!1_E)$. Il suit de ce qui précède que $\mathcal{B} \subset \dot{\bigcup}_{i=1}^{r} (V_i - \{0\})$ ($\mathcal{B}$ est considéré comme une partie) ; soit donc $\mathcal{B}_i := \mathcal{B} \cap V_i$, on a $\mathcal{B} = \dot{\bigcup}_{i=1}^{r} \mathcal{B}_i$ et ainsi $n = \operatorname{card}\mathcal{B} = \sum_{i=1}^{r} \operatorname{card}\mathcal{B}_i$. Comme $\mathcal{B}_i$ est une partie libre de V_i on a $\operatorname{card}\mathcal{B}_i \le \dim V_i$. Enfin $E = \bigoplus_{i=1}^{r} V_i$, donc $n = \sum_{i=1}^{r} \dim V_i$. Il suit donc de tout cela que $\operatorname{card}\mathcal{B}_i = \dim V_i$ pour $1 \le i \le r$, ce qui veut dire que $\mathcal{B}_i$ est une base de V_i , et bien entendu orthonormale. Pour la réciproque, il suffit de remarquer que V_i est orthogonal à V_j pour $i \neq j$, c'est 4.2.3. .

Corollaire 4.2.11. *Soient E un $\mathbb{C}$-espace vectoriel , $u \in \mathcal{End}E$. Alors les propriétés suivantes sont équivalentes.*
i) $u u^* = u^* u$, i.e. *u est normal,*
ii) il existe $P \in \mathbb{C}[X]$ tel que $u^* = P(u)$.

Démonstration α) *ii) implique i)* est immédiat.
β) On suppose *i)* satisfait. Par 4.2.1. il existe une base orthonormale $(e_1, e_2, \dots, e_n)$ de E telle que $M := \mathrm{Mat}(u\,; e_i) = \begin{bmatrix} \mu_1 & 0 & . & . \\ 0 & \mu_2 & . & . \\ . & . & . & . \\ . & . & . & \mu_n \end{bmatrix}$. Par le théorème des chinois, il existe $P(X) \in \mathbb{C}[X]$ tel que $P(X) \equiv \overline{\mu}_i$ modulo $(X - \mu_i)$ pour $1 \leq i \leq n$. Il suit que $P(M) = {}^t\overline{M}$ et donc que $P(u) = u^*$.

Corollaire 4.2.12. *Soit $M \in M_n(\mathbb{R})$, alors les propriétés suivantes sont équivalentes.*
i) $M\,{}^t\overline{M} = {}^t\overline{M}M$,
ii) il existe $P \in \mathbb{C}[X]$ tel que ${}^t\overline{M} = P(M)$.

Démonstration C'est une conséquence immédiate de 4.2.11. .

Théorème 4.2.13. *Soient E un espace vectoriel hermitien, u un endomorphisme de l'espace vectoriel E ,*
$\Lambda :=$ spectre $u := \{ \lambda \in \mathbb{C} \mid \chi_u(\lambda) = 0 \} = \{ \lambda \in \mathbb{C} \mid m_u(\lambda) = 0 \}$. *Alors les propriétés suivantes sont équivalentes.*
i) L'endomorphisme u est anti-hermitien (i.e. $u^* = -u$ *),*
ii) il existe une base orthonormale de E constituée de vecteurs propres de u , et les valeurs propres sont imaginaires pures,
iii) pour tout $\lambda \in \Lambda$, on a $\lambda \in i\mathbb{R}$, et de plus $E = \overset{\perp}{\bigoplus_{\lambda \in \Lambda}} \ker(u - \lambda\, \mathbb{1}_E)$.

Si i) à iii) sont réalisés, on a $\chi_u(X)=(X-\lambda_1)^{\alpha_1}(X-\lambda_2)^{\alpha_2}\dots(X-\lambda_k)^{\alpha_k}$ *avec* $\lambda_r \in i\mathbb{R}$, $\lambda_r \neq \lambda_t$ *pour* $r \neq t$, $\alpha_r \geq 1$, *pour* $r \geq 1$ *et* $m_u(X)=(X-\lambda_1)(X-\lambda_2)\dots(X-\lambda_k)$, i.e. u *est diagonalisable.*

Démonstration Elle est analogue à 4.2.3. .

Corollaire 4.2.14. *Soit* $U \in M_n(\mathbb{C})$. *Alors les propriétés suivantes sont équivalentes.*

i) On a ${}^t\bar{U}=-U$,

ii) il existe $P \in SU_n(\mathbb{C})$ *avec* PUP^{-1} *qui est une matrice diagonale à coefficients diagonaux imaginaires (*i.e. *appartenant à* $i\mathbb{R}$ *).*

5. Exercices

Exercice 5.1. *application de la méthode d'orthonormalisation*

1) *Soit* $M \in G\ell_n(\mathbb{C})$. *Alors il existe* $U \in U_n(\mathbb{C})$, $T \in M_n(\mathbb{C})$ *une matrice triangulaire supérieure* (resp. *inférieure) dont les coefficients diagonaux sont des réels positifs et telles que* $M = UT$. *En plus,* U *et* T *sont uniques.*

2) *Soit* $M \in M_n(\mathbb{C})$. *Alors il existe* $U \in U_n(\mathbb{C})$, $T \in M_n(\mathbb{C})$ *triangulaire supérieure* (resp. *inférieure) dont les coefficients diagonaux sont des réels positifs et avec* $M = UT$.

3) *Soit* $M \in M_n(\mathbb{C})$ *une matrice hermitienne positive. Alors il existe une matrice* T *triangulaire supérieure* (resp. *inférieure) dont les coefficients diagonaux sont des réels positifs et avec* $M = {}^t\bar{T}T$.

(s'inspirer de C.10.4.)

Exercice 5.2. *matrices unitairement triangularisables*

Soit $A \in M_n(\mathbb{C})$, *alors il existe* $U \in U_n(\mathbb{C})$ *tel que* $UAU^{-1} = T$ *soit triangulaire* (s'inspirer de C.10.4.) .

Exercice 5.3. *matrices normales et valeurs propres*

Soient $A = [a_{ij}] \in M_n(\mathbb{C})$, $\chi_A(X) = \prod_{i=1}^{n}(X - \lambda_i)$ *son polynôme caractéristique. Alors les propriétés suivantes sont équivalentes.*

i) La matrice A *est normale* (i.e. ${}^t\bar{A}A = A\,{}^t\bar{A}$), *ii)* $\sum_{i,j} |a_{ij}|^2 = \sum_{i=1}^{n} |\lambda_i|^2$.

0) Montrer que $\mathrm{Tr}\,{}^t\bar{A}A = \sum_{i,j} |a_{ij}|^2$.

1) Montrer que *i) implique ii)* (remarquer qu'il existe $U \in U_n(\mathbb{C})$ avec

$$UAU^{-1} = \begin{bmatrix} \lambda_1 & 0 & . & . & 0 \\ 0 & \lambda_2 & 0 & . & . \\ . & . & . & . & . \\ . & . & . & . & 0 \\ 0 & . & . & 0 & \lambda_n \end{bmatrix},$$ en déduire que $\mathrm{Tr}\,{}^t\bar{A}A = |\lambda_1|^2 + |\lambda_2|^2 + \ldots + |\lambda_n|^2$;

utiliser 0) .

2) Montrer que *ii) implique i)* (par l'exercice 5.2., écrire $A = UTU^{-1}$ où

$$T = \begin{bmatrix} b_{11} & b_{12} & . & . & b_{1n} \\ 0 & b_{22} & . & . & b_{2n} \\ . & . & . & . & . \\ . & . & . & . & . \\ 0 & . & . & 0 & b_{nn} \end{bmatrix},$$ $U \in U_n(\mathbb{C})$, en déduire que ${}^t\bar{A}A = {}^t\bar{U}^{-1}\,{}^t\bar{T}TU^{-1}$, soit

$\mathrm{Tr}\,{}^t\bar{A}A = \mathrm{Tr}\,{}^t\bar{T}T$ et donc

$\sum_{i,j} |a_{ij}|^2 = (|b_{11}|^2 + |b_{12}|^2 + \ldots + |b_{1n}|^2) + (|b_{22}|^2 + \ldots + |b_{2n}|^2) + \ldots + |b_{nn}|^2$; de l'écriture $A = UTU^{-1}$ déduire aussi que $|b_{11}|^2 + \ldots + |b_{nn}|^2 = |\lambda_1|^2 + \ldots + |\lambda_n|^2$ et avec *ii*) que $b_{ij} = 0$ pour $i \neq j$, montrer que *i*) est satisfait).

Exercice 5.4. *adjoint et décomposition en somme directe orthogonale*

Soient E *un espace vectoriel hermitien,* u *un endomorphisme de* E, u^* *son adjoint,* $P, Q \in \mathbb{C}[X] - \{0\}$ *avec* $PQ(u) = 0$ *et* $1 = \mathrm{pgcd}(P, Q)$, $V = \ker P(u)$, $V^* = \ker \bar{P}(u^*)$, $W = \ker Q(u)$. *Alors on a* $E = V \oplus W = V^* \overset{\perp}{\oplus} W$.

1) Montrer que $E = V \oplus W$.
2) Montrer qu'il existe $A, B \in \mathbb{C}[X]$ (resp. $\mathbb{C}[X]$) tels que $1 = P(X)A(X) + Q(X)B(X)$ et donc que $\mathbb{1}_E = \bar{P}(u^*)\bar{A}(u^*) + \bar{Q}(u^*)\bar{B}(u^*)$.
3) Soient $x \in V^*$, $y \in W$, montrer que $x = \bar{P}(u^*)\bar{B}(u^*)(x)$ et que $(x|y) = (\bar{Q}(u^*)\bar{B}(u^*)(x)|y) = (x|Q(u)B(u)(y)) = 0$; conclure que V^*, W sont bien orthogonaux.
4) Montrer que $\dim V = \dim V^*$ (penser à $\mathrm{rg}\, P(u) = \mathrm{rg}\, P(u)^* = \mathrm{rg}\, \bar{P}(u^*)$). En déduire $E = V^* \overset{\perp}{\oplus} W$.

Exercice 5.5. *sur les projecteurs orthogonaux*

Soient E *un espace vectoriel hermitien,* u *un endomorphisme de* E *tel que* $u^2 = u$ (i.e. *un projecteur*). *Alors on a les équivalences suivantes.*
i) *u est un projecteur orthogonal* (i.e. $\ker u$ est orthogonal à $\mathrm{im}\, u$, soit $E = \ker u \overset{\perp}{\oplus} \mathrm{im}\, u$),
ii) $u^* = u$ *(u est auto-adjoint, ou hermitien),*
iii) $\|u(x)\| \leq \|x\|$ *pour tout* $x \in E$.

1) Montrer *i*) *implique ii*) *et iii*).
2) Montrer *ii*) *implique i*) (soient $x \in E$, $y \in \ker u$, alors on a $(u(x)|y) = (x|u^*(y)) = (x|u(y)) = 0$).
3) Montrer *iii*) *implique i*) (soient $t \in \ker u$, $s \in \mathrm{im}\, u$, calculer $\|s + \lambda t\|^2$, considérer λ assez petit avec $\bar{\lambda}(s|t) + \lambda(t|s) \leq 0$, conclure).

Exercice 5.6. *sur les valeurs propres d'un produit de projecteurs orthogonaux*

Soient E *un espace vectoriel euclidien* (resp. *hermitien*), u, v *deux projecteurs orthogonaux de* E. *Alors les racines (dans* $\mathbb{C}$ *) de* χ_{uv} *sont des nombres réels du segment* $[0,1]$.

Considérer que u et v se prolongent en des projecteurs orthogonaux d'un espace hermitien F ; on note toujours u, v ces prolongements.

1) Soient $\lambda \in \mathbb{C}$ une racine de χ_{uv} et $x \in F-\{0\}$ un vecteur propre associé. En utilisant la décomposition $x=v(x)+(x-v(x))$, $v(x)=u\,v(x)+(v(x)-u\,v(x))$, montrer que $(u\,v(x) \mid v(x))=(u\,v(x) \mid u\,v(x))$, et aussi que $(u\,v(x) \mid v(x))=(\lambda x \mid v(x))=\lambda(v(x) \mid v(x))$.
2) Si $v(x)=0$, montrer que $\lambda=0$. Si $v(x)\neq 0$, montrer que $\lambda=\frac{(u\,v(x) \mid u\,v(x))}{(v(x) \mid v(x))}$ donc que $\lambda \in \mathbb{R}$ et $0\leq\lambda\leq 1$.
3) Soient $u_1, u_2, \ldots, u_n$ des projecteurs orthogonaux, $\lambda \in \mathbb{C}$ une racine de $\chi_{u_1 u_2 \ldots u_n}$, montrer que $|\lambda|\leq 1$.
4) Un exemple de projecteurs orthogonaux avec $\chi_{u_1 u_2 u_3}$ qui a une racine $\lambda \in \mathbb{C}-\mathbb{R}$. Soit $U=\begin{bmatrix} A & B \\ C & D \end{bmatrix} \in O_4(\mathbb{R})$, alors $U \begin{bmatrix} I & 0 \\ 0 & 0 \end{bmatrix} {}^tU$ est un projecteur orthogonal (et tout projecteur est de cette forme). On a $U \begin{bmatrix} I & 0 \\ 0 & 0 \end{bmatrix} {}^tU=\begin{bmatrix} A{}^tA & A{}^tC \\ C{}^tA & C{}^tC \end{bmatrix}$. Cela permet de considérer le produit de 3 projecteurs

$$\begin{bmatrix} \frac{1}{2} & 0 & 0 & \frac{1}{2} \\ 0 & \frac{1}{2} & -\frac{1}{2} & 0 \\ * & * & * & * \\ * & * & * & * \end{bmatrix} \begin{bmatrix} \frac{1}{2} & 0 & * & * \\ 0 & \frac{1}{2} & * & * \\ \frac{1}{2} & 0 & * & * \\ 0 & \frac{1}{2} & * & * \end{bmatrix} \begin{bmatrix} 1 & 0 & 0 & 0 \\ 0 & 1 & 0 & 0 \\ 0 & 0 & 0 & 0 \\ 0 & 0 & 0 & 0 \end{bmatrix} = \begin{bmatrix} \frac{1}{4} & \frac{1}{4} & 0 & 0 \\ -\frac{1}{4} & \frac{1}{4} & 0 & 0 \\ * & * & 0 & 0 \\ * & * & 0 & 0 \end{bmatrix}.$$

Exercice 5.7. *un élément de $SO_n(\mathbb{C})$ non diagonalisable*

On considère sur $\mathbb{C}^3$ la forme bilinéaire canonique symétrique φ définie par

$$\varphi(x,y)=x_1y_1+x_2y_2+x_3y_3 \text{ si } x=\begin{bmatrix} x_1 \\ x_2 \\ x_3 \end{bmatrix}, y=\begin{bmatrix} y_1 \\ y_2 \\ y_3 \end{bmatrix}.$$

1) Le cas $n=3$. Soit (a,b,c) une base de $\mathbb{C}^3$ avec $\varphi(a,a)=\varphi(c,c)=0$, $\varphi(b,b)=1$, $\varphi(a,b)=0$, $\varphi(a,c)=1$, $\varphi(b,c)=\gamma\neq 0$. Soit u l'automorphisme de $\mathbb{C}^3$ avec $u(a)=a$, $u(b)=-\gamma a+b$, $u(c)=-\frac{3}{2}\gamma^2 a+\gamma b+c$. Montrer que $u \in SO(\varphi)$ et que u n'est pas diagonalisable. Considérer comme exemple : $a=(1,i,0)$, $c=(0,i,1)$, $b=(i,1,0)$ avec $\gamma=-i$.
2) Remarquer que si $n=2$, le plan est hyperbolique et dans ce cas tout élément de $O(\varphi)$ est diagonalisable.

Exercice 5.8. *un élément de $M_2(\mathbb{C})$ symétrique et non diagonalisable*
(trouver cela)

Exercice 5.9. *matrices unitairement équivalentes, décomposition de* Cartan, *conjugaison, groupes d'isotropie de matrices "diagonales"*

0. *Deux matrices* $A, B \in M_{n,m}(\mathbb{C})$ *sont dites unitairement équivalentes s'il existe* $U_1 \in U_n(\mathbb{C})$, $U_2 \in U_m(\mathbb{C})$ *avec* $A = U_1 B U_2^{-1}$. *On peut aussi dire que* $U_n(\mathbb{C}) \times U_m(\mathbb{C})$ *opère sur* $M_{n,m}(\mathbb{C})$ *par* $(U_1, U_2) * M = U_1 M U_2^{-1}$. *Ainsi les orbites ne sont autre chose que les classes d'équivalences modulo la relation ci-dessus.*

1. (décomposition de Cartan) *Soient* $M \in M_{n,m}(\mathbb{C}) - \{0\}$, $r = \operatorname{rang} M$. *Alors il existe* $d_1, d_2, \ldots, d_r \in \mathbb{R}$ *avec* $d_1 \geq d_2 \geq \ldots \geq d_r > 0$, $U_1 \in U_n(\mathbb{C})$, $U_2 \in U_m(\mathbb{C})$ *tels que*

$$U_1 M U_2^{-1} = \begin{bmatrix} D & 0_1 \\ 0_3 & 0_2 \end{bmatrix} \quad où \quad D = \begin{bmatrix} d_1 & 0 & . & . & 0 \\ 0 & d_2 & 0 & . & . \\ . & 0 & . & . & . \\ . & . & . & . & 0 \\ 0 & . & . & 0 & d_r \end{bmatrix}$$

et où $0_1, 0_2, 0_3$ *sont des matrices nulles.*

On a $\chi_{M^t\bar{M}}(X) = (X - d_1^2) \ldots (X - d_r^2) X^{n-r}$, *il suit de cela que les éléments* $d_1, d_2, \ldots, d_r$ *sont uniques.*

2. *Soit* $\mathcal{G}_n$ *l'ensemble des polynômes unitaires de* $\mathbb{R}[X]$ *de degré* n *qui se factorisent en polynômes de degré* 1 *de la forme* $(X - a_1)(X - a_2) \ldots (X - a_r) X^{n-r}$ *avec* $a_i > 0$, $r \leq \inf(n, m)$. *Alors l'application* $M \longmapsto \chi_{M^t\bar{M}}(X)$ *induit une bijection de l'ensemble des orbites de* $M_{n,m}(\mathbb{C})$ *sous l'action de* $U_n(\mathbb{C}) \times U_m(\mathbb{C})$ *sur* $\mathcal{G}_n$ *(l'opération est définie en* 0.*).*

3. *Soient* $r \leq \inf(n, m)$, $\tilde{J}(\boldsymbol{d}; \boldsymbol{\alpha}) := \begin{bmatrix} J(\boldsymbol{d}; \boldsymbol{\alpha}) & 0_1 \\ 0_2 & 0_3 \end{bmatrix} \in M_{n,m}(\mathbb{R})$, *où* 0_1 (resp. 0_2 , 0_3*) est la matrice nulle de* $M_{r,m-r}(\mathbb{C})$ (resp. $M_{n-r,r}(\mathbb{C})$, $M_{n-r,m-r}(\mathbb{C})$) ,

$$J(\boldsymbol{d}; \boldsymbol{\alpha}) := J(d_1, \ldots, d_s; \alpha_1, \ldots, \alpha_s) = \begin{bmatrix} d_1 I_{\alpha_1} & 0 & & 0 \\ 0 & d_2 I_{\alpha_2} & . & . \\ & 0 & . & . & . \\ . & . & . & . & 0 \\ 0 & & . & 0 & d_s I_{\alpha_s} \end{bmatrix}$$

, *avec* $d_1 > d_2 > \ldots > d_s > 0$, $\alpha_1 + \alpha_2 + \ldots + \alpha_s = r$. *Alors le groupe d'isotropie de* $\tilde{J}(\boldsymbol{d}; \boldsymbol{\alpha})$ *est l'ensemble des couples de matrices* $\left(\begin{bmatrix} A & 0_1 \\ 0_2 & B \end{bmatrix}, \begin{bmatrix} A & 0_3 \\ 0_4 & C \end{bmatrix} \right)$ *où* $A = \begin{bmatrix} A_1 & 0 & . & . \\ 0 & A_2 & . & . \\ . & . & . & 0 \\ . & . & 0 & A_s \end{bmatrix}$ *avec* $A_j \in U_{\alpha_j}(\mathbb{C})$, $B \in U_{n-r}(\mathbb{C})$, $C \in U_{m-r}(\mathbb{C})$.

4. *Soient* $r \leq n$, $\bar{J}(\boldsymbol{d}; \boldsymbol{\alpha}) := \begin{bmatrix} J(\boldsymbol{d}; \boldsymbol{\alpha}) & 0_1 \\ 0_2 & 0_3 \end{bmatrix} \in M_n(\mathbb{C})$, *où* 0_1 *(*resp. 0_2 , 0_3*) est la matrice nulle de* $M_{r,n-r}(\mathbb{C})$ (resp. $M_{n-r,r}(\mathbb{C})$, $M_{n-r}(\mathbb{C})$) ,

$$J(\boldsymbol{d};\boldsymbol{\alpha}):=J(d_1,\dots,d_s;\alpha_1,\dots,\alpha_s)=\begin{bmatrix} d_1 I_{\alpha_1} & 0 & & 0 \\ 0 & d_2 I_{\alpha_2} & . & . \\ & 0 & . & . & . \\ . & . & . & . & 0 \\ 0 & . & . & 0 & d_s I_{\alpha_s} \end{bmatrix},\ avec\ d_i\in\mathbb{R}\ ,\ d_i\neq 0\ ,\ d_i\neq d_j$$

pour $i\neq j$, $\alpha_1+\alpha_2+\dots+\alpha_s=r$. *Alors le groupe d'isotropie de* $\bar{J}(\boldsymbol{d};\boldsymbol{\alpha})$ *pour la conjugaison,* i.e. *le groupe des matrices* $P\in U_n(\mathbb{C})$ *telles que* $\bar{J}(\boldsymbol{d};\boldsymbol{\alpha})=P\bar{J}(\boldsymbol{d};\boldsymbol{\alpha})P^{-1}$, *est l'ensemble des matrices de la forme* $\begin{bmatrix} A & 0_1 \\ 0_2 & B \end{bmatrix}$ *avec* $B\in U_{n-r}(\mathbb{C})$, $A=\begin{bmatrix} A_1 & 0 & . & 0 \\ 0 & A_2 & . & . \\ . & . & . & . \\ 0 & . & . & A_s \end{bmatrix}$ *avec* $A_i\in U_{\alpha_i}(\mathbb{C})$.

5. *Soit* $M\in M_{n,m}(\mathbb{C})$, *alors l'orbite de* M *est un fermé de* $M_{n,m}(\mathbb{C})$.

Montrer cela en copiant l'exercice C.10.19. .

Exercice 5.10. *matrices unitairement congruentes à une matrice symétrique*

1. *Soient* $S\in M_n(\mathbb{C})-\{0\}$, $r=\operatorname{rang} S$, $\tilde{J}(\boldsymbol{d};\boldsymbol{\alpha}):=\begin{bmatrix} J(\boldsymbol{d};\boldsymbol{\alpha}) & 0_1 \\ 0_2 & 0_3 \end{bmatrix}$, *où* 0_1 (resp. 0_2 , 0_3) *est la matrice nulle de* $M_{r,n-r}(\mathbb{C})$ (resp. $M_{n-r,r}(\mathbb{C})$, $M_{n-r}(\mathbb{C})$) *et où*

$$J(\boldsymbol{d};\boldsymbol{\alpha}):=J(d_1,\dots,d_s;\alpha_1,\dots,\alpha_s)=\begin{bmatrix} \Delta & 0_1 \\ 0_3 & 0_2 \end{bmatrix}\ \text{où}\ \Delta=\begin{bmatrix} d_1 I_{\alpha_1} & 0 & & 0 \\ 0 & d_2 I_{\alpha_2} & . & . \\ & 0 & . & . & . \\ . & . & . & . & 0 \\ 0 & . & . & 0 & d_s I_{\alpha_s} \end{bmatrix},\ avec$$

$d_i\in\mathbb{R}$, $d_1>d_2>\dots>d_s>0$, $\alpha_1+\alpha_2+\dots+\alpha_s=r$. *Soient enfin,* U_1 , $U_2\in U_n(\mathbb{C})$ *avec* $S=U_1\tilde{J}(\boldsymbol{d};\boldsymbol{\alpha})U_2$. *Alors les propriétés suivantes sont équivalentes.*

i) On a ${}^tS=S$,

ii) ${}^tU_2=U_1\begin{bmatrix} A & 0_1 \\ 0_2 & B \end{bmatrix}$ *où* $A=\begin{bmatrix} A_1 & 0 & . & 0 \\ 0 & A_2 & . & . \\ . & . & . & . \\ 0 & . & . & A_s \end{bmatrix}$ *avec* $A_i\in U_{\alpha_i}(\mathbb{C})$, ${}^tA=A$, *où* $B\in U_{n-r}(\mathbb{C})$,

0_1 (resp. 0_2) *est la matrice nulle de* $M_{r,n-r}(\mathbb{C})$ (resp. $M_{n-r,r}(\mathbb{C})$) .

2. *Soient* $A\in U_m(\mathbb{C})$, $p\geq 1$, *alors il existe* $C\in U_m(\mathbb{C})$ *tel que* $C^p=A$; *si en plus* ${}^tA=A$, *alors on peut choisir* C *avec* ${}^tC=C$.

3. *Soit* $S\in M_n(\mathbb{C})-\{0\}$, $r=\operatorname{rang} S$. *Alors les propriétés suivantes sont équivalentes.*

i) On a ${}^tS=S$,

ii) il existe $U \in U_n(\mathbb{C})$ *avec* ${}^tUSU = \begin{bmatrix} D & 0_1 \\ 0_2 & 0_3 \end{bmatrix}$, *où* $D = \begin{bmatrix} a_1 & 0 & . & . & 0 \\ 0 & a_2 & 0 & . & . \\ . & . & . & . & . \\ . & . & . & . & 0 \\ 0 & . & . & 0 & a_r \end{bmatrix} \in M_r(\mathbb{C})$, *où*

$a_i \in \mathbb{R}$, $a_1 \geq a_2 \geq \ldots \geq a_r > 0$, *où* 0_1 (resp. 0_2, 0_3) *est la matrice nulle de* $M_{r,n-r}(\mathbb{C})$ (resp. $M_{n-r,r}(\mathbb{C})$, $M_{n-r}(\mathbb{C})$).

Si les conditions i) et ii) sont réalisées, on a $\chi_{S\bar{S}}(X) = X^{n-r} \prod_{i=1}^{r} (X - a_i^2)$, *ce qui montre que les* a_i *sont uniques*.

4. *Supposons la condition i) de 3. réalisée. Soient* $S = A + iB$, $A, B \in M_n(\mathbb{R})$, $C := \begin{bmatrix} A & -B \\ -B & -A \end{bmatrix} \in M_{2n}(\mathbb{R})$. *Alors on a* $\chi_C(X) = X^{2(n-r)} \prod_{k=1}^{r} (X - a_k^2) = X^{2(n-r)} \prod_{k=1}^{s} (X - d_k^2)^{\alpha_k}$ *avec* $d_1 > d_2 > \ldots > d_s > 0$.

Soit $W_k := \{Z \in \mathbb{C}^n \mid SZ = d_k \bar{Z}\}$ *pour* $1 \leq i \leq s$, *ce sont des* $\mathbb{R}$*-espaces vectoriels*, $W_0 := \{Z \in \mathbb{C}^n \mid SZ = 0\}$ *c'est un* $\mathbb{C}$*-espace vectoriel. Soit la matrice* $U := [Z_{1,1}\ Z_{1,2}\ .\ .\ Z_{1,\alpha_1}\ Z_{2,1}\ .\ .\ Z_{2,\alpha_2}\ .\ .\ .\ Z_{s,1}\ .\ .\ Z_{s,\alpha_s}\ Z_{0,1}\ .\ .\ Z_{0,n-r}] \in U_n(\mathbb{C})$ *où* $(Z_{k,1}, Z_{k,2}, \ldots, Z_{k,\alpha_k})$ *est une famille de* W_k *qui est orthonormale pour la norme hermitienne canonique de* $\mathbb{C}^r$. *Alors* ${}^tUSU = \Delta$, *où* Δ *est une matrice diagonale à coefficients réels positifs ou nuls.*

5. *Soient* E *un* $\mathbb{C}$*-espace vectoriel de dimension finie,* φ *une forme bilinéaire symétrique sur* E, ψ *une forme hermitienne définie positive sur* E. *Alors il existe une base* $(e_1, e_2, \ldots, e_n)$ *de* E *qui est orthogonale pour* ψ *avec* $\varphi(e_i, e_i) \in \mathbb{R}$ *et* $\varphi(e_i, e_i) \geq 0$.

6. *Soit* $M \in M_n(\mathbb{C})$, *avec* rang$M = r$. *Alors* M *est congruente* modulo $U_n(\mathbb{C})$ *à une unique matrice diagonale* $\begin{bmatrix} D & 0_1 \\ 0_2 & 0_3 \end{bmatrix}$ *où* $D = \begin{bmatrix} d_1 & 0 & . & 0 \\ 0 & d_2 & . & . \\ . & . & . & 0 \\ 0 & . & 0 & d_r \end{bmatrix}$ *avec* $d_i \in \mathbb{R}$ *et* $d_1 \geq d_2 \ldots \geq d_r > 0$ *; on sait qu'une matrice symétrique de rang* r *est congruente* modulo $G\ell_n(\mathbb{C})$ *à* $\begin{bmatrix} I_r & 0_1 \\ 0_2 & 0_3 \end{bmatrix}$.

1) Il s'agit de montrer 1..

1.1) Montrer que *ii) implique i)*, en remarquant que $\tilde{J}(\boldsymbol{d};\boldsymbol{\alpha}) \begin{bmatrix} A & 0_1 \\ 0_2 & B \end{bmatrix} = \begin{bmatrix} A & 0_1 \\ 0_2 & B \end{bmatrix} \tilde{J}(\boldsymbol{d};\boldsymbol{\alpha})$.

1.2) *On suppose i)* satisfait. Montrer que $U_1^{-1\,t}U_2 \tilde{J}(\boldsymbol{d};\boldsymbol{\alpha}) = \tilde{J}(\boldsymbol{d};\boldsymbol{\alpha})^t U_1 U_2^{-1}$. Déduire de 5.9.3. que $U_1^{-1\,t}U_2 = \begin{bmatrix} A & 0_1 \\ 0_2 & B \end{bmatrix}$, ${}^tU_1 U_2^{-1} = \begin{bmatrix} A & 0_1 \\ 0_2 & C \end{bmatrix}^{-1}$, où $A = \begin{bmatrix} A_1 & 0 & . & 0 \\ 0 & A_2 & . & . \\ . & . & . & . \\ 0 & . & . & A_s \end{bmatrix}$ avec

$A_i \in U_{\alpha_i}(\mathbb{C})$, ${}^tA = A$, où $B \in U_{n-r}(\mathbb{C})$, $C \in U_{n-r}(\mathbb{C})$, 0_1 (resp. 0_2) est la matrice nulle de $M_{r,n-r}(\mathbb{C})$ (resp. $M_{n-r,r}(\mathbb{C})$) . En conclure que ${}^tA = A$ et donc que *ii)* est satisfait.

2) Il s'agit de montrer 2. .

2.1) Soit $A \in U_m(\mathbb{C})$, montrer qu'il existe $\xi_1, \xi_2, \dots, \xi_t \in \mathbb{C}$, $|\xi_i| = 1$, $\xi_i \neq \xi_j$ pour $i \neq j$, $U \in U_m(\mathbb{C})$ avec $A = UJ(\boldsymbol{\xi};\boldsymbol{\beta})U^{-1}$ où

$$J(\boldsymbol{\xi};\boldsymbol{\beta}) := J(\xi_1, \dots, \xi_t; \beta_1, \dots, \beta_t) = \begin{bmatrix} \Delta & 0_1 \\ 0_3 & 0_2 \end{bmatrix} \text{ où } \Delta = \begin{bmatrix} \xi_1 I_{\beta_1} & 0 & & 0 \\ 0 & \xi_2 I_{\beta_2} & \cdot & \cdot \\ & 0 & \cdot & \cdot & \cdot \\ \cdot & \cdot & \cdot & \cdot & 0 \\ 0 & & \cdot & 0 & \xi_t I_{\beta_t} \end{bmatrix}, \text{ avec}$$

$\beta_1 + \beta_2 + \dots + \beta_t = m$ (utiliser 3.5.1.) . Soient $\zeta_i \in \mathbb{C}$ avec $\zeta_i^p = \xi_i$,

$$J(\boldsymbol{\zeta};\boldsymbol{\beta}) := J(\zeta_1, \dots, \zeta_t; \beta_1, \dots, \beta_t) = \begin{bmatrix} \Gamma & 0_1 \\ 0_3 & 0_2 \end{bmatrix} \text{ où } \Gamma = \begin{bmatrix} \zeta_1 I_{\beta_1} & 0 & & 0 \\ 0 & \zeta_2 I_{\beta_2} & \cdot & \cdot \\ & 0 & \cdot & \cdot & \cdot \\ \cdot & \cdot & \cdot & \cdot & 0 \\ 0 & & \cdot & 0 & \zeta_t I_{\beta_t} \end{bmatrix}, \text{ avec}$$

$\beta_1 + \beta_2 + \dots + \beta_t = m$, $C := UJ(\boldsymbol{\zeta};\boldsymbol{\beta})U^{-1}$. Montrer que $C \in U_m(\mathbb{C})$ et que $C^p = A$.

2.2) On suppose en plus que ${}^tA = A$. Montrer que ${}^tUUJ(\boldsymbol{\xi};\boldsymbol{\beta})({}^tUU)^{-1} = J(\boldsymbol{\xi};\boldsymbol{\beta})$; déduire

de 5.9.4. que ${}^tUU = E = \begin{bmatrix} E_1 & 0 & \cdot & 0 \\ 0 & E_2 & \cdot & \cdot \\ \cdot & \cdot & \cdot & \cdot \\ 0 & & \cdot & E_t \end{bmatrix}$ avec $E_i \in U_{\beta_i}(\mathbb{C})$. En déduire que ${}^tUU$ commute

avec $J(\boldsymbol{\zeta};\boldsymbol{\beta})$ et que ${}^tC = C$.

3) Il s'agit de montrer 3. .

3.1) Montrer que *ii) implique i)* .

3.2) On suppose *i)* satisfait. Montrer qu'il existe U_1 , $U_2 \in U_n(\mathbb{C})$ avec $S = U_1 \tilde{J}(\boldsymbol{d};\boldsymbol{\alpha}) U_2$, où $\tilde{J}(\boldsymbol{d};\boldsymbol{\alpha}) := \begin{bmatrix} J(\boldsymbol{d};\boldsymbol{\alpha}) & 0_1 \\ 0_2 & 0_3 \end{bmatrix}$, où 0_1 (resp. 0_2 , 0_3) est la matrice nulle de $M_{r,n-r}(\mathbb{C})$ (resp. $M_{n-r,r}(\mathbb{C})$, $M_{n-r}(\mathbb{C})$) et où

$$J(\boldsymbol{d};\boldsymbol{\alpha}) := J(d_1, \dots, d_s; \alpha_1, \dots, \alpha_s) = \begin{bmatrix} \Delta & 0_1 \\ 0_3 & 0_2 \end{bmatrix} \text{ où } \Delta = \begin{bmatrix} d_1 I_{\alpha_1} & 0 & & 0 \\ 0 & d_2 I_{\alpha_2} & \cdot & \cdot \\ & 0 & \cdot & \cdot & \cdot \\ \cdot & \cdot & \cdot & \cdot & 0 \\ 0 & & \cdot & 0 & d_s I_{\alpha_s} \end{bmatrix}, \text{ avec}$$

$d_i \in \mathbb{R}$, $d_1 > d_2 > \dots > d_s > 0$, $\alpha_1 + \alpha_2 + \dots + \alpha_s = r$ (utiliser 5.9.1.). En conclure que

${}^tU_2 = U_1 \begin{bmatrix} A & 0_1 \\ 0_2 & B \end{bmatrix}$ où $A = \begin{bmatrix} A_1 & 0 & \cdot & 0 \\ 0 & A_2 & \cdot & \\ \cdot & \cdot & \cdot & \cdot \\ 0 & & \cdot & A_s \end{bmatrix}$ avec $A_i \in U_{\alpha_i}(\mathbb{C})$, ${}^tA = A$, où $B \in U_{n-r}(\mathbb{C})$, 0_1

(resp. 0_2) est la matrice nulle de $M_{r,n-r}(\mathbb{C})$ (resp. $M_{n-r,r}(\mathbb{C})$) (c'est 1.). En utilisant 2., soient $C_i \in U_{\alpha_i}(\mathbb{C})$ tel que $C_i^2 = A_i$, ${}^tC_i = C_i$ et $D \in U_{n-r}(\mathbb{C})$ avec $D^2 = B$. Soit $V := \begin{bmatrix} C & 0_1 \\ 0_2 & D \end{bmatrix}$ avec $C := \begin{bmatrix} C_1 & 0 & . & 0 \\ 0 & C_2 & . & . \\ . & . & . & . \\ 0 & . & . & C_s \end{bmatrix}$; montrer que $V\tilde{J}(\boldsymbol{d};\boldsymbol{\alpha}) = \tilde{J}(\boldsymbol{d};\boldsymbol{\alpha})\,{}^tV$. Soit $W := U_1 V$, montrer que $S = W\tilde{J}(\boldsymbol{d};\boldsymbol{\alpha}){}^tW$. En déduire que *ii)* est satisfait.

4) Il s'agit de montrer 4..

4.1) Montrer que C est un élément diagonalisable de $M_{2n}(\mathbb{R})$ (C est symétrique). Soient $d_1 > d_2 > \ldots > d_s > 0$ les valeurs propres de C qui sont strictement positives, V_j l'espace propre associé à d_j.

4.2) Si $C\begin{bmatrix} X \\ Y \end{bmatrix} = a_j \begin{bmatrix} X \\ Y \end{bmatrix}$, montrer que $C\begin{bmatrix} Y \\ -X \end{bmatrix} = -a_j \begin{bmatrix} Y \\ -X \end{bmatrix}$, cela définit un isomorphisme de $V_j := \ker(C - d_j I_{2n})$ sur $V_{-j} := \ker(C - d_j I_{2n})$; en déduire que $\mathbb{R}^{2n} = V_0 \oplus (\bigoplus_{j=1}^{s} (V_j) \oplus V_{-j}))$ où V_0 est l'espace propre associé à 0.

4.3) Montrer que $2n = \dim V_0 + \sum_{i=1}^{s} 2\dim_{\mathbb{R}} V_j$.

4.4) Soient $W_j := \{Z \in \mathbb{C}^n \mid SZ = d_j \bar{Z}\}$, $W_{-j} := \{Z \in \mathbb{C}^n \mid SZ = -d_j \bar{Z}\}$. Montrer que $W_j = \{X + iY \mid \begin{bmatrix} X \\ Y \end{bmatrix} \in V_j\}$, $W_{-j} = \{X + iY \mid \begin{bmatrix} X \\ Y \end{bmatrix} \in V_{-j}\}$, que $iW_j = W_{-j}$ et $\dim_{\mathbb{R}} W_j = \dim_{\mathbb{R}} V_j$. En déduire que $W_j + iW_j = W_j \oplus iW_j$ (comme $\mathbb{R}$-espace vectoriel) et que $W_j + iW_j$ est un $\mathbb{C}$-espace vectoriel.

4.5) Soit $W_0 := \{Z \in \mathbb{C}^n \mid SZ = 0\}$. Montrer que W_0 est un $\mathbb{C}$-espace vectoriel et que $W_0 = \{X + iY \mid \begin{bmatrix} X \\ Y \end{bmatrix} \in V_0\}$. Déduire de 4.3) que $\mathbb{C}^n = (\bigoplus_{j=1}^{s} (W_j \oplus iW_j)) \oplus W_0$.

4.6) Soient $Z, Z' \in W_j$, montrer que $(Z \mid Z') \in \mathbb{R}$ (on a $SZ = d_j \bar{Z}$, ainsi ${}^tZ'SZ = d_j {}^tZ'\bar{Z}$, comme $SZ' = d_j \bar{Z}'$ on a ${}^tZ'SZ = d_j {}^t\bar{Z}'Z$, donc ${}^tZ'\bar{Z} = {}^t\bar{Z}'Z$). En déduire que la forme hermitienne canonique $(Z', Z) \longmapsto {}^tZ'\bar{Z}$ est un produit scalaire sur le $\mathbb{R}$-espace vectoriel W_j.

4.7) Soit $(Z_{j1}, Z_{j2}, \ldots, Z_{j\alpha_j})$ une base orthonormale de W_j pour le produit scalaire $(.\,|\,.)$. Montrer que c'est une famille orthonormale pour la forme hermitienne $(.\,|\,.)$, et que c'est donc une base de $W_j + iW_j$.

4.8) Soit $(Z_1, Z_2, \ldots, Z_p)$ une base orthonormale de W_0. En déduire que $\bigcup_{j=1}^{s} \{Z_{j1}, Z_{j2}, \ldots, Z_{j\alpha_j}\} \cup \{Z_1, Z_2, \ldots, Z_p\}$ est une base de $\mathbb{C}^n$.

4.9) Il reste à montrer qu'elle est orthogonale. Soient $Z \in W_j$, $Z' \in W_{j'}$ avec $j \neq j'$. Remarquer que $SZ = d_j \bar{Z}$, $SZ' = d_{j'} \bar{Z}'$, que ${}^t Z' S Z = d_j {}^t Z' \bar{Z}$ et ${}^t Z' S Z = d_{j'} {}^t \bar{Z}' Z$, et donc que $d_j {}^t Z' \bar{Z} = d_{j'} {}^t \bar{Z}' Z$; conclure que ${}^t Z' \bar{Z} = 0$.

Soient maintenant, $Z \in W_j$ et $Z'' \in W_0$, de ${}^t Z'' S Z = d_j {}^t Z'' \bar{Z}$, et $SZ'' = 0$, déduire que ${}^t Z'' \bar{Z} = 0$.

4.10) Soit $(T_1, T_2, \ldots, T_n)$ la base de $\mathbb{C}^n$ définie en 4.9) . Remarquer que $S T_j = \lambda_j \bar{T}_j$ où $\lambda_j \in \mathbb{R}$, $\lambda_j \geq 0$. Déduire de cela que ${}^t T_{j'} S T_j = \lambda_j {}^t T_{j'} \bar{T}_j = d_j \delta_{j'j}$ pour tout j, j' ; ce qui montre que ${}^t U S U = \begin{bmatrix} \lambda_1 & 0 & . & . & 0 \\ 0 & \lambda_2 & . & . & . \\ . & . & . & . & . \\ . & . & . & . & 0 \\ 0 & . & . & 0 & \lambda_n \end{bmatrix}$ où $U = \begin{bmatrix} T_1 & T_2 & . & . & . & T_n \end{bmatrix}$. Cela montre bien *ii*) , ainsi que ce qui suit.

Exercice 5.11. *matrices unitairement équivalentes, semblables*

Soient $M, N \in M_{n,m}(\mathbb{C})$. *Alors les propriétés suivantes sont équivalentes.*

i) M *est unitairement équivalent à* N ,

ii) ${}^t \bar{M} M$ *est unitairement semblable à* ${}^t \bar{N} N$.

Exercice 5.12. *matrices normales semblables modulo* $G\ell_n(\mathbb{C})$ *et* $U_n(\mathbb{C})$

Soient $M, N \in M_n(\mathbb{C})$ *deux matrices normales. Alors les propriétés suivantes sont équivalentes.*

i) M *est semblable à* N modulo $G\ell_n(\mathbb{C})$, *ii*) M *est semblable à* N modulo $U_n(\mathbb{C})$.

Exercice 5.13. *interprétation en termes de groupe opérant sur un ensemble, de propriétés de matrices complexes normales*

Soient $\mathcal{N}_n(\mathbb{C}) = \{N \in M_n(\mathbb{C}) \mid {}^t \bar{N} N = N {}^t \bar{N}\}$, $\mathcal{H}erm_n(\mathbb{C}) = \{S \in M_n(\mathbb{C}) \mid {}^t \bar{S} = S\}$, $\mathcal{H}erm_n^+(\mathbb{C}) = \{S \in M_n(\mathbb{C}) \mid$ il existe $V \in M_n(\mathbb{C})$ avec $S = {}^t \bar{V} V\}$. Alors $U_n(\mathbb{C})$ opère par conjugaison sur $\mathcal{N}_n(\mathbb{C})$ (resp. $\mathcal{H}erm_n(\mathbb{C})$, $U_n(\mathbb{C})$) . Soient

$\mathcal{E}_n' = \{P \in \mathbb{C}[X] \mid \deg P = n$, P unitaire$\}$,

$\mathcal{H}_n' = \{P \in \mathbb{C}[X] \mid \deg P = n$, P unitaire et P se factorise en polynôme de la forme $X - a$ avec $|a| = 1\}$.

Alors l'application $M \longmapsto \chi_M(X)$ induit une bijection des orbites de $\mathcal{N}_n(\mathbb{C})$ (resp. $\mathcal{H}erm_n(\mathbb{C})$, $\mathcal{H}erm_n^+(\mathbb{C})$, $U_n(\mathbb{C})$) sous l'action de $U_n(\mathbb{C})$ sur $\mathcal{E}_n'$ (resp. $\mathcal{F}_n$, $\mathcal{G}_n$, $\mathcal{H}_n'$) . Les orbites sont celles de matrices diagonales ($\mathcal{F}_n$, $\mathcal{G}_n$ sont définis à l'exercice C.10.22.) .

Exercice 5.14. *le groupe $SU_n(\mathbb{C})$ est un sous-groupe compact maximal de $S\ell_n(\mathbb{C})$*
s'inspirer de l'exercice C.10.23.

Exercice 5.15. *les sous-groupes de $G\ell_n(\mathbb{C})$ contenant $SU_n(\mathbb{C})$*
1. *Soit G un groupe avec $SU_n(\mathbb{C})\subset G\subset S\ell_n(\mathbb{C})$, alors $G=SU_n(\mathbb{C})$ ou $G=S\ell_n(\mathbb{C})$.*
2. *Soit G un groupe avec $SU_n(\mathbb{C})\subset G\subset G\ell_n(\mathbb{C})$ et $S\ell_n(\mathbb{C})\cap G=SU_n(\mathbb{C})$. Alors il existe un sous-groupe $A\subset\mathbb{R}_+^\times\times\mathbb{T}$ avec $\mathbb{T}=\{z\in\mathbb{C}\mid |z|=1\}$, $\mathbb{R}_+^\times:=\{\lambda\in\mathbb{R}\mid\lambda>0\}$ et $G=\{M=\lambda D_n(\xi)U\mid(\lambda,\xi)\in A\ ,\ U\in U_n(\mathbb{C})\}$.*
3. *Soit G un groupe avec $SU_n(\mathbb{C})\subset G\subset G\ell_n(\mathbb{C})$ et $S\ell_n(\mathbb{C})\cap G\neq SU_n(\mathbb{C})$. Alors $G\supset S\ell_n(\mathbb{C})$ et il existe $H\subset\mathbb{C}^\times$ un sous-groupe avec $G=\text{dét}^{-1}(H)$; ce qui veut dire que $H=\text{dét}(G)$ et que G est engendré par $S\ell_n(\mathbb{C})$ et les $D_n(\mu)$ avec $\mu\in H$.*
4. *Les affinités orthogonales de base hyperplane engendrent $G\ell_n(\mathbb{C})$* ; on appelle affinité orthogonale de base hyperplane de rapport μ, une matrice semblable modulo $SU_n(\mathbb{C})$ à une matrice $D_n(\mu)$ avec $\mu\neq0$.

A) Montrons 1. On suppose $G\neq SU_n(\mathbb{C})$, montrer en utilisant 5.9. que G contient une matrice diagonale D de la forme

$$D=\begin{bmatrix}\rho_1 & 0 & . & . & .\\ 0 & \rho_2 & 0 & . & \\ . & 0 & . & . & .\\ . & . & . & . & 0\\ . & . & . & 0 & \rho_n\end{bmatrix}\text{ avec }\rho_i>0\ ,\ \rho_1>1\ ,\ \prod_{i=1}^{n}\rho_i=1\ .$$

En déduire que $G\supset SO_n(\mathbb{R})$, $G\neq SO_n(\mathbb{R})$. Conclure en utilisant l'exercice C.10.24.1. et 5.9. que $G=S\ell_n(\mathbb{C})$.
B) On suppose que $SU_n(\mathbb{C})\subset G\subset G\ell_n(\mathbb{C})$ et $G\cap S\ell_n(\mathbb{C})=SU_n(\mathbb{C})$.

1) Soit $D=\begin{bmatrix}d_1 & 0 & . & . & 0\\ 0 & d_2 & . & . & .\\ . & . & . & . & .\\ . & . & . & . & 0\\ 0 & . & . & 0 & d_n\end{bmatrix}\in G$, avec $d_i>0$, montrer que $D'=\begin{bmatrix}d_2 & 0 & . & . & 0\\ 0 & d_1 & . & . & .\\ . & . & . & . & .\\ . & . & . & . & 0\\ 0 & . & . & 0 & d_n\end{bmatrix}\in G$,

et donc que $D'D^{-1}=\begin{bmatrix}d_2d_1^{-1} & 0 & . & . & 0\\ 0 & d_1d_2^{-1} & . & . & .\\ . & . & 1 & . & .\\ . & . & . & . & 0\\ 0 & . & . & 0 & 1\end{bmatrix}\in G\cap S\ell_n(\mathbb{R})$.

2) Conclure que $d_1=d_2$ et par la même méthode que $d_1=d_2=\ldots=d_n$, i.e. que D est de la forme λI_n avec $\lambda\in\mathbb{R}_+^\times$.

3) Soit $D' := \begin{bmatrix} d_1 & 0 & . & & 0 \\ 0 & d_2 & . & & . \\ . & . & . & . & . \\ . & . & . & d_{n-1} & 0 \\ 0 & . & . & 0 & \xi d_n \end{bmatrix} \in G$ avec $d_i > 0$. Montrer que

$D'' = \begin{bmatrix} d_1 & 0 & . & & 0 \\ 0 & d_2 & . & & . \\ . & . & . & . & . \\ . & . & . & \xi d_n & 0 \\ 0 & . & . & 0 & d_{n-1} \end{bmatrix} \in G$ et en considérant $D'' D^{-1}$ que $d_1 = d_2 = \ldots = d_n$, i.e. que D' est de la forme $\lambda D_n(\xi)$ avec $\lambda \in \mathbb{R}_+^\times$, $|\xi| = 1$.

4) Soient $A := \{(\lambda, \xi) \in \mathbb{R}_+^\times \times \mathbb{T} \mid \lambda D_n(\xi) \in G\}$, $H^+ := \{\lambda \in \mathbb{R}_+^\times \mid \lambda I_n \in G\}$. Montrer que A est un sous-groupe de $\mathbb{R}_+^\times \times \mathbb{T}$.

5) Soit $M \in G$, déduire de 5.9. qu'il existe $U_1, U_2 \in SU_n(\mathbb{C})$, $(\lambda, \xi) \in \mathbb{R}_+^\times \times \mathbb{T}$ tels que $U_1 A U_2 = \lambda D_n(\xi)$. En conclure que 2. est satisfait .

C) On suppose que $S\ell_n(\mathbb{C}) \subset G \subset G\ell_n(\mathbb{C})$.

1) Montrer que $G = \text{dét}^{-1}(\text{dét} G))$.

2) En déduire que 3. est conséquence de 1. .

D) Soit G le sous-groupe de $G\ell_n(\mathbb{R})$ engendré par les affinités orthogonales de base hyperplane.

1) Montrer que $G \supset U_n(\mathbb{C})$ (remarquer que $U_n(\mathbb{C})$ est engendré par les affinités orthogonales de base hyperplane et de rapport ξ , utiliser 3.5.1.).

2) Montrer que $\text{dét} G = \mathbb{C}^\times$ et que $G \neq U_n(\mathbb{C})$ (remarquer que $D_n(\xi) \notin U_n(\mathbb{C})$ pour $\xi \notin \mathbb{T}$).

3) Conclure que 4. est satisfait.

Remarque : Bien entendu, l'exercice 5.15. implique l'exercice 5.14. .

Exercice 5.16. *la décomposition polaire de* $G\ell_n(\mathbb{C})$ *et* $M_n(\mathbb{C})$ *et décomposition de* **Cartan**

1. *Soient* $\mathcal{H}erm_n^{++}(\mathbb{C}) \subset G\ell_n(\mathbb{C})$, *les matrices hermitiennes définies positives (* S *est hermitien défini positif si* ${}^t\bar{S} = S$ *et* ${}^t X S \bar{X} > 0$ *pour tout vecteur colonne* $X \neq 0$ *)* , $U_n(\mathbb{C}) \subset G\ell_n(\mathbb{C})$ *le groupe unitaire . Alors l'application* $\varphi : U_n(\mathbb{C}) \times \mathcal{H}erm_n^{++}(\mathbb{C}) \to G\ell_n(\mathbb{C})$ *définie par* $\varphi(A, B) = AB$ *est un homéomorphisme.*

2. *Soient* $\mathcal{H}erm_n^{+}(\mathbb{C}) \subset M_n(\mathbb{C})$, *l'ensemble des matrices hermitiennes positives (* S *est hermitien positif si* ${}^t\bar{S} = S$ *et* ${}^t X S \bar{X} \geq 0$ *pour tout vecteur colonne* X *)* , $M \in M_n(\mathbb{C})$, *alors il existe* $U \in U_n(\mathbb{C})$, $S \in \mathcal{H}erm_n^{+}(\mathbb{C})$ *avec* $M = US$.

3. *En déduire que* φ *induit un homéomorphisme* $\tilde{\varphi} : O_n(\mathbb{R}) \times \mathcal{S}ym_n^{++}(\mathbb{R}) \to G\ell_n(\mathbb{R})$.

1) Utiliser une méthode analogue à C.10.25. pour montrer 1. , 2. ., ainsi que l'équivalence entre décomposition polaire et décomposition de Cartan.
2) Montrer que $O_n(\mathbb{R})=U_n(\mathbb{C})\cap M_n(\mathbb{R})$, $\mathcal{S}ym_n^{++}(\mathbb{R})=\mathcal{H}erm_n^{++}(\mathbb{C})\cap M_n(\mathbb{R})$. Soient $M\in G\ell_n(\mathbb{R})$ et $M=UH$ la décomposition unique selon 1. ; montrer que l'égalité $M=\bar{M}=\bar{U}\bar{H}$ implique, en utilisant l'unicité, que $U\in O_n(\mathbb{R})$, $H\in\mathcal{S}ym_n^{++}(\mathbb{R})$. En déduire 3. .
3) Remarquer que pour $n=1$, l'application ψ est l'écriture en coordonnées polaires $e^{i\theta}\rho=z$.

Exercice 5.17. *l'exponentielle réalise des homéomorphismes*

Soit $\exp: M_n(\mathbb{C})\to M_n(\mathbb{C})$ *l'application définie par* $\exp M:=I_n+\sum_{n=1}^{\infty}\frac{M^n}{n!}$.

1. *Matrices hermitiennes et matrices hermitiennes définies positives*

Soient $\mathcal{H}erm_n(\mathbb{C})$ *(resp.* $\mathcal{S}ym_n(\mathbb{R})$ *) le* $\mathbb{R}$*-espace vectoriel des matrices hermitiennes de* $M_n(\mathbb{C})$ *(resp. symétriques de* $M_n(\mathbb{R})$ *),* $\mathcal{H}erm_n^{++}(\mathbb{C})$ *(resp.* $\mathcal{S}ym_n^{++}(\mathbb{R})$ *) l'ensemble des matrices hermitiennes définies positives de* $M_n(\mathbb{C})$ *(resp. symétriques définies positives de* $M_n(\mathbb{R})$ *). Alors l'application* $\varphi:\mathcal{H}erm_n(\mathbb{C})\to\mathcal{H}erm_n^{++}(\mathbb{C})$
(resp. $\varphi:\mathcal{S}ym_n(\mathbb{R})\to\mathcal{S}ym_n^{++}(\mathbb{R})$ *) définie par* $\rho(M):=\exp M$ *est un homéomorphisme.*

2. *Matrices symétriques unitaires*

Soient $\mathcal{S}ym_n^{*}(\mathbb{R})$ *l'ensemble des matrices symétriques de* $M_n(\mathbb{R})$ *dont les valeurs propres appartiennent à* $[0,2\pi[$, $\mathcal{S}ym_n(\mathbb{C})$ *l'ensemble des symétriques de* $M_n(\mathbb{C})$ *et* $U_n(\mathbb{C})$ *le groupe unitaire. Alors l'application* $\rho:\mathcal{S}ym_n^{*}(\mathbb{R})\to U_n(\mathbb{C})\cap\mathcal{S}ym_n(\mathbb{C})$ *définie par* $\rho(M):=\exp iM$ *est une bijection ; en particulier* $U_n(\mathbb{C})\cap\mathcal{S}ym_n(\mathbb{C})$ *est connexe.*

3. *Matrices anti-symétriques et rotation du groupe orthogonal*

Soit $\mathcal{A}nti\text{-}\mathcal{S}ym_n(\mathbb{R})$ *le* $\mathbb{R}$*-espace vectoriel des matrices anti-symétriques de* $M_n(\mathbb{R})$ *. Alors l'application* $M\longmapsto\exp M$ *est une surjection de* $\mathcal{A}nti\text{-}\mathcal{S}ym_n(\mathbb{R})$ *sur* $SO_n(\mathbb{R})$.

4. *Matrices anti-hermitiennes et groupe unitaire*

Soient $\mathcal{A}nti\text{-}\mathcal{H}erm_n^{*}(\mathbb{C})$ *l'ensemble des matrices anti-hermitiennes de* $M_n(\mathbb{C})$ *dont les valeurs propres appartiennent à* $i[0,2\pi[$ *et* $\mathcal{A}nti\text{-}\mathcal{H}erm_{n,0}^{*}(\mathbb{C})$ *l'ensemble des matrices de* $\mathcal{A}nti\text{-}\mathcal{H}erm_n^{*}(\mathbb{C})$ *dont la trace est nulle. Alors l'application* $M\longmapsto\exp M$ *est une bijection de* $\mathcal{A}nti\text{-}\mathcal{H}erm_n^{*}(\mathbb{C})$ *sur* $U_n(\mathbb{C})$ *(resp.* $\mathcal{A}nti\text{-}\mathcal{H}erm_{n,0}^{*}(\mathbb{C})$ *sur* $SU_n(\mathbb{C})$ *).*

1.1) Soit $M \in \mathcal{H}erm_n(\mathbb{C})$, montrer que $\exp M \in \mathcal{H}erm_n^{++}(\mathbb{C})$ (en utilisant D.4.2.4. ,

écrire $M = U \begin{bmatrix} \lambda_1 & 0 & . & . \\ 0 & \lambda_2 & . & . \\ . & . & . & . \\ . & . & . & \lambda_n \end{bmatrix} U^{-1}$ avec $U \in U_n(\mathbb{C})$, $\lambda_i \in \mathbb{R}$, conclure que

$\exp M = U \begin{bmatrix} e^{\lambda_1} & 0 & . & . \\ 0 & e^{\lambda_2} & . & . \\ . & . & . & . \\ . & . & . & e^{\lambda_n} \end{bmatrix} U^{-1}$).

1.2) Montrer que l'application $\exp : \mathcal{H}erm_n(\mathbb{C}) \to \mathcal{H}erm_n^{++}(\mathbb{C})$ est surjective (utiliser les indications de 1.1)).

1.3) Soient $M_1, M_2 \in \mathcal{H}erm_n(\mathbb{C})$ avec $\exp M_1 = \exp M_2$.

1.3.1) Montrer que M_1 commute avec $\exp M_1$, donc avec $\exp M_2$.

1.3.2) Montrer que M_2 est un polynôme à coefficients dans $\mathbb{C}$ en $\exp M_2$ (avec les indications de 1.1) , il suffit de remarquer qu'il existe un polynôme P avec $P(e^{\lambda_i}) = \lambda_i$; pour cela on utilise les formules d'interpolation de **Lagrange** ou le théorème de **Bézout**).

1.3.3) Conclure que M_1 et M_2 commutent.

1.3.4) Déduire de 5.28. qu'il existe $U \in U_n(\mathbb{C})$ tel que $M_1 = U \begin{bmatrix} \lambda_1 & 0 & . & . \\ 0 & \lambda_2 & . & . \\ . & . & . & . \\ . & . & . & \lambda_n \end{bmatrix} U^{-1}$,

$M_2 = U \begin{bmatrix} \mu_1 & 0 & . & . \\ 0 & \mu_2 & . & . \\ . & . & . & . \\ . & . & . & \mu_n \end{bmatrix} U^{-1}$. Sachant que $\exp M_1 = \exp M_2$, conclure que $M_1 = M_2$ et donc que l'application exp est injective.

1.4) Soient $(M_k)_k$ une suite de $\mathcal{H}erm_n(\mathbb{C})$ telle que la suite $(\exp M_k)_k$ converge vers un élément $L \in \mathcal{H}erm_n^{++}(\mathbb{C})$. Il s'agit de montrer que la suite $(M_k)_k$ est convergente.

1.4.1) Montrer que la suite $(M_k)_k$ est bornée (utiliser les indications de 1.1) en remarquant que le groupe $U_n(\mathbb{C})$ est borné dans $M_n(\mathbb{C})$).

1.4.2) Soient M et M' deux points d'accumulation de la suite $(M_k)_k$, sachant que $T \to \exp T$ est continue, conclure que $\exp M = \exp M'$. Déduire de 3) que $M = M'$.

1.4.3) En conclure que la suite $(M_k)_k$ est convergente, et donc que φ est un homéomorphisme.

1.5) Montrer de même que $\rho : \mathcal{S}ym_n(\mathbb{R}) \to \mathcal{S}ym_n^{++}(\mathbb{R})$ est un homéomorphisme (on peut utiliser le résultat de 4.4)).

1.6) (décomposition polaire) Montrer que l'application $\psi : U_n(\mathbb{C}) \times \mathcal{H}erm_n(\mathbb{C}) \to G\ell_n(\mathbb{C})$ (resp. $\psi : O_n(\mathbb{R}) \times \mathcal{S}ym_n(\mathbb{R}) \to G\ell_n(\mathbb{R})$) définie par $\psi(U, M) = U \exp M$ est un homéomorphisme (utiliser 1.4.4), 1.5) et 5.16)).

2.1) Soit $M \in \mathcal{S}ym^*_n(\mathbb{R})$, montrer que $\exp iM \in U_n(\mathbb{C}) \cap \mathcal{S}ym_n(\mathbb{C})$.
2.2) Soit $C=A+iB \in U_n(\mathbb{C}) \cap \mathcal{S}ym_n(\mathbb{C})$ avec $A,B \in M_n(\mathbb{R})$.
2.2.1) Montrer que $A,B \in \mathcal{S}ym_n(\mathbb{R})$, que $A^2+B^2=I_n$, $AB=BA$ (remarquer que ${}^t\bar{C}C=I_n$).

2.2.2) Montrer qu'il existe $O \in O_n(\mathbb{R})$ tel que $A=O\begin{bmatrix} \lambda_1 & 0 & . & . \\ 0 & \lambda_2 & . & . \\ . & . & . & . \\ . & . & . & \lambda_n \end{bmatrix}O^{-1}$,

$B=O\begin{bmatrix} \mu_1 & 0 & . & . \\ 0 & \mu_2 & . & . \\ . & . & . & . \\ . & . & . & \mu_n \end{bmatrix}O^{-1}$ (utiliser C.10.15.).

2.2.3) Déduire de 2.2.1) qu'il existe $\theta_k \in [0,2\pi[$ avec $\lambda_k+i\mu_k=e^{i\theta_k}$.

2.2.4) Soit $M:=O\begin{bmatrix} \theta_1 & 0 & . & . \\ 0 & \theta_2 & . & . \\ . & . & . & . \\ . & . & . & \theta_n \end{bmatrix}O^{-1}$, montrer que $\exp iM=C$. Conclure que ρ est surjectif.

2.3) Montrer que ρ est injectif (copier 1.3)).
2.4) Montrer que $\mathcal{S}ym^*_n(\mathbb{R})$ est connexe, et donc que $U_n(\mathbb{C}) \cap \mathcal{S}ym_n(\mathbb{C})$ est connexe.
3.1) Soit $M \in \mathcal{A}nti\text{-}\mathcal{S}ym_n(\mathbb{R})$, montrer que $\exp M \in SO_n(\mathbb{R})$ (remarquer que dét$(\exp M)=\exp(\mathrm{Tr} M)$, on peut consulter *Fr1* , 5.7.29.).
3.2) Montrer que $\exp\theta\begin{bmatrix} 0 & 1 \\ -1 & 0 \end{bmatrix}=\begin{bmatrix} \cos\theta & -\sin\theta \\ \sin\theta & \cos\theta \end{bmatrix}$ (utiliser C.8.19.). Conclure que l'application $M \longmapsto \exp M$ est une surjection de $\mathcal{A}nti\text{-}\mathcal{S}ym_n(\mathbb{R})$ sur $SO_n(\mathbb{R})$.
4.1) Soit $M \in \mathcal{A}nti\text{-}\mathcal{H}erm^*_n(\mathbb{C})$, montrer que $\exp M \in U_n(\mathbb{C})$.
4.2) Soit $U \in U_n(\mathbb{C})$, montrer qu'il existe $M \in \mathcal{A}nti\text{-}\mathcal{H}erm^*_n(\mathbb{C})$ avec $\exp M = U$ (remarquer par D.4.2.8. qu'il existe $S \in U_n(\mathbb{C})$, $\lambda_i \in [0,2\pi[$ avec

$U=S\begin{bmatrix} e^{i\lambda_1} & 0 & . & \\ 0 & e^{i\lambda_2} & . & \\ . & . & . & . \\ . & . & . & e^{i\lambda_n} \end{bmatrix}S^{-1}$, poser alors $M=S\begin{bmatrix} i\lambda_1 & 0 & . & . \\ 0 & i\lambda_2 & . & . \\ . & . & . & . \\ . & . & . & i\lambda_n \end{bmatrix}S^{-1}$).

4.3) Copier la méthode de 1.3) pour montrer que $M \longmapsto \exp M$ est une injection de $\mathcal{A}nti\text{-}\mathcal{H}erm^*_n(\mathbb{C})$ sur $U_n(\mathbb{C})$ (resp. $\mathcal{A}nti\text{-}\mathcal{H}erm^*_{n,0}(\mathbb{C})$ sur $SU_n(\mathbb{C})$).

Exercice 5.18. *les théorèmes sur les espaces vectoriels hermitiens impliquent les théorèmes sur les espaces vectoriels euclidiens*

1. *Soient* $A, B \in M_n(\mathbb{R})$, $U \in U_n(\mathbb{C})$ *avec* $A = UBU^{-1}$. *Alors il existe* $O \in O_n(\mathbb{R})$ *avec* $A = OBO^{-1}$.
2. *Les théorèmes* D.4.2.1. *à* D.4.2.10. *impliquent les théorèmes* C.8.11. *à* C.8.20. .

1) Montrer que $AU = UB$ et ${}^tA\,U = U\,{}^tB$.
2) Ecrire $U = U_0 + iU_1$, $U_0, U_1 \in M_n(\mathbb{R})$. Montrer que $AU_0 = U_0B$, $AU_1 = U_1B$, ${}^tA\,U_0 = U_0\,{}^tB$, ${}^tA\,U_1 = U_1\,{}^tB$.
3) Montrer qu'il existe $\lambda \in \mathbb{R}$ avec $\det(U_0 + \lambda U_1) \neq 0$ (considérer le polynôme $\det(U_0 + XU_1)$ où X est une variable).
4) Soit $V = U_0 + \lambda U_1$. Montrer que $VBV^{-1} = A = {}^tV^{-1}B\,{}^tV$ et ${}^tVVB = B\,{}^tVV$.
5) Soit $V = OS$, $O \in O_n(\mathbb{R})$, $S \in \mathcal{Sym}_n^{++}(\mathbb{R})$, la décomposition polaire de V (exercice 5.16.). Déduire de D.4.2.6. que S est unitairement diagonalisable. Montrer que $S^2B = BS^2$. En déduire que $SB = BS$ (exercice C.10.27.2)).
6) Conclure que $A = OBO^{-1}$ (utiliser 4) et 5)). En déduire que 1. est satisfait.
7) Montrer 2. .

Exercice 5.19. *une norme sur l'algèbre* $M_n(\mathbb{C})$

Soit $E = M_n(\mathbb{C})$, *le* $\mathbb{C}$*-espace vectoriel des matrices* $n \times n$. *Alors* $(A, B) \to \mathrm{Tr}({}^tA\bar{B})$ *est une forme hermitienne définie positive sur* E. *De plus* $A \to (\mathrm{Tr}\,({}^tA\bar{A})^{\frac{1}{2}} =: \|A\|$ *est une norme d'algèbre,* i.e. $\|AB\| \leq \|A\|\,\|B\|$.

1) Soit $\Psi : M_n(\mathbb{C}) \times M_n(\mathbb{C}) \to \mathbb{C}$ défini par $\Psi(A, B) = \mathrm{Tr}({}^tA\bar{B})$ et $\|A\| := (\mathrm{Tr}\,({}^tA\bar{A})^{\frac{1}{2}}$. Montrer que Ψ est une forme hermitienne définie positive et que $\|AB\| = \|B\| = \|BA\|$ pour $A \in U_n(\mathbb{C})$.
2) Soient $A, B \in M_n(\mathbb{C})$, il s'agit de montrer que $\|AB\| \leq \|A\|\,\|B\|$.
Soient $U, V \in M_n(\mathbb{C})$, deux matrices hermitiennes positives. Montrer que $\mathrm{Tr}(UV) \leq \mathrm{Tr}(U)\,\mathrm{Tr}(V)$ (remarquer qu'il existe $S \in U_n(\mathbb{C})$ tel que SUS^{-1} soit diagonale avec des coefficients positifs ou nuls, que SVS^{-1} est hermitienne avec des coefficients positifs ou nuls sur la diagonale, on peut utiliser D.4.2.6.)
3) Soient $A, B \in M_n(\mathbb{C})$, montrer que $\mathrm{Tr}({}^t(AB)\,\overline{AB}) = \mathrm{Tr}((\bar{B}\,{}^tB)({}^tA\bar{A}))$. Utiliser 2) pour montrer que $\|AB\| \leq \|A\|\,\|B\|$.
4) Remarquer que $\|.\|$ n'est pas induite par une norme sur $\mathbb{C}^n$.

Exercice 5.20. *un produit sur les matrices hermitiennes positives*

Soient $A, B \in \mathscr{Herm}_n(\mathbb{C})$, deux matrices symétriques de $M_n\mathbb{C})$ avec $A = \left[a_{ij} \right]$, $B = \left[b_{ij} \right]$. On note $A * B$ la matrice $\left[a_{ij} b_{ij} \right]$, i.e. de terme général $a_{ij} b_{ij}$. Si $A \in \mathscr{Herm}_n(\mathbb{C})$, on appelle signature de A, la signature de la forme hermitienne définie sur $\mathbb{C}^n \times \mathbb{C}^n$ par $(X, Y) \mapsto {}^tXA\overline{Y}$ et on la note $\operatorname{sgn} A$.

0) *Soit* $B = \left[b_{ij} \right] \in \mathscr{Herm}_n(\mathbb{C}) - \{0\}$. *Alors les propriétés suivantes sont équivalentes.*

i) Il existe $b_1, b_2, \ldots, b_n \in \mathbb{C}$ *tels que* $b_{ij} = b_i \overline{b_j}$ *pour* $1 \leq i \leq n$, $1 \leq j \leq n$.
ii) $\operatorname{sgn} B = (1, 0)$.

0.1) On suppose *i)* satisfait. Montrer que $\operatorname{rang} B = 1$. Soit

$$D_B := \begin{bmatrix} b_1 & 0 & . & 0 \\ 0 & b_2 & . & . \\ . & . & . & . \\ 0 & . & 0 & b_n \end{bmatrix}, \quad \Delta := \begin{bmatrix} 1 & 1 & . & 1 \\ 1 & 1 & . & 1 \\ . & . & . & . \\ 1 & . & . & 1 \end{bmatrix}.$$ Montrer que $B = {}^tD_B \Delta \overline{D}_B$ et que $\operatorname{sgn} B = (1, 0)$.

0.2) On suppose que *ii)* est satisfait. Montrer qu'il existe $S \in G\ell_n(\mathbb{C})$ tel que

$$B = {}^tS \begin{bmatrix} 1 & 0 & . & 0 \\ 0 & 0 & . & 0 \\ . & . & . & . \\ 0 & . & . & 0 \end{bmatrix} \overline{S}$$. Soit $\left[b_1 \ b_2 \ . \ . \ b_n \right]$ la première ligne de la matrice S, conclure que $b_{ij} = b_i \overline{b}_j$.

1) Soient $A, B \in \mathscr{Herm}_n(\mathbb{C})$, on suppose que $\operatorname{sgn} A = (p, 0)$, $\operatorname{sgn} B = (1, 0)$. Avec les notations de 0.1), montrer que $A * B = {}^tD_B A \overline{D}_B$; en conclure que $\operatorname{sgn}(A * B) = (p', 0)$ avec $p' \geq 0$.

2) Soient $A, B \in \mathscr{Herm}_n(\mathbb{C})$, on suppose que $\operatorname{sgn} A = (p, 0)$ et que $\operatorname{sgn} B = (p', 0)$. Conclure que $\operatorname{sgn}(A * B) = (p'', 0)$ avec $p'' \geq 0$ (considérer d'abord le cas $p' = 0$; ensuite si $p' > 0$, montrer que $B = B_1 + B_2 + \ldots + B_{p'}$ avec $B_i \in \mathscr{Herm}_n(\mathbb{C})$ et $\operatorname{sgn} B_i = (1, 0)$, conclure avec 1)).

3) Soient $A, B \in \mathscr{Herm}_n(\mathbb{C})$ avec $\operatorname{sgn} A = \operatorname{sgn} B = (n, 0)$; il s'agit de montrer que $\operatorname{sgn} A * B = (n, 0)$. Ecrire $B = B_1 + B_2 + \ldots + B_n$ avec $\operatorname{sgn} B_i = (1, 0)$. Déduire de 1) avec les notations de 0.1) que $B_i = {}^tD_{B_i} \Delta \overline{D}_{B_i}$ et que

$A * B = {}^tD_{B_1} A \overline{D}_{B_1} + {}^tD_{B_2} A \overline{D}_{B_2} + \ldots + {}^tD_{B_n} A \overline{D}_{B_n}$. Soit $X \in \mathbb{C}^n$ tel que ${}^tX(A * B)X = 0$, montrer que ${}^t(D_{B_i}X)A(\overline{D_{B_i}X}) = 0$ pour $1 \leq i \leq n$. En déduire que $D_{B_i}X = 0$ pour $1 \leq i \leq n$ et donc que ${}^tXB\overline{X} = 0$. Déduire que $X = 0$. Conclure en utilisant 2) que $\operatorname{sgn}(A * B) = (n, 0)$.

4) Soit $F(X)=\sum_{i=0}^{\infty} f_i X^i \in \mathbb{R}[[X]]$ une série entière à coefficients réels, i.e. une série avec rayon de convergence infini ; on suppose en plus que $f_i \geq 0$ pour tout $i \geq 0$. Soient $A=\left[\, a_{ij} \,\right] \in \mathcal{H}erm_n(\mathbb{C})$, ainsi $B:=\left[\, f(a_{ij}) \,\right] \in \mathcal{H}erm_n(\mathbb{C})$.

4.1) On suppose que $\mathrm{sgn} A=(p,0)$ avec $p \geq 0$, montrer $\mathrm{sgn} B=(p',0)$ avec $p' \geq 0$ (utiliser 2)) .

4.2) On suppose que $\mathrm{sgn} A=(n,0)$, montrer que $\mathrm{sgn} B=(n,0)$.

4.3) Soit $C:=[\, e^{a_{ij}} \,] \in \mathcal{H}erm_n(\mathbb{C})$. On suppose que $\mathrm{sgn} A=(n,0)$, montrer que $\mathrm{sgn}\, C=(n,0)$.

Exercice 5.21 *une caractérisation des endomorphismes hermitiens*

Soient E un $\mathbb{C}$-espace vectoriel de dimension finie , f une forme hermitienne sur E , non dégénérée, u un endomorphisme de E . Alors on a

1. $u=0$ *si et seulement si* $f(u(x),x)=0$ *, pour tout* $x \in E$.
2. $u=u^*$ *si et seulement si* $f(u(x),x) \in \mathbb{R}$ *, pour tout* $x \in E$ *(ici* u^* *désigne l'adjoint de* u *relativement à* f *)* .

1) Calculer $f(u(x+y),x+y)$ et $f(u(x+iy),x+iy)$, en déduire 1.

2) Appliquer 1. à $u-u^*$ pour déduire 2. .

3) Montrer que 1) peut être faux pour une forme bilinéaire symétrique.

Exercice 5.22. *un sous-groupe fini de* $G\ell_n(\mathbb{C})$ *est conjugué d'un sous-groupe de* $U_n(\mathbb{C})$

Soient G un groupe fini de $G\ell_n(\mathbb{C})$, $(.\,|\,.)$ le produit scalaire canonique sur l'espace hermitien $\mathbb{C}^n$, $\Phi : \mathbb{C}^n \times \mathbb{C}^n \to \mathbb{C}$ définie par $\Phi(X,Y)=\sum_{g \in G} (g(X)\,|\,g(Y))$.

1) Montrer que Φ est une forme hermitienne définie positive sur $\mathbb{C}^n$.

2) Soit $U(\Phi)$ le groupe unitaire de Φ . Montrer qu'il existe une matrice $M \in G\ell_n(\mathbb{C})$ telle que $U_n(\mathbb{C})=MO(\Phi)M^{-1}$.

2) Conclure.

Exercice 5.23. *tout sous-groupe compact de* $G\ell_n(\mathbb{C})$ *est conjugué d'un sous-groupe de* $U_n(\mathbb{C})$

Soient $\mathcal{G}$ un sous-groupe compact de $G\ell_n(\mathbb{C})$, $\mathcal{C}(\mathcal{G},\mathbb{C})$ les applications continues de $\mathcal{G}$ dans $\mathbb{C}$, munies de la norme “sup” sur $\mathcal{G}$. On admet qu'il existe sur $\mathcal{C}(\mathcal{G},\mathbb{C})$ une forme linéaire continue ρ avec les propriétés suivantes.

α) Soient $A \longmapsto \varphi(A)$ un élément de $\mathcal{C}(\mathcal{G},\mathbb{C})$, $N \in \mathcal{G}$, notons ψ la fonction $A \longmapsto \varphi(NA)$, alors on a $\rho(\varphi)=\rho(\psi)$.

β) Si $\varphi \in \mathscr{C}(\mathscr{G},\mathbb{R}), \varphi \neq 0, \varphi(A) \geq 0$ pour tout $A \in \mathscr{G}$, alors on a $\rho(\varphi) > 0$, (l'existence d'une mesure de Haar sur $\mathscr{G}$, montre l'existence de ρ) .
1) Soient $X, Y \in \mathbb{C}^n$, $a_{X,Y} : \mathscr{G} \to \mathbb{C}$ défini par $A \mapsto {}^t(AX)\overline{AY}$. Montrer que $a_{X,Y} \in \mathscr{C}(\mathscr{G},\mathbb{C})$.
2) Soit $\Phi : \mathbb{C}^n \times \mathbb{C}^n \to \mathbb{C}$ défini par $\Phi(X,Y) = \rho(a_{X,Y})$. Montrer Φ est une forme hermitienne définie positive.
3) Montrer que $\mathscr{G} \subset U(\Phi)$. Conclure.

Exercice 5.24. *limite inductive de sous-groupes compacts de $G\ell_n(\mathbb{C})$*

Soit $(G_i)_{i\in I}$ une famille filtrante supérieurement de sous-groupes de $G\ell_n(\mathbb{C})$, i.e. *pour tout $i, j \in I$, il existe $k \in I$ tel que $G_i \subset G_k$ et $G_j \subset G_k$. On suppose que pour chaque $i \in I$ le sous-groupe G_i de $G\ell_n(\mathbb{C})$ est borné. Alors $G := \bigcup_{i\in I} G_i$ est un sous-groupe du groupe unitaire d'une forme hermitienne définie positive, il suit que G est un sous-groupe borné de $G\ell_n(\mathbb{C})$.*

En particulier un sous-groupe de $G\ell_n(\mathbb{C})$ qui est de torsion est un sous-groupe du groupe unitaire d'une forme hermitienne définie positive, donc est borné.

1) Soit Φ_i l'ensemble des matrices hermitiennes M de $M_n(\mathbb{C})$ telles que ${}^tAM\bar{A} = M$ pour tout $X, Y \in \mathbb{C}^n$, $A \in G_i$. Montrer que Φ_i est un sous-$\mathbb{R}$-espace vectoriel du $\mathbb{R}$-espace vectoriel $\mathscr{Herm}_n(\mathbb{C})$ des matrices hermitiennes de $M_n(\mathbb{C})$. Montrer que Φ_i contient une matrice hermitienne définie positive (remarquer que l'adhérence $\bar{G}_i$ de G_i dans $M_n(\mathbb{C})$ est un sous-groupe compact de $G\ell_n(\mathbb{C})$ et utiliser 5.23.).
2) Soit $\Phi := \bigcap_{i\in I} \Phi_i$, montrer qu'il existe $\ell \in I$ tel que $\Phi = \Phi_\ell$ (remarquer que $\dim_{\mathbb{R}} \Phi_i > 0$ et qu'il existe $\ell \in I$ avec $\dim_{\mathbb{R}} \Phi_\ell = \inf_{i\in I} \dim_{\mathbb{R}} \Phi_i$. Il reste à montrer que $\Phi_\ell \subset \Phi_i$ pour tout $i \in I$; remarquer qu'il existe $k \in I$ tel que $G_\ell \subset G_k$, $G_i \subset G_k$ et conclure).
3) Soit $M \in G_\ell$ une matrice hermitienne définie positive, montrer que $G \subset \{A \in G\ell_n(\mathbb{C}) \mid {}^tAM\bar{A} = M\}$; conclure que G est borné.
4) On suppose que G est de torsion, remarquer que G réunion filtrante supérieurement de groupes finis (*Fr 1*, A.5.7.40.) et conclure.

Exercice 5.25. *un sous-groupe G d'exposant fini du groupe unitaire hermitien est fini*

Soient $(E, (.|.))$ un espace vectoriel hermitien de dimension n , G un sous-groupe de $U(E)$ d'exposant m , i.e. *que $g^m = \mathbb{1}_E$ pour tout $g \in G$. Alors G est fini* (ceci est un cas particulier de *Fr 1*, A.5.7.54. qui reste valable en remplaçant $\mathbb{C}$ par un corps commutatif de caractéristique nulle ; on peut aussi consulter *Fr 2*, F.6.7.28. pour une autre approche) .

1) *Une norme sur* $\mathcal{End}\, E$. Soit $\|.\|$ la norme hermitienne définie par $\|x\|^2=(x\,|\,x)$.

1.1) Soient $u\in\mathcal{End}\, E$ et $\|u\|':=\sup\limits_{\|x\|=1}\|u(x)\|$. Montrer qu'il existe $y\in E$ avec $\|y\|=1$ et $\|u\|'=\|u(y)\|$ (utiliser la compacité de $\{x\in E\,|\,\|x\|=1\}$). Montrer que $\|u+v\|'\le\|u\|'+\|v\|'$, $\|\lambda u\|'=|\lambda|\,\|u\|'$, $\|uv\|'\le\|u\|'\|v\|'$, i.e. que $\|.\|'$ est une norme de la $\mathbb{C}$-algèbre $\mathcal{End}\, E$.

1.2) Soient $u\in U(E)$, $v\in\mathcal{End}\, E$, montrer que $\|u\|'=1$ et que $\|uv\|'=\|vu\|'=\|v\|'$.

1.3) Soient $u\in\mathcal{End}\, E$, u^* l'adjoint de $\mathcal{End}\, E$, montrer que $\|u\|'=\|u^*\|'$ (soit y avec $\|y\|=1$ tel que $\|u\|'^2=(u(y)\,|\,u(y))$, donc $\|u\|'^2=(y\,|\,u^*(u(y)))$ utiliser l'inégalité de Schwarz et conclure que $\|u\|'\le\|u^*\|'$...).

1.5) Montrer que $U(E)$ est un sous-groupe compact de $\mathcal{End}\, E$ muni de la norme $\|.\|'$ (remarquer que $U(E)$ est borné, si $\Phi:\mathcal{End}\, E\to\mathcal{End}\, E$ est l'application définie par $\Phi(v)=vv^*$ alors Φ est continue et $U(E)=\Phi^{-1}(\mathbb{1}_E))$.

2) Soit H l'adhérence de G dans $\mathcal{End}\, E$.

2.1) Montrer que $H\subset U(E)$ et que H est un sous-groupe compact de $U(E)$, d'exposant m.

2.2) Soient $\mathcal{P}$ l'ensemble des polynômes unitaires de $\mathbb{C}[X]$ de degré n muni de la distance suivante : si $P=p_0+p_1X+\ldots+X^n$, $Q=q_0+q_1X+\ldots+X^n$, alors $d(P,Q)=\max\limits_i|p_i-q_i|$. Soit $\rho:H\to\mathcal{P}$ défini par $\rho(h)=\chi_h$, montrer que ρ est continu et que $\rho(H)$ est une partie finie de $\mathcal{P}$; plus précisément que $\rho(H)\subset\{(X-\xi_1)(X-\xi_2)\ldots(X-\xi_n)\,|\,\xi_k^m=1\ \text{pour}\ 1\le k\le n\}$.

2.3) Montrer qu'il existe $\varepsilon>0$ tel que $\|h-\mathbb{1}_E\|'<\varepsilon$ implique $h=\mathbb{1}_E$ pour $h\in H$ (remarquer qu'il existe $\varepsilon>0$, avec $\|h-\mathbb{1}_E\|'<\varepsilon$ implique $\chi_h=\chi_{\mathbb{1}_E}$ et conclure avec 3.5.1.).

2.4) Soient $h,h'\in H$ avec $\|h-h'\|<\varepsilon$, où ε est défini en 2.3). Conclure en utilisant 2.3) et 1.2) que $h=h'$.

2.5) Déduire de la compacité de H que H est fini et donc que 1. est satisfait.

Exercice 5.26. *le groupe* $U_n(\mathbb{C})$ *pour* $n\ge1$ (resp. $SU_n(\mathbb{C})$ *pour* $n\ge2$) *n'est pas de type fini.* (utiliser une méthode analogue à C.10.64.)

Exercice 5.27. *un isomorphisme exceptionnel,* $\dfrac{SU_2(\mathbb{C})}{\{\pm I_2\}}\simeq SO_3(\mathbb{R})$

Soient $\mathrm{H}:=\{\begin{bmatrix} x & -\bar{y}\\ y & \bar{x}\end{bmatrix}\in M_2(\mathbb{C})\,|\,x,y\in\mathbb{C}\,|\,a,b\in\mathbb{C}\}$, $\sigma:\mathrm{H}\to\mathrm{H}$ défini par $\sigma(\begin{bmatrix} x & -\bar{y}\\ y & \bar{x}\end{bmatrix})=\begin{bmatrix} \bar{x} & \bar{y}\\ -y & x\end{bmatrix}$.

1) Montrer que H est un $\mathbb{R}$-espace vectoriel admettant $(I_2,\begin{bmatrix} i & 0\\ 0 & -i\end{bmatrix},\begin{bmatrix} 0 & -1\\ 1 & -0\end{bmatrix},\begin{bmatrix} 0 & i\\ i & 0\end{bmatrix})$, comme base (on a ici $i^2=-1$).

2) Soit $M \in \mathbb{H}$, montrer que $\sigma(M)M = M\sigma(M) = (\text{dét} M)I_2$. Montrer que σ est $\mathbb{R}$-linéaire et que $\sigma(MN) = \sigma(N)\sigma(M)$. Montrer que dét $\begin{bmatrix} x & -\bar{y} \\ y & \bar{x} \end{bmatrix} = x\bar{x} + y\bar{y}$. Montrer que $\mathbb{H}$ est une sous- $\mathbb{R}$-algèbre de $M_2(\mathbb{C})$ et que $\mathbb{H}$ est un corps.

3) Soit Φ la $\mathbb{R}$-forme bilinéaire symétrique définie sur $\mathbb{H} \times \mathbb{H}$ par $\Phi(M, N)I_2 = \frac{1}{2}(\sigma(M)N + \sigma(N)M)$. Montrer que Φ est définie positive.

4) Montrer que
$(\mathbb{R}I_2)^{\perp} = \mathbb{R}\begin{bmatrix} i & 0 \\ 0 & -i \end{bmatrix} \oplus \mathbb{R}\begin{bmatrix} 0 & -1 \\ 1 & 0 \end{bmatrix} \oplus \mathbb{R}\begin{bmatrix} 0 & i \\ i & 0 \end{bmatrix} = \{M \in \mathbb{H} \mid \sigma(M) = -M\} := W$.

5) Soient $U \in SU_2(\mathbb{C})$, $M \in \mathbb{H}$, montrer $UMU^{-1} \in \mathbb{H}$ et notons $\tilde{\rho}(U) : \mathbb{H} \to \mathbb{H}$ défini par $\tilde{\rho}(U)(M) = UMU^{-1}$. Montrer que $\tilde{\rho}(U) \in O(\Phi)$ (penser que $\Phi(M, M) = \text{dét} M$). Montrer que $\tilde{\rho}(U)(I_2) = I_2$; en conclure que $\tilde{\rho}(U)(W) = W$.

6) On note $\rho(U)$ l'endomorphisme de W induit par $\tilde{\rho}(U)$. Montrer que $\rho : SU_2(\mathbb{C}) \to O(W)$ est un homomorphisme de noyau $\{\pm I_2\}$.

7) Soit $E \in W$; montrer que $E^2 = -I_2$ si et seulement si $\Phi(E, E) = 1$. Soient $E, F \in W$ tels que $E^2 = F^2 = -I_2$. Montrer que $\Phi(E, F) = 0$ si et seulement si $EF = -FE$.

8) Soient $E_1, E_2 \in W$ tels que $E_1^2 = E_2^2 = -I_2$ et $E_1E_2 = -E_2E_1$. Montrer que (E_1, E_2, E_1E_2) est une base orthonormale de W.

9) Soient $E_1 \in W$ tel que $\Phi(E_1, E_1) = 1$, $E_2 \in W$ avec $\Phi(E_2, E_2) = 1$ et $E_1E_2 = -E_2E_1$, $M := \cos\frac{\theta}{2} I_2 + \sin\frac{\theta}{2} E_1$. Montrer que $M \in SU_2(\mathbb{C})$ et que

$\text{Mat}(\rho(M); E_1, E_2, E_1E_2) = \begin{bmatrix} 1 & 0 & 0 \\ 0 & \cos\theta & -\sin\theta \\ 0 & \sin\theta & \cos\theta \end{bmatrix}$. En conclure que ρ est surjectif et que ρ induit un isomorphisme $\frac{SU_2(\mathbb{C})}{\{\pm I_2\}} \simeq SO_3(\mathbb{R})$.

Exercice 5.28. *endomorphismes normaux, simultanément unitairement diagonalisables*

1. *Soient E un espace vectoriel hermitien, $\mathscr{S}$ un ensemble d'endomorphismes normaux de E. Alors les propriétés suivantes sont équivalentes.*

i) Il existe une base orthonormale $(e_1, e_2, \dots, e_n)$ qui diagonalise tous les éléments de $\mathscr{S}$,

ii) on a $uv = vu$, pour tout $u, v \in \mathscr{S}$.

2. *Soit $\mathscr{S}$ un ensemble de matrices normales de $M_n(\mathbb{C})$. Alors les propriétés suivantes sont équivalentes.*

i) Il existe $U \in SU_n(\mathbb{C})$ tel que pour tout $A \in \mathscr{S}$ la matrice UAU^{-1} soit diagonale,

ii) on a $AB = BA$ pour tout $A, B \in \mathscr{S}$.

Montrer cela en s'inspirant de *Fr 1*, A.5.7.11.

Exercice 5.29. *matrices diagonalisables et groupes bornés*

Soit $M \in G\ell_n(\mathbb{C})$, alors les propriétés suivantes sont équivalentes.

i) La matrice M est diagonalisable et les valeurs propres de M sont de valeur absolue 1 ,

ii) le sous-groupe, $\{M^k \mid k \in \mathbb{Z}\}$ de $G\ell_n(\mathbb{C})$, engendré par M est une partie bornée de $M_n(\mathbb{C})$.

1) On suppose *i)* satisfait, i.e. $M = SQS^{-1}$ où $D = \begin{bmatrix} \xi_1 & 0 & . & 0 \\ 0 & \xi_2 & . & . \\ . & . & . & 0 \\ 0 & . & 0 & \xi_n \end{bmatrix}$ avec $|\xi_i| = 1$.

Conclure que *ii)* est satisfait.

2) On suppose que *ii)* est satisfait. Montrer qu'il existe $S \in G\ell_n(\mathbb{C})$ tel que SMS^{-1} soit un tableau diagonal $(A_1, A_2, \ldots, A_s)$ avec $A_i = \xi_i I_{n_i} + N_i$, $\xi_i \in \mathbb{C}^\times$, N_i triangulaire supérieure stricte, i.e. avec des zéros sur la diagonale (c'est ***Fr1*** 5.4.1.).

2.1) Montrer que $\{A_i^k \mid k \in \mathbb{Z}\}$ est une partie bornée de $M_{n_i}(\mathbb{C})$ En déduire que $|\xi_i| = 1$.

2.2) Il s'agit maintenant de montrer que $N_i = 0$. Supposer $N_i \neq 0$, écrire $N_i = [a_{\alpha,\beta}]$, montrer qu'il existe $\alpha' \geq 1$, $\ell \geq 1$ tel que $a_{\alpha',\alpha'+\ell} \neq 0$ et que $a_{\alpha,\beta} = 0$ pour $\beta - \alpha < \ell$. Soient $s \leq 2$, $N_i^s = \left[\, a_{\alpha,\beta,s} \,\right]$, montrer que $a_{\alpha',\alpha'+\ell} = 0$. En calculant $(\xi_i I_{n_i} + N_i)^k = \left[\, b_{\alpha,\beta,k} \,\right]$ par la formule du binôme, montrer que $b_{\alpha,\beta,k} = k\,\xi_i^{k-1} a_{\alpha',\alpha'+\ell}$. Conclure que si $\{A_i^k \mid k \in \mathbb{Z}\}$ est une partie bornée de $M_{n_i}(\mathbb{C})$ que $N_i = 0$.

2.3) Conclure que *ii)* implique *i)* .

Exercice 5.30. *matrices diagonalisables et groupes commutatifs bornés*

Soient G un sous-groupe commutatif de $G\ell_n(\mathbb{C})$, alors les propriétés suivantes sont équivalentes.

i) Le groupe G est une partie bornée de $M_n(\mathbb{C})$,

ii) pour tout $M \in G$, le sous-groupe $\{M^k \mid k \in \mathbb{Z}\}$ est une partie bornée de $M_n(\mathbb{C})$,

iii) tout élément M de G est diagonalisable et les valeurs propres de M sont de valeur absolue 1 ,

iv) le groupe G est conjugué d'un sous-groupe de $U_n(\mathbb{C})$.

1. Montrer *i)* implique *ii)*

2. Montrer *ii)* implique *iii)* (c'est 5.5.29.).

3. Montrer *iii)* implique *i)* (remarquer que les éléments de G sont simultanément diagonalisables en utilisant 5.7.11.). La même méthode montre que *iii)* implique *iv)* (D.3.5.1.) . Enfin, trivialement *iv)* implique *i)* .

Exercice 5.7.31. *matrices diagonalisables et groupes bornés*

1\. *Soient G un sous-groupe de $G\ell_2(\mathbb{C})$ dans lequel tout élément est diagonalisable avec des valeurs propres de valeur absolue 1. Alors G est borné,* i.e. *G est conjugué d'un sous-groupe de $U_2(\mathbb{C})$.*

2\. *Soit $n \geq 3$, alors il existe un sous-groupe G de $G\ell_n(\mathbb{C})$ qui n'est pas borné dans lequel tout élément est diagonalisable avec des valeurs propres de valeur absolue 1.*

3\. *Soient G un sous-groupe fermé de $G\ell_n(\mathbb{C})$ (pour la topologie ordinaire de $G\ell_n(\mathbb{C})$, induite par celle de $\mathbb{C}$), dans lequel tout élément est diagonalisable avec des valeurs propres de valeur absolue 1. Alors G est compact,* i.e. *G est conjugué d'un sous-groupe de $U_n(\mathbb{C})$.*

1\) On suppose que G est un sous-groupe de $G\ell_2(\mathbb{C})$ dans lequel tout élément est diagonalisable avec des valeurs propres de valeur absolue 1.

1.1) On suppose de 1.1) à 1.7) que $G \subset S\ell_2(\mathbb{C})$. Si $G \subset \{\pm I_2\}$, le groupe est borné.

1.2) On suppose maintenant que $G \not\subset \{\pm I_2\}$. Quitte à changer G en un conjugué de G, montrer qu'on peut supposer que G contient un élément A de la forme $\begin{bmatrix} e^{i\mu} & 0 \\ 0 & e^{-i\mu} \end{bmatrix}$, avec $A \neq \pm I_2$.

1.3) Soit $B = \begin{bmatrix} a & b \\ c & d \end{bmatrix} \in G$. Montrer que $ad - bc = 1$, $a + d \in \mathbb{R}$, $|a+d| \leq 2$. En remarquant que AB est aussi élément de G, montrer que $a = \bar{d}$ et donc que $a = \rho e^{i\theta}$, $d = \rho e^{-i\theta}$, avec $\rho \geq 0$, $|\rho \cos\theta| \leq 1$ et que $bc \in \mathbb{R}$. En déduire que tout élément de G est de la forme $\begin{bmatrix} \rho e^{i\theta} & \beta e^{-i\eta} \\ -\gamma e^{i\eta} & \rho e^{-i\theta} \end{bmatrix}$ avec $\rho \geq 0$, $\beta, \gamma \in \mathbb{R}$, $\rho^2 + \beta\gamma = 1$. En plus $\rho = 1$ si et seulement si $\beta\gamma = 0$.

1.4) En considérant la trace de $A^n B$, montrer en utilisant 1.3) que $|\rho \cos(\theta + n\mu)| \leq 1$.

1.5) Si $\mu \notin 2\pi\mathbb{Q}$, montrer que $\max_{n \in \mathbb{Z}}\{|\cos(\theta + n\mu)| \mid n \in \mathbb{Z}\} = 1$ et donc que $\rho \leq 1$.

1.6) Si $\mu = \frac{2\pi}{k}$, avec $k \geq 3$, montrer que $\max_{n \in \mathbb{Z}}\{|\cos(\theta + n\mu)| \mid n \in \mathbb{Z}\} \geq \frac{1}{2}$, en conclure que $\rho \leq 2$.

1.7) Par 1.) on a $B = \begin{bmatrix} \rho e^{i\theta} & \beta e^{-i\eta} \\ -\gamma e^{i\eta} & \rho e^{-i\theta} \end{bmatrix}$, soit $C \in G$, on a donc $C = \begin{bmatrix} \rho' e^{i\theta'} & \beta' e^{-i\eta'} \\ -\gamma' e^{i\eta'} & \rho' e^{-i\theta'} \end{bmatrix}$ (c'est toujours 1.3)).

1.7.1) On suppose que $\eta \neq \eta'$ modulo $\pi\mathbb{Z}$. Montrer que

$\mathrm{Tr}(BC) = 2\rho\rho'\cos(\theta + \theta') - 2\beta\gamma'\cos(\eta' - \eta) + (\beta\gamma' - \beta'\gamma)e^{i(\eta - \eta')}$. Conclure que $\beta\gamma' - \beta'\gamma = 0$ ($\mathrm{Tr}(BC) \in \mathbb{R}$), i.e. $(\beta', \gamma') = \lambda(\beta, \gamma)$ avec $\lambda \in \mathbb{R}$. Conclure de 1.5) et 1.6) que $|\lambda| < \frac{5}{\sqrt{|\beta\gamma|}}$ si $\beta\gamma \neq 0$.

1.7.2) On suppose que $\eta \equiv \eta'$ modulo $\pi\mathbb{Z}$. En calculant $\mathrm{Tr}(BCA)$ montrer de même $|\lambda| < \frac{5}{\sqrt{|\beta\gamma|}}$, toujours sous l'hypothèse $\beta\gamma \neq 0$.

1.7.3) Si tout élément de G est diagonal, montrer que G est borné.

1.7.4) S'il existe $B \in G$ qui n'est pas diagonal, déduire de 1.7.1) et 1.7.2) que G est borné.

1.8) On ne suppose plus que $G \subset S\ell_2(\mathbb{C})$. Soient $H := G \cap S\ell_2(\mathbb{C})$, $K := \{A \times \begin{bmatrix} \xi & 0 \\ 0 & \xi \end{bmatrix} \mid A \in H, \xi \in \mathbb{C} \text{ et } |\xi| = 1\}$. Montrer que $G \subset K$ et que K est un sous-groupe de $G\ell_2(\mathbb{C})$. Déduire de 1.7.4) que H est borné, donc que K est borné, donc que G est borné.

1.9) On suppose maintenant que G est un sous-groupe de $G\ell_2(\mathbb{C})$ qui est borné dans $M_2(\mathbb{C})$. Soit $\bar{G}$ l'adhérence de G dans $M_2(\mathbb{C})$, montrer que $\bar{G}$ est un sous-groupe de $G\ell_2(\mathbb{C})$, que $\bar{G}$ est donc un sous-groupe compact de $G\ell_2(\mathbb{C})$. En déduire que $\bar{G}$ est conjugué d'un sous-groupe de $U_n(\mathbb{C})$ (utiliser *Fr 2*, D.5.22.) .

2) Montrons 2. .

2.1) Soit G un sous-groupe libre de $SO_3(\mathbb{R})$ engendré par deux éléments u', v' (C.10.69.) . Déduire de D.5.27. que $SU_2(\mathbb{C})$ contient un sous-groupe libre H engendré par deux éléments u et v (soient $\varphi : SU_2(\mathbb{C}) \to SO_3(\mathbb{R})$ la surjection selon D.5.27. , u , $v \in SU_2(\mathbb{C})$ tels que $\varphi(u) = u'$, $\varphi(v) = v'$, alors le sous-groupe H engendré par u et v est libre).

2.2) Soient $u_1 := \begin{bmatrix} 1 & 0_1 \\ 0_2 & u \end{bmatrix} \in G\ell_3(\mathbb{C})$, $v_1 := \begin{bmatrix} 1 & s \\ 0_2 & v \end{bmatrix} \in G\ell_3(\mathbb{C})$, où 0_2 est élément nul de $M_{2,1}(\mathbb{C})$, 0_1 est l'élément nul de $M_{1,2}(\mathbb{C})$ et $s \in M_{1,2}(\mathbb{C}) - \{0\}$. Soit K le sous-groupe de $G\ell_3(\mathbb{C})$ engendré par u_1 et v_1 .

2.2.1) Montrer que tout élément de K est de la forme $\begin{bmatrix} 1 & t \\ 0_2 & w \end{bmatrix}$ où $w \in H$ et $t \in M_{1,2}(\mathbb{C})$. Montrer que $w = I_2$ implique $t = 0$ (utiliser le fait que H est un groupe libre engendré par u et v) . Si $w \neq I_2$, montrer que w est diagonalisable avec des valeurs propres distinctes de 1 et de valeur absolue 1 . Conclure que tout élément de K est diagonalisable avec des valeurs propres de valeur absolue 1.

2.2.2) Supposons que K soit un sous-groupe borné de $G\ell_3(\mathbb{C})$, en conclure que $\bar{K}$ l'adhérence de K dans $G\ell_3(\mathbb{C})$ est un sous-groupe compact et donc qu'il existe une forme hermitienne définie positive φ sur $\mathbb{C}^3$ telle que $\bar{K} \subset U(\varphi)$ (D.5.23.).

2.2.3) Soient $(\varepsilon_1, \varepsilon_2, \varepsilon_3)$ la base canonique de $\mathbb{C}^3$, $w_1 \in K$. Remarquer que $w_1(\varepsilon_1^\perp) = \varepsilon_1^\perp$ ($\varepsilon_1^\perp$ est l'orthogonal de ε_1 pour φ) .

2.2.4) Montrer que le seul supplémentaire de $\mathbb{C}\varepsilon_1$ stable par u_1 est $\mathbb{C}\varepsilon_2 \oplus \mathbb{C}\varepsilon_3$. Remarquer que $\mathbb{C}\varepsilon_2 \oplus \mathbb{C}\varepsilon_3$ n'est pas stable par v_1 .

2.2.5) Conclure de 2.2.3) et 2.2.4) que l'hypothèse K est borné et fausse.

2.3) Soit $n \geq 3$, $K' := \{ \begin{bmatrix} w_1 & 0_2 \\ 0_1 & I_{n-3} \end{bmatrix} \in G\ell_n(\mathbb{C}) \mid w_1 \in K \}$ (ici K est le sous-groupe $G\ell_n(\mathbb{C})$ défini en 2.2)) . Montrer que K' n'est pas borné et que les éléments de K' sont diagonalisables avec valeurs propres de valeur absolue 1.

3) La démonstration de 3. dépasse les connaissances de cet ouvrage ; ce que l'on en sait néssecite le recours aux groupes et algèbres de Lie.

Exercice 5.32 . *les sous-groupes de $G\ell_n(\mathbb{C})$ ne sont pas trop petits*

*Soient $\| . \|$ une norme sur $\mathbb{C}^n$, $\| . \|'$ la norme sur $M_n(\mathbb{C})$ induite par $\| . \|$ (**Fr1** 2.1.5.1), G un sous-groupe de $G\ell_n(\mathbb{C})$. On suppose que pour tout $A \in G$, on a $\| A - I_n \|' < \sqrt{3}$. Alors $G = \{ I_n \}$.*

1) Comme le groupe G est borné, déduire de 5.29. que tout élément de G est diagonisable et que ses valeurs propres sont de valeur absolue 1 .

2) Soient $A \in G$, $\chi_A(X) = (X - \lambda_1)(X - \lambda_2) \ldots (X - \lambda_n)$. Montrer qu'il existe $X_j \in \mathbb{C}^n$, avec $\| X_j \| = 1$ et $AX_j = \lambda_j X_j$. Soit $k \in \mathbb{Z}$, conclure que $(A^k - I_n)X_j = (\lambda_j^k - 1)X_j$ et donc que $\| A^k - I_n \|' \geq \max_{1 \leq j \leq n} | \lambda_j^k - 1 |$.

3) Déduire que $| \lambda_j^k - 1 | < \sqrt{3}$ pour $1 \leq j \leq n$ et pour tout $k \in \mathbb{Z}$.

4) Soit $\lambda_j = e^{i\theta_j}$ avec $-\pi \leq \theta_j \leq \pi$. Déduire de 3) que $0 \leq | \theta_j | < \frac{2\pi}{3}$.

5) Si $\theta_j \neq 0$, montrer qu'il existe $k \in \mathbb{Z}$ tel que $\frac{2\pi}{3} \leq k | \theta_j | < \frac{4\pi}{3}$. En déduire que $\theta_j = 0$ et donc que $A = I_n$. Conclure.

Exercice 5.33. *sur les matrices qui commutent*

Soient $A, B \in U_n(\mathbb{C})$, $\chi_B(X) = (X - e^{i\theta_1})(X - e^{i\theta_2}) \ldots (X - e^{i\theta_n})$ avec $0 \leq \theta_1 \leq \theta_2 \leq \ldots \leq \theta_n < 2\pi$. On suppose que $\theta_n - \theta_1 < \pi$ et que A commute avec $ABA^{-1}B^{-1}$. Alors on a $AB = BA$. En particulier, si $\mathrm{Tr}({}^t(B - I_n)(\overline{B - I_n})) < 2$, on a $AB = BA$.

1) Soit $C := ABA^{-1}B^{-1}$, comme $AC = CA$, montrer qu'il existe $U \in U_n(\mathbb{C})$ tel que UAU^{-1} et UCU^{-1} soient diagonales (D.5.27.).

2) Soient $A_1 := UAU^{-1}, C_1 := UCU^{-1}$. On a donc $A_1 = \begin{bmatrix} a_1 & 0 & . & 0 \\ 0 & a_2 & . & 0 \\ . & . & . & 0 \\ . & . & 0 & a_n \end{bmatrix}$,

$C_1 = \begin{bmatrix} b_1 & 0 & . & 0 \\ 0 & b_2 & . & 0 \\ . & . & . & 0 \\ . & . & 0 & b_n \end{bmatrix}$, $B_1 = UBU^{-1} = [\, b_{ij} \,]$ et $\chi_{B_1}(X) = (X - e^{i\theta_1})(X - e^{i\theta_2}) \ldots (X - e^{i\theta_n})$.

3) Soit $X \in \mathbb{C}^n$, $X \neq 0$, montrer que ${}^t X B_1 \bar{X} \neq 0$ (remarquer que

$$B_1 = {}^t S \begin{bmatrix} d_1 & 0 & . & 0 \\ 0 & d_2 & . & 0 \\ . & . & . & 0 \\ . & . & 0 & d_n \end{bmatrix} \bar{S}$$

où $S \in U_n(\mathbb{C})$ (D.3.5.2.), $d_k = e^{i\theta_k}$ et remarquer que

$\rho_1^2 e^{i\theta_1} + \rho_2^2 e^{i\theta_2} + \ldots + \rho_n^2 e^{i\theta_n} \neq 0$, si $\rho_1^2 + \rho_2^2 + \ldots + \rho_n^2 \neq 0$, avec $\rho_k \in \mathbb{R}$).

4) En déduire que $b_{kk} \neq 0$, pour $1 \leq k \leq n$.

5) Montrer la relation $(A_1^{-1} C_1) B_1 = B_1 A_1^{-1}$. En déduire que $a_k^{-1} c_k b_{kk} = b_{kk} a_k^{-1}$ et donc que $c_k = 1$.

6) Conclure que $AB = BA$.

7) Sachant que $\mathrm{Tr}({}^t(VD)(\overline{VD})) = \mathrm{Tr}({}^t(DV)(\overline{DV})) = \mathrm{Tr}({}^t D\bar{D})$ pour tout $V \in U_n(\mathbb{C})$, $D \in M_n(\mathbb{C})$ (5.19.), en déduire que $\mathrm{Tr}({}^t(B_1 - I_n)(\overline{B_1 - I_n})) < 2$, et donc que $2(1-\cos\theta_1) + 2(1-\cos\theta_2) + \ldots + 2(1-\cos\theta_n) < 2$. Déduire de cela que $\cos\theta_k > 0$, i.e. $-\frac{\pi}{2} < \theta_k < \frac{\pi}{2}$. Conclure en utilisant 6).

Exercice 5.34. *le théorème de* Jordan *et* Schur *sur les sous-groupes finis de* $G\ell_n(\mathbb{C})$

Il existe une fonction $f: \mathbb{N} \to \mathbb{N}$ *qui a la propriété suivante. Pour tout sous-groupe* G *de* $G\ell_n(\mathbb{C})$*, qui est de torsion, il existe un sous-groupe abélien* H *distingué dans* G *tel que* $[G:H] \leq f(n)$*. En particulier si* G *est un sous-groupe fini simple de* $G\ell_n(\mathbb{C})$*, on a* $o(G) \leq f(n)$.

1) Déduire de *Fr1* 5.7.40.6.2. qu'il existe $S \in G\ell_n(\mathbb{C})$ tel que $SGS^{-1} \subset U_n(\mathbb{C})$.

2) Soit la norme sur $M_n(\mathbb{C})$ définie par $\|A\| := (\mathrm{Tr}({}^t A\bar{A}))^{\frac{1}{2}}$. Montrer que $\|AB\| = \|B\| = \|BA\|$ pour $A \in U_n(\mathbb{C})$ et que $\|AB\| \leq \|A\|\,\|B\|$ pour tout $A, B \in M_n(\mathbb{C})$ (5.19.).

3) Soient $A, B \in U_n(\mathbb{C})$. Montrer que $\|ABA^{-1}B^{-1} - I_n\| \leq 2\|A - I_n\|\,\|B - I_n\|$ (en utilisant 2), montrer que $\|ABA^{-1}B^{-1} - I_n\| = \|AB - BA\|$ et écrire $A = (A - I_n) + I_n$, $B = (B - I_n) + I_n$ et utiliser 2)).

4) Soient $G' := SGS^{-1}$, $A, B \in G'$ avec $\|A - I_n\| < \frac{1}{2}$, $\|B - I_n\| < \frac{1}{2}$. Soit G_1 le sous-groupe de G' engendré par A et B, déduire du théorème de Schur (*Fr1* 5.7.40.5.) que G_1 est fini. Montrer que $AB = BA$ (considérer la suite définie par $B_0 = B$, $B_1 = AB_0A^{-1}B_0^{-1}$, ..., $B_k = AB_{k-1}A^{-1}B_{k-1}^{-1}$, déduire de 3) que $\|B_k - I_n\|$ a pour limite zéro et comme G_1 est fini qu'il existe k avec $B_k = I_n$, déduire de 5.34. que $B_{k-1} = I_n$ et de proche en proche que $B_1 = I_n$).

5) Soit H le sous-groupe de G' engendré par les éléments $A \in G'$ tels que $\|A - I_n\| < \frac{1}{2}$. Déduire de 4) que H est un sous-groupe abélien, et de 2) que H est distingué dans G'.

6) Soient $(e_1, e_2, \ldots, e_{n^2})$ une base orthonormale de $M_n(\mathbb{C})$ relativement à la forme hermitienne Ψ.

6.1) Soit $\mathscr{E} := \{ \sum_{t=1}^{n^2} (\frac{k}{4n\sqrt{2}} + i\frac{\ell}{4n\sqrt{2}}) e_t \mid k, \ell \in \mathbb{Z},\ |k| \leq 1 + 4\sqrt{2n^3},\ |\ell| \leq 1 + 4\sqrt{2n^3} \}$.
Montrer que $\operatorname{card} \mathscr{E} \leq (3 + 8\sqrt{2n^3})^{2n^2}$.

6.2) Soit $\mathscr{C} := \{ z_1 e_1 + z_2 e_2 + \ldots + z_{n^2} e_{n^2} \mid z_t \in \mathbb{C}, |z_t| \leq \frac{1}{4n} \}$. Montrer que $U_n(\mathbb{C}) \subset \bigcup_{m \in \mathscr{E}} m + \mathscr{C}$.

6.3) Si $G' \cap (m + \mathscr{C}) \neq \emptyset$, on choisit un élément noté $R_m \in G' \cap (m + \mathscr{C})$ et soit $\mathscr{R}$ l'ensemble des R_m i.e. $\mathscr{R} := \{ R_m \mid m \in \mathscr{E}$ et $G' \cap (m + \mathscr{C}) \neq \emptyset \}$. Soit $A \in G'$, montrer qu'il existe $m \in \mathscr{E}$ tel que $\| A - R_m \| < \frac{1}{2}$, donc que $A \in R_m H$. En déduire que $[G' : H] \leq \operatorname{card} \mathscr{E} \leq (3 + 8\sqrt{2n^3})^{2n^2}$.

7) En déduire le résultat avec $f(n) := (3 + 8\sqrt{2n^3})^{2n^2}$.

Exercice 5.35. *les matrices de* **Householder** *et la décomposition* QR

Soient $A \in M_n(\mathbb{C})$ (resp. $M_n(\mathbb{R})$) *, alors il existe* $Q \in U_n(\mathbb{C})$ (resp. $O_n(\mathbb{R})$), $R \in M_n(\mathbb{C})$ (resp. $M_n(\mathbb{R})$) *une matrice triangulaire supérieure dont les éléments diagonaux sont des nombres réels positifs ou nuls. De plus* $A \in G\ell_n(\mathbb{C})$ (resp. $G\ell_n(\mathbb{R})$) *les matrices* Q *et* R *sont uniques.*

1) (*les matrices de* Householder) Soient $X \in M_{n,1}(\mathbb{C}) - \{0\}$ (que l'on identifie aussi à $\mathbb{C}^n$), $H_n(X) := I_n - 2(X\,{}^t\overline{X})({}^t\overline{X}X)^{-1} \in M_n(\mathbb{C})$; c'est la matrice de **Householder** associée à X. Montrer que $H_n(X)$ est une matrice unitaire et hermitienne, donc que $H_n(X)$ est une involution unitaire.

2) Soient $X = \begin{bmatrix} x_1 \\ x_2 \\ \vdots \\ x_n \end{bmatrix} \in \mathbb{C}^n$ avec $(x_2, x_3, \ldots, x_n) \neq (0, 0, \ldots, 0)$, $(\varepsilon_1, \varepsilon_2, \ldots, \varepsilon_n)$ la base canonique de $\mathbb{C}^n$, $x_1 = |x_1| e^{i\alpha}$, $\|X\| := ({}^t\overline{X}X)^{\frac{1}{2}}$. Montrer que
$H_n(X + \|X\| e^{i\alpha} \varepsilon_1) X = -\|X\| \varepsilon_1$, $H_n(X - \|X\| e^{i\alpha} \varepsilon_1) X = -\|X\| \varepsilon_1$.

3) Soient $X = \begin{bmatrix} 0 \\ \vdots \\ 0 \\ x_{k+1} \\ \vdots \\ x_n \end{bmatrix} \in \mathbb{C}^n$, $Y = X = \begin{bmatrix} x_{k+1} \\ x_{k+2} \\ \vdots \\ x_n \end{bmatrix} \in \mathbb{C}^{n-k}$, montrer que

$H_n(X) = \begin{bmatrix} I_k & 0 \\ 0 & H_{n-k}(Y) \end{bmatrix}$.

4) Soient $\mathcal{H}=\{H_n(X)\,|\,X\in\mathbb{C}^n-\{0\}\}\cup\{I_n\}$, $A\in M_n(\mathbb{C})$, $1\le k\le n$. Montrer qu'il existe $V_k, V_{k-1},\dots,V_1\in\mathcal{H}$ tels que $V_kV_{k-1}\dots V_1A=\begin{bmatrix} U & V \\ 0 & W\end{bmatrix}$, où $U\in M_k(\mathbb{C})$ est triangulaire supérieure, $W\in M_{n-k}(\mathbb{C})$ et $V\in M_{k,n-k}(\mathbb{C})$ (utiliser 2) et 3)) .

5) Montrer qu'il existe $V_n, V_{n-1},\dots,V_1\in\mathcal{H}$, D une matrice diagonale dont les éléments diagonaux sont de la forme $(e^{i\theta_1},e^{i\theta_2},\dots,e^{i\theta_n})$, R une matrice trianglulaire supérieure à coefficients diagonaux réels positifs ou nuls tels que $A=V_nV_{n-1}\dots V_1DR$.

6) (*la décomposition* QR) Soient $A\in M_n(\mathbb{C})$ (resp. $G\ell_n(\mathbb{C})$) montrer qu'il existe $Q\in U_n(\mathbb{C})$ et R une matrice triangulaire supérieure à coefficients diagonaux réels positifs ou nuls (resp. positifs) tels que $A=QR$; montrer que Q et R sont uniques (utiliser 4)) .

7) **Remarques** La décomposition QR n'est autre chose qu'une conséquence de l'orthonormalisation de **Schmidt** (5.1.). Ici, l'utilisation des matrices de **Householder** donne un procédé pour construire Q et R .

Exercice 5.36. *une caractérisation des endomorphismes hermitiens, anti-hermitiens, des automorphismes unitaires, des endomorphismes normaux.*

Soient $(E,(.\,|\,.))$ *un espace vectoriel hermitien,* $u:E\to E$ *une application ensembliste. Alors on a les propriétés équivalentes suivantes.*

i) L'application u *est un endomorphisme hermitien* (resp. *un endomorphisme anti-hermitien,* resp. *un automorphisme unitaire,* resp. *un endomorphisme normal)* ,

ii) on a $(u(x)\,|\,y)=(x\,|\,u(y))$ (resp. $(u(x)\,|\,y)=-(x\,|\,u(y))$, resp. $(u(x)\,|\,u(y))=(x\,|\,y)$, resp. il existe $P(X)\in\mathbb{C}[X]$ tel que $(u(x)\,|\,y)=(x\,|\,P(u)(y))$) *pour tout* $x,y\in E$.

1) Montrer *i)* implique *ii)*

2) On suppose que $(u(x)\,|\,y)=(x\,|\,u(y))$ pour tout $x,y\in E$. Montrer que $(u(x+x')-u(x)-u(x')\,|\,y)=0$ et que $(u(\lambda x)-\lambda u(x)\,|\,y)=0$. Conclure que u est linéaire et donc que u est un endomorphisme hermitien.

3) On suppose que $(u(x)\,|\,y)=-(x\,|\,u(y))$ pour tout $x,y\in E$. Conclure par la même méthode que 2) que u est un endomorphisme anti-hermitien.

4) On suppose que $(u(x)\,|\,(u(y))=(x\,|\,y)$ pour tout $u,y\in E$. Soit $(e_i)_{1\le i\le n}$ une base orthonormale de E , en déduire que $(u(e_i))_{1\le i\le n}$ est une base orthonormale de E . Montrer que $(u(x+x')-u(x)-u(x')\,|\,u(e_i))=0$ pour $1\le i\le n$ et que $(u(\lambda x)-\lambda u(x)\,|\,u(e_i))=0$ pour $1\le i\le n$. Conclure que u est un automorphisme unitaire.

5) Soit $P(X)\in\mathbb{C}[X]$, on suppose que $(u(x)(y)=(x\,|\,P(u)(y))$ pour tout $x,y\in E$. Montrer que u est linéaire, que u est un endomorphisme normal.

Exercice 5.37. *homomorphismes de groupes unitaires*

Soient E,F *deux espaces vectoriels hermitiens,* $\rho: U(E) \to U(F)$ (resp. $\rho: SU(E) \to U(F)$) *un homomorphisme de groupe.*

1. *Soient* E,F *deux espaces vectoriels hermitiens,* $\rho: U(E) \to U(F)$ (resp. $\rho: SU(E) \to U(F)$) *un homomorphisme de groupe. Alors on a* $\ker\rho = L\,\mathbb{1}_E$ *ou* $\ker\rho = L\,SU(E)$ (resp. $\ker\rho = L\,\mathbb{1}_E$ *ou* $\ker\rho = SU(E)$) *où* L *est un sous-groupe de* $\mathbb{T} := \{z \in \mathbb{C} \mid |z| = 1\}$ (resp. L *est un sous-groupe de* $\mathbb{U}_n := \{\xi \in \mathbb{C} \mid \xi^n = 1\}$ *, avec* $n = \dim E$ *).*

2. *Soient* E,F *deux espaces vectoriels hermitiens,* $\rho: U(E) \to U(F)$ (resp. $\rho: SU(E) \to U(F)$) *un homomorphisme de groupe. On suppose que* $\ker\rho \subset \mathbb{T}\,\mathbb{1}_E$ (resp. $\ker\rho \subset \mathbb{U}_n\,\mathbb{1}_E$ *).*

2.1. *Alors, on a* $\rho^{-1}(\mathbb{T}\,\mathbb{1}_F) \subset \mathbb{T}\,\mathbb{1}_E$ (resp. $\rho^{-1}(\mathbb{T}\,\mathbb{1}_F) \subset \mathbb{U}_n\,\mathbb{1}_E$ *).*

2.2. *Alors, on a* $\dim F \geq \dim E$.

3. *Soient* E *un espace vectoriel hermitien,* L *un sous-groupe de* $\mathbb{T}$ *avec* $\mathbb{U}_n \subset L$ *. Alors les propriétés suivantes sont équivalentes.*

i) Il existe un espace vectoriel hermitien E' , $\rho: U(E) \to U(E')$ *un homomorphisme avec* $\ker\rho = L\,SU(E)$,

ii) il existe des sous-groupes $L_1, L_2, \dots, L_k$ *de* $\mathbb{T}$ *avec* $L = L_1 \cap L_2 \cap \dots \cap L_k$ *; et les* L_i *satisfont la condition ci-après. Soit* $\Lambda: \mathbb{R} \to \mathbb{T}$ *défini par* $\Lambda(t) := e^{i2\pi t}$ *, alors pour tout* $m \geq 1$ *, le groupe* $\dfrac{\Lambda(\frac{1}{m}\Lambda^{-1}(L_i))}{L_i}$ *est cyclique.*

Si ces conditions sont réalisées, on peut choisir $\dim E' = k$.

1) Montrer 1. en utilisant D.3.8.1. .

2) Soit $\rho: U(E) \to U(F)$ (resp. $\rho: SU(E) \to U(F)$) avec $\ker\rho \subset \mathbb{T}\,\mathbb{1}_E$ (resp. $\ker\rho \subset \mathbb{U}_n\,\mathbb{1}_E$).

2.1) Soit $u \in U(E)$ (resp. $u \in SU(E)$) tel que $\rho(u) = \lambda\,\mathbb{1}_F$, $\lambda \in \mathbb{T}$.

2.1.1) Soit $v \in U(E)$ (resp. $v \in SU(E)$) , montrer qu'il existe $\mu_v \in \mathbb{T}$ tel que $\mu_v\,\mathbb{1}_E \in \ker\rho$, avec $v u v^{-1} = \mu_v v$.

2.1.2) Soient $n := \dim E$, $D_1, D_2, \dots, D_n$ une famille de droites avec $D_i \perp D_j$ pour $i \neq j$, montrer que $u(\{D_1, D_2, \dots, D_n\}) = \{D_1, D_2, \dots, D_n\}$ (soient e_i tel que $D_i = \mathbb{C}e_i$, $\|e_i\| = 1$, $v \in SU(E)$ tel que $v(e_i) = \xi_i e_i$ avec $\xi_1 \xi_2 \dots \xi_n = 1$ et $\xi_i \neq \xi_j$ pour $i \neq j$; considérer $v u v^{-1} = \mu_v v$).

2.1.3) Supposons $n \geq 3$, montrer que $u(D) = D$ pour toute droite D (considérer $(D_1, D_2, \dots, D_n)$ une famille de droites orthogonales, et $(D_1, \Delta_2, \dots, \Delta_n)$ une famille de droites orthogonales avec $\{D_2, D_3, \dots, D_n\} \cap (\Delta_2, \Delta_3, \dots, \Delta_n) = \emptyset$, déduire de 2.1.2) que $u(D_1) = D_1$). Conclure que $u = \mu\,\mathbb{1}_E$.

2.1.4) Supposons $n = 2$. S'il existe trois droites distinctes D_1, D_2, D_3 avec $u(D_i) = D_i$, conclure que $u = \mu\,\mathbb{1}_E$. Sinon on suppose qu'il existe $D_1 \perp D_2$ avec $u(D) \perp D$ pour toute

droite $D \neq D_1, D_2$. Montrer que ce cas est impossible. Conclure que $u = \mu \mathbb{1}_E$.
2.2) Soient E, F deux espaces vectoriels hermitiens, $\rho : U(E) \to U(F)$, $n := \dim E$, $m := \dim F$.
2.2.1) Soient $(e_1, e_2, \dots, e_n)$ une base orthonormale de E , $G := \{ u \in U(E) \mid u(e_i) = \pm e_i$, pour $1 \leq i \leq n \}$. Montrer que G est un groupe commutatif d'exposant 2 avec $o(G) = 2^n$.
2.2.2) Montrer qu'il existe une base orthonormale $(f_1, f_2, \dots, f_m)$ de F avec $\rho(G) \subset H := \{ v \in U(F) \mid v(f_i) = \pm f_i$, pour $1 \leq i \leq m \}$ (utiliser D.5.28.). Montrer que H est un groupe commutatif d'exposant 2 avec $o(H) = 2^m$.
2.2.3) Montrer que $\rho : U(E) \to U(F)$ induit un homomorphisme $\bar{\rho} : G \to H$. Montrer que $\ker \bar{\rho} = \{ \mathbb{1}_E \}$ ou $\ker \bar{\rho} = \{ \pm \mathbb{1}_E \}$.
2.2.4) On suppose que $\ker \bar{\rho} = \{ \mathbb{1}_E \}$, en déduire que $m \geq n$.
2.2.5) On suppose que $\ker \bar{\rho} = \{ \pm \mathbb{1}_E \}$. Il s'agit de montrer que $- \mathbb{1}_F \notin \rho(G)$. Supposons le contraire, i.e. il existe $u \in G$ tel que $\rho(u) = - \mathbb{1}_F$, en utilisant 2.1. , montrer que $u = \mu \mathbb{1}_E$, avec $\mu = \pm 1$. Conclure à une impossibilité.
2.2.6) On suppose toujours que $\ker \bar{\rho} = \{ \pm \mathbb{1}_E \}$. Déduire de 2.2.5) que $o(\rho(G)) \leq 2^{m-1}$. Conclure que $m \geq n$.
2.3) Soient E, F deux espaces vectoriels hermitiens, $\rho : SU(E) \to U(F)$, $n := \dim E$, $m := \dim F$.
2.3.1) Soient p un nombre premier, $p \nmid n$ et $\mathbb{U}_p := \{ \xi \in \mathbb{C} \mid \xi^p = 1 \}$. Soient $(e_1, e_2, \dots, e_n)$ une base orthonormale de E , $G := \{ u \in SU(E) \mid u(e_i) = \xi e_i$, $\xi \in \mathbb{U}_p$, pour $1 \leq i \leq m \}$. Montrer que G est un groupe commutatif d'exposant p avec $o(G) = p^{n-1}$.
2.3.2) Montrer qu'il existe une base orthonormale $(f_1, f_2, \dots, f_m)$ de F avec $\rho(G) \subset H := \{ v \in U(F) \mid v(f_i) = \xi f_i$, $\xi \in \mathbb{U}_p$, pour $1 \leq i \leq m \}$ (utiliser D.5.28.). Montrer que H est un groupe commutatif d'exposant p avec $o(H) = p^m$.
2.2.3) Montrer que $\rho : SU(E) \to U(F)$ induit un homomorphisme injectif $\bar{\rho} : G \to H$.
2.3.4) Soit $\xi \in \mathbb{U}_p$, $\xi \neq 1$, il s'agit de montrer que $\xi \mathbb{1}_F \notin \rho(G)$. Supposons le contraire, i.e. il existe $u \in G$ tel que $\rho(u) = \xi \mathbb{1}_F$, en utilisant 2.1. , montrer que $u = \mu \mathbb{1}_E$, avec $\mu^p = 1$. Conclure à une impossibilité.
2.3.5) En conclure que $m \geq n$.
3) Soient E un espace vectoriel hermitien, L un sous-groupe de $\mathbb{T}$ avec $\mathbb{U}_n \subset L$.
3.1) Soit $\rho : U(E) \to U(E')$ avec $\ker \rho = L \mathbb{1}_E$. Montrer que ρ induit un homomorphisme injectif $\bar{\rho} : \frac{\mathbb{T}}{L} \to U(E')$.
3.2) Montrer qu'il existe une base orthonormale $(f_1, f_2, \dots, f_m)$ de E' avec $\bar{\rho}(\frac{\mathbb{T}}{L}) \subset H := \{ v \in U(E') \mid v(f_i) = \xi f_i$, $\xi \in \mathbb{T}$, pour $1 \leq i \leq m \}$ (utiliser D.5.28.). Conclure que *i)* implique *ii)* , en utilisant C.10.86. 14. .
3.3) Montrer de même que *ii)* implique *i)* , en utilisant C.10.86. 14. .

Exercice 5.38. *automorphismes de $U_n(\mathbb{C})$, $SU_n(\mathbb{C})$*

1. *Soient* $n\geq 3$, $\rho : U_n(\mathbb{C})\to U_n(\mathbb{C})$ *un automorphisme. Alors il existe un homomorphisme* $\chi : U_n(\mathbb{C})\to \mathbb{T} I_n$, *et il existe* $S\in SU_n(\mathbb{C})$ *tels que pour tout* $A\in U_n(\mathbb{C})$, *on ait* $\rho(A)=\chi(A)SAS^{-1}$, *ou pour tout* $A\in U_n(\mathbb{C})$, *on ait* $\rho(A)=\chi(A)S\bar{A}S^{-1}$ *; de plus* $\lambda I_n \longmapsto \chi(\lambda I_n)\lambda I_n$ *induit un automorphisme de* $\mathbb{T}$.

Réciproquement, soient $\chi : U_n(\mathbb{C})\to \mathbb{T} I_n$ *un homomorphisme, tel que* $\lambda I_n \longmapsto \chi(\lambda I_n)\lambda I_n$ *induise un automorphisme de* $\mathbb{T}$, *et* $S\in SU_n(\mathbb{C})$, *alors* ρ_1 (resp. ρ_2 *) défini par* $\rho_1(A)=\chi(A)SAS^{-1}$ (resp. $\rho_2(A)=\chi(A)S\bar{A}S^{-1}$ *) est un automorphisme de* $U_n(\mathbb{C})$.

2. *Soient* $n\geq 3$, $\rho : SU_n(\mathbb{C})\to SU_n(\mathbb{C})$ *un automorphisme. Alors il existe* $S\in SU_n(\mathbb{C})$ *tels que pour tout* $A\in SU_n(\mathbb{C})$, *on ait* $\rho(A)=SAS^{-1}$, *ou pour tout* $A\in SU_n(\mathbb{C})$, *on ait* $\rho(A)=S\bar{A}S^{-1}$.

Réciproquement, soit $S\in SU_n(\mathbb{C})$, *alors* ρ_1 (resp. ρ_2 *) défini par* $\rho_1(A)=SAS^{-1}$, (resp. $\rho_2(A)=S\bar{A}S^{-1}$ *) est un automorphisme de* $SU_n(\mathbb{C})$.

4. *Soient* $n\geq 3$, $\rho : U_n(\mathbb{C})\to U_n(\mathbb{C})$ *un automorphisme continu. Alors il existe* $S\in SU_n(\mathbb{C})$ *tels que pour tout* $A\in U_n(\mathbb{C})$, *on ait* $\rho(A)=SAS^{-1}$, *ou pour tout* $A\in U_n(\mathbb{C})$, *on ait* $\rho(A)=S\bar{A}S^{-1}$.

Réciproquement, soit $S\in SU_n(\mathbb{C})$, *alors* ρ_1 (resp. ρ_2 *) défini par* $\rho_1(A)=SAS^{-1}$ (resp. $\rho_2(A)=S\bar{A}S^{-1}$ *) est un automorphisme continu de* $U_n(\mathbb{C})$.

5. *Soient* $n\geq 3$, $\rho : SU_n(\mathbb{C})\to SU_n(\mathbb{C})$ *un automorphisme continu. Alors il existe* $S\in SU_n(\mathbb{C})$ *tels que pour tout* $A\in SU_n(\mathbb{C})$, *on ait* $\rho(A)=SAS^{-1}$, *ou pour tout* $A\in SU_n(\mathbb{C})$, *on ait* $\rho(A)=S\bar{A}S^{-1}$.

Réciproquement, soit $S\in SU_n(\mathbb{C})$, *alors* ρ_1 (resp. ρ_2 *) défini par* $\rho_1(A)=SAS^{-1}$, (resp. $\rho_2(A)=S\bar{A}S^{-1}$ *) est un automorphisme continu de* $SU_n(\mathbb{C})$.

1) *Soient* E *un espace hermitien de dimension* n , $\mathscr{B}:=(e_1,e_2,\dots,e_n)$ *une base orthonormale,* $G(\mathscr{B})$ *le groupe des involutions* t_S *où* $S\subset\{1,2,\dots,n\}$ *avec* $t_S(x)=-x$ *pour* $x\in \bigoplus_{i\in S}\mathbb{R}e_i$ et $t_S(x)=x$ *pour* $x\in \bigoplus_{i\notin S}\mathbb{R}e_i$. *Soit* $\rho : U(E)\to U(E)$, *un automorphisme. Alors il existe une base orthonormale* $\mathscr{C}:=(f_1,f_2,\dots,f_n)$ *telle que* $\rho(G(\mathscr{B}))=G(\mathscr{C})$.

1.1) Montrer que le groupe $G(\mathscr{B})$ est commutatif d'ordre 2^n .

1.2) Soit $\rho : U(E)\to U(E)$ un automorphisme. Remarquer que $\rho(G(\mathscr{B}))$ est un groupe commutatif constitué d'éléments unitairement simultanément diagonalisables (utiliser D.5.28.) ; en déduire qu'il existe une base orthonormale $\mathscr{C}:=(f_1,f_2,\dots,f_n)$ telle que $\rho(G(\mathscr{B}))=G(\mathscr{C})$.

2) *Soient* $n=\dim E$, $\rho : U(E)\to U(E)$ *un automorphisme,* $0\leq\alpha\leq n$, *alors on a soit, pour tout* S *avec* $\operatorname{card} S=\alpha$, $\rho(t_S)=t'_{S'}$ *avec* $\operatorname{card} S'=\alpha$ *; soit pour tout* S *avec* $\operatorname{card} S=\alpha$, $\rho(t_S)=t'_{S'}$ *avec* $\operatorname{card} S'=n-\alpha$ *(ici* $t'_{S'}$, *est l'involution définie par* $t'_{S'}(y)=-y$ *pour* $y\in \bigoplus_{i\in S'}\mathbb{R}f_i$ *et* $t'_{S'}(y)=y$ *pour* $y\in \bigoplus_{i\notin S'}\mathbb{R}f_i$) .

En particulier, si $\dim E = n = 2p+1$ *, alors pour toute droite* D *,* $\rho(\sigma_D)$ *est une symétrie orthogonale de droite* D' *. Si* $\dim E = n = 2p$ *, alors soit pour toute droite* D *,* $\rho(\sigma_D)$ *est une symétrie orthogonale* $\sigma_{D'}$ *de droite* D'*; soit pour toute droite* D *,* $\rho(\sigma_D) = -\sigma_{D'}$ *, où* $\sigma_{D'}$ *est une symétrie orthogonale de droite* D' *.*

2.1) Soit $\mathfrak{S}(\mathcal{B}) := \{u \in U(E) \mid$ il existe $\sigma \in \mathfrak{S}_n$ avec $u(\mathbb{C}e_i) = \mathbb{C}e_{\sigma(i)}$ pour $1 \le i \le n\}$. Montrer que $G(\mathcal{B})$ est un sous-groupe distingué de $\mathfrak{S}(\mathcal{B})$ et que $o(\mathfrak{S}(\mathcal{B})) = 2^n n!$. En déduire que $\mathfrak{S}(\mathcal{B})$ agit par conjugaison sur $G(\mathcal{B})$.

Soit $H := \{u \in O(E) \mid u\,G(\mathcal{B})\,u^{-1} = G(\mathcal{B})\}$, montrer que $H = G(\mathcal{B})$ (soit $S = \{i\}$, sachant $u t_S u^{-1} = t_{S'}$ et que $u t_S u^{-1}$ est l'involution définie par $u t_S u^{-1}(y) = -y$ pour $y \in u(\mathbb{C}e_i)$ et $u t_S u^{-1}(y) = y$ pour $y \in u(\mathbb{C}e_i)^{\perp}$, conclure que $S' = \{i'\}$ avec $u(\mathbb{C}e_i) = \mathbb{C}e_{i'}$).

Soit toujours $\rho : U(E) \to U(E)$ un automorphisme, conclure que $\rho(\mathfrak{S}(\mathcal{B})) = \mathfrak{S}(\mathcal{C})$.

2.2) Soit $S \subset \{1, 2, \dots, n\}$ avec $\alpha = \operatorname{card} S$, montrer que pour $s \in \mathfrak{S}(\mathcal{B})$, on a $s t_S s^{-1} = t_{S'}$ et que $\operatorname{card} S' = \alpha$; réciproquement soit $S'' \subset \{1, 2, \dots, n\}$ avec $\alpha = \operatorname{card} S''$, montrer qu'il existe $s' \in \mathfrak{S}(\mathcal{B})$ tel que $s' t_S s'^{-1} = t_{S''}$.

2.3) Soit $S \subset \{1, 2, \dots, n\}$ montrer que
$G(\mathcal{B}) * t_S := \{s t_S s^{-1} \mid s \in \mathfrak{S}(\mathcal{B})\} = \{t_{S'} \mid \operatorname{card} S' = \alpha\}$ et que $\operatorname{card} G(\mathcal{B}) * t_S = \binom{n}{\alpha}$.

2.4) Soient S' tel que $\rho(t_S) = t_{S'}$, $\bar{\rho}(\alpha) := \operatorname{card} S'$. Montrer que $\binom{n}{\alpha} = \binom{n}{\bar{\rho}(\alpha)}$

2.5) Conclure que 2) est satisfait.

3) Soient $n \ge 3$, $\rho : U_n(\mathbb{C}) \to U_n(\mathbb{C})$ un automorphisme.

3.1) Déduire de 2) qu'il existe une application bijective $\bar{\rho} : \mathbb{P}(\mathbb{C}^n) \to \mathbb{P}(\mathbb{C}^n)$ telle que $\bar{\rho}(\mathbb{C}a) = \mathbb{C}a'$ avec $\rho(\sigma_a) = \sigma_{a'}$ (resp. $\rho(\sigma_a) = -\sigma_{a'}$), où $\mathbb{P}(\mathbb{C}^n)$ désigne l'ensemble des droites de $\mathbb{C}^n$.

3.2) Soient D, D' deux droites avec $D \ne D'$, montrer que D est orthogonal D' si et seulement si $\sigma_D \sigma_{D'} = \sigma_{D'} \sigma_D$. En conclure que $\bar{\rho}$ conserve l'orthogonalité. Soient D_1, D_2, D_3 trois droites coplanaires, montrer que $\bar{\rho}(D_1)$, $\bar{\rho}(D_2)$ et $\bar{\rho}(D_3)$ sont coplanaires (déterminer $\bar{\rho}((D_1, D_2)^{\perp})$).

3.3) Déduire du théorème fondamental de la géométrie projective (***Fk***, p. 262, ***Di***, p. 72) qu'il existe un semi-automorphisme g de $\mathbb{C}^n$ tel que $g(D) = \bar{\rho}(D)$ pour toute droite D.

3.4) On a donc $g(x+y) = g(x) + g(y)$ pour tout $x, y \in \mathbb{C}^n$, $g(\lambda x) = \sigma(\lambda) g(x)$ pour tout $\lambda \in \mathbb{C}$, $x \in \mathbb{C}^n$, où σ est un automorphisme du corps $\mathbb{C}$; en plus, on a $(x \mid y) = 0$ implique $(g(x) \mid g(y)) = 0$. Il s'agit de montrer que $\sigma = 1_{\mathbb{C}}$ ou que σ est la conjugaison complexe.

Soit (e_1, e_2) une famille orthonormale, $f_i := g(e_i)$ pour $i = 1, 2$. Montrer que $\|f_1\| = \|f_2\|$ (utiliser $(e_1 + e_2 \mid e_1 - e_2) = 0$). Montrer que $\sigma(\bar{\lambda}) = \overline{\sigma(\lambda)}$ (utiliser $(\lambda e_1 + e_2 \mid e_1 - \bar{\lambda} e_2) = 0$). En déduire que $\sigma(\mathbb{R}) = \mathbb{R}$ et donc que $\sigma(x) = x$ pour tout $x \in \mathbb{R}$ (***Fr2***, F.3.8.14.). Conclure.

3.5) Soient $E := \mathbb{C}^n$, $U(E) = U_n(\mathbb{C})$. On suppose que pour toute droite D, il existe une droite D' avec $\rho(\sigma_D)=\sigma_{D'}$. Soit ψ l'automorphisme de $U(E)$ défini par $\psi(u):=gug^{-1}$ où g est défini en 4.4). Montrer que pour toute droite D , on a $\psi^{-1}\rho(\sigma_D)=\sigma_D$. Montrer que pour tout $v\in U(E)$, on a $v^{-1}\psi^{-1}\rho(v)(D)=D$ pour toute droite D de E (remarquer que $\psi^{-1}\rho(v\sigma_D v^{-1})=v\sigma_D v^{-1}$). En déduire que $v^{-1}\psi^{-1}\rho(v)$ est une homothétie, et donc que $v^{-1}\psi^{-1}\rho(v):=\chi(v)\,1\!\!1_E$; montrer que χ est un homomorphisme et que $\lambda I_n\longmapsto\chi(\lambda I_n)\lambda I_n$ induit un automorphisme de $\mathbb{T}$. Conclure que $\rho(v):=\chi(v)\,gvg^{-1}$.

3.6) Soient $E:=\mathbb{C}^n$, $U(E)=U_n(\mathbb{C})$. On suppose que pour toute droite D , il existe une droite D' avec $\rho(\sigma_D)=-\sigma_{D'}$ (ce cas existe seulement pour $n=2p$). Alors il existe un homomorphisme $\chi:U_n(\mathbb{C})\to\mathbb{T}I_n$ tel que $\lambda I_n\mapsto\chi(\lambda I_n)\lambda I_n$ induise un automorphisme de $\mathbb{T}$ et en plus que pour toute droite D , $\chi(\sigma_D)=-I_n$ (soit L le sous-groupe de $\mathbb{T}$ des éléments d'ordre 2^α où α parcourt $\mathbb{N}$, en utilisant 6), décomposer $\mathbb{T}$ sous la forme $\mathbb{T}=L\oplus M$, considérer $s(\ell m):=\ell$, $\ell\in L$, $m\in M$; remarquer que $\chi(u):=s(\text{dét}\,u)I_n$ convient). Soit ψ l'automorphisme de $U(E)$ défini par $\psi(u):=\chi(u)gug^{-1}$ où g est défini en 4.4). Montrer que pour toute droite D , on a $\psi^{-1}\rho(\sigma_D)=\sigma_D$. Montrer que pour tout $v\in U(E)$, on a $v^{-1}\psi^{-1}\rho(v)(D)=D$, pour toute droite D de E (remarquer que $\psi^{-1}\rho(v\sigma_D v^{-1})=v\sigma_D v^{-1}$). En déduire que $v^{-1}\psi^{-1}\rho(v)$ est une homothétie, et donc que $v^{-1}\psi^{-1}\rho(v):=\chi'(v)\,1\!\!1_E$; montrer que χ' est un homomorphisme et que $\lambda I_n\mapsto\chi'(\lambda I_n)\lambda I_n$ induit un automorphisme de $\mathbb{T}$. Conclure que $\rho(v):=\chi(\chi'(v)v)\,\chi'(v)gvg^{-1}$; montrer que $v\mapsto\chi(\chi'(v)v)\,\chi'(v)$ est un homomorphisme de $U(E)$ dans $\mathbb{T}I_n$ tel que $\lambda I_n\mapsto\chi(\chi'(\lambda I_n)\lambda I_n)\,\chi'(\lambda I_n)\,\lambda I_n$ induise un automorphisme de $\mathbb{T}$.

3.7) Déduire 1. de 3.5) et 3.6) (il suffit de remarquer que l'application semi-linéaire g de $\mathbb{C}^n$ dans $\mathbb{C}^n$ est de la forme $X\mapsto\overline{\mu SX}$, avec $S\in SU_n(\mathbb{C})$ et que l'application semi-linéaire g^{-1} de $\mathbb{C}^n$ dans $\mathbb{C}^n$ est de la forme $X\mapsto\mu^{-1}S^{-1}\overline{X}$).

5) Soient $n\geq 3$, $\rho:SU_n(\mathbb{C})\to SU_n(\mathbb{C})$ un automorphisme.

5.1) Montrer que ρ induit un automomorphisme s de $\mathbb{U}_n$.

5.2) Montrer que s se prolonge en un automorphisme $\tilde{s}$ de $\mathbb{T}$ (soient $p_1,p_2,\dots,p_r$ les diviseurs premiers de n , L le sous-groupe de $\mathbb{T}$ des éléments d'ordre $p_1^{\alpha_1}p_2^{\alpha_2}\dots p_r^{\alpha_r}$ où $(\alpha_1,\alpha_2,\dots,\alpha_r)$ parcourt $\mathbb{N}^r$, en utilisant 6), décomposer $\mathbb{T}$ sous la forme $\mathbb{T}=L\oplus M$, remarquer qu'il existe un entier $d\geq 1$ avec $s(\lambda)=\lambda^d$ pour tout $\lambda\in\mathbb{U}_n$, que $1=\text{pgcd}(d,n)$; considérer $\tilde{s}(\ell m):=\ell^d m$, $\ell\in L$, $m\in M$).

5.3) Déduire de 5.2) que ρ admet un prolongement en un automorphisme $\tilde{\rho}$ de $U_n(\mathbb{C})$. En déduire que 2. est satisfait en utilisant 1. et en remarquant que tout homomorphisme $\chi:SU_n(\mathbb{C})\to\mathbb{T}I_n$ est tel que $\chi(A)=I_n$ pour tout $A\in SU_n(\mathbb{C})$ (utilsier 3.8.0.).

6) *Soient* $p_1, p_2, \dots, p_r$ *des nombres premiers, L le sous-groupe de* $\mathbb{T}$ *des éléments d'ordre* $p_1^{\alpha_1} p_2^{\alpha_2} \dots p_r^{\alpha_r}$ *où* $(\alpha_1, \alpha_2, \dots, \alpha_r)$ *parcourt* $\mathbb{N}^r$ *, alors il existe un sous-groupe M de* $\mathbb{T}$ *avec* $\mathbb{T} = L \oplus M$ *.*

Soit $s : \mathbb{R} \to \mathbb{T}$ l'homomorphisme surjectif défini par $s(x) := e^{i2\pi x}$ de noyau $\mathbb{Z}$. Le $\mathbb{Q}$-espace vectoriel $\mathbb{R}$ se décompose sous la forme $\mathbb{Q}1 \oplus V$ où V est un sous-$\mathbb{Q}$-espace vectoriel de $\mathbb{R}$ (*Fr1*, 1.0.3.4.). Soient A le sous-groupe de $\mathbb{Q}$ des fractions dont le dénominateur est de la forme $p_1^{\alpha_1} p_2^{\alpha_2} \dots p_r^{\alpha_r}$, B le sous-groupe de $\mathbb{Q}$ des fractions dont le dénominateur n'est pas divisible par p_i pour $1 \le i \le r$. Montrer que $\mathbb{Q} = A \oplus B$ et que $\mathbb{T} = s(A) \oplus s(B \oplus V)$; conclure que 6) est satisfait .

7) Soit $\rho : U_n(\mathbb{C}) \to U_n(\mathbb{C})$ un automorphisme continu. Déduire de 1. que χ induit un endomorphisme continu s de $\mathbb{T}$ par $\lambda \longmapsto \chi(\lambda I_n) = s(\lambda) I_n$. Montrer que $s(\lambda) = 1$ si $\lambda \in \mathbb{U}_n$ (utiliser 3.8.0.) et qu'il existe $d \in \mathbb{Z}$ tel que $s(\lambda) = \lambda^d$ (utiliser C.4.4.3.3.). Conclure que $n \mid d$. Sachant que $\lambda \longmapsto s(\lambda)\lambda$ est un automorphisme de $\mathbb{T}_{\mathbb{C}}$, conclure que $d = 0$; en déduire que 3. est satisfait.

8) Montrer que 4. est satisfait.

Exercice 5.39. *décomposition en sous-groupes irréductibles de* $G\ell_n(\mathbb{C})$ *et formes hermitiennes définies positives*

Soient V *un* $\mathbb{C}$*-espace vectoriel de dimension finie,* Φ *une forme hermitienne définie positive sur* V *,* G *un sous-groupe de* $U(\Phi)$ *. Alors il existe une décomposition de* V *en sous-espaces vectoriels,* $V = V_1 \oplus V_2 \oplus \dots \oplus V_r$ *, avec les propriétés qui suivent. Chaque* V_i *est stable par les éléments de* G *et si* G_i *désigne le sous-groupe de* $G\ell(V_i)$ *constitué des endomorphismes de* V_i *induits par les éléments de* G *, alors* G_i *est un sous-groupe irréductible de* $G\ell(V_i)$ *. En plus la décomposition* $V = V_1 \oplus V_2 \oplus \dots \oplus V_r$ *est unique à l'ordre près et on a* $V = V_1 \overset{\perp}{\oplus} V_2 \overset{\perp}{\oplus} \dots \overset{\perp}{\oplus} V_r$ (on dit que G est irréductible si les seuls sous-espaces vectoriels de V stables par G sont $\{0\}$ et V , voir aussi *Fr 1*, A.4.7.18. pour la définition de groupe irréductible).

1) On suppose que $W \subset V$ est stable par tout élément $g \in G$, i.e. $g(W) \subset W$. Déduire que $g(W^{\perp}) \subset W^{\perp}$ pour tout $g \in G$, où $W^{\perp}$ est l'orthogonal de W relativement à Φ .

2) Conclure à l'existence, en utilisant 1) et une hypothèse de récurrence sur la dimension.

3) Montrer l'unicité de la décomposition.

Exercice 5.40. *sous-groupes irréductibles de $G\ell_n(\mathbb{C})$ et formes hermitiennes*

Soient V un $\mathbb{C}$-espace vectoriel de dimension finie, Φ une forme hermitienne non nulle sur V, G un sous-groupe irréductible de $G\ell(V)$. On suppose que $\Phi(g(x),g(y))=\Phi(x,y)$ pour tout $x,y\in V$ et pour tout $g\in G$. Alors Φ est non dégénéré. De plus si Φ' est une forme hermitienne sur V telle que $\Phi'(g(x),g(y))=\Phi'(x,y)$ pour tout $x,y\in V$ et pour tout $g\in G$, alors il existe $\lambda\in\mathbb{R}$ tel que $\Phi'=\lambda\Phi$.

Montrer cela en s'inspirant de B.16.3. .

Bibliographie

[*Ar 1*] **Artin E.** *Algèbre géométrique* (Gauthier-Villars 1978)

[*Ar 2*] **Artin M.** *Algebra* (Prentice hall 1991)

[*Be*] **Berger M.** *Géométrie* (Nathan 1990)

[*Bl*] **Blanchard A.** *Les corps non commutatifs* (PUF 1972)

[*Bk 1*] **Bourbaki N.** *Théorie des ensembles* (Hermann 1963)

[*Bk 2*] **Bourbaki N.** *Algèbre ch. 1 à 3* (Masson 1970)

[*Bk 3*] **Bourbaki N.** *Algèbre ch. 4 à 7* (Masson 1981)

[*Bk 4*] **Bourbaki N.** *Algèbre commutative ch. 7* (Hermann 1965)

[*Bk 5*] **Bourbaki N.** *Groupe et algèbre de Lie ch. 1 à 8* (Hermann 1968)

[*B. R.*] **Bouvier A. Richard D.** *Groupes* (Hermann 1974)

[*Bu*] **Burnside W.** *Theory of groups of finite order* (Dover publications 1955)

[*Cal*] **Calais J.** *Eléments de théorie des groupes* (PUF 1984)

[*Ci*] **Ciarlet P.G.** *Introduction à l'analyse numérique matricielle et à l'optimisation* (Masson 1994)

[*C. R.*] **Curtis C. Reiner I.** *Representation theory of finite groups and associative algebras* (John Wiley & sons, inc. 1962)

[*Dh*] **Deheuvels P.** *Formes quadratiques et groupes classiques* (PUF 1981)

[*Di*] **Dieudonné J.** *La géométrie des groupes classiques* (Springer-Verlag 1955)

[*Fk*] **Frenkel J.** *Géométrie pour l'élève professeur* (Hermann 1973)

[*Fr 1*] **Fresnel J.** *Algèbre des matrices* (Hermann 1997)

[*Fr 2*] **Fresnel J.** *Groupes, anneaux* (à paraître)

[*Fr 3*] **Fresnel J.** *Méthodes modernes en géométrie* (Hermann 1996)

[*Fr 4*] **Fresnel J.** *Géométrie algébrique* (Bordeaux 1992)

[*Ga*] **Gantmacher F. R.** *Théorie des matrices* (Dunod 1966, reédité Ed. Gabay 1990)

[*Go 1*] **Goblot R.** *Algèbre linéaire* (Masson 1996)

[*Go 2*] **Goblot R.** *Algèbre commutative* (Masson 1996)

[*Go 3*] **Goblot R.** *Thèmes de géométrie* (Masson 1998)

[*Ha*] **Hall M.** *The theory of groups* (The Macmillan company 1959)

[*Fu, Ha*] **William Fulton, Joe Harris** *Representation theory* (Springer)

[*H. P.*] **Hodge W.V.D. & Pedoe D.** *Methods of algebraic geometry* (Cambridge University Press, 1952.1953.1954)

tourner s.v.p.

[*K.S.*] **Kostrikin A. I. Shafarevich I. R.** *Algebra Encyclopædia ...* (Springer Verlag 1984)

[*La*] **Lang S.** *Algebra* (third edition, Addison-Wesley publishing company 1993)

[*Mar*] **Martinet J.** *Les réseaux parfaits des espaces euclidiens* (Masson 1996)

[*Mn*] **Mneimné R.** *Eléments de géométrie Actions de groupes* (Cassini 1997)

[*Mn.Te*] **Mneimné R. Testard F.** *Groupes de Lie classiques* (Hermann 1986)

[*La. B.*] **Mac Lane S. Birkoff G.** *Algèbre 1, 2* (Gauthier-Villars 1978)

[*Pe*] **Perrin D.** *Cours d'algèbre* (Ellipses, 1996)

[*Se*] **Serre J. - P.** *Cours d'arithmétique* (PUF 1970)

[*Ta*] **Tauvel P.** *Mathématiques générales pour l'Agrégation* (Masson 1992)

[*Ta*] **Tauvel P.** *Algèbre pour l'agrégation interne* (Masson 1996)

[*Wa*] **van der Waerden B. L.** *Algebra* (Frederik Ungar publ. co.1970)

Index des notations

Index des noms

D

E

F

G

G (suite)

H

I

J

L

M

N

O

P

Q

R

S

T

U

V

W

Z

Jean Fresnel

Algèbre des matrices

Cet ouvrage s'adresse aussi bien aux étudiants de premier cycle qu'à ceux de licence ou de maîtrise de mathématiques. C'est un outil de base pour le candidat aux concours du CAPES ou de l'agrégation.

Espace vectoriel, rang, système linéaire sont présentés sous forme théorique aussi bien qu'algorithmique, les opérations élémentaires sur lignes et colonnes d'une matrice y jouent un rôle important.

Le chapitre *Algèbre des endomorphismes, groupe linéaire* étudie de façon approfondie l'aspect groupe et générateurs avec les transvections, le groupe dérivé et les sous-groupes distingués. Sous le titre *Polynôme minimal et polynôme caractéristique,* on énonce un théorème de Cayley-Hamilton version forte qui prépareles outils théoriques et algorithmiques du chapitre suivant.

La réduction d'un endomorphisme est présentée de façon élémentaire, sans utiliser la théorie des modules ; elle conduit à la notion d'invariants de similitude d'un endomorphisme, avec comme conséquence la réduction de Jordan lorsque le corps de base est algébriquement clos.

La partie de l'algèbre linéaire la mieux connue est celle des vecteurs propres, diagonalisation est ; on y montre la décomposition canonique en diagonalisable plus nilpotent, on approfondit la recherche numérique de vecteurs propres et enfin on aborde la belle théorie des endomorphismes semi-simples.

Les exercices qui terminent chaque chapitre permettent d'aboutir avec des moyens élémentaires à des résultats réputés délicats, comme les célèbres théorèmes de Burnside, Schur, Jordan sur les sous-groupes de Gl_n ( ) qui sont de torsion ; ils abordent des sujets qui intéresseront le lecteur curieux et qui aiguiseront sa sagacité.

ISBN 2 7056 1439 7.

Collection *Formation des enseignants et formation continue.* 230 P. 140 F

Jean Fresnel

Méthodes modernes en géométrie

Riche de 200 exercices et de 550 figures, cet ouvrage s'adresse non seulement aux étudiants en licence et en maîtrise, mais également aux esprits les plus fertiles intéressés à découvrir les beautés d'une des sciences les plus anciennes et les plus solides.

Abordant la géométrie avec une vision claire, accessible à tout étudiant doté des rudiments de l'algèbre linéaire et bilinéaire de premier cycle, cet ouvrage, destiné aux candidats au concours du CAPES et de l'agrégation, comporte quatre chapitres :
– *La géométrie affine,* qui introduit les espaces affines, les variétés linéaires, le calcul barycentrique et les applications affines ;
– *La géométrie projective,* qui conduit à un espace de compactification naturelle de l'espace affine. C'est le cadre nécessaire pour l'étude en profondeur des cas d'exceptions rencontrés dans les énoncés affines ; la belle théorie des coniques projectives y suffit à elle seule pour convaincre de l'élégance et de la puissance de l'outil projectif ;
– *La géométrie euclidienne,* plus connue, est ici davantage étoffée. Y sont traitées les géométries des formes classiques et la détermination des cinq polyèdres réguliers en dimension 3 ;
– *La géométrie non euclidienne,* qui sourd du cinquième axiome des parallèles de la géométrie d'Euclide ; elle est traitée dans le sillage des deux mille ans d'interrogation des mathématiciens.

Très bonne présentation... Parti pris – réussi – d'allier explicitation de fondements les plus complets possibles et illustration par des résultats bien souvent classiques... Les exercices sont nombreux et riches en surprises... Un véritable plaisir de lire et d'étudier ce livre de grande géométrie. Un beau livre ! Bulletin de l'APMEP

... un livre très bien fait, certainement utile... Mais, plus encore, un livre à lire et étudier sans autre but que le plaisir de découvrir la géométrie. Quadrature

ISBN 2 7056 1437 0. Collection *Formation des enseignants.* 430 P. 160 F

Pierre Eymard, Jean-Pierre Lafon

Autour du nombre π

L'attrait mystérieux du nombre π sur tous ceux qui s'intéressent aux mathématiques n'a rien perdu de son actualité, depuis Archimède et les mathématiciens de la Grèce antique, en passant par Euler, Gauss, Abel et Jacobi, fondateurs de la théorie des fonctions elliptiques, jusqu'à Ramanujan.

Par sa nature fondamentale et encyclopédique, ce nombre, qui occupe depuis 2500 ans une position centrale dans l'histoire des mathématiques, est à l'ordre du jour, notamment dans la recherche d'algorithmes performants pour le calcul de ses décimales.

Ce livre est l'occasion pour les étudiants d'université et des classes préparatoires, ainsi que pour les professeurs de mathématiques, de revoir des notions introduites dans les programmes en suivant le fil directeur de ce nombre privilégié. L'ouvrage s'attache plus au sens mathématique qu'à l'aspect anecdotique, mais il suit néanmoins l'ordre historique et sa complexité s'accroît au fil des chapitres.

Une centaine d'exercices sont insérés dans le texte ; les solutions en sont rassemblées dans un dernier chapitre.

ISBN 2 7056 1443 5. Collection *Actualités scientifiques et industrielles.* 328 P.148 F

Nicolas Bouleau

Processus stochastiques et applications

Le nombre d'applications des processus stochastiques leur donne une place centrale parmi les outils de modélisation. Ils sont aussi un courant de recherche mathématique vivant et fécond où l'école probalistique française s'illustre particulièrement.

Ce livre est une synthèse des développements contemporains sous l'angle de leur articulation avec les applications. On y trouvera, sans approfondissement exagéré, les connaissances mathématiques nécessaires pour comprendre la structure des grandes familles de processus aléatoires : chaînes de Markov, processus ponctuels, processus stationnaires, processus de Markov et diffusions, ainsi que le maniement des modèles où ils interviennent.

Ceux-ci concernent aussi bien le trafic, la génétique, la gestion de stocks que le calcul des structures sous sollicitations aléatoires en génie civil, le filtrage d'un signal brouillé par un bruit en télécommunications, ou la prévision des séries temporelles en économie, ainsi que la description des corps désordonnés et l'étude des matériaux à granulats.

Un accent particulier est mis sur le calcul d'Ito et les équations différentielles stochastiques dans un langage simple. Ceci est justifié par leur importance dans les applications comme le calcul des structures non linéaires, et plus récemment les modèles financiers (stratégies de couverture de portefeuilles d'options, etc.), qui trouvent ici une expression claire et constituent une culture indispensable aujourd'hui aux praticiens des salles de marché.

Par le formalisme rigoureux d'un riche arsenal mathématique et par les nombreux domaines concrets qu'il aborde, l'ouvrage est également une invitation à la recherche appliquée.

ISBN 2 7056 1442 7. Collection *Actualités scientifiques et industrielles.* 336 P. 200 F

Imprimé en France par
LIGHTNING SOURCE
www.lightningsource.fr

IMPRIM'VERT
Votre imprimeur agit pour l'environnement

Printed in Dunstable, United Kingdom

91336271R00192